URANIAN

TRANSNEPTUNE
EPHEMERIS

1850-2050

Computed by

NEIL F. MICHELSEN

URANIAN PUBLICATIONS, INC.

Published by
URANIAN PUBLICATIONS, INC.

P.O. Box 114
Franksville, Wis. 53126-0114

I.S.B.N. 0-89159-002-1

PRINTED IN U.S.A.

THE TRANSNEPTUNE PLANETS

At a time when astronomers were searching for a planet, already named Pluto, beyond the orb of Neptune, Alfred Witte, founder of Uranian Astrology, observed that, if planetary positions are related to the lives of individuals and nations, one should be able to find the positions of planets astrologically by studying national events and events in the lives of individuals. Pursuing that thought, Witte discovered four points in space which acted astrologically in every way like planets and thus called them transneptunian planets, the first three of which he discussed in the July 1923 issue of the "Astrologische Blaetter." His friend and ardent supporter Friedrich Sieggruen discovered four more such points, bringing the total to eight. Over fifty years of use by astrologers in thousands of charts has proved their astrological validity and verified their meaning. Useful keywords are given below.

CUPID: A group. The family. Marriage. A community. An organization. Art. Sociability.

HADES: Repulsiveness. Decay. Secrecy. Dearth. Loneliness. Poverty. Filth. Distastefulness. The past.

ZEUS: Purposeful activity. Creativity. Procreation. Production. Controlled energy. Directed force or activity. Leadership.

KRONOS: Authority. Independence. Government. Greatness. That which is high or above.

APOLLO: Expansion. Fame. Success. Experience. Science. Trade. Many. Far and wide.

ADMETUS: Compression. Standstill. Restriction. Death. Depth.

VULCANUS: Might. Great power.

POSEIDON: Spirit. Enlightenment. Light.

URANIAN
TRANSNEPTUNE
EPHEMERIS
1850-2050

Uranian (Hamburg School) planetary ephemeris for 1850. Column glyphs (left→right): ♃ | ♄ | ⚷ | ♈ | ♃ | ♆ | ⚸ | ♅

```
          ♃           ♄          ⚷          ♈          ♃           ♆           ⚸          ♅
Jan  3  5♉00R    16♊22≏    3♊29R    12♓12≏    16♋53R    21♒39≏     28♈00R     21♌44R
     8  4 59     16 29     3 26     12 15     16 49     21 43      27 59      21 41
    13  4 58     16 36     3 23     12 19     16 46     21 47      27 59D     21 39
    18  4 58D    16 42     3 21     12 22     16 42     21 51      27 59      21 36
    23  4 58     16 49     3 19     12 26     16 38     21 55      28 00      21 33
    28  5 00     16 55     3 17     12 30     16 35     22 00      28 01      21 30
Feb  2  5 01     17 01     3 15     12 35     16 31     22 04      28 02      21 27
     7  5 04     17 07     3 14     12 39     16 28     22 08      28 03      21 24
    12  5 07     17 13     3 14     12 44     16 25     22 13      28 05      21 20
    17  5 10     17 19     3 14D    12 49     16 22     22 17      28 07      21 17
    22  5 14     17 24     3 14     12 54     16 19     22 22      28 10      21 14
    27  5 19     17 29     3 15     12 59     16 17     22 26      28 12      21 11
Mar  4  5 24     17 33     3 16     13 04     16 15     22 31      28 15      21 08
     9  5 30     17 37     3 18     13 09     16 13     22 35      28 19      21 05
    14  5 36     17 41     3 20     13 14     16 12     22 39      28 22      21 02
    19  5 42     17 44     3 22     13 19     16 11     22 43      28 26      21 00
    24  5 49     17 46     3 25     13 24     16 10     22 46      28 29      20 57
    29  5 56     17 49     3 28     13 29     16 10     22 50      28 33      20 55
Apr  3  6 03     17 50     3 32     13 33     16 10D    22 53      28 37      20 53
     8  6 11     17 52     3 35     13 38     16 10     22 56      28 41      20 51
    13  6 19     17 52     3 40     13 42     16 11     22 59      28 45      20 50
    18  6 27     17 52R    3 44     13 46     16 12     23 01      28 50      20 48
    23  6 35     17 52     3 49     13 50     16 13     23 03      28 54      20 48
    28  6 43     17 51     3 54     13 53     16 15     23 05      28 58      20 47
May  3  6 51     17 50     3 59     13 56     16 17     23 06      29 02      20 47
     8  6 59     17 48     4 04     13 59     16 19     23 08      29 06      20 46D
    13  7 07     17 46     4 09     14 02     16 22     23 08      29 10      20 47
    18  7 15     17 44     4 15     14 04     16 25     23 09      29 14      20 47
    23  7 22     17 41     4 20     14 06     16 28     23 09R     29 18      20 48
    28  7 30     17 38     4 25     14 07     16 32     23 09      29 21      20 49
Jun  2  7 37     17 34     4 31     14 08     16 35     23 08      29 25      20 51
     7  7 44     17 30     4 36     14 09     16 39     23 08      29 28      20 52
    12  7 50     17 26     4 42     14 09     16 43     23 06      29 31      20 54
    17  7 56     17 21     4 47     14 09R    16 48     23 05      29 34      20 56
    22  8 02     17 17     4 52     14 09     16 52     23 03      29 36      20 59
    27  8 07     17 12     4 57     14 08     16 56     23 01      29 38      21 02
Jul  2  8 12     17 07     5 02     14 07     17 01     22 59      29 40      21 04
     7  8 16     17 02     5 06     14 05     17 05     22 56      29 42      21 07
    12  8 20     16 57     5 11     14 04     17 10     22 54      29 43      21 11
    17  8 23     16 52     5 15     14 01     17 15     22 51      29 44      21 14
    22  8 26     16 47     5 18     13 59     17 19     22 48      29 45      21 18
    27  8 28     16 42     5 22     13 56     17 24     22 44      29 45      21 21
Aug  1  8 29     16 37     5 25     13 53     17 28     22 41      29 45R     21 25
     6  8 30     16 33     5 27     13 50     17 32     22 38      29 45      21 29
    11  8 30R    16 29     5 30     13 47     17 36     22 34      29 44      21 32
    16  8 30     16 25     5 32     13 43     17 40     22 31      29 43      21 36
    21  8 29     16 21     5 33     13 39     17 44     22 27      29 42      21 40
    26  8 27     16 17     5 34     13 35     17 48     22 23      29 41      21 44
    31  8 25     16 14     5 35     13 31     17 51     22 20      29 39      21 48
Sep  5  8 23     16 12     5 35R    13 27     17 54     22 17      29 37      21 51
    10  8 19     16 10     5 35     13 23     17 57     22 13      29 35      21 55
    15  8 16     16 08     5 35     13 19     17 59     22 10      29 32      21 58
    20  8 11     16 07     5 34     13 15     18 01     22 07      29 29      22 02
    25  8 07     16 06     5 32     13 12     18 03     22 05      29 26      22 05
    30  8 02     16 06D    5 30     13 08     18 05     22 02      29 23      22 08
Oct  5  7 57     16 06     5 28     13 04     18 06     22 00      29 20      22 11
    10  7 51     16 06     5 26     13 01     18 07     21 58      29 17      22 13
    15  7 45     16 08     5 23     12 58     18 07     21 56      29 13      22 16
    20  7 39     16 09     5 20     12 55     18 07R    21 55      29 10      22 18
    25  7 33     16 11     5 16     12 52     18 07     21 54      29 07      22 19
    30  7 27     16 14     5 13     12 50     18 06     21 53      29 03      22 21
Nov  4  7 20     16 17     5 09     12 48     18 05     21 53      29 00      22 22
     9  7 14     16 21     5 04     12 46     18 04     21 53D     28 56      22 23
    14  7 08     16 25     5 00     12 45     18 02     21 53      28 53      22 24
    19  7 02     16 29     4 56     12 44     18 00     21 53      28 50      22 24
    24  6 56     16 34     4 51     12 44     17 58     21 54      28 47      22 24R
    29  6 51     16 39     4 47     12 44D    17 55     21 56      28 44      22 24
Dec  4  6 46     16 44     4 42     12 44     17 52     21 57      28 42      22 23
     9  6 41     16 50     4 38     12 45     17 49     21 59      28 40      22 22
    14  6 37     16 56     4 34     12 46     17 46     22 02      28 38      22 21
    19  6 33     17 02     4 30     12 47     17 42     22 04      28 36      22 19
    24  6 29     17 09     4 26     12 49     17 39     22 07      28 34      22 18
    29  6♉27     17♊15     4♊22     12♓51     17♋35     22♒10      28♈33      22♌16
```

```
Stations  Jan 16   Apr 17   Feb 15   Jun 13   Mar 31   May 22   Jan 12   May  6
          Aug 10   Sep 30   Sep  5   Nov 27   Oct 17   Nov  7   Jul 29   Nov 20
```

1851

Date	♃	⚷	♴	♈	⚸	♆	⚶	⚵
Jan 3	6♉24R	17♑22	4♊18R	12♓54	17♋31R	22♒14	28♈32R	22♌13R
8	6 23	17 29	4 15	12 57	17 28	22 18	28 32	22 11
13	6 22	17 35	4 12	13 00	17 24	22 21	28 32D	22 08
18	6 21D	17 42	4 09	13 04	17 20	22 25	28 32	22 05
23	6 22	17 48	4 07	13 08	17 16	22 30	28 32	22 02
28	6 22	17 55	4 05	13 12	17 13	22 34	28 33	21 59
Feb 2	6 24	18 01	4 04	13 16	17 09	22 38	28 34	21 56
7	6 26	18 07	4 03	13 21	17 06	22 43	28 36	21 53
12	6 29	18 13	4 02	13 25	17 03	22 47	28 38	21 50
17	6 32	18 18	4 02D	13 30	17 00	22 52	28 40	21 47
22	6 36	18 24	4 02	13 35	16 57	22 56	28 42	21 43
27	6 41	18 29	4 03	13 40	16 55	23 01	28 45	21 40
Mar 4	6 46	18 33	4 04	13 45	16 53	23 05	28 48	21 37
9	6 51	18 37	4 05	13 50	16 51	23 09	28 51	21 34
14	6 57	18 41	4 07	13 55	16 49	23 13	28 54	21 32
19	7 03	18 44	4 10	14 00	16 48	23 17	28 58	21 29
24	7 10	18 47	4 12	14 05	16 47	23 21	29 01	21 26
29	7 17	18 49	4 16	14 10	16 47	23 24	29 05	21 24
Apr 3	7 24	18 51	4 19	14 15	16 47D	23 28	29 09	21 22
8	7 32	18 52	4 23	14 19	16 47	23 31	29 13	21 20
13	7 40	18 53	4 27	14 23	16 48	23 33	29 17	21 19
18	7 48	18 54R	4 31	14 27	16 49	23 36	29 22	21 18
23	7 56	18 53	4 36	14 31	16 50	23 38	29 26	21 17
28	8 04	18 53	4 41	14 35	16 52	23 40	29 30	21 16
May 3	8 12	18 52	4 46	14 38	16 54	23 41	29 34	21 16
8	8 20	18 50	4 51	14 41	16 56	23 42	29 38	21 16D
13	8 28	18 48	4 56	14 43	16 59	23 43	29 42	21 16
18	8 36	18 46	5 02	14 46	17 02	23 44	29 46	21 16
23	8 43	18 43	5 07	14 48	17 05	23 44R	29 50	21 17
28	8 51	18 40	5 13	14 49	17 09	23 44	29 53	21 18
Jun 2	8 58	18 36	5 18	14 50	17 12	23 43	29 57	21 19
7	9 05	18 32	5 23	14 51	17 16	23 43	0♉00	21 21
12	9 11	18 28	5 29	14 51	17 20	23 42	0 03	21 23
17	9 18	18 24	5 34	14 51R	17 24	23 40	0 06	21 25
22	9 23	18 19	5 39	14 51	17 29	23 38	0 08	21 28
27	9 29	18 14	5 44	14 50	17 33	23 37	0 10	21 30
Jul 2	9 34	18 09	5 49	14 49	17 38	23 34	0 12	21 33
7	9 38	18 04	5 54	14 48	17 42	23 32	0 14	21 36
12	9 42	17 59	5 58	14 46	17 47	23 29	0 15	21 39
17	9 45	17 54	6 02	14 44	17 51	23 26	0 16	21 43
22	9 48	17 49	6 06	14 41	17 56	23 23	0 17	21 46
27	9 50	17 44	6 09	14 39	18 00	23 20	0 18	21 50
Aug 1	9 52	17 40	6 12	14 36	18 05	23 17	0 18R	21 53
6	9 53	17 35	6 15	14 33	18 09	23 13	0 17	21 57
11	9 53R	17 31	6 18	14 29	18 13	23 10	0 17	22 01
16	9 53	17 27	6 20	14 26	18 17	23 06	0 16	22 05
21	9 53	17 23	6 21	14 22	18 21	23 03	0 15	22 09
26	9 51	17 19	6 22	14 18	18 25	22 59	0 13	22 12
31	9 49	17 16	6 22	14 14	18 28	22 56	0 12	22 16
Sep 5	9 47	17 14	6 23	14 10	18 31	22 52	0 10	22 20
10	9 44	17 11	6 23R	14 06	18 34	22 49	0 08	22 24
15	9 40	17 09	6 23	14 02	18 36	22 46	0 05	22 27
20	9 36	17 08	6 22	13 58	18 38	22 43	0 02	22 30
25	9 32	17 07	6 21	13 54	18 40	22 40	0 00	22 34
30	9 27	17 07	6 19	13 51	18 42	22 38	29♈56	22 37
Oct 5	9 22	17 07D	6 17	13 47	18 43	22 35	29 53	22 39
10	9 16	17 07	6 14	13 44	18 44	22 33	29 50	22 42
15	9 10	17 08	6 12	13 40	18 44	22 32	29 47	22 44
20	9 04	17 10	6 09	13 38	18 45R	22 30	29 43	22 46
25	8 58	17 12	6 05	13 35	18 44	22 29	29 40	22 48
30	8 52	17 14	6 02	13 32	18 44	22 28	29 36	22 50
Nov 4	8 46	17 17	5 58	13 30	18 43	22 28	29 33	22 51
9	8 39	17 21	5 54	13 29	18 41	22 28D	29 30	22 52
14	8 33	17 25	5 49	13 27	18 40	22 28	29 26	22 53
19	8 27	17 29	5 45	13 26	18 38	22 28	29 23	22 53
24	8 21	17 34	5 41	13 26	18 36	22 29	29 20	22 53R
29	8 16	17 39	5 36	13 26D	18 33	22 31	29 18	22 53
Dec 4	8 11	17 44	5 32	13 26	18 30	22 32	29 15	22 52
9	8 06	17 50	5 27	13 26	18 27	22 34	29 13	22 51
14	8 01	17 56	5 23	13 28	18 24	22 36	29 11	22 50
19	7 57	18 02	5 19	13 29	18 21	22 39	29 09	22 49
24	7 54	18 08	5 15	13 31	18 17	22 42	29 07	22 47
29	7♉51	18♑15	5♊11	13♓33	18♋13	22♒45	29♈06	22♌45

Stations	Jan 18	Apr 18	Feb 16	Jun 14	Apr 1	May 22	Jan 13	May 6
	Aug 11	Oct 1	Sep 6	Nov 28	Oct 18	Nov 8	Jul 30	Nov 21

	♃	♄	⚷	♀	♃	♆	⚸	⚶
Jan 3	7♉48R	18♑21	5♊07R	13♓35	18♋10R	22♒48	29♈05R	22♌43R
8	7 46	18 28	5 04	13 38	18 06	22 52	29 04	22 40
13	7 45	18 35	5 01	13 42	18 02	22 56	29 04D	22 38
18	7 45	18 41	4 58	13 45	17 58	23 00	29 04	22 35
23	7 45D	18 48	4 56	13 49	17 54	23 04	29 05	22 32
28	7 45	18 54	4 54	13 53	17 51	23 08	29 06	22 29
Feb 2	7 47	19 01	4 52	13 57	17 47	23 13	29 07	22 26
7	7 49	19 07	4 51	14 02	17 44	23 17	29 08	22 23
12	7 51	19 13	4 50	14 06	17 41	23 22	29 10	22 19
17	7 54	19 18	4 50D	14 11	17 38	23 26	29 12	22 16
22	7 58	19 24	4 50	14 16	17 35	23 30	29 14	22 13
27	8 02	19 28	4 51	14 21	17 33	23 35	29 17	22 10
Mar 3	8 07	19 33	4 52	14 26	17 31	23 39	29 20	22 07
8	8 12	19 37	4 53	14 31	17 29	23 43	29 23	22 04
13	8 18	19 41	4 55	14 36	17 27	23 48	29 26	22 01
18	8 24	19 44	4 57	14 41	17 26	23 51	29 30	21 58
23	8 31	19 47	5 00	14 46	17 25	23 55	29 33	21 56
28	8 38	19 50	5 03	14 51	17 25	23 59	29 37	21 54
Apr 2	8 45	19 52	5 07	14 56	17 24D	24 02	29 41	21 52
7	8 53	19 53	5 10	15 00	17 25	24 05	29 45	21 50
12	9 00	19 54	5 14	15 05	17 25	24 08	29 49	21 48
17	9 08	19 55	5 19	15 09	17 26	24 10	29 54	21 47
22	9 16	19 55R	5 23	15 13	17 27	24 13	29 58	21 46
27	9 24	19 54	5 28	15 16	17 29	24 15	0♉02	21 45
May 2	9 32	19 53	5 33	15 19	17 31	24 16	0 06	21 45
7	9 40	19 52	5 38	15 22	17 33	24 17	0 10	21 45D
12	9 48	19 50	5 43	15 25	17 36	24 18	0 14	21 45
17	9 56	19 47	5 49	15 27	17 39	24 19	0 18	21 45
22	10 04	19 45	5 54	15 29	17 42	24 19R	0 22	21 46
27	10 12	19 42	6 00	15 31	17 45	24 19	0 26	21 47
Jun 1	10 19	19 38	6 05	15 32	17 49	24 19	0 29	21 48
6	10 26	19 34	6 11	15 33	17 53	24 18	0 32	21 50
11	10 33	19 30	6 16	15 33	17 57	24 17	0 35	21 52
16	10 39	19 26	6 21	15 34R	18 01	24 16	0 38	21 54
21	10 45	19 21	6 26	15 33	18 05	24 14	0 41	21 56
26	10 50	19 17	6 31	15 33	18 10	24 12	0 43	21 59
Jul 1	10 55	19 12	6 36	15 32	18 14	24 10	0 45	22 02
6	11 00	19 07	6 41	15 30	18 19	24 07	0 47	22 05
11	11 04	19 02	6 45	15 28	18 23	24 05	0 48	22 08
16	11 08	18 57	6 49	15 26	18 28	24 02	0 49	22 11
21	11 11	18 52	6 53	15 24	18 33	23 59	0 50	22 15
26	11 13	18 47	6 57	15 21	18 37	23 56	0 50	22 18
31	11 15	18 42	7 00	15 19	18 41	23 52	0 50R	22 22
Aug 5	11 16	18 37	7 03	15 15	18 46	23 49	0 50	22 26
10	11 17	18 33	7 05	15 12	18 50	23 45	0 50	22 29
15	11 17R	18 29	7 07	15 08	18 54	23 42	0 49	22 33
20	11 16	18 25	7 09	15 05	18 58	23 38	0 48	22 37
25	11 15	18 22	7 10	15 01	19 01	23 35	0 46	22 41
30	11 13	18 18	7 11	14 57	19 05	23 31	0 45	22 45
Sep 4	11 11	18 15	7 12	14 53	19 08	23 28	0 43	22 48
9	11 08	18 13	7 12R	14 49	19 11	23 25	0 41	22 52
14	11 05	18 11	7 11	14 45	19 13	23 21	0 38	22 56
19	11 01	18 10	7 10	14 41	19 16	23 18	0 35	22 59
24	10 57	18 09	7 09	14 37	19 18	23 16	0 33	23 02
29	10 52	18 08	7 08	14 33	19 19	23 13	0 30	23 05
Oct 4	10 47	18 08D	7 06	14 30	19 20	23 11	0 26	23 08
9	10 41	18 08	7 03	14 26	19 21	23 09	0 23	23 11
14	10 36	18 09	7 01	14 23	19 22	23 07	0 20	23 13
19	10 30	18 11	6 58	14 20	19 22R	23 05	0 16	23 15
24	10 24	18 13	6 54	14 17	19 22	23 04	0 13	23 17
29	10 17	18 15	6 51	14 15	19 21	23 03	0 10	23 19
Nov 3	10 11	18 18	6 47	14 13	19 20	23 03	0 06	23 20
8	10 05	18 21	6 43	14 11	19 19	23 03D	0 03	23 21
13	9 59	18 25	6 39	14 10	19 18	23 03	0 00	23 22
18	9 52	18 29	6 34	14 09	19 16	23 03	29♈56	23 22
23	9 47	18 34	6 30	14 08	19 14	23 04	29 53	23 22R
28	9 41	18 39	6 25	14 08D	19 11	23 05	29 51	23 22
Dec 3	9 36	18 44	6 21	14 08	19 08	23 07	29 48	23 21
8	9 31	18 50	6 16	14 08	19 05	23 09	29 46	23 20
13	9 26	18 56	6 12	14 09	19 02	23 11	29 44	23 19
18	9 22	19 02	6 08	14 11	18 59	23 14	29 42	23 18
23	9 18	19 08	6 04	14 12	18 55	23 16	29 40	23 16
28	9♉15	19♑14	6♊00	14♓15	18♋52	23♒20	29♈39	23♌14

Stations	Jan 20	Apr 18	Feb 17	Jun 14	Apr 1	May 22	Jan 13	May 6
	Aug 12	Oct 2	Sep 6	Nov 28	Oct 18	Nov 7	Jul 30	Nov 21

1853

	♃	⚳	⚴	⚵	♃	♆	⚶	♅
Jan 2	9♉12R	19♑21	5♊56R	14♓17	18♋48R	23♒23	29♈38R	23♌12R
7	9 10	19 28	5 53	14 20	18 44	23 26	29 37	23 10
12	9 09	19 34	5 50	14 23	18 40	23 30	29 37	23 07
17	9 08	19 41	5 47	14 27	18 36	23 34	29 37D	23 04
22	9 08D	19 47	5 45	14 30	18 33	23 38	29 37	23 01
27	9 08	19 54	5 43	14 34	18 29	23 43	29 38	22 58
Feb 1	9 09	20 00	5 41	14 39	18 25	23 47	29 39	22 55
6	9 11	20 06	5 40	14 43	18 22	23 51	29 41	22 52
11	9 14	20 12	5 39	14 48	18 19	23 56	29 42	22 49
16	9 17	20 18	5 38	14 53	18 16	24 00	29 44	22 46
21	9 20	20 23	5 38D	14 57	18 13	24 05	29 47	22 43
26	9 24	20 28	5 39	15 02	18 11	24 09	29 49	22 39
Mar 3	9 29	20 33	5 40	15 08	18 08	24 14	29 52	22 36
8	9 34	20 37	5 41	15 13	18 06	24 18	29 55	22 33
13	9 40	20 41	5 43	15 18	18 05	24 22	29 58	22 31
18	9 46	20 45	5 45	15 23	18 04	24 26	0♉02	22 28
23	9 52	20 48	5 48	15 28	18 03	24 30	0 06	22 25
28	9 59	20 50	5 51	15 32	18 02	24 33	0 09	22 23
Apr 2	10 06	20 53	5 54	15 37	18 02D	24 37	0 13	22 21
7	10 13	20 54	5 58	15 42	18 02	24 40	0 17	22 19
12	10 21	20 55	6 02	15 46	18 03	24 43	0 21	22 18
17	10 29	20 56	6 06	15 50	18 04	24 45	0 26	22 16
22	10 37	20 56R	6 10	15 54	18 05	24 47	0 30	22 15
27	10 45	20 56	6 15	15 58	18 06	24 49	0 34	22 14
May 2	10 53	20 55	6 20	16 01	18 08	24 51	0 38	22 14
7	11 01	20 53	6 25	16 04	18 10	24 52	0 42	22 14D
12	11 09	20 52	6 30	16 07	18 13	24 53	0 46	22 14
17	11 17	20 49	6 36	16 09	18 16	24 54	0 50	22 14
22	11 25	20 47	6 41	16 11	18 19	24 54	0 54	22 15
27	11 32	20 44	6 47	16 13	18 22	24 54R	0 58	22 16
Jun 1	11 40	20 40	6 52	16 14	18 26	24 54	1 01	22 17
6	11 47	20 37	6 58	16 15	18 30	24 53	1 04	22 19
11	11 54	20 32	7 03	16 16	18 34	24 52	1 07	22 21
16	12 00	20 28	7 08	16 16R	18 38	24 51	1 10	22 23
21	12 06	20 24	7 14	16 15	18 42	24 49	1 13	22 25
26	12 12	20 19	7 19	16 15	18 47	24 47	1 15	22 28
Jul 1	12 17	20 14	7 24	16 14	18 51	24 45	1 17	22 30
6	12 22	20 09	7 28	16 13	18 56	24 43	1 19	22 33
11	12 26	20 04	7 33	16 11	19 00	24 40	1 20	22 36
16	12 30	19 59	7 37	16 09	19 05	24 37	1 22	22 40
21	12 33	19 54	7 41	16 07	19 09	24 34	1 22	22 43
26	12 36	19 49	7 44	16 04	19 14	24 31	1 23	22 47
31	12 38	19 45	7 48	16 01	19 18	24 28	1 23R	22 50
Aug 5	12 39	19 40	7 51	15 58	19 23	24 25	1 23	22 54
10	12 40	19 35	7 53	15 55	19 27	24 21	1 23	22 58
15	12 40R	19 31	7 55	15 51	19 31	24 18	1 22	23 02
20	12 40	19 27	7 57	15 48	19 35	24 14	1 21	23 06
25	12 39	19 24	7 58	15 44	19 38	24 10	1 19	23 09
30	12 37	19 20	7 59	15 40	19 42	24 07	1 18	23 13
Sep 4	12 35	19 17	8 00	15 36	19 45	24 04	1 16	23 17
9	12 32	19 15	8 00R	15 32	19 48	24 00	1 14	23 21
14	12 29	19 13	8 00	15 28	19 50	23 57	1 11	23 24
19	12 25	19 11	7 59	15 24	19 53	23 54	1 09	23 28
24	12 21	19 10	7 58	15 20	19 55	23 51	1 06	23 31
29	12 17	19 09	7 56	15 16	19 56	23 49	1 03	23 34
Oct 4	12 12	19 09D	7 54	15 13	19 58	23 46	1 00	23 37
9	12 06	19 09	7 52	15 09	19 59	23 44	0 56	23 39
14	12 01	19 10	7 49	15 06	19 59	23 42	0 53	23 42
19	11 55	19 11	7 46	15 03	20 00R	23 41	0 50	23 44
24	11 49	19 13	7 43	15 00	20 00	23 39	0 46	23 46
29	11 43	19 15	7 40	14 58	19 59	23 39	0 43	23 47
Nov 3	11 36	19 18	7 36	14 55	19 58	23 38	0 39	23 49
8	11 30	19 21	7 32	14 54	19 57	23 38D	0 36	23 50
13	11 24	19 25	7 28	14 52	19 55	23 38	0 33	23 51
18	11 18	19 29	7 23	14 51	19 54	23 38	0 30	23 51
23	11 12	19 34	7 19	14 50	19 51	23 39	0 27	23 51R
28	11 06	19 39	7 15	14 50	19 49	23 40	0 24	23 51
Dec 3	11 01	19 44	7 10	14 50D	19 46	23 42	0 21	23 50
8	10 55	19 49	7 06	14 50	19 43	23 44	0 19	23 50
13	10 51	19 55	7 01	14 51	19 40	23 46	0 17	23 49
18	10 46	20 01	6 57	14 53	19 37	23 48	0 15	23 47
23	10 43	20 08	6 53	14 54	19 33	23 51	0 13	23 46
28	10♉39	20♑14	6♊49	14♓56	19♋30	23♒54	0♉12	23♌44

Stations	Jan 20	Apr 20	Feb 17	Jun 15	Apr 1	May 23	Jan 13	May 7
	Aug 14	Oct 3	Sep 7	Nov 29	Oct 19	Nov 8	Jul 30	Nov 21

Date	♃	♄	⚷	♈	♃	♆	⚸	♓
Jan 2	10♉36R	20♑20	6♊45R	14♓59	19♋26R	23♒57	0♉11R	23♌42R
7	10 34	20 27	6 42	15 01	19 22	24 01	0 10	23 39
12	10 33	20 34	6 39	15 05	19 18	24 05	0 10	23 37
17	10 32	20 40	6 36	15 08	19 15	24 09	0 10D	23 34
22	10 31D	20 47	6 33	15 12	19 11	24 13	0 10	23 31
27	10 31	20 54	6 31	15 16	19 07	24 17	0 11	23 28
Feb 1	10 32	21 00	6 29	15 20	19 04	24 21	0 12	23 25
6	10 34	21 06	6 28	15 24	19 00	24 26	0 13	23 22
11	10 36	21 12	6 27	15 29	18 57	24 30	0 15	23 19
16	10 39	21 18	6 27	15 34	18 54	24 35	0 17	23 15
21	10 42	21 23	6 27D	15 39	18 51	24 39	0 19	23 12
26	10 46	21 28	6 27	15 44	18 49	24 44	0 21	23 09
Mar 3	10 51	21 33	6 28	15 49	18 46	24 48	0 24	23 06
8	10 56	21 38	6 29	15 54	18 44	24 52	0 27	23 03
13	11 01	21 42	6 31	15 59	18 43	24 56	0 31	23 00
18	11 07	21 45	6 33	16 04	18 41	25 00	0 34	22 57
23	11 13	21 48	6 35	16 09	18 40	25 04	0 38	22 55
28	11 20	21 51	6 38	16 14	18 40	25 08	0 41	22 52
Apr 2	11 27	21 53	6 42	16 18	18 40D	25 11	0 45	22 50
7	11 34	21 55	6 45	16 23	18 40	25 14	0 49	22 48
12	11 42	21 56	6 49	16 27	18 40	25 17	0 54	22 47
17	11 50	21 57	6 53	16 32	18 41	25 20	0 58	22 45
22	11 58	21 57R	6 58	16 36	18 42	25 22	1 02	22 44
27	12 06	21 57	7 02	16 39	18 44	25 24	1 06	22 44
May 2	12 14	21 56	7 07	16 43	18 45	25 26	1 10	22 43
7	12 22	21 55	7 12	16 46	18 48	25 27	1 14	22 43
12	12 30	21 53	7 18	16 48	18 50	25 28	1 18	22 43D
17	12 38	21 51	7 23	16 51	18 53	25 29	1 22	22 43
22	12 46	21 49	7 28	16 53	18 56	25 29	1 26	22 44
27	12 53	21 46	7 34	16 55	18 59	25 29R	1 30	22 45
Jun 1	13 01	21 42	7 39	16 56	19 03	25 29	1 33	22 46
6	13 08	21 39	7 45	16 57	19 07	25 28	1 37	22 48
11	13 15	21 35	7 50	16 58	19 11	25 27	1 40	22 49
16	13 21	21 31	7 56	16 58R	19 15	25 26	1 43	22 51
21	13 28	21 26	8 01	16 58	19 19	25 25	1 45	22 54
26	13 33	21 21	8 06	16 57	19 23	25 23	1 48	22 56
Jul 1	13 39	21 17	8 11	16 56	19 28	25 21	1 50	22 59
6	13 44	21 12	8 16	16 55	19 32	25 18	1 51	23 02
11	13 48	21 07	8 20	16 53	19 37	25 16	1 53	23 05
16	13 52	21 02	8 24	16 52	19 42	25 13	1 54	23 08
21	13 55	20 57	8 28	16 49	19 46	25 10	1 55	23 12
26	13 58	20 52	8 32	16 47	19 51	25 07	1 56	23 15
31	14 00	20 47	8 35	16 44	19 55	25 04	1 56R	23 19
Aug 5	14 02	20 42	8 38	16 41	19 59	25 00	1 56	23 23
10	14 03	20 38	8 41	16 38	20 04	24 57	1 55	23 27
15	14 03R	20 33	8 43	16 34	20 08	24 53	1 55	23 30
20	14 03	20 29	8 45	16 31	20 12	24 50	1 54	23 34
25	14 02	20 26	8 46	16 27	20 15	24 46	1 52	23 38
30	14 01	20 22	8 47	16 23	20 19	24 43	1 51	23 42
Sep 4	13 59	20 19	8 48	16 19	20 22	24 39	1 49	23 46
9	13 57	20 17	8 48R	16 15	20 25	24 36	1 47	23 49
14	13 54	20 15	8 48	16 11	20 28	24 33	1 44	23 53
19	13 50	20 13	8 47	16 07	20 30	24 30	1 42	23 56
24	13 46	20 11	8 46	16 03	20 32	24 27	1 39	23 59
29	13 42	20 11	8 45	15 59	20 34	24 24	1 36	24 03
Oct 4	13 37	20 10D	8 43	15 56	20 35	24 22	1 33	24 05
9	13 32	20 10	8 41	15 52	20 36	24 20	1 30	24 08
14	13 26	20 11	8 38	15 49	20 37	24 18	1 26	24 11
19	13 20	20 12	8 35	15 46	20 37	24 16	1 23	24 13
24	13 14	20 14	8 32	15 43	20 37R	24 15	1 20	24 15
29	13 08	20 16	8 29	15 40	20 37	24 14	1 16	24 16
Nov 3	13 02	20 19	8 25	15 38	20 36	24 13	1 13	24 18
8	12 55	20 22	8 21	15 36	20 35	24 13	1 09	24 19
13	12 49	20 25	8 17	15 35	20 33	24 13D	1 06	24 20
18	12 43	20 29	8 13	15 33	20 32	24 13	1 03	24 20
23	12 37	20 34	8 08	15 33	20 29	24 14	1 00	24 20R
28	12 31	20 39	8 04	15 32	20 27	24 15	0 57	24 20
Dec 3	12 26	20 44	7 59	15 32D	20 24	24 17	0 54	24 20
8	12 20	20 49	7 55	15 33	20 22	24 18	0 52	24 19
13	12 16	20 55	7 50	15 33	20 18	24 21	0 50	24 18
18	12 11	21 01	7 46	15 35	20 15	24 23	0 48	24 17
23	12 07	21 07	7 42	15 36	20 12	24 26	0 46	24 15
28	12♉04	21♑14	7♊38	15♓38	20♋08	24♒29	0♉45	24♌13

Stations	Jan 22	Apr 21	Feb 18	Jun 16	Apr 2	May 24	Jan 14	May 8
	Aug 15	Oct 4	Sep 8	Nov 30	Oct 20	Nov 9	Jul 31	Nov 22

1855

	♃	⚳	⚴	⚶	♃	♆	⚷	⚸
Jan 2	12♉01R	21♑20	7♊34R	15♓40	20♋04R	24♒32	0♉44R	24♌11R
7	11 58	21 27	7 31	15 43	20 00	24 35	0 43	24 09
12	11 56	21 33	7 28	15 46	19 57	24 39	0 42	24 06
17	11 55	21 40	7 25	15 50	19 53	24 43	0 42D	24 03
22	11 55	21 47	7 22	15 53	19 49	24 47	0 43	24 01
27	11 55D	21 53	7 20	15 57	19 45	24 51	0 43	23 58
Feb 1	11 55	22 00	7 18	16 01	19 42	24 56	0 44	23 54
6	11 57	22 06	7 17	16 06	19 38	25 00	0 46	23 51
11	11 59	22 12	7 16	16 10	19 35	25 05	0 47	23 48
16	12 01	22 18	7 15	16 15	19 32	25 09	0 49	23 45
21	12 04	22 23	7 15D	16 20	19 29	25 14	0 51	23 42
26	12 08	22 28	7 15	16 25	19 27	25 18	0 54	23 39
Mar 3	12 12	22 33	7 16	16 30	19 24	25 22	0 57	23 35
8	12 17	22 38	7 17	16 35	19 22	25 27	1 00	23 32
13	12 23	22 42	7 19	16 40	19 21	25 31	1 03	23 30
18	12 28	22 46	7 21	16 45	19 19	25 35	1 06	23 27
23	12 34	22 49	7 23	16 50	19 18	25 39	1 10	23 24
28	12 41	22 52	7 26	16 55	19 18	25 42	1 14	23 22
Apr 2	12 48	22 54	7 29	17 00	19 17	25 46	1 17	23 20
7	12 55	22 56	7 33	17 04	19 17D	25 49	1 22	23 18
12	13 03	22 57	7 37	17 09	19 18	25 52	1 26	23 16
17	13 10	22 58	7 41	17 13	19 18	25 55	1 30	23 15
22	13 18	22 58R	7 45	17 17	19 19	25 57	1 34	23 14
27	13 26	22 58	7 50	17 21	19 21	25 59	1 38	23 13
May 2	13 34	22 58	7 55	17 24	19 23	26 01	1 42	23 12
7	13 42	22 57	8 00	17 27	19 25	26 02	1 46	23 12
12	13 50	22 55	8 05	17 30	19 27	26 03	1 51	23 12D
17	13 58	22 53	8 10	17 33	19 30	26 04	1 54	23 12
22	14 06	22 51	8 16	17 35	19 33	26 04	1 58	23 13
27	14 14	22 48	8 21	17 37	19 36	26 04R	2 02	23 14
Jun 1	14 22	22 45	8 26	17 38	19 40	26 04	2 05	23 15
6	14 29	22 41	8 32	17 39	19 44	26 04	2 09	23 17
11	14 36	22 37	8 37	17 40	19 47	26 03	2 12	23 18
16	14 43	22 33	8 43	17 40R	19 52	26 02	2 15	23 20
21	14 49	22 29	8 48	17 40	19 56	26 00	2 18	23 23
26	14 55	22 24	8 53	17 40	20 00	25 58	2 20	23 25
Jul 1	15 00	22 19	8 58	17 39	20 05	25 56	2 22	23 28
6	15 05	22 14	9 03	17 38	20 09	25 54	2 24	23 31
11	15 10	22 09	9 07	17 36	20 14	25 51	2 25	23 34
16	15 14	22 04	9 12	17 34	20 18	25 49	2 27	23 37
21	15 18	21 59	9 16	17 32	20 23	25 46	2 28	23 40
26	15 21	21 54	9 19	17 29	20 27	25 43	2 28	23 44
31	15 23	21 49	9 23	17 27	20 32	25 39	2 29	23 48
Aug 5	15 25	21 45	9 26	17 24	20 36	25 36	2 29R	23 51
10	15 26	21 40	9 29	17 21	20 40	25 33	2 28	23 55
15	15 27	21 36	9 31	17 17	20 45	25 29	2 28	23 59
20	15 27R	21 32	9 33	17 13	20 49	25 25	2 27	24 03
25	15 26	21 28	9 34	17 10	20 52	25 22	2 25	24 07
30	15 25	21 24	9 36	17 06	20 56	25 18	2 24	24 10
Sep 4	15 23	21 21	9 36	17 02	20 59	25 15	2 22	24 14
9	15 21	21 19	9 37R	16 58	21 02	25 12	2 20	24 18
14	15 18	21 16	9 37	16 54	21 05	25 08	2 18	24 21
19	15 15	21 14	9 36	16 50	21 07	25 05	2 15	24 25
24	15 11	21 13	9 35	16 46	21 09	25 02	2 12	24 28
29	15 06	21 12	9 34	16 42	21 11	25 00	2 09	24 31
Oct 4	15 02	21 12	9 32	16 38	21 13	24 57	2 06	24 34
9	14 57	21 12D	9 30	16 35	21 14	24 55	2 03	24 37
14	14 51	21 12	9 27	16 32	21 14	24 53	2 00	24 39
19	14 45	21 13	9 24	16 28	21 15	24 51	1 56	24 42
24	14 39	21 15	9 21	16 26	21 15R	24 50	1 53	24 44
29	14 33	21 17	9 18	16 23	21 14	24 49	1 49	24 45
Nov 3	14 27	21 19	9 14	16 21	21 14	24 48	1 46	24 47
8	14 21	21 22	9 10	16 19	21 13	24 48	1 43	24 48
13	14 15	21 26	9 06	16 17	21 11	24 48D	1 39	24 48
18	14 08	21 30	9 02	16 16	21 10	24 48	1 36	24 49
23	14 02	21 34	8 57	16 15	21 07	24 49	1 33	24 49R
28	13 56	21 39	8 53	16 14	21 05	24 50	1 30	24 49
Dec 3	13 51	21 44	8 49	16 14D	21 03	24 52	1 27	24 49
8	13 45	21 49	8 44	16 15	21 00	24 53	1 25	24 48
13	13 40	21 55	8 40	16 15	20 57	24 55	1 23	24 47
18	13 36	22 01	8 35	16 16	20 53	24 58	1 21	24 46
23	13 32	22 07	8 31	16 18	20 50	25 00	1 19	24 44
28	13♉28	22♑13	8♊27	16♓20	20♋46	25♒03	1♉18	24♌43

| Stations | Jan 23 | Apr 22 | Feb 19 | Jun 16 | Apr 3 | May 25 | Jan 15 | May 8 |
| | Aug 17 | Oct 5 | Sep 9 | Dec 1 | Oct 21 | Nov 10 | Aug 1 | Nov 23 |

	♃		♄				♈		24		♆				
Jan 2	13♉	25R	22♑	20	8Ⅱ	23R	16♓	22	20♋	42R	25♒	07	1♉	17R	24♌	40R
7	13	22	22	26	8	20	16	25	20	39	25	10	1	16	24	38
12	13	20	22	33	8	17	16	28	20	35	25	14	1	15	24	36
17	13	19	22	40	8	14	16	31	20	31	25	18	1	15D	24	33
22	13	18	22	46	8	11	16	35	20	27	25	22	1	15	24	30
27	13	18D	22	53	8	09	16	39	20	24	25	26	1	16	24	27
Feb 1	13	18	22	59	8	07	16	43	20	20	25	30	1	17	24	24
6	13	20	23	06	8	05	16	47	20	17	25	35	1	18	24	21
11	13	21	23	12	8	04	16	52	20	13	25	39	1	20	24	18
16	13	24	23	17	8	04	16	56	20	10	25	44	1	22	24	15
21	13	27	23	23	8	03D	17	01	20	07	25	48	1	24	24	11
26	13	30	23	28	8	04	17	06	20	05	25	52	1	26	24	08
Mar 2	13	34	23	33	8	04	17	11	20	02	25	57	1	29	24	05
7	13	39	23	38	8	05	17	16	20	00	26	01	1	32	24	02
12	13	44	23	42	8	07	17	21	19	58	26	05	1	35	23	59
17	13	50	23	46	8	09	17	26	19	57	26	09	1	38	23	56
22	13	56	23	49	8	11	17	31	19	56	26	13	1	42	23	54
27	14	02	23	52	8	14	17	36	19	55	26	17	1	46	23	51
Apr 1	14	09	23	55	8	17	17	41	19	55	26	20	1	50	23	49
6	14	16	23	57	8	20	17	46	19	55D	26	24	1	54	23	47
11	14	24	23	58	8	24	17	50	19	55	26	27	1	58	23	46
16	14	31	23	59	8	28	17	54	19	56	26	29	2	02	23	44
21	14	39	24	00	8	32	17	58	19	57	26	32	2	06	23	43
26	14	47	24	00R	8	37	18	02	19	58	26	34	2	10	23	42
May 1	14	55	23	59	8	42	18	06	20	00	26	36	2	14	23	42
6	15	03	23	58	8	47	18	09	20	02	26	37	2	19	23	41
11	15	11	23	57	8	52	18	12	20	04	26	38	2	23	23	41D
16	15	19	23	55	8	57	18	14	20	07	26	39	2	27	23	41
21	15	27	23	53	9	03	18	17	20	10	26	40	2	30	23	42
26	15	35	23	50	9	08	18	18	20	13	26	40R	2	34	23	43
31	15	42	23	47	9	14	18	20	20	17	26	39	2	38	23	44
Jun 5	15	50	23	43	9	19	18	21	20	20	26	39	2	41	23	45
10	15	57	23	39	9	25	18	22	20	24	26	38	2	44	23	47
15	16	04	23	35	9	30	18	22	20	28	26	37	2	47	23	49
20	16	10	23	31	9	35	18	22R	20	33	26	36	2	50	23	51
25	16	16	23	26	9	40	18	22	20	37	26	34	2	52	23	54
30	16	22	23	22	9	45	18	21	20	41	26	32	2	55	23	57
Jul 5	16	27	23	17	9	50	18	20	20	46	26	30	2	56	23	59
10	16	32	23	12	9	55	18	19	20	51	26	27	2	58	24	02
15	16	36	23	07	9	59	18	17	20	55	26	24	2	59	24	06
20	16	40	23	02	10	03	18	15	21	00	26	21	3	00	24	09
25	16	43	22	57	10	07	18	12	21	04	26	18	3	01	24	13
30	16	46	22	52	10	11	18	10	21	09	26	15	3	01	24	16
Aug 4	16	48	22	47	10	14	18	07	21	13	26	12	3	01R	24	20
9	16	49	22	43	10	16	18	03	21	17	26	08	3	01	24	24
14	16	50	22	38	10	19	18	00	21	22	26	05	3	00	24	28
19	16	50R	22	34	10	21	17	56	21	25	26	01	3	00	24	31
24	16	50	22	30	10	23	17	53	21	29	25	58	2	58	24	35
29	16	49	22	27	10	24	17	49	21	33	25	54	2	57	24	39
Sep 3	16	47	22	23	10	25	17	45	21	36	25	51	2	55	24	43
8	16	45	22	21	10	25	17	41	21	39	25	47	2	53	24	47
13	16	42	22	18	10	25R	17	37	21	42	25	44	2	51	24	50
18	16	39	22	16	10	24	17	33	21	44	25	41	2	48	24	54
23	16	35	22	15	10	24	17	29	21	47	25	38	2	45	24	57
28	16	31	22	14	10	22	17	25	21	48	25	35	2	43	25	00
Oct 3	16	27	22	13	10	21	17	21	21	50	25	33	2	39	25	03
8	16	22	22	13D	10	19	17	18	21	51	25	31	2	36	25	06
13	16	16	22	13	10	16	17	14	21	52	25	29	2	33	25	08
18	16	11	22	14	10	13	17	11	21	52	25	27	2	30	25	10
23	16	05	22	16	10	10	17	08	21	52R	25	26	2	26	25	13
28	15	59	22	17	10	07	17	06	21	52	25	24	2	23	25	14
Nov 2	15	53	22	20	10	03	17	03	21	51	25	24	2	19	25	16
7	15	46	22	23	9	59	17	01	21	50	25	23	2	16	25	17
12	15	40	22	26	9	55	17	00	21	49	25	23D	2	13	25	18
17	15	34	22	30	9	51	16	58	21	47	25	23	2	09	25	18
22	15	28	22	34	9	47	16	57	21	45	25	24	2	06	25	19R
27	15	22	22	39	9	42	16	57	21	43	25	25	2	03	25	19
Dec 2	15	16	22	44	9	38	16	57D	21	41	25	26	2	01	25	18
7	15	10	22	49	9	33	16	57	21	38	25	28	1	58	25	18
12	15	05	22	55	9	29	16	57	21	35	25	30	1	56	25	17
17	15	01	23	00	9	25	16	58	21	31	25	32	1	54	25	15
22	14	56	23	07	9	20	17	00	21	28	25	35	1	52	25	14
27	14♉	52	23♑	13	9Ⅱ	16	17♓	02	21♋	24	25♒	38	1♉	51	25♌	12

Stations	Jan 25	Apr 23	Feb 20	Jun 16	Apr 3	May 25	Jan 15	May 8
	Aug 18	Oct 6	Sep 9	Dec 1	Oct 21	Nov 10	Aug 1	Nov 22

1857

Date	♃	⚷	⚵	⚶	♪	♆	⚳	♅
Jan 1	14♉49R	23♑19	9♊13R	17♓04	21♋21R	25♒41	1♉49R	25♌10R
6	14 46	23 26	9 09	17 06	21 17	25 45	1 49	25 08
11	14 44	23 33	9 06	17 09	21 13	25 48	1 48	25 05
16	14 43	23 39	9 03	17 13	21 09	25 52	1 48D	25 03
21	14 42	23 46	9 00	17 16	21 06	25 56	1 48	25 00
26	14 41D	23 52	8 57	17 20	21 02	26 00	1 49	24 57
31	14 42	23 59	8 55	17 24	20 58	26 05	1 49	24 54
Feb 5	14 42	24 05	8 54	17 28	20 55	26 09	1 51	24 51
10	14 44	24 11	8 53	17 33	20 51	26 14	1 52	24 47
15	14 46	24 17	8 52	17 38	20 48	26 18	1 54	24 44
20	14 49	24 23	8 52D	17 42	20 45	26 22	1 56	24 41
25	14 52	24 28	8 52	17 47	20 43	26 27	1 58	24 38
Mar 2	14 56	24 33	8 52	17 52	20 40	26 31	2 01	24 35
7	15 01	24 38	8 53	17 57	20 38	26 36	2 04	24 32
12	15 06	24 42	8 55	18 03	20 36	26 40	2 07	24 29
17	15 11	24 46	8 57	18 08	20 35	26 44	2 11	24 26
22	15 17	24 50	8 59	18 13	20 34	26 48	2 14	24 23
27	15 23	24 53	9 02	18 18	20 33	26 51	2 18	24 21
Apr 1	15 30	24 55	9 05	18 22	20 33	26 55	2 22	24 19
6	15 37	24 58	9 08	18 27	20 32D	26 58	2 26	24 17
11	15 44	24 59	9 12	18 31	20 33	27 01	2 30	24 15
16	15 52	25 00	9 16	18 36	20 33	27 04	2 34	24 14
21	16 00	25 01	9 20	18 40	20 34	27 06	2 38	24 12
26	16 08	25 01R	9 24	18 44	20 36	27 09	2 42	24 11
May 1	16 16	25 01	9 29	18 47	20 37	27 10	2 47	24 11
6	16 24	25 00	9 34	18 51	20 39	27 12	2 51	24 10
11	16 32	24 58	9 39	18 53	20 42	27 13	2 55	24 10D
16	16 40	24 57	9 45	18 56	20 44	27 14	2 59	24 11
21	16 48	24 54	9 50	18 58	20 47	27 15	3 03	24 11
26	16 56	24 52	9 55	19 00	20 50	27 15R	3 06	24 12
31	17 03	24 49	10 01	19 02	20 54	27 15	3 10	24 13
Jun 5	17 11	24 45	10 06	19 03	20 57	27 14	3 13	24 14
10	17 18	24 42	10 12	19 04	21 01	27 13	3 17	24 16
15	17 25	24 38	10 17	19 04	21 05	27 12	3 20	24 18
20	17 31	24 33	10 22	19 04R	21 10	27 11	3 22	24 20
25	17 38	24 29	10 28	19 04	21 14	27 09	3 25	24 23
30	17 43	24 24	10 33	19 03	21 18	27 07	3 27	24 25
Jul 5	17 49	24 19	10 38	19 02	21 23	27 05	3 29	24 28
10	17 54	24 15	10 42	19 01	21 27	27 03	3 31	24 31
15	17 58	24 10	10 47	18 59	21 32	27 00	3 32	24 34
20	18 02	24 04	10 51	18 57	21 37	26 57	3 33	24 38
25	18 05	23 59	10 55	18 55	21 41	26 54	3 34	24 41
30	18 08	23 55	10 58	18 52	21 46	26 51	3 34	24 45
Aug 4	18 10	23 50	11 01	18 49	21 50	26 47	3 34R	24 49
9	18 12	23 45	11 04	18 46	21 54	26 44	3 34	24 52
14	18 13	23 41	11 07	18 43	21 58	26 41	3 33	24 56
19	18 13R	23 36	11 09	18 39	22 02	26 37	3 32	25 00
24	18 13	23 32	11 11	18 36	22 06	26 33	3 31	25 04
29	18 12	23 29	11 12	18 32	22 10	26 30	3 30	25 08
Sep 3	18 11	23 26	11 13	18 28	22 13	26 26	3 28	25 11
8	18 09	23 23	11 13	18 24	22 16	26 23	3 26	25 15
13	18 07	23 20	11 13R	18 20	22 19	26 20	3 24	25 19
18	18 04	23 18	11 13	18 16	22 22	26 17	3 21	25 22
23	18 00	23 16	11 12	18 12	22 24	26 14	3 19	25 26
28	17 56	23 15	11 11	18 08	22 26	26 11	3 16	25 29
Oct 3	17 52	23 14	11 09	18 04	22 27	26 08	3 13	25 32
8	17 47	23 14D	11 07	18 01	22 29	26 06	3 10	25 34
13	17 41	23 14	11 05	17 57	22 29	26 04	3 06	25 37
18	17 36	23 15	11 02	17 54	22 30	26 02	3 03	25 39
23	17 30	23 16	10 59	17 51	22 30R	26 01	3 00	25 41
28	17 24	23 18	10 56	17 48	22 30	26 00	2 56	25 43
Nov 2	17 18	23 21	10 52	17 46	22 29	25 59	2 53	25 45
7	17 12	23 23	10 49	17 44	22 28	25 58	2 49	25 46
12	17 05	23 27	10 45	17 42	22 27	25 58D	2 46	25 47
17	16 59	23 30	10 40	17 41	22 25	25 59	2 43	25 47
22	16 53	23 34	10 36	17 40	22 23	25 59	2 40	25 48
27	16 47	23 39	10 32	17 39	22 21	26 00	2 37	25 48R
Dec 2	16 41	23 44	10 27	17 39D	22 19	26 01	2 34	25 47
7	16 36	23 49	10 23	17 39	22 16	26 03	2 31	25 47
12	16 30	23 54	10 18	17 39	22 13	26 05	2 29	25 46
17	16 25	24 00	10 14	17 40	22 10	26 07	2 27	25 45
22	16 21	24 06	10 10	17 42	22 06	26 10	2 25	25 43
27	16♉17	24♑13	10♊06	17♓44	22♋03	26♒13	2♉24	25♌41

Stations	Jan 26	Apr 24	Feb 20	Jun 17	Apr 4	May 25	Jan 15	May 9
	Aug 19	Oct 7	Sep 10	Dec 2	Oct 21	Nov 11	Aug 2	Nov 23

	♃	⚷	⚵	♀	⚶	♆	⚸	♅
Jan 1	16♉13R	24♑19	10♊02R	17♓46	21♋59R	26♒16	2♉22R	25♌39R
6	16 11	24 26	9 58	17 48	21 55	26 19	2 22	25 37
11	16 08	24 32	9 55	17 51	21 51	26 23	2 21	25 35
16	16 06	24 39	9 51	17 54	21 48	26 27	2 21D	25 32
21	16 05	24 45	9 49	17 58	21 44	26 31	2 21	25 29
26	16 05	24 52	9 46	18 01	21 40	26 35	2 21	25 26
31	16 05D	24 59	9 44	18 06	21 37	26 39	2 22	25 23
Feb 5	16 05	25 05	9 43	18 10	21 33	26 43	2 23	25 20
10	16 07	25 11	9 41	18 14	21 30	26 48	2 25	25 17
15	16 09	25 17	9 40	18 19	21 26	26 52	2 26	25 14
20	16 11	25 23	9 40	18 24	21 24	26 57	2 29	25 11
25	16 14	25 28	9 40D	18 29	21 21	27 01	2 31	25 07
Mar 2	16 18	25 33	9 41	18 34	21 18	27 06	2 34	25 04
7	16 22	25 38	9 41	18 39	21 16	27 10	2 36	25 01
12	16 27	25 43	9 43	18 44	21 14	27 14	2 40	24 58
17	16 33	25 47	9 45	18 49	21 13	27 18	2 43	24 56
22	16 38	25 50	9 47	18 54	21 12	27 22	2 46	24 53
27	16 45	25 53	9 49	18 59	21 11	27 26	2 50	24 51
Apr 1	16 51	25 56	9 52	19 04	21 10	27 30	2 54	24 48
6	16 58	25 58	9 55	19 08	21 10D	27 33	2 58	24 46
11	17 05	26 00	9 59	19 13	21 10	27 36	3 02	24 44
16	17 13	26 01	10 03	19 17	21 11	27 39	3 06	24 43
21	17 20	26 02	10 07	19 21	21 12	27 41	3 10	24 42
26	17 28	26 02R	10 12	19 25	21 13	27 43	3 14	24 41
May 1	17 36	26 02	10 16	19 29	21 15	27 45	3 19	24 40
6	17 44	26 01	10 21	19 32	21 17	27 47	3 23	24 40
11	17 52	26 00	10 26	19 35	21 19	27 48	3 27	24 40D
16	18 00	25 58	10 32	19 38	21 21	27 49	3 31	24 40
21	18 08	25 56	10 37	19 40	21 24	27 50	3 35	24 40
26	18 16	25 54	10 43	19 42	21 27	27 50R	3 39	24 41
31	18 24	25 51	10 48	19 44	21 31	27 50	3 42	24 42
Jun 5	18 31	25 48	10 53	19 45	21 34	27 50	3 46	24 43
10	18 39	25 44	10 59	19 46	21 38	27 49	3 49	24 45
15	18 46	25 40	11 04	19 47	21 42	27 48	3 52	24 47
20	18 52	25 36	11 10	19 47R	21 46	27 46	3 55	24 49
25	18 59	25 31	11 15	19 46	21 51	27 45	3 57	24 51
30	19 05	25 27	11 20	19 46	21 55	27 43	3 59	24 · 54
Jul 5	19 10	25 22	11 25	19 45	22 00	27 41	4 01	24 57
10	19 15	25 17	11 30	19 44	22 04	27 38	4 03	25 00
15	19 20	25 12	11 34	19 42	22 09	27 36	4 04	25 03
20	19 24	25 07	11 38	19 40	22 13	27 33	4 06	25 06
25	19 28	25 02	11 42	19 38	22 18	27 30	4 06	25 10
30	19 31	24 57	11 46	19 35	22 22	27 27	4 07	25 14
Aug 4	19 33	24 52	11 49	19 32	22 27	27 23	4 07R	25 17
9	19 35	24 48	11 52	19 29	22 31	27 20	4 07	25 21
14	19 36	24 43	11 55	19 26	22 35	27 16	4 06	25 25
19	19 37	24 39	11 57	19 22	22 39	27 13	4 05	25 29
24	19 37R	24 35	11 59	19 19	22 43	27 09	4 04	25 33
29	19 36	24 31	12 00	19 15	22 47	27 06	4 03	25 36
Sep 3	19 35	24 28	12 01	19 11	22 50	27 02	4 01	25 40
8	19 33	24 25	12 02	19 07	22 53	26 59	3 59	25 44
13	19 31	24 22	12 02R	19 03	22 56	26 56	3 57	25 47
18	19 28	24 20	12 01	18 59	22 59	26 52	3 55	25 51
23	19 25	24 18	12 01	18 55	23 01	26 49	3 52	25 54
28	19 21	24 17	12 00	18 51	23 03	26 47	3 49	25 57
Oct 3	19 16	24 16	11 58	18 47	23 05	26 44	3 46	26 00
8	19 12	24 15D	11 56	18 44	23 06	26 42	3 43	26 03
13	19 06	24 16	11 54	18 40	23 07	26 40	3 40	26 06
18	19 01	24 16	11 51	18 37	23 08	26 38	3 36	26 08
23	18 55	24 17	11 48	18 34	23 08R	26 36	3 33	26 10
28	18 49	24 19	11 45	18 31	23 08	26 35	3 29	26 12
Nov 2	18 43	24 21	11 42	18 29	23 07	26 34	3 26	26 14
7	18 37	24 24	11 38	18 26	23 06	26 34	3 23	26 15
12	18 31	24 27	11 34	18 25	23 05	26 34D	3 19	26 16
17	18 24	24 31	11 30	18 23	23 03	26 34	3 16	26 17
22	18 18	24 35	11 25	18 22	23 01	26 34	3 13	26 17
27	18 12	24 39	11 21	18 21	22 59	26 35	3 10	26 17R
Dec 2	18 06	24 44	11 16	18 21	22 57	26 36	3 07	26 17
7	18 01	24 49	11 12	18 21D	22 54	26 38	3 04	26 16
12	17 55	24 54	11 08	18 22	22 51	26 40	3 02	26 15
17	17 50	25 00	11 03	18 22	22 48	26 42	3 00	26 14
22	17 46	25 06	10 59	18 24	22 44	26 45	2 58	26 13
27	17♉42	25♑12	10♊55	18♓25	22♋41	26♒47	2♉57	26♌11

Stations	Jan 27	Apr 25	Feb 21	Jun 18	Apr 5	May 26	Jan 16	May 10
	Aug 21	Oct 8	Sep 11	Dec 3	Oct 22	Nov 11	Aug 2	Nov 24

1859

	♃				♃	♆		♅
Jan 1	17♉38R	25♑19	10♊51R	18♓27	22♋37R	26♒50	2♉55R	26♌09R
6	17 35	25 25	10 47	18 30	22 34	26 54	2 54	26 07
11	17 32	25 32	10 44	18 33	22 30	26 57	2 54	26 04
16	17 30	25 38	10 40	18 36	22 26	27 01	2 54	26 02
21	17 29	25 45	10 38	18 39	22 22	27 05	2 54D	25 59
26	17 28	25 52	10 35	18 43	22 18	27 09	2 54	25 56
31	17 28D	25 58	10 33	18 47	22 15	27 14	2 55	25 53
Feb 5	17 28	26 05	10 31	18 51	22 11	27 18	2 56	25 50
10	17 30	26 11	10 30	18 56	22 08	27 22	2 57	25 47
15	17 31	26 17	10 29	19 00	22 05	27 27	2 59	25 44
20	17 34	26 23	10 28	19 05	22 02	27 31	3 01	25 40
25	17 37	26 28	10 28D	19 10	21 59	27 36	3 03	25 37
Mar 2	17 40	26 33	10 29	19 15	21 56	27 40	3 06	25 34
7	17 44	26 38	10 30	19 20	21 54	27 45	3 09	25 31
12	17 49	26 43	10 31	19 25	21 52	27 49	3 12	25 28
17	17 54	26 47	10 33	19 30	21 51	27 53	3 15	25 25
22	18 00	26 51	10 35	19 35	21 49	27 57	3 19	25 23
27	18 06	26 54	10 37	19 40	21 48	28 01	3 22	25 20
Apr 1	18 12	26 57	10 40	19 45	21 48	28 04	3 26	25 18
6	18 19	26 59	10 43	19 50	21 48D	28 08	3 30	25 16
11	18 26	27 01	10 47	19 54	21 48	28 11	3 34	25 14
16	18 34	27 02	10 51	19 59	21 48	28 13	3 38	25 12
21	18 41	27 03	10 55	20 03	21 49	28 16	3 42	25 11
26	18 49	27 04R	10 59	20 07	21 50	28 18	3 47	25 10
May 1	18 57	27 03	11 04	20 10	21 52	28 20	3 51	25 09
6	19 05	27 03	11 09	20 14	21 54	28 22	3 55	25 09
11	19 13	27 02	11 14	20 17	21 56	28 23	3 59	25 09D
16	19 21	27 00	11 19	20 20	21 59	28 24	4 03	25 09
21	19 29	26 58	11 24	20 22	22 01	28 25	4 07	25 09
26	19 37	26 56	11 30	20 24	22 04	28 25	4 11	25 10
31	19 45	26 53	11 35	20 26	22 08	28 25R	4 14	25 11
Jun 5	19 52	26 50	11 41	20 27	22 11	28 25	4 18	25 12
10	20 00	26 46	11 46	20 28	22 15	28 24	4 21	25 14
15	20 07	26 42	11 52	20 29	22 19	28 23	4 24	25 16
20	20 14	26 38	11 57	20 29R	22 23	28 22	4 27	25 18
25	20 20	26 34	12 02	20 29	22 28	28 20	4 30	25 20
30	20 26	26 29	12 07	20 28	22 32	28 18	4 32	25 23
Jul 5	20 32	26 25	12 12	20 27	22 36	28 16	4 34	25 26
10	20 37	26 20	12 17	20 26	22 41	28 14	4 36	25 29
15	20 42	26 15	12 21	20 24	22 46	28 11	4 37	25 32
20	20 46	26 10	12 26	20 23	22 50	28 08	4 38	25 35
25	20 50	26 05	12 30	20 20	22 55	28 05	4 39	25 39
30	20 53	26 00	12 33	20 18	22 59	28 02	4 40	25 42
Aug 4	20 55	25 55	12 37	20 15	23 04	27 59	4 40R	25 46
9	20 57	25 50	12 40	20 12	23 08	27 56	4 40	25 50
14	20 59	25 46	12 42	20 09	23 12	27 52	4 39	25 53
19	21 00	25 41	12 45	20 05	23 16	27 49	4 38	25 57
24	21 00R	25 37	12 47	20 01	23 20	27 45	4 37	26 01
29	21 00	25 33	12 48	19 58	23 24	27 41	4 36	26 05
Sep 3	20 59	25 30	12 49	19 54	23 27	27 38	4 34	26 09
8	20 57	25 27	12 50	19 50	23 30	27 35	4 32	26 12
13	20 55	25 24	12 50R	19 46	23 33	27 31	4 30	26 16
18	20 52	25 22	12 50	19 42	23 36	27 28	4 28	26 20
23	20 49	25 20	12 49	19 38	23 38	27 25	4 25	26 23
28	20 45	25 18	12 48	19 34	23 40	27 22	4 22	26 26
Oct 3	20 41	25 17	12 47	19 30	23 42	27 20	4 19	26 29
8	20 36	25 17	12 45	19 26	23 43	27 17	4 16	26 32
13	20 31	25 17D	12 43	19 23	23 44	27 15	4 13	26 35
18	20 26	25 17	12 40	19 20	23 45	27 13	4 10	26 37
23	20 20	25 18	12 37	19 17	23 45R	27 12	4 06	26 39
28	20 15	25 20	12 34	19 14	23 45	27 10	4 03	26 41
Nov 2	20 09	25 22	12 31	19 11	23 45	27 10	3 59	26 43
7	20 02	25 24	12 27	19 09	23 44	27 09	3 56	26 44
12	19 56	25 27	12 23	19 07	23 43	27 09D	3 52	26 45
17	19 50	25 31	12 19	19 06	23 41	27 09	3 49	26 46
22	19 43	25 35	12 15	19 04	23 39	27 09	3 46	26 46
27	19 37	25 39	12 10	19 04	23 37	27 10	3 43	26 46R
Dec 2	19 31	25 44	12 06	19 03	23 35	27 11	3 40	26 46
7	19 26	25 49	12 01	19 03D	23 32	27 13	3 38	26 45
12	19 20	25 54	11 57	19 04	23 29	27 15	3 35	26 45
17	19 15	26 00	11 52	19 04	23 26	27 17	3 33	26 43
22	19 10	26 06	11 48	19 06	23 23	27 19	3 31	26 42
27	19♉06	26♑12	11♊44	19♓07	23♋19	27♒22	3♉30	26♌40

Stations	Jan 29	Apr 26	Feb 22	Jun 19	Apr 6	May 27	Jan 17	May 10
	Aug 23	Oct 10	Sep 12	Dec 4	Oct 23	Nov 12	Aug 3	Nov 25

1860

	Cupido	Hades	Zeus	Kronos	Apollon	Admetos	Vulkanus	Poseidon
Jan 1	19♉ 02R	26♑ 18	11♊ 40R	19♓ 09	23♋ 16R	27♒ 25	3♉ 28R	26♌ 38R
6	18 59	26 25	11 36	19 12	23 12	27 28	3 27	26 36
11	18 56	26 31	11 33	19 14	23 08	27 32	3 27	26 34
16	18 54	26 38	11 29	19 17	23 04	27 36	3 26	26 31
21	18 52	26 45	11 27	19 21	23 00	27 40	3 26D	26 29
26	18 51	26 51	11 24	19 24	22 57	27 44	3 27	26 26
31	18 51D	26 58	11 22	19 28	22 53	27 48	3 27	26 23
Feb 5	18 51	27 04	11 20	19 33	22 49	27 52	3 28	26 20
10	18 52	27 11	11 18	19 37	22 46	27 57	3 30	26 16
15	18 54	27 17	11 17	19 42	22 43	28 01	3 31	26 13
20	18 56	27 23	11 17	19 46	22 40	28 06	3 33	26 10
25	18 59	27 28	11 17D	19 51	22 37	28 10	3 36	26 07
Mar 1	19 02	27 33	11 17	19 56	22 34	28 15	3 38	26 04
6	19 06	27 38	11 18	20 01	22 32	28 19	3 41	26 01
11	19 11	27 43	11 19	20 06	22 30	28 23	3 44	25 58
16	19 16	27 47	11 20	20 11	22 29	28 27	3 47	25 55
21	19 21	27 51	11 22	20 16	22 27	28 31	3 51	25 52
26	19 27	27 54	11 25	20 21	22 26	28 35	3 54	25 50
31	19 33	27 57	11 28	20 26	22 26	28 39	3 58	25 47
Apr 5	19 40	28 00	11 31	20 31	22 25	28 42	4 02	25 45
10	19 47	28 02	11 34	20 36	22 25D	28 45	4 06	25 43
15	19 54	28 03	11 38	20 40	22 26	28 48	4 10	25 42
20	20 02	28 04	11 42	20 44	22 27	28 51	4 14	25 40
25	20 10	28 05	11 47	20 48	22 28	28 53	4 19	25 39
30	20 17	28 05R	11 51	20 52	22 29	28 55	4 23	25 39
May 5	20 25	28 04	11 56	20 55	22 31	28 57	4 27	25 38
10	20 33	28 03	12 01	20 58	22 33	28 58	4 31	25 38D
15	20 42	28 02	12 06	21 01	22 36	28 59	4 35	25 38
20	20 50	28 00	12 11	21 04	22 38	29 00	4 39	25 38
25	20 58	27 58	12 17	21 06	22 41	29 00	4 43	25 39
30	21 05	27 55	12 22	21 08	22 45	29 00R	4 47	25 40
Jun 4	21 13	27 52	12 28	21 09	22 48	29 00	4 50	25 41
9	21 20	27 49	12 33	21 10	22 52	28 59	4 53	25 43
14	21 28	27 45	12 39	21 11	22 56	28 59	4 56	25 45
19	21 35	27 41	12 44	21 11R	23 00	28 57	4 59	25 47
24	21 41	27 36	12 49	21 11	23 04	28 56	5 02	25 49
29	21 47	27 32	12 54	21 11	23 09	28 54	5 04	25 52
Jul 4	21 53	27 27	12 59	21 10	23 13	28 52	5 06	25 54
9	21 59	27 22	13 04	21 09	23 18	28 49	5 08	25 57
14	22 03	27 17	13 09	21 07	23 22	28 47	5 10	26 00
19	22 08	27 12	13 13	21 05	23 27	28 44	5 11	26 04
24	22 12	27 07	13 17	21 03	23 32	28 41	5 12	26 07
29	22 15	27 02	13 21	21 00	23 36	28 38	5 12	26 11
Aug 3	22 18	26 57	13 24	20 58	23 40	28 35	5 12R	26 15
8	22 20	26 53	13 27	20 55	23 45	28 31	5 12	26 18
13	22 22	26 48	13 30	20 51	23 49	28 28	5 12	26 22
18	22 23	26 44	13 33	20 48	23 53	28 24	5 11	26 26
23	22 23R	26 39	13 35	20 44	23 57	28 21	5 10	26 30
28	22 23	26 35	13 36	20 41	24 01	28 17	5 09	26 34
Sep 2	22 22	26 32	13 37	20 37	24 04	28 14	5 07	26 37
7	22 21	26 29	13 38	20 33	24 08	28 10	5 05	26 41
12	22 19	26 26	13 38R	20 29	24 11	28 07	5 03	26 45
17	22 16	26 23	13 38	20 25	24 13	28 04	5 01	26 48
22	22 13	26 21	13 38	20 21	24 16	28 01	4 58	26 52
27	22 10	26 20	13 37	20 17	24 18	27 58	4 56	26 55
Oct 2	22 06	26 19	13 35	20 13	24 19	27 55	4 53	26 58
7	22 01	26 18	13 34	20 09	24 21	27 53	4 49	27 01
12	21 56	26 18D	13 32	20 06	24 22	27 51	4 46	27 03
17	21 51	26 18	13 29	20 02	24 23	27 49	4 43	27 06
22	21 46	26 19	13 26	19 59	24 23	27 47	4 39	27 08
27	21 40	26 21	13 23	19 56	24 23R	27 46	4 36	27 10
Nov 1	21 34	26 23	13 20	19 54	24 22	27 45	4 33	27 12
6	21 28	26 25	13 16	19 52	24 22	27 44	4 29	27 13
11	21 21	26 28	13 12	19 50	24 21	27 44	4 26	27 14
16	21 15	26 31	13 08	19 48	24 19	27 44D	4 22	27 15
21	21 09	26 35	13 04	19 47	24 17	27 44	4 19	27 15
26	21 03	26 39	12 59	19 46	24 15	27 45	4 16	27 15R
Dec 1	20 57	26 44	12 55	19 45	24 13	27 46	4 13	27 15
6	20 51	26 49	12 50	19 45D	24 10	27 48	4 11	27 15
11	20 45	26 54	12 46	19 46	24 07	27 49	4 08	27 14
16	20 40	27 00	12 42	19 46	24 04	27 52	4 06	27 13
21	20 35	27 06	12 37	19 48	24 01	27 54	4 04	27 11
26	20 31	27 12	12 33	19 49	23 57	27 57	4 03	27 10
31	20♉ 27	27♑ 18	12♊ 29	19♓ 51	23♋ 54	28♒ 00	4♉ 01	27♌ 08
Stations	Jan 31 Aug 23	Apr 27 Oct 10	Feb 24 Sep 12	Jun 19 Dec 4	Apr 6 Oct 23	May 27 Nov 12	Jan 18 Aug 3	May 10 Nov 24

1861

	♃	♄	♅	♆	♃	♆	♇	♅
Jan 5	20♉23R	27♑24	12♊25R	19♓53	23♋50R	28♏03	4♉00R	27♌06R
10	20 20	27 31	12 22	19 56	23 46	28 07	3 59	27 03
15	20 18	27 38	12 18	19 59	23 42	28 10	3 59	27 01
20	20 16	27 44	12 15	20 02	23 39	28 14	3 59D	26 58
25	20 15	27 51	12 13	20 06	23 35	28 18	3 59	26 55
30	20 14	27 57	12 10	20 10	23 31	28 22	4 00	26 52
Feb 4	20 14D	28 04	12 09	20 14	23 28	28 27	4 01	26 49
9	20 15	28 10	12 07	20 18	23 24	28 31	4 02	26 46
14	20 17	28 16	12 06	20 23	23 21	28 36	4 04	26 43
19	20 19	28 22	12 05	20 28	23 18	28 40	4 06	26 40
24	20 21	28 28	12 05D	20 32	23 15	28 45	4 08	26 36
Mar 1	20 24	28 33	12 05	20 37	23 12	28 49	4 11	26 33
6	20 28	28 38	12 06	20 42	23 10	28 53	4 13	26 30
11	20 32	28 43	12 07	20 47	23 08	28 58	4 16	26 27
16	20 37	28 48	12 08	20 53	23 06	29 02	4 20	26 24
21	20 42	28 51	12 10	20 58	23 05	29 06	4 23	26 22
26	20 48	28 55	12 13	21 03	23 04	29 10	4 27	26 19
31	20 54	28 58	12 15	21 07	23 03	29 13	4 30	26 17
Apr 5	21 01	29 01	12 18	21 12	23 03	29 17	4 34	26 15
10	21 08	29 03	12 22	21 17	23 03D	29 20	4 38	26 13
15	21 15	29 04	12 25	21 21	23 03	29 23	4 42	26 11
20	21 23	29 05	12 30	21 26	23 04	29 26	4 47	26 10
25	21 30	29 06	12 34	21 30	23 05	29 28	4 51	26 09
30	21 38	29 06R	12 38	21 33	23 07	29 30	4 55	26 08
May 5	21 46	29 06	12 43	21 37	23 08	29 32	4 59	26 07
10	21 54	29 05	12 48	21 40	23 10	29 33	5 03	26 07
15	22 02	29 04	12 53	21 43	23 13	29 34	5 07	26 07D
20	22 10	29 02	12 59	21 45	23 16	29 35	5 11	26 07
25	22 18	29 00	13 04	21 48	23 19	29 35	5 15	26 08
30	22 26	28 57	13 09	21 49	23 22	29 36R	5 19	26 09
Jun 4	22 34	28 54	13 15	21 51	23 25	29 35	5 22	26 10
9	22 41	28 51	13 20	21 52	23 29	29 35	5 26	26 12
14	22 49	28 47	13 26	21 53	23 33	29 34	5 29	26 14
19	22 55	28 43	13 31	21 53	23 37	29 33	5 32	26 16
24	23 02	28 39	13 37	21 53R	23 41	29 31	5 34	26 18
29	23 09	28 34	13 42	21 53	23 46	29 29	5 37	26 20
Jul 4	23 14	28 30	13 47	21 52	23 50	29 27	5 39	26 23
9	23 20	28 25	13 52	21 51	23 55	29 25	5 41	26 26
14	23 25	28 20	13 56	21 49	23 59	29 22	5 42	26 29
19	23 30	28 15	14 01	21 48	24 04	29 20	5 43	26 32
24	23 34	28 10	14 05	21 46	24 08	29 17	5 44	26 36
29	23 37	28 05	14 08	21 43	24 13	29 14	5 45	26 39
Aug 3	23 40	28 00	14 12	21 40	24 17	29 10	5 45	26 43
8	23 43	27 55	14 15	21 37	24 22	29 07	5 45R	26 47
13	23 44	27 50	14 18	21 34	24 26	29 04	5 45	26 51
18	23 46	27 46	14 20	21 31	24 30	29 00	5 44	26 54
23	23 46	27 42	14 22	21 27	24 34	28 56	5 43	26 58
28	23 46R	27 38	14 24	21 23	24 38	28 53	5 42	27 02
Sep 2	23 46	27 34	14 25	21 20	24 41	28 49	5 40	27 06
7	23 45	27 31	14 26	21 16	24 45	28 46	5 38	27 10
12	23 43	27 28	14 27	21 12	24 48	28 43	5 36	27 13
17	23 40	27 25	14 27R	21 08	24 50	28 39	5 34	27 17
22	23 38	27 23	14 26	21 04	24 53	28 36	5 31	27 20
27	23 34	27 21	14 25	21 00	24 55	28 33	5 29	27 24
Oct 2	23 30	27 20	14 24	20 56	24 57	28 31	5 26	27 27
7	23 26	27 19	14 22	20 52	24 58	28 28	5 23	27 30
12	23 21	27 19D	14 20	20 49	24 59	28 26	5 19	27 32
17	23 16	27 19	14 18	20 45	25 00	28 24	5 16	27 35
22	23 11	27 20	14 15	20 42	25 00	28 22	5 13	27 37
27	23 05	27 22	14 12	20 39	25 00R	28 21	5 09	27 39
Nov 1	22 59	27 23	14 09	20 36	25 00	28 20	5 06	27 41
6	22 53	27 26	14 05	20 34	24 59	28 19	5 02	27 42
11	22 47	27 28	14 01	20 32	24 58	28 19	4 59	27 43
16	22 40	27 32	13 57	20 30	24 57	28 19D	4 56	27 44
21	22 34	27 35	13 53	20 29	24 55	28 19	4 53	27 44
26	22 28	27 39	13 49	20 28	24 53	28 20	4 49	27 44R
Dec 1	22 22	27 44	13 44	20 28	24 51	28 21	4 47	27 44
6	22 16	27 49	13 40	20 27D	24 48	28 23	4 44	27 44
11	22 10	27 54	13 35	20 28	24 45	28 24	4 41	27 43
16	22 05	27 59	13 31	20 28	24 42	28 26	4 39	27 42
21	22 00	28 05	13 26	20 29	24 39	28 29	4 37	27 41
26	21 55	28 11	13 22	20 31	24 36	28 31	4 36	27 39
31	21♉51	28♑18	13♊18	20♓33	24♋32	28♏34	4♉34	27♌37

tations	Jan 31	Apr 28	Feb 24	Jun 20	Apr 6	May 28	Jan 17	May 11
	Aug 25	Oct 11	Sep 13	Dec 5	Oct 24	Nov 13	Aug 4	Nov 25

	♃	⚷	⚵	⚳	♇	♆	⚶	⚸
Jan 5	21♉47R	28♑24	13♊14R	20♓35	24♋28R	28♒38	4♉33R	27♌35R
10	21 44	28 31	13 11	20 38	24 25	28 41	4 32	27 33
15	21 42	28 37	13 07	20 40	24 21	28 45	4 32	27 30
20	21 40	28 44	13 04	20 44	24 17	28 49	4 32D	27 28
25	21 38	28 50	13 02	20 47	24 13	28 53	4 32	27 25
30	21 38	28 57	12 59	20 51	24 09	28 57	4 33	27 22
Feb 4	21 38D	29 04	12 57	20 55	24 06	29 01	4 33	27 19
9	21 38	29 10	12 56	21 00	24 02	29 06	4 35	27 16
14	21 39	29 16	12 54	21 04	23 59	29 10	4 36	27 12
19	21 41	29 22	12 54	21 09	23 56	29 15	4 38	27 09
24	21 43	29 28	12 53	21 14	23 53	29 19	4 40	27 06
Mar 1	21 46	29 33	12 53D	21 19	23 50	29 23	4 43	27 03
6	21 50	29 38	12 54	21 24	23 48	29 28	4 46	27 00
11	21 54	29 43	12 55	21 29	23 46	29 32	4 49	26 57
16	21 59	29 48	12 56	21 34	23 44	29 36	4 52	26 54
21	22 04	29 52	12 58	21 39	23 43	29 40	4 55	26 51
26	22 09	29 55	13 00	21 44	23 42	29 44	4 59	26 49
31	22 15	29 58	13 03	21 49	23 41	29 48	5 02	26 46
Apr 5	22 22	0♒01	13 06	21 53	23 40	29 51	5 06	26 44
10	22 29	0 03	13 09	21 58	23 40D	29 55	5 10	26 42
15	22 36	0 05	13 13	22 03	23 41	29 57	5 14	26 40
20	22 43	0 06	13 17	22 07	23 41	0♓00	5 19	26 39
25	22 51	0 07	13 21	22 11	23 42	0 03	5 23	26 38
30	22 59	0 07R	13 26	22 15	23 44	0 05	5 27	26 37
May 5	23 07	0 07	13 30	22 18	23 46	0 07	5 31	26 36
10	23 15	0 06	13 35	22 22	23 48	0 08	5 35	26 36
15	23 23	0 05	13 41	22 24	23 50	0 09	5 39	26 36D
20	23 31	0 04	13 46	22 27	23 53	0 10	5 43	26 36
25	23 39	0 01	13 51	22 29	23 56	0 10	5 47	26 37
30	23 47	29♑59	13 57	22 31	23 59	0 11R	5 51	26 38
Jun 4	23 54	29 56	14 02	22 33	24 02	0 10	5 54	26 39
9	24 02	29 53	14 07	22 34	24 06	0 10	5 58	26 41
14	24 09	29 49	14 13	22 35	24 10	0 09	6 01	26 42
19	24 16	29 45	14 18	22 35	24 14	0 08	6 04	26 44
24	24 23	29 41	14 24	22 35R	24 18	0 06	6 07	26 47
29	24 30	29 37	14 29	22 35	24 22	0 05	6 09	26 49
Jul 4	24 36	29 32	14 34	22 34	24 27	0 03	6 11	26 52
9	24 41	29 27	14 39	22 33	24 31	0 00	6 13	26 55
14	24 47	29 22	14 43	22 32	24 36	29♒58	6 15	26 58
19	24 51	29 17	14 48	22 30	24 40	29 55	6 16	27 01
24	24 56	29 12	14 52	22 28	24 45	29 52	6 17	27 04
29	24 59	29 07	14 56	22 26	24 50	29 49	6 18	27 08
Aug 3	25 02	29 02	15 00	22 23	24 54	29 46	6 18	27 12
8	25 05	28 57	15 03	22 20	24 58	29 43	6 18R	27 15
13	25 07	28 53	15 06	22 17	25 03	29 39	6 18	27 19
18	25 08	28 48	15 08	22 14	25 07	29 36	6 17	27 23
23	25 09	28 44	15 10	22 10	25 11	29 32	6 16	27 27
28	25 10R	28 40	15 12	22 06	25 15	29 29	6 15	27 31
Sep 2	25 09	28 36	15 13	22 02	25 18	29 25	6 13	27 34
7	25 08	28 33	15 14	21 59	25 22	29 22	6 11	27 38
12	25 07	28 30	15 15	21 55	25 25	29 18	6 09	27 42
17	25 04	28 27	15 15R	21 51	25 27	29 15	6 07	27 45
22	25 02	28 25	15 15	21 47	25 30	29 12	6 05	27 49
27	24 59	28 23	15 14	21 43	25 32	29 09	6 02	27 52
Oct 2	24 55	28 22	15 13	21 39	25 34	29 06	5 59	27 55
7	24 51	28 21	15 11	21 35	25 35	29 04	5 56	27 58
12	24 46	28 20D	15 09	21 31	25 37	29 01	5 53	28 01
17	24 41	28 21	15 07	21 28	25 37	28 59	5 49	28 03
22	24 36	28 21	15 04	21 25	25 38	28 58	5 46	28 06
27	24 30	28 22	15 01	21 22	25 38R	28 56	5 43	28 08
Nov 1	24 24	28 24	14 58	21 19	25 38	28 55	5 39	28 09
6	24 18	28 26	14 54	21 17	25 37	28 55	5 36	28 11
11	24 12	28 29	14 50	21 15	25 36	28 54	5 32	28 12
16	24 05	28 32	14 46	21 13	25 35	28 54D	5 29	28 13
21	23 59	28 35	14 42	21 11	25 33	28 54	5 26	28 13
26	23 53	28 39	14 38	21 10	25 31	28 55	5 23	28 14R
Dec 1	23 47	28 44	14 33	21 10	25 29	28 56	5 20	28 13
6	23 41	28 49	14 29	21 10D	25 26	28 57	5 17	28 13
11	23 35	28 54	14 24	21 10	25 23	28 59	5 14	28 12
16	23 30	28 59	14 20	21 10	25 20	29 01	5 12	28 11
21	23 25	29 05	14 16	21 11	25 17	29 03	5 10	28 10
26	23 20	29 11	14 11	21 13	25 14	29 06	5 08	28 08
31	23♉16	29♑17	14♊07	21♓14	25♋10	29♒09	5♉07	28♌07

Stations	Feb 2	Apr 29	Feb 25	Jun 21	Apr 7	May 29	Jan 18	May 11
	Aug 26	Oct 12	Sep 14	Dec 6	Oct 25	Nov 14	Aug 5	Nov 26

1863

Date	♃		♀		☿		♈		♃⊕		♆		⬆		✕	
Jan 5	23♉	12R	29♑	24	14♊	03R	21♓	17	25♋	06R	29♒	12	5♉	06R	28♌	05R
10	23	08	29	30	14	00	21	19	25	03	29	16	5	05	28	02
15	23	06	29	37	13	56	21	22	24	59	29	19	5	05	28	00
20	23	04	29	43	13	53	21	25	24	55	29	23	5	04D	27	57
25	23	02	29	50	13	50	21	29	24	51	29	27	5	05	27	54
30	23	01	29	57	13	48	21	33	24	48	29	31	5	05	27	51
Feb 4	23	01D	0♒	03	13	46	21	37	24	44	29	36	5	06	27	48
9	23	01	0	10	13	44	21	41	24	40	29	40	5	07	27	45
14	23	02	0	16	13	43	21	44	24	37	29	44	5	09	27	42
19	23	03	0	22	13	42	21	50	24	34	29	49	5	11	27	39
24	23	06	0	28	13	42	21	55	24	31	29	53	5	13	27	35
Mar 1	23	08	0	33	13	42D	22	00	24	28	29	58	5	15	27	32
6	23	12	0	38	13	42	22	05	24	26	0♓	02	5	18	27	29
11	23	16	0	43	13	43	22	10	24	24	0	06	5	21	27	26
16	23	20	0	48	13	44	22	15	24	22	0	11	5	24	27	23
21	23	25	0	52	13	46	22	20	24	20	0	15	5	27	27	21
26	23	31	0	56	13	48	22	25	24	19	0	19	5	31	27	18
31	23	37	0	59	13	51	22	30	24	19	0	22	5	35	27	16
Apr 5	23	43	1	02	13	54	22	35	24	18	0	26	5	38	27	13
10	23	50	1	04	13	57	22	39	24	18D	0	29	5	42	27	11
15	23	57	1	06	14	00	22	44	24	18	0	32	5	46	27	10
20	24	04	1	07	14	04	22	48	24	19	0	35	5	51	27	08
25	24	11	1	08	14	08	22	52	24	20	0	37	5	55	27	07
30	24	19	1	09	14	13	22	56	24	21	0	39	5	59	27	06
May 4	24	27	1	08R	14	18	23	00	24	23	0	41	6	03	27	06
10	24	35	1	08	14	23	23	03	24	25	0	43	6	07	27	05
15	24	43	1	07	14	28	23	06	24	27	0	44	6	11	27	05D
20	24	51	1	05	14	33	23	09	24	30	0	45	6	15	27	05
25	24	59	1	03	14	38	23	11	24	33	0	45	6	19	27	06
30	25	07	1	01	14	44	23	13	24	36	0	46R	6	23	27	07
Jun 4	25	15	0	58	14	49	23	15	24	39	0	46	6	27	27	08
9	25	22	0	55	14	55	23	16	24	43	0	45	6	30	27	09
14	25	30	0	51	15	00	23	17	24	47	0	44	6	33	27	11
19	25	37	0	48	15	05	23	17	24	51	0	43	6	36	27	13
24	25	44	0	43	15	11	23	17R	24	55	0	42	6	39	27	15
29	25	51	0	39	15	16	23	17	24	59	0	40	6	41	27	18
Jul 4	25	57	0	34	15	21	23	17	25	04	0	38	6	43	27	20
9	26	03	0	30	15	26	23	16	25	08	0	36	6	45	27	23
14	26	08	0	25	15	31	23	14	25	13	0	33	6	47	27	26
19	26	13	0	20	15	35	23	13	25	17	0	31	6	48	27	30
24	26	17	0	15	15	39	23	11	25	22	0	28	6	49	27	33
29	26	21	0	10	15	43	23	08	25	26	0	25	6	50	27	37
Aug 3	26	25	0	05	15	47	23	06	25	31	0	22	6	50	27	40
8	26	27	0	00	15	50	23	03	25	35	0	18	6	51R	27	44
13	26	30	29♑	55	15	53	23	00	25	39	0	15	6	50	27	48
18	26	31	29	51	15	56	22	56	25	44	0	11	6	50	27	51
23	26	32	29	46	15	58	22	53	25	48	0	08	6	49	27	55
28	26	33R	29	42	16	00	22	49	25	51	0	04	6	48	27	59
Sep 2	26	32	29	38	16	01	22	45	25	55	0	01	6	46	28	03
7	26	32	29	35	16	02	22	41	25	58	29♒	57	6	44	28	07
12	26	30	29	32	16	03	22	37	26	02	29	54	6	42	28	10
17	26	28	29	29	16	03R	22	33	26	04	29	51	6	40	28	14
22	26	26	29	26	16	03	22	29	26	07	29	48	6	38	28	17
27	26	23	29	25	16	02	22	25	26	09	29	45	6	35	28	21
Oct 2	26	19	29	23	16	01	22	21	26	11	29	42	6	32	28	24
7	26	15	29	22	16	00	22	18	26	13	29	39	6	29	28	27
12	26	11	29	22	15	58	22	14	26	14	29	37	6	26	28	30
17	26	06	29	22D	15	55	22	11	26	15	29	35	6	23	28	32
22	26	00	29	22	15	53	22	07	26	15	29	33	6	19	28	34
27	25	55	29	23	15	50	22	04	26	16R	29	32	6	16	28	36
Nov 1	25	49	29	25	15	47	22	02	26	15	29	31	6	12	28	38
6	25	43	29	27	15	43	21	59	26	15	29	30	6	09	28	40
11	25	37	29	29	15	39	21	57	26	14	29	29	6	05	28	41
16	25	31	29	32	15	35	21	55	26	13	29	29D	6	02	28	42
21	25	24	29	36	15	31	21	54	26	11	29	29	5	59	28	42
26	25	18	29	40	15	27	21	53	26	09	29	30	5	56	28	43
Dec 1	25	12	29	44	15	22	21	52	26	07	29	31	5	53	28	43R
6	25	06	29	49	15	18	21	52	26	04	29	32	5	50	28	42
11	25	00	29	54	15	14	21	52D	26	01	29	34	5	47	28	42
16	24	54	29	59	15	09	21	52	25	58	29	36	5	45	28	41
21	24	49	0♒	05	15	05	21	53	25	55	29	38	5	43	28	39
26	24	44	0	11	15	00	21	54	25	52	29	41	5	41	28	37
31	24♉	40	0♒	17	14♊	56	21♓	56	25♋	48	29♒	43	5♉	40	28♌	36

Stations	Feb 3	May 1	Feb 26	Jun 22	Apr 8	May 29	Jan 19	May 12
	Aug 28	Oct 14	Sep 15	Dec 7	Oct 26	Nov 14	Aug 5	Nov 27

	♃	⚷	⚳	⚵	⚴	♆	⚶	⚸
Jan 5	24♉ 36R	0♒ 23	14♊ 52R	21♓ 58	25♋ 45R	29♏ 47	5♉ 39R	28♌ 34R
10	24 33	0 30	14 49	22 01	25 41	29 50	5 38	28 32
15	24 30	0 36	14 45	22 04	25 37	29 54	5 37	28 29
20	24 27	0 43	14 42	22 07	25 33	29 57	5 37D	28 27
25	24 25	0 49	14 39	22 10	25 29	0♓ 01	5 37	28 24
30	24 24	0 56	14 37	22 14	25 26	0 06	5 38	28 21
Feb 4	24 24	1 03	14 34	22 18	25 22	0 10	5 38	28 18
9	24 24D	1 09	14 33	22 22	25 19	0 14	5 40	28 15
14	24 25	1 15	14 31	22 27	25 15	0 19	5 41	28 11
19	24 26	1 21	14 30	22 31	25 12	0 23	5 43	28 08
24	24 28	1 27	14 30	22 36	25 09	0 28	5 45	28 05
29	24 31	1 33	14 30D	22 41	25 06	0 32	5 47	28 02
Mar 5	24 34	1 38	14 30	22 46	25 04	0 36	5 50	27 59
10	24 37	1 43	14 31	22 51	25 02	0 41	5 53	27 56
15	24 42	1 48	14 32	22 56	25 00	0 45	5 56	27 53
20	24 47	1 52	14 34	23 01	24 58	0 49	5 59	27 50
25	24 52	1 56	14 36	23 06	24 57	0 53	6 03	27 47
30	24 58	1 59	14 38	23 11	24 56	0 57	6 07	27 45
Apr 4	25 04	2 02	14 41	23 16	24 56	1 00	6 10	27 43
9	25 10	2 05	14 44	23 21	24 55D	1 04	6 14	27 41
14	25 17	2 07	14 48	23 25	24 56	1 07	6 18	27 39
19	25 25	2 08	14 52	23 29	24 56	1 09	6 23	27 38
24	25 32	2 09	14 56	23 34	24 57	1 12	6 27	27 36
29	25 40	2 10	15 00	23 37	24 58	1 14	6 31	27 35
May 4	25 47	2 10R	15 05	23 41	25 00	1 16	6 35	27 35
9	25 55	2 09	15 10	23 44	25 02	1 18	6 39	27 34
14	26 03	2 08	15 15	23 48	25 04	1 19	6 43	27 34D
19	26 11	2 07	15 20	23 50	25 07	1 20	6 47	27 34
24	26 19	2 05	15 25	23 53	25 09	1 20	6 51	27 35
29	26 27	2 03	15 31	23 55	25 13	1 21R	6 55	27 36
Jun 3	26 35	2 00	15 36	23 56	25 16	1 21	6 59	27 37
8	26 43	1 57	15 42	23 58	25 20	1 20	7 02	27 38
13	26 51	1 53	15 47	23 59	25 23	1 20	7 05	27 40
18	26 58	1 50	15 52	23 59	25 27	1 18	7 08	27 42
23	27 05	1 46	15 58	24 00R	25 31	1 17	7 11	27 44
28	27 11	1 41	16 03	23 59	25 36	1 15	7 14	27 46
Jul 3	27 18	1 37	16 08	23 59	25 40	1 14	7 16	27 49
8	27 24	1 32	16 13	23 58	25 45	1 11	7 18	27 52
13	27 29	1 27	16 18	23 57	25 49	1 09	7 19	27 55
18	27 34	1 22	16 22	23 55	25 54	1 06	7 21	27 58
23	27 39	1 17	16 27	23 53	25 58	1 03	7 22	28 02
28	27 43	1 12	16 31	23 51	26 03	1 00	7 23	28 05
Aug 2	27 47	1 07	16 34	23 48	26 07	0 57	7 23	28 09
7	27 50	1 02	16 38	23 45	26 12	0 54	7 23R	28 12
12	27 52	0 58	16 41	23 42	26 16	0 50	7 23	28 16
17	27 54	0 53	16 44	23 39	26 20	0 47	7 22	28 20
22	27 55	0 48	16 46	23 36	26 24	0 43	7 22	28 24
27	27 56	0 44	16 48	23 32	26 28	0 40	7 21	28 28
Sep 1	27 56R	0 40	16 49	23 28	26 32	0 36	7 19	28 31
6	27 55	0 37	16 50	23 24	26 35	0 33	7 17	28 35
11	27 54	0 34	16 51	23 20	26 39	0 30	7 15	28 39
16	27 52	0 31	16 51R	23 16	26 41	0 26	7 13	28 42
21	27 50	0 28	16 51	23 12	26 44	0 23	7 11	28 46
26	27 47	0 26	16 51	23 08	26 46	0 20	7 08	28 49
Oct 1	27 43	0 25	16 50	23 04	26 48	0 17	7 05	28 52
6	27 40	0 23	16 48	23 00	26 50	0 15	7 02	28 55
11	27 35	0 23	16 46	22 57	26 51	0 12	6 59	28 58
16	27 30	0 23D	16 44	22 53	26 52	0 10	6 56	29 01
21	27 25	0 23	16 42	22 50	26 53	0 08	6 52	29 03
26	27 20	0 24	16 39	22 47	26 53R	0 07	6 49	29 05
31	27 14	0 25	16 36	22 44	26 53	0 06	6 45	29 07
Nov 5	27 08	0 27	16 32	22 42	26 52	0 05	6 42	29 09
10	27 02	0 30	16 28	22 39	26 51	0 04	6 39	29 10
15	26 56	0 33	16 24	22 38	26 50	0 04D	6 35	29 11
20	26 49	0 36	16 20	22 36	26 49	0 04	6 32	29 11
25	26 43	0 40	16 16	22 35	26 47	0 05	6 29	29 12
30	26 37	0 44	16 12	22 34	26 45	0 06	6 26	29 12R
Dec 5	26 31	0 49	16 07	22 34	26 42	0 07	6 23	29 11
10	26 25	0 53	16 03	22 34D	26 39	0 08	6 21	29 11
15	26 19	0 59	15 58	22 34	26 36	0 10	6 18	29 10
20	26 14	1 04	15 54	22 35	26 33	0 13	6 16	29 09
25	26 09	1 10	15 50	22 36	26 30	0 15	6 14	29 07
30	26♉ 04	1♒ 16	15♊ 45	22♓ 38	26♋ 26	0♓ 18	6♉ 13	29♌ 05

Stations	Feb 5	May 1	Feb 27	Jun 22	Apr 8	May 29	Jan 20	May 12
	Aug 29	Oct 14	Sep 16	Dec 6	Oct 25	Nov 14	Aug 5	Nov 26

1865

	♃	♆	♇	⚷	♅	☿	⚶	♓
Jan 4	26♉00R	1♒23	15♊41R	22♓40	26♋23R	0♓21	6♉11R	29♌03R
9	25 57	1 29	15 38	22 42	26 19	0 24	6 11	29 01
14	25 54	1 36	15 34	22 45	26 15	0 28	6 10	28 59
19	25 51	1 42	15 31	22 48	26 11	0 32	6 10	28 56
24	25 49	1 49	15 28	22 51	26 08	0 36	6 10D	28 53
29	25 48	1 56	15 25	22 55	26 04	0 40	6 10	28 50
Feb 3	25 47	2 02	15 23	22 59	26 00	0 44	6 11	28 47
8	25 47D	2 09	15 21	23 03	25 57	0 49	6 12	28 44
13	25 47	2 15	15 20	23 08	25 53	0 53	6 13	28 41
18	25 48	2 21	15 19	23 12	25 50	0 57	6 15	28 38
23	25 50	2 27	15 18	23 17	25 47	1 02	6 17	28 34
28	25 53	2 33	15 18D	23 22	25 44	1 06	6 20	28 31
Mar 5	25 56	2 38	15 18	23 27	25 42	1 11	6 22	28 28
10	25 59	2 43	15 19	23 32	25 39	1 15	6 25	28 25
15	26 03	2 48	15 20	23 37	25 38	1 19	6 28	28 22
20	26 08	2 52	15 22	23 42	25 36	1 23	6 31	28 19
25	26 13	2 56	15 24	23 47	25 35	1 27	6 35	28 17
30	26 19	3 00	15 26	23 52	25 34	1 31	6 39	28 14
Apr 4	26 25	3 03	15 29	23 57	25 33	1 35	6 42	28 12
9	26 31	3 05	15 32	24 02	25 33D	1 38	6 46	28 10
14	26 38	3 07	15 35	24 06	25 33	1 41	6 50	28 08
19	26 45	3 09	15 39	24 11	25 34	1 44	6 55	28 07
24	26 52	3 10	15 43	24 15	25 34	1 47	6 59	28 05
29	27 00	3 11	15 47	24 19	25 36	1 49	7 03	28 04
May 4	27 08	3 11R	15 52	24 22	25 37	1 51	7 07	28 04
9	27 16	3 10	15 57	24 26	25 39	1 52	7 11	28 03
14	27 24	3 10	16 02	24 29	25 41	1 54	7 15	28 03D
19	27 32	3 08	16 07	24 32	25 44	1 55	7 19	28 03
24	27 40	3 07	16 12	24 34	25 46	1 55	7 23	28 04
29	27 48	3 04	16 18	24 36	25 49	1 56	7 27	28 05
Jun 3	27 56	3 02	16 23	24 38	25 53	1 56R	7 31	28 06
8	28 03	2 59	16 29	24 40	25 56	1 55	7 34	28 07
13	28 11	2 56	16 34	24 41	26 00	1 55	7 37	28 09
18	28 18	2 52	16 40	24 41	26 04	1 54	7 40	28 11
23	28 26	2 48	16 45	24 42R	26 08	1 52	7 43	28 13
28	28 32	2 44	16 50	24 41	26 12	1 51	7 46	28 15
Jul 3	28 39	2 39	16 55	24 41	26 17	1 49	7 48	28 18
8	28 45	2 34	17 00	24 40	26 21	1 47	7 50	28 21
13	28 51	2 30	17 05	24 39	26 26	1 44	7 52	28 24
18	28 56	2 25	17 10	24 37	26 30	1 42	7 53	28 27
23	29 00	2 20	17 14	24 35	26 35	1 39	7 54	28 30
28	29 05	2 15	17 18	24 33	26 40	1 36	7 55	28 34
Aug 2	29 08	2 10	17 22	24 31	26 44	1 33	7 56	28 37
7	29 12	2 05	17 25	24 28	26 49	1 29	7 56R	28 41
12	29 14	2 00	17 28	24 25	26 53	1 26	7 56	28 45
17	29 16	1 55	17 31	24 22	26 57	1 23	7 55	28 48
22	29 18	1 51	17 34	24 18	27 01	1 19	7 54	28 52
27	29 18	1 46	17 36	24 15	27 05	1 16	7 53	28 56
Sep 1	29 19R	1 42	17 37	24 11	27 09	1 12	7 52	29 00
6	29 18	1 39	17 38	24 07	27 12	1 08	7 50	29 04
11	29 17	1 35	17 39	24 03	27 15	1 05	7 48	29 07
16	29 16	1 32	17 39	23 59	27 18	1 02	7 46	29 11
21	29 14	1 30	17 39R	23 55	27 21	0 59	7 44	29 14
26	29 11	1 28	17 39	23 51	27 23	0 56	7 41	29 18
Oct 1	29 08	1 26	17 38	23 47	27 25	0 53	7 38	29 21
6	29 04	1 25	17 37	23 43	27 27	0 50	7 35	29 24
11	29 00	1 24	17 35	23 40	27 29	0 48	7 32	29 27
16	28 55	1 24D	17 33	23 36	27 30	0 46	7 29	29 29
21	28 50	1 24	17 30	23 33	27 30	0 44	7 25	29 32
26	28 45	1 25	17 28	23 30	27 30R	0 42	7 22	29 34
31	28 39	1 26	17 24	23 27	27 30	0 41	7 19	29 36
Nov 5	28 33	1 28	17 21	23 24	27 30	0 40	7 15	29 37
10	28 27	1 30	17 17	23 22	27 29	0 39	7 12	29 39
15	28 21	1 33	17 13	23 20	27 28	0 39D	7 08	29 40
20	28 14	1 36	17 09	23 18	27 26	0 39	7 05	29 40
25	28 08	1 40	17 05	23 17	27 25	0 40	7 02	29 41
30	28 02	1 44	17 01	23 16	27 23	0 41	6 59	29 41R
Dec 5	27 56	1 48	16 56	23 16	27 20	0 42	6 56	29 40
10	27 50	1 53	16 52	23 16D	27 17	0 43	6 54	29 40
15	27 44	1 59	16 47	23 16	27 14	0 45	6 51	29 39
20	27 39	2 04	16 43	23 17	27 11	0 47	6 49	29 38
25	27 34	2 10	16 39	23 18	27 08	0 50	6 47	29 36
30	27♉29	2♒16	16♊34	23♓20	27♋04	0♓53	6♉46	29♌35

Stations	Feb 6	May 2	Feb 27	Jun 23	Apr 9	May 30	Jan 20	May 13
	Aug 30	Oct 15	Sep 17	Dec 7	Oct 26	Nov 15	Aug 6	Nov 27

	♃	♀	⚶	↑	♃	♆	⚷	⚸
Jan 4	27♉25R	2♒22	16♊30R	23♓22	27♋01R	0♓56	6♉44R	29♌33R
9	27 21	2 29	16 27	23 24	26 57	0 59	6 43	29 30
14	27 17	2 35	16 23	23 26	26 53	1 02	6 43	29 28
19	27 15	2 42	16 20	23 29	26 49	1 06	6 42	29 25
24	27 13	2 48	16 17	23 33	26 46	1 10	6 42D	29 23
29	27 11	2 55	16 14	23 36	26 42	1 14	6 43	29 20
Feb 3	27 10	3 02	16 12	23 40	26 38	1 18	6 43	29 17
8	27 10D	3 08	16 10	23 45	26 35	1 23	6 44	29 14
13	27 10	3 14	16 08	23 49	26 31	1 27	6 46	29 10
18	27 11	3 21	16 07	23 53	26 28	1 32	6 48	29 07
23	27 13	3 27	16 06	23 58	26 25	1 36	6 49	29 04
28	27 15	3 32	16 06D	24 03	26 22	1 41	6 52	29 01
Mar 5	27 18	3 38	16 06	24 08	26 20	1 45	6 54	28 58
10	27 21	3 43	16 07	24 13	26 17	1 49	6 57	28 55
15	27 25	3 48	16 08	24 18	26 15	1 54	7 00	28 52
20	27 29	3 52	16 09	24 23	26 14	1 58	7 03	28 49
25	27 34	3 56	16 11	24 28	26 12	2 02	7 07	28 46
30	27 40	4 00	16 14	24 33	26 11	2 06	7 11	28 44
Apr 4	27 46	4 03	16 16	24 38	26 11	2 09	7 14	28 41
9	27 52	4 06	16 19	24 43	26 10	2 13	7 18	28 39
14	27 59	4 08	16 23	24 47	26 10D	2 16	7 22	28 38
19	28 06	4 10	16 26	24 52	26 11	2 19	7 27	28 36
24	28 13	4 11	16 30	24 56	26 12	2 21	7 31	28 35
29	28 21	4 12	16 35	25 00	26 13	2 23	7 35	28 34
May 4	28 28	4 12R	16 39	25 04	26 14	2 25	7 39	28 33
9	28 36	4 12	16 44	25 07	26 16	2 27	7 43	28 32
14	28 44	4 11	16 49	25 10	26 18	2 29	7 47	28 32D
19	28 52	4 10	16 54	25 13	26 21	2 30	7 51	28 32
24	29 00	4 08	16 59	25 16	26 23	2 30	7 55	28 33
29	29 08	4 06	17 05	25 18	26 26	2 31	7 59	28 34
Jun 3	29 16	4 04	17 10	25 20	26 30	2 31R	8 03	28 35
8	29 24	4 01	17 16	25 21	26 33	2 30	8 06	28 36
13	29 32	3 58	17 21	25 22	26 37	2 30	8 09	28 37
18	29 39	3 54	17 27	25 23	26 41	2 29	8 13	28 39
23	29 46	3 50	17 32	25 24	26 45	2 28	8 15	28 41
28	29 53	3 46	17 37	25 23R	26 49	2 26	8 18	28 44
Jul 3	0♊00	3 41	17 42	25 23	26 54	2 24	8 20	28 46
8	0 06	3 37	17 47	25 22	26 58	2 22	8 22	28 49
13	0 12	3 32	17 52	25 21	27 03	2 20	8 24	28 52
18	0 17	3 27	17 57	25 20	27 07	2 17	8 26	28 55
23	0 22	3 22	18 01	25 18	27 12	2 14	8 27	28 59
28	0 26	3 17	18 05	25 16	27 16	2 11	8 28	29 02
Aug 2	0 30	3 12	18 09	25 13	27 21	2 08	8 28	29 06
7	0 34	3 07	18 13	25 11	27 25	2 05	8 28R	29 09
12	0 36	3 02	18 16	25 08	27 30	2 02	8 28	29 13
17	0 39	2 57	18 19	25 04	27 34	1 58	8 28	29 17
22	0 40	2 53	18 21	25 01	27 38	1 55	8 27	29 21
27	0 41	2 49	18 23	24 57	27 42	1 51	8 26	29 25
Sep 1	0 42R	2 45	18 25	24 54	27 46	1 48	8 25	29 28
6	0 41	2 41	18 26	24 50	27 49	1 44	8 23	29 32
11	0 41	2 37	18 27	24 46	27 52	1 41	8 21	29 36
16	0 39	2 34	18 28	24 42	27 55	1 37	8 19	29 39
21	0 37	2 32	18 28R	24 38	27 58	1 34	8 17	29 43
26	0 35	2 29	18 27	24 34	28 00	1 31	8 14	29 46
Oct 1	0 32	2 28	18 26	24 30	28 03	1 28	8 11	29 50
6	0 28	2 26	18 25	24 26	28 04	1 25	8 08	29 53
11	0 24	2 25	18 23	24 22	28 06	1 23	8 05	29 55
16	0 20	2 25D	18 21	24 19	28 07	1 21	8 02	29 58
21	0 15	2 25	18 19	24 15	28 08	1 19	7 59	0♍00
26	0 09	2 26	18 16	24 12	28 08	1 17	7 55	0 03
31	0 04	2 27	18 13	24 09	28 08R	1 16	7 52	0 05
Nov 5	29♉58	2 29	18 10	24 07	28 07	1 15	7 48	0 06
10	29 52	2 31	18 06	24 04	28 07	1 14	7 45	0 07
15	29 46	2 33	18 02	24 02	28 06	1 14	7 41	0 08
20	29 39	2 36	17 58	24 01	28 04	1 14D	7 38	0 09
25	29 33	2 40	17 54	23 59	28 02	1 15	7 35	0 10
30	29 27	2 44	17 50	23 58	28 00	1 15	7 32	0 10R
Dec 5	29 21	2 48	17 45	23 58	27 58	1 16	7 29	0 09
10	29 15	2 53	17 41	23 58D	27 55	1 18	7 27	0 09
15	29 09	2 58	17 36	23 58	27 52	1 20	7 24	0 08
20	29 03	3 04	17 32	23 59	27 49	1 22	7 22	0 07
25	28 58	3 09	17 28	24 00	27 46	1 24	7 20	0 06
30	28♉53	3♒15	17♊23	24♓01	27♋43	1♓27	7♉18	0♍04

Stations	Feb 7	May 3	Feb 28	Jun 24	Apr 10	May 31	Jan 20	May 13
	Sep 1	Oct 16	Sep 18	Dec 8	Oct 27	Nov 16	Aug 7	Nov 28

1867

	♃		⚷		⚶		↑		⚴		♆		↥		H
Jan 4	28♉49R	3≈22	17♊19R	24♓03	27♋39R	1♓30	7♉17R	0♍02R
9	28 45	3 28	17 15	24 05	27 35	1 33	7 16	0 00
14	28 41	3 35	17 12	24 08	27 31	1 37	7 15	29♌57
19	28 39	3 41	17 08	24 11	27 28	1 41	7 15	29 55
24	28 36	3 48	17 05	24 14	27 24	1 44	7 15D	29 52
29	28 34	3 54	17 03	24 18	27 20	1 49	7 15	29 49
Feb 3	28 33	4 01	17 00	24 22	27 16	1 53	7 16	29 46
8	28 33	4 08	16 58	24 26	27 13	1 57	7 17	29 43
13	28 33D	4 14	16 57	24 30	27 09	2 01	7 18	29 40
18	28 34	4 20	16 55	24 35	27 06	2 06	7 20	29 37
23	28 35	4 26	16 55	24 39	27 03	2 10	7 22	29 33
28	28 37	4 32	16 54	24 44	27 00	2 15	7 24	29 30
Mar 5	28 40	4 38	16 54D	24 49	26 57	2 19	7 27	29 27
10	28 43	4 43	16 55	24 54	26 55	2 24	7 29	29 24
15	28 47	4 48	16 56	24 59	26 53	2 28	7 32	29 21
20	28 51	4 52	16 57	25 04	26 51	2 32	7 36	29 18
25	28 56	4 56	16 59	25 09	26 50	2 36	7 39	29 16
30	29 01	5 00	17 01	25 14	26 49	2 40	7 43	29 13
Apr 4	29 07	5 03	17 04	25 19	26 48	2 44	7 46	29 11
9	29 13	5 06	17 07	25 24	26 48	2 47	7 50	29 09
14	29 19	5 09	17 10	25 29	26 48D	2 50	7 54	29 07
19	29 26	5 10	17 14	25 33	26 48	2 53	7 58	29 05
24	29 34	5 12	17 18	25 37	26 49	2 56	8 03	29 04
29	29 41	5 13	17 22	25 41	26 50	2 58	8 07	29 03
May 4	29 49	5 13	17 26	25 45	26 51	3 00	8 11	29 02
9	29 56	5 13R	17 31	25 49	26 53	3 02	8 15	29 01
14	0♊04	5 12	17 36	25 52	26 55	3 03	8 19	29 01D
19	0 12	5 11	17 41	25 55	26 58	3 04	8 23	29 01
24	0 20	5 10	17 46	25 57	27 00	3 05	8 27	29 02
29	0 28	5 08	17 52	26 00	27 03	3 06	8 31	29 02
Jun 3	0 36	5 05	17 57	26 02	27 06	3 06R	8 35	29 03
8	0 44	5 03	18 03	26 03	27 10	3 05	8 38	29 05
13	0 52	5 00	18 08	26 04	27 14	3 05	8 42	29 06
18	0 59	4 56	18 14	26 05	27 18	3 04	8 45	29 08
23	1 07	4 52	18 19	26 05	27 22	3 03	8 48	29 10
28	1 14	4 48	18 24	26 06R	27 26	3 01	8 50	29 12
Jul 3	1 20	4 44	18 29	26 05	27 30	3 00	8 53	29 15
8	1 27	4 39	18 34	26 04	27 35	2 58	8 55	29 18
13	1 33	4 34	18 39	26 03	27 39	2 55	8 56	29 21
18	1 38	4 29	18 44	26 02	27 44	2 53	8 58	29 24
23	1 43	4 24	18 48	26 00	27 48	2 50	8 59	29 27
28	1 48	4 19	18 53	25 58	27 53	2 47	9 00	29 30
Aug 2	1 52	4 14	18 57	25 56	27 57	2 44	9 01	29 34
7	1 55	4 09	19 00	25 53	28 02	2 41	9 01	29 38
12	1 58	4 05	19 03	25 50	28 06	2 37	9 01R	29 41
17	2 01	4 00	19 06	25 47	28 11	2 34	9 01	29 45
22	2 03	3 55	19 09	25 44	28 15	2 30	9 00	29 49
27	2 04	3 51	19 11	25 40	28 19	2 27	8 59	29 53
Sep 1	2 05	3 47	19 13	25 36	28 22	2 23	8 58	29 57
6	2 05R	3 43	19 14	25 32	28 26	2 20	8 56	0♍01
11	2 04	3 39	19 15	25 29	28 29	2 16	8 54	0 04
16	2 03	3 36	19 16	25 25	28 32	2 13	8 52	0 08
21	2 01	3 33	19 16R	25 21	28 35	2 10	8 50	0 11
26	1 59	3 31	19 15	25 17	28 38	2 07	8 47	0 15
Oct 1	1 56	3 29	19 15	25 13	28 40	2 04	8 44	0 18
6	1 52	3 28	19 14	25 09	28 41	2 01	8 41	0 21
11	1 48	3 27	19 12	25 05	28 43	1 58	8 38	0 24
16	1 44	3 26	19 10	25 01	28 44	1 56	8 35	0 27
21	1 39	3 26D	19 08	24 58	28 45	1 54	8 32	0 29
26	1 34	3 27	19 05	24 55	28 45	1 53	8 28	0 31
31	1 29	3 28	19 02	24 52	28 45R	1 51	8 25	0 33
Nov 5	1 23	3 29	18 59	24 49	28 45	1 50	8 21	0 35
10	1 17	3 31	18 55	24 47	28 44	1 50	8 18	0 36
15	1 11	3 34	18 51	24 45	28 43	1 49	8 15	0 37
20	1 04	3 37	18 47	24 43	28 42	1 49D	8 11	0 38
25	0 58	3 40	18 43	24 42	28 40	1 49	8 08	0 39
30	0 52	3 44	18 39	24 41	28 38	1 50	8 05	0 39R
Dec 5	0 46	3 48	18 34	24 40	28 36	1 51	8 02	0 38
10	0 40	3 53	18 30	24 40D	28 33	1 53	7 59	0 38
15	0 34	3 58	18 25	24 40	28 30	1 54	7 57	0 37
20	0 28	4 03	18 21	24 41	28 27	1 56	7 55	0 36
25	0 23	4 09	18 17	24 42	28 24	1 59	7 53	0 35
30	0♊18	4≈15	18♊12	24♓43	28♋21	2♓02	7♉51	0♍33

Stations	Feb 9	May 5	Mar 1	Jun 25	Apr 11	Jun 1	Jan 21	May 14
	Sep 3	Oct 18	Sep 19	Dec 9	Oct 28	Nov 17	Aug 8	Nov 28

	♃	ℭ	⚷	⚷	♃	♆	⚷	♅
Jan 4	0♊13R	4≈21	18♊08R	24♓45	28♋17R	2♓04	7♉50R	0♏31R
9	0 09	4 28	18 04	24 47	28 13	2 08	7 49	0 29
14	0 05	4 34	18 01	24 49	28 10	2 11	7 48	0 27
19	0 02	4 41	17 57	24 52	28 06	2 15	7 48	0 24
24	0 00	4 47	17 54	24 56	28 02	2 19	7 48D	0 21
29	29♉58	4 54	17 51	24 59	27 58	2 23	7 48	0 19
Feb 3	29 57	5 00	17 49	25 03	27 54	2 27	7 48	0 16
8	29 56	5 07	17 47	25 07	27 51	2 31	7 49	0 12
13	29 56D	5 13	17 45	25 11	27 47	2 36	7 51	0 09
18	29 56	5 20	17 44	25 16	27 44	2 40	7 52	0 06
23	29 57	5 26	17 43	25 20	27 41	2 45	7 54	0 03
28	29 59	5 32	17 42	25 25	27 38	2 49	7 56	0 00
Mar 4	0♊02	5 37	17 42D	25 30	27 35	2 54	7 59	29♌57
9	0 05	5 43	17 43	25 35	27 33	2 58	8 01	29 53
14	0 08	5 48	17 44	25 40	27 31	3 02	8 04	29 50
19	0 12	5 52	17 45	25 45	27 29	3 06	8 08	29 48
24	0 17	5 56	17 47	25 50	27 28	3 10	8 11	29 45
29	0 22	6 00	17 49	25 55	27 27	3 14	8 15	29 42
Apr 3	0 28	6 04	17 51	26 00	27 26	3 18	8 18	29 40
8	0 34	6 07	17 54	26 05	27 25	3 21	8 22	29 38
13	0 40	6 09	17 57	26 10	27 25D	3 25	8 26	29 36
18	0 47	6 11	18 01	26 14	27 26	3 28	8 30	29 34
23	0 54	6 13	18 05	26 18	27 26	3 30	8 35	29 33
28	1 01	6 14	18 09	26 23	27 27	3 33	8 39	29 32
May 3	1 09	6 14	18 14	26 26	27 29	3 35	8 43	29 31
8	1 17	6 14R	18 18	26 30	27 30	3 37	8 47	29 31
13	1 25	6 14	18 23	26 33	27 32	3 38	8 51	29 30
18	1 33	6 13	18 28	26 36	27 35	3 39	8 55	29 30D
23	1 41	6 11	18 33	26 39	27 37	3 40	8 59	29 31
28	1 49	6 10	18 39	26 41	27 40	3 41	9 03	29 31
Jun 2	1 57	6 07	18 44	26 43	27 43	3 41R	9 07	29 32
7	2 05	6 05	18 50	26 45	27 47	3 41	9 10	29 33
12	2 12	6 02	18 55	26 46	27 50	3 40	9 14	29 35
17	2 20	5 58	19 00	26 47	27 54	3 39	9 17	29 37
22	2 27	5 54	19 06	26 47	27 58	3 38	9 20	29 39
27	2 34	5 50	19 11	26 48R	28 03	3 37	9 22	29 41
Jul 2	2 41	5 46	19 16	26 47	28 07	3 35	9 25	29 44
7	2 48	5 41	19 22	26 47	28 11	3 33	9 27	29 46
12	2 54	5 37	19 27	26 46	28 16	3 31	9 29	29 49
17	2 59	5 32	19 31	26 44	28 20	3 28	9 30	29 52
22	3 05	5 27	19 36	26 43	28 25	3 25	9 32	29 56
27	3 09	5 22	19 40	26 41	28 30	3 22	9 33	29 59
Aug 1	3 14	5 17	19 44	26 38	28 34	3 19	9 33	0♍03
6	3 17	5 12	19 48	26 36	28 39	3 16	9 34	0 06
11	3 20	5 07	19 51	26 33	28 43	3 13	9 34R	0 10
16	3 23	5 02	19 54	26 30	28 47	3 09	9 33	0 14
21	3 25	4 57	19 57	26 26	28 51	3 06	9 33	0 18
26	3 26	4 53	19 59	26 23	28 55	3 02	9 32	0 21
31	3 27	4 49	20 01	26 19	28 59	2 59	9 30	0 25
Sep 5	3 28R	4 45	20 02	26 15	29 03	2 55	9 29	0 29
10	3 27	4 41	20 03	26 11	29 06	2 52	9 27	0 33
15	3 26	4 38	20 04	26 07	29 09	2 48	9 25	0 36
20	3 25	4 35	20 04R	26 03	29 12	2 45	9 23	0 40
25	3 22	4 33	20 04	25 59	29 15	2 42	9 20	0 43
30	3 20	4 31	20 03	25 55	29 17	2 39	9 17	0 47
Oct 5	3 16	4 29	20 02	25 51	29 19	2 36	9 14	0 50
10	3 13	4 28	20 01	25 48	29 20	2 34	9 11	0 53
15	3 08	4 27	19 59	25 44	29 21	2 32	9 08	0 55
20	3 04	4 27D	19 56	25 41	29 22	2 30	9 05	0 58
25	2 59	4 28	19 54	25 37	29 23	2 28	9 01	1 00
30	2 53	4 28	19 51	25 34	29 23R	2 26	8 58	1 02
Nov 4	2 48	4 30	19 48	25 32	29 23	2 25	8 55	1 04
9	2 42	4 32	19 44	25 29	29 22	2 25	8 51	1 05
14	2 36	4 34	19 40	25 27	29 21	2 24	8 48	1 06
19	2 29	4 37	19 36	25 25	29 20	2 24D	8 44	1 07
24	2 23	4 40	19 32	25 24	29 18	2 24	8 41	1 07
29	2 17	4 44	19 28	25 23	29 16	2 25	8 38	1 08R
Dec 4	2 11	4 48	19 24	25 22	29 14	2 26	8 35	1 08
9	2 04	4 53	19 19	25 22D	29 11	2 27	8 33	1 07
14	1 58	4 58	19 15	25 22	29 08	2 29	8 30	1 06
19	1 53	5 03	19 10	25 22	29 05	2 31	8 28	1 05
24	1 47	5 09	19 06	25 23	29 02	2 33	8 26	1 04
29	1♊42	5≈15	19♊01	25♓25	28♋59	2♓36	8♉24	1♍02

Stations	Feb 11	May 5	Mar 1	Jun 25	Apr 11	Jun 1	Jan 22	May 14
	Sep 3	Oct 18	Sep 19	Dec 9	Oct 28	Nov 17	Aug 7	Nov 28

1869

Date	♃	(Cupido)	(Hades)	(Zeus)	(Kronos)	♆	(Admetos)	(Vulcanus)
Jan 3	1♊38R	5♒21	18♊57R	25♓26	28♋55R	2♓39	8♉23R	1♍01R
8	1 33	5 27	18 53	25 28	28 51	2 42	8 21	0 58
13	1 30	5 34	18 50	25 31	28 48	2 46	8 21	0 56
18	1 26	5 40	18 46	25 34	28 44	2 49	8 20	0 54
23	1 24	5 47	18 43	25 37	28 40	2 53	8 20D	0 51
28	1 21	5 53	18 40	25 40	28 36	2 57	8 20	0 48
Feb 2	1 20	6 00	18 38	25 44	28 32	3 01	8 21	0 45
7	1 19	6 07	18 35	25 48	28 29	3 06	8 22	0 42
12	1 19D	6 13	18 34	25 52	28 25	3 10	8 23	0 39
17	1 19	6 19	18 32	25 57	28 22	3 14	8 24	0 36
22	1 20	6 25	18 31	26 02	28 19	3 19	8 26	0 32
27	1 22	6 31	18 31	26 06	28 16	3 23	8 28	0 29
Mar 4	1 24	6 37	18 31D	26 11	28 13	3 28	8 31	0 26
9	1 27	6 42	18 31	26 16	28 11	3 32	8 34	0 23
14	1 30	6 47	18 32	26 21	28 09	3 37	8 37	0 20
19	1 34	6 52	18 33	26 26	28 07	3 41	8 40	0 17
24	1 38	6 57	18 34	26 31	28 05	3 45	8 43	0 14
29	1 43	7 00	18 37	26 36	28 04	3 49	8 47	0 12
Apr 3	1 49	7 04	18 39	26 41	28 03	3 52	8 50	0 09
8	1 55	7 07	18 42	26 46	28 03	3 56	8 54	0 07
13	2 01	7 10	18 45	26 51	28 03D	3 59	8 58	0 05
18	2 08	7 12	18 48	26 55	28 03	4 02	9 02	0 04
23	2 15	7 13	18 52	27 00	28 04	4 05	9 06	0 02
28	2 22	7 14	18 56	27 04	28 04	4 07	9 11	0 01
May 3	2 29	7 15	19 01	27 08	28 06	4 09	9 15	0 00
8	2 37	7 15R	19 05	27 11	28 07	4 11	9 19	0 00
13	2 45	7 15	19 10	27 15	28 09	4 13	9 23	29♌59
18	2 53	7 14	19 15	27 18	28 12	4 14	9 27	29 59D
23	3 01	7 13	19 20	27 20	28 14	4 15	9 31	0♍00
28	3 09	7 11	19 26	27 23	28 17	4 16	9 35	0 00
Jun 2	3 17	7 09	19 31	27 25	28 20	4 16R	9 39	0 01
7	3 25	7 06	19 37	27 27	28 24	4 16	9 42	0 02
12	3 33	7 03	19 42	27 28	28 27	4 15	9 46	0 04
17	3 40	7 00	19 48	27 29	28 31	4 14	9 49	0 05
22	3 48	6 56	19 53	27 29	28 35	4 13	9 52	0 07
27	3 55	6 52	19 58	27 30R	28 39	4 12	9 55	0 10
Jul 2	4 02	6 48	20 04	27 29	28 44	4 10	9 57	0 12
7	4 08	6 44	20 09	27 29	28 48	4 08	9 59	0 15
12	4 15	6 39	20 14	27 28	28 52	4 06	10 01	0 18
17	4 20	6 34	20 18	27 27	28 57	4 04	10 03	0 21
22	4 26	6 29	20 23	27 25	29 02	4 01	10 04	0 24
27	4 31	6 24	20 27	27 23	29 06	3 58	10 05	0 27
Aug 1	4 35	6 19	20 31	27 21	29 11	3 55	10 06	0 31
6	4 39	6 14	20 35	27 18	29 15	3 52	10 06	0 35
11	4 42	6 09	20 38	27 15	29 20	3 48	10 06R	0 38
16	4 45	6 05	20 41	27 12	29 24	3 45	10 06	0 42
21	4 47	6 00	20 44	27 09	29 28	3 41	10 05	0 46
26	4 49	5 55	20 47	27 05	29 32	3 38	10 04	0 50
31	4 50	5 51	20 48	27 02	29 36	3 34	10 03	0 54
Sep 5	4 50R	5 47	20 50	26 58	29 40	3 31	10 02	0 57
10	4 50	5 43	20 51	26 54	29 43	3 27	10 00	1 01
15	4 49	5 40	20 52	26 50	29 46	3 24	9 58	1 05
20	4 48	5 37	20 52R	26 46	29 49	3 21	9 56	1 08
25	4 46	5 34	20 52	26 42	29 52	3 18	9 53	1 12
30	4 44	5 32	20 51	26 38	29 54	3 15	9 51	1 15
Oct 5	4 40	5 31	20 50	26 34	29 56	3 12	9 48	1 18
10	4 37	5 29	20 49	26 30	29 57	3 09	9 45	1 21
15	4 33	5 29	20 47	26 27	29 59	3 07	9 41	1 24
20	4 28	5 28D	20 45	26 23	0♌00	3 05	9 38	1 27
25	4 23	5 29	20 43	26 20	0 00	3 03	9 35	1 29
30	4 18	5 29	20 40	26 17	0 00R	3 02	9 31	1 31
Nov 4	4 13	5 31	20 37	26 14	0 00	3 01	9 28	1 32
9	4 07	5 32	20 33	26 12	0 00	3 00	9 24	1 34
14	4 01	5 35	20 29	26 09	29♋59	2 59	9 21	1 35
19	3 54	5 37	20 25	26 08	29 57	2 59D	9 18	1 36
24	3 48	5 41	20 21	26 06	29 56	2 59	9 14	1 36
29	3 42	5 44	20 17	26 05	29 54	3 00	9 11	1 37R
Dec 4	3 36	5 48	20 13	26 04	29 52	3 01	9 08	1 37
9	3 29	5 53	20 08	26 04	29 49	3 02	9 06	1 36
14	3 23	5 58	20 04	26 04D	29 46	3 04	9 03	1 35
19	3 18	6 03	19 59	26 04	29 43	3 06	9 01	1 35
24	3 12	6 08	19 55	26 05	29 40	3 08	8 59	1 33
29	3♊07	6♒14	19♊51	26♓06	29♋37	3♓11	8♉57	1♍32

Stations	Feb 11	May 6	Mar 2	Jun 26	Apr 12	Jun 2	Jan 22	May 15
	Sep 5	Oct 19	Sep 20	Dec 10	Oct 29	Nov 17	Aug 8	Nov 29

	♃	Ⓒ	⚷	♈	♃	Ψ	⚴	✳
Jan 3	3♊02R	6♒20	19♊46R	26♓08	29♋33R	3♓14	8♉55R	1♍30R
8	2 58	6 27	19 42	26 10	29 30	3 17	8 54	1 28
13	2 54	6 33	19 39	26 13	29 26	3 20	8 53	1 25
18	2 50	6 40	19 35	26 15	29 22	3 24	8 53	1 23
23	2 47	6 46	19 32	26 18	29 18	3 28	8 53D	1 20
28	2 45	6 53	19 29	26 22	29 14	3 32	8 53	1 17
Feb 2	2 43	6 59	19 26	26 25	29 11	3 36	8 53	1 15
7	2 42	7 06	19 24	26 29	29 07	3 40	8 54	1 11
12	2 42	7 13	19 22	26 34	29 03	3 44	8 55	1 08
17	2 42D	7 19	19 21	26 38	29 00	3 49	8 57	1 05
22	2 43	7 25	19 20	26 43	28 57	3 53	8 59	1 02
27	2 44	7 31	19 19	26 47	28 54	3 58	9 01	0 59
Mar 4	2 46	7 37	19 19D	26 52	28 51	4 02	9 03	0 56
9	2 49	7 42	19 19	26 57	28 49	4 07	9 06	0 52
14	2 52	7 47	19 20	27 02	28 47	4 11	9 09	0 49
19	2 55	7 52	19 21	27 07	28 45	4 15	9 12	0 47
24	3 00	7 57	19 22	27 12	28 43	4 19	9 15	0 44
29	3 05	8 01	19 24	27 17	28 42	4 23	9 19	0 41
Apr 3	3 10	8 04	19 27	27 22	28 41	4 27	9 22	0 39
8	3 16	8 07	19 29	27 27	28 40	4 30	9 26	0 37
13	3 22	8 10	19 32	27 32	28 40D	4 34	9 30	0 35
18	3 28	8 12	19 36	27 37	28 40	4 37	9 34	0 33
23	3 35	8 14	19 40	27 41	28 41	4 39	9 38	0 31
28	3 42	8 15	19 44	27 45	28 42	4 42	9 43	0 30
May 3	3 50	8 16	19 48	27 49	28 43	4 44	9 47	0 29
8	3 58	8 16R	19 53	27 53	28 45	4 46	9 51	0 29
13	4 05	8 16	19 57	27 56	28 46	4 48	9 55	0 28
18	4 13	8 16	20 02	27 59	28 49	4 49	9 59	0 28D
23	4 21	8 14	20 07	28 02	28 51	4 50	10 03	0 29
28	4 29	8 13	20 13	28 04	28 54	4 50	10 07	0 29
Jun 2	4 37	8 11	20 18	28 07	28 57	4 51R	10 11	0 30
7	4 45	8 08	20 24	28 08	29 00	4 51	10 14	0 31
12	4 53	8 05	20 29	28 10	29 04	4 50	10 18	0 33
17	5 01	8 02	20 35	28 11	29 08	4 50	10 21	0 34
22	5 08	7 59	20 40	28 11	29 12	4 49	10 24	0 36
27	5 16	7 55	20 45	28 12R	29 16	4 47	10 27	0 38
Jul 2	5 23	7 51	20 51	28 12	29 20	4 46	10 29	0 41
7	5 29	7 46	20 56	28 11	29 25	4 44	10 32	0 43
12	5 36	7 41	21 01	28 10	29 29	4 41	10 33	0 46
17	5 42	7 37	21 06	28 09	29 34	4 39	10 35	0 49
22	5 47	7 32	21 10	28 07	29 38	4 36	10 37	0 53
27	5 52	7 27	21 15	28 06	29 43	4 34	10 38	0 56
Aug 1	5 57	7 22	21 19	28 03	29 47	4 30	10 38	1 00
6	6 01	7 17	21 22	28 01	29 52	4 27	10 39	1 03
11	6 04	7 12	21 26	27 58	29 56	4 24	10 39R	1 07
16	6 07	7 07	21 29	27 55	0♌01	4 21	10 39	1 11
21	6 10	7 02	21 32	27 52	0 05	4 17	10 38	1 14
26	6 12	6 58	21 34	27 48	0 09	4 14	10 37	1 18
31	6 13	6 53	21 36	27 45	0 13	4 10	10 36	1 22
Sep 5	6 13	6 49	21 38	27 41	0 17	4 06	10 35	1 26
10	6 13R	6 45	21 39	27 37	0 20	4 03	10 33	1 30
15	6 13	6 42	21 40	27 33	0 23	4 00	10 31	1 33
20	6 12	6 39	21 40	27 29	0 26	3 56	10 29	1 37
25	6 10	6 36	21 40R	27 25	0 29	3 53	10 26	1 40
30	6 07	6 34	21 40	27 21	0 31	3 50	10 24	1 44
Oct 5	6 05	6 32	21 39	27 17	0 33	3 47	10 21	1 47
10	6 01	6 31	21 38	27 13	0 35	3 45	10 18	1 50
15	5 57	6 30	21 36	27 09	0 36	3 42	10 14	1 53
20	5 53	6 30	21 34	27 06	0 37	3 40	10 11	1 55
25	5 48	6 30D	21 31	27 03	0 38	3 38	10 08	1 58
30	5 43	6 30	21 29	26 59	0 38R	3 37	10 04	2 00
Nov 4	5 37	6 31	21 25	26 57	0 38	3 36	10 01	2 01
9	5 32	6 33	21 22	26 54	0 37	3 35	9 57	2 03
14	5 26	6 35	21 18	26 52	0 36	3 34	9 54	2 04
19	5 19	6 38	21 14	26 50	0 35	3 34D	9 51	2 05
24	5 13	6 41	21 10	26 48	0 34	3 34	9 47	2 05
29	5 07	6 44	21 06	26 47	0 32	3 35	9 44	2 06
Dec 4	5 01	6 48	21 02	26 46	0 30	3 36	9 41	2 06R
9	4 54	6 53	20 57	26 46	0 27	3 37	9 39	2 05
14	4 48	6 58	20 53	26 46D	0 24	3 39	9 36	2 05
19	4 42	7 03	20 48	26 46	0 21	3 40	9 34	2 04
24	4 37	7 08	20 44	26 47	0 18	3 43	9 32	2 02
29	4♊31	7♒14	20♊40	26♓48	0♌15	3♓45	9♉30	2♍01

Stations	Feb 13	May 8	Mar 3	Jun 27	Apr 12	Jun 2	Jan 22	May 15
	Sep 7	Oct 21	Sep 21	Dec 11	Oct 30	Nov 18	Aug 9	Nov 30

1871

Date	♃	⚷	☌	♈	♃	♆	♌	♅
Jan 3	4♊26R	7⋙20	20♊35R	26♓50	0♌11R	3♓48	9♉28R	1♍59R
8	4 22	7 26	20 31	26 52	0 08	3 51	9 27	1 57
13	4 18	7 33	20 28	26 54	0 04	3 55	9 26	1 55
18	4 14	7 39	20 24	26 57	0 00	3 58	9 26	1 52
23	4 11	7 46	20 21	27 00	29♋56	4 02	9 25D	1 50
28	4 09	7 52	20 18	27 03	29 53	4 06	9 26	1 47
Feb 2	4 07	7 59	20 15	27 07	29 49	4 10	9 26	1 44
7	4 05	8 06	20 13	27 11	29 45	4 14	9 27	1 41
12	4 05	8 12	20 11	27 15	29 42	4 19	9 28	1 38
17	4 05D	8 18	20 09	27 19	29 38	4 23	9 29	1 35
22	4 05	8 25	20 08	27 24	29 35	4 28	9 31	1 31
27	4 06	8 31	20 07 ·	27 29	29 32	4 32	9 33	1 28
Mar 4	4 08	8 37	20 07D	27 33	29 29	4 36	9 35	1 25
9	4 11	8 42	20 07	27 38	29 27	4 41	9 38	1 22
14	4 14	8 47	20 08	27 43	29 24	4 45	9 41	1 19
19	4 17	8 52	20 09	27 48	29 22	4 49	9 44	1 16
24	4 21	8 57	20 10	27 54	29 21	4 54	9 47	1 13
29	4 26	9 01	20 12	27 59	29 20	4 57	9 51	1 11
Apr 3	4 31	9 05	20 14	28 04	29 19	5 01	9 55	1 08
8	4 37	9 08	20 17	28 08	29 18	5 05	9 58	1 06
13	4 43	9 11	20 20	28 13	29 18D	5 08	10 02	1 04
18	4 49	9 13	20 23	28 18	29 18	5 11	10 06	1 02
23	4 56	9 15	20 27	28 22	29 18	5 14	10 10	1 01
28	5 03	9 16	20 31	28 26	29 19	5 17	10 15	0 59
May 3	5 10	9 17	20 35	28 30	29 20	5 19	10 19	0 59
8	5 18	9 18	20 40	28 34	29 22	5 21	10 23	0 58
13	5 26	9 18R	20 45	28 38	29 24	5 22	10 27	0 57
18	5 34	9 17	20 49	28 41	29 26	5 24	10 31	0 57D
23	5 42	9 16	20 55	28 44	29 28	5 25	10 35	0 58
28	5 50	9 14	21 00	28 46	29 31	5 25	10 39	0 58
Jun 2	5 58	9 13	21 05	28 48	29 34	5 26	10 43	0 59
7	6 06	9 10	21 11	28 50	29 37	5 26R	10 47	1 00
12	6 14	9 07	21 16	28 52	29 41	5 25	10 50	1 01
17	6 21	9 04	21 22	28 53	29 45	5 25	10 53	1 03
22	6 29	9 01	21 27	28 53	29 49	5 24	10 56	1 05
27	6 36	8 57	21 32	28 54	29 53	5 23	10 59	1 07
Jul 2	6 43	8 53	21 38	28 54R	29 57	5 21	11 02	1 10
7	6 50	8 48	21 43	28 53	0♌01	5 19	11 04	1 12
12	6 57	8 44	21 48	28 52	0 06	5 17	11 06	1 15
17	7 03	8 39	21 53	28 51	0 10	5 15	11 08	1 18
22	7 08	8 34	21 57	28 50	0 15	5 12	11 09	1 21
27	7 13	8 29	22 02	28 48	0 20	5 09	11 10	1 25
Aug 1	7 18	8 24	22 06	28 46	0 24	5 06	11 11	1 28
6	7 22	8 19	22 10	28 43	0 29	5 03	11 11	1 32
11	7 26	8 14	22 13	28 41	0 33	5 00	11 12R	1 35
16	7 29	8 09	22 17	28 38	0 37	4 56	11 11	1 39
21	7 32	8 05	22 20	28 34	0 42	4 53	11 11	1 43
26	7 34	8 00	22 22	28 31	0 46	4 49	11 10	1 47
31	7 35	7 56	22 24	28 27	0 50	4 46	11 09	1 51
Sep 5	7 36	7 51	22 26	28 24	0 53	4 42	11 08	1 55
10	7 36R	7 48	22 27	28 20	0 57	4 39	11 06	1 58
15	7 36	7 44	22 28	28 16	1 00	4 35	11 04	2 02
20	7 35	7 41	22 28	28 12	1 03	4 32	11 02	2 06
25	7 33	7 38	22 29R	28 08	1 06	4 29	10 59	2 09
30	7 31	7 36	22 28	28 04	1 08	4 26	10 57	2 12
Oct 5	7 29	7 34	22 27	28 00	1 10	4 23	10 54	2 16
10	7 25	7 32	22 26	27 56	1 12	4 20	10 51	2 19
15	7 21	7 31	22 24	27 52	1 13	4 18	10 48	2 21
20	7 17	7 31	22 22	27 49	1 14	4 16	10 44	2 24
25	7 13	7 31D	22 20	27 45	1 15	4 14	10 41	2 26
30	7 08	7 31	22 17	27 42	1 15	4 12	10 38	2 28
Nov 4	7 02	7 32	22 14	27 39	1 15R	4 11	10 34	2 30
9	6 56	7 34	22 11	27 37	1 15	4 10	10 31	2 32
14	6 51	7 36	22 07	27 34	1 14	4 10	10 27	2 33
19	6 44	7 38	22 04	27 32	1 13	4 09D	10 24	2 34
24	6 38	7 41	21 59	27 31	1 11	4 09	10 21	2 34
29	6 32	7 45	21 55	27 29	1 10	4 10	10 18	2 35
Dec 4	6 26	7 49	21 51	27 29	1 07	4 11	10 15	2 35R
9	6 19	7 53	21 46	27 28	1 05	4 12	10 12	2 35
14	6 13	7 58	21 42	27 28D	1 02	4 13	10 09	2 34
19	6 07	8 03	21 38	27 28	0 59	4 15	10 07	2 33
24	6 02	8 08	21 33	27 29	0 56	4 17	10 05	2 32
29	5♊56	8⋙14	21♊29	27♓30	0♌53	4♓20	10♉03	2♍30

Stations	Feb 15	May 9	Mar 4	Jun 28	Apr 13	Jun 3	Jan 23	May 16
	Sep 8	Oct 22	Sep 22	Dec 12	Oct 31	Nov 19	Aug 10	Nov 30

Date	♃	♀	☿	♈	24♇	♆	♁	♅
Jan 3	5♊51R	8♒20	21♊25R	27♓32	0♌49R	4♓23	10♉01R	2♍29R
8	5 46	8 26	21 20	27 33	0 46	4 26	10 00	2 27
13	5 42	8 32	21 17	27 36	0 42	4 29	9 59	2 24
18	5 38	8 39	21 13	27 38	0 38	4 33	9 58	2 22
23	5 35	8 45	21 10	27 41	0 35	4 36	9 58	2 19
28	5 32	8 52	21 06	27 45	0 31	4 40	9 58D	2 16
Feb 2	5 30	8 58	21 04	27 48	0 27	4 44	9 59	2 14
7	5 29	9 05	21 01	27 52	0 23	4 49	9 59	2 11
12	5 28	9 12	20 59	27 56	0 20	4 53	10 00	2 07
17	5 28D	9 18	20 58	28 01	0 16	4 57	10 02	2 04
22	5 28	9 24	20 56	28 05	0 13	5 02	10 03	2 01
27	5 29	9 30	20 56	28 10	0 10	5 06	10 05	1 58
Mar 3	5 31	9 36	20 55	28 15	0 07	5 11	10 08	1 55
8	5 33	9 42	20 55D	28 20	0 05	5 15	10 10	1 51
13	5 36	9 47	20 56	28 25	0 02	5 20	10 13	1 48
18	5 39	9 52	20 57	28 30	0 00	5 24	10 16	1 46
23	5 43	9 57	20 58	28 35	29♋59	5 28	10 19	1 43
28	5 47	10 01	21 00	28 40	29 57	5 32	10 23	1 40
Apr 2	5 52	10 05	21 02	28 45	29 56	5 36	10 27	1 38
7	5 58	10 08	21 05	28 50	29 56	5 39	10 30	1 35
12	6 04	10 11	21 08	28 54	29 55	5 43	10 34	1 33
17	6 10	10 14	21 11	28 59	29 55D	5 46	10 38	1 32
22	6 17	10 16	21 14	29 03	29 56	5 49	10 43	1 30
27	6 24	10 17	21 18	29 08	29 56	5 51	10 47	1 29
May 2	6 31	10 18	21 23	29 12	29 58	5 54	10 51	1 28
7	6 38	10 19	21 27	29 16	29 59	5 56	10 55	1 27
12	6 46	10 19R	21 32	29 19	0♌01	5 57	10 59	1 27
17	6 54	10 18	21 37	29 22	0 03	5 59	11 03	1 27D
22	7 02	10 18	21 42	29 25	0 05	6 00	11 07	1 27
27	7 10	10 16	21 47	29 28	0 08	6 00	11 11	1 27
Jun 1	7 18	10 14	21 52	29 30	0 11	6 01	11 15	1 28
6	7 26	10 12	21 58	29 32	0 14	6 01R	11 19	1 29
11	7 34	10 09	22 03	29 33	0 18	6 01	11 22	1 30
16	7 42	10 06	22 09	29 35	0 22	6 00	11 25	1 32
21	7 49	10 03	22 14	29 35	0 25	5 59	11 28	1 34
26	7 57	9 59	22 20	29 36	0 30	5 58	11 31	1 36
Jul 1	8 04	9 55	22 25	29 36R	0 34	5 56	11 34	1 38
6	8 11	9 51	22 30	29 35	0 38	5 55	11 36	1 41
11	8 17	9 46	22 35	29 35	0 43	5 52	11 38	1 44
16	8 24	9 42	22 40	29 34	0 47	5 50	11 40	1 47
21	8 29	9 37	22 45	29 32	0 52	5 47	11 42	1 50
26	8 35	9 32	22 49	29 30	0 56	5 45	11 43	1 53
31	8 40	9 27	22 53	29 28	1 01	5 42	11 44	1 57
Aug 5	8 44	9 22	22 57	29 26	1 05	5 39	11 44	2 00
10	8 48	9 17	23 01	29 23	1 10	5 35	11 44R	2 04
15	8 51	9 12	23 04	29 20	1 14	5 32	11 44	2 08
20	8 54	9 07	23 07	29 17	1 19	5 28	11 44	2 12
25	8 56	9 02	23 10	29 14	1 23	5 25	11 43	2 15
30	8 58	8 58	23 12	29 10	1 27	5 21	11 42	2 19
Sep 4	8 59	8 54	23 14	29 06	1 30	5 18	11 41	2 23
9	8 59R	8 50	23 15	29 03	1 34	5 14	11 39	2 27
14	8 59	8 46	23 16	28 59	1 37	5 11	11 37	2 31
19	8 58	8 43	23 17	28 55	1 40	5 08	11 35	2 34
24	8 57	8 40	23 17R	28 51	1 43	5 04	11 33	2 38
29	8 55	8 38	23 17	28 47	1 45	5 01	11 30	2 41
Oct 4	8 52	8 35	23 16	28 43	1 47	4 58	11 27	2 44
9	8 49	8 34	23 15	28 39	1 49	4 56	11 24	2 47
14	8 46	8 33	23 13	28 35	1 51	4 53	11 21	2 50
19	8 42	8 32	23 11	28 31	1 52	4 51	11 18	2 53
24	8 37	8 32D	23 09	28 28	1 52	4 49	11 14	2 55
29	8 32	8 32	23 06	28 25	1 53	4 48	11 11	2 57
Nov 3	8 27	8 33	23 03	28 22	1 53R	4 46	11 07	2 59
8	8 21	8 35	23 00	28 19	1 52	4 45	11 04	3 01
13	8 15	8 36	22 56	28 17	1 52	4 45	11 01	3 02
18	8 09	8 39	22 53	28 15	1 51	4 44	10 57	3 03
23	8 03	8 42	22 49	28 13	1 49	4 44D	10 54	3 04
28	7 57	8 45	22 44	28 12	1 47	4 45	10 51	3 04
Dec 3	7 51	8 49	22 40	28 11	1 45	4 46	10 48	3 04R
8	7 44	8 53	22 36	28 10	1 43	4 47	10 45	3 04
13	7 38	8 58	22 31	28 10D	1 40	4 48	10 42	3 03
18	7 32	9 03	22 27	28 10	1 38	4 50	10 40	3 02
23	7 26	9 08	22 22	28 11	1 34	4 52	10 38	3 01
28	7♊21	9♒14	22♊18	28♓12	1♌31	4♓55	10♉36	3♍00

Stations	Feb 16	May 9	Mar 4	Jun 28	Apr 13	Jun 3	Jan 24	May 16
	Sep 9	Oct 22	Sep 22	Dec 12	Oct 30	Nov 19	Aug 10	Nov 30

1873

	♃	♒	♊	♈	♃	♆	♉	♓
Jan 2	7♊16R	9♒19	22♊14R	28♓13	1♌28R	4♓57	10♉34R	2♍58R
7	7 11	9 25	22 10	28 15	1 24	5 00	10 33	2 56
12	7 06	9 32	22 06	28 17	1 20	5 04	10 32	2 54
17	7 03	9 38	22 02	28 20	1 17	5 07	10 31	2 51
22	6 59	9 45	21 59	28 23	1 13	5 11	10 31	2 49
27	6 56	9 51	21 55	28 26	1 09	5 15	10 31D	2 46
Feb 1	6 54	9 58	21 53	28 30	1 05	5 19	10 31	2 43
6	6 52	10 05	21 50	28 33	1 01	5 23	10 32	2 40
11	6 51	10 11	21 48	28 38	0 58	5 27	10 33	2 37
16	6 51	10 18	21 46	28 42	0 54	5 32	10 34	2 34
21	6 51D	10 24	21 45	28 46	0 51	5 36	10 36	2 31
26	6 52	10 30	21 44	28 51	0 48	5 41	10 38	2 27
Mar 3	6 53	10 36	21 44	28 56	0 45	5 45	10 40	2 24
8	6 55	10 42	21 44D	29 01	0 43	5 50	10 43	2 21
13	6 58	10 47	21 44	29 06	0 40	5 54	10 45	2 18
18	7 01	10 52	21 45	29 11	0 38	5 58	10 48	2 15
23	7 05	10 57	21 46	29 16	0 36	6 02	10 52	2 12
28	7 09	11 01	21 48	29 21	0 35	6 06	10 55	2 10
Apr 2	7 14	11 05	21 50	29 26	0 34	6 10	10 59	2 07
7	7 19	11 09	21 52	29 31	0 33	6 14	11 03	2 05
12	7 25	11 12	21 55	29 36	0 33	6 17	11 06	2 03
17	7 31	11 14	21 58	29 40	0 33D	6 20	11 10	2 01
22	7 37	11 16	22 02	29 45	0 33	6 23	11 15	1 59
27	7 44	11 18	22 06	29 49	0 34	6 26	11 19	1 58
May 2	7 51	11 19	22 10	29 53	0 35	6 28	11 23	1 57
7	7 59	11 20	22 14	29 57	0 36	6 30	11 27	1 56
12	8 07	11 20R	22 19	0♈01	0 38	6 32	11 31	1 56
17	8 14	11 20	22 24	0 04	0 40	6 34	11 35	1 56D
22	8 22	11 19	22 29	0 07	0 42	6 35	11 39	1 56
27	8 30	11 18	22 34	0 09	0 45	6 36	11 43	1 56
Jun 1	8 38	11 16	22 39	0 12	0 48	6 36	11 47	1 57
6	8 46	11 14	22 45	0 14	0 51	6 36R	11 51	1 58
11	8 54	11 11	22 50	0 15	0 55	6 36	11 54	1 59
16	9 02	11 08	22 56	0 17	0 58	6 35	11 58	2 01
21	9 10	11 05	23 01	0 17	1 02	6 34	12 01	2 03
26	9 17	11 01	23 07	0 18	1 06	6 33	12 04	2 05
Jul 1	9 25	10 57	23 12	0 18R	1 11	6 32	12 06	2 07
6	9 32	10 53	23 17	0 18	1 15	6 30	12 09	2 10
11	9 38	10 49	23 22	0 17	1 19	6 28	12 11	2 12
16	9 45	10 44	23 27	0 16	1 24	6 26	12 13	2 15
21	9 51	10 39	23 32	0 15	1 29	6 23	12 14	2 19
26	9 56	10 34	23 37	0 13	1 33	6 20	12 15	2 22
31	10 01	10 29	23 41	0 11	1 38	6 17	12 16	2 25
Aug 5	10 06	10 24	23 45	0 09	1 42	6 14	12 17	2 29
10	10 10	10 19	23 49	0 06	1 47	6 11	12 17R	2 33
15	10 13	10 14	23 52	0 03	1 51	6 08	12 17	2 36
20	10 16	10 10	23 55	0 00	1 55	6 04	12 17	2 40
25	10 19	10 05	23 58	29♓57	2 00	6 01	12 16	2 44
30	10 20	10 00	24 00	29 53	2 04	5 57	12 15	2 48
Sep 4	10 22	9 56	24 02	29 49	2 07	5 54	12 14	2 52
9	10 22	9 52	24 03	29 46	2 11	5 50	12 12	2 55
14	10 22R	9 48	24 04	29 42	2 14	5 47	12 10	2 59
19	10 22	9 45	24 05	29 38	2 17	5 43	12 08	3 03
24	10 21	9 42	24 05R	29 34	2 20	5 40	12 06	3 06
29	10 19	9 39	24 05	29 30	2 23	5 37	12 03	3 10
Oct 4	10 16	9 37	24 04	29 26	2 25	5 34	12 00	3 13
9	10 13	9 35	24 03	29 22	2 27	5 31	11 57	3 16
14	10 10	9 34	24 02	29 18	2 28	5 29	11 54	3 19
19	10 06	9 33	24 00	29 14	2 29	5 27	11 51	3 21
24	10 02	9 33D	23 58	29 11	2 30	5 25	11 48	3 24
29	9 57	9 33	23 55	29 08	2 30	5 23	11 44	3 26
Nov 3	9 52	9 34	23 52	29 05	2 30R	5 22	11 41	3 28
8	9 46	9 35	23 49	29 02	2 30	5 21	11 37	3 30
13	9 40	9 37	23 46	28 59	2 29	5 20	11 34	3 31
18	9 34	9 39	23 42	28 57	2 28	5 20	11 30	3 32
23	9 28	9 42	23 38	28 56	2 27	5 20D	11 27	3 33
28	9 22	9 45	23 34	28 54	2 25	5 20	11 24	3 33
Dec 3	9 16	9 49	23 29	28 53	2 23	5 21	11 21	3 33R
8	9 09	9 53	23 25	28 52	2 21	5 22	11 18	3 33
13	9 03	9 58	23 20	28 52D	2 18	5 23	11 15	3 32
18	8 57	10 03	23 16	28 52	2 16	5 25	11 13	3 32
23	8 51	10 08	23 12	28 53	2 13	5 27	11 11	3 31
28	8♊46	10♒13	23♊07	28♓54	2♌09	5♓29	11♉09	3♍29

Stations	Feb 17	May 10	Mar 5	Jun 29	Apr 14	Jun 4	Jan 24	May 17
	Sep 11	Oct 23	Sep 23	Dec 13	Oct 31	Nov 20	Aug 10	Dec 1

	♃	⚳	⚴	⚶	♅	♆	⚷	♇
Jan 2	8♊40R	10♒19	23♊03R	28♓55	2♌06R	5♓32	11♉07R	3♍27R
7	8 35	10 25	22 59	28 57	2 02	5 35	11 06	3 25
12	8 31	10 31	22 55	28 59	1 59	5 38	11 05	3 23
17	8 27	10 38	22 51	29 02	1 55	5 42	11 04	3 21
22	8 23	10 44	22 48	29 04	1 51	5 45	11 04	3 18
27	8 20	10 51	22 44	29 08	1 47	5 49	11 04D	3 16
Feb 1	8 18	10 58	22 41	29 11	1 43	5 53	11 04	3 13
6	8 16	11 04	22 39	29 15	1 40	5 58	11 04	3 10
11	8 14	11 11	22 37	29 19	1 36	6 02	11 05	3 07
16	8 14	11 17	22 35	29 23	1 33	6 06	11 07	3 03
21	8 14D	11 24	22 33	29 28	1 29	6 11	11 08	3 00
26	8 14	11 30	22 33	29 32	1 26	6 15	11 10	2 57
Mar 3	8 15	11 36	22 32	29 37	1 23	6 20	11 12	2 54
8	8 17	11 42	22 32D	29 42	1 21	6 24	11 15	2 51
13	8 20	11 47	22 32	29 47	1 18	6 28	11 18	2 48
18	8 23	11 52	22 33	29 52	1 16	6 33	11 21	2 45
23	8 26	11 57	22 34	29 57	1 14	6 37	11 24	2 42
28	8 30	12 01	22 36	0♈02	1 13	6 41	11 27	2 39
Apr 2	8 35	12 05	22 38	0 07	1 12	6 45	11 31	2 37
7	8 40	12 09	22 40	0 12	1 11	6 48	11 35	2 34
12	8 46	12 12	22 43	0 17	1 11	6 52	11 39	2 32
17	8 52	12 15	22 46	0 22	1 10D	6 55	11 43	2 30
22	8 58	12 17	22 49	0 26	1 11	6 58	11 47	2 29
27	9 05	12 19	22 53	0 30	1 11	7 01	11 51	2 27
May 2	9 12	12 20	22 57	0 34	1 12	7 03	11 55	2 26
7	9 19	12 21	23 02	0 38	1 14	7 05	11 59	2 26
12	9 27	12 21R	23 06	0 42	1 15	7 07	12 03	2 25
17	9 35	12 21	23 11	0 45	1 17	7 09	12 07	2 25D
22	9 43	12 21	23 16	0 48	1 20	7 10	12 12	2 25
27	9 51	12 19	23 21	0 51	1 22	7 11	12 15	2 25
Jun 1	9 59	12 18	23 27	0 53	1 25	7 11	12 19	2 26
6	10 07	12 16	23 32	0 55	1 28	7 11R	12 23	2 27
11	10 15	12 13	23 37	0 57	1 32	7 11	12 27	2 28
16	10 23	12 11	23 43	0 58	1 35	7 11	12 30	2 30
21	10 30	12 07	23 48	0 59	1 39	7 10	12 33	2 31
26	10 38	12 04	23 54	1 00	1 43	7 09	12 36	2 34
Jul 1	10 45	12 00	23 59	1 00R	1 47	7 07	12 39	2 36
6	10 52	11 56	24 04	1 00	1 52	7 05	12 41	2 38
11	10 59	11 51	24 10	0 59	1 56	7 03	12 43	2 41
16	11 06	11 47	24 15	0 58	2 01	7 01	12 45	2 44
21	11 12	11 42	24 19	0 57	2 05	6 59	12 47	2 47
26	11 17	11 37	24 24	0 56	2 10	6 56	12 48	2 51
31	11 22	11 32	24 28	0 54	2 14	6 53	12 49	2 54
Aug 5	11 27	11 27	24 32	0 51	2 19	6 50	12 49	2 58
10	11 31	11 22	24 36	0 49	2 24	6 47	12 50	3 01
15	11 35	11 17	24 40	0 46	2 28	6 43	12 50R	3 05
20	11 38	11 12	24 43	0 43	2 32	6 40	12 49	3 09
25	11 41	11 07	24 45	0 39	2 36	6 36	12 49	3 13
30	11 43	11 03	24 48	0 36	2 40	6 33	12 48	3 16
Sep 4	11 44	10 58	24 50	0 32	2 44	6 29	12 47	3 20
9	11 45	10 54	24 51	0 28	2 48	6 26	12 45	3 24
14	11 45R	10 51	24 52	0 25	2 51	6 22	12 43	3 28
19	11 45	10 47	24 53	0 21	2 54	6 19	12 41	3 31
24	11 44	10 44	24 53R	0 17	2 57	6 16	12 39	3 35
29	11 42	10 41	24 53	0 12	3 00	6 13	12 36	3 38
Oct 4	11 40	10 39	24 53	0 09	3 02	6 10	12 33	3 42
9	11 37	10 37	24 52	0 05	3 04	6 07	12 31	3 45
14	11 34	10 36	24 50	0 01	3 05	6 04	12 27	3 48
19	11 30	10 35	24 49	29♓57	3 07	6 02	12 24	3 50
24	11 26	10 35	24 47	29 54	3 07	6 00	12 21	3 53
29	11 22	10 35D	24 44	29 50	3 08	5 58	12 18	3 55
Nov 3	11 16	10 35	24 41	29 47	3 08R	5 57	12 14	3 57
8	11 11	10 36	24 38	29 45	3 08	5 56	12 11	3 59
13	11 05	10 38	24 35	29 42	3 07	5 55	12 07	4 00
18	10 59	10 40	24 31	29 40	3 06	5 55	12 04	4 01
23	10 53	10 43	24 27	29 38	3 05	5 55D	12 00	4 02
28	10 47	10 46	24 23	29 37	3 03	5 55	11 57	4 02
Dec 3	10 41	10 49	24 19	29 35	3 01	5 56	11 54	4 02R
8	10 34	10 53	24 14	29 35	2 59	5 57	11 51	4 02
13	10 28	10 58	24 10	29 34	2 57	5 58	11 49	4 02
18	10 22	11 03	24 05	29 34D	2 54	6 00	11 46	4 01
23	10 16	11 08	24 01	29 35	2 51	6 02	11 44	4 00
28	10♊10	11♒13	23♊56	29♓36	2♌48	6♓04	11♉42	3♍58
Stations	Feb 18	May 12	Mar 6	Jun 30	Apr 15	Jun 5	Jan 25	May 17
	Sep 12	Oct 25	Sep 24	Dec 14	Nov 1	Nov 21	Aug 11	Dec 2

1875

Date	♃	♇	♅	⚷	♃	Ψ	♆	☿
Jan 2	10♊05R	11♒19	23♊52R	29♓37	2♌44R	6♓07	11♉40R	3♍57R
7	10 00	11 25	23 48	29 39	2 41	6 10	11 39	3 55
12	9 55	11 31	23 44	29 41	2 37	6 13	11 38	3 53
17	9 51	11 38	23 40	29 43	2 33	6 16	11 37	3 50
22	9 47	11 44	23 37	29 46	2 29	6 20	11 36	3 48
27	9 44	11 51	23 33	29 49	2 25	6 24	11 36D	3 45
Feb 1	9 41	11 57	23 30	29 53	2 22	6 28	11 37	3 42
6	9 39	12 04	23 28	29 56	2 18	6 32	11 37	3 39
11	9 38	12 10	23 25	0♈00	2 14	6 36	11 38	3 36
16	9 37	12 17	23 24	0 05	2 11	6 41	11 39	3 33
21	9 37D	12 23	23 22	0 09	2 08	6 45	11 41	3 30
26	9 37	12 30	23 21	0 14	2 04	6 50	11 43	3 27
Mar 3	9 38	12 36	23 20	0 18	2 01	6 54	11 45	3 23
8	9 40	12 41	23 20D	0 23	1 59	6 58	11 47	3 20
13	9 42	12 47	23 20	0 28	1 56	7 03	11 50	3 17
18	9 45	12 52	23 21	0 33	1 54	7 07	11 53	3 14
23	9 48	12 57	23 22	0 38	1 52	7 11	11 56	3 11
28	9 52	13 02	23 24	0 43	1 51	7 15	12 00	3 09
Apr 2	9 56	13 06	23 26	0 48	1 50	7 19	12 03	3 06
7	10 01	13 10	23 28	0 53	1 49	7 23	12 07	3 04
12	10 07	13 13	23 31	0 58	1 48	7 26	12 11	3 02
17	10 13	13 16	23 34	1 03	1 48D	7 30	12 15	3 00
22	10 19	13 18	23 37	1 07	1 48	7 33	12 19	2 58
27	10 26	13 20	23 41	1 12	1 49	7 35	12 23	2 57
May 2	10 33	13 21	23 45	1 16	1 50	7 38	12 27	2 56
7	10 40	13 22	23 49	1 20	1 51	7 40	12 31	2 55
12	10 48	13 23	23 54	1 24	1 53	7 42	12 35	2 54
17	10 55	13 23R	23 58	1 27	1 55	7 44	12 40	2 54
22	11 03	13 22	24 03	1 30	1 57	7 45	12 44	2 54D
27	11 11	13 21	24 09	1 33	1 59	7 46	12 48	2 54
Jun 1	11 19	13 20	24 14	1 35	2 02	7 46	12 51	2 55
6	11 27	13 18	24 19	1 37	2 05	7 46R	12 55	2 56
11	11 35	13 15	24 25	1 39	2 09	7 46	12 59	2 57
16	11 43	13 13	24 30	1 40	2 12	7 46	13 02	2 59
21	11 51	13 09	24 36	1 41	2 16	7 45	13 05	3 00
26	11 58	13 06	24 41	1 42	2 20	7 44	13 08	3 02
Jul 1	12 06	13 02	24 46	1 42R	2 24	7 43	13 11	3 05
6	12 13	12 58	24 52	1 42	2 29	7 41	13 13	3 07
11	12 20	12 54	24 57	1 42	2 33	7 39	13 16	3 10
16	12 26	12 49	25 02	1 41	2 38	7 37	13 18	3 13
21	12 33	12 44	25 07	1 40	2 42	7 34	13 19	3 16
26	12 38	12 39	25 11	1 38	2 47	7 32	13 20	3 19
31	12 44	12 35	25 16	1 36	2 51	7 29	13 21	3 23
Aug 5	12 49	12 30	25 20	1 34	2 56	7 26	13 22	3 26
10	12 53	12 24	25 24	1 31	3 00	7 22	13 22	3 30
15	12 57	12 19	25 27	1 29	3 05	7 19	13 23R	3 34
20	13 00	12 15	25 30	1 26	3 09	7 16	13 22	3 37
25	13 03	12 10	25 33	1 22	3 13	7 12	13 22	3 41
30	13 05	12 05	25 36	1 19	3 17	7 09	13 21	3 45
Sep 4	13 07	12 01	25 38	1 15	3 21	7 05	13 20	3 49
9	13 08	11 57	25 39	1 11	3 25	7 02	13 18	3 53
14	13 08R	11 53	25 41	1 07	3 28	6 58	13 16	3 56
19	13 08	11 49	25 41	1 03	3 31	6 55	13 14	4 00
24	13 07	11 46	25 42	0 59	3 34	6 51	13 12	4 04
29	13 06	11 43	25 42R	0 55	3 37	6 48	13 09	4 07
Oct 4	13 04	11 41	25 41	0 51	3 39	6 45	13 07	4 10
9	13 01	11 39	25 40	0 48	3 41	6 43	13 04	4 13
14	12 58	11 37	25 39	0 44	3 43	6 40	13 01	4 16
19	12 55	11 36	25 37	0 40	3 44	6 38	12 58	4 19
24	12 51	11 36	25 35	0 36	3 45	6 36	12 54	4 22
29	12 46	11 36D	25 33	0 33	3 46	6 34	12 51	4 24
Nov 3	12 41	11 36	25 30	0 30	3 46R	6 32	12 47	4 26
8	12 36	11 37	25 27	0 27	3 46	6 31	12 44	4 27
13	12 30	11 39	25 24	0 25	3 45	6 30	12 40	4 29
18	12 24	11 41	25 20	0 22	3 44	6 30	12 37	4 30
23	12 18	11 43	25 16	0 21	3 43	6 30D	12 34	4 31
28	12 12	11 46	25 12	0 19	3 41	6 30	12 31	4 31
Dec 3	12 06	11 50	25 08	0 18	3 39	6 31	12 27	4 31R
8	11 59	11 54	25 03	0 17	3 37	6 32	12 25	4 31
13	11 53	11 58	24 59	0 17	3 35	6 33	12 22	4 31
18	11 47	12 03	24 55	0 17D	3 32	6 35	12 19	4 30
23	11 41	12 08	24 50	0 17	3 29	6 37	12 17	4 29
28	11♊35	12♒13	24♊46	0♈18	3♌26	6♓39	12♉15	4♍28

Stations	Feb 20	May 13	Mar 7	Jul 1	Apr 16	Jun 6	Jan 25	May 18
	Sep 14	Oct 26	Sep 25	Dec 15	Nov 2	Nov 21	Aug 12	Dec 2

1876

	♃	⚷	♇	♈	2↓	♆	⚴	✶
Jan 2	11♊ 30R	12≈ 19	24♊ 41R	0♈ 19	3♌ 22R	6♓ 41	12♉ 13R	4♍ 26R
7	11 25	12 25	24 37	0 21	3 19	6 44	12 12	4 24
12	11 20	12 31	24 33	0 23	3 15	6 47	12 11	4 22
17	11 15	12 37	24 29	0 25	3 11	6 51	12 10	4 20
22	11 11	12 44	24 26	0 28	3 08	6 54	12 09	4 17
27	11 08	12 50	24 22	0 31	3 04	6 58	12 09D	4 15
Feb 1	11 05	12 57	24 19	0 34	3 00	7 02	12 09	4 12
6	11 03	13 03	24 17	0 38	2 56	7 06	12 10	4 09
11	11 01	13 10	24 14	0 42	2 53	7 11	12 11	4 06
16	11 00	13 17	24 12	0 46	2 49	7 15	12 12	4 03
21	11 00	13 23	24 11	0 50	2 46	7 20	12 13	4 00
26	11 00D	13 29	24 10	0 55	2 43	7 24	12 15	3 56
Mar 2	11 01	13 35	24 09	1 00	2 40	7 28	12 17	3 53
7	11 02	13 41	24 08D	1 04	2 37	7 33	12 20	3 50
12	11 04	13 47	24 09	1 09	2 34	7 37	12 22	3 47
17	11 07	13 52	24 09	1 14	2 32	7 42	12 25	3 44
22	11 10	13 57	24 10	1 19	2 30	7 46	12 28	3 41
27	11 14	14 02	24 12	1 25	2 29	7 50	12 32	3 38
Apr 1	11 18	14 06	24 13	1 30	2 27	7 54	12 35	3 36
6	11 23	14 10	24 16	1 35	2 26	7 58	12 39	3 33
11	11 28	14 13	24 18	1 39	2 26	8 01	12 43	3 31
16	11 34	14 16	24 21	1 44	2 26D	8 04	12 47	3 29
21	11 40	14 19	24 25	1 49	2 26	8 07	12 51	3 28
26	11 47	14 21	24 28	1 53	2 26	8 10	12 55	3 26
May 1	11 53	14 22	24 32	1 57	2 27	8 13	12 59	3 25
6	12 01	14 23	24 36	2 01	2 28	8 15	13 03	3 24
11	12 08	14 24	24 41	2 05	2 30	8 17	13 08	3 24
16	12 16	14 24R	24 46	2 08	2 32	8 18	13 12	3 23
21	12 23	14 24	24 51	2 12	2 34	8 20	13 16	3 23D
26	12 31	14 23	24 56	2 14	2 37	8 21	13 20	3 24
31	12 39	14 21	25 01	2 17	2 39	8 21	13 24	3 24
Jun 5	12 47	14 20	25 06	2 19	2 42	8 22R	13 27	3 25
10	12 55	14 17	25 12	2 21	2 46	8 22	13 31	3 26
15	13 03	14 15	25 17	2 22	2 49	8 21	13 34	3 28
20	13 11	14 12	25 23	2 23	2 53	8 20	13 38	3 29
25	13 19	14 08	25 28	2 24	2 57	8 19	13 41	3 31
30	13 26	14 04	25 34	2 24	3 01	8 18	13 43	3 34
Jul 5	13 34	14 00	25 39	2 24R	3 06	8 16	13 46	3 36
10	13 41	13 56	25 44	2 24	3 10	8 15	13 48	3 39
15	13 47	13 52	25 49	2 23	3 14	8 12	13 50	3 42
20	13 54	13 47	25 54	2 22	3 19	8 10	13 52	3 45
25	14 00	13 42	25 59	2 21	3 24	8 07	13 53	3 48
30	14 05	13 37	26 03	2 19	3 28	8 04	13 54	3 51
Aug 4	14 10	13 32	26 07	2 17	3 33	8 01	13 55	3 55
9	14 15	13 27	26 11	2 14	3 37	7 58	13 55	3 58
14	14 19	13 22	26 15	2 11	3 42	7 55	13 55R	4 02
19	14 22	13 17	26 18	2 08	3 46	7 51	13 55	4 06
24	14 25	13 12	26 21	2 05	3 50	7 48	13 55	4 10
29	14 28	13 08	26 23	2 02	3 54	7 44	13 54	4 14
Sep 3	14 30	13 03	26 26	1 58	3 58	7 41	13 53	4 18
8	14 31	12 59	26 27	1 54	4 02	7 37	13 51	4 21
13	14 31	12 55	26 29	1 50	4 05	7 34	13 49	4 25
18	14 31R	12 51	26 30	1 46	4 09	7 30	13 47	4 29
23	14 31	12 48	26 30	1 42	4 11	7 27	13 45	4 32
28	14 30	12 45	26 30R	1 38	4 14	7 24	13 43	4 36
Oct 3	14 28	12 43	26 30	1 34	4 16	7 21	13 40	4 39
8	14 25	12 41	26 29	1 30	4 18	7 18	13 37	4 42
13	14 22	12 39	26 28	1 27	4 20	7 16	13 34	4 45
18	14 19	12 38	26 26	1 23	4 21	7 13	13 31	4 48
23	14 15	12 37	26 24	1 19	4 22	7 11	13 28	4 50
28	14 11	12 37D	26 22	1 16	4 23	7 09	13 24	4 53
Nov 2	14 06	12 37	26 19	1 13	4 23R	7 08	13 21	4 55
7	14 01	12 38	26 16	1 10	4 23	7 07	13 17	4 56
12	13 55	12 40	26 13	1 07	4 23	7 06	13 14	4 58
17	13 49	12 42	26 09	1 05	4 22	7 05	13 10	4 59
22	13 43	12 44	26 05	1 03	4 21	7 05D	13 07	5 00
27	13 37	12 47	26 01	1 01	4 19	7 05	13 04	5 00
Dec 2	13 31	12 50	25 57	1 00	4 17	7 06	13 01	5 01R
7	13 25	12 54	25 53	0 59	4 15	7 07	12 58	5 01
12	13 18	12 58	25 48	0 59	4 13	7 08	12 55	5 00
17	13 12	13 03	25 44	0 59D	4 10	7 09	12 52	5 00
22	13 06	13 08	25 39	0 59	4 07	7 11	12 50	4 59
27	13♊ 00	13≈ 13	25♊ 35	1♈ 00	4♌ 04	7♓ 14	12♉ 48	4♍ 57

Stations	Feb 22	May 13	Mar 7	Jul 1	Apr 16	Jun 5	Jan 26	May 18
	Sep 15	Oct 26	Sep 25	Dec 15	Nov 2	Nov 21	Aug 12	Dec 2

1877

	♃	⚷	⚴	⚵	⚳	♇	⚶	⚸
Jan 1	12♊55R	13♒19	25♊31R	1♈01	4♌01R	7♓16	12♉46R	4♍56R
6	12 49	13 24	25 26	1 03	3 57	7 19	12 45	4 54
11	12 44	13 31	25 22	1 04	3 53	7 22	12 44	4 52
16	12 40	13 37	25 18	1 07	3 50	7 25	12 43	4 50
21	12 36	13 43	25 15	1 09	3 46	7 29	12 42	4 47
26	12 32	13 50	25 11	1 12	3 42	7 33	12 42D	4 44
31	12 29	13 56	25 08	1 16	3 38	7 37	12 42	4 42
Feb 5	12 27	14 03	25 05	1 19	3 35	7 41	12 43	4 39
10	12 25	14 10	25 03	1 23	3 31	7 45	12 43	4 36
15	12 23	14 16	25 01	1 27	3 27	7 50	12 44	4 32
20	12 23	14 23	24 59	1 32	3 24	7 54	12 46	4 29
25	12 23D	14 29	24 58	1 36	3 21	7 58	12 48	4 26
Mar 2	12 23	14 35	24 57	1 41	3 18	8 03	12 50	4 23
7	12 25	14 41	24 57	1 46	3 15	8 07	12 52	4 20
12	12 26	14 47	24 57D	1 51	3 12	8 12	12 55	4 17
17	12 29	14 52	24 57	1 56	3 10	8 16	12 58	4 13
22	12 32	14 57	24 58	2 01	3 08	8 20	13 01	4 11
27	12 35	15 02	25 00	2 06	3 07	8 24	13 04	4 08
Apr 1	12 39	15 06	25 01	2 11	3 05	8 28	13 08	4 05
6	12 44	15 10	25 03	2 16	3 04	8 32	13 11	4 03
11	12 49	15 14	25 06	2 21	3 04	8 36	13 15	4 01
16	12 55	15 17	25 09	2 25	3 03	8 39	13 19	3 59
21	13 01	15 19	25 12	2 30	3 03D	8 42	13 23	3 57
26	13 07	15 22	25 16	2 34	3 04	8 45	13 27	3 56
May 1	13 14	15 23	25 20	2 39	3 05	8 48	13 31	3 54
6	13 21	15 24	25 24	2 43	3 06	8 50	13 36	3 53
11	13 29	15 25	25 28	2 46	3 07	8 52	13 40	3 53
16	13 36	15 25R	25 33	2 50	3 09	8 53	13 44	3 52
21	13 44	15 25	25 38	2 53	3 11	8 55	13 48	3 52D
26	13 52	15 24	25 43	2 56	3 14	8 56	13 52	3 53
31	14 00	15 23	25 48	2 59	3 17	8 56	13 56	3 53
Jun 5	14 08	15 21	25 54	3 01	3 20	8 57	14 00	3 54
10	14 16	15 19	25 59	3 03	3 23	8 57R	14 03	3 55
15	14 24	15 17	26 04	3 04	3 26	8 56	14 07	3 57
20	14 32	15 14	26 10	3 05	3 30	8 56	14 10	3 58
25	14 39	15 10	26 15	3 06	3 34	8 55	14 13	4 00
30	14 47	15 07	26 21	3 07	3 38	8 53	14 16	4 02
Jul 5	14 54	15 03	26 26	3 07R	3 42	8 52	14 18	4 05
10	15 01	14 59	26 31	3 06	3 47	8 50	14 21	4 07
15	15 08	14 54	26 36	3 06	3 51	8 48	14 23	4 10
20	15 15	14 49	26 41	3 04	3 56	8 46	14 24	4 13
25	15 21	14 45	26 46	3 03	4 00	8 43	14 26	4 17
30	15 26	14 40	26 51	3 01	4 05	8 40	14 27	4 20
Aug 4	15 32	14 35	26 55	2 59	4 10	8 37	14 28	4 23
9	15 36	14 30	26 59	2 57	4 14	8 34	14 28	4 27
14	15 41	14 25	27 02	2 54	4 19	8 31	14 28R	4 31
19	15 44	14 20	27 06	2 51	4 23	8 27	14 28	4 35
24	15 47	14 15	27 09	2 48	4 27	8 24	14 27	4 38
29	15 50	14 10	27 11	2 45	4 31	8 20	14 27	4 42
Sep 3	15 52	14 06	27 13	2 41	4 35	8 17	14 26	4 46
8	15 53	14 01	27 15	2 37	4 39	8 13	14 24	4 50
13	15 54	13 57	27 17	2 33	4 42	8 10	14 22	4 54
18	15 54R	13 54	27 18	2 29	4 46	8 06	14 21	4 57
23	15 54	13 50	27 18	2 25	4 49	8 03	14 18	5 01
28	15 53	13 47	27 18R	2 21	4 51	8 00	14 16	5 04
Oct 3	15 51	13 45	27 18	2 17	4 54	7 57	14 13	5 08
8	15 49	13 42	27 17	2 13	4 56	7 54	14 10	5 11
13	15 46	13 41	27 16	2 09	4 58	7 51	14 07	5 14
18	15 43	13 39	27 15	2 06	4 59	7 49	14 04	5 17
23	15 39	13 39	27 13	2 02	5 00	7 47	14 01	5 19
28	15 35	13 38D	27 11	1 59	5 01	7 45	13 57	5 22
Nov 2	15 30	13 39	27 08	1 56	5 01	7 43	13 54	5 24
7	15 25	13 39	27 05	1 53	5 01R	7 42	13 51	5 25
12	15 20	13 41	27 02	1 50	5 01	7 41	13 47	5 27
17	15 14	13 42	26 58	1 48	5 00	7 40	13 44	5 28
22	15 08	13 45	26 54	1 46	4 59	7 40D	13 40	5 29
27	15 02	13 47	26 50	1 44	4 57	7 40	13 37	5 30
Dec 2	14 56	13 51	26 46	1 43	4 55	7 41	13 34	5 30
7	14 50	13 54	26 42	1 42	4 53	7 42	13 31	5 30R
12	14 43	13 58	26 38	1 41	4 51	7 43	13 28	5 29
17	14 37	14 03	26 33	1 41D	4 48	7 44	13 26	5 29
22	14 31	14 08	26 29	1 41	4 45	7 46	13 23	5 28
27	14♊25	14♒13	26♊24	1♈42	4♌42	7♓48	13♉21	5♍27

Stations	Feb 22	May 15	Mar 8	Jul 2	Apr 17	Jun 6	Jan 26	May 19
	Sep 16	Oct 28	Sep 26	Dec 16	Nov 3	Nov 22	Aug 13	Dec 3

	♃			♈	♃	♆		♅
Jan 1	14♊ 19R	14♒ 18	26♊ 20R	1♈ 43	4♌ 39R	7♓ 51	13♉ 19R	5♍ 25R
6	14 14	14 24	26 15	1 44	4 35	7 54	13 18	5 23
11	14 09	14 30	26 11	1 46	4 32	7 57	13 17	5 21
16	14 04	14 37	26 07	1 48	4 28	8 00	13 16	5 19
21	14 00	14 43	26 04	1 51	4 24	8 04	13 15	5 17
26	13 56	14 49	26 00	1 54	4 20	8 07	13 15	5 14
31	13 53	14 56	25 57	1 57	4 17	8 11	13 15D	5 11
Feb 5	13 50	15 03	25 54	2 01	4 13	8 15	13 15	5 08
10	13 48	15 09	25 52	2 05	4 09	8 20	13 16	5 05
15	13 47	15 16	25 50	2 09	4 06	8 24	13 17	5 02
20	13 46	15 22	25 48	2 13	4 02	8 28	13 18	4 59
25	13 46D	15 29	25 47	2 17	3 59	8 33	13 20	4 56
Mar 2	13 46	15 35	25 46	2 22	3 56	8 37	13 22	4 52
7	13 47	15 41	25 45	2 27	3 53	8 42	13 24	4 49
12	13 49	15 47	25 45D	2 32	3 50	8 46	13 27	4 46
17	13 51	15 52	25 46	2 37	3 48	8 51	13 30	4 43
22	13 54	15 57	25 46	2 42	3 46	8 55	13 33	4 40
27	13 57	16 02	25 48	2 47	3 44	8 59	13 36	4 37
Apr 1	14 01	16 07	25 49	2 52	3 43	9 03	13 40	4 35
6	14 06	16 11	25 51	2 57	3 42	9 07	13 43	4 32
11	14 11	16 14	25 54	3 02	3 41	9 10	13 47	4 30
16	14 16	16 17	25 57	3 07	3 41	9 14	13 51	4 28
21	14 22	16 20	26 00	3 11	3 41D	9 17	13 55	4 26
26	14 28	16 22	26 03	3 16	3 41	9 20	13 59	4 25
May 1	14 35	16 24	26 07	3 20	3 42	9 22	14 03	4 24
6	14 42	16 25	26 11	3 24	3 43	9 25	14 08	4 23
11	14 49	16 26	26 16	3 28	3 45	9 27	14 12	4 22
16	14 57	16 27R	26 20	3 32	3 46	9 28	14 16	4 22
21	15 04	16 26	26 25	3 35	3 49	9 30	14 20	4 22D
26	15 12	16 26	26 30	3 38	3 51	9 31	14 24	4 22
31	15 20	16 25	26 35	3 40	3 54	9 31	14 28	4 22
Jun 5	15 28	16 23	26 41	3 43	3 57	9 32	14 32	4 23
10	15 36	16 21	26 46	3 45	4 00	9 32R	14 35	4 24
15	15 44	16 19	26 52	3 46	4 03	9 32	14 39	4 25
20	15 52	16 16	26 57	3 47	4 07	9 31	14 42	4 27
25	16 00	16 13	27 03	3 48	4 11	9 30	14 45	4 29
30	16 07	16 09	27 08	3 49	4 15	9 29	14 48	4 31
Jul 5	16 15	16 05	27 13	3 49R	4 19	9 27	14 51	4 34
10	16 22	16 01	27 19	3 49	4 24	9 26	14 53	4 36
15	16 29	15 57	27 24	3 48	4 28	9 23	14 55	4 39
20	16 35	15 52	27 29	3 47	4 33	9 21	14 57	4 42
25	16 42	15 47	27 33	3 46	4 37	9 19	14 58	4 45
30	16 47	15 42	27 38	3 44	4 42	9 16	14 59	4 49
Aug 4	16 53	15 37	27 42	3 42	4 46	9 13	15 00	4 52
9	16 58	15 32	27 46	3 39	4 51	9 10	15 01	4 56
14	17 02	15 27	27 50	3 37	4 55	9 06	15 01R	4 59
19	17 06	15 22	27 53	3 34	5 00	9 03	15 01	5 03
24	17 09	15 17	27 56	3 31	5 04	8 59	15 00	5 07
29	17 12	15 13	27 59	3 27	5 08	8 56	15 00	5 11
Sep 3	17 14	15 08	28 01	3 24	5 12	8 52	14 59	5 15
8	17 16	15 04	28 03	3 20	5 16	8 49	14 57	5 19
13	17 17	15 00	28 05	3 16	5 19	8 45	14 56	5 22
18	17 17R	14 56	28 06	3 12	5 23	8 42	14 54	5 26
23	17 17	14 52	28 07	3 08	5 26	8 39	14 51	5 30
28	17 16	14 49	28 07R	3 04	5 28	8 35	14 49	5 33
Oct 3	17 15	14 46	28 07	3 00	5 31	8 32	14 46	5 36
8	17 13	14 44	28 06	2 56	5 33	8 29	14 44	5 40
13	17 10	14 42	28 05	2 52	5 35	8 27	14 41	5 43
18	17 07	14 41	28 04	2 49	5 36	8 24	14 37	5 45
23	17 04	14 40	28 02	2 45	5 37	8 22	14 34	5 48
28	16 59	14 40	27 59	2 42	5 38	8 20	14 31	5 50
Nov 2	16 55	14 40D	27 57	2 38	5 39	8 19	14 27	5 53
7	16 50	14 40	27 54	2 35	5 39R	8 17	14 24	5 54
12	16 45	14 42	27 51	2 33	5 38	8 16	14 20	5 56
17	16 39	14 43	27 47	2 30	5 38	8 16	14 17	5 57
22	16 33	14 45	27 44	2 28	5 36	8 15	14 14	5 58
27	16 27	14 48	27 40	2 26	5 35	8 15D	14 10	5 59
Dec 2	16 21	14 51	27 35	2 25	5 33	8 16	14 07	5 59
7	16 15	14 55	27 31	2 24	5 31	8 17	14 04	5 59R
12	16 08	14 59	27 27	2 23	5 29	8 18	14 01	5 59
17	16 02	15 03	27 22	2 23D	5 26	8 19	13 59	5 58
22	15 56	15 08	27 18	2 23	5 23	8 21	13 56	5 57
27	15♊ 50	15♒ 13	27♊ 13	2♈ 24	5♌ 20	8♓ 23	13♉ 54	5♍ 56

Stations	Feb 24	May 16	Mar 9	Jul 3	Apr 17	Jun 7	Jan 27	May 19
	Sep 18	Oct 29	Sep 27	Dec 17	Nov 4	Nov 23	Aug 13	Dec 3

1879

	♃	(Cupido)	(Hades)	(Zeus)	(Kronos)	(Apollon)	(Admetos)	(Vulkanus)
Jan 1	15♊44R	15≈18	27♊09R	2♈25	5♌17R	8♓26	13♉52R	5♍55R
6	15 39	15 24	27 05	2 26	5 14	8 28	13 51	5 53
11	15 33	15 30	27 01	2 28	5 10	8 31	13 49	5 51
16	15 29	15 36	26 57	2 30	5 06	8 35	13 48	5 49
21	15 24	15 43	26 53	2 33	5 02	8 38	13 48	5 46
26	15 20	15 49	26 49	2 35	4 59	8 42	13 47	5 44
31	15 17	15 56	26 46	2 39	4 55	8 46	13 48D	5 41
Feb 5	15 14	16 02	26 43	2 42	4 51	8 50	13 48	5 38
10	15 12	16 09	26 41	2 46	4 47	8 54	13 49	5 35
15	15 10	16 16	26 38	2 50	4 44	8 58	13 50	5 32
20	15 09	16 22	26 37	2 54	4 40	9 03	13 51	5 28
25	15 09D	16 28	26 35	2 59	4 37	9 07	13 53	5 25
Mar 2	15 09	16 35	26 34	3 03	4 34	9 12	13 55	5 22
7	15 10	16 41	26 34	3 08	4 31	9 17	13 57	5 19
12	15 11	16 46	26 33D	3 13	4 28	9 21	13 59	5 16
17	15 13	16 52	26 34	3 18	4 26	9 25	14 02	5 13
22	15 16	16 57	26 34	3 23	4 24	9 29	14 05	5 10
27	15 19	17 02	26 36	3 28	4 22	9 33	14 08	5 07
Apr 1	15 23	17 07	26 37	3 33	4 21	9 37	14 12	5 04
6	15 27	17 11	26 39	3 38	4 20	9 41	14 16	5 02
11	15 32	17 15	26 41	3 43	4 19	9 45	14 19	5 00
16	15 37	17 18	26 44	3 48	4 19	9 48	14 23	4 58
21	15 43	17 21	26 47	3 53	4 19D	9 51	14 27	4 56
26	15 49	17 23	26 51	3 57	4 19	9 54	14 31	4 54
May 1	15 56	17 25	26 55	4 01	4 20	9 57	14 36	4 53
6	16 02	17 26	26 59	4 06	4 21	9 59	14 40	4 52
11	16 10	17 27	27 03	4 09	4 22	10 01	14 44	4 51
16	16 17	17 28	27 08	4 13	4 24	10 03	14 48	4 51
21	16 25	17 28R	27 12	4 16	4 26	10 05	14 52	4 51D
26	16 32	17 27	27 17	4 19	4 28	10 06	14 56	4 51
31	16 40	17 26	27 23	4 22	4 31	10 07	15 00	4 51
Jun 5	16 48	17 25	27 28	4 24	4 34	10 07	15 04	4 52
10	16 56	17 23	27 33	4 26	4 37	10 07R	15 08	4 53
15	17 04	17 21	27 39	4 28	4 40	10 07	15 11	4 54
20	17 12	17 18	27 44	4 29	4 44	10 06	15 14	4 56
25	17 20	17 15	27 50	4 30	4 48	10 05	15 17	4 58
30	17 28	17 11	27 55	4 31	4 52	10 04	15 20	5 00
Jul 5	17 35	17 07	28 00	4 31R	4 56	10 03	15 23	5 02
10	17 43	17 03	28 06	4 31	5 00	10 01	15 25	5 05
15	17 50	16 59	28 11	4 30	5 05	9 59	15 27	5 08
20	17 56	16 54	28 16	4 29	5 09	9 57	15 29	5 11
25	18 03	16 50	28 21	4 28	5 14	9 54	15 31	5 14
30	18 08	16 45	28 25	4 26	5 19	9 51	15 32	5 17
Aug 4	18 14	16 40	28 30	4 24	5 23	9 48	15 33	5 21
9	18 19	16 35	28 34	4 22	5 28	9 45	15 33	5 24
14	18 24	16 30	28 37	4 19	5 32	9 42	15 34R	5 28
19	18 28	16 25	28 41	4 17	5 37	9 39	15 34	5 32
24	18 31	16 20	28 44	4 13	5 41	9 35	15 33	5 36
29	18 34	16 15	28 47	4 10	5 45	9 32	15 32	5 39
Sep 3	18 37	16 10	28 49	4 07	5 49	9 28	15 31	5 43
8	18 38	16 06	28 51	4 03	5 53	9 25	15 30	5 47
13	18 40	16 02	28 53	3 59	5 56	9 21	15 29	5 51
18	18 40	15 58	28 54	3 55	6 00	9 18	15 27	5 55
23	18 40R	15 54	28 55	3 51	6 03	9 14	15 25	5 58
28	18 40	15 51	28 55R	3 47	6 06	9 11	15 22	6 02
Oct 3	18 38	15 48	28 55	3 43	6 08	9 08	15 20	6 05
8	18 37	15 46	28 54	3 39	6 10	9 05	15 17	6 08
13	18 34	15 44	28 53	3 35	6 12	9 02	15 14	6 11
18	18 31	15 43	28 52	3 31	6 14	9 00	15 11	6 14
23	18 28	15 42	28 50	3 28	6 15	8 58	15 07	6 17
28	18 24	15 41	28 48	3 24	6 16	8 56	15 04	6 19
Nov 2	18 19	15 41D	28 46	3 21	6 16	8 54	15 01	6 21
7	18 15	15 41	28 43	3 18	6 16R	8 53	14 57	6 23
12	18 09	15 42	28 40	3 15	6 16	8 52	14 54	6 25
17	18 04	15 44	28 36	3 13	6 15	8 51	14 50	6 26
22	17 58	15 46	28 33	3 11	6 14	8 51	14 47	6 27
27	17 52	15 48	28 29	3 09	6 13	8 51D	14 44	6 28
Dec 2	17 46	15 51	28 25	3 07	6 11	8 51	14 40	6 28
7	17 40	15 55	28 20	3 06	6 09	8 52	14 37	6 28R
12	17 33	15 59	28 16	3 06	6 07	8 53	14 35	6 28
17	17 27	16 03	28 12	3 06	6 04	8 54	14 32	6 27
22	17 21	16 08	28 07	3 05D	6 01	8 56	14 29	6 26
27	17♊15	16≈13	28♊03	3♈06	5♌58	8♓58	14♉27	6♍25
Stations	Feb 25	May 17	Mar 10	Jul 4	Apr 18	Jun 8	Jan 28	May 20
	Sep 20	Oct 30	Sep 28	Dec 18	Nov 5	Nov 24	Aug 14	Dec 4

	♃	ℭ	⚷	♈	⚴	♆	⚘	⚳
Jan 1	17♊09R	16♒18	27♊58R	3♈07	5♌55R	9♓00	14♉25R	6♍24R
6	17 03	16 24	27 54	3 08	5 52	9 03	14 24	6 22
11	16 58	16 30	27 50	3 10	5 48	9 06	14 22	6 20
16	16 53	16 36	27 46	3 12	5 44	9 09	14 21	6 18
21	16 48	16 42	27 42	3 14	5 41	9 13	14 21	6 16
26	16 44	16 49	27 38	3 17	5 37	9 16	14 20	6 13
31	16 41	16 55	27 35	3 20	5 33	9 20	14 20D	6 10
Feb 5	16 38	17 02	27 32	3 24	5 29	9 24	14 21	6 07
10	16 35	17 09	27 29	3 27	5 26	9 29	14 21	6 04
15	16 34	17 15	27 27	3 31	5 22	9 33	14 22	6 01
20	16 32	17 22	27 25	3 36	5 18	9 37	14 23	5 58
25	16 32	17 28	27 24	3 40	5 15	9 42	14 25	5 55
Mar 1	16 32D	17 34	27 23	3 45	5 12	9 46	14 27	5 52
6	16 32	17 40	27 22	3 49	5 09	9 51	14 29	5 48
11	16 33	17 46	27 22D	3 54	5 06	9 55	14 32	5 45
16	16 35	17 52	27 22	3 59	5 04	9 59	14 34	5 42
21	16 38	17 57	27 23	4 04	5 02	10 04	14 37	5 39
26	16 41	18 02	27 24	4 09	5 00	10 08	14 41	5 37
31	16 44	18 07	27 25	4 14	4 59	10 12	14 44	5 34
Apr 5	16 48	18 11	27 27	4 19	4 57	10 16	14 48	5 31
10	16 53	18 15	27 29	4 24	4 57	10 19	14 51	5 29
15	16 58	18 18	27 32	4 29	4 56	10 23	14 55	5 27
20	17 04	18 21	27 35	4 34	4 56D	10 26	14 59	5 25
25	17 10	18 24	27 38	4 38	4 56	10 29	15 03	5 24
30	17 16	18 26	27 42	4 43	4 57	10 32	15 08	5 22
May 5	17 23	18 27	27 46	4 47	4 58	10 34	15 12	5 21
10	17 30	18 28	27 50	4 51	4 59	10 36	15 16	5 20
15	17 37	18 29	27 55	4 54	5 01	10 38	15 20	5 20
20	17 45	18 29R	28 00	4 58	5 03	10 40	15 24	5 20D
25	17 53	18 29	28 05	5 01	5 05	10 41	15 28	5 20
30	18 01	18 28	28 10	5 04	5 08	10 42	15 32	5 20
Jun 4	18 09	18 26	28 15	5 06	5 11	10 42	15 36	5 21
9	18 17	18 25	28 20	5 08	5 14	10 42R	15 40	5 22
14	18 25	18 22	28 26	5 10	5 17	10 42	15 43	5 23
19	18 33	18 20	28 31	5 11	5 21	10 42	15 47	5 25
24	18 40	18 17	28 37	5 12	5 25	10 41	15 50	5 27
29	18 48	18 13	28 42	5 13	5 29	10 40	15 53	5 29
Jul 4	18 56	18 10	28 48	5 13R	5 33	10 38	15 55	5 31
9	19 03	18 06	28 53	5 13	5 37	10 36	15 58	5 34
14	19 10	18 01	28 58	5 12	5 42	10 34	16 00	5 36
19	19 17	17 57	29 03	5 12	5 46	10 32	16 02	5 39
24	19 23	17 52	29 08	5 10	5 51	10 30	16 03	5 43
29	19 29	17 47	29 13	5 09	5 55	10 27	16 04	5 46
Aug 3	19 35	17 42	29 17	5 07	6 00	10 24	16 05	5 49
8	19 40	17 37	29 21	5 05	6 04	10 21	16 06	5 53
13	19 45	17 32	29 25	5 02	6 09	10 18	16 06	5 57
18	19 49	17 27	29 28	4 59	6 13	10 14	16 06R	6 00
23	19 53	17 22	29 32	4 56	6 18	10 11	16 06	6 04
28	19 56	17 18	29 34	4 53	6 22	10 07	16 05	6 08
Sep 2	19 59	17 13	29 37	4 49	6 26	10 04	16 04	6 12
7	20 01	17 08	29 39	4 46	6 30	10 00	16 03	6 16
12	20 02	17 04	29 41	4 42	6 33	9 57	16 02	6 19
17	20 03	17 00	29 42	4 38	6 37	9 53	16 00	6 23
22	20 03R	16 57	29 43	4 34	6 40	9 50	15 58	6 27
27	20 03	16 53	29 43	4 30	6 43	9 47	15 55	6 30
Oct 2	20 02	16 50	29 43R	4 26	6 45	9 44	15 53	6 34
7	20 00	16 48	29 43	4 22	6 47	9 41	15 50	6 37
12	19 58	16 46	29 42	4 18	6 49	9 38	15 47	6 40
17	19 55	16 44	29 41	4 14	6 51	9 35	15 44	6 43
22	19 52	16 43	29 39	4 11	6 52	9 33	15 41	6 46
27	19 48	16 42	29 37	4 07	6 53	9 31	15 37	6 48
Nov 1	19 44	16 42D	29 35	4 04	6 54	9 29	15 34	6 50
6	19 39	16 42	29 32	4 01	6 54R	9 28	15 30	6 52
11	19 34	16 43	29 29	3 58	6 54	9 27	15 27	6 54
16	19 28	16 45	29 25	3 55	6 53	9 26	15 24	6 55
21	19 23	16 47	29 22	3 53	6 52	9 26	15 20	6 56
26	19 17	16 49	29 18	3 51	6 51	9 26D	15 17	6 57
Dec 1	19 11	16 52	29 14	3 50	6 49	9 26	15 14	6 57
6	19 04	16 55	29 09	3 49	6 47	9 27	15 11	6 57R
11	18 58	16 59	29 05	3 48	6 45	9 28	15 08	6 57
16	18 52	17 03	29 01	3 47	6 42	9 29	15 05	6 57
21	18 46	17 08	28 56	3 47D	6 40	9 31	15 03	6 56
26	18 39	17 13	28 52	3 48	6 37	9 33	15 00	6 55
31	18♊34	17♒18	28♊47	3♈49	6♌33	9♓35	14♉58	6♍53

Stations	Feb 27	May 17	Mar 11	Jul 4	Apr 18	Jun 8	Jan 28	May 20
	Sep 20	Oct 30	Sep 29	Dec 18	Nov 4	Nov 24	Aug 14	Dec 4

1881

	♃	⚷	⚴	⚶	♅	Ψ	⚸	⚵
Jan 5	18♊28R	17♒24	28♊43R	3♈50	6♌30R	9♓38	14♉57R	6♍52R
10	18 22	17 29	28 39	3 51	6 26	9 41	14 55	6 50
15	18 17	17 36	28 35	3 53	6 23	9 44	14 54	6 47
20	18 13	17 42	28 31	3 56	6 19	9 47	14 53	6 45
25	18 09	17 48	28 27	3 59	6 15	9 51	14 53	6 43
30	18 05	17 55	28 24	4 02	6 11	9 55	14 53D	6 40
Feb 4	18 02	18 01	28 21	4 05	6 07	9 59	14 53	6 37
9	17 59	18 08	28 18	4 09	6 04	10 03	14 54	6 34
14	17 57	18 15	28 16	4 13	6 00	10 07	14 55	6 31
19	17 55	18 21	28 14	4 17	5 57	10 12	14 56	6 28
24	17 55	18 28	28 12	4 21	5 53	10 16	14 57	6 24
Mar 1	17 54D	18 34	28 11	4 26	5 50	10 20	14 59	6 21
6	17 55	18 40	28 10	4 31	5 47	10 25	15 01	6 18
11	17 56	18 46	28 10	4 35	5 44	10 29	15 04	6 15
16	17 57	18 52	28 10D	4 40	5 42	10 34	15 07	6 12
21	18 00	18 57	28 11	4 45	5 40	10 38	15 10	6 09
26	18 02	19 02	28 12	4 50	5 38	10 42	15 13	6 06
31	18 06	19 07	28 13	4 55	5 36	10 46	15 16	6 03
Apr 5	18 10	19 11	28 15	5 00	5 35	10 50	15 20	6 01
10	18 14	19 15	28 17	5 05	5 34	10 54	15 24	5 59
15	18 19	19 19	28 20	5 10	5 34	10 57	15 27	5 56
20	18 25	19 22	28 23	5 15	5 34D	11 01	15 31	5 55
25	18 31	19 24	28 26	5 20	5 34	11 04	15 35	5 53
30	18 37	19 27	28 29	5 24	5 34	11 06	15 40	5 52
May 5	18 44	19 28	28 33	5 28	5 35	11 09	15 44	5 50
10	18 51	19 29	28 38	5 32	5 37	11 11	15 48	5 50
15	18 58	19 30	28 42	5 36	5 38	11 13	15 52	5 49
20	19 05	19 30R	28 47	5 39	5 40	11 14	15 56	5 49
25	19 13	19 30	28 52	5 42	5 42	11 16	16 00	5 49
30	19 21	19 29	28 57	5 45	5 45	11 17	16 04	5 49D
Jun 4	19 29	19 28	29 02	5 48	5 48	11 17	16 08	5 50
9	19 37	19 26	29 07	5 50	5 51	11 17R	16 12	5 51
14	19 45	19 24	29 13	5 52	5 54	11 17	16 15	5 52
19	19 53	19 22	29 18	5 53	5 58	11 17	16 19	5 54
24	20 01	19 19	29 24	5 54	6 02	11 16	16 22	5 56
29	20 08	19 16	29 29	5 55	6 06	11 15	16 25	5 58
Jul 4	20 16	19 12	29 35	5 55	6 10	11 14	16 28	6 00
9	20 23	19 08	29 40	5 55R	6 14	11 12	16 30	6 02
14	20 31	19 04	29 45	5 55	6 18	11 10	16 32	6 05
19	20 38	18 59	29 50	5 54	6 23	11 08	16 34	6 08
24	20 44	18 55	29 55	5 53	6 27	11 05	16 36	6 11
29	20 50	18 50	0♋00	5 51	6 32	11 03	16 37	6 14
Aug 3	20 56	18 45	0 04	5 49	6 37	11 00	16 38	6 18
8	21 01	18 40	0 08	5 47	6 41	10 57	16 39	6 21
13	21 06	18 35	0 12	5 45	6 46	10 53	16 39	6 25
18	21 11	18 30	0 16	5 42	6 50	10 50	16 39R	6 29
23	21 15	18 25	0 19	5 39	6 54	10 47	16 39	6 33
28	21 18	18 20	0 22	5 36	6 59	10 43	16 38	6 37
Sep 2	21 21	18 15	0 25	5 32	7 03	10 40	16 37	6 40
7	21 23	18 11	0 27	5 29	7 07	10 36	16 36	6 44
12	21 25	18 06	0 29	5 25	7 10	10 32	16 34	6 48
17	21 26	18 02	0 30	5 21	7 14	10 29	16 33	6 52
22	21 26R	17 59	0 31	5 17	7 17	10 26	16 31	6 55
27	21 26	17 55	0 31	5 13	7 20	10 22	16 28	6 59
Oct 2	21 25	17 52	0 32R	5 09	7 22	10 19	16 26	7 02
7	21 23	17 50	0 31	5 05	7 25	10 16	16 23	7 06
12	21 21	17 47	0 30	5 01	7 27	10 13	16 20	7 09
17	21 19	17 46	0 29	4 57	7 28	10 11	16 17	7 12
22	21 16	17 44	0 28	4 53	7 30	10 08	16 14	7 14
27	21 12	17 44	0 26	4 50	7 30	10 06	16 11	7 17
Nov 1	21 08	17 43D	0 23	4 46	7 31	10 05	16 07	7 19
6	21 03	17 44	0 21	4 43	7 31R	10 03	16 04	7 21
11	20 58	17 44	0 18	4 40	7 31	10 02	16 00	7 23
16	20 53	17 46	0 14	4 38	7 31	10 01	15 57	7 24
21	20 47	17 47	0 11	4 36	7 30	10 01	15 53	7 25
26	20 42	17 50	0 07	4 34	7 28	10 01D	15 50	7 26
Dec 1	20 36	17 52	0 03	4 32	7 27	10 01	15 47	7 26
6	20 29	17 55	29♊59	4 31	7 25	10 02	15 44	7 26R
11	20 23	17 59	29 54	4 30	7 23	10 02	15 41	7 26
16	20 17	18 03	29 50	4 29	7 20	10 04	15 38	7 26
21	20 10	18 08	29 45	4 29D	7 18	10 05	15 36	7 25
26	20 04	18 13	29 41	4 30	7 15	10 07	15 33	7 24
31	19♊58	18♒18	29♊36	4♈31	7♌11	10♓10	15♉31	7♍23

Stations	Feb 28	May 19	Mar 12	Jul 5	Apr 19	Jun 9	Jan 28	May 21
	Sep 22	Nov 1	Sep 30	Dec 18	Nov 5	Nov 24	Aug 15	Dec 5

	♃	⚷	⚴	⚵	⚶	♇	⚸	⚳
Jan 5	19Ⅱ52R	18♒23	29Ⅱ32R	4♈32	7♌08R	10♓12	15♉30R	7♍21R
10	19 47	18 29	29 28	4 33	7 04	10 15	15 28	7 19
15	19 42	18 35	29 24	4 35	7 01	10 18	15 27	7 17
20	19 37	18 41	29 20	4 37	6 57	10 22	15 26	7 15
25	19 33	18 48	29 16	4 40	6 53	10 25	15 26	7 12
30	19 29	18 54	29 13	4 43	6 49	10 29	15 26D	7 09
Feb 4	19 25	19 01	29 10	4 46	6 46	10 33	15 26	7 06
9	19 23	19 08	29 07	4 50	6 42	10 37	15 26	7 03
14	19 20	19 14	29 04	4 54	6 38	10 42	15 27	7 00
19	19 19	19 21	29 02	4 58	6 35	10 46	15 28	6 57
24	19 18	19 27	29 01	5 02	6 31	10 50	15 30	6 54
Mar 1	19 17D	19 34	28 59	5 07	6 28	10 55	15 32	6 51
6	19 17	19 40	28 59	5 12	6 25	10 59	15 34	6 48
11	19 18	19 46	28 58	5 17	6 22	11 04	15 36	6 44
16	19 20	19 51	28 58D	5 21	6 20	11 08	15 39	6 41
21	19 22	19 57	28 59	5 26	6 18	11 12	15 42	6 38
26	19 24	20 02	29 00	5 32	6 16	11 17	15 45	6 36
31	19 27	20 07	29 01	5 37	6 14	11 21	15 48	6 33
Apr 5	19 31	20 11	29 03	5 42	6 13	11 25	15 52	6 30
10	19 36	20 15	29 05	5 47	6 12	11 28	15 56	6 28
15	19 40	20 19	29 07	5 51	6 11	11 32	15 59	6 26
20	19 46	20 22	29 10	5 56	6 11D	11 35	16 03	6 24
25	19 51	20 25	29 13	6 01	6 11	11 38	16 08	6 22
30	19 58	20 27	29 17	6 05	6 12	11 41	16 12	6 21
May 5	20 04	20 29	29 21	6 09	6 13	11 43	16 16	6 20
10	20 11	20 30	29 25	6 13	6 14	11 46	16 20	6 19
15	20 18	20 31	29 29	6 17	6 15	11 48	16 24	6 18
20	20 26	20 31R	29 34	6 21	6 17	11 49	16 28	6 18
25	20 33	20 31	29 39	6 24	6 19	11 50	16 32	6 18D
30	20 41	20 31	29 44	6 27	6 22	11 51	16 36	6 18
Jun 4	20 49	20 30	29 49	6 29	6 25	11 52	16 40	6 19
9	20 57	20 28	29 55	6 32	6 28	11 52	16 44	6 20
14	21 05	20 26	0♋00	6 33	6 31	11 52R	16 47	6 21
19	21 13	20 24	0 05	6 35	6 35	11 52	16 51	6 23
24	21 21	20 21	0 11	6 36	6 38	11 51	16 54	6 24
29	21 29	20 18	0 16	6 37	6 42	11 50	16 57	6 26
Jul 4	21 36	20 14	0 22	6 37	6 46	11 49	17 00	6 29
9	21 44	20 10	0 27	6 37R	6 51	11 47	17 02	6 31
14	21 51	20 06	0 32	6 37	6 55	11 45	17 05	6 34
19	21 58	20 02	0 37	6 36	7 00	11 43	17 06	6 37
24	22 05	19 57	0 42	6 35	7 04	11 41	17 08	6 40
29	22 11	19 52	0 47	6 34	7 09	11 38	17 09	6 43
Aug 3	22 17	19 47	0 52	6 32	7 13	11 35	17 10	6 46
8	22 23	19 42	0 56	6 30	7 18	11 32	17 11	6 50
13	22 28	19 37	1 00	6 27	7 22	11 29	17 12	6 54
18	22 32	19 32	1 03	6 24	7 27	11 26	17 12R	6 57
23	22 36	19 27	1 07	6 22	7 31	11 22	17 11	7 01
28	22 40	19 22	1 10	6 18	7 35	11 19	17 11	7 05
Sep 2	22 43	19 18	1 12	6 15	7 39	11 15	17 10	7 09
7	22 45	19 13	1 15	6 11	7 43	11 12	17 09	7 13
12	22 47	19 09	1 16	6 08	7 47	11 08	17 07	7 17
17	22 48	19 04	1 18	6 04	7 51	11 05	17 06	7 20
22	22 49	19 01	1 19	6 00	7 54	11 01	17 04	7 24
27	22 49R	18 57	1 20	5 56	7 57	10 58	17 01	7 27
Oct 2	22 48	18 54	1 20R	5 52	7 59	10 55	16 59	7 31
7	22 47	18 51	1 19	5 48	8 02	10 52	16 56	7 34
12	22 45	18 49	1 19	5 44	8 04	10 49	16 53	7 37
17	22 43	18 47	1 18	5 40	8 05	10 46	16 50	7 40
22	22 40	18 46	1 16	5 36	8 07	10 44	16 47	7 43
27	22 36	18 45	1 14	5 32	8 08	10 42	16 44	7 45
Nov 1	22 32	18 44	1 12	5 29	8 08	10 40	16 40	7 48
6	22 28	18 45D	1 09	5 26	8 09R	10 38	16 37	7 50
11	22 23	18 45	1 06	5 23	8 09	10 37	16 33	7 51
16	22 18	18 46	1 03	5 20	8 08	10 36	16 30	7 53
21	22 12	18 48	1 00	5 18	8 07	10 36	16 27	7 54
26	22 06	18 50	0 56	5 16	8 06	10 36D	16 23	7 55
Dec 1	22 00	18 53	0 52	5 14	8 05	10 36	16 20	7 55
6	21 54	18 56	0 48	5 13	8 03	10 36	16 17	7 55R
11	21 48	18 59	0 43	5 12	8 01	10 37	16 14	7 55
16	21 42	19 03	0 39	5 12	7 58	10 39	16 11	7 55
21	21 35	19 08	0 34	5 11D	7 56	10 40	16 09	7 54
26	21 29	19 12	0 30	5 12	7 53	10 42	16 06	7 53
31	21Ⅱ23	19♒18	0♋26	5♈12	7♌49	10♓44	16♉04	7♍52

Stations	Mar 1	May 20	Mar 13	Jul 6	Apr 20	Jun 10	Jan 29	May 21
	Sep 23	Nov 2	Oct 1	Dec 19	Nov 6	Nov 25	Aug 16	Dec 5

1883

	♃	⚷	⚶	⚸	⚴	♆	⚵	⚵
Jan 5	21♊17R	19♒23	0♋21R	5♈13	7♌46R	10♓47	16♉02R	7♍50R
10	21 11	19 29	0 17	5 15	7 43	10 50	16 01	7 48
15	21 06	19 35	0 13	5 17	7 39	10 53	16 00	7 46
20	21 01	19 41	0 09	5 19	7 35	10 56	15 59	7 44
25	20 57	19 47	0 05	5 22	7 31	11 00	15 58	7 41
30	20 53	19 54	0 02	5 25	7 28	11 04	15 58D	7 39
Feb 4	20 49	20 00	29♊58	5 28	7 24	11 07	15 58	7 36
9	20 46	20 07	29 56	5 31	7 20	11 12	15 59	7 33
14	20 44	20 14	29 53	5 35	7 16	11 16	16 00	7 30
19	20 42	20 20	29 51	5 39	7 13	11 20	16 01	7 27
24	20 41	20 27	29 49	5 44	7 09	11 25	16 02	7 23
Mar 1	20 40	20 33	29 48	5 48	7 06	11 29	16 04	7 20
6	20 40D	20 39	29 47	5 53	7 03	11 34	16 06	7 17
11	20 41	20 45	29 46	5 58	7 00	11 38	16 08	7 14
16	20 42	20 51	29 46D	6 03	6 58	11 42	16 11	7 11
21	20 44	20 57	29 47	6 08	6 56	11 47	16 14	7 08
26	20 46	21 02	29 47	6 13	6 54	11 51	16 17	7 05
31	20 49	21 07	29 49	6 18	6 52	11 55	16 20	7 02
Apr 5	20 53	21 11	29 50	6 23	6 51	11 59	16 24	7 00
10	20 57	21 15	29 52	6 28	6 50	12 03	16 28	6 57
15	21 02	21 19	29 55	6 33	6 49	12 06	16 31	6 55
20	21 07	21 23	29 58	6 37	6 49	12 10	16 35	6 53
25	21 12	21 25	0♋01	6 42	6 49D	12 13	16 39	6 51
30	21 18	21 28	0 04	6 46	6 49	12 16	16 44	6 50
May 5	21 25	21 30	0 08	6 51	6 50	12 18	16 48	6 49
10	21 31	21 31	0 12	6 55	6 51	12 20	16 52	6 48
15	21 39	21 32	0 17	6 59	6 53	12 22	16 56	6 47
20	21 46	21 33	0 21	7 02	6 54	12 24	17 00	6 47
25	21 53	21 33R	0 26	7 05	6 56	12 25	17 04	6 47D
30	22 01	21 32	0 31	7 08	6 59	12 26	17 08	6 47
Jun 4	22 09	21 31	0 36	7 11	7 02	12 27	17 12	6 48
9	22 17	21 30	0 42	7 13	7 05	12 27	17 16	6 49
14	22 25	21 28	0 47	7 15	7 08	12 27R	17 20	6 50
19	22 33	21 25	0 52	7 17	7 11	12 27	17 23	6 51
24	22 41	21 23	0 58	7 18	7 15	12 26	17 26	6 53
29	22 49	21 20	1 03	7 19	7 19	12 25	17 29	6 55
Jul 4	22 57	21 16	1 09	7 19	7 23	12 24	17 32	6 57
9	23 04	21 12	1 14	7 19R	7 27	12 23	17 35	7 00
14	23 11	21 08	1 19	7 19	7 32	12 21	17 37	7 02
19	23 19	21 04	1 24	7 18	7 36	12 19	17 39	7 05
24	23 25	20 59	1 29	7 17	7 41	12 16	17 40	7 08
29	23 32	20 55	1 34	7 16	7 45	12 14	17 42	7 12
Aug 3	23 38	20 50	1 39	7 14	7 50	12 11	17 43	7 15
8	23 43	20 45	1 43	7 12	7 55	12 08	17 44	7 19
13	23 49	20 40	1 47	7 10	7 59	12 05	17 44	7 22
18	23 53	20 35	1 51	7 07	8 04	12 01	17 44R	7 26
23	23 58	20 30	1 54	7 04	8 08	11 58	17 44	7 30
28	24 01	20 25	1 57	7 01	8 12	11 54	17 44	7 33
Sep 2	24 05	20 20	2 00	6 58	8 16	11 51	17 43	7 37
7	24 07	20 15	2 02	6 54	8 20	11 47	17 42	7 41
12	24 09	20 11	2 04	6 50	8 24	11 44	17 40	7 45
17	24 11	20 07	2 06	6 46	8 27	11 40	17 39	7 49
22	24 11	20 03	2 07	6 42	8 31	11 37	17 37	7 52
27	24 11R	19 59	2 08	6 38	8 34	11 33	17 34	7 56
Oct 2	24 11	19 56	2 08R	6 34	8 36	11 30	17 32	7 59
7	24 10	19 53	2 08	6 30	8 39	11 27	17 29	8 03
12	24 08	19 51	2 07	6 26	8 41	11 24	17 26	8 06
17	24 06	19 49	2 06	6 23	8 43	11 22	17 23	8 09
22	24 03	19 47	2 05	6 19	8 44	11 19	17 20	8 12
27	24 00	19 46	2 03	6 15	8 45	11 17	17 17	8 14
Nov 1	23 56	19 46	2 01	6 12	8 46	11 15	17 13	8 16
6	23 52	19 46D	1 58	6 08	8 46	11 14	17 10	8 18
11	23 47	19 46	1 55	6 05	8 46R	11 12	17 07	8 20
16	23 42	19 47	1 52	6 03	8 46	11 12	17 03	8 22
21	23 37	19 49	1 49	6 00	8 45	11 11	17 00	8 23
26	23 31	19 51	1 45	5 58	8 44	11 11D	16 56	8 24
Dec 1	23 25	19 53	1 41	5 57	8 42	11 11	16 53	8 24
6	23 19	19 56	1 37	5 55	8 41	11 11	16 50	8 24R
11	23 13	19 59	1 32	5 54	8 39	11 12	16 47	8 24
16	23 06	20 03	1 28	5 54	8 36	11 13	16 44	8 24
21	23 00	20 08	1 24	5 53D	8 33	11 15	16 42	8 23
26	22 54	20 12	1 19	5 54	8 31	11 17	16 39	8 22
31	22♊48	20♒17	1♋15	5♈54	8♌27	11♓19	16♉37	8♍21

Stations	Mar 3	May 21	Mar 14	Jul 6	Apr 21	Jun 10	Jan 30	May 22
	Sep 25	Nov 3	Oct 2	Dec 20	Nov 7	Nov 26	Aug 16	Dec 6

	♃	♄	⚷	♇	♃	♆	⚵	♅
Jan 5	22♊42R	20≈23	1♋10R	5♈55	8♌24R	11♓21	16♉35R	8♍19R
10	22 36	20 28	1 06	5 57	8 21	11 24	16 34	8 18
15	22 31	20 34	1 02	5 58	8 17	11 27	16 33	8 16
20	22 26	20 40	0 58	6 01	8 13	11 31	16 32	8 13
25	22 21	20 47	0 54	6 03	8 10	11 34	16 31	8 11
30	22 17	20 53	0 51	6 06	8 06	11 38	16 31D	8 08
Feb 4	22 13	21 00	0 47	6 09	8 02	11 42	16 31	8 05
9	22 10	21 06	0 44	6 13	7 58	11 46	16 31	8 02
14	22 07	21 13	0 42	6 16	7 54	11 50	16 32	7 59
19	22 05	21 20	0 40	6 20	7 51	11 54	16 33	7 56
24	22 04	21 26	0 38	6 25	7 47	11 59	16 35	7 53
29	22 03	21 33	0 36	6 29	7 44	12 03	16 36	7 50
Mar 5	22 03D	21 39	0 35	6 34	7 41	12 08	16 38	7 47
10	22 03	21 45	0 35	6 39	7 38	12 12	16 41	7 43
15	22 04	21 51	0 34D	6 44	7 36	12 17	16 43	7 40
20	22 06	21 56	0 35	6 49	7 33	12 21	16 46	7 37
25	22 08	22 02	0 35	6 54	7 31	12 25	16 49	7 34
30	22 11	22 07	0 37	6 59	7 30	12 29	16 52	7 32
Apr 4	22 14	22 11	0 38	7 04	7 28	12 33	16 56	7 29
9	22 18	22 16	0 40	7 09	7 27	12 37	17 00	7 27
14	22 23	22 19	0 42	7 14	7 27	12 41	17 03	7 24
19	22 28	22 23	0 45	7 18	7 26	12 44	17 07	7 22
24	22 33	22 26	0 48	7 23	7 26D	12 47	17 11	7 21
29	22 39	22 28	0 52	7 27	7 27	12 50	17 16	7 19
May 4	22 45	22 30	0 55	7 32	7 27	12 53	17 20	7 18
9	22 52	22 32	0 59	7 36	7 28	12 55	17 24	7 17
14	22 59	22 33	1 04	7 40	7 30	12 57	17 28	7 16
19	23 06	22 34	1 08	7 43	7 31	12 59	17 32	7 16
24	23 14	22 34R	1 13	7 47	7 34	13 00	17 36	7 16D
29	23 21	22 33	1 18	7 50	7 36	13 01	17 40	7 16
Jun 3	23 29	22 32	1 23	7 52	7 39	13 02	17 44	7 17
8	23 37	22 31	1 29	7 55	7 42	13 02	17 48	7 18
13	23 45	22 29	1 34	7 57	7 45	13 02R	17 52	7 19
18	23 53	22 27	1 39	7 58	7 48	13 02	17 55	7 20
23	24 01	22 25	1 45	8 00	7 52	13 01	17 58	7 22
28	24 09	22 22	1 50	8 01	7 56	13 01	18 01	7 24
Jul 3	24 17	22 18	1 56	8 01	8 00	12 59	18 04	7 26
8	24 24	22 14	2 01	8 01R	8 04	12 58	18 07	7 28
13	24 32	22 10	2 06	8 01	8 08	12 56	18 09	7 31
18	24 39	22 06	2 12	8 00	8 13	12 54	18 11	7 34
23	24 46	22 02	2 17	7 59	8 17	12 52	18 13	7 37
28	24 52	21 57	2 21	7 58	8 22	12 49	18 14	7 40
Aug 2	24 59	21 52	2 26	7 56	8 27	12 46	18 15	7 43
7	25 04	21 47	2 30	7 54	8 31	12 43	18 16	7 47
12	25 10	21 42	2 34	7 52	8 36	12 40	18 17	7 51
17	25 15	21 37	2 38	7 50	8 40	12 37	18 17R	7 54
22	25 19	21 32	2 42	7 47	8 45	12 33	18 17	7 58
27	25 23	21 27	2 45	7 44	8 49	12 30	18 16	8 02
Sep 1	25 26	21 22	2 48	7 40	8 53	12 26	18 16	8 06
6	25 29	21 18	2 50	7 37	8 57	12 23	18 14	8 10
11	25 31	21 13	2 52	7 33	9 01	12 19	18 13	8 13
16	25 33	21 09	2 54	7 29	9 04	12 16	18 11	8 17
21	25 34	21 05	2 55	7 25	9 08	12 12	18 10	8 21
26	25 34R	21 01	2 56	7 21	9 11	12 09	18 07	8 24
Oct 1	25 34	20 58	2 56	7 17	9 13	12 06	18 05	8 28
6	25 33	20 55	2 56R	7 13	9 16	12 03	18 02	8 31
11	25 32	20 52	2 55	7 09	9 18	12 00	17 59	8 34
16	25 30	20 50	2 55	7 05	9 20	11 57	17 56	8 37
21	25 27	20 49	2 53	7 01	9 21	11 55	17 53	8 40
26	25 24	20 48	2 51	6 58	9 22	11 52	17 50	8 43
31	25 20	20 47	2 49	6 54	9 23	11 51	17 47	8 45
Nov 5	25 16	20 47D	2 47	6 51	9 24	11 49	17 43	8 47
10	25 12	20 47	2 44	6 48	9 24R	11 48	17 40	8 49
15	25 07	20 48	2 41	6 45	9 23	11 47	17 36	8 50
20	25 01	20 49	2 37	6 43	9 23	11 46	17 33	8 52
25	24 56	20 51	2 34	6 41	9 22	11 46	17 29	8 53
30	24 50	20 53	2 30	6 39	9 20	11 46D	17 26	8 53
Dec 5	24 44	20 56	2 26	6 37	9 18	11 46	17 23	8 53
10	24 37	21 00	2 21	6 36	9 16	11 47	17 20	8 53R
15	24 31	21 03	2 17	6 36	9 14	11 48	17 17	8 53
20	24 25	21 08	2 13	6 35D	9 11	11 50	17 15	8 52
25	24 18	21 12	2 08	6 36	9 09	11 51	17 12	8 51
30	24♊12	21≈17	2♋04	6♈36	9♌05	11♓54	17♉10	8♍50

Stations	Mar 4	May 22	Mar 14	Jul 6	Apr 21	Jun 10	Jan 30	May 22
	Sep 26	Nov 3	Oct 2	Dec 20	Nov 7	Nov 26	Aug 16	Dec 6

1985

	♃	♄	⚷	⚸	♃	♆	♇	⚥
	24Ⅱ06R	21≈22	1♋59R	6♈37	9♌02R	11♓56	17♉08R	8♍49R
Jan 4	24Ⅱ06R	21≈22	1♋59R	6♈37	9♌02R	11♓56	17♉08R	8♍49R
9	24 01	21 28	1 55	6 38	8 59	11 59	17 07	8 47
14	23 55	21 34	1 51	6 40	8 55	12 02	17 05	8 45
19	23 50	21 40	1 47	6 42	8 51	12 05	17 04	8 43
24	23 45	21 46	1 43	6 45	8 48	12 09	17 04	8 40
29	23 41	21 53	1 39	6 47	8 44	12 12	17 03	8 38
Feb 3	23 37	21 59	1 36	6 51	8 40	12 16	17 03D	8 35
8	23 34	22 06	1 33	6 54	8 36	12 20	17 04	8 32
13	23 31	22 12	1 30	6 58	8 33	12 24	17 05	8 29
18	23 29	22 19	1 28	7 02	8 29	12 29	17 06	8 26
23	23 27	22 26	1 26	7 06	8 25	12 33	17 07	8 22
28	23 26	22 32	1 25	7 10	8 22	12 38	17 09	8 19
Mar 5	23 25D	22 38	1 24	7 15	8 19	12 42	17 11	8 16
10	23 26	22 45	1 23	7 20	8 16	12 47	17 13	8 13
15	23 26	22 50	1 23D	7 25	8 14	12 51	17 15	8 10
20	23 28	22 56	1 23	7 30	8 11	12 55	17 18	8 07
25	23 30	23 02	1 23	7 35	8 09	13 00	17 21	8 04
30	23 33	23 07	1 24	7 40	8 07	13 04	17 25	8 01
Apr 4	23 36	23 11	1 26	7 45	8 06	13 08	17 28	7 58
9	23 40	23 16	1 28	7 50	8 05	13 11	17 32	7 56
14	23 44	23 20	1 30	7 55	8 04	13 15	17 35	7 54
19	23 49	23 23	1 33	7 59	8 04	13 19	17 39	7 52
24	23 54	23 26	1 36	8 04	8 04D	13 22	17 43	7 50
29	24 00	23 29	1 39	8 09	8 04	13 25	17 47	7 48
May 4	24 06	23 31	1 43	8 13	8 05	13 27	17 52	7 47
9	24 12	23 33	1 47	8 17	8 06	13 30	17 56	7 46
14	24 19	23 34	1 51	8 21	8 07	13 32	18 00	7 46
19	24 26	23 35	1 56	8 25	8 09	13 33	18 04	7 45
24	24 34	23 35R	2 00	8 28	8 11	13 35	18 08	7 45D
29	24 41	23 35	2 05	8 31	8 13	13 36	18 12	7 45
Jun 3	24 49	23 34	2 10	8 34	8 16	13 37	18 16	7 46
8	24 57	23 33	2 16	8 36	8 18	13 37	18 20	7 46
13	25 05	23 31	2 21	8 38	8 22	13 37R	18 24	7 48
18	25 13	23 29	2 26	8 40	8 25	13 37	18 27	7 49
23	25 21	23 26	2 32	8 41	8 29	13 37	18 30	7 51
28	25 29	23 23	2 37	8 42	8 33	13 36	18 33	7 52
Jul 3	25 37	23 20	2 43	8 43	8 37	13 35	18 36	7 55
8	25 44	23 17	2 48	8 43R	8 41	13 33	18 39	7 57
13	25 52	23 13	2 53	8 43	8 45	13 31	18 41	8 00
18	25 59	23 08	2 59	8 43	8 50	13 29	18 43	8 02
23	26 06	23 04	3 04	8 42	8 54	13 27	18 45	8 05
28	26 13	22 59	3 08	8 40	8 59	13 24	18 47	8 09
Aug 2	26 19	22 54	3 13	8 39	9 03	13 22	18 48	8 12
7	26 25	22 50	3 18	8 37	9 08	13 19	18 49	8 15
12	26 31	22 45	3 22	8 35	9 12	13 16	18 49	8 19
17	26 36	22 39	3 26	8 32	9 17	13 12	18 50R	8 23
22	26 40	22 34	3 29	8 29	9 21	13 09	18 49	8 27
27	26 44	22 29	3 32	8 26	9 26	13 05	18 49	8 30
Sep 1	26 48	22 25	3 35	8 23	9 30	13 02	18 48	8 34
6	26 51	22 20	3 38	8 19	9 34	12 58	18 47	8 38
11	26 53	22 15	3 40	8 16	9 38	12 55	18 46	8 42
16	26 55	22 11	3 41	8 12	9 41	12 51	18 44	8 46
21	26 56	22 07	3 43	8 08	9 44	12 48	18 42	8 49
26	26 57	22 03	3 44	8 04	9 48	12 45	18 40	8 53
Oct 1	26 57R	22 00	3 44	8 00	9 50	12 41	18 38	8 56
6	26 56	21 57	3 44R	7 56	9 53	12 38	18 35	9 00
11	26 55	21 54	3 44	7 52	9 55	12 35	18 32	9 03
16	26 53	21 52	3 43	7 48	9 57	12 33	18 29	9 06
21	26 51	21 50	3 42	7 44	9 59	12 30	18 26	9 09
26	26 48	21 49	3 40	7 40	10 00	12 28	18 23	9 11
31	26 44	21 48	3 38	7 37	10 01	12 26	18 20	9 14
Nov 5	26 40	21 48D	3 36	7 34	10 01	12 24	18 16	9 16
10	26 36	21 48	3 33	7 31	10 01R	12 23	18 13	9 18
15	26 31	21 49	3 30	7 28	10 00	12 22	18 09	9 19
20	26 26	21 50	3 26	7 25	10 00	12 21	18 06	9 20
25	26 20	21 52	3 23	7 23	9 59	12 21	18 03	9 21
30	26 14	21 54	3 19	7 21	9 58	12 21D	17 59	9 22
Dec 5	26 08	21 57	3 15	7 20	9 56	12 21	17 56	9 22
10	26 02	22 00	3 11	7 19	9 54	12 22	17 53	9 22R
15	25 56	22 04	3 06	7 18	9 52	12 23	17 50	9 22
20	25 49	22 08	3 02	7 17	9 49	12 24	17 48	9 21
25	25 43	22 12	2 57	7 17D	9 47	12 26	17 45	9 21
30	25Ⅱ37	22≈17	2♋53	7♈18	9♌43	12♓28	17♉43	9♍19

Stations	Mar 5	May 23	Mar 15	Jul 7	Apr 22	Jun 11	Jan 30	May 22
	Sep 27	Nov 5	Oct 3	Dec 21	Nov 8	Nov 27	Aug 17	Dec 7

	♃	⚷	♇	♈	♃	♆	♄	⚸
Jan 4	25♊31R	22♒22	2♋48R	7♈19	9♌40R	12♓31	17♉41R	9♍18R
9	25 25	22 28	2 44	7 20	9 37	12 33	17 39	9 16
14	25 19	22 34	2 40	7 22	9 33	12 36	17 38	9 14
19	25 14	22 40	2 36	7 24	9 29	12 39	17 37	9 12
24	25 09	22 46	2 32	7 26	9 26	12 43	17 36	9 10
29	25 05	22 52	2 28	7 29	9 22	12 47	17 36	9 07
Feb 3	25 01	22 59	2 25	7 32	9 18	12 50	17 36D	9 04
8	24 57	23 05	2 22	7 35	9 14	12 55	17 36	9 01
13	24 54	23 12	2 19	7 39	9 11	12 59	17 37	8 58
18	24 52	23 19	2 17	7 43	9 07	13 03	17 38	8 55
23	24 50	23 25	2 15	7 47	9 04	13 07	17 39	8 52
28	24 49	23 32	2 13	7 51	9 00	13 12	17 41	8 49
Mar 5	24 48	23 38	2 12	7 56	8 57	13 16	17 43	8 45
10	24 48D	23 44	2 11	8 01	8 54	13 21	17 45	8 42
15	24 49	23 50	2 11	8 06	8 51	13 25	17 48	8 39
20	24 50	23 56	2 11D	8 11	8 49	13 30	17 50	8 36
25	24 52	24 01	2 11	8 16	8 47	13 34	17 53	8 33
30	24 54	24 06	2 12	8 21	8 45	13 38	17 57	8 30
Apr 4	24 57	24 11	2 14	8 26	8 44	13 42	18 00	8 28
9	25 01	24 16	2 15	8 31	8 42	13 46	18 04	8 25
14	25 05	24 20	2 18	8 36	8 42	13 50	18 07	8 23
19	25 10	24 23	2 20	8 41	8 41	13 53	18 11	8 21
24	25 15	24 27	2 23	8 45	8 41D	13 56	18 15	8 19
29	25 20	24 29	2 26	8 50	8 41	13 59	18 19	8 18
May 4	25 26	24 32	2 30	8 54	8 42	14 02	18 24	8 16
9	25 33	24 33	2 34	8 58	8 43	14 04	18 28	8 15
14	25 40	24 35	2 38	9 02	8 44	14 06	18 32	8 15
19	25 47	24 36	2 43	9 06	8 46	14 08	18 36	8 14
24	25 54	24 36R	2 47	9 09	8 48	14 10	18 40	8 14D
29	26 02	24 36	2 52	9 13	8 50	14 11	18 44	8 14
Jun 3	26 09	24 35	2 57	9 15	8 52	14 12	18 48	8 15
8	26 17	24 34	3 03	9 18	8 55	14 12	18 52	8 15
13	26 25	24 33	3 08	9 20	8 58	14 12R	18 56	8 16
18	26 33	24 31	3 13	9 22	9 02	14 12	18 59	8 18
23	26 41	24 28	3 19	9 23	9 05	14 12	19 02	8 19
28	26 49	24 25	3 24	9 24	9 09	14 11	19 06	8 21
Jul 3	26 57	24 22	3 30	9 25	9 13	14 10	19 09	8 23
8	27 05	24 19	3 35	9 25R	9 17	14 08	19 11	8 26
13	27 12	24 15	3 40	9 25	9 22	14 07	19 14	8 28
18	27 20	24 11	3 46	9 25	9 26	14 05	19 16	8 31
23	27 27	24 06	3 51	9 24	9 31	14 02	19 18	8 34
28	27 33	24 02	3 56	9 23	9 35	14 00	19 19	8 37
Aug 2	27 40	23 57	4 00	9 21	9 40	13 57	19 20	8 40
7	27 46	23 52	4 05	9 19	9 44	13 54	19 21	8 44
12	27 52	23 47	4 09	9 17	9 49	13 51	19 22	8 48
17	27 57	23 42	4 13	9 15	9 54	13 48	19 22	8 51
22	28 02	23 37	4 17	9 12	9 58	13 45	19 22R	8 55
27	28 06	23 32	4 20	9 09	10 02	13 41	19 22	8 59
Sep 1	28 09	23 27	4 23	9 05	10 06	13 38	19 21	9 03
6	28 13	23 22	4 25	9 02	10 10	13 34	19 20	9 06
11	28 15	23 18	4 28	8 58	10 14	13 30	19 19	9 10
16	28 17	23 13	4 29	8 55	10 18	13 27	19 17	9 14
21	28 19	23 09	4 31	8 51	10 21	13 23	19 15	9 18
26	28 19	23 05	4 32	8 47	10 25	13 20	19 13	9 21
Oct 1	28 20R	23 02	4 32	8 43	10 27	13 17	19 11	9 25
6	28 19	22 59	4 32R	8 39	10 30	13 14	19 08	9 28
11	28 18	22 56	4 32	8 35	10 32	13 11	19 06	9 32
16	28 16	22 54	4 31	8 31	10 34	13 08	19 03	9 35
21	28 14	22 52	4 30	8 27	10 36	13 05	18 59	9 37
26	28 11	22 50	4 28	8 23	10 37	13 03	18 56	9 40
31	28 08	22 49	4 27	8 20	10 38	13 01	18 53	9 42
Nov 5	28 04	22 49	4 24	8 16	10 38	12 59	18 49	9 45
10	28 00	22 49D	4 22	8 13	10 39R	12 58	18 46	9 46
15	27 55	22 50	4 19	8 10	10 38	12 57	18 43	9 48
20	27 50	22 51	4 15	8 08	10 38	12 56	18 39	9 49
25	27 45	22 52	4 12	8 05	10 37	12 56	18 36	9 50
30	27 39	22 54	4 08	8 03	10 36	12 56D	18 32	9 51
Dec 5	27 33	22 57	4 04	8 02	10 34	12 56	18 29	9 51
10	27 27	23 00	4 00	8 01	10 32	12 57	18 26	9 51R
15	27 21	23 04	3 55	8 00	10 30	12 58	18 23	9 51
20	27 14	23 08	3 51	7 59	10 27	12 59	18 21	9 51
25	27 08	23 12	3 46	7 59D	10 24	13 01	18 18	9 50
30	27♊02	23♒17	3♋42	8♈00	10♌21	13♓03	18♉16	9♍49

Stations	Mar 7	May 24	Mar 16	Jul 8	Apr 22	Jun 12	Jan 31	May 23
	Sep 29	Nov 6	Oct 4	Dec 22	Nov 9	Nov 28	Aug 18	Dec 7

1887

	♃	♴	✶	⇞	♃	♆	⚷	♅
Jan 4	26♊56R	23≈22	3♋37R	8♈01	10♌18R	13♓05	18♉14R	9♍47R
9	26 50	23 27	3 33	8 02	10 15	13 08	18 12	9 45
14	26 44	23 33	3 29	8 03	10 11	13 11	18 11	9 44
19	26 39	23 39	3 25	8 05	10 08	13 14	18 10	9 41
24	26 34	23 45	3 21	8 08	10 04	13 17	18 09	9 39
29	26 29	23 52	3 17	8 10	10 00	13 21	18 09	9 36
Feb 3	26 25	23 58	3 14	8 13	9 56	13 25	18 09D	9 34
8	26 21	24 05	3 11	8 17	9 52	13 29	18 09	9 31
13	26 18	24 11	3 08	8 20	9 49	13 33	18 09	9 28
18	26 15	24 18	3 05	8 24	9 45	13 37	18 10	9 25
23	26 13	24 25	3 03	8 28	9 42	13 42	18 12	9 21
28	26 12	24 31	3 02	8 33	9 38	13 46	18 13	9 18
Mar 5	26 11	24 37	3 00	8 37	9 35	13 51	18 15	9 15
10	26 11D	24 44	2 59	8 42	9 32	13 55	18 17	9 12
15	26 11	24 50	2 59	8 47	9 29	13 59	18 20	9 09
20	26 12	24 55	2 59D	8 52	9 27	14 04	18 23	9 06
25	26 14	25 01	2 59	8 57	9 25	14 08	18 25	9 03
30	26 16	25 06	3 00	9 02	9 23	14 12	18 29	9 00
Apr 4	26 19	25 11	3 01	9 07	9 21	14 16	18 32	8 57
9	26 22	25 16	3 03	9 12	9 20	14 20	18 36	8 55
14	26 26	25 20	3 05	9 17	9 19	14 24	18 39	8 52
19	26 31	25 24	3 08	9 22	9 19	14 27	18 43	8 50
24	26 36	25 27	3 11	9 26	9 18D	14 31	18 47	8 48
29	26 41	25 30	3 14	9 31	9 19	14 34	18 51	8 47
May 4	26 47	25 32	3 17	9 35	9 19	14 36	18 55	8 46
9	26 53	25 34	3 21	9 40	9 20	14 39	19 00	8 45
14	27 00	25 36	3 25	9 44	9 21	14 41	19 04	8 44
19	27 07	25 36	3 30	9 47	9 23	14 43	19 08	8 43
24	27 14	25 37	3 34	9 51	9 25	14 44	19 12	8 43D
29	27 22	25 37R	3 39	9 54	9 27	14 46	19 16	8 43
Jun 3	27 29	25 36	3 44	9 57	9 29	14 47	19 20	8 44
8	27 37	25 36	3 50	9 59	9 32	14 47	19 24	8 44
13	27 45	25 34	3 55	10 02	9 35	14 47R	19 28	8 45
18	27 53	25 32	4 00	10 03	9 39	14 47	19 31	8 46
23	28 01	25 30	4 06	10 05	9 42	14 47	19 35	8 48
28	28 09	25 27	4 11	10 06	9 46	14 46	19 38	8 50
Jul 3	28 17	25 24	4 17	10 07	9 50	14 45	19 41	8 52
8	28 25	25 21	4 22	10 07	9 54	14 44	19 43	8 54
13	28 32	25 17	4 27	10 07R	9 58	14 42	19 46	8 57
18	28 40	25 13	4 33	10 07	10 03	14 40	19 48	9 00
23	28 47	25 08	4 38	10 06	10 07	14 38	19 50	9 03
28	28 54	25 04	4 43	10 05	10 12	14 35	19 51	9 06
Aug 2	29 00	24 59	4 47	10 03	10 16	14 33	19 53	9 09
7	29 07	24 54	4 52	10 02	10 21	14 30	19 54	9 12
12	29 12	24 49	4 56	9 59	10 26	14 27	19 54	9 16
17	29 18	24 44	5 00	9 57	10 30	14 23	19 55	9 20
22	29 23	24 39	5 04	9 54	10 35	14 20	19 55R	9 23
27	29 27	24 34	5 07	9 51	10 39	14 17	19 54	9 27
Sep 1	29 31	24 29	5 10	9 48	10 43	14 13	19 54	9 31
6	29 34	24 24	5 13	9 45	10 47	14 10	19 53	9 35
11	29 37	24 20	5 15	9 41	10 51	14 06	19 52	9 39
16	29 39	24 15	5 17	9 37	10 55	14 03	19 50	9 43
21	29 41	24 11	5 19	9 33	10 58	13 59	19 48	9 46
26	29 42	24 07	5 20	9 29	11 01	13 56	19 46	9 50
Oct 1	29 42R	24 04	5 20	9 25	11 04	13 52	19 44	9 53
6	29 42	24 00	5 20R	9 21	11 07	13 49	19 41	9 57
11	29 41	23 58	5 20	9 17	11 09	13 46	19 39	10 00
16	29 40	23 55	5 20	9 13	11 11	13 43	19 36	10 03
21	29 38	23 53	5 18	9 10	11 13	13 41	19 33	10 06
26	29 35	23 52	5 17	9 06	11 14	13 39	19 29	10 09
31	29 32	23 51	5 15	9 02	11 15	13 36	19 26	10 11
Nov 5	29 28	23 50	5 13	8 59	11 16	13 35	19 23	10 13
10	29 24	23 50D	5 10	8 56	11 16R	13 33	19 19	10 15
15	29 19	23 50	5 07	8 53	11 16	13 32	19 16	10 17
20	29 14	23 51	5 04	8 50	11 15	13 31	19 12	10 18
25	29 09	23 53	5 01	8 48	11 14	13 31	19 09	10 19
30	29 03	23 55	4 57	8 46	11 13	13 31D	19 06	10 20
Dec 5	28 58	23 57	4 53	8 44	11 12	13 31	19 02	10 20
10	28 51	24 00	4 49	8 43	11 10	13 32	18 59	10 20R
15	28 45	24 04	4 44	8 42	11 08	13 33	18 56	10 20
20	28 39	24 08	4 40	8 41	11 05	13 34	18 54	10 20
25	28 33	24 12	4 35	8 41D	11 02	13 35	18 51	10 19
30	28♊26	24≈17	4♋31	8♈42	10♌59	13♓37	18♉49	10♍18

Stations	Mar 9	May 25	Mar 17	Jul 9	Apr 23	Jun 13	Feb 1	May 24
	Oct 1	Nov 7	Oct 5	Dec 23	Nov 10	Nov 28	Aug 19	Dec 8

	♃	⚳	⚴	⚵	⚶	♆	⚷	⚸
Jan 4	28♊20R	24♒22	4♋26R	8♈42	10♌56R	13♓40	18♉47R	10♍16R
9	28 14	24 27	4 22	8 43	10 53	13 42	18 45	10 15
14	28 08	24 33	4 18	8 45	10 49	13 45	18 44	10 13
19	28 03	24 39	4 14	8 47	10 46	13 48	18 43	10 11
24	27 58	24 45	4 10	8 49	10 42	13 52	18 42	10 08
29	27 53	24 51	4 06	8 52	10 38	13 55	18 41	10 06
Feb 3	27 49	24 58	4 03	8 55	10 34	13 59	18 41D	10 03
8	27 45	25 04	3 59	8 58	10 31	14 03	18 41	10 00
13	27 42	25 11	3 56	9 02	10 27	14 07	18 42	9 57
18	27 39	25 17	3 54	9 05	10 23	14 12	18 43	9 54
23	27 37	25 24	3 52	9 09	10 20	14 16	18 44	9 51
28	27 35	25 31	3 50	9 14	10 16	14 20	18 46	9 48
Mar 4	27 34	25 37	3 49	9 18	10 13	14 25	18 47	9 44
9	27 33D	25 43	3 48	9 23	10 10	14 29	18 50	9 41
14	27 34	25 49	3 47	9 28	10 07	14 34	18 52	9 38
19	27 35	25 55	3 47D	9 33	10 05	14 38	18 55	9 35
24	27 36	26 01	3 47	9 38	10 03	14 42	18 58	9 32
29	27 38	26 06	3 48	9 43	10 01	14 47	19 01	9 29
Apr 3	27 41	26 11	3 49	9 48	9 59	14 51	19 04	9 27
8	27 44	26 16	3 51	9 53	9 58	14 55	19 08	9 24
13	27 48	26 20	3 53	9 58	9 57	14 58	19 11	9 22
18	27 52	26 24	3 55	10 03	9 56	15 02	19 15	9 20
23	27 57	26 27	3 58	10 07	9 56D	15 05	19 19	9 18
28	28 02	26 30	4 01	10 12	9 56	15 08	19 23	9 16
May 3	28 08	26 33	4 05	10 17	9 57	15 11	19 27	9 15
8	28 14	26 35	4 09	10 21	9 57	15 13	19 32	9 14
13	28 21	26 36	4 13	10 25	9 58	15 16	19 36	9 13
18	28 27	26 37	4 17	10 29	10 00	15 18	19 40	9 12
23	28 35	26 38	4 22	10 32	10 02	15 19	19 44	9 12
28	28 42	26 38R	4 26	10 35	10 04	15 21	19 48	9 12D
Jun 2	28 50	26 38	4 31	10 38	10 06	15 21	19 52	9 13
7	28 57	26 37	4 37	10 41	10 09	15 22	19 56	9 13
12	29 05	26 36	4 42	10 43	10 12	15 22	20 00	9 14
17	29 13	26 34	4 47	10 45	10 16	15 22R	20 03	9 15
22	29 21	26 32	4 53	10 47	10 19	15 22	20 07	9 17
27	29 29	26 29	4 58	10 48	10 23	15 21	20 10	9 19
Jul 2	29 37	26 26	5 04	10 49	10 27	15 20	20 13	9 21
7	29 45	26 23	5 09	10 49	10 31	15 19	20 16	9 23
12	29 53	26 19	5 14	10 49R	10 35	15 17	20 18	9 25
17	0♋00	26 15	5 20	10 49	10 40	15 15	20 20	9 28
22	0 07	26 11	5 25	10 48	10 44	15 13	20 22	9 31
27	0 14	26 06	5 30	10 47	10 49	15 11	20 24	9 34
Aug 1	0 21	26 02	5 35	10 46	10 53	15 08	20 25	9 38
6	0 27	25 57	5 39	10 44	10 58	15 05	20 26	9 41
11	0 33	25 52	5 44	10 42	11 02	15 02	20 27	9 44
16	0 39	25 47	5 48	10 40	11 07	14 59	20 27	9 48
21	0 44	25 42	5 51	10 37	11 11	14 56	20 27R	9 52
26	0 48	25 37	5 55	10 34	11 16	14 52	20 27	9 56
31	0 52	25 32	5 58	10 31	11 20	14 49	20 27	10 00
Sep 5	0 56	25 27	6 01	10 27	11 24	14 45	20 26	10 03
10	0 59	25 22	6 03	10 24	11 28	14 42	20 24	10 07
15	1 01	25 18	6 05	10 20	11 32	14 38	20 23	10 11
20	1 03	25 13	6 06	10 16	11 35	14 35	20 21	10 15
25	1 04	25 09	6 08	10 12	11 38	14 31	20 19	10 18
30	1 05	25 06	6 08	10 08	11 41	14 28	20 17	10 22
Oct 5	1 05R	25 02	6 09R	10 04	11 44	14 25	20 14	10 25
10	1 04	24 59	6 08	10 00	11 46	14 22	20 12	10 29
15	1 03	24 57	6 08	9 56	11 48	14 19	20 09	10 32
20	1 01	24 55	6 07	9 52	11 50	14 16	20 06	10 35
25	0 59	24 53	6 06	9 49	11 52	14 14	20 02	10 37
30	0 56	24 52	6 04	9 45	11 53	14 12	19 59	10 40
Nov 4	0 52	24 51	6 02	9 41	11 53	14 10	19 56	10 42
9	0 48	24 51D	5 59	9 38	11 53R	14 09	19 52	10 44
14	0 44	24 51	5 56	9 35	11 53	14 07	19 49	10 46
19	0 39	24 52	5 53	9 33	11 53	14 06	19 45	10 47
24	0 34	24 54	5 49	9 30	11 52	14 06	19 42	10 48
29	0 28	24 56	5 46	9 28	11 51	14 06D	19 39	10 49
Dec 4	0 22	24 58	5 42	9 26	11 50	14 06	19 35	10 49
9	0 16	25 01	5 38	9 25	11 48	14 06	19 32	10 49R
14	0 10	25 04	5 33	9 24	11 46	14 07	19 29	10 49
19	0 04	25 08	5 29	9 24	11 43	14 09	19 27	10 49
24	29♊57	25 12	5 25	9 23D	11 40	14 10	19 24	10 48
29	29♊51	25♒17	5♋20	9♈24	11♌37	14♓12	19♉22	10♍47

Stations	Mar 9	May 26	Mar 17	Jul 9	Apr 23	Jun 13	Feb 2	May 24
	Oct 1	Nov 7	Oct 5	Dec 23	Nov 9	Nov 28	Aug 18	Dec 8

1989

	♃	ℭ	♄	♈	♃	♆	⚴	♀
Jan 3	29♊45R	25♒22	5♋16R	9♈24	11♌34R	14♓14	19♉20R	10♍46R
8	29 39	25 27	5 11	9 25	11 31	14 17	19 18	10 44
13	29 33	25 32	5 07	9 27	11 27	14 20	19 17	10 42
18	29 27	25 38	5 03	9 28	11 24	14 23	19 15	10 40
23	29 22	25 44	4 59	9 31	11 20	14 26	19 15	10 38
28	29 17	25 51	4 55	9 33	11 16	14 30	19 14	10 35
Feb 2	29 13	25 57	4 51	9 36	11 13	14 34	19 14D	10 32
7	29 09	26 04	4 48	9 39	11 09	14 38	19 14	10 30
12	29 05	26 10	4 45	9 43	11 05	14 42	19 15	10 27
17	29 02	26 17	4 43	9 47	11 01	14 46	19 15	10 24
22	29 00	26 23	4 40	9 51	10 58	14 50	19 16	10 20
27	28 58	26 30	4 39	9 55	10 54	14 55	19 18	10 17
Mar 4	28 57	26 36	4 37	9 59	10 51	14 59	19 20	10 14
9	28 56	26 43	4 36	10 04	10 48	15 04	19 22	10 11
14	28 56D	26 49	4 35	10 09	10 45	15 08	19 24	10 08
19	28 57	26 55	4 35D	10 14	10 43	15 12	19 27	10 05
24	28 58	27 00	4 35	10 19	10 40	15 17	19 30	10 02
29	29 00	27 06	4 36	10 24	10 38	15 21	19 33	9 59
Apr 3	29 02	27 11	4 37	10 29	10 37	15 25	19 36	9 56
8	29 05	27 16	4 39	10 34	10 35	15 29	19 40	9 53
13	29 09	27 20	4 41	10 39	10 34	15 33	19 43	9 51
18	29 13	27 24	4 43	10 44	10 34	15 36	19 47	9 49
23	29 18	27 27	4 46	10 49	10 33	15 40	19 51	9 47
28	29 23	27 31	4 49	10 53	10 33D	15 43	19 55	9 45
May 3	29 29	27 33	4 52	10 58	10 34	15 46	19 59	9 44
8	29 35	27 35	4 56	11 02	10 35	15 48	20 04	9 43
13	29 41	27 37	5 00	11 06	10 36	15 50	20 08	9 42
18	29 48	27 38	5 04	11 10	10 37	15 52	20 12	9 41
23	29 55	27 39	5 09	11 14	10 39	15 54	20 16	9 41
28	0♋02	27 39R	5 14	11 17	10 41	15 55	20 20	9 41D
Jun 2	0 10	27 39	5 19	11 20	10 44	15 56	20 24	9 42
7	0 17	27 38	5 24	11 22	10 46	15 57	20 28	9 42
12	0 25	27 37	5 29	11 25	10 49	15 57	20 32	9 43
17	0 33	27 36	5 34	11 27	10 52	15 57R	20 35	9 44
22	0 41	27 33	5 40	11 28	10 56	15 57	20 39	9 46
27	0 49	27 31	5 45	11 30	11 00	15 56	20 42	9 47
Jul 2	0 57	27 28	5 51	11 31	11 04	15 55	20 45	9 49
7	1 05	27 25	5 56	11 31	11 08	15 54	20 48	9 52
12	1 13	27 21	6 02	11 31R	11 12	15 53	20 50	9 54
17	1 20	27 17	6 07	11 31	11 16	15 51	20 53	9 57
22	1 28	27 13	6 12	11 30	11 21	15 49	20 55	10 00
27	1 35	27 09	6 17	11 29	11 25	15 46	20 56	10 03
Aug 1	1 42	27 04	6 22	11 28	11 30	15 44	20 58	10 06
6	1 48	26 59	6 26	11 26	11 34	15 41	20 59	10 09
11	1 54	26 54	6 31	11 24	11 39	15 38	20 59	10 13
16	2 00	26 49	6 35	11 22	11 44	15 35	21 00	10 17
21	2 05	26 44	6 39	11 19	11 48	15 31	21 00R	10 20
26	2 10	26 39	6 42	11 17	11 52	15 28	21 00	10 24
31	2 14	26 34	6 45	11 13	11 57	15 24	20 59	10 28
Sep 5	2 18	26 29	6 48	11 10	12 01	15 21	20 58	10 32
10	2 21	26 24	6 51	11 07	12 05	15 17	20 57	10 36
15	2 23	26 20	6 53	11 03	12 09	15 14	20 56	10 40
20	2 25	26 16	6 54	10 59	12 12	15 10	20 54	10 43
25	2 27	26 12	6 56	10 55	12 15	15 07	20 52	10 47
30	2 27	26 08	6 56	10 51	12 18	15 04	20 50	10 51
Oct 5	2 28R	26 04	6 57	10 47	12 21	15 00	20 47	10 54
10	2 27	26 01	6 57R	10 43	12 24	14 57	20 45	10 57
15	2 26	25 59	6 56	10 39	12 26	14 54	20 42	11 00
20	2 24	25 56	6 55	10 35	12 27	14 52	20 39	11 03
25	2 22	25 55	6 54	10 31	12 29	14 49	20 36	11 06
30	2 19	25 53	6 52	10 28	12 30	14 47	20 32	11 09
Nov 4	2 16	25 53	6 50	10 24	12 31	14 45	20 29	11 11
9	2 12	25 52D	6 48	10 21	12 31	14 44	20 26	11 13
14	2 08	25 52	6 45	10 18	12 31R	14 43	20 22	11 14
19	2 03	25 53	6 42	10 15	12 31	14 42	20 19	11 16
24	1 58	25 54	6 38	10 13	12 30	14 41	20 15	11 17
29	1 53	25 56	6 35	10 11	12 29	14 41D	20 12	11 18
Dec 4	1 47	25 58	6 31	10 09	12 27	14 41	20 09	11 18
9	1 41	26 01	6 27	10 07	12 26	14 41	20 05	11 19R
14	1 35	26 04	6 22	10 06	12 23	14 42	20 03	11 18
19	1 28	26 08	6 18	10 06	12 21	14 43	20 00	11 18
24	1 22	26 12	6 14	10 05D	12 18	14 45	19 57	11 17
29	1♋16	26♒17	6♋09	10♈06	12♌16	14♓47	19♉55	11♍16

Stations	Mar 11	May 27	Mar 18	Jul 10	Apr 24	Jun 13	Feb 1	May 24
	Oct 3	Nov 9	Oct 6	Dec 24	Nov 10	Nov 29	Aug 19	Dec 8

	♃	⚸	⚷	♈	♃	♆	⚶	♅
Jan 3	1♋ 10R	26♒ 21	6♋ 05R	10♈ 06	12♌ 12R	14♓ 49	19♉ 53R	11♍ 15R
8	1 03	26 27	6 00	10 07	12 09	14 52	19 51	11 13
13	0 58	26 32	5 56	10 08	12 06	14 54	19 49	11 12
18	0 52	26 38	5 52	10 10	12 02	14 57	19 48	11 09
23	0 47	26 44	5 48	10 12	11 58	15 01	19 47	11 07
28	0 42	26 50	5 44	10 15	11 54	15 04	19 47	11 05
Feb 2	0 37	26 57	5 40	10 18	11 51	15 08	19 47D	11 02
7	0 33	27 03	5 37	10 21	11 47	15 12	19 47	10 59
12	0 29	27 10	5 34	10 24	11 43	15 16	19 47	10 56
17	0 26	27 16	5 31	10 28	11 39	15 20	19 48	10 53
22	0 23	27 23	5 29	10 32	11 36	15 25	19 49	10 50
27	0 21	27 30	5 27	10 36	11 32	15 29	19 50	10 47
Mar 4	0 20	27 36	5 26	10 41	11 29	15 33	19 52	10 44
9	0 19	27 42	5 24	10 45	11 26	15 38	19 54	10 40
14	0 19D	27 49	5 24	10 50	11 23	15 42	19 57	10 37
19	0 19	27 54	5 23D	10 55	11 21	15 47	19 59	10 34
24	0 20	28 00	5 24	11 00	11 18	15 51	20 02	10 31
29	0 22	28 06	5 24	11 05	11 16	15 55	20 05	10 28
Apr 3	0 24	28 11	5 25	11 10	11 15	15 59	20 08	10 25
8	0 27	28 16	5 27	11 15	11 13	16 03	20 12	10 23
13	0 31	28 20	5 29	11 20	11 12	16 07	20 16	10 21
18	0 35	28 24	5 31	11 25	11 11	16 11	20 19	10 18
23	0 39	28 28	5 33	11 30	11 11	16 14	20 23	10 16
28	0 44	28 31	5 36	11 34	11 11D	16 17	20 27	10 15
May 3	0 49	28 34	5 40	11 39	11 11	16 20	20 31	10 13
8	0 55	28 36	5 43	11 43	11 12	16 23	20 36	10 12
13	1 02	28 38	5 47	11 47	11 13	16 25	20 40	10 11
18	1 08	28 39	5 52	11 51	11 14	16 27	20 44	10 11
23	1 15	28 40	5 56	11 55	11 16	16 29	20 48	10 10
28	1 22	28 40R	6 01	11 58	11 18	16 30	20 52	10 10D
Jun 2	1 30	28 40	6 06	12 01	11 21	16 31	20 56	10 11
7	1 38	28 40	6 11	12 04	11 23	16 32	21 00	10 11
12	1 45	28 39	6 16	12 06	11 26	16 32	21 04	10 12
17	1 53	28 37	6 21	12 09	11 29	16 33R	21 08	10 13
22	2 01	28 35	6 27	12 10	11 33	16 32	21 11	10 15
27	2 09	28 33	6 32	12 12	11 37	16 32	21 14	10 16
Jul 2	2 17	28 30	6 38	12 13	11 40	16 31	21 17	10 18
7	2 25	28 27	6 43	12 13	11 45	16 30	21 20	10 20
12	2 33	28 23	6 49	12 13R	11 49	16 28	21 23	10 23
17	2 41	28 19	6 54	12 13	11 53	16 26	21 25	10 25
22	2 48	28 15	6 59	12 13	11 57	16 24	21 27	10 28
27	2 55	28 11	7 04	12 12	12 02	16 22	21 29	10 31
Aug 1	3 02	28 06	7 09	12 10	12 07	16 19	21 30	10 35
6	3 09	28 02	7 14	12 09	12 11	16 16	21 31	10 38
11	3 15	27 57	7 18	12 07	12 16	16 13	21 32	10 42
16	3 21	27 52	7 22	12 05	12 20	16 10	21 33	10 45
21	3 26	27 47	7 26	12 02	12 25	16 07	21 33R	10 49
26	3 31	27 42	7 30	11 59	12 29	16 04	21 33	10 53
31	3 35	27 37	7 33	11 56	12 34	16 00	21 32	10 57
Sep 5	3 39	27 32	7 36	11 53	12 38	15 57	21 31	11 00
10	3 43	27 27	7 38	11 49	12 42	15 53	21 30	11 04
15	3 45	27 22	7 41	11 46	12 45	15 49	21 29	11 08
20	3 47	27 18	7 42	11 42	12 49	15 46	21 27	11 12
25	3 49	27 14	7 44	11 38	12 52	15 43	21 25	11 16
30	3 50	27 10	7 44	11 34	12 55	15 39	21 23	11 19
Oct 5	3 50R	27 06	7 45	11 30	12 58	15 36	21 21	11 23
10	3 50	27 03	7 45R	11 26	13 01	15 33	21 18	11 26
15	3 49	27 00	7 45	11 22	13 03	15 30	21 15	11 29
20	3 48	26 58	7 44	11 18	13 05	15 27	21 12	11 32
25	3 46	26 56	7 43	11 14	13 06	15 25	21 09	11 35
30	3 43	26 55	7 41	11 10	13 07	15 23	21 06	11 37
Nov 4	3 40	26 54	7 39	11 07	13 08	15 21	21 02	11 40
9	3 36	26 53	7 37	11 04	13 09	15 19	20 59	11 42
14	3 32	26 54D	7 34	11 01	13 09R	15 18	20 55	11 43
19	3 28	26 54	7 31	10 58	13 08	15 17	20 52	11 45
24	3 23	26 55	7 27	10 55	13 08	15 16	20 48	11 46
29	3 17	26 57	7 24	10 53	13 07	15 16	20 45	11 47
Dec 4	3 11	26 59	7 20	10 51	13 05	15 16D	20 42	11 47
9	3 06	27 02	7 16	10 50	13 03	15 16	20 39	11 48R
14	2 59	27 05	7 12	10 49	13 01	15 17	20 36	11 48
19	2 53	27 08	7 07	10 48	12 59	15 18	20 33	11 47
24	2 47	27 12	7 03	10 48	12 56	15 20	20 30	11 47
29	2♋ 41	27♒ 17	6♋ 58	10♈ 48D	12♌ 54	15♓ 22	20♉ 28	11♍ 46

Stations	Mar 12	May 28	Mar 19	Jul 11	Apr 25	Jun 14	Feb 2	May 25
	Oct 5	Nov 10	Oct 7	Dec 25	Nov 11	Nov 30	Aug 20	Dec 9

1891

Date	♃					♆		
Jan 3	2♋34R	27♒21	6♋54R	10♈48	12♌51R	15♓24	20♉26R	11♍44R
8	2 28	27 27	6 49	10 49	12 47	15 26	20 24	11 43
13	2 22	27 32	6 45	10 50	12 44	15 29	20 22	11 41
18	2 16	27 38	6 41	10 52	12 40	15 32	20 21	11 39
23	2 11	27 44	6 37	10 54	12 36	15 35	20 20	11 37
28	2 06	27 50	6 33	10 56	12 33	15 39	20 20	11 34
Feb 2	2 01	27 56	6 29	10 59	12 29	15 42	20 19	11 31
7	1 57	28 03	6 26	11 02	12 25	15 46	20 19D	11 29
12	1 53	28 09	6 23	11 06	12 21	15 50	20 20	11 26
17	1 50	28 16	6 20	11 09	12 18	15 55	20 20	11 23
22	1 47	28 22	6 18	11 13	12 14	15 59	20 21	11 19
27	1 45	28 29	6 16	11 17	12 11	16 03	20 23	11 16
Mar 4	1 43	28 36	6 14	11 22	12 07	16 08	20 25	11 13
9	1 42	28 42	6 13	11 26	12 04	16 12	20 27	11 10
14	1 42D	28 48	6 12	11 31	12 01	16 17	20 29	11 07
19	1 42	28 54	6 12	11 36	11 59	16 21	20 31	11 04
24	1 43	29 00	6 12D	11 41	11 56	16 26	20 34	11 01
29	1 44	29 06	6 12	11 46	11 54	16 30	20 37	10 58
Apr 3	1 46	29 11	6 13	11 51	11 52	16 34	20 41	10 55
8	1 49	29 16	6 15	11 56	11 51	16 38	20 44	10 52
13	1 52	29 20	6 16	12 01	11 50	16 42	20 48	10 50
18	1 56	29 24	6 18	12 06	11 49	16 45	20 51	10 48
23	2 00	29 28	6 21	12 11	11 49	16 49	20 55	10 46
28	2 05	29 31	6 24	12 16	11 49D	16 52	20 59	10 44
May 3	2 10	29 34	6 27	12 20	11 49	16 55	21 04	10 43
8	2 16	29 37	6 31	12 25	11 49	16 58	21 08	10 41
13	2 22	29 39	6 35	12 29	11 50	17 00	21 12	10 40
18	2 29	29 40	6 39	12 33	11 52	17 02	21 16	10 40
23	2 36	29 41	6 43	12 36	11 53	17 04	21 20	10 39
28	2 43	29 42	6 48	12 40	11 55	17 05	21 24	10 39D
Jun 2	2 50	29 42R	6 53	12 43	11 58	17 06	21 28	10 40
7	2 58	29 41	6 58	12 46	12 00	17 07	21 32	10 40
12	3 06	29 40	7 03	12 48	12 03	17 08	21 36	10 41
17	3 13	29 39	7 09	12 50	12 06	17 08R	21 40	10 42
22	3 21	29 37	7 14	12 52	12 10	17 07	21 43	10 43
27	3 29	29 35	7 19	12 53	12 13	17 07	21 46	10 45
Jul 2	3 37	29 32	7 25	12 54	12 17	17 06	21 50	10 47
7	3 45	29 29	7 30	12 55	12 21	17 05	21 52	10 49
12	3 53	29 25	7 36	12 55R	12 26	17 03	21 55	10 52
17	4 01	29 22	7 41	12 55	12 30	17 02	21 57	10 54
22	4 08	29 18	7 46	12 55	12 34	17 00	21 59	10 57
27	4 16	29 13	7 51	12 54	12 39	16 57	22 01	11 00
Aug 1	4 23	29 09	7 56	12 53	12 43	16 55	22 03	11 03
6	4 29	29 04	8 01	12 51	12 48	16 52	22 04	11 07
11	4 36	28 59	8 05	12 49	12 53	16 49	22 05	11 10
16	4 42	28 54	8 10	12 47	12 57	16 46	22 05	11 14
21	4 47	28 49	8 14	12 45	13 02	16 43	22 05R	11 18
26	4 52	28 44	8 17	12 42	13 06	16 39	22 05	11 21
31	4 57	28 39	8 21	12 39	13 10	16 36	22 05	11 25
Sep 5	5 01	28 34	8 24	12 36	13 15	16 32	22 04	11 29
10	5 04	28 29	8 26	12 32	13 19	16 29	22 03	11 33
15	5 07	28 25	8 28	12 28	13 22	16 25	22 02	11 37
20	5 10	28 20	8 30	12 25	13 26	16 22	22 00	11 40
25	5 11	28 16	8 32	12 21	13 29	16 18	21 58	11 44
30	5 13	28 12	8 33	12 17	13 32	16 15	21 56	11 48
Oct 5	5 13	28 08	8 33	12 13	13 35	16 12	21 54	11 51
10	5 13R	28 05	8 33R	12 09	13 38	16 08	21 51	11 55
15	5 12	28 02	8 33	12 05	13 40	16 06	21 48	11 58
20	5 11	28 00	8 32	12 01	13 42	16 03	21 45	12 01
25	5 09	27 58	8 31	11 57	13 44	16 00	21 42	12 04
30	5 07	27 56	8 30	11 53	13 45	15 58	21 39	12 06
Nov 4	5 04	27 55	8 28	11 50	13 46	15 56	21 35	12 08
9	5 00	27 55	8 25	11 46	13 46	15 55	21 32	12 10
14	4 56	27 55D	8 23	11 43	13 46R	15 53	21 29	12 12
19	4 52	27 55	8 20	11 40	13 46	15 52	21 25	12 14
24	4 47	27 56	8 16	11 38	13 45	15 51	21 22	12 15
29	4 42	27 58	8 13	11 36	13 44	15 51	21 18	12 16
Dec 4	4 36	28 00	8 09	11 34	13 43	15 51D	21 15	12 17
9	4 30	28 02	8 05	11 32	13 41	15 51	21 12	12 17
14	4 24	28 05	8 01	11 31	13 39	15 52	21 09	12 17R
19	4 18	28 09	7 56	11 30	13 37	15 53	21 06	12 16
24	4 12	28 12	7 52	11 30	13 35	15 55	21 03	12 16
29	4♋05	28♒17	7♋48	11♈30D	13♌32	15♓56	21♉01	12♍15

Stations	Mar 14	May 30	Mar 20	Jul 12	Apr 26	Jun 15	Feb 3	May 26
	Oct 6	Nov 11	Oct 8	Dec 26	Nov 12	Dec 1	Aug 21	Dec 10

	♃	⚷	☿	⚷	♃	♆	♃	✶
Jan 3	3♋59R	28♒21	7♋43R	11♈30	13♌29R	15♓59	20♉59R	12♍14R
8	3 53	28 26	7 39	11 31	13 25	16 01	20 57	12 12
13	3 47	28 32	7 34	11 32	13 22	16 04	20 55	12 10
18	3 41	28 37	7 30	11 34	13 18	16 07	20 54	12 08
23	3 36	28 43	7 26	11 36	13 15	16 10	20 53	12 06
28	3 30	28 50	7 22	11 38	13 11	16 13	20 52	12 04
Feb 2	3 25	28 56	7 18	11 41	13 07	16 17	20 52	12 01
7	3 21	29 02	7 15	11 44	13 03	16 21	20 52D	11 58
12	3 17	29 09	7 12	11 47	13 00	16 25	20 52	11 55
17	3 14	29 15	7 09	11 51	12 56	16 29	20 53	11 52
22	3 11	29 22	7 07	11 55	12 52	16 33	20 54	11 49
27	3 08	29 29	7 04	11 59	12 49	16 38	20 55	11 46
Mar 3	3 06	29 35	7 03	12 03	12 45	16 42	20 57	11 43
8	3 05	29 42	7 01	12 08	12 42	16 47	20 59	11 40
13	3 05	29 48	7 01	12 12	12 39	16 51	21 01	11 36
18	3 05D	29 54	7 00	12 17	12 37	16 56	21 04	11 33
23	3 05	0♓00	7 00D	12 22	12 34	17 00	21 06	11 30
28	3 06	0 05	7 00	12 27	12 32	17 04	21 10	11 27
Apr 2	3 08	0 11	7 01	12 32	12 30	17 08	21 13	11 25
7	3 11	0 16	7 03	12 37	12 29	17 12	21 16	11 22
12	3 14	0 20	7 04	12 42	12 28	17 16	21 20	11 19
17	3 17	0 25	7 06	12 47	12 27	17 20	21 24	11 17
22	3 22	0 28	7 09	12 52	12 26	17 23	21 28	11 15
27	3 26	0 32	7 12	12 57	12 26D	17 27	21 32	11 13
May 2	3 31	0 35	7 15	13 01	12 26	17 30	21 36	11 12
7	3 37	0 37	7 18	13 06	12 27	17 32	21 40	11 11
12	3 43	0 39	7 22	13 10	12 28	17 35	21 44	11 10
17	3 49	0 41	7 26	13 14	12 29	17 37	21 48	11 09
22	3 56	0 42	7 31	13 18	12 31	17 39	21 52	11 09
27	4 03	0 43	7 35	13 21	12 33	17 40	21 56	11 09D
Jun 1	4 11	0 43R	7 40	13 24	12 35	17 41	22 00	11 09
6	4 18	0 43	7 45	13 27	12 37	17 42	22 04	11 09
11	4 26	0 42	7 50	13 30	12 40	17 43	22 08	11 10
16	4 34	0 40	7 56	13 32	12 43	17 43R	22 12	11 11
21	4 42	0 39	8 01	13 34	12 47	17 43	22 15	11 12
26	4 50	0 37	8 06	13 35	12 50	17 42	22 19	11 14
Jul 1	4 58	0 34	8 12	13 36	12 54	17 41	22 22	11 16
6	5 06	0 31	8 17	13 37	12 58	17 40	22 25	11 18
11	5 13	0 28	8 23	13 38	13 02	17 39	22 27	11 20
16	5 21	0 24	8 28	13 37R	13 07	17 37	22 30	11 23
21	5 29	0 20	8 33	13 37	13 11	17 35	22 32	11 26
26	5 36	0 16	8 39	13 36	13 16	17 33	22 34	11 29
31	5 43	0 11	8 44	13 35	13 20	17 30	22 35	11 32
Aug 5	5 50	0 06	8 48	13 34	13 25	17 28	22 36	11 35
10	5 56	0 02	8 53	13 32	13 29	17 25	22 37	11 39
15	6 02	29♒57	8 57	13 30	13 34	17 22	22 38	11 42
20	6 08	29 52	9 01	13 27	13 38	17 18	22 38	11 46
25	6 13	29 47	9 05	13 25	13 43	17 15	22 38R	11 50
30	6 18	29 42	9 08	13 22	13 47	17 12	22 38	11 54
Sep 4	6 22	29 37	9 11	13 18	13 51	17 08	22 37	11 58
9	6 26	29 32	9 14	13 15	13 55	17 04	22 36	12 01
14	6 29	29 27	9 16	13 11	13 59	17 01	22 35	12 05
19	6 32	29 23	9 18	13 08	14 03	16 57	22 33	12 09
24	6 34	29 18	9 20	13 04	14 06	16 54	22 31	12 13
29	6 35	29 14	9 21	13 00	14 10	16 51	22 29	12 16
Oct 4	6 36	29 11	9 21	12 56	14 12	16 47	22 27	12 20
9	6 36R	29 07	9 22R	12 52	14 15	16 44	22 24	12 23
14	6 35	29 04	9 21	12 48	14 17	16 41	22 21	12 26
19	6 34	29 02	9 21	12 44	14 19	16 38	22 19	12 29
24	6 33	29 00	9 20	12 40	14 21	16 36	22 15	12 32
29	6 30	28 58	9 18	12 36	14 22	16 34	22 12	12 35
Nov 3	6 28	28 57	9 16	12 32	14 23	16 32	22 09	12 37
8	6 24	28 56	9 14	12 29	14 24	16 30	22 05	12 39
13	6 20	28 56D	9 12	12 26	14 24R	16 29	22 02	12 41
18	6 16	28 56	9 09	12 23	14 24	16 27	21 58	12 43
23	6 11	28 57	9 05	12 20	14 23	16 27	21 55	12 44
28	6 06	28 58	9 02	12 18	14 22	16 26	21 52	12 45
Dec 3	6 01	29 00	8 58	12 16	14 21	16 26D	21 48	12 46
8	5 55	29 03	8 54	12 14	14 19	16 27	21 45	12 46
13	5 49	29 06	8 50	12 13	14 17	16 27	21 42	12 46R
18	5 43	29 09	8 46	12 12	14 15	16 28	21 39	12 46
23	5 37	29 13	8 41	12 12	14 13	16 30	21 37	12 45
28	5♋30	29♒17	8♋37	12♈12D	14♌10	16♓31	21♉34	12♍44

Stations	Mar 15	May 30	Mar 20	Jul 12	Apr 26	Jun 15	Feb 4	May 26
	Oct 7	Nov 12	Oct 8	Dec 26	Nov 12	Dec 1	Aug 21	Dec 10

1893

	⯠	⯡	⯢	⯤	⯥	⯦	⯧	⯨
Jan 2	5♋24R	29♒21	8♋32R	12♈12	14♌07R	16♓33	21♉32R	12♍43R
7	5 18	29 26	8 28	12 13	14 04	16 36	21 30	12 42
12	5 12	29 32	8 23	12 14	14 00	16 38	21 28	12 40
17	5 06	29 37	8 19	12 15	13 57	16 41	21 27	12 38
22	5 00	29 43	8 15	12 17	13 53	16 44	21 26	12 36
27	4 55	29 49	8 11	12 20	13 49	16 48	21 25	12 33
Feb 1	4 50	29 55	8 07	12 22	13 45	16 52	21 25	12 31
6	4 45	0♓02	8 04	12 25	13 42	16 55	21 25D	12 28
11	4 41	0 08	8 01	12 29	13 38	16 59	21 25	12 25
16	4 37	0 15	7 58	12 32	13 34	17 04	21 26	12 22
21	4 34	0 22	7 55	12 36	13 30	17 08	21 27	12 19
26	4 32	0 28	7 53	12 40	13 27	17 12	21 28	12 16
Mar 3	4 30	0 35	7 51	12 44	13 24	17 17	21 29	12 12
8	4 28	0 41	7 50	12 49	13 20	17 21	21 31	12 09
13	4 27	0 48	7 49	12 54	13 17	17 26	21 34	12 06
18	4 27D	0 54	7 48	12 58	13 15	17 30	21 36	12 03
23	4 28	1 00	7 48D	13 03	13 12	17 34	21 39	12 00
28	4 29	1 05	7 49	13 08	13 10	17 39	21 42	11 57
Apr 2	4 30	1 11	7 49	13 13	13 08	17 43	21 45	11 54
7	4 33	1 16	7 51	13 18	13 07	17 47	21 48	11 51
12	4 36	1 20	7 52	13 23	13 05	17 51	21 52	11 49
17	4 39	1 25	7 54	13 28	13 04	17 54	21 56	11 47
22	4 43	1 29	7 56	13 33	13 04	17 58	22 00	11 45
27	4 47	1 32	7 59	13 38	13 04D	18 01	22 04	11 43
May 2	4 52	1 35	8 02	13 43	13 04	18 04	22 08	11 41
7	4 58	1 38	8 06	13 47	13 04	18 07	22 12	11 40
12	5 04	1 40	8 10	13 51	13 05	18 09	22 16	11 39
17	5 10	1 42	8 14	13 55	13 06	18 12	22 20	11 38
22	5 17	1 43	8 18	13 59	13 08	18 13	22 24	11 38
27	5 24	1 44	8 23	14 03	13 10	18 15	22 28	11 38D
Jun 1	5 31	1 44R	8 27	14 06	13 12	18 16	22 33	11 38
6	5 38	1 44	8 32	14 09	13 15	18 17	22 36	11 38
11	5 46	1 43	8 38	14 11	13 17	18 18	22 40	11 39
16	5 54	1 42	8 43	14 14	13 20	18 18R	22 44	11 40
21	6 02	1 40	8 48	14 16	13 24	18 18	22 48	11 41
26	6 10	1 38	8 54	14 17	13 27	18 17	22 51	11 43
Jul 1	6 18	1 36	8 59	14 18	13 31	18 17	22 54	11 45
6	6 26	1 33	9 05	14 19	13 35	18 16	22 57	11 47
11	6 34	1 30	9 10	14 20	13 39	18 14	23 00	11 49
16	6 41	1 26	9 15	14 20R	13 44	18 13	23 02	11 52
21	6 49	1 22	9 21	14 19	13 48	18 11	23 04	11 55
26	6 56	1 18	9 26	14 19	13 52	18 08	23 06	11 58
31	7 04	1 14	9 31	14 18	13 57	18 06	23 08	12 01
Aug 5	7 10	1 09	9 36	14 16	14 02	18 03	23 09	12 04
10	7 17	1 04	9 40	14 14	14 06	18 00	23 10	12 07
15	7 23	0 59	9 45	14 12	14 11	17 57	23 11	12 11
20	7 29	0 54	9 49	14 10	14 15	17 54	23 11	12 15
25	7 34	0 49	9 52	14 07	14 20	17 51	23 11R	12 19
30	7 39	0 44	9 56	14 04	14 24	17 47	23 11	12 22
Sep 4	7 44	0 39	9 59	14 01	14 28	17 44	23 10	12 26
9	7 48	0 34	10 02	13 58	14 32	17 40	23 09	12 30
14	7 51	0 29	10 04	13 54	14 36	17 37	23 08	12 34
19	7 54	0 25	10 06	13 50	14 40	17 33	23 06	12 38
24	7 56	0 21	10 08	13 47	14 43	17 30	23 04	12 41
29	7 57	0 17	10 09	13 43	14 47	17 26	23 02	12 45
Oct 4	7 58	0 13	10 10	13 39	14 50	17 23	23 00	12 49
9	7 59R	0 09	10 10R	13 35	14 52	17 20	22 57	12 52
14	7 58	0 06	10 10	13 30	14 55	17 17	22 55	12 55
19	7 58	0 04	10 09	13 27	14 57	17 14	22 52	12 58
24	7 56	0 01	10 08	13 23	14 58	17 11	22 49	13 01
29	7 54	0 00	10 07	13 19	15 00	17 09	22 45	13 04
Nov 3	7 51	29♒58	10 05	13 15	15 01	17 07	22 42	13 06
8	7 48	29 58	10 03	13 12	15 01	17 05	22 39	13 08
13	7 45	29 57D	10 00	13 09	15 01R	17 04	22 35	13 10
18	7 40	29 57	9 58	13 06	15 01	17 03	22 32	13 12
23	7 36	29 58	9 54	13 03	15 01	17 02	22 28	13 13
28	7 31	29 59	9 51	13 01	15 00	17 02	22 25	13 14
Dec 3	7 25	0♓01	9 47	12 59	14 59	17 01D	22 22	13 15
8	7 20	0 03	9 43	12 57	14 57	17 02	22 18	13 15
13	7 14	0 06	9 39	12 56	14 55	17 02	22 15	13 15R
18	7 08	0 09	9 35	12 55	14 53	17 03	22 12	13 15
23	7 01	0 13	9 31	12 54	14 51	17 04	22 10	13 14
28	6♋55	0♓17	9♋26	12♈54D	14♌48	17♓06	22♉07	13♍14

Stations	Mar 16	May 31	Mar 21	Jul 13	Apr 27	Jun 16	Feb 4	May 26
	Oct 9	Nov 13	Oct 9	Dec 27	Nov 13	Dec 1	Aug 21	Dec 10

	♃	⚵	⚷	⚶	♃	Ψ	⚸	⚳
Jan 2	6♋49R	0♓21	9♋22R	12♈54	14♌45R	17♓08	22♉05R	13♍12R
7	6 43	0 26	9 17	12 55	14 42	17 10	22 03	13 11
12	6 36	0 32	9 13	12 56	14 38	17 13	22 01	13 09
17	6 30	0 37	9 08	12 57	14 35	17 16	22 00	13 07
22	6 25	0 43	9 04	12 59	14 31	17 19	21 59	13 05
27	6 19	0 49	9 00	13 01	14 27	17 22	21 58	13 03
Feb 1	6 14	0 55	8 56	13 04	14 24	17 26	21 58	13 00
6	6 09	1 02	8 53	13 07	14 20	17 30	21 58D	12 57
11	6 05	1 08	8 50	13 10	14 16	17 34	21 58	12 54
16	6 01	1 15	8 47	13 14	14 12	17 38	21 58	12 51
21	5 58	1 21	8 44	13 17	14 09	17 42	21 59	12 48
26	5 55	1 28	8 42	13 21	14 05	17 47	22 00	12 45
Mar 3	5 53	1 34	8 40	13 26	14 02	17 51	22 02	12 42
8	5 51	1 41	8 39	13 30	13 59	17 56	22 04	12 39
13	5 50	1 47	8 37	13 35	13 56	18 00	22 06	12 36
18	5 50D	1 53	8 37	13 40	13 53	18 04	22 08	12 32
23	5 50	1 59	8 37D	13 45	13 50	18 09	22 11	12 29
28	5 51	2 05	8 37	13 50	13 48	18 13	22 14	12 26
Apr 2	5 53	2 11	8 37	13 55	13 46	18 17	22 17	12 24
7	5 55	2 16	8 39	14 00	13 45	18 21	22 21	12 21
12	5 57	2 20	8 40	14 05	13 43	18 25	22 24	12 19
17	6 01	2 25	8 42	14 10	13 42	18 29	22 28	12 16
22	6 04	2 29	8 44	14 15	13 42	18 33	22 32	12 14
27	6 09	2 33	8 47	14 19	13 41D	18 36	22 36	12 12
May 2	6 14	2 36	8 50	14 24	13 41	18 39	22 40	12 11
7	6 19	2 39	8 53	14 28	13 42	18 42	22 44	12 09
12	6 25	2 41	8 57	14 33	13 43	18 44	22 48	12 08
17	6 31	2 43	9 01	14 37	13 44	18 46	22 52	12 08
22	6 37	2 44	9 05	14 41	13 45	18 48	22 56	12 07
27	6 44	2 45	9 10	14 44	13 47	18 50	23 01	12 07D
Jun 1	6 51	2 45	9 15	14 48	13 49	18 51	23 05	12 07
6	6 59	2 45R	9 20	14 51	13 52	18 52	23 09	12 07
11	7 06	2 45	9 25	14 53	13 55	18 53	23 13	12 08
16	7 14	2 44	9 30	14 55	13 58	18 53	23 16	12 09
21	7 22	2 42	9 35	14 57	14 01	18 53R	23 20	12 10
26	7 30	2 40	9 41	14 59	14 04	18 53	23 23	12 12
Jul 1	7 38	2 38	9 46	15 00	14 08	18 52	23 26	12 14
6	7 46	2 35	9 52	15 01	14 12	18 51	23 29	12 16
11	7 54	2 32	9 57	15 02	14 16	18 50	23 32	12 18
16	8 02	2 28	10 03	15 02R	14 20	18 48	23 35	12 21
21	8 09	2 25	10 08	15 02	14 25	18 46	23 37	12 23
26	8 17	2 20	10 13	15 01	14 29	18 44	23 39	12 26
31	8 24	2 16	10 18	15 00	14 34	18 42	23 40	12 29
Aug 5	8 31	2 11	10 23	14 59	14 38	18 39	23 42	12 33
10	8 38	2 07	10 28	14 57	14 43	18 36	23 43	12 36
15	8 44	2 02	10 32	14 55	14 48	18 33	23 43	12 40
20	8 50	1 57	10 36	14 53	14 52	18 30	23 44	12 43
25	8 55	1 52	10 40	14 50	14 57	18 26	23 44R	12 47
30	9 01	1 47	10 43	14 47	15 01	18 23	23 43	12 51
Sep 4	9 05	1 42	10 47	14 44	15 05	18 20	23 43	12 55
9	9 09	1 37	10 49	14 41	15 09	18 16	23 42	12 59
14	9 13	1 32	10 52	14 37	15 13	18 12	23 41	13 03
19	9 16	1 27	10 54	14 33	15 17	18 09	23 39	13 06
24	9 18	1 23	10 56	14 29	15 20	18 05	23 38	13 10
29	9 20	1 19	10 57	14 25	15 24	18 02	23 35	13 14
Oct 4	9 21	1 15	10 58	14 21	15 27	17 59	23 33	13 17
9	9 21	1 11	10 58	14 17	15 29	17 56	23 31	13 21
14	9 21R	1 08	10 58R	14 13	15 32	17 52	23 28	13 24
19	9 21	1 06	*10 58	14 09	15 34	17 50	23 25	13 27
24	9 19	1 03	10 57	14 06	15 36	17 47	23 22	13 30
29	9 18	1 01	10 56	14 02	15 37	17 45	23 19	13 33
Nov 3	9 15	1 00	10 54	13 58	15 38	17 43	23 15	13 35
8	9 12	0 59	10 52	13 55	15 39	17 41	23 12	13 37
13	9 09	0 58	10 49	13 51	15 39	17 39	23 09	13 39
18	9 05	0 59D	10 47	13 48	15 39R	17 38	23 05	13 41
23	9 00	0 59	10 43	13 46	15 39	17 37	23 02	13 42
28	8 55	1 00	10 40	13 43	15 38	17 37	22 58	13 43
Dec 3	8 50	1 02	10 36	13 41	15 37	17 37D	22 55	13 44
8	8 44	1 04	10 32	13 39	15 35	17 37	22 52	13 44
13	8 38	1 07	10 28	13 38	15 33	17 37	22 49	13 44R
18	8 32	1 10	10 24	13 37	15 31	17 38	22 46	13 44
23	8 26	1 13	10 20	13 36	15 29	17 39	22 43	13 44
28	8♋20	1♓17	10♋15	13♈36D	15♌26	17♓41	22♉40	13♍43

Stations	Mar 18	Jun 2	Mar 22	Jul 14	Apr 27	Jun 17	Feb 4	May 27
	Oct 10	Nov 14	Oct 10	Dec 28	Nov 14	Dec 2	Aug 22	Dec 11

1895

	♃	⚴	⚸	⇡	♃⊞	♆	⇡	✴
Jan 2	8♋14R	1♓22	10♋11R	13♈36	15♌23R	17♓43	22♉38R	13♍42R
7	8 07	1 26	10 06	13 37	15 20	17 45	22 36	13 40
12	8 01	1 31	10 02	13 38	15 17	17 48	22 34	13 39
17	7 55	1 37	9 58	13 39	15 13	17 51	22 33	13 37
22	7 49	1 43	9 53	13 41	15 10	17 54	22 32	13 35
27	7 44	1 49	9 49	13 43	15 06	17 57	22 31	13 32
Feb 1	7 39	1 55	9 46	13 46	15 02	18 01	22 30	13 30
6	7 34	2 01	9 42	13 48	14 58	18 04	22 30D	13 27
11	7 29	2 08	9 39	13 52	14 54	18 08	22 30	13 24
16	7 25	2 14	9 36	13 55	14 51	18 13	22 31	13 21
21	7 22	2 21	9 33	13 59	14 47	18 17	22 32	13 18
26	7 19	2 27	9 31	14 03	14 43	18 21	22 33	13 15
Mar 3	7 17	2 34	9 29	14 07	14 40	18 26	22 35	13 12
8	7 15	2 40	9 27	14 12	14 37	18 30	22 36	13 08
13	7 14	2 47	9 26	14 16	14 34	18 34	22 38	13 05
18	7 13	2 53	9 25	14 21	14 31	18 39	22 41	13 02
23	7 13D	2 59	9 25D	14 26	14 28	18 43	22 43	12 59
28	7 14	3 05	9 25	14 31	14 26	18 48	22 46	12 56
Apr 2	7 15	3 10	9 26	14 36	14 24	18 52	22 50	12 53
7	7 17	3 16	9 27	14 41	14 22	18 56	22 53	12 51
12	7 19	3 21	9 28	14 46	14 21	19 00	22 56	12 48
17	7 22	3 25	9 30	14 51	14 20	19 04	23 00	12 46
22	7 26	3 29	9 32	14 56	14 19	19 07	23 04	12 44
27	7 30	3 33	9 35	15 01	14 19	19 10	23 08	12 42
May 2	7 35	3 36	9 38	15 05	14 19D	19 14	23 12	12 40
7	7 40	3 39	9 41	15 10	14 19	19 16	23 16	12 39
12	7 45	3 42	9 45	15 14	14 20	19 19	23 20	12 38
17	7 51	3 44	9 49	15 18	14 21	19 21	23 24	12 37
22	7 58	3 45	9 53	15 22	14 23	19 23	23 29	12 36
27	8 05	3 46	9 57	15 26	14 24	19 25	23 33	12 36
Jun 1	8 12	3 47	10 02	15 29	14 27	19 26	23 37	12 36D
6	8 19	3 47R	10 07	15 32	14 29	19 27	23 41	12 36
11	8 26	3 46	10 12	15 35	14 32	19 28	23 45	12 37
16	8 34	3 45	10 17	15 37	14 35	19 28	23 48	12 38
21	8 42	3 44	10 23	15 39	14 38	19 28R	23 52	12 39
26	8 50	3 42	10 28	15 41	14 41	19 28	23 55	12 41
Jul 1	8 58	3 40	10 33	15 42	14 45	19 27	23 59	12 43
6	9 06	3 37	10 39	15 43	14 49	19 26	24 02	12 45
11	9 14	3 34	10 44	15 44	14 53	19 25	24 04	12 47
16	9 22	3 31	10 50	15 44R	14 57	19 23	24 07	12 49
21	9 30	3 27	10 55	15 44	15 02	19 22	24 09	12 52
26	9 37	3 23	11 00	15 43	15 06	19 20	24 11	12 55
31	9 44	3 18	11 05	15 42	15 11	19 17	24 13	12 58
Aug 5	9 52	3 14	11 10	15 41	15 15	19 15	24 14	13 01
10	9 58	3 09	11 15	15 39	15 20	19 12	24 15	13 05
15	10 05	3 04	11 19	15 38	15 24	19 09	24 16	13 08
20	10 11	2 59	11 24	15 35	15 29	19 06	24 16	13 12
25	10 16	2 54	11 27	15 33	15 33	19 02	24 17R	13 16
30	10 22	2 49	11 31	15 30	15 38	18 59	24 16	13 20
Sep 4	10 26	2 44	11 34	15 27	15 42	18 55	24 16	13 23
9	10 31	2 39	11 37	15 23	15 46	18 52	24 15	13 27
14	10 34	2 34	11 40	15 20	15 50	18 48	24 14	13 31
19	10 38	2 30	11 42	15 16	15 54	18 45	24 12	13 35
24	10 40	2 25	11 44	15 12	15 57	18 41	24 11	13 39
29	10 42	2 21	11 45	15 08	16 01	18 38	24 09	13 42
Oct 4	10 43	2 17	11 46	15 04	16 04	18 34	24 06	13 46
9	10 44	2 14	11 46	15 00	16 07	18 31	24 04	13 49
14	10 44R	2 10	11 47R	14 56	16 09	18 28	24 01	13 53
19	10 44	2 07	11 46	14 52	16 11	18 25	23 58	13 56
24	10 43	2 05	11 45	14 48	16 13	18 23	23 55	13 59
29	10 41	2 03	11 44	14 45	16 14	18 20	23 52	14 01
Nov 3	10 39	2 01	11 43	14 41	16 15	18 18	23 49	14 04
8	10 36	2 00	11 41	14 37	16 16	18 16	23 45	14 06
13	10 33	2 00	11 38	14 34	16 17	18 15	23 42	14 08
18	10 29	2 00D	11 35	14 31	16 17R	18 13	23 38	14 10
23	10 24	2 00	11 32	14 28	16 16	18 13	23 35	14 11
28	10 20	2 01	11 29	14 26	16 16	18 12	23 32	14 12
Dec 3	10 14	2 03	11 25	14 24	16 14	18 12D	23 28	14 13
8	10 09	2 05	11 22	14 22	16 13	18 12	23 25	14 13
13	10 03	2 07	11 18	14 20	16 11	18 12	23 22	14 14R
18	9 57	2 10	11 13	14 19	16 09	18 13	23 19	14 13
23	9 51	2 14	11 09	14 19	16 07	18 14	23 16	14 13
28	9♋45	2♓17	11♋05	14♈18	16♌04	18♓16	23♉14	14♍12
Stations	Mar 20 Oct 12	Jun 3 Nov 15	Mar 23 Oct 11	Jul 15 Dec 29	Apr 28 Nov 14	Jun 18 Dec 3	Feb 5 Aug 23	May 28 Dec 12

	♃	♄	⚷	⚶	♇	♆	⚴	♅
Jan 2	9♋ 38R	2♓ 22	11♋ 00R	14♈ 18D	16♌ 01R	18♓ 18	23♉ 11R	14♍ 11R
7	9 32	2 26	10 56	14 19	15 58	18 20	23 09	14 10
12	9 26	2 31	10 51	14 20	15 55	18 22	23 07	14 08
17	9 20	2 37	10 47	14 21	15 51	18 25	23 06	14 06
22	9 14	2 42	10 43	14 23	15 48	18 28	23 05	14 04
27	9 08	2 48	10 39	14 25	15 44	18 32	23 04	14 02
Feb 1	9 03	2 54	10 35	14 27	15 40	18 35	23 03	13 59
6	8 58	3 01	10 31	14 30	15 36	18 39	23 03D	13 57
11	8 53	3 07	10 28	14 33	15 33	18 43	23 03	13 54
16	8 49	3 14	10 25	14 37	15 29	18 47	23 04	13 51
21	8 46	3 20	10 22	14 40	15 25	18 51	23 04	13 48
26	8 43	3 27	10 19	14 44	15 22	18 56	23 06	13 44
Mar 2	8 40	3 34	10 17	14 48	15 18	19 00	23 07	13 41
7	8 38	3 40	10 16	14 53	15 15	19 04	23 09	13 38
12	8 37	3 47	10 15	14 57	15 12	19 09	23 11	13 35
17	8 36	3 53	10 14	15 02	15 09	19 13	23 13	13 32
22	8 36D	3 59	10 13	15 07	15 06	19 18	23 16	13 29
27	8 36	4 05	10 13D	15 12	15 04	19 22	23 19	13 26
Apr 1	8 37	4 10	10 14	15 17	15 02	19 26	23 22	13 23
6	8 39	4 16	10 15	15 22	15 00	19 30	23 25	13 20
11	8 41	4 21	10 16	15 27	14 59	19 34	23 29	13 18
16	8 44	4 25	10 18	15 32	14 58	19 38	23 32	13 15
21	8 47	4 30	10 20	15 37	14 57	19 42	23 36	13 13
26	8 51	4 33	10 22	15 42	14 57	19 45	23 40	13 11
May 1	8 56	4 37	10 25	15 47	14 57D	19 48	23 44	13 10
6	9 01	4 40	10 28	15 51	14 57	19 51	23 48	13 08
11	9 06	4 42	10 32	15 55	14 58	19 54	23 52	13 07
16	9 12	4 44	10 36	16 00	14 59	19 56	23 57	13 06
21	9 18	4 46	10 40	16 04	15 00	19 58	24 01	13 06
26	9 25	4 47	10 45	16 07	15 02	20 00	24 05	13 05
31	9 32	4 48	10 49	16 11	15 04	20 01	24 09	13 05D
Jun 5	9 39	4 48R	10 54	16 14	15 06	20 02	24 13	13 06
10	9 47	4 48	10 59	16 16	15 09	20 03	24 17	13 06
15	9 54	4 47	11 04	16 19	15 12	20 03R	24 21	13 07
20	10 02	4 46	11 10	16 21	15 15	20 03	24 24	13 08
25	10 10	4 44	11 15	16 23	15 18	20 03	24 28	13 10
30	10 18	4 42	11 21	16 24	15 22	20 03	24 31	13 11
Jul 5	10 26	4 39	11 26	16 25	15 26	20 02	24 34	13 13
10	10 34	4 36	11 31	16 26	15 30	20 00	24 37	13 16
15	10 42	4 33	11 37	16 26R	15 34	19 59	24 39	13 18
20	10 50	4 29	11 42	16 26	15 38	19 57	24 42	13 21
25	10 57	4 25	11 47	16 26	15 43	19 55	24 44	13 24
30	11 05	4 21	11 53	16 25	15 47	19 53	24 45	13 27
Aug 4	11 12	4 16	11 57	16 24	15 52	19 50	24 47	13 30
9	11 19	4 12	12 02	16 22	15 57	19 47	24 48	13 33
14	11 25	4 07	12 07	16 20	16 01	19 44	24 49	13 37
19	11 32	4 02	12 11	16 18	16 06	19 41	24 49	13 41
24	11 37	3 57	12 15	16 15	16 10	19 38	24 49R	13 44
29	11 43	3 52	12 19	16 13	16 15	19 35	24 49	13 48
Sep 3	11 48	3 47	12 22	16 09	16 19	19 31	24 49	13 52
8	11 52	3 42	12 25	16 06	16 23	19 28	24 48	13 56
13	11 56	3 37	12 28	16 03	16 27	19 24	24 47	14 00
18	11 59	3 32	12 30	15 59	16 31	19 20	24 45	14 04
23	12 02	3 28	12 32	15 55	16 34	19 17	24 44	14 07
28	12 04	3 23	12 33	15 51	16 38	19 13	24 42	14 11
Oct 3	12 06	3 19	12 34	15 47	16 41	19 10	24 40	14 15
8	12 07	3 16	12 35	15 43	16 44	19 07	24 37	14 18
13	12 07R	3 12	12 35R	15 39	16 46	19 04	24 34	14 21
18	12 07	3 09	12 35	15 35	16 48	19 01	24 32	14 24
23	12 06	3 07	12 34	15 31	16 50	18 58	24 28	14 27
28	12 04	3 05	12 33	15 27	16 52	18 56	24 25	14 30
Nov 2	12 02	3 03	12 31	15 24	16 53	18 54	24 22	14 33
7	12 00	3 02	12 29	15 20	16 54	18 52	24 19	14 35
12	11 56	3 01	12 27	15 17	16 54	18 50	24 15	14 37
17	11 53	3 01D	12 24	15 14	16 54R	18 49	24 12	14 39
22	11 49	3 01	12 21	15 11	16 54	18 48	24 08	14 40
27	11 44	3 02	12 18	15 08	16 53	18 47	24 05	14 41
Dec 2	11 39	3 04	12 15	15 06	16 52	18 47	24 02	14 42
7	11 34	3 05	12 11	15 04	16 51	18 47D	23 58	14 43
12	11 28	3 08	12 07	15 03	16 49	18 47	23 55	14 43R
17	11 22	3 11	12 03	15 02	16 47	18 48	23 52	14 43
22	11 16	3 14	11 58	15 01	16 45	18 49	23 49	14 42
27	11♋ 10	3♓ 18	11♋ 54	15♈ 00	16♌ 42	18♓ 51	23♉ 47	14♍ 41
Stations	Mar 20	Jun 3	Mar 23	Jul 15	Apr 28	Jun 17	Feb 6	May 28
	Oct 12	Nov 16	Oct 11	Dec 29	Nov 14	Dec 3	Aug 23	Dec 12

1897

	♃	⚷	♄	⚷	♃	♆	⚴	⚶
Jan 1	11♋03R	3♓22	11♋49R	15♈00D	16♌39R	18♓53	23♉44R	14♍40R
6	10 57	3 26	11 45	15 01	16 36	18 55	23 42	14 39
11	10 51	3 31	11 40	15 02	16 33	18 57	23 40	14 38
16	10 45	3 37	11 36	15 03	16 30	19 00	23 39	14 36
21	10 39	3 42	11 32	15 05	16 26	19 03	23 38	14 34
26	10 33	3 48	11 28	15 07	16 22	19 06	23 37	14 31
31	10 27	3 54	11 24	15 09	16 19	19 10	23 36	14 29
Feb 5	10 22	4 00	11 20	15 12	16 15	19 13	23 36	14 26
10	10 18	4 07	11 17	15 15	16 11	19 17	23 36D	14 23
15	10 13	4 13	11 13	15 18	16 07	19 21	23 36	14 20
20	10 10	4 20	11 11	15 22	16 04	19 26	23 37	14 17
25	10 06	4 27	11 08	15 26	16 00	19 30	23 38	14 14
Mar 2	10 04	4 33	11 06	15 30	15 56	19 34	23 40	14 11
7	10 01	4 40	11 04	15 34	15 53	19 39	23 41	14 08
12	10 00	4 46	11 03	15 39	15 50	19 43	23 43	14 05
17	9 59	4 52	11 02	15 43	15 47	19 48	23 46	14 01
22	9 58D	4 59	11 02	15 48	15 44	19 52	23 48	13 58
27	9 59	5 04	11 02D	15 53	15 42	19 56	23 51	13 55
Apr 1	10 00	5 10	11 02	15 58	15 40	20 01	23 54	13 52
6	10 01	5 16	11 03	16 03	15 38	20 05	23 57	13 50
11	10 03	5 21	11 04	16 08	15 37	20 09	24 01	13 47
16	10 06	5 25	11 06	16 13	15 36	20 13	24 04	13 45
21	10 09	5 30	11 08	16 18	15 35	20 16	24 08	13 43
26	10 13	5 34	11 10	16 23	15 34	20 20	24 12	13 41
May 1	10 17	5 37	11 13	16 28	15 34D	20 23	24 16	13 39
6	10 22	5 40	11 16	16 32	15 35	20 26	24 20	13 38
11	10 27	5 43	11 20	16 37	15 35	20 28	24 24	13 36
16	10 33	5 45	11 23	16 41	15 36	20 31	24 29	13 35
21	10 39	5 47	11 28	16 45	15 37	20 33	24 33	13 35
26	10 46	5 48	11 32	16 49	15 39	20 35	24 37	13 34
31	10 52	5 49	11 37	16 52	15 41	20 36	24 41	13 34D
Jun 5	11 00	5 49R	11 41	16 55	15 43	20 37	24 45	13 35
10	11 07	5 49	11 46	16 58	15 46	20 38	24 49	13 35
15	11 15	5 48	11 52	17 01	15 49	20 39	24 53	13 36
20	11 22	5 47	11 57	17 03	15 52	20 39R	24 56	13 37
25	11 30	5 46	12 02	17 05	15 55	20 38	25 00	13 39
30	11 38	5 44	12 08	17 06	15 59	20 38	25 03	13 40
Jul 5	11 46	5 41	12 13	17 07	16 03	20 37	25 06	13 42
10	11 54	5 38	12 19	17 08	16 07	20 36	25 09	13 44
15	12 02	5 35	12 24	17 08	16 11	20 34	25 12	13 47
20	12 10	5 31	12 29	17 08R	16 15	20 33	25 14	13 50
25	12 18	5 27	12 35	17 08	16 20	20 31	25 16	13 52
30	12 25	5 23	12 40	17 07	16 24	20 28	25 18	13 56
Aug 4	12 32	5 19	12 45	17 06	16 29	20 26	25 19	13 59
9	12 39	5 14	12 50	17 04	16 33	20 23	25 20	14 02
14	12 46	5 09	12 54	17 03	16 38	20 20	25 21	14 06
19	12 52	5 04	12 58	17 00	16 43	20 17	25 22	14 09
24	12 58	4 59	13 02	16 58	16 47	20 14	25 22R	14 13
29	13 04	4 54	13 06	16 55	16 51	20 10	25 22	14 17
Sep 3	13 09	4 49	13 10	16 52	16 56	20 07	25 22	14 21
8	13 13	4 44	13 13	16 49	17 00	20 03	25 21	14 25
13	13 18	4 39	13 15	16 46	17 04	20 00	25 20	14 28
18	13 21	4 35	13 18	16 42	17 08	19 56	25 18	14 32
23	13 24	4 30	13 20	16 38	17 11	19 53	25 17	14 36
28	13 26	4 26	13 21	16 34	17 15	19 49	25 15	14 40
Oct 3	13 28	4 22	13 22	16 30	17 18	19 46	25 13	14 43
8	13 29	4 18	13 23	16 26	17 21	19 43	25 10	14 47
13	13 30	4 14	13 23R	16 22	17 23	19 39	25 08	14 50
18	13 30R	4 11	13 23	16 18	17 26	19 37	25 05	14 53
23	13 29	4 09	13 22	16 14	17 28	19 34	25 02	14 56
28	13 28	4 06	13 21	16 10	17 29	19 31	24 59	14 59
Nov 2	13 26	4 05	13 20	16 07	17 30	19 29	24 55	15 01
7	13 23	4 03	13 18	16 03	17 31	19 27	24 52	15 04
12	13 20	4 03	13 16	16 00	17 32	19 25	24 49	15 06
17	13 17	4 02D	13 13	15 56	17 32R	19 24	24 45	15 08
22	13 13	4 02	13 10	15 54	17 32	19 23	24 42	15 09
27	13 08	4 03	13 07	15 51	17 31	19 22	24 38	15 10
Dec 2	13 03	4 04	13 04	15 49	17 30	19 22	24 35	15 11
7	12 58	4 06	13 00	15 47	17 29	19 22D	24 31	15 12
12	12 52	4 08	12 56	15 45	17 27	19 22	24 28	15 12R
17	12 47	4 11	12 52	15 44	17 25	19 23	24 25	15 12
22	12 41	4 14	12 47	15 43	17 23	19 24	24 23	15 11
27	12♋34	4♓18	12♋43	15♈43	17♌20	19♓26	24♉20	15♍11

Stations	Mar 22	Jun 4	Mar 24	Jul 16	Apr 29	Jun 18	Feb 6	May 28
	Oct 14	Nov 17	Oct 12	Dec 30	Nov 15	Dec 4	Aug 24	Dec 12

	♃	⚷	⚵	⚶	⚴	♇	⚳	⚸
Jan 1	12♋28R	4♓22	12♋39R	15♈43D	17♌18R	19♓27	24♉17R	15♍10R
6	12 22	4 26	12 34	15 43	17 14	19 30	24 15	15 09
11	12 15	4 31	12 30	15 44	17 11	19 32	24 13	15 07
16	12 09	4 37	12 25	15 45	17 08	19 35	24 12	15 05
21	12 03	4 42	12 21	15 46	17 04	19 38	24 11	15 03
26	11 57	4 48	12 17	15 48	17 01	19 41	24 10	15 01
31	11 52	4 54	12 13	15 51	16 57	19 44	24 09	14 58
Feb 5	11 47	5 00	12 09	15 53	16 53	19 48	24 09	14 56
10	11 42	5 06	12 06	15 56	16 49	19 52	24 09D	14 53
15	11 37	5 13	12 02	15 59	16 45	19 56	24 09	14 50
20	11 33	5 20	11 59	16 03	16 42	20 00	24 10	14 47
25	11 30	5 26	11 57	16 07	16 38	20 04	24 11	14 44
Mar 2	11 27	5 33	11 55	16 11	16 35	20 09	24 12	14 41
7	11 25	5 39	11 53	16 15	16 31	20 13	24 14	14 37
12	11 23	5 46	11 52	16 20	16 28	20 18	24 16	14 34
17	11 22	5 52	11 51	16 25	16 25	20 22	24 18	14 31
22	11 21	5 58	11 50	16 29	16 23	20 27	24 20	14 28
27	11 21D	6 04	11 50D	16 34	16 20	20 31	24 23	14 25
Apr 1	11 22	6 10	11 50	16 39	16 18	20 35	24 26	14 22
6	11 23	6 15	11 51	16 44	16 16	20 39	24 30	14 19
11	11 25	6 21	11 52	16 49	16 15	20 43	24 33	14 17
16	11 28	6 25	11 54	16 54	16 13	20 47	24 37	14 14
21	11 31	6 30	11 55	16 59	16 12	20 51	24 40	14 12
26	11 34	6 34	11 58	17 04	16 12	20 54	24 44	14 10
May 1	11 38	6 38	12 01	17 09	16 12D	20 58	24 48	14 08
6	11 43	6 41	12 04	17 14	16 12	21 00	24 52	14 07
11	11 48	6 44	12 07	17 18	16 13	21 03	24 57	14 06
16	11 54	6 46	12 11	17 22	16 13	21 06	25 01	14 05
21	12 00	6 48	12 15	17 26	16 15	21 08	25 05	14 04
26	12 06	6 49	12 19	17 30	16 16	21 10	25 09	14 04
31	12 13	6 50	12 24	17 34	16 18	21 11	25 13	14 04D
Jun 5	12 20	6 50	12 29	17 37	16 20	21 12	25 17	14 04
10	12 27	6 50R	12 34	17 40	16 23	21 13	25 21	14 04
15	12 35	6 50	12 39	17 42	16 26	21 14	25 25	14 05
20	12 42	6 49	12 44	17 45	16 29	21 14R	25 29	14 06
25	12 50	6 47	12 49	17 46	16 32	21 14	25 32	14 08
30	12 58	6 45	12 55	17 48	16 36	21 13	25 35	14 09
Jul 5	13 06	6 43	13 00	17 49	16 40	21 12	25 38	14 11
10	13 14	6 40	13 06	17 50	16 44	21 11	25 41	14 13
15	13 22	6 37	13 11	17 50	16 48	21 10	25 44	14 16
20	13 30	6 34	13 17	17 50R	16 52	21 08	25 46	14 18
25	13 38	6 30	13 22	17 50	16 57	21 06	25 48	14 21
30	13 45	6 26	13 27	17 49	17 01	21 04	25 50	14 24
Aug 4	13 53	6 21	13 32	17 48	17 06	21 01	25 52	14 27
9	14 00	6 17	13 37	17 47	17 10	20 59	25 53	14 31
14	14 07	6 12	13 41	17 45	17 15	20 56	25 54	14 34
19	14 13	6 07	13 46	17 43	17 19	20 53	25 55	14 38
24	14 19	6 02	13 50	17 41	17 24	20 49	25 55R	14 42
29	14 25	5 57	13 54	17 38	17 28	20 46	25 55	14 45
Sep 3	14 30	5 52	13 57	17 35	17 33	20 43	25 54	14 49
8	14 35	5 47	14 00	17 32	17 37	20 39	25 54	14 53
13	14 39	5 42	14 03	17 28	17 41	20 35	25 53	14 57
18	14 43	5 37	14 05	17 25	17 45	20 32	25 51	15 01
23	14 46	5 32	14 07	17 21	17 48	20 28	25 50	15 05
28	14 48	5 28	14 09	17 17	17 52	20 25	25 48	15 08
Oct 3	14 50	5 24	14 10	17 13	17 55	20 22	25 46	15 12
8	14 52	5 20	14 11	17 09	17 58	20 18	25 43	15 15
13	14 52	5 16	14 11	17 05	18 01	20 15	25 41	15 19
18	14 53R	5 13	14 11R	17 01	18 03	20 12	25 38	15 22
23	14 52	5 11	14 11	16 57	18 05	20 09	25 35	15 25
28	14 51	5 08	14 10	16 53	18 06	20 07	25 32	15 28
Nov 2	14 49	5 06	14 08	16 49	18 08	20 05	25 29	15 30
7	14 47	5 05	14 07	16 46	18 09	20 03	25 25	15 33
12	14 44	5 04	14 05	16 42	18 09	20 01	25 22	15 35
17	14 41	5 03	14 02	16 39	18 09R	19 59	25 18	15 36
22	14 37	5 04D	13 59	16 36	18 09	19 58	25 15	15 38
27	14 32	5 04	13 56	16 34	18 09	19 58	25 11	15 39
Dec 2	14 28	5 05	13 53	16 31	18 08	19 57	25 08	15 40
7	14 22	5 07	13 49	16 29	18 07	19 57D	25 05	15 41
12	14 17	5 09	13 45	16 28	18 05	19 57	25 02	15 41
17	14 11	5 12	13 41	16 26	18 03	19 58	24 59	15 41R
22	14 05	5 15	13 37	16 25	18 01	19 59	24 56	15 41
27	13♋59	5♓18	13♋32	16♈25	17♌58	20♓01	24♉53	15♍40
Stations	Mar 23	Jun 6	Mar 25	Jul 17	Apr 30	Jun 19	Feb 6	May 29
	Oct 16	Nov 18	Oct 14	Dec 31	Nov 16	Dec 5	Aug 24	Dec 13

1899

	♃	⚷	⚸	⚴	♅	♆	⚵	⚶
Jan 1	13♋53R	5♓22	13♋28R	16♈25D	17♌56R	20♓02	24♉51R	15♍39R
6	13 46	5 26	13 23	16 25	17 53	20 04	24 48	15 38
11	13 40	5 31	13 19	16 26	17 49	20 07	24 46	15 36
16	13 34	5 36	13 14	16 27	17 46	20 09	24 45	15 35
21	13 28	5 42	13 10	16 28	17 42	20 12	24 43	15 33
26	13 22	5 48	13 06	16 30	17 39	20 15	24 42	15 30
31	13 16	5 53	13 02	16 32	17 35	20 19	24 42	15 28
Feb 5	13 11	6 00	12 58	16 35	17 31	20 22	24 41	15 25
10	13 06	6 06	12 55	16 38	17 27	20 26	24 41D	15 22
15	13 02	6 12	12 51	16 41	17 24	20 30	24 42	15 19
20	12 57	6 19	12 48	16 44	17 20	20 35	24 42	15 16
25	12 54	6 26	12 46	16 48	17 16	20 39	24 43	15 13
Mar 2	12 51	6 32	12 43	16 52	17 13	20 43	24 45	15 10
7	12 48	6 39	12 42	16 57	17 09	20 48	24 46	15 07
12	12 46	6 45	12 40	17 01	17 06	20 52	24 48	15 04
17	12 45	6 52	12 39	17 06	17 03	20 57	24 50	15 01
22	12 44	6 58	12 38	17 11	17 01	21 01	24 53	14 57
27	12 44D	7 04	12 38D	17 16	16 58	21 05	24 56	14 54
Apr 1	12 44	7 10	12 38	17 20	16 56	21 10	24 59	14 52
6	12 45	7 15	12 39	17 26	16 54	21 14	25 02	14 49
11	12 47	7 20	12 40	17 31	16 52	21 18	25 05	14 46
16	12 49	7 25	12 41	17 36	16 51	21 22	25 09	14 44
21	12 52	7 30	12 43	17 41	16 50	21 25	25 12	14 41
26	12 56	7 34	12 46	17 45	16 50	21 29	25 16	14 39
May 1	13 00	7 38	12 48	17 50	16 49D	21 32	25 20	14 38
6	13 04	7 41	12 51	17 55	16 50	21 35	25 24	14 36
11	13 09	7 44	12 55	17 59	16 50	21 38	25 29	14 35
16	13 15	7 47	12 58	18 04	16 51	21 40	25 33	14 34
21	13 20	7 49	13 02	18 08	16 52	21 42	25 37	14 33
26	13 27	7 50	13 07	18 11	16 54	21 44	25 41	14 33
31	13 33	7 51	13 11	18 15	16 55	21 46	25 45	14 33D
Jun 5	13 40	7 52	13 16	18 18	16 58	21 47	25 49	14 33
10	13 48	7 52R	13 21	18 21	17 00	21 48	25 53	14 33
15	13 55	7 51	13 26	18 24	17 03	21 49	25 57	14 34
20	14 03	7 50	13 31	18 26	17 06	21 49R	26 01	14 35
25	14 10	7 49	13 36	18 28	17 09	21 49	26 04	14 36
30	14 18	7 47	13 42	18 30	17 13	21 48	26 08	14 38
Jul 5	14 26	7 45	13 47	18 31	17 17	21 48	26 11	14 40
10	14 34	7 42	13 53	18 32	17 21	21 47	26 14	14 42
15	14 42	7 39	13 58	18 32	17 25	21 45	26 16	14 44
20	14 50	7 36	14 04	18 32R	17 29	21 43	26 19	14 47
25	14 58	7 32	14 09	18 32	17 33	21 42	26 21	14 50
30	15 06	7 28	14 14	18 32	17 38	21 39	26 23	14 53
Aug 4	15 13	7 24	14 19	18 31	17 42	21 37	26 24	14 56
9	15 20	7 19	14 24	18 29	17 47	21 34	26 26	14 59
14	15 27	7 14	14 29	18 28	17 51	21 31	26 27	15 03
19	15 34	7 09	14 33	18 25	17 56	21 28	26 27	15 06
24	15 40	7 04	14 37	18 23	18 01	21 25	26 27	15 10
29	15 46	6 59	14 41	18 21	18 05	21 22	26 27R	15 14
Sep 3	15 51	6 54	14 45	18 18	18 09	21 18	26 27	15 18
8	15 56	6 49	14 48	18 14	18 14	21 15	26 26	15 22
13	16 00	6 44	14 51	18 11	18 18	21 11	26 26	15 25
18	16 04	6 39	14 53	18 07	18 22	21 08	26 24	15 29
23	16 07	6 35	14 55	18 04	18 25	21 04	26 23	15 33
28	16 10	6 30	14 57	18 00	18 29	21 01	26 21	15 37
Oct 3	16 12	6 26	14 58	17 56	18 32	20 57	26 19	15 40
8	16 14	6 22	14 59	17 52	18 35	20 54	26 16	15 44
13	16 15	6 18	15 00	17 48	18 38	20 51	26 14	15 47
18	16 15R	6 15	15 00R	17 44	18 40	20 48	26 11	15 51
23	16 15	6 12	14 59	17 40	18 42	20 45	26 08	15 54
28	16 14	6 10	14 58	17 36	18 44	20 42	26 05	15 56
Nov 2	16 13	6 08	14 57	17 32	18 45	20 40	26 02	15 59
7	16 10	6 06	14 55	17 28	18 46	20 38	25 58	16 01
12	16 08	6 05	14 53	17 25	18 47	20 36	25 55	16 03
17	16 05	6 05	14 51	17 22	18 47R	20 35	25 52	16 05
22	16 01	6 05D	14 48	17 19	18 47	20 34	25 48	16 07
27	15 57	6 05	14 45	17 16	18 46	20 33	25 45	16 08
Dec 2	15 52	6 06	14 42	17 14	18 46	20 32	25 41	16 09
7	15 47	6 08	14 38	17 12	18 44	20 32D	25 38	16 10
12	15 41	6 09	14 34	17 10	18 43	20 33	25 35	16 10
17	15 36	6 12	14 30	17 08	18 41	20 33	25 32	16 10R
22	15 30	6 15	14 26	17 08	18 39	20 34	25 29	16 10
27	15♋24	6♓18	14♋21	17♈07	18♌36	20♓35	25♉26	16♍09
Stations	Mar 25	Jun 7	Mar 27	Jul 18	May 1	Jun 20	Feb 7	May 30
	Oct 17	Nov 19	Oct 15	Dec 31	Nov 17	Dec 5	Aug 25	Dec 14

	♃	⚷	⚶	♈	♃♃	Ψ	⚴	⚸
Jan 1	15♋ 17R	6♓ 22	14♋ 17R	17♈ 07D	18♌ 34R	20♓ 37	25♉ 24R	16♍ 08R
6	15 11	6 27	14 12	17 07	18 31	20 39	25 21	16 07
11	15 05	6 31	14 08	17 07	18 27	20 41	25 19	16 06
16	14 59	6 36	14 04	17 08	18 24	20 44	25 18	16 04
21	14 52	6 42	13 59	17 10	18 21	20 47	25 16	16 02
26	14 47	6 47	13 55	17 12	18 17	20 50	25 15	16 00
31	14 41	6 53	13 51	17 14	18 13	20 53	25 15	15 57
Feb 5	14 35	6 59	13 47	17 16	18 09	20 57	25 14	15 55
10	14 30	7 06	13 43	17 19	18 06	21 01	25 14D	15 52
15	14 26	7 12	13 40	17 22	18 02	21 05	25 14	15 49
20	14 21	7 19	13 37	17 26	17 58	21 09	25 15	15 46
25	14 18	7 25	13 34	17 30	17 54	21 13	25 16	15 43
Mar 2	14 14	7 32	13 32	17 34	17 51	21 18	25 17	15 40
7	14 12	7 38	13 30	17 38	17 48	21 22	25 19	15 37
12	14 09	7 45	13 29	17 42	17 44	21 26	25 20	15 33
17	14 08	7 51	13 27	17 47	17 41	21 31	25 23	15 30
22	14 07	7 57	13 27	17 52	17 39	21 35	25 25	15 27
27	14 07D	8 04	13 26	17 57	17 36	21 40	25 28	15 24
Apr 1	14 07	8 09	13 26D	18 02	17 34	21 44	25 31	15 21
6	14 08	8 15	13 27	18 07	17 32	21 48	25 34	15 18
11	14 09	8 20	13 28	18 12	17 30	21 52	25 37	15 16
16	14 11	8 25	13 29	18 17	17 29	21 56	25 41	15 13
21	14 14	8 30	13 31	18 22	17 28	22 00	25 45	15 11
26	14 17	8 34	13 33	18 27	17 27	22 03	25 48	15 09
May 1	14 21	8 38	13 36	18 31	17 27	22 07	25 52	15 07
6	14 25	8 42	13 39	18 36	17 27D	22 10	25 56	15 05
11	14 30	8 45	13 42	18 41	17 27	22 12	26 01	15 04
16	14 35	8 47	13 46	18 45	17 28	22 15	26 05	15 03
21	14 41	8 49	13 50	18 49	17 29	22 17	26 09	15 02
26	14 47	8 51	13 54	18 53	17 31	22 19	26 13	15 02
31	14 54	8 52	13 58	18 56	17 33	22 21	26 17	15 02D
Jun 5	15 01	8 53	14 03	19 00	17 35	22 22	26 21	15 02
10	15 08	8 53R	14 08	19 03	17 37	22 23	26 25	15 02
15	15 15	8 52	14 13	19 05	17 40	22 24	26 29	15 03
20	15 23	8 52	14 18	19 08	17 43	22 24	26 33	15 04
25	15 30	8 50	14 23	19 10	17 46	22 24R	26 36	15 05
30	15 38	8 49	14 29	19 12	17 50	22 24	26 40	15 07
Jul 5	15 46	8 47	14 34	19 13	17 53	22 23	26 43	15 09
10	15 54	8 44	14 40	19 14	17 57	22 22	26 46	15 11
15	16 02	8 41	14 45	19 14	18 01	22 20	26 49	15 13
20	16 10	8 38	14 51	19 15R	18 06	22 19	26 51	15 16
25	16 18	8 34	14 56	19 14	18 10	22 17	26 53	15 18
30	16 26	8 30	15 01	19 14	18 14	22 15	26 55	15 21
Aug 4	16 33	8 26	15 06	19 13	18 19	22 12	26 57	15 25
9	16 40	8 21	15 11	19 12	18 24	22 10	26 58	15 28
14	16 47	8 17	15 16	19 10	18 28	22 07	26 59	15 31
19	16 54	8 12	15 20	19 08	18 33	22 04	27 00	15 35
24	17 00	8 07	15 25	19 06	18 37	22 01	27 00	15 39
29	17 06	8 02	15 29	19 03	18 42	21 57	27 00R	15 42
Sep 3	17 12	7 57	15 32	19 00	18 46	21 54	27 00	15 46
8	17 17	7 52	15 35	18 57	18 50	21 50	26 59	15 50
13	17 22	7 47	15 38	18 54	18 55	21 47	26 58	15 54
18	17 26	7 42	15 41	18 50	18 59	21 43	26 57	15 58
23	17 29	7 37	15 43	18 47	19 02	21 40	26 56	16 02
28	17 32	7 33	15 45	18 43	19 06	21 36	26 54	16 05
Oct 3	17 34	7 28	15 46	18 39	19 09	21 33	26 52	16 09
8	17 36	7 24	15 47	18 35	19 12	21 29	26 49	16 12
13	17 37	7 21	15 48	18 31	19 15	21 26	26 47	16 16
18	17 38	7 17	15 48R	18 27	19 17	21 23	26 44	16 19
23	17 38R	7 14	15 47	18 23	19 19	21 20	26 41	16 22
28	17 37	7 12	15 47	18 19	19 21	21 18	26 38	16 25
Nov 2	17 36	7 09	15 46	18 15	19 22	21 15	26 35	16 28
7	17 34	7 08	15 44	18 11	19 23	21 13	26 32	16 30
12	17 31	7 07	15 42	18 08	19 24	21 12	26 28	16 32
17	17 28	7 06	15 40	18 04	19 24	21 10	26 25	16 34
22	17 25	7 06D	15 37	18 01	19 24R	21 09	26 21	16 36
27	17 21	7 06	15 34	17 59	19 24	21 08	26 18	16 37
Dec 2	17 16	7 07	15 31	17 56	19 23	21 07	26 14	16 38
7	17 11	7 08	15 27	17 54	19 22	21 07D	26 11	16 39
12	17 06	7 10	15 23	17 52	19 21	21 08	26 08	16 39
17	17 00	7 12	15 19	17 51	19 19	21 08	26 05	16 39R
22	16 54	7 15	15 15	17 50	19 17	21 09	26 02	16 39
27	16♋ 48	7♓ 19	15♋ 10	17♈ 49	19♌ 14	21♓ 10	25♉ 59	16♍ 38
Stations	Mar 27	Jun 8	Mar 28	Jul 19	May 2	Jun 21	Feb 8	May 31
	Oct 19	Nov 21	Oct 16		Nov 18	Dec 6	Aug 26	Dec 14

1901

Date	♃	⚷	⚵	↑	⚶	Ψ	⚴	⚹
Jan 1	16♋42R	7♓22	15♋06R	17♈49D	19♌12R	21♓12	25♉57R	16♍38R
6	16 36	7 27	15 02	17 49	19 09	21 14	25 54	16 36
11	16 30	7 31	14 57	17 49	19 06	21 16	25 52	16 35
16	16 23	7 36	14 53	17 50	19 02	21 18	25 51	16 33
21	16 17	7 41	14 48	17 52	18 59	21 21	25 49	16 31
26	16 11	7 47	14 44	17 53	18 55	21 24	25 48	16 29
31	16 05	7 53	14 40	17 55	18 51	21 28	25 47	16 27
Feb 5	16 00	7 59	14 36	17 58	18 48	21 31	25 47	16 24
10	15 55	8 05	14 32	18 01	18 44	21 35	25 47D	16 21
15	15 50	8 11	14 29	18 04	18 40	21 39	25 47	16 19
20	15 45	8 18	14 26	18 07	18 36	21 43	25 47	16 16
25	15 41	8 25	14 23	18 11	18 33	21 48	25 48	16 12
Mar 2	15 38	8 31	14 21	18 15	18 29	21 52	25 49	16 09
7	15 35	8 38	14 19	18 19	18 26	21 56	25 51	16 06
12	15 33	8 44	14 17	18 24	18 22	22 01	25 53	16 03
17	15 31	8 51	14 16	18 28	18 19	22 05	25 55	16 00
22	15 30	8 57	14 15	18 33	18 16	22 10	25 57	15 57
27	15 29	9 03	14 15	18 38	18 14	22 14	26 00	15 53
Apr 1	15 29D	9 09	14 15D	18 43	18 12	22 18	26 03	15 51
6	15 30	9 15	14 15	18 48	18 10	22 22	26 06	15 48
11	15 31	9 20	14 16	18 53	18 08	22 27	26 09	15 45
16	15 33	9 25	14 17	18 58	18 07	22 31	26 13	15 43
21	15 36	9 30	14 19	19 03	18 05	22 34	26 17	15 40
26	15 39	9 34	14 21	19 08	18 05	22 38	26 20	15 38
May 1	15 42	9 38	14 23	19 12	18 04	22 41	26 24	15 36
6	15 46	9 42	14 26	19 17	18 04D	22 44	26 28	15 35
11	15 51	9 45	14 29	19 22	18 05	22 47	26 33	15 33
16	15 56	9 48	14 33	19 26	18 06	22 50	26 37	15 32
21	16 02	9 50	14 37	19 30	18 07	22 52	26 41	15 32
26	16 08	9 52	14 41	19 34	18 08	22 54	26 45	15 31
31	16 14	9 53	14 45	19 38	18 10	22 56	26 49	15 31D
Jun 5	16 21	9 54	14 50	19 41	18 12	22 57	26 53	15 31
10	16 28	9 54R	14 55	19 44	18 14	22 58	26 57	15 31
15	16 35	9 54	15 00	19 47	18 17	22 59	27 01	15 32
20	16 43	9 53	15 05	19 49	18 20	22 59	27 05	15 33
25	16 50	9 52	15 11	19 52	18 23	22 59R	27 08	15 34
30	16 58	9 50	15 16	19 53	18 27	22 59	27 12	15 36
Jul 5	17 06	9 48	15 21	19 55	18 30	22 58	27 15	15 37
10	17 14	9 46	15 27	19 56	18 34	22 57	27 18	15 40
15	17 22	9 43	15 32	19 56	18 38	22 56	27 21	15 42
20	17 30	9 40	15 38	19 57R	18 42	22 54	27 23	15 44
25	17 38	9 36	15 43	19 56	18 47	22 52	27 26	15 47
30	17 46	9 32	15 48	19 56	18 51	22 50	27 27	15 50
Aug 4	17 53	9 28	15 53	19 55	18 56	22 48	27 29	15 53
9	18 01	9 24	15 58	19 54	19 00	22 45	27 31	15 56
14	18 08	9 19	16 03	19 52	19 05	22 42	27 32	16 00
19	18 15	9 14	16 08	19 50	19 09	22 39	27 32	16 03
24	18 21	9 09	16 12	19 48	19 14	22 36	27 33	16 07
29	18 27	9 04	16 16	19 46	19 19	22 33	27 33R	16 11
Sep 3	18 33	8 59	16 20	19 43	19 23	22 30	27 33	16 15
8	18 38	8 54	16 23	19 40	19 27	22 26	27 32	16 19
13	18 43	8 49	16 26	19 36	19 31	22 22	27 31	16 22
18	18 47	8 44	16 29	19 33	19 35	22 19	27 30	16 26
23	18 51	8 39	16 31	19 29	19 39	22 15	27 29	16 30
28	18 54	8 35	16 33	19 25	19 43	22 12	27 27	16 34
Oct 3	18 56	8 30	16 34	19 21	19 46	22 08	27 25	16 37
8	18 58	8 26	16 35	19 17	19 49	22 05	27 23	16 41
13	19 00	8 23	16 36	19 13	19 52	22 02	27 20	16 44
18	19 00	8 19	16 36R	19 09	19 54	21 59	27 17	16 48
23	19 00R	8 16	16 36	19 05	19 56	21 56	27 14	16 51
28	19 00	8 13	16 35	19 01	19 58	21 53	27 11	16 54
Nov 2	18 59	8 11	16 34	18 58	20 00	21 51	27 08	16 56
7	18 57	8 09	16 32	18 54	20 01	21 49	27 05	16 59
12	18 55	8 08	16 31	18 50	20 02	21 47	27 01	17 01
17	18 52	8 07	16 28	18 47	20 02	21 45	26 58	17 03
22	18 48	8 07D	16 26	18 44	20 02R	21 44	26 54	17 05
27	18 45	8 07	16 23	18 41	20 02	21 43	26 51	17 06
Dec 2	18 40	8 08	16 19	18 39	20 01	21 43	26 48	17 07
7	18 35	8 09	16 16	18 36	20 00	21 42D	26 44	17 08
12	18 30	8 11	16 12	18 35	19 58	21 42	26 41	17 08
17	18 25	8 13	16 08	18 33	19 57	21 43	26 38	17 08R
22	18 19	8 16	16 04	18 32	19 55	21 44	26 35	17 08
27	18♋13	8♓19	16♋00	18♈31	19♌52	21♓45	26♉32	17♍08

Stations	Mar 28	Jun 10	Mar 29	Jan 1	May 3	Jun 22	Feb 9	May 31
	Oct 21	Nov 22	Oct 17	Jul 20	Nov 19	Dec 7	Aug 27	Dec 15

	♃	⚳	♇	⇡	♨	♆	⚴	⚸
Jan 1	18♋07R	8♓22	15♋55R	18♈31R	19♌50R	21♓47	26♉30R	17♍07R
6	18 00	8 27	15 51	18 31D	19 47	21 48	26 27	17 06
11	17 54	8 31	15 46	18 31	19 44	21 51	26 25	17 04
16	17 48	8 36	15 42	18 32	19 40	21 53	26 24	17 03
21	17 42	8 41	15 37	18 33	19 37	21 56	26 22	17 01
26	17 36	8 47	15 33	18 35	19 33	21 59	26 21	16 59
31	17 30	8 52	15 29	18 37	19 30	22 02	26 20	16 56
Feb 5	17 24	8 58	15 25	18 39	19 26	22 06	26 19	16 54
10	17 19	9 05	15 21	18 42	19 22	22 10	26 19D	16 51
15	17 14	9 11	15 18	18 45	19 18	22 14	26 19	16 48
20	17 09	9 17	15 15	18 49	19 14	22 18	26 20	16 45
25	17 05	9 24	15 12	18 52	19 11	22 22	26 21	16 42
Mar 2	17 02	9 31	15 09	18 56	19 07	22 26	26 22	16 39
7	16 59	9 37	15 07	19 00	19 04	22 31	26 23	16 36
12	16 56	9 44	15 06	19 05	19 00	22 35	26 25	16 32
17	16 54	9 50	15 04	19 09	18 57	22 39	26 27	16 29
22	16 53	9 57	15 03	19 14	18 54	22 44	26 30	16 26
27	16 52	10 03	15 03	19 19	18 52	22 48	26 32	16 23
Apr 1	16 52D	10 09	15 03D	19 24	18 49	22 53	26 35	16 20
6	16 52	10 14	15 03	19 29	18 47	22 57	26 38	16 17
11	16 53	10 20	15 04	19 34	18 46	23 01	26 41	16 14
16	16 55	10 25	15 05	19 39	18 44	23 05	26 45	16 12
21	16 57	10 30	15 07	19 44	18 43	23 09	26 49	16 10
26	17 00	10 34	15 09	19 49	18 42	23 12	26 52	16 08
May 1	17 04	10 38	15 11	19 54	18 42	23 16	26 56	16 06
6	17 08	10 42	15 14	19 58	18 42D	23 19	27 00	16 04
11	17 12	10 45	15 17	20 03	18 42	23 22	27 05	16 03
16	17 17	10 48	15 20	20 07	18 43	23 24	27 09	16 02
21	17 22	10 50	15 24	20 11	18 44	23 27	27 13	16 01
26	17 28	10 52	15 28	20 15	18 45	23 29	27 17	16 00
31	17 35	10 54	15 33	20 19	18 47	23 30	27 21	16 00
Jun 5	17 41	10 55	15 37	20 22	18 49	23 32	27 25	16 00D
10	17 48	10 55	15 42	20 26	18 51	23 33	27 29	16 00
15	17 55	10 55R	15 47	20 28	18 54	23 34	27 33	16 01
20	18 03	10 54	15 52	20 31	18 57	23 34	27 37	16 02
25	18 11	10 53	15 58	20 33	19 00	23 34R	27 41	16 03
30	18 18	10 52	16 03	20 35	19 03	23 34	27 44	16 04
Jul 5	18 26	10 50	16 08	20 36	19 07	23 33	27 47	16 06
10	18 34	10 48	16 14	20 37	19 11	23 32	27 50	16 08
15	18 42	10 45	16 19	20 38	19 15	23 31	27 53	16 10
20	18 50	10 42	16 25	20 39	19 19	23 29	27 56	16 13
25	18 58	10 38	16 30	20 38R	19 23	23 28	27 58	16 16
30	19 06	10 34	16 35	20 38	19 28	23 26	28 00	16 19
Aug 4	19 13	10 30	16 40	20 37	19 32	23 23	28 02	16 22
9	19 21	10 26	16 45	20 36	19 37	23 21	28 03	16 25
14	19 28	10 21	16 50	20 35	19 42	23 18	28 04	16 28
19	19 35	10 16	16 55	20 33	19 46	23 15	28 05	16 32
24	19 42	10 12	16 59	20 31	19 51	23 12	28 05	16 36
29	19 48	10 07	17 03	20 28	19 55	23 09	28 05R	16 39
Sep 3	19 54	10 02	17 07	20 25	20 00	23 05	28 05	16 43
8	19 59	9 56	17 10	20 22	20 04	23 02	28 04	16 47
13	20 04	9 51	17 13	20 19	20 08	22 58	28 04	16 51
18	20 08	9 46	17 16	20 16	20 12	22 55	28 03	16 55
23	20 12	9 42	17 19	20 12	20 16	22 51	28 01	16 59
28	20 15	9 37	17 21	20 08	20 20	22 47	28 00	17 02
Oct 3	20 18	9 33	17 22	20 04	20 23	22 44	27 58	17 06
8	20 20	9 28	17 23	20 00	20 26	22 41	27 56	17 10
13	20 22	9 25	17 24	19 56	20 29	22 37	27 53	17 13
18	20 23	9 21	17 24R	19 52	20 31	22 34	27 50	17 16
23	20 23R	9 18	17 24	19 48	20 34	22 31	27 47	17 19
28	20 23	9 15	17 23	19 44	20 35	22 29	27 44	17 22
Nov 2	20 22	9 13	17 22	19 40	20 37	22 26	27 41	17 25
7	20 20	9 11	17 21	19 37	20 38	22 24	27 38	17 27
12	20 18	9 09	17 19	19 33	20 39	22 22	27 35	17 30
17	20 15	9 08	17 17	19 30	20 39	22 21	27 31	17 32
22	20 12	9 08	17 14	19 26	20 39R	22 19	27 28	17 33
27	20 08	9 08D	17 11	19 24	20 39	22 18	27 24	17 35
Dec 2	20 04	9 09	17 08	19 21	20 38	22 18	27 21	17 36
7	20 00	9 10	17 05	19 19	20 37	22 17	27 17	17 37
12	19 55	9 11	17 01	19 17	20 36	22 17D	27 14	17 37
17	19 49	9 13	16 57	19 15	20 34	22 18	27 11	17 37R
22	19 43	9 16	16 53	19 14	20 32	22 19	27 08	17 37
27	19♋37	9♓19	16♋49	19♈13	20♌30	22♓20	27♉05	17♍37

Stations	Mar 30	Jun 11	Mar 30	Jan 2	May 4	Jun 22	Feb 10	Jun 1
	Oct 22	Nov 23	Oct 18	Jul 21	Nov 20	Dec 8	Aug 28	Dec 16

1903

	♃	⚷	⚸	♈	♅	♆	⚳	Ж
Jan 1	19♋ 31R	9♓ 23	16♋ 44R	19♈ 13R	20♌ 28R	22♓ 21	27♉ 03R	17♍ 36R
6	19 25	9 27	16 40	19 13D	20 25	22 23	27 00	17 35
11	19 19	9 31	16 35	19 13	20 22	22 25	26 58	17 33
16	19 12	9 36	16 31	19 14	20 18	22 28	26 56	17 32
21	19 06	9 41	16 26	19 15	20 15	22 30	26 55	17 30
26	19 00	9 46	16 22	19 17	20 11	22 33	26 54	17 28
31	18 54	9 52	16 18	19 19	20 08	22 37	26 53	17 26
Feb 5	18 48	9 58	16 14	19 21	20 04	22 40	26 52	17 23
10	18 43	10 04	16 10	19 23	20 00	22 44	26 52D	17 20
15	18 38	10 10	16 07	19 26	19 56	22 48	26 52	17 17
20	18 33	10 17	16 03	19 30	19 53	22 52	26 52	17 14
25	18 29	10 23	16 01	19 33	19 49	22 56	26 53	17 11
Mar 2	18 25	10 30	15 58	19 37	19 45	23 00	26 54	17 08
7	18 22	10 37	15 56	19 41	19 42	23 05	26 56	17 05
12	18 19	10 43	15 54	19 46	19 38	23 09	26 57	17 02
17	18 17	10 50	15 53	19 50	19 35	23 14	26 59	16 59
22	18 16	10 56	15 52	19 55	19 32	23 18	27 02	16 55
27	18 15	11 02	15 51	20 00	19 30	23 23	27 04	16 52
Apr 1	18 14D	11 08	15 51D	20 05	19 27	23 27	27 07	16 49
6	18 15	11 14	15 51	20 10	19 25	23 31	27 10	16 47
11	18 15	11 20	15 52	20 15	19 23	23 35	27 13	16 44
16	18 17	11 25	15 53	20 20	19 22	23 39	27 17	16 41
21	18 19	11 30	15 54	20 25	19 21	23 43	27 21	16 39
26	18 22	11 34	15 56	20 30	19 20	23 47	27 24	16 37
May 1	18 25	11 38	15 59	20 35	19 19	23 50	27 28	16 35
6	18 29	11 42	16 01	20 39	19 19D	23 53	27 32	16 33
11	18 33	11 46	16 04	20 44	19 20	23 56	27 36	16 32
16	18 38	11 48	16 08	20 48	19 20	23 59	27 41	16 31
21	18 43	11 51	16 12	20 53	19 21	24 01	27 45	16 30
26	18 49	11 53	16 16	20 57	19 22	24 03	27 49	16 29
31	18 55	11 54	16 20	21 00	19 24	24 05	27 53	16 29
Jun 5	19 02	11 55	16 24	21 04	19 26	24 06	27 57	16 29D
10	19 08	11 56	16 29	21 07	19 28	24 08	28 01	16 29
15	19 16	11 56R	16 34	21 10	19 31	24 08	28 05	16 30
20	19 23	11 56	16 39	21 12	19 34	24 09	28 09	16 31
25	19 31	11 55	16 45	21 15	19 37	24 09R	28 13	16 32
30	19 38	11 53	16 50	21 17	19 40	24 09	28 16	16 33
Jul 5	19 46	11 52	16 55	21 18	19 44	24 08	28 19	16 35
10	19 54	11 49	17 01	21 19	19 48	24 07	28 22	16 37
15	20 02	11 47	17 06	21 20	19 52	24 06	28 25	16 39
20	20 10	11 44	17 12	21 20	19 56	24 05	28 28	16 42
25	20 18	11 40	17 17	21 20R	20 00	24 03	28 30	16 44
30	20 26	11 36	17 22	21 20	20 05	24 01	28 32	16 47
Aug 4	20 34	11 32	17 28	21 19	20 09	23 59	28 34	16 50
9	20 41	11 28	17 33	21 18	20 14	23 56	28 35	16 54
14	20 48	11 24	17 37	21 17	20 18	23 53	28 36	16 57
19	20 55	11 19	17 42	21 15	20 23	23 50	28 37	17 00
24	21 02	11 14	17 46	21 13	20 27	23 47	28 38	17 04
29	21 08	11 09	17 50	21 11	20 32	23 44	28 38R	17 08
Sep 3	21 14	11 04	17 54	21 08	20 36	23 41	28 38	17 12
8	21 20	10 59	17 58	21 05	20 41	23 37	28 37	17 15
13	21 25	10 54	18 01	21 02	20 45	23 34	28 37	17 19
18	21 29	10 49	18 04	20 58	20 49	23 30	28 36	17 23
23	21 33	10 44	18 06	20 55	20 53	23 27	28 34	17 27
28	21 37	10 39	18 08	20 51	20 56	23 23	28 33	17 31
Oct 3	21 40	10 35	18 10	20 47	21 00	23 20	28 31	17 34
8	21 42	10 31	18 11	20 43	21 03	23 16	28 28	17 38
13	21 44	10 27	18 12	20 39	21 06	23 13	28 26	17 41
18	21 45	10 23	18 12	20 35	21 08	23 10	28 23	17 45
23	21 46	10 20	18 12R	20 31	21 11	23 07	28 21	17 48
28	21 45R	10 17	18 12	20 27	21 13	23 04	28 18	17 51
Nov 2	21 45	10 14	18 11	20 23	21 14	23 02	28 14	17 54
7	21 43	10 12	18 09	20 19	21 15	22 59	28 11	17 56
12	21 41	10 11	18 08	20 16	21 16	22 57	28 08	17 58
17	21 39	10 10	18 06	20 12	21 17	22 56	28 04	18 00
22	21 36	10 09	18 03	20 09	21 17R	22 54	28 01	18 02
27	21 32	10 09D	18 00	20 06	21 17	22 53	27 57	18 04
Dec 2	21 28	10 09	17 57	20 03	21 16	22 53	27 54	18 05
7	21 24	10 10	17 54	20 01	21 15	22 52	27 51	18 05
12	21 19	10 12	17 50	19 59	21 14	22 52D	27 47	18 06
17	21 13	10 14	17 46	19 57	21 12	22 53	27 44	18 06R
22	21 08	10 16	17 42	19 56	21 10	22 53	27 41	18 06
27	21♋ 02	10♓ 19	17♋ 38	19♈ 55	21♌ 08	22♓ 55	27♉ 38	18♍ 06

Stations	Apr 1	Jun 12	Mar 31	Jan 3	May 4	Jun 23	Feb 10	Jun 2
	Oct 24	Nov 24	Oct 19	Jul 22	Nov 20	Dec 9	Aug 28	Dec 17

	♃	⚳	⚵	⚶	♇	♆	⚷	♅
Jan 1	20♋56R	10♓23	17♋33R	19♈55R	21♌05R	22♓56	27♉36R	18♍05R
6	20 50	10 27	17 29	19 55D	21 03	22 58	27 33	18 04
11	20 43	10 31	17 24	19 55	21 00	23 00	27 31	18 03
16	20 37	10 35	17 20	19 56	20 56	23 02	27 29	18 01
21	20 31	10 41	17 15	19 57	20 53	23 05	27 28	17 59
26	20 25	10 46	17 11	19 58	20 49	23 08	27 26	17 57
31	20 19	10 52	17 07	20 00	20 46	23 11	27 25	17 55
Feb 5	20 13	10 57	17 03	20 02	20 42	23 15	27 25	17 52
10	20 07	11 04	16 59	20 05	20 38	23 18	27 25	17 50
15	20 02	11 10	16 56	20 08	20 34	23 22	27 25D	17 47
20	19 57	11 16	16 52	20 11	20 31	23 26	27 25	17 44
25	19 53	11 23	16 49	20 15	20 27	23 30	27 26	17 41
Mar 1	19 49	11 29	16 47	20 19	20 23	23 35	27 27	17 38
6	19 46	11 36	16 44	20 23	20 20	23 39	27 28	17 34
11	19 43	11 43	16 42	20 27	20 16	23 43	27 30	17 31
16	19 40	11 49	16 41	20 31	20 13	23 48	27 32	17 28
21	19 39	11 55	16 40	20 36	20 10	23 52	27 34	17 25
26	19 37	12 02	16 39	20 41	20 08	23 57	27 36	17 22
31	19 37	12 08	16 39D	20 46	20 05	24 01	27 39	17 19
Apr 5	19 37D	12 14	16 39	20 51	20 03	24 05	27 42	17 16
10	19 38	12 19	16 40	20 56	20 01	24 10	27 46	17 13
15	19 39	12 24	16 41	21 01	20 00	24 14	27 49	17 11
20	19 41	12 29	16 42	21 06	19 58	24 17	27 53	17 08
25	19 43	12 34	16 44	21 11	19 58	24 21	27 56	17 06
30	19 46	12 38	16 46	21 16	19 57	24 24	28 00	17 04
May 5	19 50	12 42	16 49	21 20	19 57D	24 28	28 04	17 02
10	19 54	12 46	16 52	21 25	19 57	24 31	28 08	17 01
15	19 59	12 49	16 55	21 29	19 57	24 33	28 13	17 00
20	20 04	12 51	16 59	21 34	19 58	24 36	28 17	16 59
25	20 10	12 53	17 03	21 38	20 00	24 38	28 21	16 58
30	20 16	12 55	17 07	21 42	20 01	24 40	28 25	16 58
Jun 4	20 22	12 56	17 12	21 45	20 03	24 41	28 29	16 58D
9	20 29	12 57	17 16	21 48	20 05	24 42	28 33	16 58
14	20 36	12 57R	17 21	21 51	20 08	24 43	28 37	16 59
19	20 43	12 57	17 26	21 54	20 11	24 44	28 41	16 59
24	20 51	12 56	17 32	21 56	20 14	24 44R	28 45	17 01
29	20 58	12 55	17 37	21 58	20 17	24 44	28 48	17 02
Jul 4	21 06	12 53	17 42	22 00	20 21	24 43	28 51	17 04
9	21 14	12 51	17 48	22 01	20 24	24 43	28 54	17 06
14	21 22	12 48	17 53	22 02	20 28	24 41	28 57	17 08
19	21 30	12 45	17 59	22 02	20 32	24 40	29 00	17 10
24	21 38	12 42	18 04	22 02R	20 37	24 38	29 02	17 13
29	21 46	12 38	18 09	22 02	20 41	24 36	29 04	17 16
Aug 3	21 54	12 34	18 15	22 02	20 46	24 34	29 06	17 19
8	22 01	12 30	18 20	22 01	20 50	24 32	29 08	17 22
13	22 08	12 26	18 24	21 59	20 55	24 29	29 09	17 25
18	22 16	12 21	18 29	21 57	20 59	24 26	29 10	17 29
23	22 22	12 16	18 34	21 55	21 04	24 23	29 10	17 33
28	22 29	12 11	18 38	21 53	21 08	24 20	29 11R	17 36
Sep 2	22 35	12 06	18 42	21 50	21 13	24 16	29 11	17 40
7	22 40	12 01	18 45	21 47	21 17	24 13	29 10	17 44
12	22 46	11 56	18 48	21 44	21 22	24 09	29 09	17 48
17	22 50	11 51	18 51	21 41	21 26	24 06	29 08	17 52
22	22 55	11 46	18 54	21 37	21 29	24 02	29 07	17 55
27	22 58	11 41	18 56	21 34	21 33	23 59	29 05	17 59
Oct 2	23 01	11 37	18 58	21 30	21 37	23 55	29 04	18 03
7	23 04	11 33	18 59	21 26	21 40	23 52	29 01	18 07
12	23 06	11 29	19 00	21 22	21 43	23 48	28 59	18 10
17	23 07	11 25	19 00	21 18	21 45	23 45	28 56	18 13
22	23 08	11 21	19 00R	21 14	21 48	23 42	28 54	18 16
27	23 08R	11 18	19 00	21 10	21 50	23 40	28 51	18 19
Nov 1	23 08	11 16	18 59	21 06	21 51	23 37	28 47	18 22
6	23 06	11 14	18 58	21 02	21 53	23 35	28 44	18 25
11	23 05	11 12	18 56	20 58	21 54	23 33	28 41	18 27
16	23 02	11 11	18 54	20 55	21 54	23 31	28 37	18 29
21	22 59	11 10	18 52	20 52	21 54R	23 30	28 34	18 31
26	22 56	11 10D	18 49	20 49	21 54	23 29	28 30	18 32
Dec 1	22 52	11 10	18 46	20 46	21 54	23 28	28 27	18 34
6	22 48	11 11	18 43	20 43	21 53	23 27	28 24	18 34
11	22 43	11 12	18 39	20 41	21 52	23 27D	28 20	18 35
16	22 38	11 14	18 35	20 40	21 50	23 28	28 17	18 35R
21	22 32	11 17	18 31	20 38	21 48	23 28	28 14	18 35
26	22 26	11 20	18 27	20 37	21 45	23 29	28 11	18 35
31	22♋20	11♓23	18♋22	20♈37	21♌43	23♓31	28♉09	18♍34
Stations	Apr 1	Jun 12	Mar 31	Jan 4	May 4	Jun 23	Feb 11	Jun 2
	Oct 24	Nov 25	Oct 19	Jul 22	Nov 20	Dec 8	Aug 28	Dec 16

1905

	♃	⚷	⚶	⚸	♅	♆	⚵	⚳
Jan 5	22♋14R	11♓27	18♋18R	20♈37D	21♌41R	23♓32	28♉06R	18♍33R
10	22 08	11 31	18 13	20 37	21 38	23 34	28 04	18 32
15	22 02	11 35	18 09	20 37	21 34	23 37	28 02	18 30
20	21 55	11 40	18 04	20 38	21 31	23 39	28 01	18 29
25	21 49	11 46	18 00	20 40	21 27	23 42	27 59	18 26
30	21 43	11 51	17 56	20 42	21 24	23 46	27 58	18 24
Feb 4	21 37	11 57	17 52	20 44	21 20	23 49	27 57	18 22
9	21 32	12 03	17 48	20 46	21 16	23 53	27 57	18 19
14	21 26	12 09	17 44	20 49	21 12	23 56	27 57D	18 16
19	21 21	12 16	17 41	20 52	21 09	24 01	27 57	18 13
24	21 17	12 22	17 38	20 56	21 05	24 05	27 58	18 10
Mar 1	21 13	12 29	17 35	21 00	21 01	24 09	27 59	18 07
6	21 09	12 35	17 33	21 04	20 58	24 13	28 00	18 04
11	21 06	12 42	17 31	21 08	20 54	24 18	28 02	18 01
16	21 04	12 48	17 29	21 12	20 51	24 22	28 04	17 58
21	21 02	12 55	17 28	21 17	20 48	24 27	28 06	17 54
26	21 00	13 01	17 27	21 22	20 46	24 31	28 09	17 51
31	21 00	13 07	17 27	21 27	20 43	24 35	28 11	17 48
Apr 5	20 59D	13 13	17 27D	21 32	20 41	24 40	28 14	17 45
10	21 00	13 19	17 28	21 37	20 39	24 44	28 18	17 43
15	21 01	13 24	17 29	21 42	20 37	24 48	28 21	17 40
20	21 03	13 29	17 30	21 47	20 36	24 52	28 25	17 38
25	21 05	13 34	17 32	21 52	20 35	24 55	28 28	17 35
30	21 08	13 38	17 34	21 57	20 34	24 59	28 32	17 33
May 5	21 11	13 42	17 36	22 01	20 34D	25 02	28 36	17 32
10	21 15	13 46	17 39	22 06	20 34	25 05	28 40	17 30
15	21 20	13 49	17 43	22 11	20 35	25 08	28 44	17 29
20	21 25	13 52	17 46	22 15	20 36	25 10	28 49	17 28
25	21 30	13 54	17 50	22 19	20 37	25 13	28 53	17 27
30	21 36	13 56	17 54	22 23	20 38	25 14	28 57	17 27
Jun 4	21 42	13 57	17 59	22 26	20 40	25 16	29 01	17 27D
9	21 49	13 58	18 03	22 30	20 42	25 17	29 05	17 27
14	21 56	13 58R	18 08	22 33	20 45	25 18	29 09	17 28
19	22 03	13 58	18 13	22 35	20 48	25 19	29 13	17 28
24	22 11	13 57	18 19	22 38	20 51	25 19R	29 17	17 29
29	22 18	13 56	18 24	22 40	20 54	25 19	29 20	17 31
Jul 4	22 26	13 55	18 29	22 42	20 57	25 18	29 23	17 32
9	22 34	13 53	18 35	22 43	21 01	25 18	29 27	17 34
14	22 42	13 50	18 40	22 44	21 05	25 17	29 29	17 36
19	22 50	13 47	18 46	22 44	21 09	25 15	29 32	17 39
24	22 58	13 44	18 51	22 44R	21 13	25 14	29 35	17 41
29	23 06	13 41	18 56	22 44	21 18	25 12	29 37	17 44
Aug 3	23 14	13 37	19 02	22 44	21 22	25 09	29 39	17 47
8	23 21	13 32	19 07	22 43	21 27	25 07	29 40	17 51
13	23 29	13 28	19 12	22 41	21 31	25 04	29 41	17 54
18	23 36	13 23	19 16	22 40	21 36	25 01	29 42	17 57
23	23 43	13 19	19 21	22 38	21 41	24 58	29 43	18 01
28	23 49	13 14	19 25	22 35	21 45	24 55	29 43	18 05
Sep 2	23 55	13 09	19 29	22 33	21 50	24 52	29 43R	18 09
7	24 01	13 04	19 33	22 30	21 54	24 48	29 43	18 12
12	24 07	12 58	19 36	22 27	21 58	24 45	29 42	18 16
17	24 11	12 53	19 39	22 23	22 02	24 41	29 41	18 20
22	24 16	12 49	19 41	22 20	22 06	24 38	29 40	18 24
27	24 20	12 44	19 44	22 16	22 10	24 34	29 38	18 28
Oct 2	24 23	12 39	19 46	22 12	22 13	24 31	29 36	18 31
7	24 26	12 35	19 47	22 08	22 17	24 27	29 34	18 35
12	24 28	12 31	19 48	22 04	22 20	24 24	29 32	18 38
17	24 29	12 27	19 48	22 00	22 22	24 21	29 29	18 42
22	24 30	12 23	19 49R	21 56	22 25	24 18	29 27	18 45
27	24 31R	12 20	19 48	21 52	22 27	24 15	29 24	18 48
Nov 1	24 30	12 18	19 47	21 48	22 28	24 12	29 21	18 51
6	24 29	12 15	19 46	21 45	22 30	24 10	29 17	18 53
11	24 28	12 14	19 45	21 41	22 31	24 08	29 14	18 56
16	24 26	12 12	19 43	21 37	22 32	24 06	29 11	18 58
21	24 23	12 11	19 40	21 34	22 32R	24 05	29 07	19 00
26	24 20	12 11D	19 38	21 31	22 32	24 04	29 04	19 01
Dec 1	24 16	12 11	19 35	21 28	22 31	24 03	29 00	19 02
6	24 12	12 12	19 31	21 26	22 30	24 02	28 57	19 03
11	24 07	12 13	19 28	21 24	22 29	24 02D	28 53	19 04
16	24 02	12 15	19 24	21 22	22 28	24 03	28 50	19 04
21	23 57	12 17	19 20	21 21	22 26	24 03	28 47	19 04R
26	23 51	12 20	19 16	21 20	22 24	24 04	28 44	19 04
31	23♋45	12♓23	19♋11	21♈19	22♌21	24♓05	28♉42	19♍03
Stations	Apr 3	Jun 14	Apr 1	Jan 4	May 5	Jun 24	Feb 11	Jun 2
	Oct 26	Nov 26	Oct 20	Jul 23	Nov 21	Dec 9	Aug 29	Dec 17

	♆	ℂ	♏	♈	♃	♆	♁	♅
Jan 5	23♋ 39R	12♓ 27	19♋ 07R	21♈ 19D	22♌ 19R	24♓ 07	28♉ 39R	19♍ 02R
10	23 33	12 31	19 02	21 19	22 16	24 09	28 37	19 01
15	23 26	12 35	18 58	21 19	22 12	24 11	28 35	19 00
20	23 20	12 40	18 54	21 20	22 09	24 14	28 33	18 58
25	23 14	12 45	18 49	21 22	22 06	24 17	28 32	18 56
30	23 08	12 51	18 45	21 23	22 02	24 20	28 31	18 54
Feb 4	23 02	12 57	18 41	21 25	21 58	24 23	28 30	18 51
9	22 56	13 03	18 37	21 28	21 54	24 27	28 30	18 48
14	22 51	13 09	18 33	21 31	21 51	24 31	28 30D	18 46
19	22 45	13 15	18 30	21 34	21 47	24 35	28 30	18 43
24	22 41	13 22	18 27	21 37	21 43	24 39	28 31	18 40
Mar 1	22 37	13 28	18 24	21 41	21 39	24 43	28 31	18 37
6	22 33	13 35	18 22	21 45	21 36	24 48	28 33	18 33
11	22 30	13 41	18 19	21 49	21 32	24 52	28 34	18 30
16	22 27	13 48	18 18	21 54	21 29	24 56	28 36	18 27
21	22 25	13 54	18 17	21 58	21 26	25 01	28 38	18 24
26	22 23	14 01	18 16	22 03	21 23	25 05	28 41	18 21
31	22 22	14 07	18 15	22 08	21 21	25 10	28 44	18 18
Apr 5	22 22D	14 13	18 15D	22 13	21 19	25 14	28 47	18 15
10	22 22	14 18	18 16	22 18	21 17	25 18	28 50	18 12
15	22 23	14 24	18 16	22 23	21 15	25 22	28 53	18 09
20	22 25	14 29	18 18	22 28	21 14	25 26	28 57	18 07
25	22 27	14 34	18 19	22 33	21 13	25 30	29 00	18 05
30	22 29	14 38	18 21	22 38	21 12	25 33	29 04	18 03
May 5	22 33	14 42	18 24	22 43	21 12	25 37	29 08	18 01
10	22 36	14 46	18 27	22 47	21 12D	25 40	29 12	17 59
15	22 41	14 49	18 30	22 52	21 12	25 43	29 16	17 58
20	22 46	14 52	18 33	22 56	21 13	25 45	29 21	17 57
25	22 51	14 55	18 37	23 00	21 14	25 47	29 25	17 56
30	22 57	14 56	18 41	23 04	21 15	25 49	29 29	17 56
Jun 4	23 03	14 58	18 46	23 08	21 17	25 51	29 33	17 56D
9	23 09	14 59	18 50	23 11	21 19	25 52	29 37	17 56
14	23 16	14 59	18 55	23 14	21 22	25 53	29 41	17 56
19	23 23	14 59R	19 00	23 17	21 24	25 54	29 45	17 57
24	23 31	14 59	19 06	23 19	21 27	25 54	29 49	17 58
29	23 38	14 58	19 11	23 21	21 31	25 54R	29 52	18 00
Jul 4	23 46	14 56	19 16	23 23	21 34	25 54	29 56	18 01
9	23 54	14 54	19 22	23 25	21 38	25 53	29 59	18 03
14	24 02	14 52	19 27	23 26	21 42	25 52	0♊ 02	18 05
19	24 10	14 49	19 33	23 26	21 46	25 51	0 04	18 08
24	24 18	14 46	19 38	23 26R	21 50	25 49	0 07	18 10
29	24 26	14 43	19 43	23 26	21 55	25 47	0 09	18 13
Aug 3	24 34	14 39	19 49	23 26	21 59	25 45	0 11	18 16
8	24 41	14 35	19 54	23 25	22 04	25 42	0 12	18 19
13	24 49	14 30	19 59	23 24	22 08	25 40	0 14	18 22
18	24 56	14 26	20 03	23 22	22 13	25 37	0 15	18 26
23	25 03	14 21	20 08	23 20	22 17	25 34	0 15	18 30
28	25 10	14 16	20 12	23 18	22 22	25 31	0 16	18 33
Sep 2	25 16	14 11	20 16	23 15	22 26	25 27	0 16R	18 37
7	25 22	14 06	20 20	23 13	22 31	25 24	0 16	18 41
12	25 27	14 01	20 23	23 09	22 35	25 20	0 15	18 45
17	25 32	13 56	20 26	23 06	22 39	25 17	0 14	18 49
22	25 37	13 51	20 29	23 03	22 43	25 13	0 13	18 52
27	25 41	13 46	20 31	22 59	22 47	25 10	0 11	18 56
Oct 2	25 45	13 41	20 33	22 55	22 50	25 06	0 09	19 00
7	25 48	13 37	20 35	22 51	22 54	25 03	0 07	19 03
12	25 50	13 33	20 36	22 47	22 57	24 59	0 05	19 07
17	25 52	13 29	20 36	22 43	22 59	24 56	0 02	19 10
22	25 53	13 25	20 37R	22 39	23 02	24 53	0 00	19 14
27	25 53	13 22	20 36	22 35	23 04	24 50	29♉ 57	19 17
Nov 1	25 53R	13 19	20 36	22 31	23 06	24 48	29 54	19 19
6	25 52	13 17	20 35	22 27	23 07	24 45	29 50	19 22
11	25 51	13 15	20 33	22 24	23 08	24 43	29 47	19 24
16	25 49	13 14	20 31	22 20	23 09	24 42	29 44	19 27
21	25 47	13 13	20 29	22 17	23 09	24 40	29 40	19 28
26	25 43	13 12	20 26	22 14	23 09R	24 39	29 37	19 30
Dec 1	25 40	13 12D	20 24	22 11	23 09	24 38	29 33	19 31
6	25 36	13 13	20 20	22 08	23 08	24 37	29 30	19 32
11	25 31	13 14	20 17	22 06	23 07	24 37D	29 27	19 33
16	25 26	13 15	20 13	22 04	23 05	24 38	29 23	19 33
21	25 21	13 18	20 09	22 03	23 04	24 38	29 20	19 33R
26	25 15	13 20	20 05	22 02	23 02	24 39	29 17	19 33
31	25♋ 09	13♓ 23	20♋ 00	22♈ 01	23♌ 59	24♓ 40	29♉ 15	19♍ 32

Stations	Apr 5	Jun 15	Apr 2	Jan 5	May 6	Jun 25	Feb 12	Jun 3
	Oct 28	Nov 27	Oct 21	Jul 24	Nov 22	Dec 10	Aug 30	Dec 18

1907

	♃	₵	♇	♈	♃#	♆	↗	⚥
Jan 5	25♋03R	13♓27	19♋56R	22♈01R	22♌57R	24♓42	29♉12R	19♍31R
10	24 57	13 31	19 52	22 01D	22 54	24 44	29 10	19 30
15	24 51	13 35	19 47	22 01	22 50	24 46	29 08	19 29
20	24 45	13 40	19 43	22 02	22 47	24 49	29 06	19 27
25	24 38	13 45	19 38	22 03	22 44	24 51	29 05	19 25
30	24 32	13 50	19 34	22 05	22 40	24 54	29 04	19 23
Feb 4	24 26	13 56	19 30	22 07	22 36	24 58	29 03	19 21
9	24 20	14 02	19 26	22 09	22 33	25 01	29 02	19 18
14	24 15	14 08	19 22	22 12	22 29	25 05	29 02D	19 15
19	24 10	14 15	19 19	22 15	22 25	25 09	29 03	19 12
24	24 05	14 21	19 16	22 19	22 21	25 13	29 03	19 09
Mar 1	24 00	14 28	19 13	22 22	22 18	25 18	29 04	19 06
6	23 57	14 34	19 10	22 26	22 14	25 22	29 05	19 03
11	23 53	14 41	19 08	22 30	22 11	25 26	29 07	19 00
16	23 50	14 47	19 06	22 35	22 07	25 31	29 09	18 57
21	23 48	14 54	19 05	22 39	22 04	25 35	29 11	18 53
26	23 46	15 00	19 04	22 44	22 01	25 40	29 13	18 50
31	23 45	15 06	19 03	22 49	21 59	25 44	29 16	18 47
Apr 5	23 45	15 12	19 03D	22 54	21 56	25 48	29 19	18 44
10	23 45D	15 18	19 04	22 59	21 54	25 52	29 22	18 41
15	23 45	15 24	19 04	23 04	21 53	25 57	29 25	18 39
20	23 47	15 29	19 06	23 09	21 51	26 01	29 29	18 36
25	23 49	15 34	19 07	23 14	21 50	26 04	29 32	18 34
30	23 51	15 38	19 09	23 19	21 50	26 08	29 36	18 32
May 5	23 54	15 43	19 12	23 24	21 49	26 11	29 40	18 30
10	23 58	15 46	19 14	23 28	21 49D	26 14	29 44	18 29
15	24 02	15 50	19 17	23 33	21 50	26 17	29 48	18 27
20	24 07	15 53	19 21	23 37	21 50	26 20	29 53	18 26
25	24 12	15 55	19 25	23 41	21 51	26 22	29 57	18 26
30	24 17	15 57	19 29	23 45	21 53	26 24	0♊01	18 25
Jun 4	24 23	15 59	19 33	23 49	21 54	26 26	0 05	18 25D
9	24 30	16 00	19 38	23 52	21 56	26 27	0 09	18 25
14	24 36	16 00	19 42	23 56	21 59	26 28	0 13	18 25
19	24 43	16 00R	19 47	23 58	22 01	26 29	0 17	18 26
24	24 51	16 00	19 53	24 01	22 04	26 29	0 21	18 27
29	24 58	15 59	19 58	24 03	22 08	26 29R	0 24	18 28
Jul 4	25 06	15 58	20 03	24 05	22 11	26 29	0 28	18 30
9	25 14	15 56	20 09	24 06	22 15	26 28	0 31	18 32
14	25 22	15 54	20 14	24 07	22 19	26 27	0 34	18 34
19	25 30	15 51	20 20	24 08	22 23	26 26	0 37	18 36
24	25 38	15 48	20 25	24 08	22 27	26 24	0 39	18 39
29	25 46	15 45	20 30	24 08R	22 31	26 22	0 41	18 42
Aug 3	25 54	15 41	20 36	24 08	22 36	26 20	0 43	18 44
8	26 01	15 37	20 41	24 07	22 40	26 18	0 45	18 48
13	26 09	15 32	20 46	24 06	22 45	26 15	0 46	18 51
18	26 16	15 28	20 51	24 04	22 49	26 12	0 47	18 54
23	26 23	15 23	20 55	24 03	22 54	26 09	0 48	18 58
28	26 30	15 18	21 00	24 00	22 59	26 06	0 48	19 02
Sep 2	26 37	15 13	21 04	23 58	23 03	26 03	0 48R	19 05
7	26 43	15 08	21 07	23 55	23 07	26 00	0 48	19 09
12	26 48	15 03	21 11	23 52	23 12	25 56	0 48	19 13
17	26 53	14 58	21 14	23 49	23 16	25 53	0 47	19 17
22	26 58	14 53	21 17	23 45	23 20	25 49	0 46	19 21
27	27 02	14 48	21 19	23 42	23 24	25 45	0 44	19 25
Oct 2	27 06	14 44	21 21	23 38	23 27	25 42	0 42	19 28
7	27 09	14 39	21 23	23 34	23 31	25 38	0 40	19 32
12	27 12	14 35	21 24	23 30	23 34	25 35	0 38	19 36
17	27 14	14 31	21 25	23 26	23 36	25 32	0 36	19 39
22	27 15	14 27	21 25R	23 22	23 39	25 29	0 33	19 42
27	27 16	14 24	21 25	23 18	23 41	25 26	0 30	19 45
Nov 1	27 16R	14 21	21 24	23 14	23 43	25 23	0 27	19 48
6	27 15	14 19	21 23	23 10	23 44	25 21	0 24	19 51
11	27 14	14 17	21 22	23 06	23 46	25 19	0 20	19 53
16	27 12	14 15	21 20	23 03	23 46	25 17	0 17	19 55
21	27 10	14 14	21 18	22 59	23 47	25 15	0 13	19 57
26	27 07	14 13	21 15	22 56	23 47R	25 14	0 10	19 59
Dec 1	27 04	14 13D	21 12	22 53	23 46	25 13	0 07	20 00
6	27 00	14 14	21 09	22 51	23 46	25 13	0 03	20 01
11	26 55	14 15	21 06	22 49	23 45	25 12D	0 00	20 02
16	26 51	14 16	21 02	22 47	23 43	25 13	29♉57	20 02
21	26 45	14 18	20 58	22 45	23 42	25 13	29 53	20 02R
26	26 40	14 21	20 54	22 44	23 39	25 14	29 50	20 02
31	26♋34	14♓24	20♋50	22♈43	23♌37	25♓15	29♉48	20♍02
Stations	Apr 6 Oct 29	Jun 16 Nov 29	Apr 3 Oct 22	Jan 6 Jul 25	May 7 Nov 23	Jun 26 Dec 11	Feb 13 Aug 31	Jun 4 Dec 19

	♃	⚷	⚸	♈	♃	♆	↑	♅
Jan 5	26♋ 28R	14♓ 27	20♋ 45R	22♈ 43R	23♌ 34R	25♓ 17	29♉ 45R	20♍ 01R
10	26 22	14 31	20 41	22 43D	23 32	25 18	29 43	20 00
15	26 15	14 35	20 36	22 43	23 29	25 21	29 41	19 58
20	26 09	14 40	20 32	22 44	23 25	25 23	29 39	19 56
25	26 03	14 45	20 27	22 45	23 22	25 26	29 38	19 55
30	25 57	14 50	20 23	22 47	23 18	25 29	29 36	19 52
Feb 4	25 51	14 56	20 19	22 49	23 14	25 32	29 36	19 50
9	25 45	15 02	20 15	22 51	23 11	25 36	29 35	19 47
14	25 39	15 08	20 11	22 54	23 07	25 40	29 35D	19 45
19	25 34	15 14	20 08	22 57	23 03	25 44	29 35	19 42
24	25 29	15 20	20 04	23 00	22 59	25 48	29 36	19 39
29	25 24	15 27	20 01	23 04	22 56	25 52	29 36	19 36
Mar 5	25 20	15 34	19 59	23 07	22 52	25 56	29 38	19 32
10	25 17	15 40	19 57	23 12	22 49	26 01	29 39	19 29
15	25 14	15 47	19 55	23 16	22 45	26 05	29 41	19 26
20	25 11	15 53	19 53	23 20	22 42	26 09	29 43	19 23
25	25 09	16 00	19 52	23 25	22 39	26 14	29 45	19 20
30	25 08	16 06	19 52	23 30	22 37	26 18	29 48	19 17
Apr 4	25 07	16 12	19 52D	23 35	22 34	26 23	29 51	19 14
9	25 07D	16 18	19 52	23 40	22 32	26 27	29 54	19 11
14	25 08	16 23	19 52	23 45	22 31	26 31	29 57	19 08
19	25 09	16 29	19 53	23 50	22 29	26 35	0♊ 01	19 06
24	25 10	16 34	19 55	23 55	22 28	26 39	0 04	19 04
29	25 13	16 38	19 57	24 00	22 27	26 42	0 08	19 01
May 4	25 16	16 43	19 59	24 05	22 27	26 46	0 12	19 00
9	25 19	16 46	20 02	24 09	22 27D	26 49	0 16	18 58
14	25 23	16 50	20 05	24 14	22 27	26 52	0 20	18 57
19	25 28	16 53	20 08	24 18	22 28	26 54	0 25	18 56
24	25 33	16 56	20 12	24 23	22 29	26 57	0 29	18 55
29	25 38	16 58	20 16	24 27	22 30	26 59	0 33	18 54
Jun 3	25 44	16 59	20 20	24 30	22 32	27 00	0 37	18 54
8	25 50	17 01	20 25	24 34	22 34	27 02	0 41	18 54D
13	25 57	17 01	20 30	24 37	22 36	27 03	0 45	18 54
18	26 04	17 01R	20 35	24 40	22 39	27 04	0 49	18 55
23	26 11	17 01	20 40	24 43	22 41	27 04	0 53	18 56
28	26 18	17 00	20 45	24 45	22 45	27 04R	0 56	18 57
Jul 3	26 26	16 59	20 50	24 47	22 48	27 04	1 00	18 59
8	26 34	16 57	20 56	24 48	22 52	27 03	1 03	19 01
13	26 42	16 55	21 01	24 49	22 55	27 02	1 06	19 03
18	26 50	16 53	21 07	24 50	22 59	27 01	1 09	19 05
23	26 58	16 50	21 12	24 50	23 04	27 00	1 11	19 07
28	27 06	16 47	21 17	24 50R	23 08	26 58	1 14	19 10
Aug 2	27 14	16 43	21 23	24 50	23 12	26 56	1 16	19 13
7	27 21	16 39	21 28	24 49	23 17	26 53	1 17	19 16
12	27 29	16 35	21 33	24 48	23 21	26 51	1 19	19 20
17	27 36	16 30	21 38	24 47	23 26	26 48	1 20	19 23
22	27 44	16 26	21 42	24 45	23 31	26 45	1 21	19 27
27	27 50	16 21	21 47	24 43	23 35	26 42	1 21	19 30
Sep 1	27 57	16 16	21 51	24 40	23 40	26 39	1 21R	19 34
6	28 03	16 11	21 55	24 38	23 44	26 35	1 21	19 38
11	28 09	16 06	21 58	24 35	23 48	26 32	1 20	19 42
16	28 14	16 01	22 02	24 31	23 53	26 28	1 20	19 45
21	28 19	15 56	22 04	24 28	23 57	26 25	1 19	19 49
26	28 24	15 51	22 07	24 24	24 01	26 21	1 17	19 53
Oct 1	28 28	15 46	22 09	24 21	24 04	26 18	1 15	19 57
6	28 31	15 41	22 11	24 17	24 08	26 14	1 13	20 01
11	28 34	15 37	22 12	24 13	24 11	26 11	1 11	20 04
16	28 36	15 33	22 13	24 09	24 13	26 07	1 09	20 08
21	28 37	15 29	22 13	24 05	24 16	26 04	1 06	20 11
26	28 38	15 26	22 13R	24 01	24 18	26 01	1 03	20 14
31	28 38R	15 23	22 13	23 57	24 20	25 59	1 00	20 17
Nov 5	28 38	15 20	22 12	23 53	24 22	25 56	0 57	20 19
10	28 37	15 18	22 10	23 49	24 23	25 54	0 53	20 22
15	28 36	15 16	22 09	23 45	24 24	25 52	0 50	20 24
20	28 33	15 15	22 06	23 42	24 24	25 51	0 47	20 26
25	28 31	15 15	22 04	23 39	24 24R	25 49	0 43	20 28
30	28 27	15 14D	22 01	23 36	24 24	25 48	0 40	20 29
Dec 5	28 24	15 15	21 58	23 33	24 23	25 48	0 36	20 30
10	28 19	15 15	21 55	23 31	24 22	25 47	0 33	20 31
15	28 15	15 17	21 51	23 29	24 21	25 48D	0 30	20 31
20	28 10	15 19	21 47	23 27	24 19	25 48	0 27	20 31R
25	28 04	15 21	21 43	23 26	24 17	25 49	0 24	20 31
30	27♋ 58	15♓ 24	21♋ 39	23♈ 25	24♌ 15	25♓ 50	0♊ 21	20♍ 31

Stations	Apr 7	Jun 17	Apr 3	Jan 7	May 7	Jun 26	Feb 13	Jun 4
	Oct 30	Nov 29	Oct 22	Jul 25	Nov 23	Dec 11	Aug 30	Dec 18

1909

	♃	♄	⚷	♈	♃#	♆	⚸	♅
Jan 4	27♋53R	15♓27	21♋34R	23♈25R	24♌12R	25♓51	0♊18R	20♍30R
9	27 46	15 31	21 30	23 25D	24 10	25 53	0 16	20 29
14	27 40	15 35	21 25	23 25	24 07	25 55	0 14	20 27
19	27 34	15 40	21 21	23 26	24 03	25 58	0 12	20 26
24	27 28	15 45	21 16	23 27	24 00	26 01	0 11	20 24
29	27 21	15 50	21 12	23 28	23 56	26 04	0 09	20 22
Feb 3	27 15	15 55	21 08	23 30	23 53	26 07	0 08	20 19
8	27 09	16 01	21 04	23 32	23 49	26 10	0 08	20 17
13	27 04	16 07	21 00	23 35	23 45	26 14	0 08D	20 14
18	26 58	16 14	20 57	23 38	23 41	26 18	0 08	20 11
23	26 53	16 20	20 53	23 41	23 38	26 22	0 08	20 08
28	26 49	16 26	20 50	23 45	23 34	26 26	0 09	20 05
Mar 5	26 44	16 33	20 48	23 49	23 30	26 31	0 10	20 02
10	26 41	16 40	20 45	23 53	23 27	26 35	0 12	19 59
15	26 37	16 46	20 43	23 57	23 23	26 39	0 13	19 56
20	26 35	16 53	20 42	24 02	23 20	26 44	0 15	19 52
25	26 33	16 59	20 41	24 06	23 17	26 48	0 18	19 49
30	26 31	17 05	20 40	24 11	23 15	26 53	0 20	19 46
Apr 4	26 30	17 12	20 40D	24 16	23 12	26 57	0 23	19 43
9	26 30D	17 17	20 40	24 21	23 10	27 01	0 26	19 40
14	26 30	17 23	20 40	24 26	23 08	27 05	0 29	19 38
19	26 31	17 28	20 41	24 31	23 07	27 09	0 33	19 35
24	26 32	17 34	20 43	24 36	23 06	27 13	0 37	19 33
29	26 35	17 38	20 45	24 41	23 05	27 17	0 40	19 31
May 4	26 37	17 43	20 47	24 46	23 04	27 20	0 44	19 29
9	26 41	17 47	20 50	24 51	23 04D	27 23	0 48	19 27
14	26 44	17 50	20 52	24 55	23 04	27 26	0 52	19 26
19	26 49	17 53	20 56	25 00	23 05	27 29	0 57	19 25
24	26 53	17 56	20 59	25 04	23 06	27 31	1 01	19 24
29	26 59	17 58	21 03	25 08	23 07	27 33	1 05	19 23
Jun 3	27 05	18 00	21 08	25 12	23 09	27 35	1 09	19 23
8	27 11	18 01	21 12	25 15	23 11	27 37	1 13	19 23D
13	27 17	18 02	21 17	25 19	23 13	27 38	1 17	19 23
18	27 24	18 03R	21 22	25 22	23 16	27 39	1 21	19 24
23	27 31	18 02	21 27	25 24	23 18	27 39	1 25	19 25
28	27 39	18 02	21 32	25 26	23 22	27 39R	1 28	19 26
Jul 3	27 46	18 01	21 37	25 28	23 25	27 39	1 32	19 28
8	27 54	17 59	21 43	25 30	23 28	27 38	1 35	19 29
13	28 02	17 57	21 48	25 31	23 32	27 38	1 38	19 31
18	28 10	17 55	21 54	25 32	23 36	27 36	1 41	19 34
23	28 18	17 52	21 59	25 32	23 40	27 35	1 44	19 36
28	28 26	17 49	22 05	25 33R	23 45	27 33	1 46	19 39
Aug 2	28 34	17 45	22 10	25 32	23 49	27 31	1 48	19 42
7	28 41	17 41	22 15	25 32	23 54	27 29	1 50	19 45
12	28 49	17 37	22 20	25 31	23 58	27 26	1 51	19 48
17	28 57	17 33	22 25	25 29	24 03	27 24	1 52	19 52
22	29 04	17 28	22 30	25 27	24 07	27 21	1 53	19 55
27	29 11	17 23	22 34	25 25	24 12	27 18	1 54	19 59
Sep 1	29 18	17 18	22 38	25 23	24 17	27 14	1 54R	20 03
6	29 24	17 13	22 42	25 20	24 21	27 11	1 54	20 06
11	29 30	17 08	22 46	25 17	24 25	27 07	1 53	20 10
16	29 35	17 03	22 49	25 14	24 30	27 04	1 52	20 14
21	29 40	16 58	22 52	25 11	24 34	27 00	1 51	20 18
26	29 45	16 53	22 55	25 07	24 37	26 57	1 50	20 22
Oct 1	29 49	16 48	22 57	25 03	24 41	26 53	1 48	20 25
6	29 53	16 44	22 59	25 00	24 45	26 50	1 46	20 29
11	29 55	16 39	23 00	24 56	24 48	26 46	1 44	20 33
16	29 58	16 35	23 01	24 52	24 51	26 43	1 42	20 36
21	29 59	16 31	23 01	24 47	24 53	26 40	1 39	20 39
26	0♌01R	16 28	23 01R	24 43	24 55	26 37	1 36	20 43
31	0 01	16 25	23 01	24 39	24 57	26 34	1 33	20 46
Nov 5	0 01R	16 22	23 00	24 36	24 59	26 32	1 30	20 48
10	0 00	16 20	22 59	24 32	25 00	26 30	1 27	20 51
15	29♋59	16 18	22 57	24 28	25 01	26 28	1 23	20 53
20	29 57	16 17	22 55	24 25	25 02	26 26	1 20	20 55
25	29 54	16 16	22 53	24 21	25 02R	26 25	1 16	20 57
30	29 51	16 16D	22 50	24 19	25 02	26 24	1 13	20 58
Dec 5	29 48	16 16	22 47	24 16	25 01	26 23	1 10	20 59
10	29 44	16 16	22 44	24 13	25 00	26 23	1 06	21 00
15	29 39	16 18	22 40	24 11	24 59	26 23D	1 03	21 00
20	29 34	16 19	22 36	24 10	24 57	26 23	1 00	21 01R
25	29 29	16 22	22 32	24 08	24 55	26 24	0 57	21 00
30	29♋23	16♓24	22♋28	24♈07	24♌53	26♓25	0♊54	21♍00
Stations	Apr 9	Jun 18	Apr 4	Jan 7	May 8	Jun 26	Feb 13	Jun 4
	Nov 1	Nov 30	Oct 23	Jul 26	Nov 24	Dec 12	Aug 31	Dec 19

	⯠	⯡	⯢	⯣	⯤	⯥	⯦	⯧
Jan 4	29♋17R	16♓27	22♋23R	24♈07R	24♌51R	26♓26	0♊51R	20♍59R
9	29 11	16 31	22 19	24 07D	24 48	26 28	0 49	20 58
14	29 05	16 35	22 15	24 07	24 45	26 30	0 47	20 57
19	28 59	16 40	22 10	24 08	24 41	26 32	0 45	20 55
24	28 52	16 44	22 06	24 09	24 38	26 35	0 43	20 53
29	28 46	16 50	22 01	24 10	24 35	26 38	0 42	20 51
Feb 3	28 40	16 55	21 57	24 12	24 31	26 41	0 41	20 49
8	28 34	17 01	21 53	24 14	24 27	26 45	0 41	20 46
13	28 28	17 07	21 49	24 17	24 23	26 49	0 40	20 44
18	28 23	17 13	21 46	24 20	24 20	26 52	0 40D	20 41
23	28 17	17 19	21 42	24 23	24 16	26 56	0 41	20 38
28	28 13	17 26	21 39	24 26	24 12	27 01	0 42	20 35
Mar 5	28 08	17 32	21 36	24 30	24 08	27 05	0 43	20 32
10	28 04	17 39	21 34	24 34	24 05	27 09	0 44	20 28
15	28 01	17 46	21 32	24 38	24 02	27 14	0 46	20 25
20	27 58	17 52	21 30	24 43	23 58	27 18	0 48	20 22
25	27 56	17 59	21 29	24 48	23 55	27 23	0 50	20 19
30	27 54	18 05	21 28	24 52	23 53	27 27	0 52	20 16
Apr 4	27 53	18 11	21 28	24 57	23 50	27 31	0 55	20 13
9	27 53	18 17	21 28D	25 02	23 48	27 36	0 58	20 10
14	27 53D	18 23	21 29	25 07	23 46	27 40	1 02	20 07
19	27 53	18 28	21 29	25 12	23 45	27 44	1 05	20 05
24	27 55	18 33	21 31	25 17	23 43	27 48	1 09	20 02
29	27 57	18 38	21 33	25 22	23 43	27 51	1 12	20 00
May 4	27 59	18 43	21 35	25 27	23 42	27 55	1 16	19 58
9	28 02	18 47	21 37	25 32	23 42D	27 58	1 20	19 57
14	28 06	18 51	21 40	25 36	23 42	28 01	1 25	19 55
19	28 10	18 54	21 43	25 41	23 42	28 04	1 29	19 54
24	28 15	18 57	21 47	25 45	23 43	28 06	1 33	19 53
29	28 20	18 59	21 51	25 49	23 45	28 08	1 37	19 53
Jun 3	28 25	19 01	21 55	25 53	23 46	28 10	1 41	19 52
8	28 31	19 02	21 59	25 57	23 48	28 12	1 45	19 52D
13	28 38	19 03	22 04	26 00	23 50	28 13	1 49	19 53
18	28 44	19 04	22 09	26 03	23 53	28 14	1 53	19 53
23	28 51	19 04R	22 14	26 06	23 55	28 14	1 57	19 54
28	28 59	19 03	22 19	26 08	23 59	28 14R	2 01	19 55
Jul 3	29 06	19 02	22 24	26 10	24 02	28 14	2 04	19 57
8	29 14	19 01	22 30	26 12	24 05	28 14	2 07	19 58
13	29 22	18 59	22 35	26 13	24 09	28 13	2 11	20 00
18	29 30	18 57	22 41	26 14	24 13	28 12	2 13	20 02
23	29 38	18 54	22 46	26 14	24 17	28 10	2 16	20 05
28	29 46	18 51	22 52	26 15R	24 22	28 09	2 18	20 08
Aug 2	29 54	18 47	22 57	26 14	24 26	28 07	2 20	20 10
7	0♌02	18 43	23 01	26 14	24 30	28 04	2 22	20 14
12	0 09	18 39	23 07	26 13	24 35	28 02	2 24	20 17
17	0 17	18 35	23 12	26 12	24 40	27 59	2 25	20 20
22	0 24	18 30	23 17	26 10	24 44	27 56	2 26	20 24
27	0 31	18 26	23 22	26 08	24 49	27 53	2 26	20 27
Sep 1	0 38	18 21	23 26	26 06	24 53	27 50	2 27R	20 31
6	0 45	18 16	23 30	26 03	24 58	27 47	2 27	20 35
11	0 51	18 11	23 33	26 00	25 02	27 43	2 26	20 39
16	0 56	18 05	23 37	25 57	25 06	27 40	2 25	20 43
21	1 01	18 00	23 40	25 54	25 10	27 36	2 24	20 46
26	1 06	17 55	23 42	25 50	25 14	27 32	2 23	20 50
Oct 1	1 10	17 51	23 45	25 46	25 18	27 29	2 21	20 54
6	1 14	17 46	23 46	25 42	25 22	27 25	2 19	20 58
11	1 17	17 42	23 48	25 38	25 25	27 22	2 17	21 01
16	1 20	17 37	23 49	25 34	25 28	27 19	2 15	21 05
21	1 22	17 33	23 49	25 30	25 30	27 16	2 12	21 08
26	1 23	17 30	23 50R	25 26	25 33	27 13	2 09	21 11
31	1 24	17 27	23 49	25 22	25 35	27 10	2 06	21 14
Nov 5	1 24R	17 24	23 49	25 18	25 36	27 07	2 03	21 17
10	1 23	17 22	23 47	25 15	25 38	27 05	2 00	21 20
15	1 22	17 20	23 46	25 11	25 39	27 03	1 57	21 22
20	1 20	17 18	23 44	25 07	25 39	27 01	1 53	21 24
25	1 18	17 17	23 42	25 04	25 39R	27 00	1 50	21 26
30	1 15	17 17	23 39	25 01	25 39	26 59	1 46	21 27
Dec 5	1 12	17 17D	23 36	24 58	25 39	26 58	1 43	21 28
10	1 08	17 17	23 33	24 56	25 38	26 58	1 39	21 29
15	1 03	17 18	23 29	24 54	25 37	26 58D	1 36	21 29
20	0 58	17 20	23 25	24 52	25 35	26 58	1 33	21 30R
25	0 53	17 22	23 21	24 51	25 33	26 59	1 30	21 30
30	0♌48	17♓25	23♋17	24♈50	25♌31	27♓00	1♊27	21♍29

Stations	⯠	⯡	⯢	⯣	⯤	⯥	⯦	⯧
	Apr 10	Jun 19	Apr 5	Jan 8	May 9	Jun 27	Feb 14	Jun 5
	Nov 2	Dec 1	Oct 24	Jul 27	Nov 24	Dec 12	Sep 1	Dec 20

1911

	♃	⚳	⚴	♈︎	♅	♆	⚷	⚸
Jan 4	0♌ 42R	17♓ 28	23♋ 13R	24♈ 49R	25♌ 29R	27♓ 01	1♊ 25R	21♍ 28R
9	0 36	17 31	23 08	24 49D	25 26	27 03	1 22	21 27
14	0 30	17 35	23 04	24 49	25 23	27 05	1 20	21 26
19	0 23	17 40	22 59	24 50	25 20	27 07	1 18	21 25
24	0 17	17 44	22 55	24 51	25 16	27 10	1 16	21 23
29	0 11	17 50	22 50	24 52	25 13	27 13	1 15	21 21
Feb 3	0 04	17 55	22 46	24 54	25 09	27 16	1 14	21 18
8	29♋ 58	18 01	22 42	24 56	25 05	27 19	1 14	21 16
13	29 53	18 07	22 38	24 58	25 02	27 23	1 13	21 13
18	29 47	18 13	22 35	25 01	24 58	27 27	1 13D	21 10
23	29 42	18 19	22 31	25 04	24 54	27 31	1 14	21 07
28	29 37	18 25	22 28	25 08	24 50	27 35	1 14	21 04
Mar 5	29 32	18 32	22 25	25 11	24 47	27 39	1 15	21 01
10	29 28	18 39	22 23	25 15	24 43	27 44	1 17	20 58
15	29 25	18 45	22 21	25 20	24 40	27 48	1 18	20 55
20	29 22	18 52	22 19	25 24	24 37	27 53	1 20	20 52
25	29 19	18 58	22 18	25 29	24 34	27 57	1 22	20 49
30	29 17	19 05	22 17	25 33	24 31	28 01	1 25	20 45
Apr 4	29 16	19 11	22 16	25 38	24 28	28 06	1 28	20 42
9	29 15	19 17	22 16D	25 43	24 26	28 10	1 31	20 40
14	29 15D	19 23	22 17	25 48	24 24	28 14	1 34	20 37
19	29 16	19 28	22 18	25 53	24 23	28 18	1 37	20 34
24	29 17	19 33	22 19	25 58	24 21	28 22	1 41	20 32
29	29 19	19 38	22 20	26 03	24 20	28 26	1 45	20 30
May 4	29 21	19 43	22 22	26 08	24 20	28 29	1 49	20 28
9	29 24	19 47	22 25	26 13	24 19D	28 33	1 53	20 25
14	29 27	19 51	22 28	26 18	24 20	28 36	1 57	20 25
19	29 31	19 54	22 31	26 22	24 20	28 38	2 01	20 23
24	29 36	19 57	22 34	26 27	24 21	28 41	2 05	20 22
29	29 41	20 00	22 38	26 31	24 22	28 43	2 09	20 22
Jun 3	29 46	20 02	22 42	26 35	24 23	28 45	2 13	20 21
8	29 52	20 03	22 47	26 38	24 25	28 46	2 17	20 21D
13	29 58	20 04	22 51	26 42	24 27	28 48	2 21	20 22
18	0♌ 05	20 05	22 56	26 45	24 30	28 49	2 25	20 22
23	0 12	20 05R	23 01	26 47	24 33	28 49	2 29	20 23
28	0 19	20 05	23 06	26 50	24 36	28 49R	2 33	20 24
Jul 3	0 26	20 04	23 12	26 52	24 39	28 49	2 36	20 26
8	0 34	20 02	23 17	26 54	24 42	28 49	2 40	20 27
13	0 42	20 01	23 22	26 55	24 46	28 48	2 43	20 29
18	0 50	19 58	23 28	26 56	24 50	28 47	2 46	20 31
23	0 58	19 56	23 33	26 57	24 54	28 46	2 48	20 34
28	1 06	19 53	23 39	26 57R	24 58	28 44	2 51	20 36
Aug 2	1 14	19 49	23 44	26 57	25 03	28 42	2 53	20 39
7	1 22	19 46	23 49	26 56	25 07	28 40	2 55	20 42
12	1 29	19 42	23 55	26 55	25 12	28 38	2 56	20 45
17	1 37	19 37	24 00	26 54	25 16	28 35	2 58	20 49
22	1 45	19 33	24 04	26 52	25 21	28 32	2 58	20 52
27	1 52	19 28	24 09	26 50	25 26	28 29	2 59	20 56
Sep 1	1 59	19 23	24 13	26 48	25 30	28 26	2 59	21 00
6	2 05	19 18	24 17	26 46	25 35	28 22	2 59R	21 04
11	2 11	19 13	24 21	26 43	25 39	28 19	2 59	21 07
16	2 17	19 08	24 24	26 40	25 43	28 15	2 58	21 11
21	2 23	19 03	24 27	26 36	25 47	28 12	2 57	21 15
26	2 27	18 58	24 30	26 33	25 51	28 08	2 56	21 19
Oct 1	2 32	18 53	24 32	26 29	25 55	28 05	2 54	21 23
6	2 36	18 48	24 34	26 25	25 59	28 01	2 53	21 26
11	2 39	18 44	24 36	26 21	26 02	27 58	2 50	21 30
16	2 42	18 40	24 37	26 17	26 05	27 54	2 48	21 33
21	2 44	18 36	24 38	26 13	26 07	27 51	2 45	21 37
26	2 45	18 32	24 38R	26 09	26 10	27 48	2 43	21 40
31	2 46	18 29	24 38	26 05	26 12	27 46	2 40	21 43
Nov 5	2 46R	18 26	24 37	26 01	26 14	27 43	2 37	21 46
10	2 46	18 23	24 36	25 57	26 15	27 41	2 33	21 48
15	2 45	18 21	24 35	25 54	26 16	27 39	2 30	21 51
20	2 44	18 20	24 33	25 50	26 17	27 37	2 27	21 53
25	2 41	18 19	24 30	25 47	26 17R	27 35	2 23	21 54
30	2 39	18 18	24 28	25 44	26 17	27 34	2 20	21 56
Dec 5	2 35	18 18D	24 25	25 41	26 17	27 33	2 16	21 57
10	2 32	18 18	24 22	25 39	26 16	27 33	2 13	21 58
15	2 27	18 19	24 18	25 36	26 15	27 33D	2 09	21 59
20	2 23	18 21	24 14	25 35	26 13	27 33	2 06	21 59R
25	2 18	18 23	24 10	25 33	26 11	27 34	2 03	21 59
30	2♌ 12	18♓ 25	24♋ 06	25♈ 32	26♌ 09	27♓ 35	2♊ 00	21♍ 58

Stations	Apr 12	Jun 21	Apr 6	Jan 9	May 9	Jun 28	Feb 15	Jun 6
	Nov 4	Dec 3	Oct 25	Jul 27	Nov 25	Dec 13	Sep 2	Dec 20

	♃	♀	♄	♈	♅	♆	↑	♅
Jan 4	2♌ 06R	18♓ 28	24♋ 02R	25♈ 31R	26♌ 07R	27♓ 36	1Ⅱ 58R	21♍ 58R
9	2 00	18 32	23 57	25 31	26 04	27 38	1 55	21 57
14	1 54	18 35	23 53	25 31D	26 01	27 40	1 53	21 56
19	1 48	18 40	23 48	25 32	25 58	27 42	1 51	21 54
24	1 42	18 44	23 44	25 32	25 54	27 45	1 49	21 52
29	1 35	18 49	23 40	25 34	25 51	27 47	1 48	21 50
Feb 3	1 29	18 55	23 35	25 35	25 47	27 51	1 47	21 48
8	1 23	19 00	23 31	25 37	25 44	27 54	1 46	21 45
13	1 17	19 06	23 27	25 40	25 40	27 58	1 46	21 43
18	1 11	19 12	23 24	25 43	25 36	28 01	1 46D	21 40
23	1 06	19 19	23 20	25 46	25 32	28 05	1 46	21 37
28	1 01	19 25	23 17	25 49	25 29	28 10	1 47	21 34
Mar 4	0 56	19 32	23 14	25 53	25 25	28 14	1 48	21 31
9	0 52	19 38	23 12	25 57	25 21	28 18	1 49	21 28
14	0 49	19 45	23 09	26 01	25 18	28 23	1 51	21 24
19	0 45	19 51	23 08	26 05	25 15	28 27	1 53	21 21
24	0 43	19 58	23 06	26 10	25 12	28 31	1 55	21 18
29	0 41	20 04	23 05	26 15	25 09	28 36	1 57	21 15
Apr 3	0 39	20 10	23 05	26 20	25 06	28 40	2 00	21 12
8	0 38	20 16	23 05D	26 24	25 04	28 45	2 03	21 09
13	0 38D	20 22	23 05	26 29	25 02	28 49	2 06	21 06
18	0 38	20 28	23 06	26 35	25 00	28 53	2 09	21 04
23	0 39	20 33	23 07	26 40	24 59	28 57	2 13	21 01
29	0 41	20 38	23 08	26 45	24 58	29 00	2 17	20 59
May 3	0 43	20 43	23 10	26 49	24 57	29 04	2 21	20 57
8	0 45	20 47	23 13	26 54	24 57	29 07	2 25	20 55
13	0 49	20 51	23 15	26 59	24 57D	29 10	2 29	20 54
18	0 52	20 55	23 18	27 03	24 57	29 13	2 33	20 53
23	0 57	20 58	23 22	27 08	24 58	29 16	2 37	20 52
28	1 02	21 00	23 26	27 12	24 59	29 18	2 41	20 51
Jun 2	1 07	21 02	23 30	27 16	25 01	29 20	2 45	20 51
7	1 13	21 04	23 34	27 20	25 03	29 21	2 49	20 51D
12	1 19	21 05	23 39	27 23	25 05	29 23	2 54	20 51
17	1 25	21 06	23 43	27 26	25 07	29 24	2 57	20 51
22	1 32	21 06R	23 48	27 29	25 10	29 24	3 01	20 52
27	1 39	21 06	23 54	27 31	25 13	29 25	3 05	20 53
Jul 2	1 47	21 05	23 59	27 34	25 16	29 25R	3 09	20 54
7	1 54	21 04	24 04	27 35	25 19	29 24	3 12	20 56
12	2 02	21 02	24 10	27 37	25 23	29 24	3 15	20 58
17	2 10	21 00	24 15	27 38	25 27	29 23	3 18	21 00
22	2 18	20 58	24 21	27 39	25 31	29 21	3 21	21 03
27	2 26	20 55	24 26	27 39R	25 35	29 20	3 23	21 05
Aug 1	2 34	20 51	24 31	27 39	25 40	29 18	3 25	21 08
6	2 42	20 48	24 37	27 38	25 44	29 16	3 27	21 11
11	2 50	20 44	24 42	27 38	25 49	29 13	3 29	21 14
16	2 57	20 40	24 47	27 36	25 53	29 10	3 30	21 18
21	3 05	20 35	24 52	27 35	25 58	29 08	3 31	21 21
26	3 12	20 30	24 56	27 33	26 02	29 05	3 32	21 25
31	3 19	20 26	25 01	27 31	26 07	29 01	3 32	21 28
Sep 5	3 26	20 21	25 05	27 28	26 11	28 58	3 32R	21 32
10	3 32	20 16	25 09	27 25	26 16	28 55	3 32	21 36
15	3 38	20 10	25 12	27 22	26 20	28 51	3 31	21 40
20	3 44	20 05	25 15	27 19	26 24	28 48	3 30	21 44
25	3 49	20 00	25 18	27 16	26 28	28 44	3 29	21 48
30	3 53	19 56	25 20	27 12	26 32	28 40	3 27	21 51
Oct 5	3 57	19 51	25 22	27 08	26 36	28 37	3 26	21 55
10	4 01	19 46	25 24	27 04	26 39	28 34	3 24	21 59
15	4 04	19 42	25 25	27 00	26 42	28 30	3 21	22 02
20	4 06	19 38	25 26	26 56	26 45	28 27	3 19	22 06
25	4 08	19 34	25 26R	26 52	26 47	28 24	3 16	22 09
30	4 09	19 31	25 26	26 48	26 49	28 21	3 13	22 12
Nov 4	4 09R	19 28	25 26	26 44	26 51	28 19	3 10	22 15
9	4 09	19 25	25 25	26 40	26 52	28 16	3 07	22 17
14	4 08	19 23	25 23	26 37	26 54	28 14	3 03	22 20
19	4 07	19 21	25 21	26 33	26 54	28 12	3 00	22 22
24	4 05	19 20	25 19	26 30	26 55	28 11	2 56	22 23
29	4 02	19 19	25 17	26 27	26 55R	28 10	2 53	22 25
Dec 4	3 59	19 19D	25 14	26 24	26 54	28 09	2 49	22 26
9	3 56	19 19	25 11	26 21	26 54	28 08	2 46	22 27
14	3 52	19 20	25 07	26 19	26 52	28 08D	2 43	22 28
19	3 47	19 22	25 03	26 17	26 51	28 08	2 40	22 28
24	3 42	19 23	24 59	26 16	26 49	28 09	2 36	22 28R
29	3♌ 37	19♓ 26	24♋ 55	26♈ 14	26♌ 47	28♓ 10	2Ⅱ 34	22♍ 28
Stations	Apr 12	Jun 21	Apr 6	Jan 10	May 9	Jun 28	Feb 16	Jun 6
	Nov 4	Dec 3	Oct 25	Jul 27	Nov 25	Dec 13	Sep 2	Dec 20

1913

	♃	⚷	♄	♈	♅	♆	⚸	♇
Jan 3	3♌ 31R	19♓ 29	24♋ 51R	26♈ 14R	26♌ 45R	28♓ 11	2♊ 31R	22♍ 27R
8	3 25	19 32	24 47	26 13	26 42	28 13	2 28	22 26
13	3 19	19 36	24 42	26 13D	26 39	28 14	2 26	22 25
18	3 13	19 40	24 38	26 14	26 36	28 17	2 24	22 23
23	3 06	19 44	24 33	26 14	26 33	28 19	2 22	22 22
28	3 00	19 49	24 29	26 16	26 29	28 22	2 21	22 20
Feb 2	2 54	19 55	24 25	26 17	26 26	28 25	2 20	22 17
7	2 48	20 00	24 20	26 19	26 22	28 29	2 19	22 15
12	2 42	20 06	24 16	26 22	26 18	28 32	2 19	22 12
17	2 36	20 12	24 13	26 24	26 14	28 36	2 19D	22 10
22	2 31	20 18	24 09	26 27	26 11	28 40	2 19	22 07
27	2 25	20 25	24 06	26 31	26 07	28 44	2 19	22 04
Mar 4	2 21	20 31	24 03	26 34	26 03	28 48	2 20	22 01
9	2 16	20 38	24 00	26 38	26 00	28 53	2 22	21 57
14	2 12	20 44	23 58	26 42	25 56	28 57	2 23	21 54
19	2 09	20 51	23 56	26 47	25 53	29 01	2 25	21 51
24	2 06	20 57	23 55	26 51	25 50	29 06	2 27	21 48
29	2 04	21 04	23 54	26 56	25 47	29 10	2 30	21 45
Apr 3	2 02	21 10	23 53	27 01	25 44	29 15	2 32	21 42
8	2 01	21 16	23 53D	27 06	25 42	29 19	2 35	21 39
13	2 01	21 22	23 53	27 11	25 40	29 23	2 38	21 36
18	2 01D	21 28	23 54	27 16	25 38	29 27	2 42	21 33
23	2 01	21 33	23 55	27 21	25 37	29 31	2 45	21 31
28	2 03	21 38	23 56	27 26	25 36	29 35	2 49	21 29
May 3	2 05	21 43	23 58	27 31	25 35	29 39	2 53	21 27
8	2 07	21 47	24 00	27 35	25 35	29 42	2 57	21 25
13	2 10	21 51	24 03	27 40	25 35D	29 45	3 01	21 23
18	2 14	21 55	24 06	27 45	25 35	29 48	3 05	21 22
23	2 18	21 58	24 09	27 49	25 36	29 50	3 09	21 21
28	2 23	22 01	24 13	27 53	25 37	29 53	3 13	21 20
Jun 2	2 28	22 03	24 17	27 57	25 38	29 55	3 17	21 20
7	2 33	22 05	24 21	28 01	25 40	29 56	3 22	21 20D
12	2 39	22 06	24 26	28 05	25 42	29 58	3 26	21 20
17	2 46	22 07	24 31	28 08	25 44	29 59	3 30	21 20
22	2 53	22 07R	24 36	28 11	25 47	29 59	3 33	21 21
27	3 00	22 07	24 41	28 13	25 50	0♈ 00	3 37	21 22
Jul 2	3 07	22 07	24 46	28 15	25 53	0 00R	3 41	21 23
7	3 14	22 06	24 51	28 17	25 56	29♓ 59	3 44	21 25
12	3 22	22 04	24 57	28 19	26 00	29 59	3 47	21 27
17	3 30	22 02	25 02	28 20	26 04	29 58	3 50	21 29
22	3 38	22 00	25 08	28 21	26 08	29 57	3 53	21 31
27	3 46	21 57	25 13	28 21	26 12	29 55	3 56	21 34
Aug 1	3 54	21 54	25 19	28 21R	26 16	29 53	3 58	21 37
6	4 02	21 50	25 24	28 21	26 21	29 51	4 00	21 40
11	4 10	21 46	25 29	28 20	26 25	29 49	4 01	21 43
16	4 17	21 42	25 34	28 19	26 30	29 46	4 03	21 46
21	4 25	21 37	25 39	28 17	26 35	29 43	4 04	21 50
26	4 32	21 33	25 44	28 15	26 39	29 40	4 04	21 53
31	4 40	21 28	25 48	28 13	26 44	29 37	4 05	21 57
Sep 5	4 46	21 23	25 52	28 11	26 48	29 34	4 05R	22 01
10	4 53	21 18	25 56	28 08	26 53	29 30	4 05	22 05
15	4 59	21 13	26 00	28 05	26 57	29 27	4 04	22 08
20	5 05	21 08	26 03	28 02	27 01	29 23	4 03	22 12
25	5 10	21 03	26 06	27 58	27 05	29 20	4 02	22 16
30	5 14	20 58	26 08	27 55	27 09	29 16	4 01	22 20
Oct 5	5 19	20 53	26 10	27 51	27 13	29 13	3 59	22 24
10	5 22	20 49	26 12	27 47	27 16	29 09	3 57	22 27
15	5 25	20 44	26 13	27 43	27 19	29 06	3 54	22 31
20	5 28	20 40	26 14	27 39	27 22	29 03	3 52	22 34
25	5 30	20 36	26 14	27 35	27 24	29 00	3 49	22 37
30	5 31	20 33	26 14R	27 31	27 27	28 57	3 46	22 41
Nov 4	5 32	20 30	26 14	27 27	27 28	28 54	3 43	22 43
9	5 32R	20 27	26 13	27 23	27 30	28 52	3 40	22 46
14	5 31	20 25	26 12	27 19	27 31	28 50	3 37	22 48
19	5 30	20 23	26 10	27 16	27 32	28 48	3 33	22 50
24	5 28	20 21	26 08	27 12	27 32	28 46	3 30	22 52
29	5 26	20 21	26 06	27 09	27 32R	28 45	3 26	22 54
Dec 4	5 23	20 20D	26 03	27 06	27 32	28 44	3 23	22 55
9	5 20	20 20	26 00	27 04	27 31	28 43	3 19	22 56
14	5 16	20 21	25 56	27 01	27 30	28 43D	3 16	22 57
19	5 11	20 22	25 53	27 00	27 29	28 43	3 13	22 57
24	5 06	20 24	25 49	26 58	27 27	28 44	3 10	22 57R
29	5♌ 01	20♓ 26	25♋ 45	26♈ 57	27♌ 25	28♓ 45	3♊ 07	22♍ 57

Stations	Apr 14	Jun 22	Apr 7	Jan 10	May 10	Jun 29	Feb 15	Jun 6
	Nov 6	Dec 4	Oct 26	Jul 28	Nov 26	Dec 14	Sep 2	Dec 21

1 9 1 4

	♃					♆		
Jan 3	4Ω 56R	20X 29	25S 40R	26T 56R	27Ω 23R	28X 46	3II 04R	22m 56R
8	4 50	20 32	25 36	26 55	27 20	28 47	3 02	22 55
13	4 44	20 36	25 31	26 55D	27 17	28 49	2 59	22 54
18	4 38	20 40	25 27	26 56	27 14	28 52	2 57	22 53
23	4 31	20 44	25 22	26 56	27 11	28 54	2 56	22 51
28	4 25	20 49	25 18	26 58	27 07	28 57	2 54	22 49
Feb 2	4 19	20 54	25 14	26 59	27 04	29 00	2 53	22 47
7	4 12	21 00	25 10	27 01	27 00	29 03	2 52	22 45
12	4 06	21 06	25 06	27 03	26 56	29 07	2 52	22 42
17	4 01	21 12	25 02	27 06	26 53	29 11	2 51D	22 39
22	3 55	21 18	24 58	27 09	26 49	29 14	2 52	22 36
27	3 50	21 24	24 55	27 12	26 45	29 19	2 52	22 33
Mar 4	3 45	21 31	24 52	27 16	26 41	29 23	2 53	22 30
9	3 40	21 37	24 49	27 20	26 38	29 27	2 54	22 27
14	3 36	21 44	24 47	27 24	26 34	29 31	2 56	22 24
19	3 33	21 50	24 45	27 28	26 31	29 36	2 57	22 21
24	3 30	21 57	24 43	27 33	26 28	29 40	3 00	22 17
29	3 27	22 03	24 42	27 37	26 25	29 45	3 02	22 14
Apr 3	3 25	22 10	24 42	27 42	26 22	29 49	3 05	22 11
8	3 24	22 16	24 41D	27 47	26 20	29 53	3 07	22 08
13	3 23	22 22	24 41	27 52	26 18	29 58	3 11	22 06
18	3 23D	22 28	24 42	27 57	26 16	0T 02	3 14	22 03
23	3 24	22 33	24 43	28 02	26 15	0 06	3 17	22 00
28	3 25	22 38	24 44	28 07	26 14	0 10	3 21	21 58
May 3	3 27	22 43	24 46	28 12	26 13	0 13	3 25	21 56
8	3 29	22 47	24 48	28 17	26 12	0 17	3 29	21 54
13	3 32	22 52	24 51	28 21	26 12D	0 20	3 33	21 53
18	3 35	22 55	24 54	28 26	26 13	0 23	3 37	21 51
23	3 39	22 59	24 57	28 31	26 13	0 25	3 41	21 50
28	3 44	23 01	25 01	28 35	26 14	0 27	3 45	21 50
Jun 2	3 49	23 04	25 05	28 39	26 15	0 30	3 50	21 49
7	3 54	23 06	25 09	28 43	26 17	0 31	3 54	21 49D
12	4 00	23 07	25 13	28 46	26 19	0 33	3 58	21 49
17	4 06	23 08	25 18	28 49	26 21	0 34	4 02	21 49
22	4 13	23 09	25 23	28 52	26 24	0 34	4 06	21 50
27	4 20	23 09R	25 28	28 55	26 27	0 35	4 09	21 51
Jul 2	4 27	23 08	25 33	28 57	26 30	0 35R	4 13	21 52
7	4 35	23 07	25 38	28 59	26 33	0 35	4 16	21 54
12	4 42	23 06	25 44	29 01	26 37	0 34	4 20	21 56
17	4 50	23 04	25 49	29 02	26 41	0 33	4 23	21 58
22	4 58	23 01	25 55	29 03	26 45	0 32	4 25	22 00
27	5 06	22 59	26 00	29 03	26 49	0 31	4 28	22 03
Aug 1	5 14	22 56	26 06	29 03R	26 53	0 29	4 30	22 05
6	5 22	22 52	26 11	29 03	26 58	0 27	4 32	22 08
11	5 30	22 48	26 16	29 02	27 02	0 24	4 34	22 12
16	5 38	22 44	26 21	29 01	27 07	0 22	4 35	22 15
21	5 45	22 40	26 26	29 00	27 11	0 19	4 36	22 18
26	5 53	22 35	26 31	28 58	27 16	0 16	4 37	22 22
31	6 00	22 31	26 35	28 56	27 21	0 13	4 38	22 26
Sep 5	6 07	22 26	26 40	28 54	27 25	0 10	4 38R	22 29
10	6 13	22 21	26 44	28 51	27 30	0 06	4 37	22 33
15	6 20	22 16	26 47	28 48	27 34	0 03	4 37	22 37
20	6 25	22 10	26 50	28 45	27 38	29X 59	4 36	22 41
25	6 31	22 05	26 53	28 41	27 42	29 56	4 35	22 45
30	6 36	22 00	26 56	28 38	27 46	29 52	4 34	22 49
Oct 5	6 40	21 56	26 58	28 34	27 50	29 48	4 32	22 52
10	6 44	21 51	27 00	28 30	27 53	29 45	4 30	22 56
15	6 47	21 46	27 01	28 26	27 56	29 42	4 28	23 00
20	6 50	21 42	27 02	28 22	27 59	29 38	4 25	23 03
25	6 52	21 38	27 03	28 18	28 02	29 35	4 22	23 06
30	6 54	21 35	27 03R	28 14	28 04	29 32	4 19	23 09
Nov 4	6 54	21 32	27 02	28 10	28 06	29 30	4 16	23 12
9	6 55R	21 29	27 02	28 06	28 07	29 27	4 13	23 15
14	6 54	21 26	27 00	28 02	28 09	29 25	4 10	23 17
19	6 53	21 24	26 59	27 59	28 09	29 23	4 06	23 19
24	6 52	21 23	26 57	27 55	28 10	29 22	4 03	23 21
29	6 50	21 22	26 54	27 52	28 10R	29 20	4 00	23 23
Dec 4	6 47	21 22	26 52	27 49	28 10	29 19	3 56	23 24
9	6 43	21 22D	26 49	27 46	28 09	29 19	3 53	23 25
14	6 40	21 23	26 45	27 44	28 08	29 18	3 49	23 26
19	6 35	21 23	26 42	27 42	28 07	29 18D	3 46	23 26
24	6 31	21 25	26 38	27 40	28 05	29 19	3 43	23 26R
29	6Ω 26	21X 27	26S 34	27T 39	28Ω 03	29X 20	3II 40	23m 26

Stations	Apr 16	Jun 23	Apr 8	Jan 11	May 11	Jun 30	Feb 16	Jun 7
	Nov 8	Dec 5	Oct 27	Jul 29	Nov 27	Dec 15	Sep 3	Dec 22

1915

	♃		♁		♄		⚷		♅		♆		♄		♇	
Jan 3	6Ω	20R	21♓	30	26♋	29R	27♈	38R	28Ω	01R	29♓	21	3♊	37R	23♍	26R
8	6	14	21	33	26	25	27	38	27	58	29	22	3	35	23	25
13	6	08	21	36	26	21	27	37D	27	55	29	24	3	32	23	24
18	6	02	21	40	26	16	27	38	27	52	29	26	3	30	23	22
23	5	56	21	44	26	12	27	38	27	49	29	29	3	29	23	21
28	5	50	21	49	26	07	27	39	27	46	29	31	3	27	23	19
Feb 2	5	43	21	54	26	03	27	41	27	42	29	35	3	26	23	16
7	5	37	22	00	25	59	27	43	27	38	29	38	3	25	23	14
12	5	31	22	05	25	55	27	45	27	35	29	41	3	24	23	12
17	5	25	22	11	25	51	27	47	27	31	29	45	3	24D	23	09
22	5	20	22	17	25	47	27	50	27	27	29	49	3	24	23	06
27	5	14	22	24	25	44	27	54	27	23	29	53	3	25	23	03
Mar 4	5	09	22	30	25	41	27	57	27	20	29	57	3	26	23	00
9	5	05	22	37	25	38	28	01	27	16	0♈	02	3	27	22	57
14	5	00	22	43	25	36	28	05	27	13	0	06	3	28	22	53
19	4	57	22	50	25	34	28	09	27	09	0	10	3	30	22	50
24	4	53	22	56	25	32	28	14	27	06	0	15	3	32	22	47
29	4	51	23	03	25	31	28	18	27	03	0	19	3	34	22	44
Apr 3	4	49	23	09	25	30	28	23	27	01	0	24	3	37	22	41
8	4	47	23	15	25	30	28	28	26	58	0	28	3	40	22	38
13	4	46	23	21	25	30D	28	33	26	56	0	32	3	43	22	35
18	4	46D	23	27	25	30	28	38	26	54	0	36	3	46	22	32
23	4	46	23	33	25	31	28	43	26	53	0	40	3	50	22	30
28	4	47	23	38	25	32	28	48	26	51	0	44	3	53	22	28
May 3	4	49	23	43	25	34	28	53	26	51	0	48	3	57	22	26
8	4	51	23	48	25	36	28	58	26	50	0	51	4	01	22	24
13	4	54	23	52	25	39	29	03	26	50D	0	54	4	05	22	22
18	4	57	23	56	25	41	29	07	26	50	0	57	4	09	22	21
23	5	01	23	59	25	45	29	12	26	51	1	00	4	13	22	20
28	5	05	24	02	25	48	29	16	26	52	1	02	4	18	22	19
Jun 2	5	10	24	04	25	52	29	20	26	53	1	04	4	22	22	18
7	5	15	24	06	25	56	29	24	26	54	1	06	4	26	22	18
12	5	21	24	08	26	01	29	28	26	56	1	08	4	30	22	18D
17	5	27	24	09	26	05	29	31	26	59	1	09	4	34	22	19
22	5	34	24	10	26	10	29	34	27	01	1	10	4	38	22	19
27	5	40	24	10R	26	15	29	37	27	04	1	10	4	42	22	20
Jul 2	5	47	24	09	26	20	29	39	27	07	1	10R	4	45	22	21
7	5	55	24	09	26	26	29	41	27	10	1	10	4	49	22	23
12	6	02	24	07	26	31	29	43	27	14	1	09	4	52	22	25
17	6	10	24	05	26	36	29	44	27	18	1	09	4	55	22	27
22	6	18	24	03	26	42	29	45	27	22	1	07	4	58	22	29
27	6	26	24	01	26	47	29	45	27	26	1	06	5	00	22	32
Aug 1	6	34	23	58	26	53	29	45R	27	30	1	04	5	03	22	34
6	6	42	23	54	26	58	29	45	27	35	1	02	5	05	22	37
11	6	50	23	51	27	03	29	45	27	39	1	00	5	06	22	40
16	6	58	23	46	27	09	29	44	27	44	0	57	5	08	22	44
21	7	06	23	42	27	14	29	42	27	48	0	55	5	09	22	47
26	7	13	23	38	27	18	29	41	27	53	0	52	5	10	22	51
31	7	20	23	33	27	23	29	38	27	57	0	49	5	10	22	54
Sep 5	7	27	23	28	27	27	29	36	28	02	0	45	5	10R	22	58
10	7	34	23	23	27	31	29	34	28	06	0	42	5	10	23	02
15	7	40	23	18	27	35	29	31	28	11	0	38	5	10	23	06
20	7	46	23	13	27	38	29	27	28	15	0	35	5	09	23	10
25	7	52	23	08	27	41	29	24	28	19	0	31	5	08	23	13
30	7	57	23	03	27	44	29	21	28	23	0	28	5	07	23	17
Oct 5	8	01	22	58	27	46	29	17	28	27	0	24	5	05	23	21
10	8	05	22	53	27	48	29	13	28	30	0	21	5	03	23	25
15	8	09	22	49	27	49	29	09	28	33	0	17	5	01	23	28
20	8	12	22	44	27	50	29	05	28	36	0	14	4	58	23	32
25	8	14	22	40	27	51	29	01	28	39	0	11	4	56	23	35
30	8	16	22	37	27	51R	28	57	28	41	0	08	4	53	23	38
Nov 4	8	17	22	34	27	51	28	53	28	43	0	05	4	50	23	41
9	8	17R	22	31	27	50	28	49	28	45	0	03	4	46	23	44
14	8	17	22	28	27	49	28	45	28	46	0	01	4	43	23	46
19	8	16	22	26	27	47	28	41	28	47	29♓	59	4	40	23	48
24	8	15	22	24	27	46	28	38	28	47	29	57	4	36	23	50
29	8	13	22	23	27	43	28	35	28	48R	29	56	4	33	23	52
Dec 4	8	10	22	23	27	41	28	32	28	47	29	55	4	29	23	53
9	8	07	22	23D	27	38	28	29	28	47	29	54	4	26	23	54
14	8	04	22	23	27	34	28	27	28	46	29	54	4	23	23	55
19	8	00	22	24	27	31	28	24	28	45	29	54D	4	19	23	55
24	7	55	22	26	27	27	28	23	28	43	29	54	4	16	23	56R
29	7Ω	50	22♓	28	27♋	23	28♈	21	28Ω	41	29♓	55	4♊	13	23♍	55
Stations	Apr 17		Jun 25		Apr 9		Jan 12		May 12		Jun 30		Feb 17		Jun 8	
	Nov 9		Dec 7		Oct 28		Jul 30		Nov 28		Dec 16		Sep 4		Dec 22	

1916

	♃		⚷	♇	⚴	♃	♆	⚸	⚵
Jan 3	7♌45R	22♓30	27♋19R	28♈20R	28♌39R	29♓56	4♊10R	23♍55R
8	7 39	22 33	27 14	28 20	28 36	29 57	4 08	23 54
13	7 33	22 36	27 10	28 20D	28 34	29 59	4 05	23 53
18	7 27	22 40	27 05	28 20	28 31	0♈01	4 03	23 52
23	7 21	22 44	27 01	28 20	28 27	0 03	4 02	23 50
28	7 14	22 49	26 57	28 21	28 24	0 06	4 00	23 48
Feb 2	7 08	22 54	26 52	28 23	28 20	0 09	3 59	23 46
7	7 02	22 59	26 48	28 24	28 17	0 12	3 58	23 44
12	6 56	23 05	26 44	28 27	28 13	0 16	3 57	23 41
17	6 50	23 11	26 40	28 29	28 09	0 20	3 57	23 38
22	6 44	23 17	26 36	28 32	28 05	0 23	3 57D	23 35
27	6 39	23 23	26 33	28 35	28 02	0 27	3 57	23 33
Mar 3	6 33	23 30	26 30	28 39	27 58	0 32	3 58	23 29
8	6 29	23 36	26 27	28 42	27 54	0 36	3 59	23 26
13	6 24	23 43	26 24	28 46	27 51	0 40	4 01	23 23
18	6 21	23 49	26 22	28 51	27 47	0 45	4 02	23 20
23	6 17	23 56	26 21	28 55	27 44	0 49	4 04	23 17
28	6 14	24 02	26 19	29 00	27 41	0 54	4 07	23 14
Apr 2	6 12	24 09	26 18	29 04	27 39	0 58	4 09	23 11
7	6 10	24 15	26 18	29 09	27 36	1 02	4 12	23 08
12	6 09	24 21	26 18D	29 14	27 34	1 07	4 15	23 05
17	6 09	24 27	26 18	29 19	27 32	1 11	4 18	23 02
22	6 09D	24 33	26 19	29 24	27 31	1 15	4 22	23 00
27	6 10	24 38	26 20	29 29	27 29	1 19	4 25	22 57
May 2	6 11	24 43	26 22	29 34	27 28	1 22	4 29	22 55
7	6 13	24 48	26 24	29 39	27 28	1 26	4 33	22 53
12	6 15	24 52	26 26	29 44	27 28D	1 29	4 37	22 52
17	6 18	24 56	26 29	29 49	27 28	1 32	4 41	22 50
22	6 22	24 59	26 32	29 53	27 28	1 35	4 45	22 49
27	6 26	25 02	26 36	29 57	27 29	1 37	4 50	22 48
Jun 1	6 31	25 05	26 39	0♉02	27 30	1 39	4 54	22 48
6	6 36	25 07	26 44	0 05	27 32	1 41	4 58	22 47
11	6 42	25 09	26 48	0 09	27 34	1 43	5 02	22 47D
16	6 48	25 10	26 53	0 12	27 36	1 44	5 06	22 48
21	6 54	25 11	26 57	0 15	27 38	1 45	5 10	22 48
26	7 01	25 11R	27 02	0 18	27 41	1 45	5 14	22 49
Jul 1	7 08	25 11	27 07	0 21	27 44	1 45R	5 17	22 50
6	7 15	25 10	27 13	0 23	27 47	1 45	5 21	22 52
11	7 23	25 09	27 18	0 24	27 51	1 45	5 24	22 54
16	7 30	25 07	27 24	0 26	27 55	1 44	5 27	22 56
21	7 38	25 05	27 29	0 27	27 59	1 43	5 30	22 58
26	7 46	25 03	27 35	0 27	28 03	1 41	5 33	23 00
31	7 54	25 00	27 40	0 27R	28 07	1 40	5 35	23 03
Aug 5	8 02	24 56	27 45	0 27	28 11	1 38	5 37	23 06
10	8 10	24 53	27 51	0 27	28 16	1 35	5 39	23 09
15	8 18	24 49	27 56	0 26	28 20	1 33	5 40	23 12
20	8 26	24 45	28 01	0 25	28 25	1 30	5 42	23 16
25	8 33	24 40	28 06	0 23	28 30	1 27	5 42	23 19
30	8 41	24 35	28 10	0 21	28 34	1 24	5 43	23 23
Sep 4	8 48	24 30	28 14	0 19	28 39	1 21	5 43R	23 27
9	8 55	24 26	28 19	0 16	28 43	1 18	5 43	23 30
14	9 01	24 20	28 22	0 13	28 48	1 14	5 43	23 34
19	9 07	24 15	28 26	0 10	28 52	1 11	5 42	23 38
24	9 13	24 10	28 29	0 07	28 56	1 07	5 41	23 42
29	9 18	24 05	28 32	0 03	29 00	1 03	5 40	23 46
Oct 4	9 23	24 00	28 34	0 00	29 04	1 00	5 38	23 50
9	9 27	23 56	28 36	29♈56	29 07	0 56	5 36	23 53
14	9 31	23 51	28 37	29 52	29 10	0 53	5 34	23 57
19	9 34	23 47	28 38	29 48	29 13	0 50	5 31	24 00
24	9 36	23 43	28 39	29 44	29 16	0 47	5 29	24 04
29	9 38	23 39	28 39R	29 40	29 18	0 44	5 26	24 07
Nov 3	9 39	23 35	28 39	29 36	29 20	0 41	5 23	24 10
8	9 40	23 32	28 39	29 32	29 22	0 38	5 20	24 12
13	9 40R	23 30	28 38	29 28	29 23	0 36	5 16	24 15
18	9 39	23 28	28 36	29 24	29 24	0 34	5 13	24 17
23	9 38	23 26	28 34	29 21	29 25	0 32	5 10	24 19
28	9 36	23 25	28 32	29 17	29 25R	0 31	5 06	24 21
Dec 3	9 34	23 24	28 29	29 14	29 25	0 30	5 03	24 22
8	9 31	23 24D	28 27	29 12	29 25	0 29	4 59	24 23
13	9 28	23 24	28 23	29 09	29 24	0 29	4 56	24 24
18	9 24	23 25	28 20	29 07	29 22	0 29D	4 53	24 25
23	9 19	23 26	28 16	29 05	29 21	0 29	4 49	24 25R
28	9♌14	23♓28	28♋12	29♈04	29♌19	0♈30	4♊46	24♍25

Stations	Apr 18	Jun 25	Apr 9	Jan 12	May 12	Jun 30	Feb 18	Jun 7
	Nov 10	Dec 7	Oct 28	Jul 30	Nov 28	Dec 15	Sep 4	Dec 22

1917

Date	Cupido	Hades	Zeus	Kronos	Apollon	Admetos	Vulcanus	Poseidon
Jan 2	9♌09R	23♓31	28♋08R	29♈03R	29♌17R	0♈31	4♊44R	24♍24R
7	9 03	23 33	28 04	29 02	29 14	0 32	4 41	24 23
12	8 58	23 37	27 59	29 02D	29 12	0 34	4 39	24 22
17	8 52	23 40	27 55	29 02	29 09	0 36	4 36	24 21
22	8 45	23 45	27 50	29 02	29 06	0 38	4 35	24 19
27	8 39	23 49	27 46	29 03	29 02	0 41	4 33	24 18
Feb 1	8 33	23 54	27 41	29 04	28 59	0 44	4 32	24 15
6	8 27	23 59	27 37	29 06	28 55	0 47	4 31	24 13
11	8 20	24 05	27 33	29 08	28 51	0 50	4 30	24 11
16	8 14	24 11	27 29	29 11	28 47	0 54	4 30	24 08
21	8 09	24 17	27 25	29 13	28 44	0 58	4 30D	24 05
26	8 03	24 23	27 22	29 17	28 40	1 02	4 30	24 02
Mar 3	7 58	24 29	27 19	29 20	28 36	1 06	4 31	23 59
8	7 53	24 36	27 16	29 24	28 33	1 10	4 32	23 56
13	7 48	24 42	27 13	29 28	28 29	1 15	4 33	23 53
18	7 44	24 49	27 11	29 32	28 26	1 19	4 35	23 50
23	7 41	24 55	27 09	29 36	28 22	1 24	4 37	23 46
28	7 38	25 02	27 08	29 41	28 19	1 28	4 39	23 43
Apr 2	7 35	25 08	27 07	29 46	28 17	1 32	4 42	23 40
7	7 34	25 15	27 06	29 50	28 14	1 37	4 44	23 37
12	7 32	25 21	27 06D	29 55	28 12	1 41	4 47	23 34
17	7 32	25 27	27 06	0♉00	28 10	1 45	4 51	23 32
22	7 31D	25 32	27 07	0 05	28 08	1 49	4 54	23 29
27	7 32	25 38	27 08	0 10	28 07	1 53	4 58	23 27
May 2	7 33	25 43	27 10	0 15	28 06	1 57	5 01	23 25
7	7 35	25 48	27 12	0 20	28 05	2 00	5 05	23 23
12	7 37	25 52	27 14	0 25	28 05	2 04	5 09	23 21
17	7 40	25 56	27 17	0 30	28 05D	2 07	5 13	23 19
22	7 43	26 00	27 20	0 34	28 06	2 09	5 18	23 18
27	7 47	26 03	27 23	0 39	28 06	2 12	5 22	23 17
Jun 1	7 52	26 05	27 27	0 43	28 08	2 14	5 26	23 17
6	7 57	26 08	27 31	0 47	28 09	2 16	5 30	23 16
11	8 02	26 10	27 35	0 50	28 11	2 17	5 34	23 16D
16	8 08	26 11	27 40	0 54	28 13	2 19	5 38	23 17
21	8 15	26 12	27 45	0 57	28 15	2 20	5 42	23 17
26	8 21	26 12R	27 50	1 00	28 18	2 20	5 46	23 18
Jul 1	8 28	26 12	27 55	1 02	28 21	2 20R	5 50	23 19
6	8 35	26 11	28 00	1 04	28 24	2 20	5 53	23 21
11	8 43	26 10	28 05	1 06	28 28	2 19	5 56	23 22
16	8 50	26 09	28 11	1 08	28 32	2 18	5 59	23 24
21	8 58	26 07	28 16	1 09	28 35	2 18	6 02	23 27
26	9 06	26 04	28 22	1 09	28 40	2 17	6 05	23 29
31	9 14	26 02	28 27	1 10R	28 44	2 15	6 07	23 32
Aug 5	9 22	25 58	28 32	1 09	28 48	2 13	6 10	23 35
10	9 30	25 55	28 38	1 09	28 53	2 11	6 11	23 38
15	9 38	25 51	28 43	1 08	28 57	2 09	6 13	23 41
20	9 46	25 47	28 48	1 07	29 02	2 06	6 14	23 44
25	9 53	25 42	28 53	1 05	29 06	2 03	6 15	23 48
30	10 01	25 38	28 57	1 04	29 11	2 00	6 16	23 51
Sep 4	10 08	25 33	29 02	1 01	29 16	1 57	6 16	23 55
9	10 15	25 28	29 06	0 59	29 20	1 53	6 16R	23 59
14	10 22	25 23	29 10	0 56	29 24	1 50	6 16	24 03
19	10 28	25 18	29 13	0 53	29 29	1 46	6 15	24 07
24	10 35	25 13	29 16	0 50	29 33	1 43	6 14	24 11
29	10 39	25 08	29 19	0 46	29 37	1 39	6 13	24 14
Oct 4	10 44	25 03	29 22	0 42	29 41	1 36	6 11	24 18
9	10 48	24 58	29 24	0 39	29 44	1 32	6 09	24 22
14	10 52	24 53	29 25	0 35	29 47	1 29	6 07	24 25
19	10 55	24 49	29 26	0 31	29 50	1 25	6 05	24 29
24	10 58	24 45	29 27	0 27	29 53	1 22	6 02	24 32
29	11 00	24 41	29 28R	0 23	29 55	1 19	5 59	24 35
Nov 3	11 02	24 37	29 28	0 19	29 58	1 16	5 56	24 38
8	11 03	24 34	29 27	0 15	29 59	1 14	5 53	24 41
13	11 03R	24 32	29 26	0 11	0♍01	1 12	5 50	24 44
18	11 02	24 29	29 25	0 07	0 02	1 09	5 46	24 46
23	11 01	24 28	29 23	0 03	0 02	1 08	5 43	24 48
28	11 00	24 26	29 21	0 00	0 03	1 06	5 39	24 50
Dec 3	10 58	24 25	29 18	29♈57	0 03R	1 05	5 36	24 51
8	10 55	24 25D	29 15	29 54	0 02	1 04	5 33	24 52
13	10 51	24 25	29 12	29 52	0 01	1 04	5 29	24 53
18	10 48	24 26	29 09	29 49	0 00	1 04D	5 26	24 54
23	10 43	24 27	29 05	29 48	29♌59	1 04	5 23	24 54R
28	10♌39	24♓29	29♋01	29♈46	29♌57	1♈05	5♊20	24♍54

Stations	Apr 20	Jun 26	Apr 11	Jan 12	May 13	Jul 1	Feb 17	Jun 8
	Nov 12	Dec 8	Oct 29	Jul 31	Nov 29	Dec 16	Sep 5	Dec 23

	♃		⚸	⚷	♈	⚸	♆	⚸	♓
Jan 2	10♌33R	24♓31	28♋57R	29♈45R	29♌55R	1♈06	5♊17R	24♍53R
7	10 28	24 34	28 53	29 44	29 52	1 07	5 14	24 53
12	10 22	24 37	28 48	29 44	29 50	1 09	5 12	24 52
17	10 16	24 41	28 44	29 44D	29 47	1 11	5 09	24 50
22	10 10	24 45	28 39	29 44	29 44	1 13	5 08	24 49
27	10 04	24 49	28 35	29 45	29 40	1 15	5 06	24 47
Feb 1	9 58	24 54	28 30	29 46	29 37	1 18	5 05	24 45
6	9 51	24 59	28 26	29 48	29 33	1 22	5 04	24 43
11	9 45	25 05	28 22	29 50	29 29	1 25	5 03	24 40
16	9 39	25 10	28 18	29 52	29 26	1 29	5 02	24 37
21	9 33	25 16	28 14	29 55	29 22	1 32	5 02D	24 35
26	9 27	25 22	28 11	29 58	29 18	1 36	5 03	24 32
Mar 3	9 22	25 29	28 07	0♉01	29 14	1 40	5 03	24 29
8	9 17	25 35	28 05	0 05	29 11	1 45	5 04	24 25
13	9 12	25 42	28 02	0 09	29 07	1 49	5 06	24 22
18	9 08	25 48	28 00	0 13	29 04	1 53	5 07	24 19
23	9 05	25 55	27 58	0 18	29 01	1 58	5 09	24 16
28	9 01	26 01	27 56	0 22	28 57	2 02	5 11	24 13
Apr 2	8 59	26 08	27 55	0 27	28 55	2 07	5 14	24 10
7	8 57	26 14	27 55	0 32	28 52	2 11	5 17	24 07
12	8 55	26 20	27 54D	0 36	28 50	2 15	5 20	24 04
17	8 54	26 26	27 54	0 41	28 48	2 20	5 23	24 01
22	8 54D	26 32	27 55	0 46	28 46	2 24	5 26	23 59
27	8 54	26 37	27 56	0 51	28 45	2 28	5 30	23 56
May 2	8 55	26 43	27 58	0 56	28 44	2 31	5 33	23 54
7	8 57	26 47	27 59	1 01	28 43	2 35	5 37	23 52
12	8 59	26 52	28 02	1 06	28 43	2 38	5 41	23 50
17	9 02	26 56	28 04	1 11	28 43D	2 41	5 45	23 49
22	9 05	27 00	28 07	1 16	28 43	2 44	5 50	23 48
27	9 09	27 03	28 11	1 20	28 44	2 46	5 54	23 47
Jun 1	9 13	27 06	28 14	1 24	28 45	2 49	5 58	23 46
6	9 18	27 08	28 18	1 28	28 46	2 51	6 02	23 46
11	9 23	27 10	28 23	1 32	28 48	2 52	6 06	23 46D
16	9 29	27 12	28 27	1 35	28 50	2 54	6 10	23 46
21	9 35	27 13	28 32	1 38	28 52	2 55	6 14	23 46
26	9 42	27 13	28 37	1 41	28 55	2 55	6 18	23 47
Jul 1	9 48	27 13R	28 42	1 44	28 58	2 55	6 22	23 48
6	9 56	27 13	28 47	1 46	29 01	2 55R	6 25	23 50
11	10 03	27 12	28 52	1 48	29 05	2 55	6 29	23 51
16	10 11	27 10	28 58	1 49	29 08	2 54	6 32	23 53
21	10 18	27 08	29 03	1 50	29 12	2 53	6 35	23 55
26	10 26	27 06	29 09	1 51	29 16	2 52	6 37	23 58
31	10 34	27 03	29 14	1 52	29 21	2 50	6 40	24 00
Aug 5	10 42	27 00	29 20	1 52R	29 25	2 49	6 42	24 03
10	10 50	26 57	29 25	1 51	29 29	2 46	6 44	24 06
15	10 58	26 53	29 30	1 50	29 34	2 44	6 45	24 09
20	11 06	26 49	29 35	1 49	29 39	2 41	6 47	24 13
25	11 14	26 45	29 40	1 48	29 43	2 39	6 48	24 16
30	11 21	26 40	29 45	1 46	29 48	2 35	6 48	24 20
Sep 4	11 28	26 35	29 49	1 44	29 52	2 32	6 49	24 24
9	11 35	26 30	29 53	1 41	29 57	2 29	6 49R	24 28
14	11 42	26 25	29 57	1 39	0♍01	2 26	6 48	24 31
19	11 48	26 20	0♌01	1 36	0 05	2 22	6 48	24 35
24	11 54	26 15	0 04	1 32	0 10	2 18	6 47	24 39
29	12 00	26 10	0 07	1 29	0 14	2 15	6 45	24 43
Oct 4	12 05	26 05	0 09	1 25	0 17	2 11	6 44	24 47
9	12 09	26 00	0 11	1 21	0 21	2 08	6 42	24 50
14	12 14	25 56	0 13	1 17	0 24	2 04	6 40	24 54
19	12 17	25 51	0 14	1 13	0 27	2 01	6 38	24 58
24	12 20	25 47	0 15	1 09	0 30	1 58	6 35	25 01
29	12 22	25 43	0 16	1 05	0 33	1 55	6 32	25 04
Nov 3	12 24	25 39	0 16R	1 01	0 35	1 52	6 29	25 07
8	12 25	25 36	0 15	0 57	0 37	1 49	6 26	25 10
13	12 25R	25 33	0 15	0 53	0 38	1 47	6 23	25 12
18	12 25	25 31	0 13	0 50	0 39	1 45	6 20	25 15
23	12 24	25 29	0 12	0 46	0 40	1 43	6 16	25 17
28	12 23	25 28	0 09	0 43	0 40	1 42	6 13	25 19
Dec 3	12 21	25 27	0 07	0 40	0 40R	1 40	6 09	25 20
8	12 18	25 26	0 04	0 37	0 40	1 40	6 06	25 21
13	12 15	25 26D	0 01	0 34	0 39	1 39	6 02	25 22
18	12 12	25 27	29♋58	0 32	0 38	1 39D	5 59	25 23
23	12 07	25 28	29 54	0 30	0 37	1 39	5 56	25 23
28	12♌03	25♓29	29♋50	0♉28	0♍35	1♈40	5♊53	25♍23R
Stations	Apr 21	Jun 28	Apr 12	Jan 13	May 14	Jul 2	Feb 18	Jun 9
	Nov 13	Dec 9	Oct 31	Aug 1	Nov 29	Dec 17	Sep 5	Dec 24

1919

	♃	Ɠ	♇	⚷	⚴	♆	♃	♅
Jan 2	11Ω 58R	25♓ 31	29♋ 46R	0♉ 27R	0♍ 33R	1♈ 41	5♊ 50R	25♍ 23R
7	11 52	25 34	29 42	0 26	0 30	1 42	5 47	25 22
12	11 47	25 37	29 37	0 26	0 28	1 43	5 45	25 21
17	11 41	25 41	29 33	0 26D	0 25	1 45	5 42	25 20
22	11 35	25 45	29 28	0 26	0 22	1 48	5 41	25 18
27	11 29	25 49	29 24	0 27	0 18	1 50	5 39	25 16
Feb 1	11 22	25 54	29 20	0 28	0 15	1 53	5 37	25 14
6	11 16	25 59	29 15	0 30	0 11	1 56	5 36	25 12
11	11 10	26 04	29 11	0 32	0 08	1 59	5 36	25 10
16	11 04	26 10	29 07	0 34	0 04	2 03	5 35	25 07
21	10 58	26 16	29 03	0 36	0 00	2 07	5 35D	25 04
26	10 52	26 22	29 00	0 39	29Ω 56	2 11	5 35	25 01
Mar 3	10 46	26 28	28 56	0 43	29 53	2 15	5 36	24 58
8	10 41	26 35	28 53	0 46	29 49	2 19	5 37	24 55
13	10 37	26 41	28 51	0 50	29 45	2 23	5 38	24 52
18	10 32	26 48	28 48	0 54	29 42	2 28	5 40	24 49
23	10 28	26 54	28 46	0 59	29 39	2 32	5 42	24 45
28	10 25	27 01	28 45	1 03	29 36	2 37	5 44	24 42
Apr 2	10 22	27 07	28 44	1 08	29 33	2 41	5 46	24 39
7	10 20	27 14	28 43	1 13	29 30	2 45	5 49	24 36
12	10 18	27 20	28 43	1 18	29 28	2 50	5 52	24 33
17	10 17	27 26	28 43D	1 23	29 26	2 54	5 55	24 31
22	10 17	27 32	28 43	1 28	29 24	2 58	5 58	24 28
27	10 17D	27 37	28 44	1 33	29 23	3 02	6 02	24 26
May 2	10 18	27 42	28 45	1 38	29 21	3 06	6 06	24 23
7	10 19	27 47	28 47	1 43	29 21	3 09	6 09	24 21
12	10 21	27 52	28 49	1 47	29 20	3 13	6 13	24 20
17	10 23	27 56	28 52	1 52	29 20D	3 16	6 17	24 18
22	10 26	28 00	28 55	1 57	29 21	3 19	6 22	24 17
27	10 30	28 03	28 58	2 01	29 21	3 21	6 26	24 16
Jun 1	10 34	28 06	29 02	2 05	29 22	3 23	6 30	24 15
6	10 39	28 09	29 06	2 09	29 24	3 25	6 34	24 15
11	10 44	28 11	29 10	2 13	29 25	3 27	6 38	24 15D
16	10 50	28 12	29 14	2 17	29 27	3 28	6 42	24 15
21	10 56	28 14	29 19	2 20	29 30	3 29	6 46	24 15
26	11 02	28 14	29 24	2 23	29 32	3 30	6 50	24 16
Jul 1	11 09	28 14R	29 29	2 25	29 35	3 31	6 54	24 17
6	11 16	28 14	29 34	2 28	29 38	3 31R	6 57	24 18
11	11 23	28 13	29 39	2 30	29 42	3 30	7 01	24 20
16	11 31	28 12	29 45	2 31	29 45	3 30	7 04	24 22
21	11 38	28 10	29 50	2 32	29 49	3 29	7 07	24 24
26	11 46	28 08	29 56	2 33	29 53	3 27	7 10	24 26
31	11 54	28 05	0Ω 01	2 34	29 57	3 26	7 12	24 29
Aug 5	12 02	28 02	0 07	2 34R	0♍ 02	3 24	7 14	24 32
10	12 10	27 59	0 12	2 33	0 06	3 22	7 16	24 35
15	12 18	27 55	0 17	2 33	0 11	3 20	7 18	24 38
20	12 26	27 51	0 22	2 32	0 15	3 17	7 19	24 41
25	12 34	27 47	0 27	2 30	0 20	3 14	7 20	24 45
30	12 41	27 42	0 32	2 28	0 24	3 11	7 21	24 49
Sep 4	12 49	27 38	0 36	2 26	0 29	3 08	7 21	24 52
9	12 56	27 33	0 41	2 24	0 34	3 05	7 21R	24 56
14	13 03	27 28	0 45	2 21	0 38	3 01	7 21	25 00
19	13 09	27 23	0 48	2 18	0 42	2 58	7 20	25 04
24	13 15	27 18	0 52	2 15	0 46	2 54	7 20	25 08
29	13 21	27 12	0 54	2 12	0 50	2 51	7 18	25 11
Oct 4	13 26	27 07	0 57	2 08	0 54	2 47	7 17	25 15
9	13 31	27 03	0 59	2 04	0 58	2 43	7 15	25 19
14	13 35	26 58	1 01	2 00	1 01	2 40	7 13	25 23
19	13 39	26 53	1 02	1 56	1 04	2 37	7 11	25 26
24	13 42	26 49	1 03	1 52	1 07	2 33	7 08	25 29
29	13 44	26 45	1 04	1 48	1 10	2 30	7 05	25 33
Nov 3	13 46	26 41	1 04R	1 44	1 12	2 27	7 02	25 36
8	13 47	26 38	1 04	1 40	1 14	2 25	6 59	25 38
13	13 48	26 35	1 03	1 36	1 15	2 22	6 56	25 41
18	13 48R	26 33	1 02	1 32	1 16	2 20	6 53	25 43
23	13 47	26 31	1 00	1 29	1 17	2 18	6 49	25 46
28	13 46	26 29	0 58	1 25	1 18	2 17	6 46	25 47
Dec 3	13 44	26 28	0 56	1 22	1 18R	2 16	6 42	25 49
8	13 42	26 27	0 53	1 19	1 17	2 15	6 39	25 50
13	13 39	26 27D	0 50	1 17	1 17	2 14	6 36	25 51
18	13 35	26 28	0 47	1 14	1 16	2 14D	6 32	25 52
23	13 31	26 29	0 43	1 12	1 14	2 14	6 29	25 52
28	13Ω 27	26♓ 30	0Ω 39	1♉ 11	1♍ 13	2♈ 15	6♊ 26	25♍ 52R
Stations	Apr 23	Jun 29	Apr 13	Jan 14	May 15	Jul 3	Feb 19	Jun 10
	Nov 15	Dec 11	Nov 1	Aug 2	Nov 30	Dec 18	Sep 6	Dec 24

	♃	⚳	⚴	⚵	⚶	⚷	⚸	⚹
Jan 2	13Ω22R	26♓32	0Ω35R	1♉09R	1♍11R	2♈15	6♊23R	25♍52R
7	13 17	26 34	0 31	1 08	1 08	2 17	6 20	25 51
12	13 11	26 37	0 26	1 08	1 06	2 18	6 18	25 50
17	13 05	26 41	0 22	1 08D	1 03	2 20	6 15	25 49
22	12 59	26 45	0 18	1 08	1 00	2 22	6 13	25 47
27	12 53	26 49	0 13	1 09	0 56	2 25	6 12	25 46
Feb 1	12 47	26 54	0 09	1 10	0 53	2 27	6 10	25 44
6	12 41	26 59	0 04	1 11	0 49	2 31	6 09	25 41
11	12 34	27 04	0 00	1 13	0 46	2 34	6 08	25 39
16	12 28	27 09	29♋56	1 15	0 42	2 37	6 08	25 36
21	12 22	27 15	29 52	1 18	0 38	2 41	6 08D	25 34
26	12 16	27 21	29 49	1 21	0 34	2 45	6 08	25 31
Mar 2	12 11	27 28	29 45	1 24	0 31	2 49	6 08	25 28
7	12 06	27 34	29 42	1 28	0 27	2 53	6 09	25 25
12	12 01	27 41	29 39	1 32	0 23	2 58	6 11	25 21
17	11 56	27 47	29 37	1 36	0 20	3 02	6 12	25 18
22	11 52	27 54	29 35	1 40	0 17	3 07	6 14	25 15
27	11 49	28 00	29 33	1 44	0 14	3 11	6 16	25 12
Apr 1	11 46	28 07	29 32	1 49	0 11	3 15	6 18	25 09
6	11 43	28 13	29 31	1 54	0 08	3 20	6 21	25 06
11	11 41	28 19	29 31	1 59	0 06	3 24	6 24	25 03
16	11 40	28 25	29 31D	2 04	0 04	3 28	6 27	25 00
21	11 39	28 31	29 31	2 09	0 02	3 32	6 30	24 57
26	11 39D	28 37	29 32	2 14	0 00	3 36	6 34	24 55
May 1	11 40	28 42	29 33	2 19	29Ω59	3 40	6 38	24 53
6	11 41	28 47	29 35	2 24	29 58	3 44	6 41	24 51
11	11 43	28 52	29 37	2 28	29 58	3 47	6 45	24 49
16	11 45	28 56	29 39	2 33	29 58D	3 50	6 49	24 47
21	11 48	29 00	29 42	2 38	29 58	3 53	6 54	24 46
26	11 51	29 04	29 46	2 42	29 59	3 56	6 58	24 45
31	11 55	29 07	29 49	2 47	29 59	3 58	7 02	24 44
Jun 5	12 00	29 09	29 53	2 51	0♍01	4 00	7 06	24 44
10	12 05	29 11	29 57	2 54	0 02	4 02	7 10	24 44D
15	12 10	29 13	0Ω01	2 58	0 04	4 03	7 14	24 44
20	12 16	29 14	0 06	3 01	0 07	4 04	7 18	24 44
25	12 22	29 15	0 11	3 04	0 09	4 05	7 22	24 45
30	12 29	29 15R	0 16	3 07	0 12	4 06	7 26	24 46
Jul 5	12 36	29 15	0 21	3 09	0 15	4 06R	7 29	24 47
10	12 43	29 14	0 26	3 11	0 18	4 05	7 33	24 49
15	12 51	29 13	0 32	3 13	0 22	4 05	7 36	24 51
20	12 58	29 12	0 37	3 14	0 26	4 04	7 39	24 53
25	13 06	29 09	0 43	3 15	0 30	4 03	7 42	24 55
30	13 14	29 07	0 48	3 16	0 34	4 01	7 44	24 58
Aug 4	13 22	29 04	0 54	3 16R	0 38	3 59	7 47	25 00
9	13 30	29 01	0 59	3 15	0 43	3 57	7 49	25 03
14	13 38	28 57	1 04	3 15	0 47	3 55	7 50	25 07
19	13 46	28 53	1 09	3 14	0 52	3 52	7 52	25 10
24	13 54	28 49	1 14	3 12	0 56	3 50	7 53	25 13
29	14 01	28 44	1 19	3 11	1 01	3 47	7 53	25 17
Sep 3	14 09	28 40	1 24	3 09	1 06	3 43	7 54	25 21
8	14 16	28 35	1 28	3 06	1 10	3 40	7 54R	25 24
13	14 23	28 30	1 32	3 04	1 15	3 37	7 54	25 28
18	14 30	28 25	1 36	3 01	1 19	3 33	7 53	25 32
23	14 36	28 20	1 39	2 58	1 23	3 30	7 52	25 36
28	14 42	28 15	1 42	2 54	1 27	3 26	7 51	25 40
Oct 3	14 47	28 10	1 45	2 51	1 31	3 23	7 50	25 44
8	14 52	28 05	1 47	2 47	1 35	3 19	7 48	25 47
13	14 56	28 00	1 49	2 43	1 38	3 16	7 46	25 51
18	15 00	27 55	1 50	2 39	1 41	3 12	7 44	25 55
23	15 03	27 51	1 51	2 35	1 44	3 09	7 41	25 58
28	15 06	27 47	1 52	2 31	1 47	3 06	7 38	26 01
Nov 2	15 08	27 43	1 52R	2 27	1 49	3 03	7 36	26 04
7	15 09	27 40	1 52	2 23	1 51	3 00	7 32	26 07
12	15 10	27 37	1 51	2 19	1 53	2 58	7 29	26 10
17	15 11R	27 34	1 50	2 15	1 54	2 56	7 26	26 12
22	15 10	27 32	1 49	2 11	1 55	2 54	7 22	26 14
27	15 09	27 30	1 47	2 08	1 55	2 52	7 19	26 16
Dec 2	15 08	27 29	1 44	2 05	1 55R	2 51	7 16	26 18
7	15 05	27 28	1 42	2 02	1 55	2 50	7 12	26 19
12	15 02	27 28D	1 39	1 59	1 54	2 49	7 09	26 20
17	14 59	27 28	1 35	1 57	1 53	2 49	7 05	26 21
22	14 55	27 29	1 32	1 55	1 52	2 49D	7 02	26 21
27	14Ω51	27♓31	1Ω28	1♉53	1♍50	2♈49	6♊59	26♍21R

Stations	Apr 24	Jun 29	Apr 13	Jan 15	May 14	Jul 3	Feb 20	Jun 9
	Nov 15	Dec 11	Nov 1	Aug 2	Nov 30	Dec 18	Sep 6	Dec 24

1921

	♃	⚷	⚶	⚸	♃	♆	⚴	♅
Jan 1	14♌ 46R	27♓ 32	1♌ 24R	1♉ 52R	1♍ 48R	2♈ 50	6♊ 56R	26♍ 21R
6	14 41	27 35	1 20	1 51	1 46	2 51	6 53	26 20
11	14 36	27 38	1 16	1 50	1 44	2 53	6 51	26 19
16	14 30	27 41	1 11	1 50D	1 41	2 55	6 48	26 18
21	14 24	27 45	1 07	1 50	1 38	2 57	6 46	26 17
26	14 18	27 49	1 02	1 51	1 35	2 59	6 45	26 15
31	14 11	27 53	0 58	1 52	1 31	3 02	6 43	26 13
Feb 5	14 05	27 58	0 53	1 53	1 28	3 05	6 42	26 11
10	13 59	28 03	0 49	1 55	1 24	3 08	6 41	26 08
15	13 53	28 09	0 45	1 57	1 20	3 12	6 41	26 06
20	13 47	28 15	0 41	1 59	1 16	3 16	6 40D	26 03
25	13 41	28 21	0 37	2 02	1 13	3 19	6 41	26 00
Mar 2	13 35	28 27	0 34	2 05	1 09	3 24	6 41	25 57
7	13 30	28 33	0 31	2 09	1 05	3 28	6 42	25 54
12	13 25	28 40	0 28	2 13	1 01	3 32	6 43	25 51
17	13 20	28 46	0 26	2 17	0 58	3 36	6 44	25 48
22	13 16	28 53	0 23	2 21	0 55	3 41	6 46	25 44
27	13 12	29 00	0 22	2 25	0 52	3 45	6 48	25 41
Apr 1	13 09	29 06	0 20	2 30	0 49	3 50	6 51	25 38
6	13 07	29 12	0 19	2 35	0 46	3 54	6 53	25 35
11	13 05	29 19	0 19	2 40	0 43	3 58	6 56	25 32
16	13 03	29 25	0 19D	2 45	0 41	4 03	6 59	25 29
21	13 02	29 31	0 19	2 50	0 39	4 07	7 02	25 27
26	13 02D	29 36	0 20	2 55	0 38	4 11	7 06	25 24
May 1	13 02	29 42	0 21	3 00	0 37	4 15	7 10	25 22
6	13 03	29 47	0 23	3 05	0 36	4 18	7 13	25 20
11	13 05	29 52	0 25	3 09	0 35	4 22	7 17	25 18
16	13 07	29 56	0 27	3 14	0 35D	4 25	7 21	25 17
21	13 09	0♈ 00	0 30	3 19	0 35	4 28	7 25	25 15
26	13 13	0 04	0 33	3 23	0 36	4 30	7 30	25 14
31	13 17	0 07	0 36	3 28	0 37	4 33	7 34	25 13
Jun 5	13 21	0 10	0 40	3 32	0 38	4 35	7 38	25 13
10	13 26	0 12	0 44	3 36	0 40	4 37	7 42	25 13D
15	13 31	0 14	0 49	3 39	0 41	4 38	7 46	25 13
20	13 37	0 15	0 53	3 43	0 43	4 39	7 50	25 13
25	13 43	0 16	0 58	3 46	0 46	4 40	7 54	25 14
30	13 49	0 16R	1 03	3 48	0 49	4 40	7 58	25 15
Jul 5	13 56	0 16	1 08	3 51	0 52	4 41R	8 01	25 16
10	14 03	0 16	1 13	3 53	0 55	4 40	8 05	25 18
15	14 11	0 15	1 19	3 55	0 59	4 40	8 08	25 21
20	14 18	0 13	1 24	3 56	1 03	4 39	8 11	25 24
25	14 26	0 11	1 30	3 57	1 07	4 38	8 14	25 24
30	14 34	0 09	1 35	3 57	1 11	4 36	8 16	25 26
Aug 4	14 42	0 06	1 41	3 58R	1 15	4 35	8 19	25 29
9	14 50	0 03	1 46	3 57	1 19	4 33	8 21	25 32
14	14 58	29♓ 59	1 51	3 57	1 24	4 30	8 23	25 35
19	15 06	29 55	1 56	3 56	1 29	4 28	8 24	25 38
24	15 14	29 51	2 01	3 55	1 33	4 25	8 25	25 42
29	15 21	29 47	2 06	3 53	1 38	4 22	8 26	25 45
Sep 3	15 29	29 42	2 11	3 51	1 42	4 19	8 26	25 49
8	15 36	29 37	2 15	3 49	1 47	4 16	8 27R	25 53
13	15 43	29 32	2 19	3 46	1 51	4 12	8 26	25 57
18	15 50	29 27	2 23	3 43	1 56	4 09	8 26	26 01
23	15 56	29 22	2 26	3 40	2 00	4 05	8 25	26 04
28	16 02	29 17	2 30	3 37	2 04	4 02	8 24	26 08
Oct 3	16 08	29 12	2 32	3 33	2 08	3 58	8 23	26 12
8	16 13	29 07	2 35	3 30	2 12	3 55	8 21	26 16
13	16 17	29 02	2 37	3 26	2 15	3 51	8 19	26 20
18	16 21	28 58	2 38	3 22	2 18	3 48	8 17	26 23
23	16 25	28 53	2 39	3 18	2 21	3 44	8 14	26 27
28	16 28	28 49	2 40	3 14	2 24	3 41	8 11	26 30
Nov 2	16 30	28 45	2 40R	3 10	2 26	3 38	8 09	26 33
7	16 32	28 42	2 40	3 06	2 28	3 36	8 06	26 36
12	16 33	28 39	2 40	3 02	2 30	3 33	8 02	26 38
17	16 33R	28 36	2 39	2 58	2 31	3 31	7 59	26 41
22	16 33	28 34	2 37	2 54	2 32	3 29	7 56	26 43
27	16 32	28 32	2 35	2 51	2 33	3 27	7 52	26 45
Dec 2	16 31	28 30	2 33	2 47	2 33R	3 26	7 49	26 46
7	16 29	28 30	2 30	2 44	2 33	3 25	7 45	26 48
12	16 26	28 29D	2 28	2 42	2 32	3 24	7 42	26 49
17	16 23	28 29	2 24	2 39	2 31	3 24	7 38	26 50
22	16 19	28 30	2 21	2 37	2 30	3 24D	7 35	26 50
27	16♌ 15	28♓ 31	2♌ 17	2♉ 35	2♍ 28	3♈ 24	7♊ 32	26♍ 50R

Stations	Apr 25	Jun 30	Apr 14	Jan 15	May 15	Jul 4	Feb 20	Jun 10
	Nov 17	Dec 12	Nov 2	Aug 3	Dec 1	Dec 19	Sep 7	Dec 25

1 9 2 2

	♃	⚷	⚶	⚷	44	♆	⚶	⚸
Jan 1	16♌ 1OR	28♓ 33	2♌ 13R	2♉ 34R	2♍ 26R	3♈ 25	7♊ 29R	26♍ 5OR
6	16 05	28 35	2 09	2 33	2 24	3 26	7 26	26 49
11	16 00	28 38	2 05	2 32	2 22	3 28	7 24	26 48
16	15 54	28 41	2 00	2 32D	2 19	3 29	7 21	26 47
21	15 48	28 45	1 56	2 32	2 16	3 31	7 19	26 46
26	15 42	28 49	1 51	2 32	2 13	3 34	7 17	26 44
31	15 36	28 53	1 47	2 33	2 09	3 37	7 16	26 42
Feb 5	15 30	28 58	1 42	2 35	2 06	3 40	7 15	26 40
10	15 23	29 03	1 38	2 36	2 02	3 43	7 14	26 38
15	15 17	29 09	1 34	2 38	1 58	3 46	7 13	26 35
20	15 11	29 14	1 30	2 41	1 54	3 50	7 13D	26 32
25	15 05	29 20	1 26	2 44	1 51	3 54	7 13	26 30
Mar 2	14 59	29 26	1 23	2 47	1 47	3 58	7 13	26 27
7	14 54	29 33	1 20	2 50	1 43	4 02	7 14	26 23
12	14 49	29 39	1 17	2 54	1 40	4 06	7 15	26 20
17	14 44	29 46	1 14	2 58	1 36	4 11	7 17	26 17
22	14 40	29 52	1 12	3 02	1 33	4 15	7 18	26 14
27	14 36	29 59	1 10	3 07	1 30	4 20	7 20	26 11
Apr 1	14 33	0♈ 05	1 09	3 11	1 27	4 24	7 23	26 08
6	14 30	0 12	1 08	3 16	1 24	4 28	7 25	26 05
11	14 28	0 18	1 07	3 21	1 21	4 33	7 28	26 02
16	14 26	0 24	1 07D	3 26	1 19	4 37	7 31	25 59
21	14 25	0 30	1 07	3 31	1 17	4 41	7 34	25 56
26	14 24	0 36	1 08	3 36	1 16	4 45	7 38	25 54
May 1	14 25D	0 41	1 09	3 41	1 14	4 49	7 42	25 51
6	14 25	0 47	1 10	3 46	1 13	4 53	7 45	25 49
11	14 27	0 51	1 12	3 51	1 13	4 56	7 49	25 47
16	14 29	0 56	1 15	3 55	1 13D	4 59	7 53	25 46
21	14 31	1 00	1 17	4 00	1 13	5 02	7 57	25 44
26	14 34	1 04	1 20	4 05	1 13	5 05	8 02	25 43
31	14 38	1 07	1 24	4 09	1 14	5 07	8 06	25 42
Jun 5	14 42	1 10	1 27	4 13	1 15	5 09	8 10	25 42
10	14 47	1 12	1 31	4 17	1 17	5 11	8 14	25 42
15	14 52	1 14	1 36	4 21	1 19	5 13	8 18	25 42D
20	14 57	1 16	1 40	4 24	1 21	5 14	8 22	25 42
25	15 03	1 17	1 45	4 27	1 23	5 15	8 26	25 43
30	15 10	1 17	1 50	4 30	1 26	5 15	8 30	25 44
Jul 5	15 16	1 17R	1 55	4 32	1 29	5 16R	8 33	25 45
10	15 24	1 17	2 00	4 34	1 32	5 15	8 37	25 46
15	15 31	1 16	2 06	4 36	1 36	5 15	8 40	25 48
20	15 38	1 14	2 11	4 38	1 39	5 14	8 43	25 50
25	15 46	1 13	2 17	4 39	1 43	5 13	8 46	25 52
30	15 54	1 10	2 22	4 39	1 48	5 12	8 49	25 55
Aug 4	16 02	1 08	2 28	4 40R	1 52	5 10	8 51	25 58
9	16 10	1 05	2 33	4 39	1 56	5 08	8 53	26 01
14	16 18	1 01	2 38	4 39	2 01	5 06	8 55	26 04
19	16 26	0 57	2 43	4 38	2 05	5 03	8 56	26 07
24	16 34	0 53	2 48	4 37	2 10	5 01	8 58	26 10
29	16 41	0 49	2 53	4 35	2 14	4 58	8 58	26 14
Sep 3	16 49	0 44	2 58	4 33	2 19	4 55	8 59	26 18
8	16 56	0 39	3 02	4 31	2 24	4 51	8 59R	26 21
13	17 04	0 35	3 06	4 29	2 28	4 48	8 59	26 25
18	17 10	0 30	3 10	4 26	2 32	4 44	8 59	26 29
23	17 17	0 24	3 14	4 23	2 37	4 41	8 58	26 33
28	17 23	0 19	3 17	4 19	2 41	4 37	8 57	26 37
Oct 3	17 29	0 14	3 20	4 16	2 45	4 34	8 55	26 41
8	17 34	0 09	3 22	4 12	2 48	4 30	8 54	26 44
13	17 38	0 04	3 24	4 08	2 52	4 27	8 52	26 48
18	17 43	0 00	3 26	4 04	2 55	4 23	8 50	26 52
23	17 46	29♓ 55	3 27	4 00	2 58	4 20	8 47	26 55
28	17 49	29 51	3 28	3 56	3 01	4 17	8 44	26 58
Nov 2	17 52	29 47	3 28	3 52	3 03	4 14	8 42	27 01
7	17 54	29 44	3 28R	3 48	3 05	4 11	8 39	27 04
12	17 55	29 40	3 28	3 44	3 07	4 09	8 35	27 07
17	17 56	29 37	3 27	3 40	3 08	4 06	8 32	27 09
22	17 56R	29 35	3 26	3 37	3 09	4 04	8 29	27 12
27	17 55	29 33	3 24	3 33	3 10	4 03	8 25	27 14
Dec 2	17 54	29 32	3 22	3 30	3 1OR	4 01	8 22	27 15
7	17 52	29 31	3 19	3 27	3 10	4 00	8 18	27 17
12	17 49	29 30	3 16	3 24	3 10	3 59	8 15	27 18
17	17 47	29 30D	3 13	3 21	3 09	3 59	8 12	27 18
22	17 43	29 31	3 10	3 19	3 08	3 59D	8 08	27 19
27	17♌ 39	29♓ 32	3♌ 06	3♉ 17	3♍ 06	3♈ 59	8♊ 05	27♍ 19R

Stations	Apr 27	Jul 2	Apr 15	Jan 16	May 16	Jul 4	Feb 20	Jun 11
	Nov 19	Dec 14	Nov 3	Aug 4	Dec 2	Dec 19	Sep 8	Dec 25

1923

	♃	⚷	⚸	⚶	♃	♆	⚵	♓
Jan 1	17♌ 34R	29♓ 33	3♎ 02R	3♉ 16R	3♍ 04R	4♈ 00	8♊ 02R	27♍ 19R
6	17 30	29 36	2 58	3 15	3 02	4 01	7 59	27 18
11	17 24	29 38	2 54	3 14	2 59	4 02	7 57	27 18
16	17 19	29 41	2 49	3 14	2 57	4 04	7 54	27 16
21	17 13	29 45	2 45	3 14D	2 54	4 06	7 52	27 15
26	17 07	29 49	2 40	3 14	2 51	4 08	7 50	27 13
31	17 01	29 53	2 36	3 15	2 47	4 11	7 49	27 12
Feb 5	16 54	29 58	2 31	3 16	2 44	4 14	7 47	27 09
10	16 48	0♈ 03	2 27	3 18	2 40	4 17	7 47	27 07
15	16 42	0 08	2 23	3 20	2 36	4 21	7 46	27 05
20	16 36	0 14	2 19	3 22	2 33	4 24	7 46	27 02
25	16 30	0 20	2 15	3 25	2 29	4 28	7 46D	26 59
Mar 2	16 24	0 26	2 12	3 28	2 25	4 32	7 46	26 56
7	16 18	0 32	2 08	3 32	2 21	4 36	7 47	26 53
12	16 13	0 39	2 05	3 35	2 18	4 41	7 48	26 50
17	16 08	0 45	2 03	3 39	2 14	4 45	7 49	26 47
22	16 04	0 52	2 01	3 43	2 11	4 49	7 51	26 43
27	16 00	0 58	1 59	3 48	2 07	4 54	7 53	26 40
Apr 1	15 56	1 05	1 57	3 52	2 04	4 58	7 55	26 37
6	15 53	1 11	1 56	3 57	2 02	5 03	7 57	26 34
11	15 51	1 18	1 55	4 02	1 59	5 07	8 00	26 31
16	15 49	1 24	1 55D	4 07	1 57	5 11	8 03	26 28
21	15 48	1 30	1 55	4 12	1 55	5 15	8 07	26 26
26	15 47	1 36	1 56	4 17	1 53	5 19	8 10	26 23
May 1	15 47D	1 41	1 57	4 22	1 52	5 23	8 14	26 21
6	15 48	1 46	1 58	4 27	1 51	5 27	8 17	26 19
11	15 49	1 51	2 00	4 32	1 50	5 30	8 21	26 17
16	15 50	1 56	2 02	4 36	1 50	5 34	8 25	26 15
21	15 53	2 00	2 05	4 41	1 50D	5 37	8 29	26 14
26	15 56	2 04	2 08	4 46	1 51	5 39	8 33	26 12
31	15 59	2 07	2 11	4 50	1 51	5 42	8 38	26 12
Jun 5	16 03	2 10	2 15	4 54	1 52	5 44	8 42	26 11
10	16 08	2 13	2 19	4 58	1 54	5 46	8 46	26 11
15	16 13	2 15	2 23	5 02	1 56	5 48	8 50	26 11D
20	16 18	2 16	2 27	5 05	1 58	5 49	8 54	26 11
25	16 24	2 18	2 32	5 08	2 00	5 50	8 58	26 12
30	16 30	2 18	2 37	5 11	2 03	5 50	9 02	26 13
Jul 5	16 37	2 18R	2 42	5 14	2 06	5 51R	9 05	26 14
10	16 44	2 18	2 47	5 16	2 09	5 50	9 09	26 15
15	16 51	2 17	2 53	5 18	2 13	5 50	9 12	26 17
20	16 58	2 16	2 58	5 19	2 16	5 49	9 15	26 19
25	17 06	2 14	3 04	5 20	2 20	5 48	9 18	26 21
30	17 14	2 12	3 09	5 21	2 24	5 47	9 21	26 24
Aug 4	17 22	2 09	3 14	5 22	2 28	5 45	9 23	26 26
9	17 30	2 06	3 20	5 21R	2 33	5 43	9 25	26 29
14	17 38	2 03	3 25	5 21	2 37	5 41	9 27	26 32
19	17 46	1 59	3 30	5 20	2 42	5 39	9 29	26 35
24	17 54	1 55	3 36	5 19	2 46	5 36	9 30	26 39
29	18 02	1 51	3 40	5 18	2 51	5 33	9 31	26 42
Sep 3	18 09	1 46	3 45	5 16	2 56	5 30	9 31	26 46
8	18 17	1 42	3 50	5 14	3 00	5 27	9 32R	26 50
13	18 24	1 37	3 54	5 11	3 05	5 23	9 32	26 54
18	18 31	1 32	3 58	5 08	3 09	5 20	9 31	26 57
23	18 37	1 27	4 01	5 05	3 13	5 16	9 31	27 01
28	18 43	1 22	4 05	5 02	3 17	5 13	9 30	27 05
Oct 3	18 49	1 17	4 07	4 59	3 21	5 09	9 28	27 09
8	18 55	1 12	4 10	4 55	3 25	5 06	9 27	27 13
13	19 00	1 07	4 12	4 51	3 29	5 02	9 25	27 16
18	19 04	1 02	4 14	4 47	3 32	4 59	9 23	27 20
23	19 08	0 57	4 15	4 43	3 35	4 56	9 20	27 24
28	19 11	0 53	4 16	4 39	3 38	4 52	9 18	27 27
Nov 2	19 14	0 49	4 16	4 35	3 40	4 49	9 15	27 30
7	19 16	0 45	4 17R	4 31	3 42	4 47	9 12	27 33
12	19 17	0 42	4 16	4 27	3 44	4 44	9 09	27 36
17	19 18	0 39	4 15	4 23	3 45	4 42	9 05	27 38
22	19 18R	0 37	4 14	4 19	3 47	4 40	9 02	27 40
27	19 18	0 35	4 12	4 16	3 47	4 38	8 58	27 42
Dec 2	19 17	0 33	4 10	4 12	3 48	4 36	8 55	27 44
7	19 15	0 32	4 08	4 09	3 48R	4 35	8 51	27 45
12	19 13	0 31	4 05	4 06	3 47	4 34	8 48	27 47
17	19 10	0 31D	4 02	4 04	3 46	4 34	8 45	27 47
22	19 07	0 32	3 59	4 02	3 45	4 34D	8 41	27 48
27	19♌ 03	0♈ 33	3♎ 55	4♉ 00	3♍ 44	4♈ 34	8♊ 38	27♍ 48R
Stations	Apr 28 Nov 20	Jul 3 Dec 15	Apr 16 Nov 4	Jan 17 Aug 5	May 17 Dec 3	Jul 5 Dec 20	Feb 21 Sep 8	Jun 12 Dec 26

	♃	⚷	♇	⚳	⚴	♆	⚵	⚶
Jan 1	18Ω 59R	0T 34	3Ω 51R	3♉ 58R	3♍ 42R	4T 35	8♊ 35R	27♍ 48R
6	18 54	0 36	3 47	3 57	3 40	4 36	8 32	27 47
11	18 49	0 38	3 43	3 56	3 37	4 37	8 30	27 47
16	18 43	0 41	3 38	3 56	3 35	4 39	8 27	27 46
21	18 37	0 45	3 34	3 56D	3 32	4 41	8 25	27 44
26	18 31	0 49	3 29	3 56	3 29	4 43	8 23	27 43
31	18 25	0 53	3 25	3 57	3 25	4 46	8 22	27 41
Feb 5	18 19	0 57	3 20	3 58	3 22	4 48	8 20	27 39
10	18 13	1 02	3 16	4 00	3 18	4 52	8 19	27 36
15	18 06	1 08	3 12	4 02	3 14	4 55	8 19	27 34
20	18 00	1 13	3 08	4 04	3 11	4 59	8 18	27 31
25	17 54	1 19	3 04	4 07	3 07	5 02	8 18D	27 28
Mar 1	17 48	1 25	3 00	4 10	3 03	5 06	8 19	27 25
6	17 43	1 32	2 57	4 13	2 59	5 11	8 19	27 22
11	17 37	1 38	2 54	4 16	2 56	5 15	8 20	27 19
16	17 32	1 44	2 51	4 20	2 52	5 19	8 21	27 16
21	17 28	1 51	2 49	4 24	2 49	5 24	8 23	27 13
26	17 24	1 58	2 47	4 29	2 45	5 28	8 25	27 10
31	17 20	2 04	2 46	4 33	2 42	5 32	8 27	27 07
Apr 5	17 17	2 11	2 44	4 38	2 40	5 37	8 30	27 03
10	17 14	2 17	2 44	4 43	2 37	5 41	8 32	27 00
15	17 12	2 23	2 43	4 48	2 35	5 45	8 35	26 58
20	17 11	2 29	2 43D	4 53	2 33	5 50	8 39	26 55
25	17 10	2 35	2 44	4 58	2 31	5 54	8 42	26 52
30	17 10D	2 41	2 45	5 03	2 30	5 58	8 46	26 50
May 5	17 10	2 46	2 46	5 08	2 29	6 01	8 49	26 48
10	17 11	2 51	2 48	5 13	2 28	6 05	8 53	26 46
15	17 12	2 56	2 50	5 17	2 28	6 08	8 57	26 44
20	17 15	3 00	2 52	5 22	2 28D	6 11	9 01	26 43
25	17 17	3 04	2 55	5 27	2 28	6 14	9 05	26 42
30	17 20	3 07	2 59	5 31	2 29	6 17	9 10	26 41
Jun 4	17 24	3 10	3 02	5 35	2 30	6 19	9 14	26 40
9	17 29	3 13	3 06	5 39	2 31	6 21	9 18	26 40
14	17 33	3 15	3 10	5 43	2 33	6 22	9 22	26 40D
19	17 39	3 17	3 15	5 47	2 35	6 24	9 26	26 40
24	17 44	3 18	3 19	5 50	2 37	6 25	9 30	26 41
29	17 51	3 19	3 24	5 53	2 40	6 25	9 34	26 41
Jul 4	17 57	3 19R	3 29	5 55	2 43	6 26	9 37	26 42
9	18 04	3 19	3 34	5 58	2 46	6 26R	9 41	26 44
14	18 11	3 18	3 40	6 00	2 49	6 25	9 44	26 46
19	18 18	3 17	3 45	6 01	2 53	6 25	9 48	26 48
24	18 26	3 16	3 51	6 02	2 57	6 23	9 50	26 50
29	18 34	3 14	3 56	6 03	3 01	6 22	9 53	26 52
Aug 3	18 42	3 11	4 01	6 03	3 05	6 21	9 56	26 55
8	18 50	3 08	4 07	6 03R	3 09	6 19	9 58	26 58
13	18 58	3 05	4 12	6 03	3 14	6 17	10 00	27 01
18	19 06	3 01	4 17	6 02	3 18	6 14	10 01	27 04
23	19 14	2 57	4 23	6 01	3 23	6 11	10 02	27 07
28	19 22	2 53	4 28	6 00	3 28	6 09	10 03	27 11
Sep 2	19 29	2 49	4 32	5 58	3 32	6 06	10 04	27 15
7	19 37	2 44	4 37	5 56	3 37	6 02	10 04	27 18
12	19 44	2 39	4 41	5 54	3 41	5 59	10 04R	27 22
17	19 51	2 34	4 45	5 51	3 46	5 56	10 04	27 26
22	19 58	2 29	4 49	5 48	3 50	5 52	10 03	27 30
27	20 04	2 24	4 52	5 45	3 54	5 49	10 02	27 34
Oct 2	20 10	2 19	4 55	5 41	3 58	5 45	10 01	27 37
7	20 16	2 14	4 58	5 38	4 02	5 41	9 59	27 41
12	20 21	2 09	5 00	5 34	4 06	5 38	9 58	27 45
17	20 25	2 04	5 02	5 30	4 09	5 34	9 55	27 49
22	20 29	1 59	5 03	5 26	4 12	5 31	9 53	27 52
27	20 33	1 55	5 04	5 22	4 15	5 28	9 51	27 55
Nov 1	20 35	1 51	5 05	5 18	4 17	5 25	9 48	27 59
6	20 38	1 47	5 05R	5 14	4 19	5 22	9 45	28 02
11	20 39	1 44	5 04	5 10	4 21	5 19	9 42	28 04
16	20 40	1 41	5 04	5 06	4 23	5 17	9 38	28 07
21	20 41R	1 38	5 02	5 02	4 24	5 15	9 35	28 09
26	20 41	1 36	5 01	4 58	4 25	5 13	9 32	28 11
Dec 1	20 40	1 34	4 59	4 55	4 25	5 12	9 28	28 13
6	20 38	1 33	4 57	4 52	4 25R	5 10	9 25	28 14
11	20 36	1 32	4 54	4 49	4 25	5 10	9 21	28 15
16	20 34	1 32D	4 51	4 46	4 24	5 09	9 18	28 16
21	20 30	1 32	4 47	4 44	4 23	5 09D	9 14	28 17
26	20 27	1 33	4 44	4 42	4 21	5 09	9 11	28 17R
31	20Ω 23	1T 35	4Ω 40	4♉ 40	4♍ 20	5T 10	9♊ 08	28♍ 17
Stations	Apr 29	Jul 3	Apr 16	Jan 18	May 17	Jul 5	Feb 22	Jun 11
	Nov 21	Dec 15	Nov 4	Aug 5	Dec 3	Dec 20	Sep 8	Dec 26

1925

	♃	⚳	⚴	⚵	⚶	⚷	⚸	⚹
Jan 5	20♌ 18R	1♈ 36	4♌ 36R	4♉ 39R	4♍ 18R	5♈ 11	9♊ 05R	28♍ 17R
10	20 13	1 39	4 32	4 38	4 15	5 12	9 03	28 16
15	20 08	1 42	4 27	4 38	4 13	5 13	9 00	28 15
20	20 02	1 45	4 23	4 38D	4 10	5 15	8 58	28 14
25	19 56	1 49	4 18	4 38	4 07	5 18	8 56	28 12
30	19 50	1 53	4 14	4 39	4 03	5 20	8 54	28 10
Feb 4	19 44	1 57	4 10	4 40	4 00	5 23	8 53	28 08
9	19 37	2 02	4 05	4 41	3 56	5 26	8 52	28 06
14	19 31	2 07	4 01	4 43	3 53	5 29	8 51	28 03
19	19 25	2 13	3 57	4 45	3 49	5 33	8 51	28 01
24	19 19	2 19	3 53	4 48	3 45	5 37	8 51D	27 58
Mar 1	19 13	2 25	3 49	4 51	3 41	5 41	8 51	27 55
6	19 07	2 31	3 46	4 54	3 37	5 45	8 52	27 52
11	19 02	2 37	3 43	4 58	3 34	5 49	8 53	27 49
16	18 57	2 44	3 40	5 02	3 30	5 53	8 54	27 46
21	18 52	2 50	3 38	5 06	3 27	5 58	8 55	27 42
26	18 48	2 57	3 36	5 10	3 24	6 02	8 57	27 39
31	18 44	3 03	3 34	5 14	3 20	6 07	8 59	27 36
Apr 5	18 40	3 10	3 33	5 19	3 18	6 11	9 02	27 33
10	18 38	3 16	3 32	5 24	3 15	6 15	9 05	27 30
15	18 35	3 23	3 31	5 29	3 13	6 20	9 08	27 27
20	18 34	3 29	3 31D	5 34	3 11	6 24	9 11	27 24
25	18 33	3 35	3 32	5 39	3 09	6 28	9 14	27 22
30	18 32	3 40	3 33	5 44	3 07	6 32	9 18	27 19
May 5	18 32D	3 46	3 34	5 49	3 06	6 36	9 21	27 17
10	18 33	3 51	3 36	5 54	3 05	6 39	9 25	27 15
15	18 34	3 55	3 38	5 58	3 05	6 43	9 29	27 13
20	18 36	4 00	3 40	6 03	3 05D	6 46	9 33	27 12
25	18 39	4 04	3 43	6 08	3 05	6 49	9 37	27 11
30	18 42	4 08	3 46	6 12	3 06	6 51	9 42	27 10
Jun 4	18 46	4 11	3 49	6 17	3 07	6 53	9 46	27 09
9	18 50	4 13	3 53	6 21	3 08	6 55	9 50	27 09
14	18 54	4 16	3 57	6 24	3 10	6 57	9 54	27 09D
19	19 00	4 18	4 02	6 28	3 12	6 58	9 58	27 09
24	19 05	4 19	4 06	6 31	3 14	6 59	10 02	27 09
29	19 11	4 20	4 11	6 34	3 17	7 00	10 06	27 10
Jul 4	19 18	4 20	4 16	6 37	3 20	7 01	10 10	27 11
9	19 24	4 20R	4 21	6 39	3 23	7 01R	10 13	27 13
14	19 31	4 20	4 27	6 41	3 26	7 00	10 16	27 14
19	19 39	4 19	4 32	6 43	3 30	7 00	10 20	27 16
24	19 46	4 17	4 38	6 44	3 34	6 59	10 23	27 18
29	19 54	4 15	4 43	6 45	3 38	6 57	10 25	27 21
Aug 3	20 02	4 13	4 48	6 45	3 42	6 56	10 28	27 23
8	20 10	4 10	4 54	6 45R	3 46	6 54	10 30	27 26
13	20 18	4 07	4 59	6 45	3 51	6 52	10 32	27 29
18	20 26	4 03	5 05	6 45	3 55	6 50	10 34	27 33
23	20 34	3 59	5 10	6 44	4 00	6 47	10 35	27 36
28	20 42	3 55	5 15	6 42	4 04	6 44	10 36	27 39
Sep 2	20 49	3 51	5 19	6 41	4 09	6 41	10 37	27 43
7	20 57	3 46	5 24	6 38	4 13	6 38	10 37	27 47
12	21 04	3 41	5 28	6 36	4 18	6 35	10 37R	27 51
17	21 11	3 36	5 32	6 33	4 22	6 31	10 37	27 54
22	21 18	3 31	5 36	6 30	4 27	6 28	10 36	27 58
27	21 25	3 26	5 39	6 27	4 31	6 24	10 35	28 02
Oct 2	21 31	3 21	5 43	6 24	4 35	6 21	10 34	28 06
7	21 36	3 16	5 45	6 20	4 39	6 17	10 32	28 10
12	21 42	3 11	5 48	6 17	4 42	6 13	10 31	28 13
17	21 46	3 06	5 49	6 13	4 46	6 10	10 28	28 17
22	21 51	3 02	5 51	6 09	4 49	6 07	10 26	28 21
27	21 54	2 57	5 52	6 05	4 52	6 03	10 24	28 24
Nov 1	21 57	2 53	5 53	6 01	4 54	6 00	10 21	28 27
6	22 00	2 49	5 53R	5 57	4 57	5 57	10 18	28 30
11	22 02	2 46	5 53	5 52	4 58	5 55	10 15	28 33
16	22 03	2 43	5 52	5 49	5 00	5 52	10 12	28 35
21	22 03	2 40	5 51	5 45	5 01	5 50	10 08	28 38
26	22 03R	2 38	5 49	5 41	5 02	5 48	10 05	28 40
Dec 1	22 03	2 36	5 47	5 38	5 02	5 47	10 01	28 42
6	22 02	2 34	5 45	5 34	5 03R	5 46	9 58	28 43
11	22 00	2 33	5 43	5 31	5 02	5 45	9 54	28 44
16	21 57	2 33D	5 40	5 29	5 02	5 44	9 51	28 45
21	21 54	2 33	5 36	5 26	5 01	5 44D	9 48	28 46
26	21 51	2 34	5 33	5 24	4 59	5 44	9 44	28 46
31	21♌ 47	2♈ 35	5♌ 29	5♉ 23	4♍ 57	5♈ 45	9♊ 41	28♍ 46R
Stations	May 1	Jul 5	Apr 17	Jan 18	May 18	Jul 6	Feb 22	Jun 12
	Nov 23	Dec 16	Nov 5	Aug 6	Dec 4	Dec 21	Sep 9	Dec 27

	♃	♄	⚷	⚶	♅	Ψ	⚸	♆
Jan 5	21♌42R	2♈37	5♌25R	5♉21R	4♍55R	5♈45	9♊38R	28♍46R
10	21 37	2 39	5 21	5 20	4 53	5 47	9 36	28 45
15	21 32	2 42	5 16	5 20	4 51	5 48	9 33	28 44
20	21 26	2 45	5 12	5 20D	4 48	5 50	9 31	28 43
25	21 21	2 49	5 08	5 20	4 45	5 52	9 29	28 41
30	21 14	2 53	5 03	5 20	4 41	5 55	9 27	28 40
Feb 4	21 08	2 57	4 59	5 22	4 38	5 58	9 26	28 37
9	21 02	3 02	4 54	5 23	4 34	6 01	9 25	28 35
14	20 56	3 07	4 50	5 25	4 31	6 04	9 24	28 33
19	20 49	3 13	4 46	5 27	4 27	6 07	9 24	28 30
24	20 43	3 18	4 42	5 29	4 23	6 11	9 23D	28 27
Mar 1	20 37	3 24	4 38	5 32	4 19	6 15	9 24	28 24
6	20 31	3 30	4 35	5 36	4 16	6 19	9 24	28 21
11	20 26	3 37	4 32	5 39	4 12	6 23	9 25	28 18
16	20 21	3 43	4 29	5 43	4 08	6 28	9 26	28 15
21	20 16	3 50	4 26	5 47	4 05	6 32	9 28	28 12
26	20 12	3 56	4 24	5 51	4 02	6 37	9 30	28 09
31	20 08	4 03	4 22	5 56	3 58	6 41	9 32	28 06
Apr 5	20 04	4 09	4 21	6 00	3 56	6 45	9 34	28 02
10	20 01	4 16	4 20	6 05	3 53	6 50	9 37	27 59
15	19 59	4 22	4 20	6 10	3 51	6 54	9 40	27 57
20	19 57	4 28	4 20D	6 15	3 48	6 58	9 43	27 54
25	19 56	4 34	4 20	6 20	3 47	7 02	9 46	27 51
30	19 55	4 40	4 21	6 25	3 45	7 06	9 50	27 49
May 5	19 55D	4 45	4 22	6 30	3 44	7 10	9 53	27 47
10	19 55	4 50	4 23	6 35	3 43	7 14	9 57	27 45
15	19 57	4 55	4 25	6 40	3 43	7 17	10 01	27 43
20	19 58	5 00	4 28	6 44	3 42D	7 20	10 05	27 41
25	20 01	5 04	4 30	6 49	3 43	7 23	10 09	27 40
30	20 04	5 08	4 33	6 53	3 43	7 26	10 13	27 39
Jun 4	20 07	5 11	4 37	6 58	3 44	7 28	10 18	27 38
9	20 11	5 14	4 41	7 02	3 45	7 30	10 22	27 38
14	20 15	5 16	4 45	7 06	3 47	7 32	10 26	27 38D
19	20 20	5 18	4 49	7 09	3 49	7 33	10 30	27 38
24	20 26	5 20	4 54	7 13	3 51	7 34	10 34	27 38
29	20 32	5 21	4 58	7 16	3 54	7 35	10 38	27 39
Jul 4	20 38	5 21	5 03	7 18	3 57	7 36	10 42	27 40
9	20 45	5 21R	5 08	7 21	4 00	7 36R	10 45	27 42
14	20 52	5 21	5 14	7 23	4 03	7 35	10 49	27 43
19	20 59	5 20	5 19	7 25	4 07	7 35	10 52	27 45
24	21 06	5 18	5 25	7 26	4 10	7 34	10 55	27 47
29	21 14	5 17	5 30	7 27	4 14	7 33	10 58	27 50
Aug 3	21 22	5 14	5 35	7 27	4 19	7 31	11 00	27 52
8	21 30	5 12	5 41	7 28R	4 23	7 29	11 02	27 55
13	21 38	5 09	5 46	7 27	4 27	7 27	11 04	27 58
18	21 46	5 05	5 52	7 27	4 32	7 25	11 06	28 01
23	21 54	5 01	5 57	7 26	4 36	7 22	11 07	28 04
28	22 02	4 57	6 02	7 25	4 41	7 20	11 08	28 08
Sep 2	22 09	4 53	6 07	7 23	4 46	7 17	11 09	28 12
7	22 17	4 48	6 11	7 21	4 50	7 14	11 09	28 15
12	22 25	4 44	6 16	7 19	4 55	7 10	11 10R	28 19
17	22 32	4 39	6 20	7 16	4 59	7 07	11 09	28 23
22	22 39	4 34	6 24	7 13	5 04	7 03	11 09	28 27
27	22 45	4 29	6 27	7 10	5 08	7 00	11 08	28 31
Oct 2	22 51	4 23	6 30	7 07	5 12	6 56	11 07	28 34
7	22 57	4 18	6 33	7 03	5 16	6 53	11 05	28 38
12	23 03	4 13	6 35	6 59	5 19	6 49	11 04	28 42
17	23 07	4 09	6 37	6 55	5 23	6 46	11 01	28 46
22	23 12	4 04	6 39	6 51	5 26	6 42	10 59	28 49
27	23 16	3 59	6 40	6 47	5 29	6 39	10 57	28 53
Nov 1	23 19	3 55	6 41	6 43	5 31	6 36	10 54	28 56
6	23 22	3 51	6 41R	6 39	5 34	6 33	10 51	28 59
11	23 24	3 48	6 41	6 35	5 36	6 30	10 48	29 02
16	23 25	3 44	6 40	6 31	5 37	6 28	10 45	29 04
21	23 26	3 42	6 39	6 28	5 38	6 26	10 41	29 07
26	23 26R	3 40	6 38	6 24	5 39	6 24	10 38	29 09
Dec 1	23 26	3 37	6 36	6 20	5 40	6 22	10 35	29 10
6	23 25	3 36	6 34	6 17	5 40R	6 21	10 31	29 12
11	23 23	3 35	6 31	6 14	5 40	6 20	10 28	29 13
16	23 21	3 34	6 28	6 11	5 39	6 19	10 24	29 14
21	23 18	3 34D	6 25	6 09	5 38	6 19	10 21	29 15
26	23 15	3 35	6 22	6 07	5 37	6 19D	10 18	29 15
31	23♌11	3♈36	6♌18	6♉05	5♍35	6♈19	10♊14	29♍15R
Stations	May 2	Jul 6	Apr 18	Jan 19	May 19	Jul 7	Feb 23	Jun 13
	Nov 24	Dec 18	Nov 6	Aug 7	Dec 4	Dec 22	Sep 10	Dec 27

1927

	♃	⚷	⯓	⚴	♃	Ψ	⚵	⚷
Jan 5	23♌06R	3♈37	6♌14R	6♉04R	5♍33R	6♈20	10♊12R	29♍15R
10	23 02	3 40	6 10	6 03	5 31	6 21	10 09	29 14
15	22 56	3 42	6 06	6 02	5 29	6 23	10 06	29 13
20	22 51	3 45	6 01	6 02D	5 26	6 25	10 04	29 12
25	22 45	3 49	5 57	6 02	5 23	6 27	10 02	29 11
30	22 39	3 53	5 52	6 02	5 19	6 29	10 00	29 09
Feb 4	22 33	3 57	5 48	6 03	5 16	6 32	9 59	29 07
9	22 27	4 02	5 43	6 05	5 13	6 35	9 58	29 05
14	22 20	4 07	5 39	6 06	5 09	6 38	9 57	29 02
19	22 14	4 12	5 35	6 09	5 05	6 42	9 56	29 00
24	22 08	4 18	5 31	6 11	5 01	6 46	9 56D	28 57
Mar 1	22 02	4 24	5 27	6 14	4 58	6 50	9 56	28 54
6	21 56	4 30	5 24	6 17	4 54	6 54	9 57	28 51
11	21 50	4 36	5 21	6 20	4 50	6 58	9 58	28 48
16	21 45	4 43	5 18	6 24	4 46	7 02	9 59	28 45
21	21 40	4 49	5 15	6 28	4 43	7 06	10 00	28 41
26	21 36	4 56	5 13	6 32	4 40	7 11	10 02	28 38
31	21 32	5 02	5 11	6 37	4 37	7 15	10 04	28 35
Apr 5	21 28	5 09	5 10	6 41	4 34	7 20	10 06	28 32
10	21 25	5 15	5 09	6 46	4 31	7 24	10 09	28 29
15	21 22	5 21	5 08	6 51	4 28	7 28	10 12	28 26
20	21 20	5 28	5 08D	6 56	4 26	7 33	10 15	28 23
25	21 19	5 34	5 08	7 01	4 24	7 37	10 18	28 21
30	21 18	5 39	5 09	7 06	4 23	7 41	10 22	28 18
May 5	21 18D	5 45	5 10	7 11	4 22	7 45	10 25	28 16
10	21 18	5 50	5 11	7 16	4 21	7 48	10 29	28 14
15	21 19	5 55	5 13	7 21	4 20	7 52	10 33	28 12
20	21 20	6 00	5 15	7 25	4 20D	7 55	10 37	28 11
25	21 22	6 04	5 18	7 30	4 20	7 58	10 41	28 09
30	21 25	6 08	5 21	7 35	4 21	8 00	10 46	28 08
Jun 4	21 28	6 11	5 24	7 39	4 22	8 03	10 50	28 07
9	21 32	6 14	5 28	7 43	4 23	8 05	10 54	28 07
14	21 37	6 17	5 32	7 47	4 24	8 07	10 58	28 07D
19	21 41	6 19	5 36	7 51	4 26	8 08	11 02	28 07
24	21 47	6 20	5 41	7 54	4 28	8 09	11 06	28 07
29	21 52	6 22	5 46	7 57	4 31	8 10	11 10	28 08
Jul 4	21 59	6 22	5 50	8 00	4 34	8 11	11 14	28 09
9	22 05	6 22R	5 56	8 02	4 37	8 11R	11 17	28 10
14	22 12	6 22	6 01	8 05	4 40	8 11	11 21	28 12
19	22 19	6 21	6 06	8 06	4 44	8 10	11 24	28 14
24	22 26	6 20	6 12	8 08	4 47	8 09	11 27	28 16
29	22 34	6 18	6 17	8 09	4 51	8 08	11 30	28 18
Aug 3	22 42	6 16	6 23	8 09	4 55	8 07	11 32	28 21
8	22 50	6 13	6 28	8 10R	5 00	8 05	11 35	28 24
13	22 58	6 10	6 33	8 09	5 04	8 03	11 37	28 27
18	23 06	6 07	6 39	8 09	5 09	8 01	11 38	28 30
23	23 14	6 03	6 44	8 08	5 13	7 58	11 40	28 33
28	23 22	5 59	6 49	8 07	5 18	7 55	11 41	28 37
Sep 2	23 30	5 55	6 54	8 05	5 22	7 52	11 42	28 40
7	23 37	5 51	6 58	8 03	5 27	7 49	11 42	28 44
12	23 45	5 46	7 03	8 01	5 31	7 46	11 42R	28 48
17	23 52	5 41	7 07	7 59	5 36	7 42	11 42	28 51
22	23 59	5 36	7 11	7 56	5 40	7 39	11 42	28 55
27	24 06	5 31	7 15	7 53	5 45	7 35	11 41	28 59
Oct 2	24 12	5 26	7 18	7 49	5 49	7 32	11 40	29 03
7	24 18	5 21	7 21	7 46	5 53	7 28	11 38	29 07
12	24 24	5 16	7 23	7 42	5 56	7 25	11 36	29 11
17	24 29	5 11	7 25	7 38	6 00	7 21	11 35	29 14
22	24 33	5 06	7 27	7 34	6 03	7 18	11 32	29 18
27	24 37	5 02	7 28	7 30	6 06	7 15	11 30	29 21
Nov 1	24 41	4 57	7 29	7 26	6 09	7 11	11 27	29 24
6	24 43	4 53	7 29	7 22	6 11	7 09	11 24	29 27
11	24 46	4 50	7 29R	7 18	6 13	7 06	11 21	29 30
16	24 47	4 46	7 29	7 14	6 15	7 03	11 18	29 33
21	24 48	4 43	7 28	7 10	6 16	7 01	11 15	29 35
26	24 49R	4 41	7 26	7 07	6 17	6 59	11 11	29 37
Dec 1	24 49	4 39	7 25	7 03	6 17	6 57	11 08	29 39
6	24 48	4 37	7 23	7 00	6 18R	6 56	11 04	29 41
11	24 46	4 36	7 20	6 57	6 17	6 55	11 01	29 42
16	24 44	4 35	7 17	6 54	6 17	6 54	10 57	29 43
21	24 42	4 35D	7 14	6 51	6 16	6 54	10 54	29 44
26	24 38	4 36	7 11	6 49	6 15	6 54D	10 51	29 44
31	24♌35	4♈37	7♌07	6♉47	6♍13	6♈54	10♊48	29♍44R

Stations	May 4	Jul 7	Apr 19	Jan 20	May 20	Jul 8	Feb 23	Jun 14
	Nov 26	Dec 19	Nov 7	Aug 8	Dec 5	Dec 22	Sep 11	Dec 28

	♃	Ⓖ	⚵	⚶	⚸	♀	⚷	⚹
Jan 5	24♌30R	4♈38	7♌03R	6♉46R	6♍11R	6♈55	10♊45R	29♍44R
10	24 26	4 40	6 59	6 45	6 09	6 56	10 42	29 43
15	24 21	4 42	6 55	6 44	6 07	6 58	10 39	29 43
20	24 15	4 45	6 50	6 44	6 04	7 00	10 37	29 41
25	24 10	4 49	6 46	6 44D	6 01	7 02	10 35	29 40
30	24 04	4 53	6 41	6 44	5 58	7 04	10 33	29 38
Feb 4	23 58	4 57	6 37	6 45	5 54	7 07	10 32	29 36
9	23 51	5 02	6 33	6 46	5 51	7 10	10 30	29 34
14	23 45	5 07	6 28	6 48	5 47	7 13	10 30	29 32
19	23 39	5 12	6 24	6 50	5 43	7 16	10 29	29 29
24	23 33	5 17	6 20	6 53	5 40	7 20	10 29D	29 26
29	23 27	5 23	6 16	6 55	5 36	7 24	10 29	29 23
Mar 5	23 21	5 29	6 13	6 58	5 32	7 28	10 29	29 20
10	23 15	5 36	6 09	7 02	5 28	7 32	10 30	29 17
15	23 10	5 42	6 06	7 05	5 25	7 36	10 31	29 14
20	23 04	5 48	6 04	7 09	5 21	7 41	10 33	29 11
25	23 00	5 55	6 02	7 14	5 18	7 45	10 34	29 08
30	22 56	6 02	6 00	7 18	5 15	7 50	10 36	29 05
Apr 4	22 52	6 08	5 58	7 22	5 12	7 54	10 39	29 02
9	22 48	6 15	5 57	7 27	5 09	7 59	10 41	28 58
14	22 46	6 21	5 56	7 32	5 06	8 03	10 44	28 56
19	22 43	6 27	5 56D	7 37	5 04	8 07	10 47	28 53
24	22 42	6 33	5 56	7 42	5 02	8 11	10 50	28 50
29	22 41	6 39	5 57	7 47	5 01	8 15	10 54	28 48
May 4	22 40	6 45	5 58	7 52	4 59	8 19	10 58	28 45
9	22 40D	6 50	5 59	7 57	4 58	8 23	11 01	28 43
14	22 41	6 55	6 01	8 02	4 58	8 26	11 05	28 41
19	22 42	7 00	6 03	8 07	4 58D	8 29	11 09	28 40
24	22 44	7 04	6 06	8 11	4 58	8 32	11 13	28 39
29	22 47	7 08	6 09	8 16	4 58	8 35	11 18	28 37
Jun 3	22 50	7 11	6 12	8 20	4 59	8 38	11 22	28 37
8	22 54	7 15	6 15	8 24	5 00	8 40	11 26	28 36
13	22 58	7 17	6 19	8 28	5 02	8 41	11 30	28 36D
18	23 02	7 19	6 24	8 32	5 03	8 43	11 34	28 36
23	23 08	7 21	6 28	8 36	5 05	8 44	11 38	28 36
28	23 13	7 22	6 33	8 39	5 08	8 45	11 42	28 37
Jul 3	23 19	7 23	6 38	8 42	5 11	8 46	11 46	28 38
8	23 26	7 23R	6 43	8 44	5 14	8 46R	11 49	28 39
13	23 32	7 23	6 48	8 46	5 17	8 46	11 53	28 41
18	23 39	7 23	6 53	8 48	5 20	8 45	11 56	28 43
23	23 47	7 21	6 59	8 50	5 24	8 44	11 59	28 45
28	23 54	7 20	7 04	8 51	5 28	8 43	12 02	28 47
Aug 2	24 02	7 18	7 10	8 51	5 32	8 42	12 05	28 50
7	24 10	7 15	7 15	8 52	5 36	8 40	12 07	28 52
12	24 18	7 12	7 20	8 52R	5 41	8 38	12 09	28 55
17	24 26	7 09	7 26	8 51	5 45	8 36	12 11	28 58
22	24 34	7 06	7 31	8 50	5 50	8 34	12 12	29 02
27	24 42	7 02	7 36	8 49	5 54	8 31	12 13	29 05
Sep 1	24 50	6 57	7 41	8 48	5 59	8 28	12 14	29 09
6	24 57	6 53	7 46	8 46	6 04	8 25	12 15	29 12
11	25 05	6 48	7 50	8 44	6 08	8 22	12 15R	29 16
16	25 12	6 43	7 54	8 41	6 13	8 18	12 15	29 20
21	25 20	6 38	7 58	8 38	6 17	8 15	12 14	29 24
26	25 26	6 33	8 02	8 35	6 21	8 11	12 14	29 28
Oct 1	25 33	6 28	8 05	8 32	6 26	8 08	12 13	29 32
6	25 39	6 23	8 08	8 29	6 29	8 04	12 11	29 35
11	25 45	6 18	8 11	8 25	6 33	8 00	12 10	29 39
16	25 50	6 13	8 13	8 21	6 37	7 57	12 08	29 43
21	25 54	6 08	8 15	8 17	6 40	7 54	12 05	29 46
26	25 59	6 04	8 16	8 13	6 43	7 50	12 03	29 50
31	26 02	5 59	8 17	8 09	6 46	7 47	12 00	29 53
Nov 5	26 05	5 55	8 17	8 05	6 48	7 44	11 57	29 56
10	26 08	5 52	8 18R	8 01	6 50	7 41	11 54	29 59
15	26 10	5 48	8 17	7 57	6 52	7 39	11 51	0♎02
20	26 11	5 45	8 16	7 53	6 53	7 37	11 48	0 04
25	26 12	5 42	8 15	7 49	6 54	7 35	11 44	0 06
30	26 11R	5 40	8 13	7 46	6 55	7 33	11 41	0 08
Dec 5	26 11	5 39	8 11	7 42	6 55R	7 31	11 38	0 10
10	26 10	5 37	8 09	7 39	6 55	7 30	11 34	0 11
15	26 08	5 37	8 06	7 36	6 55	7 30	11 31	0 12
20	26 05	5 36D	8 03	7 34	6 54	7 29	11 27	0 13
25	26 02	5 37	8 00	7 32	6 53	7 29D	11 24	0 13
30	25♌59	5♈37	7♌56	7♉30	6♍51	7♈30	11♊21	0♎13R

Stations	May 5	Jul 8	Apr 19	Jan 21	May 19	Jul 7	Feb 24	Jun 13
	Nov 26	Dec 19	Nov 7	Aug 8	Dec 5	Dec 22	Sep 10	Dec 28

1929

	♃	⚷	⚶	⚴	♃	♆	⚵	⚸
Jan 4	25♌ 55R	5♈ 39	7♌ 52R	7♉ 28R	6♍ 49R	7♈ 30	11♊ 18R	0♎ 13R
9	25 50	5 41	7 48	7 27	6 47	7 31	11 15	0 13
14	25 45	5 43	7 44	7 26	6 45	7 33	11 12	0 12
19	25 40	5 46	7 39	7 26	6 42	7 34	11 10	0 11
24	25 34	5 49	7 35	7 26D	6 39	7 36	11 08	0 09
29	25 28	5 53	7 31	7 26	6 36	7 39	11 06	0 08
Feb 3	25 22	5 57	7 26	7 27	6 32	7 41	11 05	0 06
8	25 16	6 01	7 22	7 28	6 29	7 44	11 03	0 04
13	25 10	6 06	7 17	7 30	6 25	7 48	11 02	0 01
18	25 04	6 12	7 13	7 32	6 22	7 51	11 02	29♍ 59
23	24 57	6 17	7 09	7 34	6 18	7 55	11 02	29 56
28	24 51	6 23	7 05	7 37	6 14	7 58	11 02D	29 53
Mar 5	24 45	6 29	7 02	7 40	6 10	8 02	11 02	29 50
10	24 39	6 35	6 58	7 43	6 07	8 07	11 03	29 47
15	24 34	6 41	6 55	7 47	6 03	8 11	11 04	29 44
20	24 29	6 48	6 53	7 51	5 59	8 15	11 05	29 41
25	24 24	6 54	6 50	7 55	5 56	8 20	11 07	29 37
30	24 20	7 01	6 48	7 59	5 53	8 24	11 09	29 34
Apr 4	24 16	7 08	6 47	8 04	5 50	8 28	11 11	29 31
9	24 12	7 14	6 45	8 08	5 47	8 33	11 14	29 28
14	24 09	7 20	6 45	8 13	5 44	8 37	11 16	29 25
19	24 07	7 27	6 44	8 18	5 42	8 42	11 19	29 22
24	24 05	7 33	6 44D	8 23	5 40	8 46	11 23	29 20
29	24 04	7 39	6 45	8 28	5 39	8 50	11 26	29 17
May 4	24 03	7 44	6 46	8 33	5 37	8 54	11 30	29 15
9	24 03D	7 50	6 47	8 38	5 36	8 57	11 33	29 13
14	24 04	7 55	6 49	8 43	5 36	9 01	11 37	29 11
19	24 05	8 00	6 51	8 48	5 35	9 04	11 41	29 09
24	24 06	8 04	6 53	8 53	5 35D	9 07	11 45	29 08
29	24 09	8 08	6 56	8 57	5 36	9 10	11 50	29 07
Jun 3	24 12	8 12	6 59	9 02	5 36	9 12	11 54	29 06
8	24 15	8 15	7 03	9 06	5 37	9 14	11 58	29 05
13	24 19	8 18	7 07	9 10	5 39	9 16	12 02	29 05
18	24 24	8 20	7 11	9 14	5 41	9 18	12 06	29 05D
23	24 29	8 22	7 15	9 17	5 43	9 19	12 10	29 06
28	24 34	8 23	7 20	9 20	5 45	9 20	12 14	29 06
Jul 3	24 40	8 24	7 25	9 23	5 48	9 21	12 18	29 07
8	24 46	8 25	7 30	9 26	5 51	9 21R	12 22	29 08
13	24 53	8 24R	7 35	9 28	5 54	9 21	12 25	29 10
18	25 00	8 24	7 40	9 30	5 57	9 20	12 28	29 12
23	25 07	8 23	7 46	9 31	6 01	9 20	12 32	29 14
28	25 14	8 21	7 51	9 33	6 05	9 19	12 34	29 16
Aug 2	25 22	8 19	7 57	9 33	6 09	9 17	12 37	29 18
7	25 30	8 17	8 02	9 34	6 13	9 16	12 39	29 21
12	25 38	8 14	8 08	9 34R	6 18	9 14	12 41	29 24
17	25 46	8 11	8 13	9 33	6 22	9 12	12 43	29 27
22	25 54	8 08	8 18	9 33	6 27	9 09	12 45	29 30
27	26 02	8 04	8 23	9 32	6 31	9 06	12 46	29 34
Sep 1	26 10	8 00	8 28	9 30	6 36	9 04	12 47	29 37
6	26 18	7 55	8 33	9 28	6 40	9 00	12 47	29 41
11	26 25	7 51	8 38	9 26	6 45	8 57	12 48R	29 45
16	26 33	7 46	8 42	9 24	6 50	8 54	12 48	29 49
21	26 40	7 41	8 46	9 21	6 54	8 50	12 47	29 52
26	26 47	7 36	8 50	9 18	6 58	8 47	12 47	29 56
Oct 1	26 54	7 31	8 53	9 15	7 02	8 43	12 46	0♎ 00
6	27 00	7 26	8 56	9 11	7 06	8 40	12 44	0 04
11	27 06	7 20	8 59	9 08	7 10	8 36	12 43	0 08
16	27 11	7 15	9 01	9 04	7 14	8 33	12 41	0 11
21	27 16	7 11	9 03	9 00	7 17	8 29	12 38	0 15
26	27 20	7 06	9 04	8 56	7 20	8 26	12 36	0 18
31	27 24	7 02	9 05	8 52	7 23	8 23	12 33	0 22
Nov 5	27 27	6 57	9 06	8 48	7 25	8 20	12 31	0 25
10	27 30	6 54	9 06R	8 44	7 27	8 17	12 28	0 28
15	27 32	6 50	9 06	8 40	7 29	8 14	12 24	0 30
20	27 33	6 47	9 05	8 36	7 31	8 12	12 21	0 33
25	27 34	6 44	9 04	8 32	7 32	8 10	12 18	0 35
30	27 34R	6 42	9 02	8 29	7 32	8 08	12 14	0 37
Dec 5	27 34	6 40	9 00	8 25	7 33	8 07	12 11	0 39
10	27 33	6 39	8 58	8 22	7 33R	8 06	12 07	0 40
15	27 31	6 38	8 55	8 19	7 32	8 05	12 04	0 41
20	27 29	6 37D	8 52	8 16	7 32	8 04	12 01	0 42
25	27 26	6 38	8 49	8 14	7 30	8 04D	11 57	0 42
30	27♌ 23	6♈ 38	8♌ 45	8♉ 12	7♍ 29	8♈ 05	11♊ 54	0♎ 43R

Stations	May 6	Jul 9	Apr 20	Jan 21	May 20	Jul 8	Feb 24	Jun 14
	Nov 28	Dec 20	Nov 8	Aug 9	Dec 6	Dec 23	Sep 11	Dec 29

	♃	⚷	⚸	⚴	♃⃛	♆	⚚	✶
Jan 4	27♌ 19R	6♈ 39	8♌ 41R	8♉ 11R	7♍ 27R	8♈ 05	11♊ 51R	0♎ 42R
9	27 14	6 41	8 37	8 09	7 25	8 06	11 48	0 42
14	27 10	6 43	8 33	8 08	7 23	8 08	11 46	0 41
19	27 04	6 46	8 29	8 08	7 20	8 09	11 43	0 40
24	26 59	6 49	8 24	8 08D	7 17	8 11	11 41	0 39
29	26 53	6 53	8 20	8 08	7 14	8 13	11 39	0 37
Feb 3	26 47	6 57	8 15	8 09	7 11	8 16	11 38	0 35
8	26 41	7 01	8 11	8 10	7 07	8 19	11 36	0 33
13	26 35	7 06	8 07	8 12	7 04	8 22	11 35	0 31
18	26 28	7 11	8 02	8 14	7 00	8 26	11 35	0 28
23	26 22	7 17	7 58	8 16	6 56	8 29	11 34	0 25
28	26 16	7 23	7 54	8 18	6 52	8 33	11 34D	0 23
Mar 5	26 10	7 28	7 51	8 21	6 48	8 37	11 35	0 20
10	26 04	7 35	7 47	8 25	6 45	8 41	11 35	0 17
15	25 59	7 41	7 44	8 28	6 41	8 45	11 36	0 13
20	25 53	7 47	7 41	8 32	6 38	8 50	11 38	0 10
25	25 48	7 54	7 39	8 36	6 34	8 54	11 39	0 07
30	25 44	8 00	7 37	8 40	6 31	8 58	11 41	0 04
Apr 4	25 40	8 07	7 35	8 45	6 28	9 03	11 43	0 01
9	25 36	8 13	7 34	8 50	6 25	9 07	11 46	29♍ 58
14	25 33	8 20	7 33	8 54	6 22	9 12	11 49	29 55
19	25 30	8 26	7 33	8 59	6 20	9 16	11 52	29 52
24	25 28	8 32	7 33D	9 04	6 18	9 20	11 55	29 49
29	25 27	8 38	7 33	9 09	6 16	9 24	11 58	29 47
May 4	25 26	8 44	7 34	9 14	6 15	9 28	12 02	29 44
9	25 26D	8 50	7 35	9 19	6 14	9 32	12 06	29 42
14	25 26	8 55	7 37	9 24	6 13	9 35	12 10	29 40
19	25 27	9 00	7 39	9 29	6 13	9 39	12 14	29 39
24	25 29	9 04	7 41	9 34	6 13D	9 42	12 18	29 37
29	25 31	9 08	7 44	9 38	6 13	9 44	12 22	29 36
Jun 3	25 33	9 12	7 47	9 43	6 14	9 47	12 26	29 35
8	25 37	9 15	7 50	9 47	6 15	9 49	12 30	29 35
13	25 41	9 18	7 54	9 51	6 16	9 51	12 34	29 34
18	25 45	9 21	7 58	9 55	6 18	9 53	12 38	29 34D
23	25 50	9 23	8 03	9 58	6 20	9 54	12 42	29 35
28	25 55	9 24	8 07	10 02	6 22	9 55	12 46	29 35
Jul 3	26 01	9 25	8 12	10 05	6 25	9 56	12 50	29 36
8	26 07	9 26	8 17	10 07	6 28	9 56	12 54	29 37
13	26 13	9 26R	8 22	10 10	6 31	9 56R	12 57	29 39
18	26 20	9 25	8 28	10 12	6 34	9 56	13 01	29 40
23	26 27	9 24	8 33	10 13	6 38	9 55	13 04	29 42
28	26 35	9 23	8 38	10 14	6 42	9 54	13 07	29 45
Aug 2	26 42	9 21	8 44	10 15	6 46	9 53	13 09	29 47
7	26 50	9 19	8 49	10 16	6 50	9 51	13 12	29 50
12	26 58	9 16	8 55	10 16R	6 55	9 49	13 14	29 53
17	27 06	9 13	9 00	10 16	6 59	9 47	13 16	29 56
22	27 14	9 10	9 05	10 15	7 03	9 45	13 17	29 59
27	27 22	9 06	9 11	10 14	7 08	9 42	13 19	0♎ 02
Sep 1	27 30	9 02	9 16	10 13	7 13	9 39	13 20	0 06
6	27 38	8 57	9 20	10 11	7 17	9 36	13 20	0 10
11	27 46	8 53	9 25	10 09	7 22	9 33	13 20	0 13
16	27 53	8 48	9 29	10 06	7 26	9 30	13 20R	0 17
21	28 00	8 43	9 33	10 04	7 31	9 26	13 20	0 21
26	28 07	8 38	9 37	10 01	7 35	9 23	13 19	0 25
Oct 1	28 14	8 33	9 41	9 58	7 39	9 19	13 18	0 29
6	28 21	8 28	9 44	9 54	7 43	9 15	13 17	0 33
11	28 26	8 23	9 46	9 51	7 47	9 12	13 16	0 36
16	28 32	8 18	9 49	9 47	7 51	9 08	13 14	0 40
21	28 37	8 13	9 51	9 43	7 54	9 05	13 12	0 44
26	28 42	8 08	9 52	9 39	7 57	9 02	13 09	0 47
31	28 46	8 04	9 53	9 35	8 00	8 58	13 07	0 50
Nov 5	28 49	8 00	9 54	9 31	8 02	8 55	13 04	0 54
10	28 52	7 56	9 54R	9 27	8 05	8 53	13 01	0 57
15	28 54	7 52	9 54	9 23	8 07	8 50	12 58	0 59
20	28 56	7 49	9 53	9 19	8 08	8 48	12 54	1 02
25	28 57	7 46	9 52	9 15	8 09	8 45	12 51	1 04
30	28 57R	7 44	9 51	9 11	8 10	8 44	12 48	1 06
Dec 5	28 57	7 42	9 49	9 08	8 10	8 42	12 44	1 08
10	28 56	7 40	9 47	9 05	8 10R	8 41	12 41	1 09
15	28 55	7 39	9 44	9 02	8 10	8 40	12 37	1 10
20	28 52	7 39	9 41	8 59	8 09	8 40	12 34	1 11
25	28 50	7 39D	9 38	8 57	8 08	8 39D	12 31	1 12
30	28♌ 47	7♈ 39	9♌ 34	8♉ 55	8♍ 07	8♈ 40	12♊ 27	1♎ 12R

Stations May 8   Jul 10   Apr 21   Jan 22   May 21   Jul 9   Feb 25   Jun 15
          Nov 30   Dec 22   Nov 9   Aug 10   Dec 7   Dec 24   Sep 12   Dec 29

1931

	♃	⚷	⚶	⚴	♃b	♆	⚸	⚵
Jan 4	28♌43R	7♈40	9♌30R	8♉53R	8♍05R	8♈40	12♊24R	1♎12R
9	28 39	7 42	9 26	8 52	8 03	8 41	12 21	1 11
14	28 34	7 44	9 22	8 51	8 01	8 42	12 19	1 10
19	28 29	7 47	9 18	8 50	7 58	8 44	12 16	1 09
24	28 24	7 50	9 14	8 50D	7 55	8 46	12 14	1 08
29	28 18	7 53	9 09	8 50	7 52	8 48	12 12	1 06
Feb 3	28 12	7 57	9 05	8 51	7 49	8 51	12 11	1 05
8	28 06	8 01	9 00	8 52	7 45	8 54	12 09	1 03
13	28 00	8 06	8 56	8 53	7 42	8 57	12 08	1 00
18	27 53	8 11	8 52	8 55	7 38	9 00	12 07	0 58
23	27 47	8 17	8 47	8 58	7 34	9 04	12 07	0 55
28	27 41	8 22	8 43	9 00	7 31	9 07	12 07D	0 52
Mar 5	27 35	8 28	8 40	9 03	7 27	9 11	12 07	0 49
10	27 29	8 34	8 36	9 06	7 23	9 16	12 08	0 46
15	27 23	8 40	8 33	9 10	7 19	9 20	12 09	0 43
20	27 18	8 47	8 30	9 13	7 16	9 24	12 10	0 40
25	27 13	8 53	8 28	9 18	7 12	9 28	12 12	0 37
30	27 08	9 00	8 26	9 22	7 09	9 33	12 14	0 34
Apr 4	27 04	9 06	8 24	9 26	7 06	9 37	12 16	0 30
9	27 00	9 13	8 23	9 31	7 03	9 42	12 18	0 27
14	26 57	9 19	8 22	9 36	7 01	9 46	12 21	0 24
19	26 54	9 26	8 21	9 40	6 58	9 50	12 24	0 21
24	26 52	9 32	8 21D	9 45	6 56	9 55	12 27	0 19
29	26 50	9 38	8 21	9 50	6 54	9 59	12 31	0 16
May 4	26 49	9 44	8 22	9 55	6 53	10 03	12 34	0 14
9	26 49	9 49	8 23	10 00	6 52	10 06	12 38	0 12
14	26 49D	9 55	8 25	10 05	6 51	10 10	12 42	0 10
19	26 49	9 59	8 26	10 10	6 51	10 13	12 46	0 08
24	26 51	10 04	8 29	10 15	6 50D	10 16	12 50	0 07
29	26 53	10 08	8 32	10 20	6 51	10 19	12 54	0 05
Jun 3	26 55	10 12	8 35	10 24	6 51	10 22	12 58	0 05
8	26 58	10 16	8 38	10 28	6 52	10 24	13 02	0 04
13	27 02	10 19	8 42	10 33	6 54	10 26	13 06	0 04
18	27 06	10 21	8 46	10 36	6 55	10 28	13 10	0 04D
23	27 11	10 23	8 50	10 40	6 57	10 29	13 14	0 04
28	27 16	10 25	8 55	10 43	6 59	10 30	13 18	0 04
Jul 3	27 22	10 26	8 59	10 46	7 02	10 31	13 22	0 05
8	27 28	10 27	9 04	10 49	7 05	10 31	13 26	0 06
13	27 34	10 27R	9 09	10 51	7 08	10 31R	13 30	0 08
18	27 41	10 27	9 15	10 53	7 11	10 31	13 33	0 09
23	27 48	10 26	9 20	10 55	7 15	10 30	13 36	0 11
28	27 55	10 24	9 26	10 56	7 19	10 29	13 39	0 13
Aug 2	28 03	10 23	9 31	10 57	7 23	10 28	13 42	0 16
7	28 10	10 21	9 36	10 58	7 27	10 27	13 44	0 19
12	28 18	10 18	9 42	10 58R	7 31	10 25	13 46	0 21
17	28 26	10 15	9 47	10 58	7 36	10 23	13 48	0 24
22	28 34	10 12	9 53	10 57	7 40	10 20	13 50	0 28
27	28 42	10 08	9 58	10 56	7 45	10 18	13 51	0 31
Sep 1	28 50	10 04	10 03	10 55	7 49	10 15	13 52	0 35
6	28 58	10 00	10 08	10 53	7 54	10 12	13 53	0 38
11	29 06	9 55	10 12	10 51	7 59	10 09	13 53	0 42
16	29 14	9 50	10 17	10 49	8 03	10 05	13 53R	0 46
21	29 21	9 46	10 21	10 46	8 08	10 02	13 53	0 50
26	29 28	9 41	10 25	10 43	8 12	9 58	13 52	0 54
Oct 1	29 35	9 35	10 28	10 40	8 16	9 55	13 51	0 57
6	29 41	9 30	10 31	10 37	8 20	9 51	13 50	1 01
11	29 47	9 25	10 34	10 33	8 24	9 48	13 49	1 05
16	29 53	9 20	10 37	10 30	8 28	9 44	13 47	1 09
21	29 58	9 15	10 39	10 26	8 31	9 41	13 45	1 12
26	0♍03	9 11	10 40	10 22	8 34	9 37	13 42	1 16
31	0 07	9 06	10 41	10 18	8 37	9 34	13 40	1 19
Nov 5	0 11	9 02	10 42	10 14	8 40	9 31	13 37	1 22
10	0 14	8 58	10 42R	10 10	8 42	9 28	13 34	1 25
15	0 16	8 54	10 42	10 06	8 44	9 26	13 31	1 28
20	0 18	8 51	10 42	10 02	8 45	9 23	13 28	1 31
25	0 19	8 48	10 41	9 58	8 47	9 21	13 24	1 33
30	0 20	8 45	10 39	9 54	8 47	9 19	13 21	1 35
Dec 5	0 20R	8 43	10 38	9 51	8 48	9 18	13 18	1 37
10	0 19	8 42	10 35	9 47	8 48R	9 16	13 14	1 38
15	0 18	8 40	10 33	9 44	8 48	9 15	13 11	1 39
20	0 16	8 40	10 30	9 42	8 47	9 15	13 07	1 40
25	0 14	8 40D	10 27	9 39	8 46	9 15D	13 04	1 41
30	0♍10	8♈40	10♌23	9♉37	8♍45	9♈15	13♊01	1♎41R

Stations	May 10	Jul 11	Apr 22	Jan 23	May 22	Jul 10	Feb 25	Jun 16
	Dec 1	Dec 23	Nov 10	Aug 11	Dec 8	Dec 25	Sep 13	Dec 30

	♃	⚷	♴	⚚	♃	♆	♁	⚳
Jan 4	0♍07R	8♈41	10♌20R	9♉35R	8♍43R	9♈15	12♊58R	1♎41R
9	0 03	8 43	10 16	9 34	8 41	9 16	12 55	1 40
14	29♌58	8 45	10 11	9 33	8 39	9 17	12 52	1 40
19	29 53	8 47	10 07	9 32	8 36	9 19	12 50	1 39
24	29 48	8 50	10 03	9 32D	8 33	9 21	12 47	1 37
29	29 43	8 53	9 58	9 32	8 30	9 23	12 45	1 36
Feb 3	29 37	8 57	9 54	9 33	8 27	9 26	12 44	1 34
8	29 31	9 01	9 49	9 34	8 24	9 28	12 42	1 32
13	29 24	9 06	9 45	9 35	8 20	9 31	12 41	1 30
18	29 18	9 11	9 41	9 37	8 16	9 35	12 40	1 27
23	29 12	9 16	9 37	9 39	8 13	9 38	12 40	1 25
28	29 06	9 22	9 33	9 42	8 09	9 42	12 40D	1 22
Mar 4	29 00	9 28	9 29	9 45	8 05	9 46	12 40	1 19
9	28 54	9 34	9 25	9 48	8 01	9 50	12 41	1 16
14	28 48	9 40	9 22	9 51	7 58	9 54	12 42	1 13
19	28 42	9 46	9 19	9 55	7 54	9 59	12 43	1 10
24	28 37	9 53	9 17	9 59	7 51	10 03	12 44	1 06
29	28 32	9 59	9 14	10 03	7 47	10 07	12 46	1 03
Apr 3	28 28	10 06	9 13	10 08	7 44	10 12	12 48	1 00
8	28 24	10 12	9 11	10 12	7 41	10 16	12 51	0 57
13	28 21	10 19	9 10	10 17	7 39	10 21	12 53	0 54
18	28 18	10 25	9 09	10 22	7 36	10 25	12 56	0 51
23	28 15	10 31	9 09D	10 27	7 34	10 29	12 59	0 48
28	28 13	10 38	9 09	10 32	7 32	10 33	13 03	0 46
May 3	28 12	10 43	9 10	10 37	7 31	10 37	13 06	0 43
8	28 11	10 49	9 11	10 42	7 30	10 41	13 10	0 41
13	28 11D	10 54	9 12	10 47	7 29	10 45	13 14	0 39
18	28 12	10 59	9 14	10 51	7 28	10 48	13 18	0 37
23	28 13	11 04	9 17	10 56	7 28D	10 51	13 22	0 36
28	28 15	11 08	9 19	11 01	7 28	10 54	13 26	0 35
Jun 2	28 17	11 12	9 22	11 05	7 29	10 57	13 30	0 34
7	28 20	11 16	9 26	11 10	7 30	10 59	13 34	0 33
12	28 24	11 19	9 29	11 14	7 31	11 01	13 38	0 33
17	28 28	11 22	9 33	11 18	7 33	11 03	13 43	0 33D
22	28 32	11 24	9 37	11 21	7 34	11 04	13 47	0 33
27	28 37	11 26	9 42	11 25	7 37	11 05	13 51	0 33
Jul 2	28 42	11 27	9 47	11 28	7 39	11 06	13 54	0 34
7	28 48	11 28	9 52	11 31	7 42	11 06	13 58	0 35
12	28 55	11 28R	9 57	11 33	7 45	11 06R	14 02	0 37
17	29 01	11 28	10 02	11 35	7 48	11 06	14 05	0 38
22	29 08	11 27	10 07	11 37	7 52	11 06	14 08	0 40
27	29 15	11 26	10 13	11 38	7 56	11 05	14 11	0 42
Aug 1	29 23	11 24	10 18	11 39	8 00	11 04	14 14	0 45
6	29 31	11 22	10 24	11 40	8 04	11 02	14 17	0 47
11	29 38	11 20	10 29	11 40R	8 08	11 00	14 19	0 50
16	29 46	11 17	10 34	11 40	8 13	10 58	14 21	0 53
21	29 54	11 14	10 40	11 40	8 17	10 56	14 22	0 56
26	0♍02	11 10	10 45	11 39	8 22	10 53	14 24	1 00
31	0 10	11 06	10 50	11 37	8 26	10 51	14 25	1 03
Sep 5	0 18	11 02	10 55	11 36	8 31	10 48	14 26	1 07
10	0 26	10 58	11 00	11 34	8 36	10 44	14 26	1 11
15	0 34	10 53	11 04	11 32	8 40	10 41	14 26R	1 14
20	0 41	10 48	11 08	11 29	8 45	10 38	14 26	1 18
25	0 49	10 43	11 12	11 26	8 49	10 34	14 25	1 22
30	0 55	10 38	11 16	11 23	8 53	10 31	14 24	1 26
Oct 5	1 02	10 33	11 19	11 20	8 57	10 27	14 23	1 30
10	1 08	10 28	11 22	11 16	9 01	10 23	14 22	1 34
15	1 14	10 23	11 24	11 13	9 05	10 20	14 20	1 37
20	1 19	10 18	11 26	11 09	9 08	10 16	14 18	1 41
25	1 24	10 13	11 28	11 05	9 11	10 13	14 16	1 45
30	1 29	10 08	11 29	11 01	9 14	10 10	14 13	1 48
Nov 4	1 32	10 04	11 30	10 57	9 17	10 07	14 10	1 51
9	1 36	10 00	11 31	10 53	9 19	10 04	14 07	1 54
14	1 38	9 56	11 31R	10 49	9 21	10 01	14 04	1 57
19	1 40	9 53	11 30	10 45	9 23	9 59	14 01	1 59
24	1 42	9 50	11 29	10 41	9 24	9 56	13 58	2 02
29	1 43	9 47	11 28	10 37	9 25	9 55	13 54	2 04
Dec 4	1 43R	9 45	11 26	10 34	9 26	9 53	13 51	2 06
9	1 42	9 43	11 24	10 30	9 26R	9 52	13 47	2 07
14	1 41	9 42	11 22	10 27	9 25	9 51	13 44	2 08
19	1 40	9 41	11 19	10 24	9 25	9 50	13 40	2 09
24	1 37	9 41D	11 16	10 22	9 24	9 50	13 37	2 10
29	1♍34	9♈41	11♌12	10♉20	9♍23	9♈50D	13♊34	2♎10

Stations	May 10	Jul 12	Apr 22	Jan 24	May 22	Jul 10	Feb 26	Jun 15
	Dec 2	Dec 23	Nov 10	Aug 11	Dec 8	Dec 25	Sep 13	Dec 30

1933

Uranian (Transneptunian) planets ephemeris

Date	Cupido	Hades	Zeus	Kronos	Apollon	Admetos	Vulkanus	Poseidon
Jan 3	1♍31R	9♈42	11♌09R	10♉18R	9♍21R	9♈50	13♊31R	2♎10R
8	1 27	9 43	11 05	10 16	9 19	9 51	13 28	2 10
13	1 23	9 45	11 01	10 15	9 17	9 52	13 25	2 09
18	1 18	9 47	10 56	10 15	9 14	9 54	13 23	2 08
23	1 13	9 50	10 52	10 14	9 12	9 56	13 20	2 07
28	1 07	9 54	10 48	10 14D	9 08	9 58	13 18	2 05
Feb 2	1 01	9 57	10 43	10 15	9 05	10 00	13 17	2 04
7	0 55	10 01	10 39	10 16	9 02	10 03	13 15	2 02
12	0 49	10 06	10 34	10 17	8 58	10 06	13 14	1 59
17	0 43	10 11	10 30	10 19	8 55	10 09	13 13	1 57
22	0 37	10 16	10 26	10 21	8 51	10 13	13 13	1 54
27	0 30	10 22	10 22	10 23	8 47	10 17	13 13D	1 51
Mar 4	0 24	10 27	10 18	10 26	8 43	10 20	13 13	1 48
9	0 18	10 33	10 14	10 29	8 40	10 25	13 13	1 45
14	0 12	10 40	10 11	10 33	8 36	10 29	13 14	1 42
19	0 07	10 46	10 08	10 36	8 32	10 33	13 15	1 39
24	0 02	10 52	10 05	10 40	8 29	10 37	13 17	1 36
29	29♌57	10 59	10 03	10 44	8 25	10 42	13 19	1 33
Apr 3	29 52	11 05	10 01	10 49	8 22	10 46	13 21	1 30
8	29 48	11 12	10 00	10 53	8 19	10 51	13 23	1 27
13	29 44	11 18	9 59	10 58	8 17	10 55	13 26	1 24
18	29 41	11 25	9 58	11 03	8 14	10 59	13 29	1 21
23	29 39	11 31	9 57D	11 08	8 12	11 04	13 32	1 18
28	29 37	11 37	9 58	11 13	8 10	11 08	13 35	1 15
May 3	29 35	11 43	9 58	11 18	8 09	11 12	13 38	1 13
8	29 34	11 49	9 59	11 23	8 07	11 15	13 42	1 11
13	29 34D	11 54	10 00	11 28	8 06	11 19	13 46	1 09
18	29 35	11 59	10 02	11 33	8 06	11 23	13 50	1 07
23	29 36	12 04	10 04	11 38	8 06D	11 26	13 54	1 05
28	29 37	12 08	10 07	11 42	8 06	11 29	13 58	1 04
Jun 2	29 39	12 12	10 10	11 47	8 06	11 31	14 02	1 03
7	29 42	12 16	10 13	11 51	8 07	11 34	14 06	1 02
12	29 45	12 19	10 17	11 55	8 08	11 36	14 11	1 02
17	29 49	12 22	10 21	11 59	8 10	11 38	14 15	1 02D
22	29 53	12 24	10 25	12 03	8 12	11 39	14 19	1 02
27	29 58	12 26	10 29	12 06	8 14	11 40	14 23	1 02
Jul 2	0♍03	12 28	10 34	12 09	8 16	11 41	14 27	1 03
7	0 09	12 29	10 39	12 12	8 19	11 41	14 30	1 04
12	0 15	12 29	10 44	12 15	8 22	11 42R	14 34	1 06
17	0 22	12 29R	10 49	12 17	8 25	11 41	14 37	1 07
22	0 29	12 28	10 54	12 19	8 29	11 41	14 41	1 09
27	0 36	12 27	11 00	12 20	8 33	11 40	14 44	1 11
Aug 1	0 43	12 26	11 05	12 21	8 37	11 39	14 46	1 14
6	0 51	12 24	11 11	12 22	8 41	11 38	14 49	1 16
11	0 59	12 22	11 16	12 22	8 45	11 36	14 51	1 19
16	1 07	12 19	11 22	12 22R	8 49	11 34	14 53	1 22
21	1 15	12 16	11 27	12 22	8 54	11 31	14 55	1 25
26	1 23	12 12	11 32	12 21	8 59	11 29	14 56	1 28
31	1 31	12 08	11 37	12 20	9 03	11 26	14 57	1 32
Sep 5	1 39	12 04	11 42	12 18	9 08	11 23	14 58	1 36
10	1 46	12 00	11 47	12 16	9 12	11 20	14 59	1 39
15	1 54	11 55	11 52	12 14	9 17	11 17	14 59R	1 43
20	2 02	11 50	11 56	12 12	9 21	11 13	14 59	1 47
25	2 09	11 45	12 00	12 09	9 26	11 10	14 58	1 51
30	2 16	11 40	12 03	12 06	9 30	11 06	14 57	1 55
Oct 5	2 23	11 35	12 07	12 03	9 34	11 03	14 56	1 58
10	2 29	11 30	12 10	11 59	9 38	10 59	14 55	2 02
15	2 35	11 25	12 12	11 55	9 42	10 56	14 53	2 06
20	2 41	11 20	12 14	11 52	9 45	10 52	14 51	2 10
25	2 46	11 15	12 16	11 48	9 49	10 49	14 49	2 13
30	2 50	11 11	12 18	11 44	9 51	10 46	14 46	2 17
Nov 4	2 54	11 06	12 18	11 40	9 54	10 42	14 44	2 20
9	2 58	11 02	12 19	11 35	9 56	10 39	14 41	2 23
14	3 00	10 58	12 19R	11 31	9 58	10 37	14 38	2 26
19	3 03	10 55	12 19	11 27	10 00	10 34	14 34	2 28
24	3 04	10 51	12 18	11 24	10 02	10 32	14 31	2 31
29	3 05	10 49	12 17	11 20	10 02	10 30	14 28	2 33
Dec 4	3 06R	10 46	12 15	11 16	10 03	10 28	14 24	2 35
9	3 05	10 45	12 13	11 13	10 03R	10 27	14 21	2 36
14	3 04	10 43	12 11	11 10	10 03	10 26	14 17	2 37
19	3 03	10 42	12 08	11 07	10 03	10 25	14 14	2 38
24	3 01	10 42D	12 05	11 04	10 02	10 25	14 10	2 39
29	2♍58	10♈42	12♌01	11♉02	10♍01	10♈25D	14♊07	2♎39

Stations	May 12	Jul 13	Apr 23	Jan 24	May 23	Jul 11	Feb 26	Jun 16
	Dec 4	Dec 24	Nov 11	Aug 12	Dec 8	Dec 25	Sep 13	Dec 30

1934

	♃	⚷	⚴	♈	⚵	Ψ	⚶	⚸
Jan 3	2♍ 55R	10♈ 43	11♌ 58R	11♉ 00R	9♍ 59R	10♈ 25	14♊ 04R	2♎ 39R
8	2 51	10 44	11 54	10 59	9 57	10 26	14 01	2 39
13	2 47	10 46	11 50	10 58	9 55	10 27	13 58	2 38
18	2 42	10 48	11 46	10 57	9 52	10 29	13 56	2 37
23	2 37	10 51	11 41	10 57	9 50	10 30	13 53	2 36
28	2 32	10 54	11 37	10 57D	9 47	10 33	13 51	2 35
Feb 2	2 26	10 57	11 32	10 57	9 43	10 35	13 50	2 33
7	2 20	11 01	11 28	10 58	9 40	10 38	13 48	2 31
12	2 14	11 06	11 23	10 59	9 37	10 41	13 47	2 29
17	2 08	11 11	11 19	11 01	9 33	10 44	13 46	2 26
22	2 02	11 16	11 15	11 03	9 29	10 47	13 46	2 24
27	1 55	11 21	11 11	11 05	9 25	10 51	13 45D	2 21
Mar 4	1 49	11 27	11 07	11 08	9 22	10 55	13 45	2 18
9	1 43	11 33	11 03	11 11	9 18	10 59	13 46	2 15
14	1 37	11 39	11 00	11 14	9 14	11 03	13 47	2 12
19	1 31	11 45	10 57	11 18	9 11	11 07	13 48	2 09
24	1 26	11 52	10 54	11 22	9 07	11 12	13 49	2 06
29	1 21	11 58	10 52	11 26	9 04	11 16	13 51	2 02
Apr 3	1 16	12 05	10 50	11 30	9 00	11 21	13 53	1 59
8	1 12	12 11	10 48	11 35	8 58	11 25	13 55	1 56
13	1 08	12 18	10 47	11 39	8 55	11 29	13 58	1 53
18	1 05	12 24	10 46	11 44	8 52	11 34	14 01	1 50
23	1 02	12 31	10 46D	11 49	8 50	11 38	14 04	1 48
28	1 00	12 37	10 46D	11 54	8 48	11 42	14 07	1 45
May 3	0 59	12 43	10 46	11 59	8 46	11 46	14 11	1 42
8	0 58	12 48	10 47	12 04	8 45	11 50	14 14	1 40
13	0 57	12 54	10 48	12 09	8 44	11 54	14 18	1 38
18	0 57D	12 59	10 50	12 14	8 44	11 57	14 22	1 36
23	0 58	13 04	10 52	12 19	8 43	12 00	14 26	1 35
28	0 59	13 08	10 55	12 23	8 43D	12 03	14 30	1 33
Jun 2	1 01	13 13	10 58	12 28	8 44	12 06	14 34	1 32
7	1 04	13 16	11 01	12 32	8 45	12 08	14 38	1 32
12	1 07	13 20	11 04	12 37	8 46	12 11	14 43	1 31
17	1 10	13 23	11 08	12 41	8 47	12 12	14 47	1 31D
22	1 15	13 25	11 12	12 44	8 49	12 14	14 51	1 31
27	1 19	13 27	11 17	12 48	8 51	12 15	14 55	1 32
Jul 2	1 24	13 29	11 21	12 51	8 53	12 16	14 59	1 32
7	1 30	13 30	11 26	12 54	8 56	12 17	15 03	1 33
12	1 36	13 30	11 31	12 57	8 59	12 17R	15 06	1 35
17	1 42	13 30R	11 36	12 59	9 02	12 17	15 10	1 36
22	1 49	13 30	11 42	13 01	9 06	12 16	15 13	1 38
27	1 56	13 29	11 47	13 02	9 10	12 15	15 16	1 40
Aug 1	2 04	13 27	11 52	13 03	9 14	12 14	15 19	1 42
6	2 11	13 26	11 58	13 04	9 18	12 13	15 21	1 45
11	2 19	13 23	12 03	13 04	9 22	12 11	15 24	1 48
16	2 27	13 21	12 09	13 04R	9 26	12 09	15 26	1 51
21	2 35	13 18	12 14	13 04	9 31	12 07	15 27	1 54
26	2 43	13 14	12 19	13 03	9 35	12 05	15 29	1 57
31	2 51	13 10	12 25	13 02	9 40	12 02	15 30	2 01
Sep 5	2 59	13 06	12 30	13 01	9 45	11 59	15 31	2 04
10	3 07	13 02	12 34	12 59	9 49	11 56	15 31	2 08
15	3 14	12 57	12 39	12 57	9 54	11 53	15 32R	2 12
20	3 22	12 53	12 43	12 54	9 58	11 49	15 31	2 15
25	3 29	12 48	12 47	12 52	10 03	11 46	15 31	2 19
30	3 37	12 43	12 51	12 49	10 07	11 42	15 30	2 23
Oct 5	3 43	12 38	12 54	12 45	10 11	11 39	15 29	2 27
10	3 50	12 33	12 57	12 42	10 15	11 35	15 28	2 31
15	3 56	12 27	13 00	12 38	10 19	11 31	15 26	2 35
20	4 02	12 22	13 02	12 34	10 22	11 28	15 24	2 38
25	4 07	12 18	13 04	12 30	10 26	11 25	15 22	2 42
30	4 12	12 13	13 06	12 26	10 29	11 21	15 19	2 45
Nov 4	4 16	12 08	13 07	12 22	10 31	11 18	15 17	2 48
9	4 19	12 04	13 07	12 18	10 34	11 15	15 14	2 52
14	4 22	12 00	13 07R	12 14	10 36	11 12	15 11	2 54
19	4 25	11 57	13 07	12 10	10 38	11 10	15 08	2 57
24	4 27	11 53	13 06	12 06	10 39	11 08	15 04	2 59
29	4 28	11 50	13 05	12 03	10 40	11 06	15 01	3 02
Dec 4	4 28	11 48	13 04	11 59	10 41	11 04	14 57	3 03
9	4 28R	11 46	13 02	11 56	10 41R	11 02	14 54	3 05
14	4 28	11 45	12 59	11 53	10 41	11 01	14 51	3 06
19	4 26	11 44	12 57	11 50	10 40	11 01	14 47	3 07
24	4 24	11 43	12 54	11 47	10 40	11 00	14 44	3 08
29	4♍ 22	11♈ 43D	12♌ 50	11♉ 45	10♍ 38	11♈ 00D	14♊ 40	3♎ 08

Stations	May 14	Jul 14	Apr 25	Jan 24	May 24	Jul 11	Feb 27	Jun 17
	Dec 5	Dec 26	Nov 12	Aug 13	Dec 9	Dec 26	Sep 14	Dec 31

	♃	⚷	⚶	⚷	♅	♆	♇	⚳
1935								
Jan 3	4♍19R	11♈44	12♌47R	11♉43R	10♍37R	11♈01	14♊37R	3♎08R
8	4 15	11 45	12 43	11 41	10 35	11 01	14 34	3 08
13	4 11	11 46	12 39	11 40	10 33	11 02	14 32	3 08
18	4 07	11 48	12 35	11 39	10 30	11 04	14 29	3 07
23	4 02	11 51	12 30	11 39	10 28	11 05	14 27	3 06
28	3 56	11 54	12 26	11 39D	10 25	11 07	14 24	3 04
Feb 2	3 51	11 58	12 22	11 39	10 22	11 10	14 23	3 02
7	3 45	12 01	12 17	11 40	10 18	11 12	14 21	3 01
12	3 39	12 06	12 13	11 41	10 15	11 15	14 20	2 58
17	3 33	12 10	12 08	11 42	10 11	11 19	14 19	2 56
22	3 26	12 16	12 04	11 44	10 07	11 22	14 18	2 53
27	3 20	12 21	12 00	11 47	10 04	11 26	14 18	2 51
Mar 4	3 14	12 27	11 56	11 49	10 00	11 29	14 18D	2 48
9	3 08	12 32	11 52	11 52	9 56	11 33	14 19	2 45
14	3 02	12 39	11 49	11 56	9 52	11 38	14 19	2 42
19	2 56	12 45	11 46	11 59	9 49	11 42	14 20	2 38
24	2 51	12 51	11 43	12 03	9 45	11 46	14 22	2 35
29	2 45	12 58	11 41	12 07	9 42	11 51	14 23	2 32
Apr 3	2 41	13 04	11 39	12 11	9 39	11 55	14 25	2 29
8	2 36	13 11	11 37	12 16	9 36	11 59	14 28	2 26
13	2 32	13 17	11 36	12 21	9 33	12 04	14 30	2 23
18	2 29	13 24	11 35	12 25	9 30	12 08	14 33	2 20
23	2 26	13 30	11 34	12 30	9 28	12 12	14 36	2 17
29	2 24	13 36	11 34D	12 35	9 26	12 17	14 39	2 14
May 3	2 22	13 42	11 34	12 40	9 24	12 21	14 43	2 12
8	2 21	13 48	11 35	12 45	9 23	12 25	14 46	2 10
13	2 20	13 54	11 36	12 50	9 22	12 28	14 50	2 08
18	2 20D	13 59	11 38	12 55	9 21	12 32	14 54	2 06
23	2 20	14 04	11 40	13 00	9 21	12 35	14 58	2 04
28	2 22	14 08	11 42	13 05	9 21D	12 38	15 02	2 03
Jun 2	2 23	14 13	11 45	13 09	9 21	12 41	15 06	2 02
7	2 26	14 16	11 48	13 14	9 22	12 43	15 11	2 01
12	2 29	14 20	11 52	13 18	9 23	12 45	15 15	2 00
17	2 32	14 23	11 56	13 22	9 24	12 47	15 19	2 00
22	2 36	14 26	12 00	13 26	9 26	12 49	15 23	2 00D
27	2 41	14 28	12 04	13 29	9 28	12 50	15 27	2 01
Jul 2	2 46	14 29	12 08	13 33	9 31	12 51	15 31	2 01
7	2 51	14 30	12 13	13 36	9 33	12 52	15 35	2 02
12	2 57	14 31	12 18	13 38	9 36	12 52R	15 38	2 03
17	3 03	14 31R	12 23	13 40	9 39	12 52	15 42	2 05
22	3 10	14 31	12 29	13 42	9 43	12 51	15 45	2 07
27	3 17	14 30	12 34	13 44	9 47	12 51	15 48	2 09
Aug 1	3 24	14 29	12 40	13 45	9 50	12 50	15 51	2 11
6	3 31	14 27	12 45	13 46	9 55	12 48	15 54	2 14
11	3 39	14 25	12 50	13 47	9 59	12 47	15 56	2 16
16	3 47	14 23	12 56	13 47R	10 03	12 45	15 58	2 19
21	3 55	14 20	13 01	13 46	10 08	12 43	16 00	2 22
26	4 03	14 16	13 07	13 46	10 12	12 40	16 01	2 26
31	4 11	14 13	13 12	13 45	10 17	12 37	16 03	2 29
Sep 5	4 19	14 09	13 17	13 43	10 21	12 35	16 04	2 33
10	4 27	14 04	13 22	13 41	10 26	12 31	16 04	2 36
15	4 35	14 00	13 26	13 39	10 31	12 28	16 04R	2 40
20	4 42	13 55	13 31	13 37	10 35	12 25	16 04	2 44
25	4 50	13 50	13 35	13 34	10 39	12 21	16 04	2 48
30	4 57	13 45	13 38	13 31	10 44	12 18	16 03	2 52
Oct 5	5 04	13 40	13 42	13 28	10 48	12 14	16 02	2 56
10	5 11	13 35	13 45	13 25	10 52	12 11	16 01	2 59
15	5 17	13 30	13 48	13 21	10 56	12 07	15 59	3 03
20	5 23	13 25	13 50	13 17	10 59	12 04	15 57	3 07
25	5 28	13 20	13 52	13 13	11 03	12 00	15 55	3 10
30	5 33	13 15	13 54	13 09	11 06	11 57	15 53	3 14
Nov 4	5 37	13 11	13 55	13 05	11 08	11 54	15 50	3 17
9	5 41	13 06	13 55	13 01	11 11	11 51	15 47	3 20
14	5 44	13 02	13 56R	12 57	11 13	11 48	15 44	3 23
19	5 47	12 58	13 55	12 53	11 15	11 45	15 41	3 26
24	5 49	12 55	13 55	12 49	11 16	11 43	15 38	3 28
29	5 50	12 52	13 54	12 45	11 17	11 41	15 34	3 30
Dec 4	5 51	12 50	13 52	12 42	11 18	11 39	15 31	3 32
9	5 51R	12 48	13 50	12 38	11 18	11 38	15 27	3 34
14	5 51	12 46	13 48	12 35	11 18R	11 37	15 24	3 35
19	5 50	12 45	13 46	12 32	11 18	11 36	15 20	3 36
24	5 48	12 44	13 43	12 30	11 17	11 35	15 17	3 37
29	5♍46	12♈44D	13♌39	12♉27	11♍16	11♈35D	15♊14	3♎38
Stations	May 15	Jul 16	Apr 26	Jan 25	May 25	Jul 12	Feb 28	Jun 18
	Dec 7	Dec 27	Nov 13	Aug 14	Dec 10	Dec 27	Sep 15	

	♃	♄	☿	♈	♃	♆	♎	♅
Jan 3	5♍ 43R	12♈ 45	13♌ 36R	12♉ 25R	11♍ 15R	11♈ 36	15♊ 11R	3♎ 38R
8	5 39	12 46	13 32	12 24	11 13	11 36	15 08	3 37
13	5 35	12 47	13 28	12 22	11 11	11 37	15 05	3 37
18	5 31	12 49	13 24	12 21	11 08	11 38	15 02	3 36
23	5 26	12 51	13 20	12 21	11 06	11 40	15 00	3 35
28	5 21	12 54	13 15	12 21D	11 03	11 42	14 58	3 34
Feb 2	5 15	12 58	13 11	12 21	11 00	11 44	14 56	3 32
7	5 10	13 01	13 06	12 22	10 56	11 47	14 54	3 30
12	5 04	13 06	13 02	12 23	10 53	11 50	14 53	3 28
17	4 58	13 10	12 57	12 24	10 49	11 53	14 52	3 25
22	4 51	13 15	12 53	12 26	10 46	11 56	14 51	3 23
27	4 45	13 21	12 49	12 28	10 42	12 00	14 51	3 20
Mar 3	4 39	13 26	12 45	12 31	10 38	12 04	14 51D	3 17
8	4 33	13 32	12 41	12 34	10 34	12 08	14 51	3 14
13	4 27	13 38	12 38	12 37	10 31	12 12	14 52	3 11
18	4 21	13 44	12 35	12 41	10 27	12 16	14 53	3 08
23	4 15	13 51	12 32	12 44	10 23	12 21	14 54	3 05
28	4 10	13 57	12 29	12 48	10 20	12 25	14 56	3 02
Apr 2	4 05	14 04	12 27	12 53	10 17	12 29	14 58	2 59
7	4 00	14 10	12 25	12 57	10 14	12 34	15 00	2 55
12	3 56	14 17	12 24	13 02	10 11	12 38	15 03	2 52
17	3 53	14 23	12 23	13 06	10 08	12 43	15 05	2 49
22	3 50	14 30	12 22	13 11	10 06	12 47	15 08	2 47
27	3 47	14 36	12 22D	13 16	10 04	12 51	15 12	2 44
May 2	3 45	14 42	12 23	13 21	10 02	12 55	15 15	2 41
7	3 44	14 48	12 23	13 26	10 01	12 59	15 19	2 39
12	3 43	14 53	12 24	13 31	10 00	13 03	15 22	2 37
17	3 43D	14 59	12 26	13 36	9 59	13 06	15 26	2 35
22	3 43	15 04	12 28	13 41	9 59	13 10	15 30	2 33
27	3 44	15 08	12 30	13 46	9 58D	13 13	15 34	2 32
Jun 1	3 45	15 13	12 33	13 50	9 59	13 15	15 38	2 31
6	3 48	15 17	12 36	13 55	9 59	13 18	15 43	2 30
11	3 50	15 20	12 39	13 59	10 00	13 20	15 47	2 30
16	3 54	15 23	12 43	14 03	10 02	13 22	15 51	2 29
21	3 57	15 26	12 47	14 07	10 03	13 24	15 55	2 29D
26	4 02	15 28	12 51	14 11	10 05	13 25	15 59	2 30
Jul 1	4 07	15 30	12 56	14 14	10 08	13 26	16 03	2 30
6	4 12	15 31	13 00	14 17	10 10	13 27	16 07	2 31
11	4 18	15 32	13 05	14 20	10 13	13 27	16 10	2 32
16	4 24	15 32R	13 11	14 22	10 16	13 27R	16 14	2 34
21	4 30	15 32	13 16	14 24	10 20	13 27	16 17	2 36
26	4 37	15 31	13 21	14 26	10 24	13 26	16 20	2 38
31	4 44	15 30	13 27	14 27	10 27	13 25	16 23	2 40
Aug 5	4 52	15 29	13 32	14 28	10 31	13 24	16 26	2 42
10	4 59	15 27	13 38	14 29	10 36	13 22	16 28	2 45
15	5 07	15 24	13 43	14 29R	10 40	13 20	16 31	2 48
20	5 15	15 21	13 48	14 28	10 44	13 18	16 32	2 51
25	5 23	15 18	13 54	14 28	10 49	13 16	16 34	2 54
30	5 31	15 15	13 59	14 27	10 53	13 13	16 35	2 58
Sep 4	5 39	15 11	14 04	14 26	10 58	13 10	16 36	3 01
9	5 47	15 06	14 09	14 24	11 03	13 07	16 37	3 05
14	5 55	15 02	14 13	14 22	11 07	13 04	16 37R	3 09
19	6 03	14 57	14 18	14 20	11 12	13 01	16 37	3 13
24	6 10	14 52	14 22	14 17	11 16	12 57	16 37	3 16
29	6 18	14 47	14 26	14 14	11 21	12 54	16 36	3 20
Oct 4	6 25	14 42	14 29	14 11	11 25	12 50	16 35	3 24
9	6 31	14 37	14 33	14 07	11 29	12 46	16 34	3 28
14	6 38	14 32	14 35	14 04	11 33	12 43	16 32	3 32
19	6 44	14 27	14 38	14 00	11 36	12 39	16 30	3 35
24	6 49	14 22	14 40	13 56	11 40	12 36	16 28	3 39
29	6 54	14 17	14 42	13 52	11 43	12 33	16 26	3 43
Nov 3	6 59	14 13	14 43	13 48	11 46	12 29	16 23	3 46
8	7 03	14 08	14 44	13 44	11 48	12 26	16 20	3 49
13	7 06	14 04	14 44R	13 40	11 50	12 23	16 17	3 52
18	7 09	14 00	14 44	13 36	11 52	12 21	16 14	3 55
23	7 11	13 57	14 43	13 32	11 54	12 18	16 11	3 57
28	7 13	13 54	14 42	13 28	11 55	12 16	16 07	3 59
Dec 3	7 14	13 51	14 41	13 25	11 56	12 15	16 04	4 01
8	7 14R	13 49	14 39	13 21	11 56	12 13	16 01	4 03
13	7 14	13 47	14 37	13 18	11 56R	12 12	15 57	4 04
18	7 13	13 46	14 34	13 15	11 56	12 11	15 54	4 05
23	7 11	13 45	14 32	13 12	11 55	12 11	15 50	4 06
28	7♍ 09	13♈ 45D	14♌ 28	13♉ 10	11♍ 54	12♈ 10D	15♊ 47	4♎ 07

Stations	May 16	Jul 16	Apr 26	Jan 26	May 25	Jul 12	Feb 28	Jan 1
	Dec 7	Dec 27	Nov 13	Aug 14	Dec 10	Dec 27	Sep 15	Jun 17

1937

	♃	⚷	⚸	⚶	♅	♆	⚴	⚵
Jan 2	7♍07R	13♈45	14♌25R	13♉08R	11♍53R	12♈11	15♊44R	4♎07R
7	7 03	13 46	14 21	13 06	11 51	12 11	15 41	4 07
12	6 59	13 48	14 17	13 05	11 49	12 12	15 38	4 06
17	6 55	13 49	14 13	13 04	11 46	12 13	15 35	4 05
22	6 51	13 52	14 09	13 03	11 44	12 15	15 33	4 04
27	6 45	13 55	14 04	13 03D	11 41	12 17	15 31	4 03
Feb 1	6 40	13 58	14 00	13 03	11 38	12 19	15 29	4 01
6	6 34	14 01	13 55	13 04	11 35	12 22	15 27	3 59
11	6 28	14 06	13 51	13 05	11 31	12 25	15 26	3 57
16	6 22	14 10	13 47	13 06	11 28	12 28	15 25	3 55
21	6 16	14 15	13 42	13 08	11 24	12 31	15 24	3 52
26	6 10	14 20	13 38	13 10	11 20	12 35	15 24	3 50
Mar 3	6 04	14 26	13 34	13 12	11 16	12 38	15 24D	3 47
8	5 57	14 32	13 30	13 15	11 13	12 42	15 24	3 44
13	5 51	14 38	13 27	13 18	11 09	12 46	15 24	3 41
18	5 45	14 44	13 24	13 22	11 05	12 51	15 25	3 38
23	5 40	14 50	13 21	13 26	11 02	12 55	15 27	3 34
28	5 34	14 56	13 18	13 30	10 58	12 59	15 28	3 31
Apr 2	5 29	15 03	13 16	13 34	10 55	13 04	15 30	3 28
7	5 25	15 10	13 14	13 38	10 52	13 08	15 32	3 25
12	5 20	15 16	13 13	13 43	10 49	13 13	15 35	3 22
17	5 17	15 23	13 11	13 48	10 46	13 17	15 38	3 19
22	5 13	15 29	13 11	13 52	10 44	13 21	15 41	3 16
27	5 11	15 35	13 11D	13 57	10 42	13 25	15 44	3 13
May 2	5 09	15 41	13 11	14 02	10 40	13 30	15 47	3 11
7	5 07	15 47	13 11	14 07	10 39	13 33	15 51	3 09
12	5 06	15 53	13 12	14 12	10 37	13 37	15 54	3 06
17	5 05	15 58	13 14	14 17	10 37	13 41	15 58	3 04
22	5 06D	16 03	13 16	14 22	10 36	13 44	16 02	3 03
27	5 06	16 08	13 18	14 27	10 36D	13 47	16 06	3 01
Jun 1	5 08	16 13	13 20	14 32	10 36	13 50	16 10	3 00
6	5 10	16 17	13 23	14 36	10 37	13 53	16 15	2 59
11	5 12	16 20	13 27	14 41	10 38	13 55	16 19	2 59
16	5 15	16 24	13 30	14 45	10 39	13 57	16 23	2 58
21	5 19	16 26	13 34	14 49	10 41	13 59	16 27	2 58D
26	5 23	16 29	13 38	14 52	10 43	14 00	16 31	2 59
Jul 1	5 28	16 31	13 43	14 55	10 45	14 01	16 35	2 59
6	5 33	16 32	13 48	14 59	10 47	14 02	16 39	3 00
11	5 38	16 33	13 53	15 01	10 50	14 02	16 43	3 01
16	5 44	16 33R	13 58	15 04	10 53	14 02R	16 46	3 03
21	5 51	16 33	14 03R	15 06	10 57	14 02	16 49	3 04
26	5 58	16 33	14 08	15 08	11 00	14 01	16 53	3 06
31	6 05	16 32	14 14	15 09	11 04	14 00	16 56	3 09
Aug 5	6 12	16 30	14 19	15 10	11 08	13 59	16 58	3 11
10	6 20	16 28	14 25	15 11	11 12	13 57	17 01	3 14
15	6 27	16 26	14 30	15 11R	11 17	13 56	17 03	3 17
20	6 35	16 23	14 35	15 11	11 21	13 53	17 05	3 20
25	6 43	16 20	14 41	15 10	11 26	13 51	17 06	3 23
30	6 51	16 17	14 46	15 09	11 30	13 49	17 08	3 26
Sep 4	6 59	16 13	14 51	15 08	11 35	13 46	17 09	3 30
9	7 07	16 09	14 56	15 06	11 39	13 43	17 09	3 34
14	7 15	16 04	15 01	15 04	11 44	13 39	17 10	3 37
19	7 23	15 59	15 05	15 02	11 49	13 36	17 10R	3 41
24	7 31	15 55	15 09	14 59	11 53	13 33	17 09	3 45
29	7 38	15 50	15 13	14 57	11 57	13 29	17 09	3 49
Oct 4	7 45	15 45	15 17	14 53	12 02	13 26	17 08	3 53
9	7 52	15 40	15 20	14 50	12 06	13 22	17 07	3 57
14	7 58	15 34	15 23	14 47	12 09	13 18	17 05	4 00
19	8 04	15 29	15 26	14 43	12 13	13 15	17 03	4 04
24	8 10	15 24	15 28	14 39	12 17	13 11	17 01	4 08
29	8 15	15 20	15 29	14 35	12 20	13 08	16 59	4 11
Nov 3	8 20	15 15	15 31	14 31	12 23	13 05	16 56	4 14
8	8 24	15 10	15 32	14 27	12 25	13 02	16 53	4 18
13	8 28	15 06	15 32	14 23	12 27	12 59	16 50	4 21
18	8 31	15 02	15 32R	14 19	12 29	12 56	16 47	4 24
23	8 33	14 59	15 32	14 15	12 31	12 54	16 44	4 26
28	8 35	14 56	15 31	14 11	12 32	12 52	16 41	4 28
Dec 3	8 36	14 53	15 29	14 07	12 33	12 50	16 37	4 30
8	8 37	14 51	15 28	14 04	12 33	12 48	16 34	4 32
13	8 37R	14 49	15 26	14 01	12 34R	12 47	16 30	4 33
18	8 36	14 47	15 24	13 57	12 33	12 46	16 27	4 34
23	8 35	14 47	15 20	13 55	12 33	12 46	16 23	4 35
28	8♍33	14♈46D	15♌17	13♉52	12♍32	12♈45D	16♊20	4♎36
Stations	May 18	Jul 17	Apr 27	Jan 26	May 25	Jul 13	Feb 28	Jan 1
	Dec 9	Dec 28	Nov 14	Aug 14	Dec 11	Dec 28	Sep 16	Jun 18

	♃	☽	⚷	☊	♃	♆	⚴	⚸
Jan 2	8♍ 30R	14♈ 46	15♌ 14R	13♉ 50R	12♍ 30R	12♈ 46	16♊ 17R	4♎ 36R
7	8 27	14 47	15 10	13 48	12 29	12 46	16 14	4 36
12	8 24	14 48	15 06	13 47	12 27	12 47	16 11	4 35
17	8 19	14 50	15 02	13 46	12 24	12 48	16 08	4 34
22	8 15	14 52	14 58	13 45	12 22	12 50	16 06	4 33
27	8 10	14 55	14 53	13 45D	12 19	12 52	16 04	4 32
Feb 1	8 05	14 58	14 49	13 45	12 16	12 54	16 02	4 31
6	7 59	15 02	14 45	13 45	12 13	12 56	16 00	4 29
11	7 53	15 06	14 40	13 46	12 09	12 59	15 59	4 27
16	7 47	15 10	14 36	13 48	12 06	13 02	15 57	4 24
21	7 41	15 15	14 31	13 49	12 02	13 05	15 57	4 22
26	7 35	15 20	14 27	13 52	11 58	13 09	15 56	4 19
Mar 3	7 28	15 25	14 23	13 54	11 55	13 13	15 56D	4 16
8	7 22	15 31	14 19	13 57	11 51	13 17	15 56	4 13
13	7 16	15 37	14 16	14 00	11 47	13 21	15 57	4 10
18	7 10	15 43	14 13	14 03	11 43	13 25	15 58	4 07
23	7 04	15 49	14 10	14 07	11 40	13 29	15 59	4 04
28	6 59	15 56	14 07	14 11	11 36	13 34	16 01	4 01
Apr 2	6 54	16 02	14 05	14 15	11 33	13 38	16 03	3 58
7	6 49	16 09	14 03	14 19	11 30	13 42	16 05	3 54
12	6 45	16 15	14 01	14 24	11 27	13 47	16 07	3 51
17	6 41	16 22	14 00	14 29	11 24	13 51	16 10	3 48
22	6 37	16 28	13 59	14 34	11 22	13 56	16 13	3 46
27	6 34	16 35	13 59	14 38	11 20	14 00	16 16	3 43
May 2	6 32	16 41	13 59D	14 43	11 18	14 04	16 19	3 40
7	6 30	16 47	13 59	14 48	11 16	14 08	16 23	3 38
12	6 29	16 52	14 00	14 53	11 15	14 12	16 26	3 36
17	6 28	16 58	14 02	14 58	11 14	14 15	16 30	3 34
22	6 28D	17 03	14 03	15 03	11 14	14 19	16 34	3 32
27	6 29	17 08	14 05	15 08	11 14D	14 22	16 38	3 31
Jun 1	6 30	17 12	14 08	15 13	11 14	14 25	16 42	3 29
6	6 32	17 17	14 11	15 17	11 15	14 27	16 47	3 29
11	6 34	17 20	14 14	15 22	11 15	14 30	16 51	3 28
16	6 37	17 24	14 18	15 26	11 16	14 32	16 55	3 28
21	6 40	17 27	14 22	15 30	11 18	14 33	16 59	3 27D
26	6 44	17 29	14 26	15 33	11 20	14 35	17 03	3 28
Jul 1	6 49	17 31	14 30	15 37	11 22	14 36	17 07	3 28
6	6 54	17 33	14 35	15 40	11 24	14 37	17 11	3 29
11	6 59	17 34	14 40	15 43	11 27	14 37	17 15	3 30
16	7 05	17 34	14 45	15 45	11 30	14 37R	17 18	3 32
21	7 11	17 34R	14 50	15 47	11 34	14 37	17 22	3 33
26	7 18	17 34	14 55	15 49	11 37	14 36	17 25	3 35
31	7 25	17 33	15 01	15 51	11 41	14 35	17 28	3 37
Aug 5	7 32	17 32	15 06	15 52	11 45	14 34	17 31	3 40
10	7 40	17 30	15 12	15 52	11 49	14 33	17 33	3 42
15	7 47	17 28	15 17	15 53R	11 53	14 31	17 35	3 45
20	7 55	17 25	15 22	15 53	11 58	14 29	17 37	3 48
25	8 03	17 22	15 28	15 52	12 02	14 27	17 39	3 52
30	8 11	17 18	15 33	15 51	12 07	14 24	17 40	3 55
Sep 4	8 19	17 15	15 38	15 50	12 11	14 21	17 41	3 58
9	8 27	17 11	15 43	15 49	12 16	14 18	17 42	4 02
14	8 35	17 06	15 48	15 47	12 21	14 15	17 42	4 06
19	8 43	17 02	15 52	15 45	12 25	14 12	17 42R	4 10
24	8 51	16 57	15 57	15 42	12 30	14 08	17 42	4 13
29	8 58	16 52	16 01	15 39	12 34	14 05	17 42	4 17
Oct 4	9 06	16 47	16 04	15 36	12 38	14 01	17 41	4 21
9	9 12	16 42	16 08	15 33	12 42	13 58	17 39	4 25
14	9 19	16 37	16 11	15 29	12 46	13 54	17 38	4 29
19	9 25	16 32	16 13	15 26	12 50	13 51	17 36	4 33
24	9 31	16 27	16 15	15 22	12 53	13 47	17 34	4 36
29	9 36	16 22	16 17	15 18	12 57	13 44	17 32	4 40
Nov 3	9 41	16 17	16 19	15 14	13 00	13 40	17 29	4 43
8	9 46	16 12	16 20	15 10	13 02	13 37	17 26	4 46
13	9 49	16 08	16 20	15 06	13 05	13 34	17 23	4 49
18	9 53	16 04	16 20R	15 02	13 07	13 32	17 20	4 52
23	9 55	16 01	16 20	14 58	13 08	13 29	17 17	4 54
28	9 57	15 57	16 19	14 54	13 09	13 27	17 14	4 57
Dec 3	9 59	15 55	16 18	14 50	13 10	13 25	17 10	4 59
8	9 59	15 52	16 16	14 46	13 11	13 24	17 07	5 01
13	10 00R	15 50	16 14	14 43	13 11R	13 22	17 03	5 02
18	9 59	15 49	16 12	14 40	13 11	13 21	17 00	5 03
23	9 58	15 48	16 09	14 37	13 10	13 21	16 57	5 04
28	9♍ 56	15♈ 47	16♌ 06	14♉ 35	13♍ 09	13♈ 20	16♊ 53	5♎ 05

Stations	May 19	Jul 18	Apr 28	Jan 27	May 26	Jul 14	Mar 1	Jan 1
	Dec 11	Dec 30	Nov 16	Aug 15	Dec 12	Dec 29	Sep 16	Jun 19

1939

	♃	⚷	⚶	♀	♃	⚵	♄	⚸
Jan 2	9♍ 54R	15♈ 47D	16♌ 03R	14♉ 32R	13♍ 08R	13♈ 21D	16♊ 50R	5♎ 05R
7	9 51	15 48	15 59	14 31	13 06	13 21	16 47	5 05
12	9 48	15 49	15 55	14 29	13 05	13 22	16 44	5 04
17	9 44	15 50	15 51	14 28	13 02	13 23	16 41	5 04
22	9 39	15 52	15 47	14 27	13 00	13 24	16 39	5 03
27	9 34	15 55	15 43	14 27	12 57	13 26	16 37	5 01
Feb 1	9 29	15 58	15 38	14 27D	12 54	13 28	16 35	5 00
6	9 24	16 02	15 34	14 27	12 51	13 31	16 33	4 58
11	9 18	16 05	15 29	14 28	12 47	13 34	16 31	4 56
16	9 12	16 10	15 25	14 29	12 44	13 37	16 30	4 54
21	9 06	16 14	15 20	14 31	12 40	13 40	16 29	4 51
26	8 59	16 20	15 16	14 33	12 36	13 43	16 29	4 49
Mar 3	8 53	16 25	15 12	14 35	12 33	13 47	16 29D	4 46
8	8 47	16 31	15 08	14 38	12 29	13 51	16 30	4 43
13	8 41	16 36	15 05	14 41	12 25	13 55	16 30	4 40
18	8 35	16 42	15 01	14 45	12 21	13 59	16 30	4 37
23	8 29	16 49	14 58	14 48	12 18	14 04	16 32	4 33
28	8 23	16 55	14 56	14 52	12 14	14 08	16 33	4 30
Apr 2	8 18	17 02	14 53	14 56	12 11	14 12	16 35	4 27
7	8 13	17 08	14 51	15 01	12 08	14 17	16 37	4 24
12	8 09	17 15	14 49	15 05	12 05	14 21	16 39	4 21
17	8 05	17 21	14 48	15 10	12 02	14 26	16 42	4 18
22	8 01	17 28	14 47	15 15	12 00	14 30	16 45	4 15
27	7 58	17 34	14 47	15 20	11 57	14 34	16 48	4 12
May 2	7 55	17 40	14 47D	15 24	11 56	14 38	16 51	4 10
7	7 53	17 46	14 47	15 29	11 54	14 42	16 55	4 07
12	7 52	17 52	14 48	15 34	11 53	14 46	16 59	4 05
17	7 51	17 57	14 49	15 39	11 52	14 50	17 02	4 03
22	7 51D	18 03	14 51	15 44	11 51	14 53	17 06	4 01
27	7 51	18 08	14 53	15 49	11 51D	14 56	17 10	4 00
Jun 1	7 52	18 12	14 56	15 54	11 51	14 59	17 14	3 59
6	7 54	18 17	14 58	15 58	11 52	15 02	17 19	3 58
11	7 56	18 20	15 02	16 03	11 52	15 04	17 23	3 57
16	7 59	18 24	15 05	16 07	11 54	15 06	17 27	3 57
21	8 02	18 27	15 09	16 11	11 55	15 08	17 31	3 57D
26	8 06	18 29	15 13	16 15	11 57	15 10	17 35	3 57
Jul 1	8 10	18 32	15 17	16 18	11 59	15 11	17 39	3 57
6	8 15	18 33	15 22	16 21	12 01	15 12	17 43	3 58
11	8 20	18 34	15 27	16 24	12 04	15 12	17 47	3 59
16	8 26	18 35	15 32	16 27	12 07	15 12R	17 50	4 00
21	8 32	18 35R	15 37	16 29	12 11	15 12	17 54	4 02
26	8 39	18 35	15 42	16 31	12 14	15 11	17 57	4 04
31	8 45	18 34	15 48	16 32	12 18	15 11	18 00	4 06
Aug 5	8 53	18 33	15 53	16 34	12 22	15 10	18 03	4 08
10	9 00	18 31	15 59	16 34	12 26	15 08	18 05	4 11
15	9 08	18 29	16 04	16 35	12 30	15 06	18 08	4 14
20	9 15	18 27	16 10	16 35R	12 34	15 04	18 10	4 17
25	9 23	18 24	16 15	16 34	12 39	15 02	18 11	4 20
30	9 31	18 20	16 20	16 34	12 44	14 59	18 13	4 23
Sep 4	9 39	18 17	16 25	16 32	12 48	14 57	18 14	4 27
9	9 47	18 13	16 30	16 31	12 53	14 54	18 14	4 31
14	9 55	18 08	16 35	16 29	12 57	14 51	18 15	4 34
19	10 03	18 04	16 40	16 27	13 02	14 47	18 15R	4 38
24	10 11	17 59	16 44	16 24	13 06	14 44	18 15	4 42
29	10 19	17 54	16 48	16 22	13 11	14 40	18 14	4 46
Oct 4	10 26	17 49	16 52	16 19	13 15	14 37	18 13	4 50
9	10 33	17 44	16 55	16 15	13 19	14 33	18 12	4 54
14	10 40	17 39	16 58	16 12	13 23	14 30	18 11	4 57
19	10 46	17 34	17 01	16 08	13 27	14 26	18 09	5 01
24	10 52	17 29	17 03	16 04	13 30	14 23	18 07	5 05
29	10 57	17 24	17 05	16 01	13 34	14 19	18 05	5 08
Nov 3	11 02	17 19	17 07	15 56	13 37	14 16	18 02	5 12
8	11 07	17 15	17 08	15 52	13 39	14 13	17 59	5 15
13	11 11	17 10	17 08	15 48	13 42	14 10	17 57	5 18
18	11 14	17 06	17 08R	15 44	13 44	14 07	17 53	5 21
23	11 17	17 02	17 08	15 40	13 45	14 05	17 50	5 23
28	11 19	16 59	17 07	15 36	13 47	14 02	17 47	5 25
Dec 3	11 21	16 56	17 06	15 33	13 48	14 01	17 44	5 28
8	11 22	16 54	17 05	15 29	13 48	13 59	17 40	5 29
13	11 22R	16 52	17 03	15 26	13 49R	13 58	17 37	5 31
18	11 22	16 50	17 01	15 23	13 48	13 56	17 33	5 32
23	11 21	16 49	16 58	15 20	13 48	13 56	17 30	5 33
28	11♍ 20	16♈ 48	16♌ 55	15♉ 17	13♍ 47	13♈ 55	17♊ 26	5♎ 34

Stations	May 21	Jul 20	Apr 29	Jan 28	May 27	Jul 15	Mar 2	Jan 2
	Dec 12	Dec 31	Nov 17	Aug 16	Dec 13	Dec 29	Sep 17	Jun 19

	♃	ℭ	♯	⬆	♃₄	♆	⬆	⚹
Jan 2	11♍17R	16♈48D	16♌52R	15♉15R	13♍46R	13♈56D	17♊23R	5♎34
7	11 15	16 48	16 48	15 13	13 44	13 56	17 20	5 34R
12	11 11	16 49	16 44	15 11	13 42	13 57	17 17	5 33
17	11 08	16 51	16 40	15 10	13 40	13 58	17 14	5 33
22	11 03	16 53	16 36	15 09	13 38	13 59	17 12	5 32
27	10 59	16 55	16 32	15 09	13 35	14 01	17 09	5 31
Feb 1	10 54	16 58	16 27	15 09D	13 32	14 03	17 07	5 29
6	10 48	17 02	16 23	15 09	13 29	14 05	17 06	5 27
11	10 42	17 05	16 18	15 10	13 25	14 08	17 04	5 25
16	10 37	17 10	16 14	15 11	13 22	14 11	17 03	5 23
21	10 30	17 14	16 09	15 13	13 18	14 14	17 02	5 21
26	10 24	17 19	16 05	15 15	13 15	14 18	17 02	5 18
Mar 2	10 18	17 24	16 01	15 17	13 11	14 22	17 01D	5 15
7	10 12	17 30	15 57	15 20	13 07	14 25	17 02	5 12
12	10 05	17 36	15 54	15 23	13 03	14 29	17 02	5 09
17	9 59	17 42	15 50	15 26	13 00	14 34	17 03	5 06
22	9 54	17 48	15 47	15 29	12 56	14 38	17 04	5 03
27	9 48	17 54	15 44	15 33	12 52	14 42	17 05	5 00
Apr 1	9 43	18 01	15 42	15 37	12 49	14 47	17 07	4 57
6	9 38	18 07	15 40	15 42	12 46	14 51	17 09	4 53
11	9 33	18 14	15 38	15 46	12 43	14 55	17 12	4 50
16	9 29	18 20	15 37	15 51	12 40	15 00	17 14	4 47
21	9 25	18 27	15 36	15 56	12 38	15 04	17 17	4 44
26	9 22	18 33	15 35	16 01	12 35	15 08	17 20	4 42
May 1	9 19	18 39	15 35D	16 06	12 33	15 13	17 23	4 39
6	9 17	18 45	15 35	16 11	12 32	15 17	17 27	4 37
11	9 15	18 51	15 36	16 16	12 30	15 20	17 31	4 34
16	9 14	18 57	15 37	16 20	12 29	15 24	17 34	4 32
21	9 14	19 02	15 39	16 25	12 29	15 27	17 38	4 31
26	9 14D	19 07	15 41	16 30	12 28	15 31	17 42	4 29
31	9 15	19 12	15 43	16 35	12 29D	15 34	17 46	4 28
Jun 5	9 16	19 16	15 46	16 40	12 29	15 36	17 50	4 27
10	9 18	19 20	15 49	16 44	12 30	15 39	17 55	4 26
15	9 20	19 24	15 52	16 48	12 31	15 41	17 59	4 26
20	9 23	19 27	15 56	16 52	12 32	15 43	18 03	4 26D
25	9 27	19 30	16 00	16 56	12 34	15 44	18 07	4 26
30	9 31	19 32	16 05	17 00	12 36	15 46	18 11	4 26
Jul 5	9 36	19 34	16 09	17 03	12 38	15 46	18 15	4 27
10	9 41	19 35	16 14	17 06	12 41	15 47	18 19	4 28
15	9 47	19 36	16 19	17 08	12 44	15 47R	18 22	4 29
20	9 53	19 36R	16 24	17 11	12 47	15 47	18 26	4 31
25	9 59	19 36	16 29	17 13	12 51	15 47	18 29	4 33
30	10 06	19 35	16 35	17 14	12 55	15 46	18 32	4 35
Aug 4	10 13	19 34	16 40	17 15	12 58	15 45	18 35	4 37
9	10 20	19 33	16 46	17 16	13 03	15 43	18 37	4 40
14	10 28	19 31	16 51	17 17	13 07	15 42	18 40	4 42
19	10 36	19 28	16 56	17 17R	13 11	15 40	18 42	4 45
24	10 43	19 25	17 02	17 16	13 16	15 37	18 44	4 49
29	10 51	19 22	17 07	17 16	13 20	15 35	18 45	4 52
Sep 3	10 59	19 19	17 12	17 15	13 25	15 32	18 46	4 55
8	11 08	19 15	17 17	17 13	13 29	15 29	18 47	4 59
13	11 16	19 10	17 22	17 11	13 34	15 26	18 47	5 03
18	11 23	19 06	17 27	17 09	13 39	15 23	18 48R	5 07
23	11 31	19 01	17 31	17 07	13 43	15 20	18 47	5 10
28	11 39	18 56	17 35	17 04	13 47	15 16	18 47	5 14
Oct 3	11 46	18 51	17 39	17 01	13 52	15 12	18 46	5 18
8	11 53	18 46	17 43	16 58	13 56	15 09	18 45	5 22
13	12 00	18 41	17 46	16 55	14 00	15 05	18 44	5 26
18	12 07	18 36	17 48	16 51	14 04	15 02	18 42	5 29
23	12 13	18 31	17 51	16 47	14 07	14 58	18 40	5 33
28	12 18	18 26	17 53	16 43	14 10	14 55	18 38	5 37
Nov 2	12 24	18 21	17 54	16 39	14 14	14 52	18 35	5 40
7	12 28	18 17	17 56	16 35	14 16	14 48	18 33	5 43
12	12 32	18 12	17 56	16 31	14 19	14 45	18 30	5 46
17	12 36	18 08	17 57R	16 27	14 21	14 43	18 27	5 49
22	12 39	18 04	17 56	16 23	14 23	14 40	18 23	5 52
27	12 41	18 01	17 56	16 19	14 24	14 38	18 20	5 54
Dec 2	12 43	17 58	17 55	16 15	14 25	14 36	18 17	5 56
7	12 44	17 55	17 53	16 12	14 26	14 34	18 13	5 58
12	12 45	17 53	17 51	16 08	14 26R	14 33	18 10	6 00
17	12 45R	17 51	17 49	16 05	14 26	14 32	18 06	6 01
22	12 44	17 50	17 47	16 02	14 25	14 31	18 03	6 02
27	12♍43	17♈49	17♌44	16♉00	14♍25	14♈31	17♊59	6♎02

Stations	May 22	Jul 20	Apr 29	Jan 29	May 27	Jul 15	Mar 2	Jan 3
	Dec 13	Dec 31	Nov 17	Aug 16	Dec 12	Dec 29	Sep 17	Jun 19

1941

	♃	Ĝ	⚸	⚷	♃	Ψ	⚶	⚹
Jan 1	12♍41R	17♈49D	17♌40R	15♉57R	14♍23R	14♈30D	17♊56R	6♎03
6	12 38	17 49	17 37	15 55	14 22	14 31	17 53	6 03R
11	12 35	17 50	17 33	15 54	14 20	14 31	17 50	6 03
16	12 32	17 51	17 29	15 52	14 18	14 33	17 47	6 02
21	12 28	17 53	17 25	15 51	14 16	14 34	17 45	6 01
26	12 23	17 55	17 21	15 51	14 13	14 36	17 42	6 00
31	12 18	17 58	17 16	15 51D	14 10	14 38	17 40	5 58
Feb 5	12 13	18 02	17 12	15 51	14 07	14 40	17 38	5 57
10	12 07	18 05	17 07	15 52	14 03	14 43	17 37	5 55
15	12 01	18 09	17 03	15 53	14 00	14 46	17 36	5 52
20	11 55	18 14	16 59	15 54	13 56	14 49	17 35	5 50
25	11 49	18 19	16 54	15 56	13 53	14 52	17 34	5 47
Mar 2	11 43	18 24	16 50	15 58	13 49	14 56	17 34D	5 45
7	11 36	18 29	16 46	16 01	13 45	15 00	17 34	5 42
12	11 30	18 35	16 42	16 04	13 41	15 04	17 35	5 39
17	11 24	18 41	16 39	16 07	13 38	15 08	17 35	5 36
22	11 18	18 47	16 36	16 11	13 34	15 12	17 36	5 32
27	11 12	18 54	16 33	16 15	13 30	15 16	17 38	5 29
Apr 1	11 07	19 00	16 30	16 19	13 27	15 21	17 39	5 26
6	11 02	19 07	16 28	16 23	13 24	15 25	17 41	5 23
11	10 57	19 13	16 26	16 27	13 21	15 30	17 44	5 20
16	10 53	19 20	16 25	16 32	13 18	15 34	17 46	5 17
21	10 49	19 26	16 24	16 37	13 15	15 38	17 49	5 14
26	10 45	19 33	16 23	16 42	13 13	15 43	17 52	5 11
May 1	10 42	19 39	16 23D	16 47	13 11	15 47	17 55	5 08
6	10 40	19 45	16 23	16 52	13 09	15 51	17 59	5 06
11	10 38	19 51	16 24	16 57	13 08	15 55	18 03	5 04
16	10 37	19 56	16 25	17 02	13 07	15 58	18 06	5 02
21	10 36	20 02	16 27	17 06	13 06	16 02	18 10	5 00
26	10 36D	20 07	16 29	17 11	13 06	16 05	18 14	4 58
31	10 37	20 12	16 31	17 16	13 06D	16 08	18 18	4 57
Jun 5	10 38	20 16	16 33	17 21	13 06	16 11	18 22	4 56
10	10 40	20 20	16 36	17 25	13 07	16 13	18 27	4 55
15	10 42	20 24	16 40	17 29	13 08	16 16	18 31	4 55
20	10 45	20 27	16 43	17 33	13 09	16 17	18 35	4 55D
25	10 49	20 30	16 47	17 37	13 11	16 19	18 39	4 55
30	10 53	20 32	16 52	17 41	13 13	16 20	18 43	4 55
Jul 5	10 57	20 34	16 56	17 44	13 15	16 21	18 47	4 56
10	11 02	20 36	17 01	17 47	13 18	16 22	18 51	4 57
15	11 08	20 37	17 06	17 50	13 21	16 22R	18 54	4 58
20	11 13	20 37	17 11	17 52	13 24	16 22	18 58	4 59
25	11 20	20 37R	17 16	17 54	13 28	16 22	19 01	5 01
30	11 26	20 36	17 22	17 56	13 31	16 21	19 04	5 03
Aug 4	11 33	20 35	17 27	17 57	13 35	16 20	19 07	5 06
9	11 41	20 34	17 33	17 58	13 39	16 19	19 10	5 08
14	11 48	20 32	17 38	17 59	13 43	16 17	19 12	5 11
19	11 56	20 30	17 43	17 59R	13 48	16 15	19 14	5 14
24	12 04	20 27	17 49	17 58	13 52	16 13	19 16	5 17
29	12 11	20 24	17 54	17 58	13 57	16 10	19 17	5 20
Sep 3	12 20	20 20	17 59	17 57	14 01	16 08	19 19	5 24
8	12 28	20 17	18 04	17 55	14 06	16 05	19 19	5 27
13	12 36	20 12	18 09	17 54	14 11	16 02	19 20	5 31
18	12 44	20 08	18 14	17 52	14 15	15 58	19 20R	5 35
23	12 51	20 03	18 18	17 49	14 20	15 55	19 20	5 39
28	12 59	19 58	18 23	17 47	14 24	15 52	19 20	5 43
Oct 3	13 07	19 54	18 26	17 44	14 28	15 48	19 19	5 47
8	13 14	19 48	18 30	17 41	14 33	15 44	19 18	5 50
13	13 21	19 43	18 33	17 37	14 37	15 41	19 16	5 54
18	13 27	19 38	18 36	17 34	14 40	15 37	19 15	5 58
23	13 34	19 33	18 39	17 30	14 44	15 34	19 13	6 02
28	13 39	19 28	18 41	17 26	14 47	15 30	19 11	6 05
Nov 2	13 45	19 23	18 42	17 22	14 50	15 27	19 08	6 09
7	13 50	19 19	18 43	17 18	14 53	15 24	19 06	6 12
12	13 54	19 14	18 44	17 14	14 56	15 21	19 03	6 15
17	13 58	19 10	18 45	17 10	14 58	15 18	19 00	6 18
22	14 01	19 06	18 45R	17 06	15 00	15 15	18 56	6 20
27	14 04	19 03	18 44	17 02	15 01	15 13	18 53	6 23
Dec 2	14 06	18 59	18 43	16 58	15 02	15 11	18 50	6 25
7	14 07	18 57	18 42	16 54	15 03	15 09	18 46	6 27
12	14 08	18 54	18 40	16 51	15 03	15 08	18 43	6 28
17	14 08R	18 52	18 38	16 48	15 03R	15 07	18 39	6 30
22	14 07	18 51	18 35	16 45	15 03	15 06	18 36	6 31
27	14♍06	18♈50	18♌32	16♉42	15♍02	15♈06	18♊33	6♎31
Stations	May 23	Jul 21	Apr 30	Jan 29	May 28	Jul 15	Mar 2	Jan 2
	Dec 15		Nov 18	Aug 17	Dec 13	Dec 30	Sep 18	Jun 20

	♃	⚷	♄	⚵	⚴	♆	⚶	♅
Jan 1	14♏ 04R	18♈ 50D	18♌ 29R	16♉ 40R	15♏ 01R	15♈ 05D	18♊ 29R	6♎ 32
6	14 02	18 50	18 26	16 38	15 00	15 06	18 26	6 32R
11	13 59	18 51	18 22	16 36	14 58	15 06	18 23	6 32
16	13 56	18 52	18 18	16 34	14 56	15 07	18 20	6 31
21	13 52	18 54	18 14	16 34	14 53	15 09	18 18	6 30
26	13 47	18 56	18 10	16 33	14 51	15 10	18 15	6 29
31	13 42	18 58	18 05	16 33D	14 48	15 12	18 13	6 28
Feb 5	13 37	19 02	18 01	16 33	14 45	15 15	18 11	6 26
10	13 32	19 05	17 56	16 34	14 42	15 17	18 10	6 24
15	13 26	19 09	17 52	16 35	14 38	15 20	18 09	6 22
20	13 20	19 14	17 48	16 36	14 34	15 23	18 08	6 19
25	13 14	19 18	17 43	16 38	14 31	15 27	18 07	6 17
Mar 2	13 08	19 24	17 39	16 40	14 27	15 30	18 07	6 14
7	13 01	19 29	17 35	16 42	14 23	15 34	18 07D	6 11
12	12 55	19 35	17 31	16 45	14 19	15 38	18 07	6 08
17	12 49	19 41	17 28	16 49	14 16	15 42	18 08	6 05
22	12 43	19 47	17 25	16 52	14 12	15 46	18 09	6 02
27	12 37	19 53	17 22	16 56	14 08	15 51	18 10	5 59
Apr 1	12 31	19 59	17 19	17 00	14 05	15 55	18 12	5 56
6	12 26	20 06	17 17	17 04	14 02	16 00	18 14	5 52
11	12 21	20 12	17 15	17 08	13 59	16 04	18 16	5 49
16	12 17	20 19	17 13	17 13	13 56	16 08	18 18	5 46
21	12 13	20 25	17 12	17 18	13 53	16 13	18 21	5 43
26	12 09	20 32	17 12	17 23	13 51	16 17	18 24	5 40
May 1	12 06	20 38	17 11D	17 28	13 49	16 21	18 27	5 38
6	12 04	20 44	17 11	17 33	13 47	16 25	18 31	5 35
11	12 02	20 50	17 12	17 38	13 46	16 29	18 35	5 33
16	12 00	20 56	17 13	17 43	13 45	16 33	18 38	5 31
21	11 59	21 01	17 14	17 47	13 44	16 36	18 42	5 29
26	11 59D	21 07	17 16	17 52	13 43	16 40	18 46	5 28
31	11 59	21 11	17 18	17 57	13 43D	16 43	18 50	5 26
Jun 5	12 00	21 16	17 21	18 02	13 44	16 45	18 54	5 25
10	12 02	21 20	17 24	18 06	13 44	16 48	18 59	5 24
15	12 04	21 24	17 27	18 11	13 45	16 50	19 03	5 24
20	12 07	21 27	17 31	18 15	13 47	16 52	19 07	5 24
25	12 10	21 30	17 35	18 19	13 48	16 54	19 11	5 24D
30	12 14	21 33	17 39	18 22	13 50	16 55	19 15	5 24
Jul 5	12 18	21 35	17 43	18 26	13 52	16 56	19 19	5 25
10	12 23	21 36	17 48	18 29	13 55	16 57	19 23	5 26
15	12 28	21 37	17 53	18 31	13 58	16 57	19 26	5 27
20	12 34	21 38	17 58	18 34	14 01	16 57R	19 30	5 28
25	12 40	21 38R	18 03	18 36	14 05	16 57	19 33	5 30
30	12 47	21 38	18 09	18 38	14 08	16 56	19 36	5 32
Aug 4	12 54	21 37	18 14	18 39	14 12	16 55	19 39	5 34
9	13 01	21 35	18 19	18 40	14 16	16 54	19 42	5 37
14	13 08	21 34	18 25	18 40	14 20	16 52	19 44	5 40
19	13 16	21 31	18 30	18 41R	14 25	16 50	19 46	5 43
24	13 24	21 29	18 36	18 40	14 29	16 48	19 48	5 46
29	13 32	21 26	18 41	18 40	14 33	16 46	19 50	5 49
Sep 3	13 40	21 22	18 46	18 39	14 38	16 43	19 51	5 52
8	13 48	21 18	18 52	18 38	14 43	16 40	19 52	5 56
13	13 56	21 14	18 56	18 36	14 47	16 37	19 52	6 00
18	14 04	21 10	19 01	18 34	14 52	16 34	19 53	6 03
23	14 12	21 05	19 06	18 32	14 56	16 31	19 53R	6 07
28	14 19	21 01	19 10	18 29	15 01	16 27	19 52	6 11
Oct 3	14 27	20 56	19 14	18 26	15 05	16 24	19 52	6 15
8	14 34	20 51	19 17	18 23	15 09	16 20	19 51	6 19
13	14 41	20 46	19 21	18 20	15 13	16 16	19 49	6 23
18	14 48	20 40	19 24	18 16	15 17	16 13	19 48	6 26
23	14 54	20 35	19 26	18 13	15 21	16 09	19 46	6 30
28	15 00	20 30	19 28	18 09	15 24	16 06	19 44	6 34
Nov 2	15 06	20 25	19 30	18 05	15 27	16 03	19 41	6 37
7	15 11	20 21	19 31	18 01	15 30	15 59	19 39	6 40
12	15 15	20 16	19 32	17 57	15 33	15 56	19 36	6 43
17	15 19	20 12	19 33	17 52	15 35	15 53	19 33	6 46
22	15 23	20 08	19 33R	17 48	15 37	15 51	19 30	6 49
27	15 26	20 04	19 32	17 45	15 38	15 49	19 26	6 51
Dec 2	15 28	20 01	19 31	17 41	15 40	15 46	19 23	6 54
7	15 29	19 58	19 30	17 37	15 40	15 45	19 19	6 56
12	15 30	19 56	19 29	17 34	15 41	15 43	19 16	6 57
17	15 31R	19 54	19 26	17 30	15 41R	15 42	19 13	6 59
22	15 30	19 52	19 24	17 27	15 41	15 41	19 09	7 00
27	15♏ 29	19♈ 51	19♌ 21	17♉ 24	15♏ 40	15♈ 41	19♊ 06	7♎ 00

Stations	May 25	Jan 1	May 1	Jan 30	May 29	Jul 16	Mar 3	Jan 3
	Dec 16	Jul 23	Nov 19	Aug 18	Dec 14	Dec 31	Sep 19	Jun 21

1943

	Cupido	Hades	Zeus	Kronos	Apollon	Admetos	Vulkanus	Poseidon
Jan 1	15♍ 28R	19♈ 51R	19♌ 18R	17♉ 22R	15♍ 39R	15♈ 40D	19♊ 02R	7♎ 01
6	15 26	19 51D	19 15	17 20	15 37	15 41	18 59	7 01R
11	15 23	19 51	19 11	17 18	15 36	15 41	18 56	7 01
16	15 20	19 52	19 07	17 17	15 34	15 42	18 53	7 00
21	15 16	19 54	19 03	17 16	15 31	15 43	18 51	6 59
26	15 11	19 56	18 59	17 15	15 29	15 45	18 48	6 58
31	15 07	19 59	18 54	17 15D	15 26	15 47	18 46	6 57
Feb 5	15 02	20 02	18 50	17 15	15 23	15 49	18 44	6 55
10	14 56	20 05	18 45	17 15	15 20	15 52	18 43	6 53
15	14 51	20 09	18 41	17 16	15 16	15 55	18 41	6 51
20	14 45	20 13	18 37	17 18	15 13	15 58	18 40	6 49
25	14 39	20 18	18 32	17 19	15 09	16 01	18 40	6 46
Mar 2	14 32	20 23	18 28	17 22	15 05	16 05	18 39	6 43
7	14 26	20 28	18 24	17 24	15 01	16 08	18 39D	6 41
12	14 20	20 34	18 20	17 27	14 58	16 12	18 40	6 38
17	14 14	20 40	18 17	17 30	14 54	16 16	18 40	6 35
22	14 08	20 46	18 13	17 33	14 50	16 21	18 41	6 31
27	14 02	20 52	18 10	17 37	14 47	16 25	18 42	6 28
Apr 1	13 56	20 59	18 08	17 41	14 43	16 29	18 44	6 25
6	13 51	21 05	18 05	17 45	14 40	16 34	18 46	6 22
11	13 46	21 12	18 03	17 50	14 37	16 38	18 48	6 19
16	13 41	21 18	18 02	17 54	14 34	16 43	18 51	6 16
21	13 37	21 25	18 01	17 59	14 31	16 47	18 53	6 13
26	13 33	21 31	18 00	18 04	14 29	16 51	18 56	6 10
May 1	13 30	21 37	17 59	18 09	14 27	16 55	19 00	6 07
6	13 27	21 44	18 00D	18 14	14 25	17 00	19 03	6 05
11	13 25	21 50	18 00	18 19	14 23	17 03	19 07	6 02
16	13 23	21 55	18 01	18 24	14 22	17 07	19 10	6 00
21	13 22	22 01	18 02	18 28	14 21	17 11	19 14	5 58
26	13 22	22 06	18 04	18 33	14 21	17 14	19 18	5 57
31	13 22D	22 11	18 06	18 38	14 21D	17 17	19 22	5 55
Jun 5	13 23	22 16	18 09	18 43	14 21	17 20	19 26	5 54
10	13 24	22 20	18 11	18 47	14 22	17 23	19 30	5 53
15	13 26	22 24	18 15	18 52	14 22	17 25	19 35	5 53
20	13 29	22 27	18 18	18 56	14 24	17 27	19 39	5 53
25	13 32	22 30	18 22	19 00	14 25	17 29	19 43	5 53D
30	13 35	22 33	18 26	19 04	14 27	17 30	19 47	5 53
Jul 5	13 40	22 35	18 31	19 07	14 30	17 31	19 51	5 54
10	13 44	22 37	18 35	19 10	14 32	17 32	19 55	5 54
15	13 49	22 38	18 40	19 13	14 35	17 32	19 58	5 56
20	13 55	22 39	18 45	19 15	14 38	17 32R	20 02	5 57
25	14 01	22 39R	18 50	19 17	14 41	17 32	20 05	5 59
30	14 07	22 39	18 56	19 19	14 45	17 31	20 08	6 01
Aug 4	14 14	22 38	19 01	19 21	14 49	17 30	20 11	6 03
9	14 21	22 37	19 06	19 22	14 53	17 29	20 14	6 05
14	14 29	22 35	19 12	19 22	14 57	17 27	20 16	6 08
19	14 36	22 33	19 17	19 23R	15 01	17 26	20 19	6 11
24	14 44	22 30	19 23	19 23	15 06	17 24	20 21	6 14
29	14 52	22 27	19 28	19 22	15 10	17 21	20 22	6 17
Sep 3	15 00	22 24	19 33	19 21	15 15	17 19	20 23	6 21
8	15 08	22 20	19 39	19 20	15 19	17 16	20 24	6 24
13	15 16	22 16	19 44	19 18	15 24	17 13	20 25	6 28
18	15 24	22 12	19 48	19 17	15 29	17 10	20 25	6 32
23	15 32	22 08	19 53	19 14	15 33	17 06	20 25R	6 36
28	15 40	22 03	19 57	19 12	15 38	17 03	20 25	6 40
Oct 3	15 47	21 58	20 01	19 09	15 42	16 59	20 24	6 43
8	15 55	21 53	20 05	19 06	15 46	16 56	20 23	6 47
13	16 02	21 48	20 08	19 03	15 50	16 52	20 22	6 51
18	16 09	21 43	20 11	18 59	15 54	16 48	20 21	6 55
23	16 15	21 38	20 14	18 55	15 58	16 45	20 19	6 59
28	16 21	21 32	20 16	18 51	16 01	16 41	20 17	7 02
Nov 2	16 27	21 28	20 18	18 47	16 04	16 38	20 14	7 06
7	16 32	21 23	20 19	18 43	16 07	16 35	20 12	7 09
12	16 37	21 18	20 20	18 39	16 10	16 32	20 09	7 12
17	16 41	21 14	20 21	18 35	16 12	16 29	20 06	7 15
22	16 44	21 10	20 21R	18 31	16 14	16 26	20 03	7 18
27	16 47	21 06	20 21	18 27	16 16	16 24	19 59	7 20
Dec 2	16 50	21 03	20 20	18 23	16 17	16 22	19 56	7 22
7	16 52	21 00	20 19	18 20	16 18	16 20	19 53	7 24
12	16 53	20 57	20 17	18 16	16 18	16 18	19 49	7 26
17	16 53	20 55	20 15	18 13	16 18R	16 17	19 46	7 27
22	16 53R	20 54	20 13	18 10	16 18	16 16	19 42	7 29
27	16♍ 52	20♈ 52	20♌ 10	18♉ 07	16♍ 17	16♈ 16	19♊ 39	7♎ 29
Stations	May 27 Dec 18	Jan 3 Jul 24	May 2 Nov 20	Jan 31 Aug 19	May 30 Dec 15	Jul 17	Mar 4 Sep 19	Jan 4 Jun 22

	♃		♁		☿		♈		♃H		♆		↥		♅	
Jan 1	16♍51R	20♈52R	20♌07R	18♉04R	16♍17R	16♈15D	19♊36R	7♎30
6	16 49	20 52D	20 04	18 02	16 15	16 16	19 32	7 30R
11	16 47	20 52	20 00	18 00	16 14	16 17	19 29	7 30
16	16 43	20 53	19 56	17 59	16 12	16 17	19 26	7 29
21	16 40	20 54	19 52	17 58	16 09	16 18	19 24	7 28
26	16 36	20 56	19 48	17 57	16 07	16 20	19 21	7 27
31	16 31	20 59	19 43	17 57	16 04	16 22	19 19	7 26
Feb 5	16 26	21 02	19 39	17 57D	16 01	16 24	19 17	7 24
10	16 21	21 05	19 35	17 57	15 58	16 26	19 15	7 23
15	16 15	21 09	19 30	17 58	15 54	16 29	19 14	7 20
20	16 09	21 13	19 26	17 59	15 51	16 32	19 13	7 18
25	16 03	21 18	19 21	18 01	15 47	16 35	19 12	7 16
Mar 1	15 57	21 23	19 17	18 03	15 43	16 39	19 12	7 13
6	15 51	21 28	19 13	18 05	15 39	16 43	19 12D	7 10
11	15 45	21 34	19 09	18 08	15 36	16 47	19 13	7 07
16	15 38	21 39	19 06	18 11	15 32	16 51	19 13	7 04
21	15 32	21 45	19 02	18 15	15 28	16 55	19 14	7 01
26	15 26	21 52	18 59	18 18	15 25	16 59	19 15	6 58
31	15 21	21 58	18 56	18 22	15 21	17 04	19 16	6 54
Apr 5	15 15	22 04	18 54	18 26	15 18	17 08	19 18	6 51
10	15 10	22 11	18 52	18 31	15 15	17 12	19 20	6 48
15	15 05	22 17	18 50	18 35	15 12	17 17	19 23	6 45
20	15 01	22 24	18 49	18 40	15 09	17 21	19 26	6 42
25	14 57	22 30	18 48	18 45	15 07	17 26	19 29	6 39
30	14 54	22 37	18 48	18 50	15 05	17 30	19 32	6 37
May 5	14 51	22 43	18 48D	18 55	15 03	17 34	19 35	6 34
10	14 48	22 49	18 48	19 00	15 01	17 38	19 39	6 32
15	14 47	22 55	18 49	19 05	15 00	17 42	19 42	6 30
20	14 45	23 00	18 50	19 10	14 59	17 45	19 46	6 28
25	14 45	23 06	18 52	19 14	14 58	17 49	19 50	6 26
30	14 45D	23 11	18 54	19 19	14 58D	17 52	19 54	6 25
Jun 4	14 45	23 16	18 56	19 24	14 58	17 55	19 58	6 23
9	14 46	23 20	18 59	19 29	14 59	17 57	20 02	6 23
14	14 48	23 24	19 02	19 33	15 00	18 00	20 07	6 22
19	14 51	23 27	19 06	19 37	15 01	18 02	20 11	6 22
24	14 53	23 31	19 09	19 41	15 03	18 03	20 15	6 22D
29	14 57	23 33	19 13	19 45	15 04	18 05	20 19	6 22
Jul 4	15 01	23 36	19 18	19 48	15 07	18 06	20 23	6 22
9	15 05	23 37	19 22	19 51	15 09	18 07	20 27	6 23
14	15 10	23 39	19 27	19 54	15 12	18 07	20 30	6 24
19	15 16	23 39	19 32	19 57	15 15	18 07R	20 34	6 26
24	15 22	23 40R	19 37	19 59	15 18	18 07	20 37	6 28
29	15 28	23 40	19 43	20 01	15 22	18 06	20 41	6 29
Aug 3	15 35	23 39	19 48	20 02	15 26	18 06	20 44	6 32
8	15 42	23 38	19 53	20 04	15 29	18 04	20 46	6 34
13	15 49	23 36	19 59	20 04	15 34	18 03	20 49	6 37
18	15 56	23 34	20 04	20 05	15 38	18 01	20 51	6 40
23	16 04	23 32	20 10	20 05R	15 42	17 59	20 53	6 43
28	16 12	23 29	20 15	20 04	15 47	17 57	20 55	6 46
Sep 2	16 20	23 26	20 21	20 03	15 51	17 54	20 56	6 49
7	16 28	23 22	20 26	20 02	15 56	17 51	20 57	6 53
12	16 36	23 18	20 31	20 01	16 01	17 48	20 58	6 57
17	16 44	23 14	20 36	19 59	16 05	17 45	20 58	7 00
22	16 52	23 10	20 40	19 57	16 10	17 42	20 58R	7 04
27	17 00	23 05	20 44	19 54	16 14	17 38	20 58	7 08
Oct 2	17 08	23 00	20 49	19 52	16 19	17 35	20 57	7 12
7	17 15	22 55	20 52	19 48	16 23	17 31	20 56	7 16
12	17 22	22 50	20 56	19 45	16 27	17 28	20 55	7 20
17	17 29	22 45	20 59	19 42	16 31	17 24	20 53	7 23
22	17 36	22 40	21 01	19 38	16 35	17 21	20 52	7 27
27	17 42	22 35	21 04	19 34	16 38	17 17	20 50	7 31
Nov 1	17 48	22 30	21 06	19 30	16 41	17 14	20 47	7 34
6	17 53	22 25	21 07	19 26	16 44	17 10	20 45	7 38
11	17 58	22 20	21 08	19 22	16 47	17 07	20 42	7 41
16	18 02	22 16	21 09	19 18	16 49	17 04	20 39	7 44
21	18 06	22 12	21 09R	19 14	16 51	17 02	20 36	7 46
26	18 09	22 08	21 09	19 10	16 53	16 59	20 33	7 49
Dec 1	18 12	22 04	21 08	19 06	16 54	16 58	20 29	7 51
6	18 14	22 01	21 07	19 02	16 55	16 55	20 26	7 53
11	18 15	21 59	21 06	18 59	16 56	16 54	20 22	7 55
16	18 16	21 57	21 04	18 55	16 56R	16 52	20 19	7 56
21	18 16R	21 55	21 01	18 52	16 56	16 51	20 15	7 57
26	18 16	21 54	20 59	18 49	16 55	16 51	20 12	7 58
31	18♍14	21♈53	20♌56	18♉47	16♍54	16♈50	20♊09	7♎59

Stations	May 27	Jan 4	May 2	Feb 1	May 30	Jan 1	Mar 4	Jan 5
	Dec 18	Jul 24	Nov 20	Aug 19	Dec 15	Jul 17	Sep 19	Jun 21

1945

	♃	⚸	♇	⚷	♃	Ψ	⚶	♅
Jan 5	18♍13R	21♈53D	20♌52R	18♉45R	16♍53R	16♈51D	20♊05R	7♎59R
10	18 10	21 53	20 49	18 43	16 51	16 51	20 02	7 59
15	18 07	21 54	20 45	18 41	16 49	16 52	19 59	7 58
20	18 04	21 55	20 41	18 40	16 47	16 53	19 57	7 58
25	18 00	21 57	20 37	18 39	16 45	16 54	19 54	7 57
30	17 56	21 59	20 33	18 39	16 42	16 56	19 52	7 55
Feb 4	17 51	22 02	20 28	18 39D	16 39	16 58	19 50	7 54
9	17 45	22 05	20 24	18 39	16 36	17 01	19 48	7 52
14	17 40	22 09	20 19	18 40	16 32	17 04	19 47	7 50
19	17 34	22 13	20 15	18 41	16 29	17 07	19 46	7 48
24	17 28	22 17	20 10	18 43	16 25	17 10	19 45	7 45
Mar 1	17 22	22 22	20 06	18 45	16 21	17 13	19 45	7 42
6	17 16	22 28	20 02	18 47	16 18	17 17	19 44D	7 39
11	17 10	22 33	19 58	18 50	16 14	17 21	19 45	7 37
16	17 03	22 39	19 55	18 53	16 10	17 25	19 45	7 33
21	16 57	22 45	19 51	18 56	16 06	17 29	19 46	7 30
26	16 51	22 51	19 48	19 00	16 03	17 34	19 47	7 27
31	16 45	22 57	19 45	19 03	15 59	17 38	19 49	7 24
Apr 5	16 40	23 04	19 43	19 08	15 56	17 42	19 51	7 21
10	16 35	23 10	19 41	19 12	15 53	17 47	19 53	7 18
15	16 30	23 17	19 39	19 16	15 50	17 51	19 55	7 15
20	16 25	23 23	19 37	19 21	15 47	17 56	19 58	7 12
25	16 21	23 30	19 36	19 26	15 45	18 00	20 01	7 09
30	16 18	23 36	19 36	19 31	15 42	18 04	20 04	7 06
May 5	16 15	23 42	19 36D	19 36	15 41	18 08	20 07	7 04
10	16 12	23 48	19 36	19 41	15 39	18 12	20 11	7 01
15	16 10	23 54	19 37	19 46	15 38	18 16	20 14	6 59
20	16 09	24 00	19 38	19 51	15 37	18 20	20 18	6 57
25	16 08	24 05	19 40	19 56	15 36	18 23	20 22	6 55
30	16 08D	24 10	19 41	20 00	15 36	18 26	20 26	6 54
Jun 4	16 08	24 15	19 44	20 05	15 36D	18 29	20 30	6 53
9	16 09	24 20	19 47	20 10	15 36	18 32	20 34	6 52
14	16 10	24 24	19 50	20 14	15 37	18 34	20 39	6 51
19	16 13	24 27	19 53	20 18	15 38	18 36	20 43	6 51
24	16 15	24 31	19 57	20 22	15 40	18 38	20 47	6 51D
29	16 19	24 34	20 01	20 26	15 42	18 40	20 51	6 51
Jul 4	16 22	24 36	20 05	20 30	15 44	18 41	20 55	6 51
9	16 27	24 38	20 10	20 33	15 46	18 42	20 59	6 52
14	16 32	24 39	20 14	20 36	15 49	18 42	21 03	6 53
19	16 37	24 40	20 19	20 38	15 52	18 42R	21 06	6 55
24	16 43	24 41	20 24	20 41	15 55	18 42	21 10	6 56
29	16 49	24 41R	20 30	20 43	15 59	18 42	21 13	6 58
Aug 3	16 55	24 40	20 35	20 44	16 02	18 41	21 16	7 00
8	17 02	24 39	20 41	20 45	16 06	18 40	21 19	7 03
13	17 09	24 38	20 46	20 46	16 10	18 38	21 21	7 05
18	17 17	24 36	20 51	20 47	16 15	18 36	21 23	7 08
23	17 24	24 34	20 57	20 47R	16 19	18 34	21 25	7 11
28	17 32	24 31	21 02	20 46	16 24	18 32	21 27	7 15
Sep 2	17 40	24 28	21 08	20 46	16 28	18 30	21 28	7 18
7	17 48	24 24	21 13	20 45	16 33	18 27	21 29	7 22
12	17 56	24 20	21 18	20 43	16 37	18 24	21 30	7 25
17	18 04	24 16	21 23	20 41	16 42	18 21	21 31	7 29
22	18 12	24 12	21 27	20 39	16 46	18 17	21 31R	7 33
27	18 20	24 07	21 32	20 37	16 51	18 14	21 30	7 37
Oct 2	18 28	24 02	21 36	20 34	16 55	18 11	21 30	7 40
7	18 36	23 57	21 40	20 31	17 00	18 07	21 29	7 44
12	18 43	23 52	21 43	20 28	17 04	18 03	21 28	7 48
17	18 50	23 47	21 46	20 24	17 08	18 00	21 26	7 52
22	18 57	23 42	21 49	20 21	17 11	17 56	21 25	7 56
27	19 03	23 37	21 52	20 17	17 15	17 53	21 23	7 59
Nov 1	19 09	23 32	21 54	20 13	17 18	17 49	21 20	8 03
6	19 14	23 27	21 55	20 09	17 21	17 46	21 18	8 06
11	19 19	23 22	21 56	20 05	17 24	17 43	21 15	8 09
16	19 24	23 18	21 57	20 01	17 26	17 40	21 12	8 12
21	19 28	23 14	21 57R	19 57	17 28	17 37	21 09	8 15
26	19 31	23 10	21 57	19 53	17 30	17 35	21 06	8 18
Dec 1	19 34	23 06	21 57	19 49	17 31	17 33	21 02	8 20
6	19 36	23 03	21 56	19 45	17 32	17 31	20 59	8 22
11	19 38	23 00	21 54	19 42	17 33	17 29	20 56	8 24
16	19 39	22 58	21 52	19 38	17 33R	17 28	20 52	8 25
21	19 39R	22 56	21 50	19 35	17 33	17 27	20 49	8 26
26	19 39	22 55	21 48	19 32	17 33	17 26	20 45	8 27
31	19♍38	22♈54	21♌45	19♉29	17♍32	17♈26	20♊42	8♎28

Stations	May 29	Jan 4	May 3	Feb 1	May 31	Jan 1	Mar 5	Jan 4
	Dec 20	Jul 25	Nov 21	Aug 20	Dec 16	Jul 18	Sep 20	Jun 22

	♃	⚷	♴	♞	24	♆	♙	♓
Jan 5	19♍ 36R	22♈ 54D	21♌ 41R	19♉ 27R	17♍ 31R	17♈ 26D	20♊ 39R	8♎ 28R
10	19 34	22 54	21 38	19 25	17 29	17 26	20 36	8 28
15	19 31	22 54	21 34	19 23	17 27	17 27	20 33	8 28
20	19 28	22 56	21 30	19 22	17 25	17 28	20 30	8 27
25	19 24	22 57	21 26	19 21	17 23	17 29	20 27	8 26
30	19 20	22 59	21 22	19 21	17 20	17 31	20 25	8 25
Feb 4	19 15	23 02	21 17	19 21D	17 17	17 33	20 23	8 23
9	19 10	23 05	21 13	19 21	17 14	17 36	20 21	8 21
14	19 05	23 09	21 08	19 22	17 10	17 38	20 20	8 19
19	18 59	23 13	21 04	19 23	17 07	17 41	20 19	8 17
24	18 53	23 17	21 00	19 24	17 03	17 44	20 18	8 14
Mar 1	18 47	23 22	20 55	19 26	17 00	17 48	20 17	8 12
6	18 41	23 27	20 51	19 29	16 56	17 52	20 17D	8 09
11	18 34	23 33	20 47	19 31	16 52	17 55	20 17	8 06
16	18 28	23 38	20 44	19 34	16 48	18 00	20 18	8 03
21	18 22	23 44	20 40	19 37	16 45	18 04	20 19	8 00
26	18 16	23 50	20 37	19 41	16 41	18 08	20 20	7 57
31	18 10	23 57	20 34	19 45	16 37	18 12	20 21	7 54
Apr 5	18 04	24 03	20 31	19 49	16 34	18 17	20 23	7 50
10	17 59	24 09	20 29	19 53	16 31	18 21	20 25	7 47
15	17 54	24 16	20 27	19 58	16 28	18 26	20 27	7 44
20	17 50	24 22	20 26	20 02	16 25	18 30	20 30	7 41
25	17 45	24 29	20 25	20 07	16 23	18 34	20 33	7 38
30	17 42	24 35	20 24	20 12	16 20	18 38	20 36	7 36
May 5	17 38	24 42	20 24D	20 17	16 18	18 43	20 39	7 33
10	17 36	24 48	20 24	20 22	16 17	18 47	20 43	7 31
15	17 33	24 54	20 25	20 27	16 15	18 50	20 46	7 28
20	17 32	24 59	20 26	20 32	16 14	18 54	20 50	7 26
25	17 31	25 05	20 27	20 37	16 14	18 58	20 54	7 25
30	17 30	25 10	20 29	20 42	16 13	19 01	20 58	7 23
Jun 4	17 31D	25 15	20 32	20 46	16 13D	19 04	21 02	7 22
9	17 31	25 20	20 34	20 51	16 14	19 06	21 06	7 21
14	17 33	25 24	20 37	20 55	16 15	19 09	21 11	7 20
19	17 35	25 28	20 40	21 00	16 16	19 11	21 15	7 20
24	17 37	25 31	20 44	21 04	16 17	19 13	21 19	7 20D
29	17 40	25 34	20 48	21 08	16 19	19 14	21 23	7 20
Jul 4	17 44	25 36	20 52	21 11	16 21	19 16	21 27	7 20
9	17 48	25 38	20 57	21 14	16 23	19 17	21 31	7 21
14	17 53	25 40	21 02	21 17	16 26	19 17	21 35	7 22
19	17 58	25 41	21 06	21 20	16 29	19 17R	21 38	7 24
24	18 04	25 42	21 12	21 22	16 32	19 17	21 42	7 25
29	18 10	25 42R	21 17	21 24	16 36	19 17	21 45	7 27
Aug 3	18 16	25 41	21 22	21 26	16 39	19 16	21 48	7 29
8	18 23	25 40	21 28	21 27	16 43	19 15	21 51	7 32
13	18 30	25 39	21 33	21 28	16 47	19 13	21 53	7 34
18	18 37	25 37	21 39	21 29	16 51	19 12	21 56	7 37
23	18 45	25 35	21 44	21 29R	16 56	19 10	21 58	7 40
28	18 52	25 33	21 49	21 29	17 00	19 08	21 59	7 43
Sep 2	19 00	25 29	21 55	21 28	17 05	19 05	22 01	7 47
7	19 08	25 26	22 00	21 27	17 09	19 02	22 02	7 50
12	19 16	25 22	22 05	21 26	17 14	18 59	22 03	7 54
17	19 25	25 18	22 10	21 24	17 19	18 56	22 03	7 57
22	19 33	25 14	22 15	21 22	17 23	18 53	22 03R	8 01
27	19 41	25 09	22 19	21 19	17 28	18 50	22 03	8 05
Oct 2	19 48	25 05	22 23	21 17	17 32	18 46	22 03	8 09
7	19 56	25 00	22 27	21 14	17 36	18 43	22 02	8 13
12	20 03	24 55	22 31	21 11	17 41	18 39	22 01	8 17
17	20 11	24 49	22 34	21 07	17 45	18 35	21 59	8 20
22	20 17	24 44	22 37	21 04	17 48	18 32	21 58	8 24
27	20 24	24 39	22 39	21 00	17 52	18 28	21 56	8 28
Nov 1	20 30	24 34	22 41	20 56	17 55	18 25	21 53	8 31
6	20 36	24 29	22 43	20 52	17 58	18 22	21 51	8 35
11	20 41	24 25	22 44	20 48	18 01	18 19	21 48	8 38
16	20 45	24 20	22 45	20 44	18 04	18 16	21 45	8 41
21	20 50	24 16	22 46	20 40	18 06	18 13	21 42	8 44
26	20 53	24 12	22 46R	20 36	18 07	18 10	21 39	8 46
Dec 1	20 56	24 08	22 45	20 32	18 09	18 08	21 36	8 49
6	20 59	24 05	22 44	20 28	18 10	18 06	21 32	8 51
11	21 00	24 02	22 43	20 24	18 11	18 04	21 29	8 53
16	21 01	24 00	22 41	20 21	18 11	18 03	21 25	8 54
21	21 02	23 58	22 39	20 18	18 11R	18 02	21 22	8 55
26	21 02R	23 56	22 36	20 15	18 10	18 01	21 18	8 56
31	21♍ 01	23♈ 55	22♌ 34	20♉ 12	18♍ 10	18♈ 01	21♊ 15	8♎ 57

Stations	May 31	Jan 5	May 4	Feb 2	May 31	Jan 1	Mar 5	Jan 5
	Dec 22	Jul 27	Nov 22	Aug 21	Dec 17	Jul 19	Sep 21	Jun 23

1947

	♃	(Cu)	(Ha)	(Ze)	(Kr)	♆	(Ad)	(Vu)
Jan 5	21♍00R	23♈55R	22♌30R	20♉10R	18♍08R	18♈01D	21♊12R	8♎57
10	20 58	23 55D	22 27	20 08	18 07	18 01	21 09	8 57R
15	20 55	23 55	22 23	20 06	18 05	18 02	21 06	8 57
20	20 52	23 56	22 19	20 05	18 03	18 03	21 03	8 56
25	20 48	23 58	22 15	20 04	18 01	18 04	21 00	8 55
30	20 44	24 00	22 11	20 03	17 58	18 06	20 58	8 54
Feb 4	20 40	24 02	22 06	20 03D	17 55	18 08	20 56	8 52
9	20 35	24 05	22 02	20 03	17 52	18 10	20 54	8 51
14	20 29	24 09	21 58	20 04	17 49	18 13	20 53	8 49
19	20 24	24 13	21 53	20 05	17 45	18 16	20 52	8 46
24	20 18	24 17	21 49	20 06	17 41	18 19	20 51	8 44
Mar 1	20 12	24 22	21 44	20 08	17 38	18 22	20 50	8 41
6	20 06	24 27	21 40	20 10	17 34	18 26	20 50D	8 39
11	19 59	24 32	21 36	20 13	17 30	18 30	20 50	8 36
16	19 53	24 38	21 33	20 16	17 27	18 34	20 50	8 33
21	19 47	24 44	21 29	20 19	17 23	18 38	20 51	8 30
26	19 41	24 50	21 26	20 22	17 19	18 42	20 52	8 26
31	19 35	24 56	21 23	20 26	17 16	18 47	20 54	8 23
Apr 5	19 29	25 02	21 20	20 30	17 12	18 51	20 55	8 20
10	19 24	25 09	21 18	20 34	17 09	18 55	20 57	8 17
15	19 19	25 15	21 16	20 39	17 06	19 00	21 00	8 14
20	19 14	25 22	21 14	20 43	17 03	19 04	21 02	8 11
25	19 10	25 28	21 13	20 48	17 01	19 09	21 05	8 08
30	19 06	25 35	21 13	20 53	16 58	19 13	21 08	8 05
May 5	19 02	25 41	21 12D	20 58	16 56	19 17	21 11	8 03
10	18 59	25 47	21 12	21 03	16 55	19 21	21 15	8 00
15	18 57	25 53	21 13	21 08	16 53	19 25	21 19	7 58
20	18 55	25 59	21 14	21 13	16 52	19 29	21 22	7 56
25	18 54	26 05	21 15	21 18	16 51	19 32	21 26	7 54
30	18 53	26 10	21 17	21 23	16 51	19 35	21 30	7 53
Jun 4	18 53D	26 15	21 19	21 28	16 51D	19 38	21 34	7 51
9	18 54	26 19	21 22	21 32	16 51	19 41	21 38	7 50
14	18 55	26 24	21 25	21 37	16 52	19 44	21 43	7 49
19	18 57	26 28	21 28	21 41	16 53	19 46	21 47	7 49
24	18 59	26 31	21 32	21 45	16 54	19 48	21 51	7 49D
29	19 02	26 34	21 35	21 49	16 56	19 49	21 55	7 49
Jul 4	19 06	26 37	21 40	21 53	16 58	19 51	21 59	7 49
9	19 10	26 39	21 44	21 56	17 00	19 52	22 03	7 50
14	19 14	26 41	21 49	21 59	17 03	19 52	22 07	7 51
19	19 19	26 42	21 54	22 02	17 06	19 52R	22 10	7 52
24	19 25	26 42	21 59	22 04	17 09	19 52	22 14	7 54
29	19 30	26 43R	22 04	22 06	17 13	19 52	22 17	7 56
Aug 3	19 37	26 42	22 09	22 08	17 16	19 51	22 20	7 58
8	19 43	26 42	22 15	22 09	17 20	19 50	22 23	8 00
13	19 50	26 41	22 20	22 10	17 24	19 49	22 26	8 03
18	19 58	26 39	22 26	22 11	17 28	19 47	22 28	8 06
23	20 05	26 37	22 31	22 11R	17 33	19 45	22 30	8 09
28	20 13	26 34	22 37	22 11	17 37	19 43	22 32	8 12
Sep 2	20 21	26 31	22 42	22 10	17 42	19 41	22 33	8 15
7	20 29	26 28	22 47	22 09	17 46	19 38	22 35	8 19
12	20 37	26 24	22 52	22 08	17 51	19 35	22 35	8 22
17	20 45	26 20	22 57	22 06	17 55	19 32	22 36	8 26
22	20 53	26 16	23 02	22 04	18 00	19 29	22 36R	8 30
27	21 01	26 11	23 06	22 02	18 05	19 25	22 36	8 34
Oct 2	21 09	26 07	23 11	21 59	18 09	19 22	22 36	8 38
7	21 16	26 02	23 15	21 56	18 13	19 18	22 35	8 41
12	21 24	25 57	23 18	21 53	18 18	19 15	22 34	8 45
17	21 31	25 52	23 22	21 50	18 22	19 11	22 32	8 49
22	21 38	25 47	23 25	21 46	18 25	19 08	22 31	8 53
27	21 45	25 41	23 27	21 43	18 29	19 04	22 29	8 56
Nov 1	21 51	25 36	23 29	21 39	18 32	19 01	22 26	9 00
6	21 57	25 32	23 31	21 35	18 35	18 57	22 24	9 03
11	22 02	25 27	23 32	21 31	18 38	18 54	22 21	9 07
16	22 07	25 22	23 33	21 27	18 41	18 51	22 19	9 10
21	22 11	25 18	23 34	21 23	18 43	18 48	22 15	9 13
26	22 15	25 14	23 34R	21 19	18 45	18 46	22 12	9 15
Dec 1	22 18	25 10	23 33	21 15	18 46	18 43	22 09	9 18
6	22 21	25 07	23 33	21 11	18 47	18 41	22 06	9 20
11	22 23	25 04	23 31	21 07	18 48	18 40	22 02	9 21
16	22 24	25 01	23 30	21 04	18 48	18 38	21 59	9 23
21	22 25	24 59	23 28	21 00	18 48R	18 37	21 55	9 24
26	22 25R	24 57	23 25	20 57	18 48	18 36	21 52	9 25
31	22♍24	24♈56	23♌22	20♉55	18♍47	18♈36	21♊48	9♎26

Stations	Jun 1	Jan 7	May 5	Feb 3	Jun 1	Jan 2	Mar 6	Jan 6
	Dec 23	Jul 28	Nov 23	Aug 22	Dec 18	Jul 19	Sep 22	Jun 23

	♃	⚶	♄	⚷	♃	♆	♄	⚵
Jan 5	22♍ 23R	24♈ 56R	23♌ 19R	20♉ 52R	18♍ 46R	18♈ 36D	21♊ 45R	9♎ 26
10	22 21	24 56D	23 16	20 50	18 45	18 37	21 42	9 26R
15	22 19	24 56	23 12	20 48	18 43	18 37	21 39	9 26
20	22 16	24 57	23 08	20 47	18 41	18 38	21 36	9 25
25	22 13	24 58	23 04	20 46	18 39	18 39	21 34	9 24
30	22 09	25 00	23 00	20 45	18 36	18 41	21 31	9 23
Feb 4	22 04	25 03	22 56	20 45D	18 33	18 43	21 29	9 22
9	21 59	25 06	22 51	20 45	18 30	18 45	21 27	9 20
14	21 54	25 09	22 47	20 46	18 27	18 48	21 26	9 18
19	21 49	25 13	22 42	20 47	18 23	18 50	21 24	9 16
24	21 43	25 17	22 38	20 48	18 20	18 54	21 24	9 13
29	21 37	25 22	22 34	20 50	18 16	18 57	21 23	9 11
Mar 5	21 31	25 27	22 29	20 52	18 12	19 01	21 23	9 08
10	21 24	25 32	22 25	20 54	18 09	19 04	21 23D	9 05
15	21 18	25 37	22 22	20 57	18 05	19 08	21 23	9 02
20	21 12	25 43	22 18	21 00	18 01	19 13	21 24	8 59
25	21 06	25 49	22 15	21 04	17 57	19 17	21 25	8 56
30	21 00	25 55	22 12	21 08	17 54	19 21	21 26	8 53
Apr 4	20 54	26 02	22 09	21 11	17 50	19 25	21 28	8 50
9	20 49	26 08	22 07	21 16	17 47	19 30	21 30	8 46
14	20 43	26 15	22 05	21 20	17 44	19 34	21 32	8 43
19	20 38	26 21	22 03	21 25	17 41	19 39	21 35	8 40
24	20 34	26 28	22 02	21 29	17 39	19 43	21 37	8 37
29	20 30	26 34	22 01	21 34	17 36	19 47	21 40	8 35
May 4	20 26	26 40	22 01	21 39	17 34	19 52	21 44	8 32
9	20 23	26 47	22 01D	21 44	17 32	19 56	21 47	8 30
14	20 21	26 53	22 01	21 49	17 31	19 59	21 51	8 27
19	20 19	26 59	22 02	21 54	17 30	20 03	21 54	8 25
24	20 17	27 04	22 03	21 59	17 29	20 07	21 58	8 23
29	20 17	27 10	22 05	22 04	17 29	20 10	22 02	8 22
Jun 3	20 16D	27 15	22 07	22 09	17 29D	20 13	22 06	8 21
8	20 17	27 19	22 10	22 13	17 29	20 16	22 11	8 20
13	20 18	27 24	22 12	22 18	17 29	20 18	22 15	8 19
18	20 19	27 28	22 16	22 22	17 30	20 21	22 19	8 18
23	20 21	27 31	22 19	22 26	17 32	20 23	22 23	8 18D
28	20 24	27 34	22 23	22 30	17 33	20 24	22 27	8 18
Jul 3	20 27	27 37	22 27	22 34	17 35	20 26	22 31	8 19
8	20 31	27 39	22 31	22 37	17 38	20 27	22 35	8 19
13	20 36	27 41	22 36	22 41	17 40	20 27	22 39	8 20
18	20 40	27 43	22 41	22 43	17 43	20 28	22 43	8 21
23	20 46	27 43	22 46	22 46	17 46	20 28R	22 46	8 23
28	20 51	27 44R	22 51	22 48	17 49	20 27	22 49	8 25
Aug 2	20 58	27 44	22 56	22 50	17 53	20 27	22 52	8 27
7	21 04	27 43	23 02	22 51	17 57	20 26	22 55	8 29
12	21 11	27 42	23 07	22 52	18 01	20 24	22 58	8 32
17	21 18	27 40	23 13	22 53	18 05	20 23	23 00	8 34
22	21 26	27 38	23 18	22 53R	18 09	20 21	23 03	8 37
27	21 33	27 36	23 24	22 53	18 14	20 19	23 04	8 41
Sep 1	21 41	27 33	23 29	22 52	18 18	20 16	23 06	8 44
6	21 49	27 30	23 34	22 52	18 23	20 14	23 07	8 47
11	21 57	27 26	23 39	22 50	18 28	20 11	23 08	8 51
16	22 05	27 22	23 44	22 49	18 32	20 08	23 09	8 55
21	22 13	27 18	23 49	22 47	18 37	20 04	23 09R	8 58
26	22 21	27 14	23 54	22 45	18 41	20 01	23 09	9 02
Oct 1	22 29	27 09	23 58	22 42	18 46	19 58	23 08	9 06
6	22 37	27 04	24 02	22 39	18 50	19 54	23 08	9 10
11	22 45	26 59	24 06	22 36	18 54	19 51	23 07	9 14
16	22 52	26 54	24 09	22 33	18 58	19 47	23 05	9 18
21	22 59	26 49	24 12	22 29	19 02	19 43	23 04	9 21
26	23 06	26 44	24 15	22 25	19 06	19 40	23 02	9 25
31	23 12	26 39	24 17	22 22	19 09	19 36	23 00	9 29
Nov 5	23 18	26 34	24 19	22 18	19 12	19 33	22 57	9 32
10	23 23	26 29	24 20	22 14	19 15	19 30	22 55	9 35
15	23 28	26 24	24 21	22 10	19 18	19 27	22 52	9 38
20	23 33	26 20	24 22	22 05	19 20	19 24	22 49	9 41
25	23 37	26 16	24 22R	22 01	19 22	19 21	22 46	9 44
30	23 40	26 12	24 22	21 57	19 24	19 19	22 42	9 46
Dec 5	23 43	26 09	24 21	21 54	19 25	19 17	22 39	9 49
10	23 45	26 05	24 20	21 50	19 26	19 15	22 35	9 50
15	23 47	26 03	24 18	21 46	19 26	19 14	22 32	9 52
20	23 48	26 01	24 16	21 43	19 26R	19 12	22 28	9 53
25	23 48R	25 59	24 14	21 40	19 26	19 12	22 25	9 54
30	23♍ 48	25♈ 58	24♌ 11	21♉ 37	19♍ 25	19♈ 11	22♊ 22	9♎ 55

Stations	Jun 2	Jan 8	May 5	Feb 4	Jun 1	Jan 3	Mar 6	Jan 7
	Dec 24	Jul 28	Nov 23	Aug 22	Dec 17	Jul 19	Sep 21	Jun 23

1949

	♃	⚷	⚴	⚳	⚵	♆	⚶	⚸
Jan 4	23♍47R	25♈57R	24♌08R	21♉35R	19♍24R	19♈11D	22♊18R	9♎55
9	23 45	25 57D	24 05	21 33	19 23	19 11	22 15	9 55R
14	23 43	25 57	24 01	21 31	19 21	19 12	22 12	9 55
19	23 40	25 58	23 58	21 29	19 19	19 13	22 09	9 55
24	23 37	25 59	23 53	21 28	19 17	19 14	22 07	9 54
29	23 33	26 01	23 49	21 27	19 14	19 16	22 04	9 53
Feb 3	23 29	26 03	23 45	21 27	19 11	19 17	22 02	9 51
8	23 24	26 06	23 40	21 27D	19 08	19 20	22 00	9 50
13	23 19	26 09	23 36	21 28	19 05	19 22	21 59	9 48
18	23 13	26 13	23 32	21 29	19 02	19 25	21 57	9 45
23	23 08	26 17	23 27	21 30	18 58	19 28	21 56	9 43
28	23 02	26 21	23 23	21 32	18 54	19 32	21 56	9 40
Mar 5	22 56	26 26	23 19	21 34	18 51	19 35	21 55	9 38
10	22 49	26 32	23 15	21 36	18 47	19 39	21 55D	9 35
15	22 43	26 37	23 11	21 39	18 43	19 43	21 56	9 32
20	22 37	26 43	23 07	21 42	18 39	19 47	21 56	9 29
25	22 31	26 49	23 04	21 45	18 36	19 51	21 57	9 26
30	22 25	26 55	23 01	21 49	18 32	19 56	21 59	9 22
Apr 4	22 19	27 01	22 58	21 53	18 29	20 00	22 00	9 19
9	22 13	27 08	22 55	21 57	18 25	20 04	22 02	9 16
14	22 08	27 14	22 53	22 01	18 22	20 09	22 04	9 13
19	22 03	27 21	22 52	22 06	18 19	20 13	22 07	9 10
24	21 58	27 27	22 50	22 11	18 17	20 17	22 10	9 07
29	21 54	27 34	22 49	22 15	18 14	20 22	22 13	9 04
May 4	21 51	27 40	22 49	22 20	18 12	20 26	22 16	9 02
9	21 47	27 46	22 49D	22 25	18 10	20 30	22 19	8 59
14	21 45	27 52	22 49	22 30	18 09	20 34	22 23	8 57
19	21 42	27 58	22 50	22 35	18 08	20 38	22 27	8 55
24	21 41	28 04	22 51	22 40	18 07	20 41	22 30	8 53
29	21 40	28 09	22 53	22 45	18 06	20 45	22 34	8 51
Jun 3	21 39D	28 14	22 55	22 50	18 06D	20 48	22 39	8 50
8	21 40	28 19	22 57	22 55	18 06	20 51	22 43	8 49
13	21 40	28 24	23 00	22 59	18 07	20 53	22 47	8 48
18	21 42	28 28	23 03	23 04	18 08	20 55	22 51	8 47
23	21 44	28 31	23 07	23 08	18 09	20 57	22 55	8 47
28	21 46	28 35	23 10	23 12	18 11	20 59	22 59	8 47D
Jul 3	21 49	28 38	23 14	23 15	18 13	21 01	23 03	8 48
8	21 53	28 40	23 19	23 19	18 15	21 02	23 07	8 48
13	21 57	28 42	23 23	23 22	18 17	21 02	23 11	8 49
18	22 02	28 43	23 28	23 25	18 20	21 03	23 15	8 50
23	22 07	28 44	23 33	23 27	18 23	21 03R	23 18	8 52
28	22 13	28 45	23 38	23 30	18 26	21 02	23 22	8 54
Aug 2	22 19	28 45R	23 44	23 31	18 30	21 02	23 25	8 56
7	22 25	28 44	23 49	23 33	18 34	21 01	23 28	8 58
12	22 32	28 43	23 54	23 34	18 38	21 00	23 30	9 00
17	22 39	28 42	24 00	23 35	18 42	20 58	23 33	9 03
22	22 46	28 40	24 05	23 35	18 46	20 56	23 35	9 06
27	22 54	28 38	24 11	23 35R	18 51	20 54	23 37	9 09
Sep 1	23 01	28 35	24 16	23 35	18 55	20 52	23 38	9 13
6	23 09	28 32	24 22	23 34	19 00	20 49	23 40	9 16
11	23 17	28 28	24 27	23 33	19 04	20 46	23 41	9 20
16	23 26	28 24	24 32	23 31	19 09	20 43	23 41	9 23
21	23 34	28 20	24 37	23 29	19 14	20 40	23 42	9 27
26	23 42	28 16	24 41	23 27	19 18	20 37	23 42R	9 31
Oct 1	23 50	28 11	24 46	23 25	19 23	20 33	23 41	9 35
6	23 57	28 06	24 50	23 22	19 27	20 30	23 41	9 39
11	24 05	28 01	24 53	23 19	19 31	20 26	23 40	9 42
16	24 12	27 56	24 57	23 16	19 35	20 23	23 38	9 46
21	24 20	27 51	25 00	23 12	19 39	20 19	23 37	9 50
26	24 26	27 46	25 03	23 08	19 43	20 16	23 35	9 54
31	24 33	27 41	25 05	23 05	19 46	20 12	23 33	9 57
Nov 5	24 39	27 36	25 07	23 01	19 50	20 09	23 30	10 01
10	24 45	27 31	25 09	22 57	19 53	20 06	23 28	10 04
15	24 50	27 26	25 10	22 52	19 55	20 02	23 25	10 07
20	24 55	27 22	25 10	22 48	19 57	20 00	23 22	10 10
25	24 59	27 18	25 11R	22 44	19 59	19 57	23 19	10 13
30	25 02	27 14	25 10	22 40	20 01	19 55	23 16	10 15
Dec 5	25 05	27 10	25 10	22 36	20 02	19 52	23 12	10 17
10	25 08	27 07	25 09	22 33	20 03	19 51	23 09	10 19
15	25 09	27 04	25 07	22 29	20 04	19 49	23 05	10 21
20	25 11	27 02	25 05	22 26	20 04R	19 48	23 02	10 22
25	25 11R	27 00	25 03	22 23	20 04	19 47	22 58	10 23
30	25♍11	26♈59	25♌00	22♉20	20♍03	19♈46	22♊55	10♎24

Stations	Jun 3	Jan 8	May 6	Feb 4	Jun 2	Jan 3	Mar 7	Jan 6
	Dec 25	Jul 30	Nov 24	Aug 23	Dec 18	Jul 20	Sep 22	Jun 24

	♃	⚳	♄	⚴	⚵	♇	⚶	♅
Jan 4	25♍ 10R	26♈ 58R	24♌ 57R	22♉ 17R	20♍ 02R	19♈ 46D	22♊ 52R	10♎ 25
9	25 09	26 58D	24 54	22 15	20 01	19 46	22 48	10 25R
14	25 07	26 58	24 50	22 13	19 59	19 47	22 45	10 24
19	25 04	26 59	24 47	22 12	19 57	19 48	22 43	10 24
24	25 01	27 00	24 43	22 11	19 55	19 49	22 40	10 23
29	24 57	27 01	24 38	22 10	19 52	19 50	22 37	10 22
Feb 3	24 53	27 04	24 34	22 09	19 49	19 52	22 35	10 21
8	24 49	27 06	24 30	22 09D	19 46	19 54	22 33	10 19
13	24 44	27 09	24 25	22 10	19 43	19 57	22 32	10 17
18	24 38	27 13	24 21	22 11	19 40	20 00	22 30	10 15
23	24 33	27 17	24 16	22 12	19 36	20 03	22 29	10 13
28	24 27	27 21	24 12	22 13	19 33	20 06	22 29	10 10
Mar 5	24 21	27 26	24 08	22 15	19 29	20 10	22 28	10 07
10	24 15	27 31	24 04	22 18	19 25	20 13	22 28D	10 04
15	24 08	27 37	24 00	22 20	19 21	20 17	22 28	10 01
20	24 02	27 42	23 56	22 23	19 18	20 21	22 29	9 58
25	23 56	27 48	23 53	22 27	19 14	20 26	22 30	9 55
30	23 50	27 54	23 50	22 30	19 10	20 30	22 31	9 52
Apr 4	23 44	28 01	23 47	22 34	19 07	20 34	22 33	9 49
9	23 38	28 07	23 44	22 38	19 04	20 39	22 35	9 46
14	23 33	28 13	23 42	22 43	19 00	20 43	22 37	9 43
19	23 28	28 20	23 40	22 47	18 57	20 48	22 39	9 40
24	23 23	28 26	23 39	22 52	18 55	20 52	22 42	9 37
29	23 19	28 33	23 38	22 57	18 52	20 56	22 45	9 34
May 4	23 15	28 39	23 37	23 02	18 50	21 00	22 48	9 31
9	23 11	28 46	23 37D	23 06	18 48	21 05	22 52	9 29
14	23 08	28 52	23 38	23 11	18 47	21 08	22 55	9 26
19	23 06	28 58	23 38	23 16	18 45	21 12	22 59	9 24
24	23 04	29 03	23 39	23 21	18 45	21 16	23 03	9 22
29	23 03	29 09	23 41	23 26	18 44	21 19	23 07	9 21
Jun 3	23 03	29 14	23 43	23 31	18 44D	21 22	23 11	9 19
8	23 02D	29 19	23 45	23 36	18 44	21 25	23 15	9 18
13	23 03	29 24	23 48	23 41	18 44	21 28	23 19	9 17
18	23 04	29 28	23 51	23 45	18 45	21 30	23 23	9 17
23	23 06	29 32	23 54	23 49	18 46	21 32	23 27	9 16
28	23 08	29 35	23 58	23 53	18 48	21 34	23 31	9 16D
Jul 3	23 11	29 38	24 02	23 57	18 50	21 35	23 35	9 17
8	23 15	29 40	24 06	24 00	18 52	21 37	23 39	9 17
13	23 19	29 42	24 11	24 04	18 54	21 37	23 43	9 18
18	23 23	29 44	24 15	24 07	18 57	21 38	23 47	9 19
23	23 28	29 45	24 20	24 09	19 00	21 38R	23 51	9 21
28	23 34	29 46	24 26	24 11	19 04	21 38	23 54	9 23
Aug 2	23 40	29 46R	24 31	24 13	19 07	21 37	23 57	9 25
7	23 46	29 45	24 36	24 15	19 11	21 36	24 00	9 27
12	23 52	29 45	24 42	24 16	19 15	21 35	24 03	9 29
17	23 59	29 43	24 47	24 17	19 19	21 34	24 05	9 32
22	24 07	29 42	24 53	24 17	19 23	21 32	24 07	9 35
27	24 14	29 39	24 58	24 17R	19 28	21 30	24 09	9 38
Sep 1	24 22	29 37	25 03	24 17	19 32	21 27	24 11	9 41
6	24 30	29 34	25 09	24 16	19 37	21 25	24 12	9 45
11	24 38	29 30	25 14	24 15	19 41	21 22	24 13	9 48
16	24 46	29 27	25 19	24 14	19 46	21 19	24 14	9 52
21	24 54	29 22	25 24	24 12	19 50	21 16	24 14	9 56
26	25 02	29 18	25 29	24 10	19 55	21 13	24 14R	9 59
Oct 1	25 10	29 14	25 33	24 07	20 00	21 09	24 14	10 03
6	25 18	29 09	25 37	24 05	20 04	21 06	24 14	10 07
11	25 26	29 04	25 41	24 02	20 08	21 02	24 13	10 11
16	25 33	28 59	25 45	23 58	20 12	20 58	24 11	10 15
21	25 40	28 54	25 48	23 55	20 16	20 55	24 10	10 19
26	25 47	28 48	25 50	23 51	20 20	20 51	24 08	10 22
31	25 54	28 43	25 53	23 47	20 23	20 48	24 06	10 26
Nov 5	26 00	28 38	25 55	23 43	20 27	20 44	24 04	10 29
10	26 06	28 33	25 57	23 39	20 30	20 41	24 01	10 33
15	26 11	28 29	25 58	23 35	20 32	20 38	23 58	10 36
20	26 16	28 24	25 58	23 31	20 35	20 35	23 55	10 39
25	26 20	28 20	25 59R	23 27	20 37	20 33	23 52	10 42
30	26 24	28 16	25 59	23 23	20 38	20 30	23 49	10 44
Dec 5	26 27	28 12	25 58	23 19	20 40	20 28	23 46	10 46
10	26 30	28 09	25 57	23 16	20 41	20 26	23 42	10 48
15	26 32	28 06	25 56	23 12	20 41	20 24	23 39	10 50
20	26 33	28 04	25 54	23 09	20 41R	20 23	23 35	10 51
25	26 34	28 02	25 52	23 05	20 41	20 22	23 32	10 52
30	26♍ 34R	28♈ 00	25♌ 49	23♉ 03	20♍ 41	20♈ 22	23♊ 28	10♎ 53

Stations	Jun 5	Jan 9	May 8	Feb 5	Jun 3	Jan 4	Mar 8	Jan 7
	Dec 27	Jul 31	Nov 25	Aug 24	Dec 19	Jul 21	Sep 23	Jun 25

1951

	♃							
Jan 4	26♍ 33R	27♈ 59R	25♌ 46R	23♉ 00R	20♍ 40R	20♈ 21D	23♊ 25R	10♎ 54
9	26 32	27 59	25 43	22 58	20 39	20 21	23 22	10 54R
14	26 30	27 59D	25 40	22 56	20 37	20 22	23 19	10 54
19	26 28	27 59	25 36	22 54	20 35	20 23	23 16	10 53
24	26 25	28 00	25 32	22 53	20 33	20 24	23 13	10 52
29	26 22	28 02	25 28	22 52	20 30	20 25	23 11	10 51
Feb 3	26 18	28 04	25 23	22 52	20 28	20 27	23 08	10 50
8	26 13	28 07	25 19	22 52D	20 25	20 29	23 06	10 48
13	26 08	28 10	25 15	22 52	20 21	20 32	23 05	10 47
18	26 03	28 13	25 10	22 53	20 18	20 34	23 03	10 44
23	25 58	28 17	25 06	22 54	20 15	20 38	23 02	10 42
28	25 52	28 21	25 01	22 55	20 11	20 41	23 01	10 40
Mar 5	25 46	28 26	24 57	22 57	20 07	20 44	23 01	10 37
10	25 40	28 31	24 53	22 59	20 03	20 48	23 01D	10 34
15	25 33	28 36	24 49	23 02	20 00	20 52	23 01	10 31
20	25 27	28 42	24 45	23 05	19 56	20 56	23 02	10 28
25	25 21	28 48	24 42	23 08	19 52	21 00	23 03	10 25
30	25 15	28 54	24 39	23 12	19 49	21 04	23 04	10 22
Apr 4	25 09	29 00	24 36	23 16	19 45	21 09	23 05	10 19
9	25 03	29 06	24 33	23 20	19 42	21 13	23 07	10 15
14	24 58	29 13	24 31	23 24	19 39	21 18	23 09	10 12
19	24 52	29 19	24 29	23 28	19 36	21 22	23 12	10 09
24	24 48	29 26	24 28	23 33	19 33	21 26	23 14	10 06
29	24 43	29 32	24 28	23 38	19 30	21 31	23 17	10 03
May 4	24 39	29 39	24 26	23 43	19 28	21 35	23 20	10 01
9	24 35	29 45	24 26D	23 48	19 26	21 39	23 24	9 58
14	24 32	29 51	24 26	23 53	19 25	21 43	23 27	9 56
19	24 30	29 57	24 26	23 58	19 23	21 47	23 31	9 54
24	24 28	0♉ 03	24 27	24 03	19 22	21 50	23 35	9 52
29	24 27	0 09	24 29	24 08	19 22	21 54	23 39	9 50
Jun 3	24 26	0 14	24 31	24 12	19 21	21 57	23 43	9 49
8	24 25D	0 19	24 33	24 17	19 22D	22 00	23 47	9 48
13	24 26	0 23	24 35	24 22	19 22	22 03	23 51	9 47
18	24 27	0 28	24 38	24 26	19 23	22 05	23 55	9 46
23	24 28	0 32	24 42	24 31	19 24	22 07	23 59	9 46
28	24 31	0 35	24 45	24 35	19 25	22 09	24 03	9 46D
Jul 3	24 33	0 38	24 49	24 38	19 27	22 10	24 08	9 46
8	24 37	0 41	24 54	24 42	19 29	22 12	24 12	9 46
13	24 40	0 43	24 58	24 45	19 32	22 12	24 15	9 47
18	24 45	0 45	25 03	24 48	19 34	22 13	24 19	9 48
23	24 50	0 46	25 08	24 51	19 37	22 13R	24 23	9 50
28	24 55	0 47	25 13	24 53	19 41	22 13	24 26	9 51
Aug 2	25 01	0 47R	25 18	24 55	19 44	22 12	24 29	9 53
7	25 07	0 47	25 23	24 57	19 48	22 12	24 32	9 56
12	25 13	0 46	25 29	24 58	19 52	22 10	24 35	9 58
17	25 20	0 45	25 34	24 59	19 56	22 09	24 38	10 01
22	25 27	0 43	25 40	24 59	20 00	22 07	24 40	10 04
27	25 35	0 41	25 45	25 00R	20 04	22 05	24 42	10 07
Sep 1	25 42	0 38	25 51	24 59	20 09	22 03	24 44	10 10
6	25 50	0 36	25 56	24 59	20 13	22 00	24 45	10 13
11	25 58	0 32	26 01	24 58	20 18	21 58	24 46	10 17
16	26 06	0 29	26 06	24 56	20 23	21 55	24 47	10 21
21	26 14	0 25	26 11	24 54	20 27	21 52	24 47	10 24
26	26 22	0 20	26 16	24 52	20 32	21 48	24 47R	10 28
Oct 1	26 30	0 16	26 20	24 50	20 36	21 45	24 47	10 32
6	26 38	0 11	26 25	24 47	20 41	21 41	24 46	10 36
11	26 46	0 06	26 29	24 44	20 45	21 38	24 46	10 40
16	26 54	0 01	26 32	24 41	20 49	21 34	24 44	10 43
21	27 01	29♈ 56	26 35	24 38	20 53	21 31	24 43	10 47
26	27 08	29 51	26 38	24 34	20 57	21 27	24 41	10 51
31	27 15	29 46	26 41	24 30	21 01	21 24	24 39	10 55
Nov 5	27 21	29 41	26 43	24 26	21 04	21 20	24 37	10 58
10	27 27	29 36	26 45	24 22	21 07	21 17	24 34	11 02
15	27 33	29 31	26 46	24 18	21 10	21 14	24 31	11 05
20	27 38	29 26	26 47	24 14	21 12	21 11	24 28	11 08
25	27 42	29 22	26 47	24 10	21 14	21 08	24 25	11 10
30	27 46	29 18	26 47R	24 06	21 16	21 06	24 22	11 13
Dec 5	27 50	29 14	26 47	24 02	21 17	21 03	24 19	11 15
10	27 52	29 11	26 46	23 58	21 18	21 01	24 15	11 17
15	27 54	29 08	26 44	23 55	21 19	21 00	24 12	11 19
20	27 56	29 05	26 43	23 51	21 19R	20 58	24 08	11 20
25	27 57	29 03	26 41	23 48	21 19	20 57	24 05	11 21
30	27♍ 57R	29♈ 02	26♌ 38	23♉ 45	21♍ 18	20♈ 57	24♊ 02	11♎ 22

Stations	Jun 7	Jan 11	May 9	Feb 5	Jun 4	Jan 4	Mar 8	Jan 8
	Dec 29	Aug 1	Nov 26	Aug 25	Dec 20	Jul 22	Sep 24	Jun 25

1 9 5 2

	♃	⚷	♄	⚶	⚵	♆	⚴	⚸
Jan 4	27♍ 57R	29♈ 01R	26♌ 35R	23♉ 43R	21♍ 18R	20♈ 56R	23♊ 58R	11♎ 23
9	27 56	29 00	26 32	23 40	21 16	20 57D	23 55	11 23R
14	27 54	29 00D	26 29	23 38	21 15	20 57	23 52	11 23
19	27 52	29 00	26 25	23 37	21 13	20 58	23 49	11 23
24	27 49	29 01	26 21	23 35	21 11	20 59	23 46	11 22
29	27 46	29 03	26 17	23 34	21 08	21 00	23 44	11 21
Feb 3	27 42	29 04	26 13	23 34	21 06	21 02	23 41	11 19
8	27 38	29 07	26 08	23 34D	21 03	21 04	23 39	11 18
13	27 33	29 10	26 04	23 34	21 00	21 06	23 38	11 16
18	27 28	29 13	25 59	23 35	20 56	21 09	23 36	11 14
23	27 22	29 17	25 55	23 36	20 53	21 12	23 35	11 12
28	27 17	29 21	25 51	23 37	20 49	21 15	23 34	11 09
Mar 4	27 11	29 26	25 46	23 39	20 45	21 19	23 34	11 06
9	27 05	29 31	25 42	23 41	20 42	21 23	23 34D	11 04
14	26 59	29 36	25 38	23 44	20 38	21 26	23 34	11 01
19	26 52	29 41	25 34	23 47	20 34	21 30	23 34	10 58
24	26 46	29 47	25 31	23 50	20 30	21 35	23 35	10 55
29	26 40	29 53	25 27	23 53	20 27	21 39	23 36	10 51
Apr 3	26 34	29 59	25 25	23 57	20 23	21 43	23 38	10 48
8	26 28	0♉ 06	25 22	24 01	20 20	21 48	23 40	10 45
13	26 22	0 12	25 20	24 05	20 17	21 52	23 42	10 42
18	26 17	0 19	25 18	24 10	20 14	21 56	23 44	10 39
23	26 12	0 25	25 16	24 14	20 11	22 01	23 47	10 36
28	26 08	0 32	25 15	24 19	20 08	22 05	23 50	10 33
May 3	26 03	0 38	25 14	24 24	20 06	22 09	23 53	10 30
8	26 00	0 45	25 14	24 29	20 04	22 14	23 56	10 28
13	25 56	0 51	25 14D	24 34	20 03	22 18	23 59	10 25
18	25 54	0 57	25 15	24 39	20 01	22 21	24 03	10 23
23	25 52	1 03	25 15	24 44	20 00	22 25	24 07	10 21
28	25 50	1 08	25 17	24 49	19 59	22 28	24 11	10 20
Jun 2	25 49	1 14	25 19	24 54	19 59	22 32	24 15	10 18
7	25 49D	1 19	25 21	24 58	19 59D	22 35	24 19	10 17
12	25 49	1 23	25 23	25 03	19 59	22 37	24 23	10 16
17	25 50	1 28	25 26	25 08	20 00	22 40	24 27	10 15
22	25 51	1 32	25 29	25 12	20 01	22 42	24 31	10 15
27	25 53	1 35	25 33	25 16	20 03	22 44	24 36	10 15D
Jul 2	25 55	1 38	25 37	25 20	20 04	22 45	24 40	10 15
7	25 58	1 41	25 41	25 23	20 06	22 47	24 44	10 16
12	26 02	1 44	25 45	25 27	20 09	22 47	24 48	10 16
17	26 06	1 45	25 50	25 30	20 11	22 48	24 51	10 17
22	26 11	1 47	25 55	25 33	20 14	22 48R	24 55	10 19
27	26 16	1 48	26 00	25 35	20 18	22 48	24 58	10 20
Aug 1	26 22	1 48R	26 05	25 37	20 21	22 48	25 02	10 22
6	26 28	1 48	26 10	25 39	20 25	22 47	25 05	10 24
11	26 34	1 47	26 16	25 40	20 29	22 46	25 07	10 27
16	26 41	1 46	26 21	25 41	20 33	22 44	25 10	10 30
21	26 48	1 45	26 27	25 42	20 37	22 43	25 12	10 32
26	26 55	1 43	26 32	25 42R	20 41	22 41	25 14	10 35
31	27 03	1 40	26 38	25 41	20 46	22 39	25 16	10 39
Sep 5	27 11	1 37	26 43	25 41	20 50	22 36	25 17	10 42
10	27 19	1 34	26 48	25 40	20 55	22 33	25 19	10 46
15	27 27	1 31	26 54	25 39	21 00	22 30	25 19	10 49
20	27 35	1 27	26 58	25 37	21 04	22 27	25 20	10 53
25	27 43	1 22	27 03	25 35	21 09	22 24	25 20R	10 57
30	27 51	1 18	27 08	25 33	21 13	22 21	25 20	11 01
Oct 5	27 59	1 13	27 12	25 30	21 18	22 17	25 19	11 04
10	28 07	1 08	27 16	25 27	21 22	22 14	25 18	11 08
15	28 14	1 03	27 20	25 24	21 26	22 10	25 17	11 12
20	28 22	0 58	27 23	25 21	21 30	22 06	25 16	11 16
25	28 29	0 53	27 26	25 17	21 34	22 03	25 14	11 20
30	28 36	0 48	27 29	25 13	21 38	21 59	25 12	11 23
Nov 4	28 42	0 43	27 31	25 09	21 41	21 56	25 10	11 27
9	28 48	0 38	27 33	25 05	21 44	21 53	25 07	11 30
14	28 54	0 33	27 34	25 01	21 47	21 49	25 05	11 33
19	28 59	0 28	27 35	24 57	21 49	21 46	25 02	11 36
24	29 04	0 24	27 35	24 53	21 51	21 44	24 59	11 39
29	29 08	0 20	27 35R	24 49	21 53	21 41	24 55	11 42
Dec 4	29 12	0 16	27 35	24 45	21 55	21 39	24 52	11 44
9	29 15	0 13	27 34	24 41	21 56	21 37	24 49	11 46
14	29 17	0 10	27 33	24 38	21 56	21 35	24 45	11 48
19	29 19	0 07	27 31	24 34	21 57	21 34	24 42	11 49
24	29 20	0 05	27 29	24 31	21 57R	21 33	24 38	11 51
29	29♍ 20R	0♉ 03	27♌ 27	24♉ 28	21♍ 56	21♈ 32	24♊ 35	11♎ 51

Stations	Jun 7	Jan 12	May 9	Feb 6	Jun 4	Jan 5	Mar 8	Jan 8
	Dec 29	Aug 1	Nov 26	Aug 25	Dec 20	Jul 22	Sep 24	Jun 25

1953

	♃	⚷	⚶	⚷	⚴	ψ	⚵	⚸
Jan 3	29♍20R	0♉02R	27♌24R	24♉25R	21♍55R	21♈32R	24♊32R	11♎52
8	29 19	0 01	27 21	24 23	21 54	21 32D	24 28	11 52R
13	29 18	0 01D	27 18	24 21	21 53	21 32	24 25	11 52
18	29 16	0 01	27 14	24 19	21 51	21 33	24 22	11 52
23	29 13	0 02	27 10	24 18	21 49	21 34	24 19	11 51
28	29 10	0 03	27 06	24 17	21 47	21 35	24 17	11 50
Feb 2	29 06	0 05	27 02	24 16	21 44	21 37	24 15	11 49
7	29 02	0 07	26 57	24 16D	21 41	21 39	24 13	11 47
12	28 58	0 10	26 53	24 16	21 38	21 41	24 11	11 45
17	28 53	0 13	26 49	24 17	21 34	21 44	24 09	11 43
22	28 47	0 17	26 44	24 18	21 31	21 47	24 08	11 41
27	28 42	0 21	26 40	24 19	21 27	21 50	24 07	11 39
Mar 4	28 36	0 26	26 35	24 21	21 24	21 53	24 07	11 36
9	28 30	0 30	26 31	24 23	21 20	21 57	24 06D	11 33
14	28 24	0 36	26 27	24 25	21 16	22 01	24 07	11 30
19	28 17	0 41	26 23	24 28	21 12	22 05	24 07	11 27
24	28 11	0 47	26 20	24 31	21 09	22 09	24 08	11 24
29	28 05	0 53	26 16	24 35	21 05	22 13	24 09	11 21
Apr 3	27 59	0 59	26 13	24 38	21 02	22 18	24 10	11 18
8	27 53	1 05	26 11	24 42	20 58	22 22	24 12	11 15
13	27 47	1 12	26 08	24 47	20 55	22 26	24 14	11 12
18	27 42	1 18	26 06	24 51	20 52	22 31	24 16	11 08
23	27 37	1 25	26 05	24 56	20 49	22 35	24 19	11 06
28	27 32	1 31	26 03	25 00	20 46	22 40	24 22	11 03
May 3	27 28	1 38	26 03	25 05	20 44	22 44	24 25	11 00
8	27 24	1 44	26 02	25 10	20 42	22 48	24 28	10 57
13	27 21	1 50	26 02D	25 15	20 40	22 52	24 32	10 55
18	27 18	1 56	26 03	25 20	20 39	22 56	24 35	10 53
23	27 15	2 02	26 04	25 25	20 38	23 00	24 39	10 51
28	27 14	2 08	26 05	25 30	20 37	23 03	24 43	10 49
Jun 2	27 12	2 13	26 06	25 35	20 37	23 06	24 47	10 47
7	27 12	2 18	26 08	25 40	20 37D	23 09	24 51	10 46
12	27 12D	2 23	26 11	25 44	20 37	23 12	24 55	10 45
17	27 12	2 28	26 14	25 49	20 38	23 15	24 59	10 45
22	27 13	2 32	26 17	25 53	20 39	23 17	25 04	10 44
27	27 15	2 35	26 20	25 57	20 40	23 19	25 08	10 44D
Jul 2	27 18	2 39	26 24	26 01	20 42	23 20	25 12	10 44
7	27 20	2 42	26 28	26 05	20 44	23 22	25 16	10 45
12	27 24	2 44	26 33	26 08	20 46	23 23	25 20	10 45
17	27 28	2 46	26 37	26 11	20 49	23 23	25 23	10 46
22	27 32	2 47	26 42	26 14	20 51	23 23R	25 27	10 48
27	27 37	2 48	26 47	26 17	20 55	23 23	25 31	10 49
Aug 1	27 43	2 49	26 52	26 19	20 58	23 23	25 34	10 51
6	27 49	2 49R	26 58	26 21	21 02	23 22	25 37	10 53
11	27 55	2 48	27 03	26 22	21 06	23 21	25 40	10 56
16	28 02	2 47	27 08	26 23	21 10	23 20	25 42	10 58
21	28 09	2 46	27 14	26 24	21 14	23 18	25 45	11 01
26	28 16	2 44	27 19	26 24R	21 18	23 16	25 47	11 04
31	28 23	2 42	27 25	26 24	21 23	23 14	25 49	11 07
Sep 5	28 31	2 39	27 30	26 23	21 27	23 12	25 50	11 11
10	28 39	2 36	27 36	26 22	21 32	23 09	25 51	11 14
15	28 47	2 32	27 41	26 21	21 36	23 06	25 52	11 18
20	28 55	2 29	27 46	26 19	21 41	23 03	25 53	11 22
25	29 03	2 25	27 51	26 18	21 46	23 00	25 53R	11 25
30	29 11	2 20	27 55	26 15	21 50	22 56	25 53	11 29
Oct 5	29 19	2 15	27 59	26 13	21 55	22 53	25 52	11 33
10	29 27	2 11	28 04	26 10	21 59	22 49	25 51	11 37
15	29 35	2 06	28 07	26 07	22 03	22 46	25 50	11 41
20	29 42	2 01	28 11	26 03	22 07	22 42	25 49	11 45
25	29 50	1 55	28 14	26 00	22 11	22 39	25 47	11 48
30	29 57	1 50	28 16	25 56	22 15	22 35	25 45	11 52
Nov 4	0♎03	1 45	28 19	25 52	22 18	22 32	25 43	11 56
9	0 10	1 40	28 21	25 48	22 21	22 28	25 41	11 59
14	0 15	1 35	28 22	25 44	22 24	22 25	25 38	12 02
19	0 21	1 31	28 23	25 40	22 26	22 22	25 35	12 05
24	0 26	1 26	28 24	25 36	22 29	22 19	25 32	12 08
29	0 30	1 22	28 24R	25 32	22 30	22 17	25 29	12 11
Dec 4	0 34	1 18	28 23	25 28	22 32	22 14	25 25	12 13
9	0 37	1 15	28 23	25 24	22 33	22 12	25 22	12 15
14	0 39	1 11	28 22	25 20	22 34	22 11	25 19	12 17
19	0 41	1 09	28 20	25 17	22 34	22 09	25 15	12 18
24	0 43	1 06	28 18	25 14	22 34R	22 08	25 12	12 20
29	0♎43	1♉04	28♌16	25♉11	22♍34	22♈07	25♊08	12♎20

Stations	Jun 9	Jan 12	May 10	Feb 6	Jun 5	Jan 5	Mar 9	Jan 8
	Dec 31	Aug 3	Nov 27	Aug 26	Dec 21	Jul 23	Sep 24	Jun 26

	♃	⚷	⚶	⚴	⚵	♆	⚳	⚸
Jan 3	0♎43R	1♉03R	28♌13R	25♉08R	22♍33R	22♈07R	25♊05R	12♎21
8	0 43	1 02	28 10	25 05	22 32	22 07D	25 02	12 21
13	0 41	1 02D	28 07	25 03	22 31	22 07	24 58	12 21R
18	0 40	1 02	28 03	25 01	22 29	22 08	24 55	12 21
23	0 37	1 03	27 59	25 00	22 27	22 09	24 53	12 20
28	0 34	1 04	27 55	24 59	22 25	22 10	24 50	12 19
Feb 2	0 31	1 05	27 51	24 58	22 22	22 12	24 48	12 18
7	0 27	1 08	27 47	24 58D	22 19	22 14	24 46	12 17
12	0 22	1 10	27 42	24 58	22 16	22 16	24 44	12 15
17	0 17	1 13	27 38	24 59	22 13	22 19	24 42	12 13
22	0 12	1 17	27 33	24 59	22 09	22 21	24 41	12 11
27	0 07	1 21	27 29	25 01	22 06	22 25	24 40	12 08
Mar 4	0 01	1 25	27 25	25 02	22 02	22 28	24 40	12 06
9	29♍55	1 30	27 20	25 05	21 58	22 32	24 39	12 03
14	29 49	1 35	27 16	25 07	21 54	22 35	24 39D	12 00
19	29 43	1 41	27 12	25 10	21 51	22 39	24 40	11 57
24	29 36	1 46	27 09	25 13	21 47	22 43	24 40	11 54
29	29 30	1 52	27 05	25 16	21 43	22 48	24 41	11 51
Apr 3	29 24	1 58	27 02	25 20	21 40	22 52	24 43	11 47
8	29 18	2 05	27 00	25 24	21 36	22 56	24 45	11 44
13	29 12	2 11	26 57	25 28	21 33	23 01	24 47	11 41
18	29 07	2 17	26 55	25 32	21 30	23 05	24 49	11 38
23	29 02	2 24	26 53	25 37	21 27	23 10	24 51	11 35
28	28 57	2 30	26 52	25 42	21 24	23 14	24 54	11 32
May 3	28 52	2 37	26 51	25 46	21 22	23 18	24 57	11 29
8	28 48	2 43	26 51	25 51	21 20	23 22	25 00	11 27
13	28 45	2 50	26 50D	25 56	21 18	23 26	25 04	11 24
18	28 42	2 56	26 51	26 01	21 17	23 30	25 07	11 22
23	28 39	3 02	26 52	26 06	21 16	23 34	25 11	11 20
28	28 37	3 07	26 53	26 11	21 15	23 38	25 15	11 18
Jun 2	28 36	3 13	26 54	26 16	21 14	23 41	25 19	11 17
7	28 35	3 18	26 56	26 21	21 14D	23 44	25 23	11 16
12	28 35D	3 23	26 59	26 26	21 15	23 47	25 27	11 14
17	28 35	3 28	27 01	26 30	21 15	23 49	25 31	11 14
22	28 36	3 32	27 04	26 35	21 16	23 52	25 36	11 13
27	28 38	3 36	27 08	26 39	21 17	23 54	25 40	11 13D
Jul 2	28 40	3 39	27 12	26 43	21 19	23 55	25 44	11 13
7	28 42	3 42	27 16	26 46	21 21	23 56	25 48	11 14
12	28 46	3 44	27 20	26 50	21 23	23 57	25 52	11 14
17	28 50	3 46	27 25	26 53	21 26	23 58	25 56	11 15
22	28 54	3 48	27 29	26 56	21 28	23 58	25 59	11 17
27	28 59	3 49	27 34	26 58	21 32	23 58R	26 03	11 18
Aug 1	29 04	3 50	27 40	27 00	21 35	23 58	26 06	11 20
6	29 10	3 50R	27 45	27 02	21 39	23 58	26 09	11 22
11	29 16	3 50	27 50	27 04	21 42	23 57	26 12	11 24
16	29 23	3 49	27 56	27 05	21 46	23 55	26 15	11 27
21	29 29	3 47	28 01	27 06	21 51	23 54	26 17	11 30
26	29 37	3 46	28 07	27 06R	21 55	23 52	26 19	11 33
31	29 44	3 43	28 12	27 06	21 59	23 50	26 21	11 36
Sep 5	29 52	3 41	28 17	27 05	22 04	23 47	26 23	11 39
10	0♎00	3 38	28 23	27 05	22 08	23 45	26 24	11 43
15	0 08	3 34	28 28	27 03	22 13	23 42	26 25	11 46
20	0 16	3 31	28 33	27 02	22 18	23 39	26 25	11 50
25	0 24	3 27	28 38	27 00	22 22	23 35	26 25R	11 54
30	0 32	3 22	28 42	26 58	22 27	23 32	26 25	11 58
Oct 5	0 40	3 18	28 47	26 55	22 31	23 29	26 25	12 02
10	0 48	3 13	28 51	26 53	22 36	23 25	26 24	12 05
15	0 56	3 08	28 55	26 49	22 40	23 21	26 23	12 09
20	1 03	3 03	28 58	26 46	22 44	23 18	26 22	12 13
25	1 10	2 58	29 01	26 43	22 48	23 14	26 20	12 17
30	1 18	2 53	29 04	26 39	22 51	23 11	26 18	12 21
Nov 4	1 24	2 47	29 06	26 35	22 55	23 07	26 16	12 24
9	1 31	2 42	29 08	26 31	22 58	23 04	26 14	12 28
14	1 37	2 38	29 10	26 27	23 01	23 01	26 11	12 31
19	1 42	2 33	29 11	26 23	23 04	22 58	26 08	12 34
24	1 47	2 28	29 12	26 19	23 06	22 55	26 05	12 37
29	1 52	2 24	29 12R	26 15	23 08	22 52	26 02	12 39
Dec 4	1 55	2 20	29 12	26 11	23 09	22 50	25 59	12 42
9	1 59	2 16	29 11	26 07	23 10	22 48	25 55	12 44
14	2 02	2 13	29 10	26 03	23 11	22 46	25 52	12 46
19	2 04	2 10	29 09	26 00	23 12	22 44	25 48	12 47
24	2 05	2 08	29 07	25 56	23 12R	22 43	25 45	12 48
29	2♎06	2♉06	29♌05	25♉53	23♍12	22♈42	25♊41	12♎49

Stations	Jun 11	Jan 13	May 11	Feb 7	Jun 5	Jan 6	Mar 10	Jan 9
	Aug 4	Nov 28	Aug 27	Aug 27	Dec 22	Jul 23	Sep 25	Jun 27

1955

	♃	⊄	⚥	⚶	♃	♆	⚴	✶
Jan 3	2♎06R	28♉04R	29♌02R	25♉50R	23♍11R	22♈42R	25♊38R	12♎50
8	2 06	2 03	28 59	25 48	23 10	22 42D	25 35	12 50
13	2 05	2 03	28 56	25 46	23 09	22 42	25 32	12 50R
18	2 03	2 03D	28 52	25 44	23 07	22 43	25 29	12 50
23	2 01	2 03	28 48	25 42	23 05	22 44	25 26	12 50
28	1 58	2 04	28 44	25 41	23 03	22 45	25 23	12 49
Feb 2	1 55	2 06	28 40	25 40	23 00	22 46	25 21	12 47
7	1 51	2 08	28 36	25 40	22 57	22 48	25 19	12 46
12	1 47	2 11	28 31	25 40D	22 54	22 51	25 17	12 44
17	1 42	2 14	28 27	25 41	22 51	22 53	25 15	12 42
22	1 37	2 17	28 23	25 41	22 47	22 56	25 14	12 40
27	1 32	2 21	28 18	25 43	22 44	22 59	25 13	12 38
Mar 4	1 26	2 25	28 14	25 44	22 40	23 03	25 12	12 35
9	1 20	2 30	28 10	25 46	22 36	23 06	25 12	12 32
14	1 14	2 35	28 05	25 49	22 33	23 10	25 12D	12 29
19	1 08	2 40	28 02	25 51	22 29	23 14	25 12	12 26
24	1 01	2 46	27 58	25 54	22 25	23 18	25 13	12 23
29	0 55	2 52	27 54	25 58	22 21	23 22	25 14	12 20
Apr 3	0 49	2 58	27 51	26 01	22 18	23 26	25 15	12 17
8	0 43	3 04	27 48	26 05	22 14	23 31	25 17	12 14
13	0 37	3 10	27 46	26 09	22 11	23 35	25 19	12 11
18	0 32	3 17	27 44	26 14	22 08	23 40	25 21	12 08
23	0 26	3 23	27 42	26 18	22 05	23 44	25 24	12 05
28	0 21	3 30	27 40	26 23	22 02	23 48	25 26	12 02
May 3	0 17	3 36	27 39	26 28	22 00	23 53	25 29	11 59
8	0 13	3 43	27 39	26 32	21 58	23 57	25 33	11 56
13	0 09	3 49	27 39D	26 37	21 56	24 01	25 36	11 54
18	0 06	3 55	27 39	26 42	21 55	24 05	25 40	11 52
23	0 03	4 01	27 40	26 47	21 53	24 09	25 43	11 50
28	0 01	4 07	27 41	26 52	21 51	24 12	25 47	11 48
Jun 2	29♍59	4 12	27 42	26 57	21 52	24 15	25 51	11 46
7	29 58	4 18	27 44	27 02	21 52D	24 19	25 55	11 45
12	29 58D	4 23	27 46	27 07	21 52	24 21	25 59	11 44
17	29 58	4 27	27 49	27 11	21 53	24 24	26 04	11 43
22	29 59	4 32	27 52	27 16	21 53	24 26	26 08	11 42
27	0♎00	4 36	27 55	27 20	21 55	24 28	26 12	11 42D
Jul 2	0 02	4 39	27 59	27 24	21 56	24 30	26 16	11 42
7	0 05	4 42	28 03	27 28	21 58	24 31	26 20	11 43
12	0 08	4 45	28 07	27 31	22 00	24 32	26 24	11 43
17	0 11	4 47	28 12	27 34	22 03	24 33	26 28	11 44
22	0 15	4 49	28 17	27 37	22 06	24 34	26 31	11 46
27	0 20	4 50	28 22	27 40	22 09	24 34R	26 35	11 47
Aug 1	0 25	4 51	28 27	27 42	22 12	24 33	26 38	11 49
6	0 31	4 51R	28 32	27 44	22 15	24 33	26 41	11 51
11	0 37	4 51	28 37	27 46	22 19	24 32	26 44	11 53
16	0 43	4 50	28 43	27 47	22 23	24 31	26 47	11 56
21	0 50	4 49	28 48	27 48	22 27	24 29	26 49	11 58
26	0 57	4 47	28 54	27 48	22 32	24 27	26 52	12 01
31	1 05	4 45	28 59	27 48R	22 36	24 25	26 53	12 05
Sep 5	1 12	4 42	29 05	27 48	22 41	24 23	26 55	12 08
10	1 20	4 40	29 10	27 47	22 45	24 20	26 56	12 11
15	1 28	4 36	29 15	27 46	22 50	24 17	26 57	12 15
20	1 36	4 33	29 20	27 44	22 54	24 14	26 58	12 19
25	1 44	4 29	29 25	27 43	22 59	24 11	26 58	12 22
30	1 52	4 24	29 30	27 40	23 04	24 08	26 58R	12 26
Oct 5	2 00	4 20	29 34	27 38	23 08	24 04	26 58	12 30
10	2 08	4 15	29 38	27 35	23 12	24 01	26 57	12 34
15	2 16	4 10	29 42	27 32	23 17	23 57	26 56	12 38
20	2 24	4 05	29 46	27 29	23 21	23 54	26 55	12 42
25	2 31	4 00	29 49	27 25	23 25	23 50	26 53	12 45
30	2 38	3 55	29 52	27 22	23 28	23 46	26 51	12 49
Nov 4	2 45	3 50	29 54	27 18	23 32	23 43	26 49	12 53
9	2 52	3 45	29 56	27 14	23 35	23 40	26 47	12 56
14	2 58	3 40	29 58	27 10	23 38	23 36	26 44	12 59
19	3 03	3 35	29 59	27 06	23 41	23 33	26 41	13 03
24	3 09	3 30	0♍00	27 02	23 43	23 30	26 38	13 05
29	3 13	3 26	0 00R	26 58	23 45	23 28	26 35	13 08
Dec 4	3 17	3 22	0 00	26 54	23 47	23 25	26 32	13 10
9	3 21	3 18	0 00	26 50	23 48	23 23	26 28	13 13
14	3 24	3 15	29♌59	26 46	23 49	23 21	26 25	13 15
19	3 26	3 12	29 57	26 42	23 49	23 20	26 22	13 16
24	3 28	3 09	29 55	26 39	23 49R	23 19	26 18	13 17
29	3♎29	3♉07	29♌53	26♉36	23♍49	23♈18	26♊15	13♎18

Stations	Jan 2	Jan 15	May 12	Feb 8	Jun 6	Jan 7	Mar 10	Jan 10
	Jun 12	Aug 5	Nov 29	Aug 28	Dec 22	Jul 24	Sep 26	Jun 27

	⯛	⯜	⯝	⯞	⯟	⯠	⯡	⯢
Jan 3	3♎29R	3♉06R	29♌51R	26♉33R	23♍49R	23♈17R	26♊11R	13♎19
8	3 29	3 04	29 48	26 30	23 48	23 17D	26 08	13 20
13	3 28	3 04	29 45	26 28	23 46	23 17	26 05	13 20R
18	3 27	3 04D	29 41	26 26	23 45	23 18	26 02	13 19
23	3 25	3 04	29 37	26 25	23 43	23 18	25 59	13 19
28	3 22	3 05	29 33	26 23	23 40	23 20	25 56	13 18
Feb 2	3 19	3 06	29 29	26 23	23 38	23 21	25 54	13 17
7	3 16	3 08	29 25	26 22	23 35	23 23	25 52	13 15
12	3 11	3 11	29 21	26 22D	23 32	23 25	25 50	13 14
17	3 07	3 14	29 16	26 22	23 29	23 28	25 48	13 12
22	3 02	3 17	29 12	26 23	23 26	23 31	25 47	13 10
27	2 56	3 21	29 07	26 24	23 22	23 34	25 46	13 07
Mar 3	2 51	3 25	29 03	26 26	23 18	23 37	25 45	13 05
8	2 45	3 30	28 59	26 28	23 15	23 41	25 45	13 02
13	2 39	3 34	28 55	26 30	23 11	23 44	25 45D	12 59
18	2 33	3 40	28 51	26 33	23 07	23 48	25 45	12 56
23	2 26	3 45	28 47	26 36	23 03	23 52	25 46	12 53
28	2 20	3 51	28 43	26 39	23 00	23 56	25 47	12 50
Apr 2	2 14	3 57	28 40	26 43	22 56	24 01	25 48	12 47
7	2 08	4 03	28 37	26 46	22 53	24 05	25 49	12 43
12	2 02	4 10	28 35	26 51	22 49	24 10	25 51	12 40
17	1 56	4 16	28 32	26 55	22 46	24 14	25 53	12 37
22	1 51	4 22	28 30	26 59	22 43	24 18	25 56	12 34
27	1 46	4 29	28 29	27 04	22 40	24 23	25 59	12 31
May 2	1 41	4 35	28 28	27 09	22 38	24 27	26 02	12 28
7	1 37	4 42	28 27	27 14	22 36	24 31	26 05	12 26
12	1 33	4 48	28 27D	27 18	22 34	24 35	26 08	12 23
17	1 30	4 54	28 27	27 23	22 32	24 39	26 12	12 21
22	1 27	5 00	28 28	27 28	22 31	24 43	26 15	12 19
27	1 24	5 06	28 29	27 33	22 30	24 47	26 19	12 17
Jun 1	1 23	5 12	28 30	27 38	22 30	24 50	26 23	12 15
6	1 21	5 17	28 32	27 43	22 29D	24 53	26 27	12 14
11	1 21	5 22	28 34	27 48	22 29	24 56	26 31	12 13
16	1 21D	5 27	28 37	27 53	22 30	24 59	26 36	12 12
21	1 21	5 31	28 40	27 57	22 31	25 01	26 40	12 12
26	1 23	5 35	28 43	28 01	22 32	25 03	26 44	12 11
Jul 1	1 24	5 39	28 46	28 05	22 33	25 05	26 48	12 11D
6	1 27	5 42	28 50	28 09	22 35	25 06	26 52	12 12
11	1 30	5 45	28 55	28 13	22 37	25 07	26 56	12 12
16	1 33	5 47	28 59	28 16	22 40	25 08	27 00	12 13
21	1 37	5 49	29 04	28 19	22 43	25 09	27 03	12 14
26	1 42	5 50	29 09	28 22	22 46	25 09R	27 07	12 16
31	1 47	5 51	29 14	28 24	22 49	25 08	27 10	12 18
Aug 5	1 52	5 52	29 19	28 26	22 52	25 08	27 14	12 20
10	1 58	5 52R	29 24	28 27	22 56	25 07	27 17	12 22
15	2 04	5 51	29 30	28 29	23 00	25 06	27 19	12 24
20	2 11	5 50	29 35	28 30	23 04	25 04	27 22	12 27
25	2 18	5 48	29 41	28 30	23 08	25 03	27 24	12 30
30	2 25	5 46	29 46	28 30R	23 13	25 00	27 26	12 33
Sep 4	2 33	5 44	29 52	28 30	23 17	24 58	27 27	12 36
9	2 40	5 41	29 57	28 29	23 22	24 56	27 29	12 40
14	2 48	5 38	0♍02	28 28	23 27	24 53	27 30	12 44
19	2 56	5 34	0 07	28 27	23 31	24 50	27 30	12 47
24	3 04	5 30	0 12	28 25	23 36	24 47	27 31	12 51
29	3 13	5 26	0 17	28 23	23 40	24 43	27 31R	12 55
Oct 4	3 21	5 22	0 21	28 20	23 45	24 40	27 30	12 59
9	3 29	5 17	0 26	28 18	23 49	24 36	27 30	13 03
14	3 37	5 12	0 30	28 15	23 54	24 33	27 29	13 06
19	3 44	5 07	0 33	28 12	23 58	24 29	27 28	13 10
24	3 52	5 02	0 37	28 08	24 02	24 26	27 26	13 14
29	3 59	4 57	0 39	28 04	24 05	24 22	27 24	13 18
Nov 3	4 06	4 52	0 42	28 01	24 09	24 19	27 22	13 21
8	4 13	4 47	0 44	27 57	24 12	24 15	27 20	13 25
13	4 19	4 42	0 46	27 53	24 15	24 12	27 17	13 28
18	4 25	4 37	0 47	27 49	24 18	24 09	27 14	13 31
23	4 30	4 32	0 48	27 45	24 20	24 06	27 11	13 34
28	4 35	4 28	0 48	27 40	24 22	24 03	27 08	13 37
Dec 3	4 39	4 24	0 48R	27 36	24 24	24 01	27 05	13 39
8	4 43	4 20	0 48	27 33	24 25	23 59	27 02	13 41
13	4 46	4 16	0 47	27 29	24 26	23 57	26 58	13 43
18	4 48	4 13	0 46	27 25	24 27	23 55	26 55	13 45
23	4 50	4 11	0 44	27 22	24 27R	23 54	26 51	13 46
28	4♎52	4♉09	0♍42	27♉19	24♍27	23♈53	26♊48	13♎47

Stations	Jan 3	Jan 16	May 12	Feb 9	Jun 6	Jan 8	Mar 10	Jan 10
	Jun 13	Aug 6	Nov 29	Aug 28	Dec 22	Jul 24	Sep 26	Jun 27

1957

	Cupido ♃	Hades	Zeus	Kronos	Apollon	Admetos	Vulkanus	Poseidon
Jan 2	4♎52	4♉07R	0♍39R	27♉16R	24♍26R	23♈52R	26♊44R	13♎48
7	4 52R	4 06	0 37	27 13	24 25	23 52D	26 41	13 49
12	4 52	4 05	0 34	27 11	24 24	23 52	26 38	13 49R
17	4 51	4 05D	0 30	27 09	24 23	23 53	26 35	13 48
22	4 49	4 05	0 26	27 07	24 21	23 53	26 32	13 48
27	4 46	4 06	0 22	27 06	24 18	23 54	26 29	13 47
Feb 1	4 43	4 07	0 18	27 05	24 16	23 56	26 27	13 46
6	4 40	4 09	0 14	27 04	24 13	23 58	26 25	13 45
11	4 36	4 11	0 10	27 04D	24 10	24 00	26 23	13 43
16	4 31	4 14	0 05	27 04	24 07	24 02	26 21	13 41
21	4 26	4 17	0 01	27 05	24 04	24 05	26 20	13 39
26	4 21	4 21	29♌56	27 06	24 00	24 08	26 19	13 37
Mar 3	4 16	4 25	29 52	27 08	23 56	24 11	26 18	13 34
8	4 10	4 29	29 48	27 10	23 53	24 15	26 17	13 31
13	4 04	4 34	29 44	27 12	23 49	24 19	26 17D	13 28
18	3 58	4 39	29 40	27 14	23 45	24 23	26 18	13 26
23	3 52	4 45	29 36	27 17	23 41	24 27	26 18	13 22
28	3 45	4 50	29 32	27 20	23 38	24 31	26 19	13 19
Apr 2	3 39	4 56	29 29	27 24	23 34	24 35	26 20	13 16
7	3 33	5 03	29 26	27 28	23 31	24 39	26 22	13 13
12	3 27	5 09	29 23	27 32	23 27	24 44	26 24	13 10
17	3 21	5 15	29 21	27 36	23 24	24 48	26 26	13 07
22	3 16	5 22	29 19	27 40	23 21	24 53	26 28	13 04
27	3 11	5 28	29 17	27 45	23 18	24 57	26 31	13 01
May 2	3 06	5 35	29 16	27 50	23 16	25 01	26 34	12 58
7	3 01	5 41	29 16	27 55	23 14	25 06	26 37	12 55
12	2 57	5 47	29 15	28 00	23 12	25 10	26 40	12 53
17	2 54	5 54	29 15D	28 05	23 10	25 14	26 44	12 50
22	2 51	6 00	29 16	28 10	23 09	25 17	26 47	12 48
27	2 48	6 06	29 17	28 15	23 08	25 21	26 51	12 46
Jun 1	2 46	6 11	29 18	28 19	23 07	25 24	26 55	12 45
6	2 45	6 17	29 20	28 24	23 07	25 28	26 59	12 43
11	2 44	6 22	29 22	28 29	23 07D	25 31	27 03	12 42
16	2 44D	6 27	29 24	28 34	23 07	25 33	27 07	12 41
21	2 44	6 31	29 27	28 38	23 08	25 36	27 12	12 41
26	2 45	6 35	29 30	28 42	23 09	25 38	27 16	12 40
Jul 1	2 47	6 39	29 34	28 47	23 11	25 40	27 20	12 40D
6	2 49	6 42	29 38	28 50	23 12	25 41	27 24	12 41
11	2 52	6 45	29 42	28 54	23 14	25 42	27 28	12 41
16	2 55	6 48	29 46	28 57	23 17	25 43	27 32	12 42
21	2 59	6 50	29 51	29 00	23 20	25 44	27 36	12 43
26	3 03	6 51	29 56	29 03	23 22	25 44R	27 39	12 45
31	3 08	6 52	0♍01	29 05	23 26	25 44	27 43	12 46
Aug 5	3 13	6 53	0 06	29 07	23 29	25 43	27 46	12 48
10	3 19	6 53R	0 11	29 09	23 33	25 42	27 49	12 51
15	3 25	6 52	0 17	29 10	23 37	25 41	27 51	12 53
20	3 32	6 51	0 22	29 11	23 41	25 40	27 54	12 56
25	3 39	6 50	0 28	29 12	23 45	25 38	27 56	12 59
30	3 46	6 48	0 33	29 12R	23 50	25 36	27 58	13 02
Sep 4	3 53	6 46	0 39	29 12	23 54	25 34	28 00	13 05
9	4 01	6 43	0 44	29 11	23 59	25 31	28 01	13 08
14	4 09	6 40	0 49	29 10	24 03	25 28	28 02	13 12
19	4 17	6 36	0 54	29 09	24 08	25 25	28 03	13 16
24	4 25	6 32	0 59	29 07	24 12	25 22	28 03	13 19
29	4 33	6 28	1 04	29 05	24 17	25 19	28 03R	13 23
Oct 4	4 41	6 24	1 09	29 03	24 22	25 16	28 03	13 27
9	4 49	6 19	1 13	29 00	24 26	25 12	28 03	13 31
14	4 57	6 14	1 17	28 57	24 30	25 08	28 02	13 35
19	5 05	6 09	1 21	28 54	24 34	25 05	28 00	13 39
24	5 12	6 04	1 24	28 51	24 38	25 01	27 59	13 42
29	5 20	5 59	1 27	28 47	24 42	24 58	27 57	13 46
Nov 3	5 27	5 54	1 30	28 43	24 46	24 54	27 55	13 50
8	5 33	5 49	1 32	28 39	24 49	24 51	27 53	13 53
13	5 40	5 44	1 34	28 35	24 52	24 47	27 50	13 57
18	5 46	5 39	1 35	28 31	24 55	24 44	27 47	14 00
23	5 51	5 34	1 36	28 27	24 57	24 41	27 45	14 03
28	5 56	5 30	1 37	28 23	24 59	24 39	27 41	14 05
Dec 3	6 01	5 26	1 37R	28 19	25 01	24 36	27 38	14 08
8	6 05	5 22	1 36	28 15	25 02	24 34	27 35	14 10
13	6 08	5 18	1 35	28 11	25 03	24 32	27 31	14 12
18	6 11	5 15	1 34	28 08	25 04	24 30	27 28	14 14
23	6 13	5 12	1 33	28 04	25 04R	24 29	27 24	14 15
28	6♎14	5♉10	1♍31	28♉01	25♍04	24♈28	27♊21	14♎16

Stations | Jan 4 | Jan 16 | May 13 | Feb 9 | Jun 7 | Jan 7 | Mar 11 | Jan 10
| | Jun 15 | Aug 7 | Nov 30 | Aug 29 | Dec 23 | Jul 25 | Sep 27 | Jun 28

1958

	♃	⊕	⚸	⚳	♃⚴	♆	⚷	⚡
Jan 2	6♎15	5♉08R	1♍28R	27♉58R	25♍04R	24♈27R	27♊18R	14♎17
7	6 15R	5 07	1 25	27 55	25 03	24 27	27 14	14 18
12	6 15	5 06	1 22	27 53	25 02	24 27D	27 11	14 18R
17	6 14	5 05	1 19	27 51	25 00	24 27	27 08	14 18
22	6 12	5 06D	1 15	27 49	24 58	24 28	27 05	14 17
27	6 10	5 06	1 11	27 48	24 56	24 29	27 02	14 16
Feb 1	6 07	5 07	1 07	27 47	24 54	24 31	27 00	14 15
6	6 04	5 09	1 03	27 46	24 51	24 33	26 58	14 14
11	6 00	5 11	0 59	27 46D	24 48	24 35	26 56	14 12
16	5 56	5 14	0 54	27 46	24 45	24 37	26 54	14 10
21	5 51	5 17	0 50	27 47	24 42	24 40	26 52	14 08
26	5 46	5 21	0 46	27 48	24 38	24 43	26 51	14 06
Mar 3	5 41	5 25	0 41	27 49	24 35	24 46	26 50	14 03
8	5 35	5 29	0 37	27 51	24 31	24 49	26 50	14 01
13	5 29	5 34	0 33	27 53	24 27	24 53	26 50D	13 58
18	5 23	5 39	0 29	27 56	24 23	24 57	26 50	13 55
23	5 17	5 44	0 25	27 59	24 20	25 01	26 51	13 52
28	5 10	5 50	0 21	28 02	24 16	25 05	26 51	13 49
Apr 2	5 04	5 56	0 18	28 05	24 12	25 09	26 53	13 46
7	4 58	6 02	0 15	28 09	24 09	25 14	26 54	13 42
12	4 52	6 08	0 12	28 13	24 05	25 18	26 56	13 39
17	4 46	6 14	0 10	28 17	24 02	25 22	26 58	13 36
22	4 41	6 21	0 08	28 22	23 59	25 27	27 00	13 33
27	4 35	6 27	0 06	28 26	23 56	25 31	27 03	13 30
May 2	4 30	6 34	0 05	28 31	23 54	25 36	27 06	13 27
7	4 26	6 40	0 04	28 36	23 52	25 40	27 09	13 25
12	4 22	6 47	0 03	28 41	23 50	25 44	27 12	13 22
17	4 18	6 53	0 03D	28 46	23 48	25 48	27 16	13 20
22	4 15	6 59	0 04	28 51	23 46	25 52	27 19	13 18
27	4 12	7 05	0 05	28 56	23 45	25 55	27 23	13 16
Jun 1	4 10	7 11	0 06	29 01	23 45	25 59	27 27	13 14
6	4 08	7 16	0 07	29 05	23 44	26 02	27 31	13 13
11	4 07	7 21	0 09	29 10	23 44D	26 05	27 35	13 11
16	4 07D	7 26	0 12	29 15	23 45	26 08	27 39	13 10
21	4 07	7 31	0 15	29 19	23 45	26 10	27 44	13 10
26	4 08	7 35	0 18	29 24	23 46	26 12	27 48	13 09
Jul 1	4 09	7 39	0 21	29 28	23 48	26 14	27 52	13 09D
6	4 11	7 42	0 25	29 32	23 49	26 16	27 56	13 10
11	4 14	7 45	0 29	29 35	23 52	26 17	28 00	13 10
16	4 17	7 48	0 34	29 39	23 54	26 18	28 04	13 11
21	4 20	7 50	0 38	29 42	23 56	26 18	28 08	13 12
26	4 25	7 52	0 43	29 45	23 59	26 19R	28 11	13 14
31	4 29	7 53	0 48	29 47	24 03	26 19	28 15	13 15
Aug 5	4 34	7 53	0 53	29 49	24 06	26 18	28 18	13 17
10	4 40	7 53R	0 58	29 51	24 10	26 17	28 21	13 19
15	4 46	7 53	1 04	29 52	24 14	26 16	28 24	13 22
20	4 52	7 52	1 09	29 53	24 18	26 15	28 26	13 24
25	4 59	7 51	1 15	29 54	24 22	26 13	28 28	13 27
30	5 06	7 49	1 20	29 54R	24 26	26 11	28 30	13 30
Sep 4	5 14	7 47	1 26	29 54	24 31	26 09	28 32	13 34
9	5 21	7 44	1 31	29 53	24 35	26 07	28 34	13 37
14	5 29	7 41	1 36	29 53	24 40	26 04	28 35	13 40
19	5 37	7 38	1 42	29 51	24 44	26 01	28 35	13 44
24	5 45	7 34	1 47	29 50	24 49	25 58	28 36	13 48
29	5 53	7 30	1 51	29 48	24 54	25 54	28 36R	13 52
Oct 4	6 01	7 26	1 56	29 45	24 58	25 51	28 36	13 56
9	6 09	7 21	2 00	29 43	25 03	25 48	28 35	13 59
14	6 17	7 16	2 04	29 40	25 07	25 44	28 34	14 03
19	6 25	7 11	2 08	29 37	25 11	25 40	28 33	14 07
24	6 33	7 06	2 12	29 33	25 15	25 37	28 32	14 11
29	6 40	7 01	2 15	29 30	25 19	25 33	28 30	14 15
Nov 3	6 48	6 56	2 17	29 26	25 23	25 30	28 28	14 18
8	6 54	6 51	2 20	29 22	25 26	25 26	28 26	14 22
13	7 01	6 46	2 22	29 18	25 29	25 23	28 23	14 25
18	7 07	6 41	2 23	29 14	25 32	25 20	28 21	14 28
23	7 13	6 36	2 24	29 10	25 34	25 17	28 18	14 31
28	7 18	6 32	2 25	29 06	25 36	25 14	28 15	14 34
Dec 3	7 22	6 27	2 25R	29 02	25 38	25 12	28 11	14 37
8	7 26	6 23	2 25	28 58	25 40	25 09	28 08	14 39
13	7 30	6 20	2 24	28 54	25 41	25 07	28 05	14 41
18	7 33	6 17	2 23	28 50	25 41	25 06	28 01	14 43
23	7 35	6 14	2 21	28 47	25 42	25 04	27 58	14 44
28	7♎37	6♉11	2♍19	28♉44	25♍42R	25♈03	27♊54	14♎45

Stations	Jan 5	Jan 18	May 14	Feb 10	Jun 8	Jan 8	Mar 12	Jan 11
	Jun 16	Aug 8	Dec 1	Aug 30	Dec 24	Jul 26	Sep 27	Jun 29

1959

	♃	⚷	⚸	⚶	⚵	⚴	⚳	⚱
Jan 2	7♎38	6♉09R	2♍17R	28♉41R	25♍41R	25♈02R	27♊51R	14♎46
7	7 38R	6 08	2 14	28 38	25 41	25 02	27 47	14 46
12	7 38	6 07	2 11	28 35	25 39	25 02D	27 44	14 47R
17	7 37	6 06	2 08	28 33	25 38	25 02	27 41	14 47
22	7 36	6 06D	2 04	28 32	25 36	25 03	27 38	14 46
27	7 34	6 07	2 00	28 30	25 34	25 04	27 35	14 45
Feb 1	7 31	6 08	1 56	28 29	25 32	25 05	27 33	14 44
6	7 28	6 09	1 52	28 28	25 29	25 07	27 30	14 43
11	7 24	6 11	1 48	28 28D	25 26	25 09	27 28	14 42
16	7 20	6 14	1 44	28 28	25 23	25 12	27 27	14 40
21	7 16	6 17	1 39	28 29	25 20	25 14	27 25	14 38
26	7 11	6 20	1 35	28 30	25 16	25 17	27 24	14 35
Mar 3	7 05	6 24	1 30	28 31	25 13	25 20	27 23	14 33
8	7 00	6 29	1 26	28 33	25 09	25 24	27 23	14 30
13	6 54	6 33	1 22	28 35	25 05	25 27	27 22D	14 27
18	6 48	6 38	1 18	28 37	25 01	25 31	27 23	14 24
23	6 42	6 44	1 14	28 40	24 58	25 35	27 23	14 21
28	6 35	6 49	1 10	28 43	24 54	25 39	27 24	14 18
Apr 2	6 29	6 55	1 07	28 47	24 50	25 44	27 25	14 15
7	6 23	7 01	1 03	28 50	24 47	25 48	27 26	14 12
12	6 17	7 07	1 01	28 54	24 43	25 52	27 28	14 09
17	6 11	7 14	0 58	28 58	24 40	25 57	27 30	14 06
22	6 05	7 20	0 56	29 03	24 37	26 01	27 33	14 03
27	6 00	7 26	0 54	29 07	24 34	26 06	27 35	14 00
May 2	5 55	7 33	0 53	29 12	24 32	26 10	27 38	13 57
7	5 50	7 39	0 52	29 17	24 29	26 14	27 41	13 54
12	5 46	7 46	0 52	29 22	24 27	26 18	27 44	13 51
17	5 42	7 52	0 51D	29 27	24 26	26 22	27 48	13 49
22	5 39	7 58	0 52	29 32	24 24	26 26	27 51	13 47
27	5 36	8 04	0 53	29 37	24 23	26 30	27 55	13 45
Jun 1	5 34	8 10	0 54	29 42	24 22	26 33	27 59	13 43
6	5 32	8 16	0 55	29 46	24 22	26 37	28 03	13 42
11	5 31	8 21	0 57	29 51	24 22D	26 40	28 07	13 40
16	5 30	8 26	0 59	29 56	24 22	26 42	28 11	13 40
21	5 30D	8 31	1 02	0♊00	24 23	26 45	28 16	13 39
26	5 30	8 35	1 05	0 05	24 24	26 47	28 20	13 38
Jul 1	5 32	8 39	1 09	0 09	24 25	26 49	28 24	13 38D
6	5 33	8 42	1 12	0 13	24 27	26 51	28 28	13 39
11	5 36	8 45	1 16	0 17	24 29	26 52	28 32	13 39
16	5 39	8 48	1 21	0 20	24 31	26 53	28 36	13 40
21	5 42	8 50	1 25	0 23	24 33	26 53	28 40	13 41
26	5 46	8 52	1 30	0 26	24 36	26 54	28 43	13 42
31	5 51	8 53	1 35	0 29	24 39	26 54R	28 47	13 44
Aug 5	5 56	8 54	1 40	0 31	24 43	26 53	28 50	13 46
10	6 01	8 54R	1 45	0 33	24 47	26 53	28 53	13 48
15	6 07	8 54	1 51	0 34	24 50	26 52	28 56	13 50
20	6 13	8 53	1 56	0 35	24 54	26 50	28 58	13 53
25	6 20	8 52	2 02	0 36	24 59	26 49	29 01	13 56
30	6 27	8 51	2 07	0 36	25 03	26 47	29 03	13 59
Sep 4	6 34	8 48	2 13	0 36R	25 07	26 44	29 05	14 02
9	6 42	8 46	2 18	0 36	25 12	26 42	29 06	14 05
14	6 50	8 43	2 23	0 35	25 16	26 39	29 07	14 09
19	6 57	8 40	2 29	0 34	25 21	26 36	29 08	14 13
24	7 05	8 36	2 34	0 32	25 26	26 33	29 08	14 16
29	7 14	8 32	2 38	0 30	25 30	26 30	29 09R	14 20
Oct 4	7 22	8 28	2 43	0 28	25 35	26 27	29 08	14 24
9	7 30	8 23	2 48	0 25	25 39	26 23	29 08	14 28
14	7 38	8 18	2 52	0 23	25 44	26 20	29 07	14 32
19	7 46	8 14	2 55	0 19	25 48	26 16	29 06	14 36
24	7 53	8 09	2 59	0 16	25 52	26 12	29 05	14 39
29	8 01	8 03	3 02	0 13	25 56	26 09	29 03	14 43
Nov 3	8 08	7 58	3 05	0 09	25 59	26 05	29 01	14 47
8	8 15	7 53	3 07	0 05	26 03	26 02	28 59	14 50
13	8 22	7 48	3 09	0 01	26 06	25 59	28 56	14 54
18	8 28	7 43	3 11	29♉57	26 09	25 55	28 54	14 57
23	8 34	7 38	3 12	29 53	26 11	25 52	28 51	15 00
28	8 39	7 34	3 13	29 49	26 13	25 50	28 48	15 03
Dec 3	8 44	7 29	3 13R	29 45	26 15	25 47	28 44	15 05
8	8 48	7 25	3 13	29 41	26 17	25 45	28 41	15 08
13	8 52	7 22	3 12	29 37	26 18	25 43	28 38	15 10
18	8 55	7 18	3 11	29 33	26 19	25 41	28 34	15 11
23	8 58	7 15	3 10	29 30	26 19	25 39	28 31	15 13
28	9♎00	7♉13	3♍08	29♉26	26♍19R	25♈38	28♊27	15♎14

Stations	Jan 7	Jan 19	May 15	Feb 11	Jun 9	Jan 9	Mar 13	Jan 12
	Jun 18	Aug 9	Dec 2	Aug 31	Dec 25	Jul 27	Sep 28	Jun 29

	♃	⚷	♏	↑	4	♆	↑	♓
Jan 2	9♎01	7♉11R	3♍06R	29♉23R	26♍19R	25♈37R	28♊24R	15♎15
7	9 01	7 09	3 03	29 20	26 18	25 37	28 20	15 15
12	9 01R	7 08	3 00	29 18	26 17	25 37D	28 17	15 16R
17	9 01	7 07	2 57	29 16	26 16	25 37	28 14	15 16
22	9 00	7 07D	2 53	29 14	26 14	25 38	28 11	15 15
27	8 58	7 07	2 49	29 12	26 12	25 39	28 08	15 15
Feb 1	8 55	7 08	2 45	29 11	26 10	25 40	28 06	15 14
6	8 52	7 10	2 41	29 10	26 07	25 42	28 03	15 12
11	8 49	7 12	2 37	29 10	26 04	25 44	28 01	15 11
16	8 45	7 14	2 33	29 10D	26 01	25 46	28 00	15 09
21	8 40	7 17	2 28	29 11	25 58	25 49	27 58	15 07
26	8 35	7 20	2 24	29 12	25 54	25 52	27 57	15 05
Mar 2	8 30	7 24	2 19	29 13	25 51	25 55	27 56	15 02
7	8 25	7 28	2 15	29 14	25 47	25 58	27 55	15 00
12	8 19	7 33	2 11	29 16	25 43	26 02	27 55D	14 57
17	8 13	7 38	2 07	29 19	25 40	26 06	27 55	14 54
22	8 07	7 43	2 03	29 22	25 36	26 10	27 56	14 51
27	8 01	7 49	1 59	29 25	25 32	26 14	27 56	14 48
Apr 1	7 54	7 54	1 55	29 28	25 28	26 18	27 57	14 45
6	7 48	8 00	1 52	29 32	25 25	26 22	27 59	14 41
11	7 42	8 06	1 49	29 35	25 21	26 27	28 00	14 38
16	7 36	8 13	1 47	29 40	25 18	26 31	28 02	14 35
21	7 30	8 19	1 45	29 44	25 15	26 35	28 05	14 32
26	7 25	8 26	1 43	29 48	25 12	26 40	28 07	14 29
May 1	7 20	8 32	1 41	29 53	25 10	26 44	28 10	14 26
6	7 15	8 39	1 40	29 58	25 07	26 48	28 13	14 23
11	7 10	8 45	1 40	0♊03	25 05	26 53	28 16	14 21
16	7 06	8 51	1 40D	0 08	25 03	26 57	28 20	14 18
21	7 03	8 58	1 40D	0 13	25 02	27 01	28 23	14 16
26	7 00	9 04	1 40	0 18	25 01	27 04	28 27	14 14
31	6 57	9 09	1 42	0 23	25 00	27 08	28 31	14 12
Jun 5	6 55	9 15	1 43	0 28	24 59	27 11	28 35	14 11
10	6 54	9 20	1 45	0 32	24 59D	27 14	28 39	14 10
15	6 53	9 26	1 47	0 37	24 59	27 17	28 43	14 09
20	6 53D	9 30	1 50	0 42	25 00	27 19	28 47	14 08
25	6 53	9 35	1 53	0 46	25 01	27 22	28 52	14 08
30	6 54	9 39	1 56	0 50	25 02	27 24	28 56	14 07D
Jul 5	6 56	9 42	2 00	0 54	25 04	27 25	29 00	14 08
10	6 58	9 45	2 04	0 58	25 06	27 27	29 04	14 08
15	7 01	9 48	2 08	1 01	25 08	27 28	29 08	14 09
20	7 04	9 51	2 12	1 05	25 10	27 28	29 12	14 10
25	7 08	9 52	2 17	1 08	25 13	27 29	29 15	14 11
30	7 12	9 54	2 22	1 10	25 16	27 29R	29 19	14 13
Aug 4	7 17	9 55	2 27	1 12	25 20	27 28	29 22	14 15
9	7 22	9 55	2 32	1 14	25 23	27 28	29 25	14 17
14	7 28	9 55R	2 38	1 16	25 27	27 27	29 28	14 19
19	7 34	9 54	2 43	1 17	25 31	27 25	29 31	14 22
24	7 41	9 53	2 49	1 18	25 35	27 24	29 33	14 24
29	7 48	9 52	2 54	1 18	25 40	27 22	29 35	14 27
Sep 3	7 55	9 50	3 00	1 18R	25 44	27 20	29 37	14 31
8	8 02	9 47	3 05	1 18	25 49	27 17	29 38	14 34
13	8 10	9 45	3 10	1 17	25 53	27 15	29 40	14 37
18	8 18	9 41	3 16	1 16	25 58	27 12	29 40	14 41
23	8 26	9 38	3 21	1 14	26 02	27 09	29 41	14 45
28	8 34	9 34	3 26	1 12	26 07	27 06	29 41R	14 49
Oct 3	8 42	9 30	3 30	1 10	26 12	27 02	29 41	14 52
8	8 50	9 25	3 35	1 08	26 16	26 59	29 41	14 56
13	8 58	9 21	3 39	1 05	26 20	26 55	29 40	15 00
18	9 06	9 16	3 43	1 02	26 25	26 52	29 39	15 04
23	9 14	9 11	3 46	0 59	26 29	26 48	29 38	15 08
28	9 22	9 06	3 50	0 55	26 33	26 44	29 36	15 12
Nov 2	9 29	9 00	3 53	0 52	26 36	26 41	29 34	15 15
7	9 36	8 55	3 55	0 48	26 40	26 37	29 32	15 19
12	9 43	8 50	3 57	0 44	26 43	26 34	29 29	15 22
17	9 49	8 45	3 59	0 40	26 46	26 31	29 27	15 25
22	9 55	8 40	4 00	0 36	26 48	26 28	29 24	15 28
27	10 00	8 36	4 01	0 32	26 51	26 25	29 21	15 31
Dec 2	10 05	8 31	4 01	0 27	26 52	26 22	29 18	15 34
7	10 10	8 27	4 01R	0 23	26 54	26 20	29 14	15 36
12	10 14	8 23	4 00	0 20	26 55	26 18	29 11	15 38
17	10 17	8 20	4 00	0 16	26 56	26 16	29 07	15 40
22	10 20	8 17	3 58	0 12	26 57	26 15	29 04	15 42
27	10♎22	8♉14	3♍56	0♊09	26♍57R	26♈13	29♊00	15♎43

Stations	Jan 9	Jan 20	May 15	Feb 12	Jun 9	Jan 10	Mar 12	Jan 12
	Jun 19	Aug 10	Dec 3	Aug 31	Dec 25	Jul 26	Sep 28	Jun 29

1961

	♃	⚷	♗	⚶	♅	♆	♙	♓
Jan 1	10♎24	8♉12R	3♍54R	0Ⅱ06R	26♍56R	26♈13R	28Ⅱ57R	15♎44
6	10 24	8 10	3 52	0 03	26 56	26 12	28 54	15 44
11	10 25R	8 09	3 49	0 00	26 55	26 12D	28 50	15 45
16	10 24	8 08	3 46	29♉58	26 53	26 12	28 47	15 45R
21	10 23	8 08D	3 42	29 56	26 52	26 13	28 44	15 44
26	10 21	8 08	3 38	29 55	26 50	26 14	28 41	15 44
31	10 19	8 09	3 34	29 53	26 48	26 15	28 39	15 43
Feb 5	10 16	8 10	3 30	29 53	26 45	26 17	28 36	15 42
10	10 13	8 12	3 26	29 52	26 42	26 18	28 34	15 40
15	10 09	8 14	3 22	29 52D	26 39	26 21	28 32	15 38
20	10 05	8 17	3 17	29 53	26 36	26 23	28 31	15 36
25	10 00	8 20	3 13	29 53	26 32	26 26	28 30	15 34
Mar 2	9 55	8 24	3 08	29 55	26 29	26 29	28 29	15 32
7	9 50	8 28	3 04	29 56	26 25	26 33	28 28	15 29
12	9 44	8 32	3 00	29 58	26 21	26 36	28 28	15 26
17	9 38	8 37	2 56	0Ⅱ00	26 18	26 40	28 28D	15 23
22	9 32	8 42	2 52	0 03	26 14	26 44	28 28	15 20
27	9 26	8 48	2 48	0 06	26 10	26 48	28 29	15 17
Apr 1	9 19	8 54	2 44	0 09	26 07	26 52	28 30	15 14
6	9 13	9 00	2 41	0 13	26 03	26 56	28 31	15 11
11	9 07	9 06	2 38	0 17	25 59	27 01	28 33	15 08
16	9 01	9 12	2 36	0 21	25 56	27 05	28 35	15 05
21	8 55	9 18	2 33	0 25	25 53	27 10	28 37	15 01
26	8 50	9 25	2 31	0 29	25 50	27 14	28 39	14 58
May 1	8 44	9 31	2 30	0 34	25 47	27 18	28 42	14 56
6	8 39	9 38	2 29	0 39	25 45	27 23	28 45	14 53
11	8 35	9 44	2 28	0 44	25 43	27 27	28 48	14 50
16	8 31	9 51	2 28D	0 49	25 41	27 31	28 52	14 48
21	8 27	9 57	2 28	0 54	25 40	27 35	28 55	14 46
26	8 24	10 03	2 28	0 59	25 38	27 39	28 59	14 43
31	8 21	10 09	2 29	1 04	25 37	27 42	29 03	14 42
Jun 5	8 19	10 14	2 31	1 09	25 37	27 45	29 07	14 40
10	8 17	10 20	2 33	1 13	25 37D	27 49	29 11	14 39
15	8 16	10 25	2 35	1 18	25 37	27 51	29 15	14 38
20	8 16D	10 30	2 37	1 23	25 37	27 54	29 19	14 37
25	8 16	10 34	2 40	1 27	25 38	27 56	29 24	14 37
30	8 17	10 38	2 43	1 31	25 39	27 58	29 28	14 36D
Jul 5	8 18	10 42	2 47	1 35	25 41	28 00	29 32	14 37
10	8 20	10 46	2 51	1 39	25 43	28 01	29 36	14 37
15	8 23	10 48	2 55	1 43	25 45	28 02	29 40	14 38
20	8 26	10 51	3 00	1 46	25 47	28 03	29 44	14 39
25	8 29	10 53	3 04	1 49	25 50	28 04	29 47	14 40
30	8 34	10 54	3 09	1 52	25 53	28 04R	29 51	14 41
Aug 4	8 38	10 55	3 14	1 54	25 57	28 03	29 54	14 43
9	8 43	10 56	3 19	1 56	26 00	28 03	29 57	14 45
14	8 49	10 56R	3 25	1 57	26 04	28 02	0♋00	14 48
19	8 55	10 55	3 30	1 59	26 08	28 01	0 03	14 50
24	9 02	10 54	3 36	2 00	26 12	27 59	0 05	14 53
29	9 08	10 53	3 41	2 00	26 16	27 57	0 07	14 56
Sep 3	9 15	10 51	3 47	2 00R	26 21	27 55	0 09	14 59
8	9 23	10 49	3 52	2 00	26 25	27 53	0 11	15 02
13	9 30	10 46	3 57	1 59	26 30	27 50	0 12	15 06
18	9 38	10 43	4 03	1 58	26 34	27 47	0 13	15 10
23	9 46	10 40	4 08	1 57	26 39	27 44	0 14	15 13
28	9 54	10 36	4 13	1 55	26 44	27 41	0 14	15 17
Oct 3	10 02	10 32	4 18	1 53	26 48	27 38	0 14R	15 21
8	10 11	10 27	4 22	1 50	26 53	27 34	0 13	15 25
13	10 19	10 23	4 26	1 48	26 57	27 31	0 13	15 29
18	10 27	10 18	4 30	1 45	27 01	27 27	0 12	15 33
23	10 34	10 13	4 34	1 41	27 05	27 24	0 10	15 36
28	10 42	10 08	4 37	1 38	27 09	27 20	0 09	15 40
Nov 2	10 50	10 02	4 40	1 34	27 13	27 16	0 07	15 44
7	10 57	9 57	4 43	1 30	27 17	27 13	0 05	15 47
12	11 04	9 52	4 45	1 27	27 20	27 10	0 02	15 51
17	11 10	9 47	4 47	1 22	27 23	27 06	0 00	15 54
22	11 16	9 42	4 48	1 18	27 25	27 03	29Ⅱ57	15 57
27	11 22	9 38	4 49	1 14	27 28	27 00	29 54	16 00
Dec 2	11 27	9 33	4 49	1 10	27 30	26 58	29 51	16 02
7	11 32	9 29	4 49R	1 06	27 31	26 55	29 47	16 05
12	11 36	9 25	4 49	1 02	27 33	26 53	29 44	16 07
17	11 39	9 21	4 48	0 59	27 33	26 51	29 41	16 09
22	11 42	9 18	4 47	0 55	27 34	26 50	29 37	16 10
27	11♎44	9♉16	4♍45	0Ⅱ52	27♍34R	26♈49	29Ⅱ34	16♎12

Stations	Jan 9	Jan 20	May 16	Feb 12	Jun 10	Jan 10	Mar 13	Jan 12
	Jun 20	Aug 11	Dec 4	Sep 1	Dec 26	Jul 27	Sep 29	Jun 30

1962

	♃	⚷	⚴	⚶	⚵	♆	⚳	⚸
Jan 1	11♎ 46	9♉ 13R	4♍ 43R	0♊ 48R	27♍ 34R	26♈ 48R	29♊ 30R	16♎ 13
6	11 47	9 11	4 40	0 45	27 33	26 47	29 27	16 13
11	11 48R	9 10	4 38	0 43	27 32	26 47D	29 23	16 14
16	11 47	9 09	4 34	0 40	27 31	26 47	29 20	16 14R
21	11 47	9 09	4 31	0 38	27 30	26 48	29 17	16 13
26	11 45	9 09D	4 27	0 37	27 28	26 48	29 14	16 13
31	11 43	9 09	4 23	0 36	27 25	26 50	29 12	16 12
Feb 5	11 40	9 11	4 19	0 35	27 23	26 51	29 09	16 11
10	11 37	9 12	4 15	0 34	27 20	26 53	29 07	16 09
15	11 34	9 14	4 11	0 34D	27 17	26 55	29 05	16 08
20	11 29	9 17	4 06	0 34	27 14	26 58	29 04	16 06
25	11 25	9 20	4 02	0 35	27 10	27 01	29 02	16 03
Mar 2	11 20	9 24	3 57	0 36	27 07	27 04	29 01	16 01
7	11 14	9 28	3 53	0 38	27 03	27 07	29 01	15 58
12	11 09	9 32	3 49	0 40	27 00	27 11	29 00	15 56
17	11 03	9 37	3 45	0 42	26 56	27 14	29 00D	15 53
22	10 57	9 42	3 41	0 44	26 52	27 18	29 01	15 50
27	10 51	9 47	3 37	0 47	26 48	27 22	29 01	15 47
Apr 1	10 45	9 53	3 33	0 51	26 45	27 26	29 02	15 44
6	10 38	9 59	3 30	0 54	26 41	27 31	29 04	15 40
11	10 32	10 05	3 27	0 58	26 38	27 35	29 05	15 37
16	10 26	10 11	3 24	1 02	26 34	27 40	29 07	15 34
21	10 20	10 18	3 22	1 06	26 31	27 44	29 09	15 31
26	10 15	10 24	3 20	1 11	26 28	27 48	29 12	15 28
May 1	10 09	10 30	3 18	1 15	26 25	27 53	29 14	15 25
6	10 04	10 37	3 17	1 20	26 23	27 57	29 17	15 22
11	9 59	10 43	3 16	1 25	26 21	28 01	29 21	15 20
16	9 55	10 50	3 16	1 30	26 19	28 05	29 24	15 17
21	9 51	10 56	3 16D	1 35	26 17	28 09	29 27	15 15
26	9 48	11 02	3 16	1 40	26 16	28 13	29 31	15 13
31	9 45	11 08	3 17	1 45	26 15	28 17	29 35	15 11
Jun 5	9 43	11 14	3 19	1 50	26 14	28 20	29 39	15 09
10	9 41	11 19	3 20	1 55	26 14	28 23	29 43	15 08
15	9 40	11 25	3 22	1 59	26 14D	28 26	29 47	15 07
20	9 39	11 29	3 25	2 04	26 15	28 29	29 51	15 06
25	9 39D	11 34	3 28	2 08	26 15	28 31	29 55	15 06
30	9 40	11 38	3 31	2 13	26 17	28 33	0♋ 00	15 05
Jul 5	9 41	11 42	3 34	2 17	26 18	28 35	0 04	15 06D
10	9 43	11 46	3 38	2 21	26 20	28 36	0 08	15 06
15	9 45	11 48	3 42	2 24	26 22	28 37	0 12	15 07
20	9 48	11 51	3 47	2 27	26 24	28 38	0 16	15 07
25	9 51	11 53	3 51	2 30	26 27	28 39	0 19	15 09
30	9 55	11 55	3 56	2 33	26 30	28 39R	0 23	15 10
Aug 4	10 00	11 56	4 01	2 36	26 33	28 38	0 26	15 12
9	10 05	11 57	4 06	2 38	26 37	28 38	0 29	15 14
14	10 10	11 57R	4 12	2 39	26 41	28 37	0 32	15 16
19	10 16	11 56	4 17	2 41	26 45	28 36	0 35	15 19
24	10 22	11 56	4 23	2 41	26 49	28 34	0 37	15 22
29	10 29	11 54	4 28	2 42	26 53	28 33	0 40	15 25
Sep 3	10 36	11 53	4 34	2 42R	26 57	28 31	0 42	15 28
8	10 43	11 50	4 39	2 42	27 02	28 28	0 43	15 31
13	10 51	11 48	4 44	2 41	27 06	28 26	0 44	15 34
18	10 59	11 45	4 50	2 40	27 11	28 23	0 45	15 38
23	11 07	11 41	4 55	2 39	27 16	28 20	0 46	15 42
28	11 15	11 38	5 00	2 37	27 20	28 17	0 46	15 45
Oct 3	11 23	11 33	5 05	2 35	27 25	28 13	0 46R	15 49
8	11 31	11 29	5 09	2 33	27 29	28 10	0 46	15 53
13	11 39	11 25	5 14	2 30	27 34	28 06	0 45	15 57
18	11 47	11 20	5 18	2 27	27 38	28 03	0 44	16 01
23	11 55	11 15	5 21	2 24	27 42	27 59	0 43	16 05
28	12 03	11 10	5 25	2 21	27 46	27 56	0 42	16 09
Nov 2	12 10	11 05	5 28	2 17	27 50	27 52	0 40	16 12
7	12 18	10 59	5 30	2 13	27 53	27 49	0 38	16 16
12	12 25	10 54	5 33	2 09	27 57	27 45	0 35	16 19
17	12 31	10 49	5 34	2 05	28 00	27 42	0 33	16 23
22	12 37	10 44	5 36	2 01	28 02	27 39	0 30	16 26
27	12 43	10 40	5 37	1 57	28 05	27 36	0 27	16 28
Dec 2	12 48	10 35	5 37	1 53	28 07	27 33	0 24	16 31
7	12 53	10 31	5 37R	1 49	28 08	27 31	0 20	16 34
12	12 58	10 27	5 37	1 45	28 10	27 29	0 17	16 36
17	13 01	10 23	5 36	1 41	28 11	27 27	0 14	16 38
22	13 04	10 20	5 35	1 38	28 11	27 25	0 10	16 39
27	13♎ 07	10♉ 17	5♍ 34	1♊ 34	28♍ 12R	27♈ 24	0♋ 07	16♎ 41

Stations	Jan 11	Jan 22	May 17	Feb 13	Jun 11	Jan 11	Mar 14	Jan 13
	Jun 22	Aug 12	Dec 5	Sep 2	Dec 27	Jul 28	Sep 30	Jul 1

1963

	♃	⚷	⚵	⚶	24	♆	⚴	♅
Jan 1	13♎09	10♉15R	5♍32R	1♊31R	28♍12R	27♈23R	0♋03R	16♎42
6	13 10	10 13	5 29	1 28	28 11	27 22	0 00	16 42
11	13 11	10 11	5 26	1 25	28 10	27 22D	29♊57	16 43
16	13 11R	10 10	5 23	1 23	28 09	27 22	29 53	16 43R
21	13 10	10 10	5 20	1 21	28 07	27 23	29 50	16 43
26	13 09	10 10D	5 16	1 19	28 05	27 23	29 47	16 42
31	13 07	10 10	5 12	1 18	28 03	27 24	29 45	16 41
Feb 5	13 04	10 11	5 08	1 17	28 01	27 26	29 42	16 40
10	13 01	10 13	5 04	1 16	27 58	27 28	29 40	16 39
15	12 58	10 15	5 00	1 16D	27 55	27 30	29 38	16 37
20	12 54	10 17	4 55	1 16	27 52	27 32	29 37	16 35
25	12 49	10 20	4 51	1 17	27 49	27 35	29 35	16 33
Mar 2	12 45	10 24	4 47	1 18	27 45	27 38	29 34	16 30
7	12 39	10 28	4 42	1 19	27 41	27 41	29 33	16 28
12	12 34	10 32	4 38	1 21	27 38	27 45	29 33	16 25
17	12 28	10 36	4 34	1 23	27 34	27 49	29 33D	16 22
22	12 22	10 41	4 30	1 26	27 30	27 53	29 33	16 19
27	12 16	10 47	4 26	1 29	27 26	27 57	29 34	16 16
Apr 1	12 10	10 52	4 22	1 32	27 23	28 01	29 35	16 13
6	12 03	10 58	4 19	1 35	27 19	28 05	29 36	16 10
11	11 57	11 04	4 16	1 39	27 16	28 09	29 37	16 07
16	11 51	11 10	4 13	1 43	27 12	28 14	29 39	16 04
21	11 45	11 17	4 11	1 47	27 09	28 18	29 41	16 00
26	11 40	11 23	4 08	1 52	27 06	28 23	29 44	15 57
May 1	11 34	11 30	4 07	1 56	27 03	28 27	29 47	15 54
6	11 29	11 36	4 06	2 01	27 01	28 31	29 49	15 52
11	11 24	11 43	4 05	2 06	26 59	28 36	29 53	15 49
16	11 20	11 49	4 04	2 11	26 57	28 40	29 56	15 47
21	11 16	11 55	4 04D	2 16	26 55	28 44	0♋00	15 44
26	11 12	12 01	4 05	2 21	26 54	28 47	0 03	15 42
31	11 09	12 07	4 05	2 26	26 53	28 51	0 07	15 40
Jun 5	11 07	12 13	4 07	2 31	26 52	28 54	0 11	15 39
10	11 05	12 19	4 08	2 36	26 52	28 58	0 15	15 37
15	11 03	12 24	4 10	2 40	26 52D	29 01	0 19	15 36
20	11 02	12 29	4 13	2 45	26 52	29 03	0 23	15 35
25	11 02D	12 34	4 15	2 50	26 53	29 06	0 27	15 35
30	11 02	12 38	4 18	2 54	26 54	29 08	0 32	15 34
Jul 5	11 03	12 42	4 22	2 58	26 55	29 10	0 36	15 35D
10	11 05	12 46	4 26	3 02	26 57	29 11	0 40	15 35
15	11 07	12 49	4 30	3 06	26 59	29 12	0 44	15 35
20	11 10	12 51	4 34	3 09	27 01	29 13	0 48	15 36
25	11 13	12 53	4 39	3 12	27 04	29 14	0 51	15 37
30	11 17	12 55	4 43	3 15	27 07	29 14R	0 55	15 39
Aug 4	11 21	12 56	4 48	3 17	27 10	29 14	0 58	15 41
9	11 26	12 57	4 54	3 19	27 14	29 13	1 02	15 43
14	11 31	12 58R	4 59	3 21	27 17	29 12	1 04	15 45
19	11 37	12 57	5 04	3 22	27 21	29 11	1 07	15 48
24	11 43	12 57	5 10	3 23	27 25	29 10	1 10	15 50
29	11 50	12 55	5 15	3 24	27 30	29 08	1 12	15 53
Sep 3	11 57	12 54	5 21	3 24R	27 34	29 06	1 14	15 56
8	12 04	12 52	5 26	3 24	27 39	29 04	1 16	16 00
13	12 12	12 49	5 32	3 23	27 43	29 01	1 17	16 03
18	12 19	12 46	5 37	3 23	27 48	28 58	1 18	16 07
23	12 27	12 43	5 42	3 21	27 52	28 55	1 19	16 10
28	12 35	12 39	5 47	3 20	27 57	28 52	1 19	16 14
Oct 3	12 43	12 35	5 52	3 18	28 02	28 49	1 19R	16 18
8	12 51	12 31	5 57	3 15	28 06	28 46	1 19	16 22
13	13 00	12 27	6 01	3 13	28 11	28 42	1 18	16 26
18	13 08	12 22	6 05	3 10	28 15	28 38	1 17	16 29
23	13 16	12 17	6 09	3 07	28 19	28 35	1 16	16 33
28	13 23	12 12	6 12	3 03	28 23	28 31	1 15	16 37
Nov 2	13 31	12 07	6 15	3 00	28 27	28 28	1 13	16 41
7	13 38	12 02	6 18	2 56	28 30	28 24	1 11	16 44
12	13 45	11 56	6 20	2 52	28 34	28 21	1 08	16 48
17	13 52	11 51	6 22	2 48	28 37	28 17	1 06	16 51
22	13 59	11 46	6 24	2 44	28 39	28 14	1 03	16 54
27	14 04	11 42	6 25	2 40	28 42	28 11	1 00	16 57
Dec 2	14 10	11 37	6 25	2 36	28 44	28 09	0 57	17 00
7	14 15	11 33	6 26R	2 32	28 46	28 06	0 54	17 02
12	14 19	11 29	6 25	2 28	28 47	28 04	0 50	17 05
17	14 23	11 25	6 25	2 24	28 48	28 02	0 47	17 06
22	14 27	11 22	6 24	2 20	28 49	28 00	0 43	17 08
27	14♎29	11♉19	6♍22	2♊17	28♍49R	27♈59	0♋40	17♎09

Stations	Jan 13	Jan 23	May 18	Feb 14	Jun 11	Jan 11	Mar 15	Jan 13
	Jun 24	Aug 14	Dec 6	Sep 2	Dec 27	Jul 29	Sep 30	Jul 1

1964

	♃	♄	⚷	♈?	♃⧺	♆	⚵	♓
Jan 1	14♎31	11♉16R	6♍20R	2♊14R	28♍49R	27♈58R	0♋36R	17♎11
6	14 33	11 14	6 18	2 11	28 49	27 57	0 33	17 11
11	14 34	11 12	6 15	2 08	28 48	27 57	0 30	17 12
16	14 34R	11 11	6 12	2 05	28 47	27 57D	0 27	17 12R
21	14 33	11 10	6 09	2 03	28 45	27 57	0 23	17 12
26	14 32	11 10D	6 05	2 02	28 43	27 58	0 21	17 11
31	14 31	11 11	6 02	2 00	28 41	27 59	0 18	17 10
Feb 5	14 29	11 12	5 57	1 59	28 39	28 01	0 15	17 09
10	14 26	11 13	5 53	1 58	28 36	28 03	0 13	17 08
15	14 22	11 15	5 49	1 58D	28 33	28 05	0 11	17 06
20	14 18	11 17	5 45	1 58	28 30	28 07	0 09	17 04
25	14 14	11 20	5 40	1 59	28 27	28 10	0 08	17 02
Mar 1	14 09	11 24	5 36	2 00	28 23	28 13	0 07	17 00
6	14 04	11 27	5 31	2 01	28 20	28 16	0 06	16 57
11	13 59	11 32	5 27	2 03	28 16	28 19	0 06	16 55
16	13 53	11 36	5 23	2 05	28 12	28 23	0 06D	16 52
21	13 47	11 41	5 19	2 08	28 08	28 27	0 06	16 49
26	13 41	11 46	5 15	2 10	28 05	28 31	0 06	16 46
31	13 35	11 52	5 11	2 13	28 01	28 35	0 07	16 43
Apr 5	13 29	11 58	5 08	2 17	27 57	28 39	0 08	16 39
10	13 23	12 04	5 05	2 21	27 54	28 44	0 10	16 36
15	13 16	12 10	5 02	2 24	27 50	28 48	0 12	16 33
20	13 10	12 16	4 59	2 29	27 47	28 53	0 14	16 30
25	13 05	12 22	4 57	2 33	27 44	28 57	0 16	16 27
30	12 59	12 29	4 55	2 38	27 41	29 01	0 19	16 24
May 5	12 54	12 35	4 54	2 42	27 39	29 06	0 22	16 21
10	12 49	12 42	4 53	2 47	27 37	29 10	0 25	16 18
15	12 44	12 48	4 52	2 52	27 35	29 14	0 28	16 16
20	12 40	12 55	4 52D	2 57	27 33	29 18	0 32	16 14
25	12 36	13 01	4 53	3 02	27 31	29 22	0 35	16 12
30	12 33	13 07	4 53	3 07	27 30	29 25	0 39	16 10
Jun 4	12 30	13 13	4 54	3 12	27 30	29 29	0 43	16 08
9	12 28	13 18	4 56	3 17	27 29	29 32	0 47	16 07
14	12 27	13 24	4 58	3 22	27 29D	29 35	0 51	16 05
19	12 26	13 29	5 00	3 26	27 30	29 38	0 55	16 05
24	12 25D	13 33	5 03	3 31	27 30	29 40	0 59	16 04
29	12 25	13 38	5 06	3 35	27 31	29 42	1 04	16 04
Jul 4	12 26	13 42	5 09	3 39	27 33	29 44	1 08	16 04D
9	12 28	13 46	5 13	3 43	27 34	29 46	1 12	16 04
14	12 30	13 49	5 17	3 47	27 36	29 47	1 16	16 04
19	12 32	13 51	5 21	3 50	27 39	29 48	1 20	16 05
24	12 35	13 54	5 26	3 53	27 41	29 49	1 23	16 06
29	12 39	13 56	5 31	3 56	27 44	29 49R	1 27	16 08
Aug 3	12 43	13 57	5 36	3 59	27 47	29 49	1 30	16 10
8	12 48	13 58	5 41	4 01	27 51	29 48	1 34	16 12
13	12 53	13 58	5 46	4 03	27 54	29 47	1 37	16 14
18	12 58	13 58R	5 51	4 04	27 58	29 46	1 39	16 16
23	13 05	13 58	5 57	4 05	28 02	29 45	1 42	16 19
28	13 11	13 57	6 02	4 06	28 06	29 43	1 44	16 22
Sep 2	13 18	13 55	6 08	4 06R	28 11	29 41	1 46	16 25
7	13 25	13 53	6 13	4 06	28 15	29 39	1 48	16 28
12	13 32	13 51	6 19	4 06	28 20	29 37	1 49	16 32
17	13 40	13 48	6 24	4 05	28 24	29 34	1 50	16 35
22	13 48	13 45	6 29	4 04	28 29	29 31	1 51	16 39
27	13 56	13 41	6 34	4 02	28 34	29 28	1 52	16 43
Oct 2	14 04	13 37	6 39	4 00	28 38	29 25	1 52R	16 46
7	14 12	13 33	6 44	3 58	28 43	29 21	1 52	16 50
12	14 20	13 29	6 48	3 55	28 47	29 18	1 51	16 54
17	14 28	13 24	6 52	3 53	28 52	29 14	1 50	16 58
22	14 36	13 19	6 56	3 49	28 56	29 11	1 49	17 02
27	14 44	13 14	7 00	3 46	29 00	29 07	1 48	17 06
Nov 1	14 52	13 09	7 03	3 43	29 04	29 03	1 46	17 09
6	14 59	13 04	7 06	3 39	29 07	29 00	1 44	17 13
11	15 06	12 59	7 08	3 35	29 11	28 56	1 41	17 16
16	15 13	12 54	7 10	3 31	29 14	28 53	1 39	17 20
21	15 20	12 49	7 12	3 27	29 17	28 50	1 36	17 23
26	15 26	12 44	7 13	3 23	29 19	28 47	1 33	17 26
Dec 1	15 31	12 39	7 14	3 19	29 21	28 44	1 30	17 29
6	15 37	12 35	7 14R	3 15	29 23	28 42	1 27	17 31
11	15 41	12 30	7 14	3 11	29 24	28 39	1 24	17 33
16	15 45	12 27	7 13	3 07	29 26	28 37	1 20	17 35
21	15 49	12 23	7 12	3 03	29 26	28 36	1 17	17 37
26	15 52	12 20	7 11	3 00	29 27	28 34	1 13	17 38
31	15♎54	12♉17	7♍09	2♊56	29♍27R	28♈33	1♋10	17♎39

Stations	Jan 14	Jan 24	May 18	Feb 15	Jun 11	Jan 12	Mar 15	Jan 14
	Jun 24	Aug 14	Dec 6	Sep 2	Dec 27	Jul 29	Sep 30	Jul 1

1965

Date	♃	⚷	⚸	⚵	⚴	♇	⚶	⚳
Jan 5	15♎56	12♉15R	7♍07R	2♊53R	29♍26R	28♈33R	1♋06R	17♎40
10	15 57	12 13	7 04	2 50	29 26	28 32	1 03	17 41
15	15 57R	12 12	7 01	2 48	29 24	28 32D	1 00	17 41R
20	15 57	12 11	6 58	2 46	29 23	28 32	0 57	17 41
25	15 56	12 11D	6 54	2 44	29 21	28 33	0 54	17 41
30	15 55	12 11	6 51	2 42	29 19	28 34	0 51	17 40
Feb 4	15 53	12 12	6 47	2 41	29 17	28 36	0 48	17 39
9	15 50	12 14	6 42	2 41	29 14	28 37	0 46	17 37
14	15 47	12 15	6 38	2 40	29 11	28 39	0 44	17 36
19	15 43	12 18	6 34	2 40D	29 08	28 42	0 42	17 34
24	15 39	12 20	6 29	2 41	29 05	28 44	0 41	17 32
Mar 1	15 34	12 24	6 25	2 42	29 01	28 47	0 40	17 29
6	15 29	12 27	6 20	2 43	28 58	28 50	0 39	17 27
11	15 24	12 31	6 16	2 45	28 54	28 54	0 38	17 24
16	15 18	12 36	6 12	2 47	28 50	28 58	0 38D	17 21
21	15 12	12 41	6 08	2 49	28 47	29 01	0 38	17 18
26	15 06	12 46	6 04	2 52	28 43	29 05	0 39	17 15
31	15 00	12 51	6 00	2 55	28 39	29 10	0 40	17 12
Apr 5	14 54	12 57	5 57	2 58	28 35	29 14	0 41	17 09
10	14 48	13 03	5 53	3 02	28 32	29 18	0 42	17 06
15	14 42	13 09	5 51	3 06	28 29	29 22	0 44	17 03
20	14 36	13 15	5 48	3 10	28 25	29 27	0 46	17 00
25	14 30	13 22	5 46	3 14	28 22	29 31	0 48	16 56
30	14 24	13 28	5 44	3 19	28 19	29 36	0 51	16 54
May 5	14 19	13 35	5 43	3 23	28 17	29 40	0 54	16 51
10	14 14	13 41	5 41	3 28	28 14	29 44	0 57	16 48
15	14 09	13 47	5 41	3 33	28 12	29 48	1 00	16 45
20	14 05	13 54	5 41D	3 38	28 11	29 52	1 04	16 43
25	14 01	14 00	5 41	3 43	28 09	29 56	1 07	16 41
30	13 57	14 06	5 41	3 48	28 08	0♉00	1 11	16 39
Jun 4	13 55	14 12	5 42	3 53	28 07	0 03	1 15	16 37
9	13 52	14 18	5 44	3 58	28 07	0 07	1 19	16 36
14	13 50	14 23	5 46	4 03	28 07D	0 10	1 23	16 35
19	13 49	14 28	5 48	4 07	28 07	0 13	1 27	16 34
24	13 49	14 33	5 51	4 12	28 08	0 15	1 31	16 33
29	13 49D	14 38	5 54	4 16	28 09	0 17	1 36	16 33
Jul 4	13 49	14 42	5 57	4 21	28 10	0 19	1 40	16 33D
9	13 50	14 46	6 00	4 25	28 11	0 21	1 44	16 33
14	13 52	14 49	6 04	4 28	28 13	0 22	1 48	16 33
19	13 54	14 52	6 09	4 32	28 16	0 23	1 52	16 34
24	13 57	14 54	6 13	4 35	28 18	0 24	1 56	16 35
29	14 01	14 56	6 18	4 38	28 21	0 24	1 59	16 37
Aug 3	14 05	14 58	6 23	4 40	28 24	0 24R	2 03	16 38
8	14 09	14 59	6 28	4 43	28 28	0 23	2 06	16 40
13	14 14	14 59	6 33	4 45	28 31	0 23	2 09	16 43
18	14 20	14 59R	6 38	4 46	28 35	0 22	2 12	16 45
23	14 26	14 59	6 44	4 47	28 39	0 20	2 14	16 48
28	14 32	14 58	6 49	4 48	28 43	0 19	2 17	16 50
Sep 2	14 39	14 57	6 55	4 48	28 48	0 17	2 19	16 54
7	14 46	14 55	7 00	4 48R	28 52	0 15	2 20	16 57
12	14 53	14 52	7 06	4 48	28 57	0 12	2 22	17 00
17	15 01	14 50	7 11	4 47	29 01	0 09	2 23	17 04
22	15 08	14 47	7 16	4 46	29 06	0 07	2 24	17 07
27	15 16	14 43	7 21	4 45	29 10	0 03	2 24	17 11
Oct 2	15 24	14 39	7 26	4 43	29 15	0 00	2 24R	17 15
7	15 33	14 35	7 31	4 40	29 20	29♈57	2 24	17 19
12	15 41	14 31	7 36	4 38	29 24	29 53	2 24	17 23
17	15 49	14 26	7 40	4 35	29 28	29 50	2 23	17 27
22	15 57	14 21	7 44	4 32	29 33	29 46	2 22	17 30
27	16 05	14 16	7 47	4 29	29 37	29 43	2 20	17 34
Nov 1	16 12	14 11	7 51	4 25	29 41	29 39	2 19	17 38
6	16 20	14 06	7 53	4 22	29 44	29 35	2 17	17 42
11	16 27	14 01	7 56	4 18	29 48	29 32	2 14	17 45
16	16 34	13 56	7 58	4 14	29 51	29 29	2 12	17 48
21	16 41	13 51	8 00	4 10	29 54	29 26	2 09	17 52
26	16 47	13 46	8 01	4 06	29 56	29 23	2 06	17 55
Dec 1	16 53	13 41	8 02	4 02	29 58	29 20	2 03	17 57
6	16 58	13 37	8 02	3 58	0♎00	29 17	2 00	18 00
11	17 03	13 32	8 02R	3 54	0 02	29 15	1 57	18 02
16	17 07	13 28	8 02	3 50	0 03	29 13	1 53	18 04
21	17 11	13 25	8 01	3 46	0 04	29 11	1 50	18 06
26	17 14	13 22	7 59	3 42	0 04	29 10	1 46	18 07
31	17♎17	13♉19	7♍58	3♊39	0♎04R	29♈08	1♋43	18♎08

Stations	♃	⚷	⚸	⚵	⚴	♇	⚶	⚳
	Jan 15	Jan 24	May 20	Feb 15	Jun 12	Jan 12	Mar 15	Jan 14
	Jun 26	Aug 15	Dec 7	Sep 3	Dec 28	Jul 30	Oct 1	Jul 2

	♃	ℭ	♿	♈	♃	♆	♋	Ж
Jan 5	17♎18	13♉17R	7♍55R	3♊36R	0♎04R	29♈08R	1♋40R	18♎09
10	17 20	13 15	7 53	3 33	0 03	29 07	1 36	18 10
15	17 20	13 13	7 50	3 30	0 02	29 07D	1 33	18 10R
20	17 20R	13 13	7 47	3 28	0 01	29 07	1 30	18 10
25	17 20	13 12	7 43	3 26	29♍59	29 08	1 27	18 10
30	17 18	13 12D	7 40	3 25	29 57	29 09	1 24	18 09
Feb 4	17 17	13 13	7 36	3 24	29 55	29 10	1 22	18 08
9	17 14	13 14	7 32	3 23	29 52	29 12	1 19	18 07
14	17 11	13 16	7 27	3 22	29 49	29 14	1 17	18 05
19	17 08	13 18	7 23	3 22D	29 46	29 16	1 15	18 03
24	17 03	13 21	7 19	3 23	29 43	29 19	1 14	18 01
Mar 1	16 59	13 24	7 14	3 24	29 40	29 22	1 13	17 59
6	16 54	13 27	7 10	3 25	29 36	29 25	1 12	17 56
11	16 49	13 31	7 05	3 26	29 32	29 28	1 11	17 54
16	16 43	13 36	7 01	3 28	29 29	29 32	1 11D	17 51
21	16 38	13 40	6 57	3 31	29 25	29 36	1 11	17 48
26	16 32	13 45	6 53	3 33	29 21	29 40	1 12	17 45
31	16 26	13 51	6 49	3 36	29 17	29 44	1 12	17 42
Apr 5	16 19	13 56	6 46	3 40	29 14	29 48	1 13	17 39
10	16 13	14 02	6 42	3 43	29 10	29 52	1 15	17 35
15	16 07	14 08	6 39	3 47	29 07	29 57	1 16	17 32
20	16 01	14 15	6 37	3 51	29 03	0♉01	1 18	17 29
25	15 55	14 21	6 35	3 56	29 00	0 06	1 21	17 26
30	15 49	14 27	6 33	4 00	28 57	0 10	1 23	17 23
May 5	15 44	14 34	6 31	4 05	28 55	0 14	1 26	17 20
10	15 39	14 40	6 30	4 09	28 52	0 19	1 29	17 18
15	15 34	14 47	6 29	4 14	28 50	0 23	1 32	17 15
20	15 29	14 53	6 29	4 19	28 49	0 27	1 36	17 13
25	15 25	14 59	6 29D	4 24	28 47	0 31	1 40	17 10
30	15 22	15 06	6 30	4 29	28 46	0 34	1 43	17 08
Jun 4	15 19	15 11	6 30	4 34	28 45	0 38	1 47	17 07
9	15 16	15 17	6 32	4 39	28 44	0 41	1 51	17 05
14	15 14	15 23	6 34	4 44	28 44D	0 44	1 55	17 04
19	15 13	15 28	6 36	4 49	28 45	0 47	1 59	17 03
24	15 12	15 33	6 38	4 53	28 45	0 50	2 04	17 02
29	15 12D	15 37	6 41	4 58	28 46	0 52	2 08	17 02
Jul 4	15 12	15 42	6 44	5 02	28 47	0 54	2 12	17 02D
9	15 13	15 46	6 48	5 06	28 49	0 56	2 16	17 02
14	15 15	15 49	6 52	5 10	28 51	0 57	2 20	17 03
19	15 17	15 52	6 56	5 13	28 53	0 58	2 24	17 04
24	15 20	15 55	7 00	5 17	28 55	0 59	2 28	17 04
29	15 23	15 57	7 05	5 20	28 58	0 59	2 31	17 06
Aug 3	15 27	15 58	7 10	5 22	29 01	0 59R	2 35	17 07
8	15 31	15 59	7 15	5 24	29 05	0 59	2 38	17 09
13	15 36	16 00	7 20	5 26	29 08	0 58	2 41	17 11
18	15 41	16 00R	7 26	5 28	29 12	0 57	2 44	17 14
23	15 47	16 00	7 31	5 29	29 16	0 56	2 47	17 16
28	15 53	15 59	7 36	5 30	29 20	0 54	2 49	17 19
Sep 2	16 00	15 58	7 42	5 30	29 24	0 52	2 51	17 22
7	16 07	15 56	7 47	5 30R	29 29	0 50	2 53	17 25
12	16 14	15 54	7 53	5 30	29 33	0 48	2 54	17 29
17	16 21	15 51	7 58	5 29	29 38	0 45	2 56	17 32
22	16 29	15 48	8 04	5 28	29 43	0 42	2 56	17 36
27	16 37	15 45	8 09	5 27	29 47	0 39	2 57	17 40
Oct 2	16 45	15 41	8 14	5 25	29 52	0 36	2 57R	17 43
7	16 53	15 37	8 18	5 23	29 56	0 33	2 57	17 47
12	17 01	15 33	8 23	5 21	0♎01	0 29	2 57	17 51
17	17 09	15 28	8 27	5 18	0 05	0 26	2 56	17 55
22	17 17	15 23	8 31	5 15	0 10	0 22	2 55	17 59
27	17 25	15 18	8 35	5 12	0 14	0 18	2 53	18 03
Nov 1	17 33	15 13	8 38	5 08	0 18	0 15	2 52	18 07
6	17 41	15 08	8 41	5 04	0 21	0 11	2 50	18 10
11	17 48	15 03	8 44	5 01	0 25	0 08	2 48	18 14
16	17 55	14 58	8 46	4 57	0 28	0 04	2 45	18 17
21	18 02	14 53	8 48	4 53	0 31	0 01	2 42	18 20
26	18 08	14 48	8 49	4 49	0 33	29♈58	2 40	18 23
Dec 1	18 14	14 43	8 50	4 45	0 36	29 55	2 37	18 26
6	18 20	14 39	8 50	4 40	0 38	29 53	2 33	18 29
11	18 25	14 34	8 50R	4 36	0 39	29 50	2 30	18 31
16	18 29	14 30	8 50	4 33	0 40	29 48	2 27	18 33
21	18 33	14 27	8 49	4 29	0 41	29 46	2 23	18 35
26	18 36	14 23	8 48	4 25	0 42	29 45	2 20	18 36
31	18♎39	14♉21	8♍46	4♊22	0♎42R	29♈44	2♋16	18♎37

Stations Jan 16   Jan 26   May 21   Feb 16   Jun 13   Jan 13   Mar 16   Jan 15

1967

	♃	♁	⚷	⚸	⚴	♆	⚵	⚶
Jan 5	18♎41	14♉18R	8♍44R	4♊19R	0♎42R	29♈43R	2♋13R	18♎38
10	18 43	14 16	8 42	4 16	0 41	29 42	2 09	18 39
15	18 44	14 15	8 39	4 13	0 40	29 42D	2 06	18 39R
20	18 44R	14 14	8 36	4 11	0 39	29 43	2 03	18 39
25	18 43	14 13	8 32	4 09	0 37	29 43	2 00	18 39
30	18 42	14 13D	8 29	4 07	0 35	29 44	1 57	18 38
Feb 4	18 41	14 14	8 25	4 06	0 33	29 45	1 55	18 37
9	18 38	14 15	8 21	4 05	0 30	29 47	1 52	18 36
14	18 35	14 16	8 17	4 05	0 27	29 49	1 50	18 34
19	18 32	14 18	8 12	4 05D	0 24	29 51	1 48	18 33
24	18 28	14 21	8 08	4 05	0 21	29 54	1 47	18 31
Mar 1	18 24	14 24	8 03	4 06	0 18	29 57	1 46	18 28
6	18 19	14 27	7 59	4 07	0 14	0♉00	1 45	18 26
11	18 14	14 31	7 55	4 08	0 11	0 03	1 44	18 23
16	18 09	14 35	7 50	4 10	0 07	0 07	1 44	18 20
21	18 03	14 40	7 46	4 12	0 03	0 10	1 44D	18 17
26	17 57	14 45	7 42	4 15	29♍59	0 14	1 45	18 14
31	17 51	14 50	7 38	4 18	29 56	0 18	1 45	18 11
Apr 5	17 45	14 56	7 35	4 21	29 52	0 23	1 46	18 08
10	17 38	15 02	7 31	4 25	29 48	0 27	1 47	18 05
15	17 32	15 08	7 28	4 29	29 45	0 31	1 49	18 02
20	17 26	15 14	7 26	4 33	29 42	0 36	1 51	17 59
25	17 20	15 20	7 23	4 37	29 38	0 40	1 53	17 56
30	17 14	15 27	7 21	4 41	29 36	0 44	1 56	17 53
May 5	17 09	15 33	7 20	4 46	29 33	0 49	1 58	17 50
10	17 04	15 40	7 18	4 51	29 30	0 53	2 01	17 47
15	16 59	15 46	7 18	4 56	29 28	0 57	2 05	17 44
20	16 54	15 52	7 17	5 00	29 26	1 01	2 08	17 42
25	16 50	15 59	7 17D	5 05	29 25	1 05	2 12	17 40
30	16 46	16 05	7 18	5 10	29 24	1 09	2 15	17 38
Jun 4	16 43	16 11	7 19	5 15	29 23	1 13	2 19	17 36
9	16 40	16 17	7 20	5 20	29 22	1 16	2 23	17 35
14	16 38	16 22	7 21	5 25	29 22D	1 19	2 27	17 33
19	16 37	16 28	7 24	5 30	29 22	1 22	2 31	17 32
24	16 36	16 33	7 26	5 35	29 23	1 24	2 36	17 32
29	16 35	16 37	7 29	5 39	29 23	1 27	2 40	17 31
Jul 4	16 35D	16 42	7 32	5 43	29 25	1 29	2 44	17 31D
9	16 36	16 46	7 35	5 47	29 26	1 31	2 48	17 31
14	16 37	16 49	7 39	5 51	29 28	1 32	2 52	17 32
19	16 39	16 52	7 43	5 55	29 30	1 33	2 56	17 32
24	16 42	16 55	7 48	5 58	29 33	1 34	3 00	17 33
29	16 45	16 57	7 52	6 01	29 35	1 34	3 04	17 35
Aug 3	16 49	16 59	7 57	6 04	29 38	1 34R	3 07	17 36
8	16 53	17 00	8 02	6 06	29 42	1 34	3 10	17 38
13	16 58	17 01	8 07	6 08	29 45	1 33	3 13	17 40
18	17 03	17 01R	8 13	6 10	29 49	1 32	3 16	17 43
23	17 08	17 01	8 18	6 11	29 53	1 31	3 19	17 45
28	17 14	17 00	8 24	6 12	29 57	1 30	3 21	17 48
Sep 2	17 21	16 59	8 29	6 13	0♎01	1 28	3 24	17 51
7	17 28	16 58	8 35	6 13R	0 06	1 26	3 25	17 54
12	17 35	16 55	8 40	6 12	0 10	1 23	3 27	17 57
17	17 42	16 53	8 45	6 12	0 15	1 21	3 28	18 01
22	17 50	16 50	8 51	6 11	0 19	1 18	3 29	18 05
27	17 58	16 47	8 56	6 09	0 24	1 15	3 30	18 08
Oct 2	18 06	16 43	9 01	6 08	0 29	1 12	3 30R	18 12
7	18 14	16 39	9 06	6 06	0 33	1 08	3 30	18 16
12	18 22	16 35	9 10	6 03	0 38	1 05	3 30	18 20
17	18 30	16 30	9 15	6 01	0 42	1 01	3 29	18 24
22	18 38	16 26	9 19	5 58	0 46	0 58	3 28	18 28
27	18 46	16 21	9 22	5 54	0 51	0 54	3 26	18 31
Nov 1	18 54	16 16	9 26	5 51	0 54	0 51	3 25	18 35
6	19 02	16 10	9 29	5 47	0 58	0 47	3 23	18 39
11	19 09	16 05	9 32	5 44	1 02	0 43	3 21	18 42
16	19 16	16 00	9 34	5 40	1 05	0 40	3 18	18 46
21	19 23	15 55	9 36	5 36	1 08	0 37	3 16	18 49
26	19 30	15 50	9 37	5 32	1 11	0 34	3 13	18 52
Dec 1	19 36	15 45	9 38	5 27	1 13	0 31	3 10	18 55
6	19 41	15 41	9 39	5 23	1 15	0 28	3 07	18 57
11	19 47	15 36	9 39R	5 19	1 17	0 26	3 03	19 00
16	19 51	15 32	9 38	5 15	1 18	0 24	3 00	19 02
21	19 55	15 29	9 38	5 12	1 19	0 22	2 57	19 04
26	19 59	15 25	9 37	5 08	1 19	0 20	2 53	19 05
31	20♎02	15♉22	9♍35	5♊05	1♎20R	0♉19	2♋50	19♎07

Stations	Jan 18	Jan 27	May 22	Feb 17	Jun 14	Jan 14	Mar 17	Jan 15
	Jun 30	Aug 18	Dec 9	Sep 5	Dec 30	Jul 31	Oct 2	Jul 3

1968

	♃	♄	♅	⚷	♇	♆	⚸	⚹
Jan 5	20≏04	15♉20R	9♍33R	5♊01R	1≏19R	0♉18R	2♋46R	19≏07
10	20 06	15 18	9 31	4 58	1 19	0 18	2 43	19 08
15	20 07	15 16	9 28	4 56	1 18	0 18D	2 39	19 08
20	20 07R	15 15	9 25	4 53	1 17	0 18	2 36	19 08R
25	20 07	15 14	9 21	4 51	1 15	0 18	2 33	19 08
30	20 06	15 14D	9 18	4 50	1 13	0 19	2 30	19 07
Feb 4	20 04	15 14	9 14	4 48	1 11	0 20	2 28	19 06
9	20 02	15 15	9 10	4 47	1 08	0 22	2 25	19 05
14	20 00	15 17	9 06	4 47	1 06	0 24	2 23	19 04
19	19 57	15 19	9 01	4 47D	1 03	0 26	2 21	19 02
24	19 53	15 21	8 57	4 47	0 59	0 28	2 20	19 00
29	19 49	15 24	8 53	4 48	0 56	0 31	2 19	18 58
Mar 5	19 44	15 27	8 48	4 49	0 52	0 34	2 18	18 55
10	19 39	15 31	8 44	4 50	0 49	0 38	2 17	18 53
15	19 34	15 35	8 39	4 52	0 45	0 41	2 17	18 50
20	19 28	15 40	8 35	4 54	0 41	0 45	2 17D	18 47
25	19 22	15 45	8 31	4 57	0 38	0 49	2 17	18 44
30	19 16	15 50	8 27	5 00	0 34	0 53	2 18	18 41
Apr 4	19 10	15 55	8 24	5 03	0 30	0 57	2 19	18 38
9	19 04	16 01	8 20	5 06	0 27	1 01	2 20	18 35
14	18 58	16 07	8 17	5 10	0 23	1 06	2 21	18 32
19	18 52	16 13	8 15	5 14	0 20	1 10	2 23	18 28
24	18 45	16 20	8 12	5 18	0 17	1 14	2 26	18 25
29	18 40	16 26	8 10	5 23	0 14	1 19	2 28	18 22
May 4	18 34	16 32	8 08	5 27	0 11	1 23	2 31	18 19
9	18 29	16 39	8 07	5 32	0 08	1 28	2 34	18 17
14	18 24	16 45	8 06	5 37	0 06	1 32	2 37	18 14
19	18 19	16 52	8 06	5 42	0 04	1 36	2 40	18 12
24	18 15	16 58	8 06D	5 47	0 03	1 40	2 44	18 09
29	18 11	17 04	8 06	5 52	0 01	1 44	2 48	18 07
Jun 3	18 07	17 10	8 07	5 57	0 01	1 47	2 51	18 06
8	18 05	17 16	8 08	6 02	0 00	1 51	2 55	18 04
13	18 02	17 22	8 09	6 06	0 00	1 54	2 59	18 03
18	18 00	17 27	8 11	6 11	0 00D	1 57	3 04	18 02
23	17 59	17 32	8 14	6 16	0 00	1 59	3 08	18 01
28	17 59	17 37	8 17	6 20	0 01	2 02	3 12	18 00
Jul 3	17 59D	17 41	8 20	6 25	0 02	2 04	3 16	18 00D
8	17 59	17 45	8 23	6 29	0 03	2 05	3 20	18 00
13	18 00	17 49	8 27	6 33	0 05	2 07	3 24	18 01
18	18 02	17 52	8 31	6 36	0 07	2 08	3 28	18 01
23	18 04	17 55	8 35	6 40	0 10	2 09	3 32	18 02
28	18 07	17 57	8 40	6 43	0 12	2 09	3 36	18 04
Aug 2	18 11	17 59	8 45	6 46	0 15	2 09R	3 39	18 05
7	18 15	18 01	8 50	6 48	0 19	2 09	3 43	18 07
12	18 19	18 02	8 55	6 50	0 22	2 09	3 46	18 09
17	18 24	18 02	9 00	6 52	0 26	2 08	3 49	18 11
22	18 30	18 02R	9 05	6 53	0 30	2 07	3 51	18 14
27	18 36	18 01	9 11	6 54	0 34	2 05	3 54	18 17
Sep 1	18 42	18 00	9 16	6 55	0 38	2 03	3 56	18 20
6	18 49	17 59	9 22	6 55R	0 43	2 01	3 58	18 23
11	18 56	17 57	9 27	6 55	0 47	1 59	4 00	18 26
16	19 03	17 55	9 33	6 54	0 52	1 56	4 01	18 30
21	19 11	17 52	9 38	6 53	0 56	1 53	4 02	18 33
26	19 18	17 49	9 43	6 52	1 01	1 50	4 02	18 37
Oct 1	19 26	17 45	9 48	6 50	1 05	1 47	4 03	18 41
6	19 34	17 41	9 53	6 48	1 10	1 44	4 03R	18 45
11	19 43	17 37	9 58	6 46	1 15	1 41	4 02	18 48
16	19 51	17 32	10 02	6 43	1 19	1 37	4 02	18 52
21	19 59	17 28	10 06	6 40	1 23	1 33	4 01	18 56
26	20 07	17 23	10 10	6 37	1 27	1 30	3 59	19 00
31	20 15	17 18	10 14	6 34	1 31	1 26	3 58	19 04
Nov 5	20 23	17 13	10 17	6 30	1 35	1 23	3 56	19 07
10	20 30	17 08	10 19	6 26	1 39	1 19	3 54	19 11
15	20 37	17 02	10 22	6 23	1 42	1 16	3 52	19 14
20	20 44	16 57	10 24	6 19	1 45	1 13	3 49	19 18
25	20 51	16 52	10 25	6 15	1 48	1 09	3 46	19 21
30	20 57	16 47	10 26	6 10	1 50	1 07	3 43	19 24
Dec 5	21 03	16 43	10 27	6 06	1 52	1 04	3 40	19 26
10	21 08	16 38	10 27R	6 02	1 54	1 01	3 37	19 29
15	21 13	16 34	10 27	5 58	1 55	0 59	3 33	19 31
20	21 17	16 30	10 26	5 55	1 56	0 57	3 30	19 33
25	21 21	16 27	10 25	5 51	1 57	0 56	3 26	19 34
30	21≏24	16♉24	10♍24	5♊47	1≏57R	0♉54	3♋23	19≏36

Stations	Jan 20	Jan 28	May 22	Feb 18	Jun 14	Jan 14	Mar 17	Jan 16
	Jun 30	Aug 18	Dec 9	Sep 5	Dec 30	Jul 31	Oct 2	Jul 3

1969

	♃	G	⚴	⚷	♅	♆	⚸	⛢
Jan 4	21♎27	16♉21R	10♍22R	5♊44R	1♎57R	0♉54R	3♋19R	19♎37
9	21 29	16 19	10 19	5 41	1 57	0 53	3 16	19 37
14	21 30	16 17	10 17	5 38	1 56	0 53D	3 13	19 38
19	21 30	16 16	10 14	5 36	1 54	0 53	3 10	19 38R
24	21 30R	16 15	10 11	5 34	1 53	0 53	3 07	19 37
29	21 30	16 15D	10 07	5 32	1 51	0 54	3 04	19 37
Feb 3	21 28	16 15	10 03	5 31	1 49	0 55	3 01	19 36
8	21 27	16 16	9 59	5 30	1 46	0 57	2 59	19 35
13	21 24	16 17	9 55	5 29	1 44	0 59	2 56	19 33
18	21 21	16 19	9 51	5 29D	1 41	1 01	2 54	19 31
23	21 17	16 21	9 46	5 29	1 38	1 03	2 53	19 30
28	21 13	16 24	9 42	5 30	1 34	1 06	2 51	19 27
Mar 5	21 09	16 27	9 37	5 31	1 31	1 09	2 50	19 25
10	21 04	16 31	9 33	5 32	1 27	1 12	2 50	19 22
15	20 59	16 35	9 29	5 34	1 23	1 16	2 49	19 20
20	20 53	16 40	9 24	5 36	1 20	1 19	2 49D	19 17
25	20 48	16 44	9 20	5 38	1 16	1 23	2 50	19 14
30	20 42	16 49	9 16	5 41	1 12	1 27	2 50	19 11
Apr 4	20 35	16 55	9 13	5 44	1 08	1 32	2 51	19 08
9	20 29	17 01	9 09	5 48	1 05	1 36	2 52	19 04
14	20 23	17 06	9 06	5 51	1 01	1 40	2 54	19 01
19	20 17	17 13	9 03	5 55	0 58	1 45	2 56	18 58
24	20 11	17 19	9 01	6 00	0 55	1 49	2 58	18 55
29	20 05	17 25	8 59	6 04	0 52	1 53	3 00	18 52
May 4	19 59	17 32	8 57	6 09	0 49	1 58	3 03	18 49
9	19 54	17 38	8 56	6 13	0 47	2 02	3 06	18 46
14	19 49	17 45	8 55	6 18	0 44	2 06	3 09	18 44
19	19 44	17 51	8 54	6 23	0 42	2 10	3 13	18 41
24	19 39	17 57	8 54D	6 28	0 41	2 14	3 16	18 39
29	19 35	18 04	8 54	6 33	0 39	2 18	3 20	18 37
Jun 3	19 32	18 10	8 55	6 38	0 38	2 22	3 24	18 35
8	19 29	18 16	8 56	6 43	0 38	2 25	3 28	18 33
13	19 26	18 21	8 57	6 48	0 37	2 28	3 32	18 32
18	19 24	18 27	8 59	6 53	0 37D	2 31	3 36	18 31
23	19 23	18 32	9 02	6 57	0 38	2 34	3 40	18 30
28	19 22	18 37	9 04	7 02	0 38	2 36	3 44	18 30
Jul 3	19 22D	18 41	9 07	7 06	0 39	2 39	3 48	18 29
8	19 22	18 45	9 11	7 10	0 41	2 40	3 52	18 29D
13	19 23	18 49	9 14	7 14	0 42	2 42	3 56	18 30
18	19 25	18 53	9 18	7 18	0 45	2 43	4 00	18 30
23	19 27	18 55	9 23	7 21	0 47	2 44	4 04	18 31
28	19 30	18 58	9 27	7 24	0 50	2 44	4 08	18 33
Aug 2	19 33	19 00	9 32	7 27	0 52	2 45R	4 11	18 34
7	19 37	19 01	9 37	7 30	0 56	2 44	4 15	18 36
12	19 41	19 02	9 42	7 32	0 59	2 44	4 18	18 38
17	19 46	19 03	9 47	7 34	1 03	2 43	4 21	18 40
22	19 51	19 03R	9 53	7 35	1 07	2 42	4 24	18 43
27	19 57	19 03	9 58	7 36	1 11	2 40	4 26	18 45
Sep 1	20 03	19 02	10 03	7 37	1 15	2 39	4 28	18 48
6	20 10	19 00	10 09	7 37R	1 19	2 37	4 30	18 52
11	20 17	18 58	10 14	7 37	1 24	2 34	4 32	18 55
16	20 24	18 56	10 20	7 36	1 28	2 32	4 33	18 58
21	20 32	18 53	10 25	7 36	1 33	2 29	4 34	19 02
26	20 39	18 50	10 30	7 34	1 38	2 26	4 35	19 06
Oct 1	20 47	18 47	10 36	7 33	1 42	2 23	4 35	19 09
6	20 55	18 43	10 40	7 31	1 47	2 20	4 36R	19 13
11	21 03	18 39	10 45	7 29	1 51	2 16	4 35	19 17
16	21 11	18 35	10 50	7 26	1 56	2 13	4 35	19 21
21	21 20	18 30	10 54	7 23	2 00	2 09	4 34	19 25
26	21 28	18 25	10 58	7 20	2 04	2 06	4 32	19 29
31	21 36	18 20	11 01	7 17	2 08	2 02	4 31	19 32
Nov 5	21 44	18 15	11 04	7 13	2 12	1 58	4 29	19 36
10	21 51	18 10	11 07	7 09	2 16	1 55	4 27	19 40
15	21 59	18 05	11 10	7 06	2 19	1 52	4 25	19 43
20	22 06	18 00	11 12	7 02	2 22	1 48	4 22	19 46
25	22 12	17 54	11 13	6 57	2 25	1 45	4 19	19 50
30	22 19	17 50	11 14	6 53	2 27	1 42	4 16	19 52
Dec 5	22 25	17 45	11 15	6 49	2 30	1 39	4 13	19 55
10	22 30	17 40	11 15R	6 45	2 31	1 37	4 10	19 58
15	22 35	17 36	11 15	6 41	2 33	1 35	4 07	20 00
20	22 40	17 32	11 15	6 37	2 34	1 33	4 03	20 02
25	22 43	17 29	11 14	6 34	2 34	1 31	4 00	20 03
30	22♎47	17♉26	11♍12	6♊30	2♎35	1♉30	3♋56	20♎05

Stations	Jan 20	Jan 28	May 23	Feb 17	Jun 15	Jan 14	Mar 18	Jan 16
	Jul 2	Aug 19	Dec 10	Sep 6	Dec 31	Aug 1	Oct 3	Jul 4

	♃	ℭ	⚸	⚷	2₄	♆	⚷	♅
Jan 4	22♎49	17♉23R	11♏11R	6♊27R	2♎35R	1♉29R	3♋53R	20♎06
9	22 51	17 20	11 08	6 24	2 34	1 28	3 49	20 06
14	22 53	17 19	11 06	6 21	2 33	1 28	3 46	20 07
19	22 54	17 17	11 03	6 19	2 32	1 28D	3 43	20 07R
24	22 54R	17 16	11 00	6 16	2 31	1 28	3 40	20 07
29	22 53	17 16	10 56	6 15	2 29	1 29	3 37	20 06
Feb 3	22 52	17 16D	10 52	6 13	2 27	1 30	3 34	20 05
8	22 51	17 17	10 48	6 12	2 25	1 32	3 32	20 04
13	22 48	17 18	10 44	6 11	2 22	1 33	3 29	20 03
18	22 46	17 20	10 40	6 11D	2 19	1 36	3 28	20 01
23	22 42	17 22	10 36	6 11	2 16	1 38	3 26	19 59
28	22 38	17 24	10 31	6 12	2 12	1 41	3 24	19 57
Mar 5	22 34	17 27	10 27	6 13	2 09	1 44	3 23	19 54
10	22 29	17 31	10 22	6 14	2 05	1 47	3 23	19 52
15	22 24	17 35	10 18	6 16	2 02	1 50	3 22	19 49
20	22 19	17 39	10 14	6 18	1 58	1 54	3 22D	19 46
25	22 13	17 44	10 10	6 20	1 54	1 58	3 22	19 43
30	22 07	17 49	10 06	6 23	1 50	2 02	3 23	19 40
Apr 4	22 01	17 54	10 02	6 26	1 47	2 06	3 24	19 37
9	21 55	18 00	9 58	6 29	1 43	2 10	3 25	19 34
14	21 49	18 06	9 55	6 33	1 40	2 15	3 26	19 31
19	21 42	18 12	9 52	6 37	1 36	2 19	3 28	19 28
24	21 36	18 18	9 50	6 41	1 33	2 23	3 30	19 25
29	21 30	18 25	9 48	6 45	1 30	2 28	3 33	19 22
May 4	21 25	18 31	9 46	6 50	1 27	2 32	3 35	19 19
9	21 19	18 37	9 44	6 55	1 25	2 36	3 38	19 16
14	21 14	18 44	9 43	6 59	1 22	2 41	3 41	19 13
19	21 09	18 50	9 43	7 04	1 20	2 45	3 45	19 11
24	21 04	18 57	9 42D	7 09	1 19	2 49	3 48	19 08
29	21 00	19 03	9 42	7 14	1 17	2 53	3 52	19 06
Jun 3	20 56	19 09	9 43	7 19	1 16	2 56	3 56	19 04
8	20 53	19 15	9 44	7 24	1 15	3 00	4 00	19 03
13	20 50	19 21	9 45	7 29	1 15	3 03	4 04	19 01
18	20 48	19 26	9 47	7 34	1 15D	3 06	4 08	19 00
23	20 47	19 32	9 49	7 39	1 15	3 09	4 12	18 59
28	20 46	19 37	9 52	7 43	1 16	3 11	4 16	18 59
Jul 3	20 45	19 41	9 55	7 47	1 17	3 13	4 20	18 59
8	20 45D	19 45	9 58	7 52	1 18	3 15	4 24	18 59D
13	20 46	19 49	10 02	7 56	1 20	3 17	4 28	18 59
18	20 48	19 53	10 06	7 59	1 22	3 18	4 32	19 00
23	20 50	19 56	10 10	8 03	1 24	3 19	4 36	19 00
28	20 52	19 58	10 14	8 06	1 27	3 19	4 40	19 02
Aug 2	20 55	20 00	10 19	8 09	1 30	3 20R	4 44	19 03
7	20 59	20 02	10 24	8 11	1 33	3 20	4 47	19 05
12	21 03	20 03	10 29	8 14	1 36	3 19	4 50	19 07
17	21 08	20 04	10 34	8 16	1 40	3 18	4 53	19 09
22	21 13	20 04R	10 40	8 17	1 44	3 17	4 56	19 12
27	21 19	20 04	10 45	8 18	1 48	3 16	4 59	19 14
Sep 1	21 25	20 03	10 51	8 19	1 52	3 14	5 01	19 17
6	21 31	20 02	10 56	8 19	1 56	3 12	5 03	19 20
11	21 38	20 00	11 02	8 19R	2 01	3 10	5 05	19 24
16	21 45	19 58	11 07	8 19	2 05	3 08	5 06	19 27
21	21 52	19 55	11 12	8 18	2 10	3 05	5 07	19 31
26	22 00	19 52	11 18	8 17	2 15	3 02	5 08	19 34
Oct 1	22 08	19 49	11 23	8 15	2 19	2 59	5 08	19 38
6	22 16	19 45	11 28	8 13	2 24	2 55	5 08R	19 42
11	22 24	19 41	11 33	8 11	2 28	2 52	5 08	19 46
16	22 32	19 37	11 37	8 09	2 33	2 49	5 08	19 50
21	22 40	19 32	11 41	8 06	2 37	2 45	5 07	19 53
26	22 48	19 27	11 45	8 03	2 41	2 41	5 05	19 57
31	22 56	19 22	11 49	8 00	2 45	2 38	5 04	20 01
Nov 5	23 04	19 17	11 52	7 56	2 49	2 34	5 02	20 05
10	23 12	19 12	11 55	7 52	2 53	2 31	5 00	20 08
15	23 20	19 07	11 57	7 48	2 56	2 27	4 58	20 12
20	23 27	19 02	12 00	7 45	2 59	2 24	4 55	20 15
25	23 34	18 57	12 01	7 40	3 02	2 21	4 53	20 18
30	23 40	18 52	12 03	7 36	3 05	2 18	4 50	20 21
Dec 5	23 46	18 47	12 03	7 32	3 07	2 15	4 46	20 24
10	23 52	18 42	12 04	7 28	3 09	2 13	4 43	20 26
15	23 57	18 38	12 04R	7 24	3 10	2 10	4 40	20 29
20	24 02	18 34	12 03	7 20	3 11	2 08	4 36	20 31
25	24 06	18 31	12 02	7 17	3 12	2 07	4 33	20 32
30	24♎09	18♉27	12♏01	7♊13	3♎12	2♉05	4♋30	20♎34

Stations	Jan 22	Jan 30	May 24	Feb 18	Jun 16	Jan 15	Mar 18	Jan 17
	Jul 4	Aug 21	Dec 11	Sep 7	Dec 31	Aug 2	Oct 4	Jul 5

1971

	♃		♄	♅	♆	♇		
Jan 4	24♎ 12	18♉ 24R	11♍ 59R	7♊ 10R	3♎ 12R	2♉ 04R	4♋ 26R	20♎ 35
9	24 14	18 22	11 57	7 07	3 12	2 03	4 23	20 35
14	24 16	18 20	11 55	7 04	3 11	2 03	4 19	20 36
19	24 17	18 18	11 52	7 01	3 10	2 03D	4 16	20 36R
24	24 17R	18 17	11 49	6 59	3 09	2 03	4 13	20 36
29	24 17	18 17	11 45	6 57	3 07	2 04	4 10	20 35
Feb 3	24 16	18 17D	11 41	6 56	3 05	2 05	4 07	20 34
8	24 15	18 17	11 38	6 54	3 03	2 07	4 05	20 33
13	24 13	18 18	11 33	6 54	3 00	2 08	4 03	20 32
18	24 10	18 20	11 29	6 53	2 57	2 10	4 01	20 30
23	24 07	18 22	11 25	6 53D	2 54	2 13	3 59	20 28
28	24 03	18 25	11 20	6 54	2 51	2 15	3 57	20 26
Mar 5	23 59	18 28	11 16	6 55	2 47	2 18	3 56	20 24
10	23 54	18 31	11 12	6 56	2 44	2 21	3 55	20 21
15	23 49	18 35	11 07	6 57	2 40	2 25	3 55	20 19
20	23 44	18 39	11 03	6 59	2 36	2 29	3 55D	20 16
25	23 38	18 44	10 59	7 02	2 33	2 32	3 55	20 13
30	23 32	18 49	10 55	7 04	2 29	2 36	3 56	20 10
Apr 4	23 26	18 54	10 51	7 07	2 25	2 40	3 56	20 07
9	23 20	19 00	10 47	7 11	2 21	2 45	3 57	20 04
14	23 14	19 05	10 44	7 14	2 18	2 49	3 59	20 00
19	23 08	19 11	10 41	7 18	2 14	2 53	4 01	19 57
24	23 02	19 18	10 39	7 22	2 11	2 58	4 03	19 54
29	22 56	19 24	10 36	7 27	2 08	3 02	4 05	19 51
May 4	22 50	19 30	10 34	7 31	2 05	3 07	4 08	19 48
9	22 44	19 37	10 33	7 36	2 03	3 11	4 11	19 45
14	22 39	19 43	10 32	7 41	2 00	3 15	4 14	19 43
19	22 34	19 50	10 31	7 45	1 58	3 19	4 17	19 40
24	22 29	19 56	10 31	7 50	1 56	3 23	4 20	19 38
29	22 25	20 02	10 31D	7 55	1 55	3 27	4 24	19 36
Jun 3	22 21	20 09	10 31	8 00	1 54	3 31	4 28	19 34
8	22 18	20 15	10 32	8 05	1 53	3 34	4 32	19 32
13	22 15	20 20	10 33	8 10	1 53	3 38	4 36	19 31
18	22 12	20 26	10 35	8 15	1 52D	3 41	4 40	19 30
23	22 11	20 31	10 37	8 20	1 53	3 43	4 44	19 29
28	22 09	20 36	10 40	8 24	1 53	3 46	4 48	19 28
Jul 3	22 09	20 41	10 43	8 29	1 54	3 48	4 52	19 28
8	22 09D	20 45	10 46	8 33	1 55	3 50	4 57	19 28D
13	22 09	20 49	10 49	8 37	1 57	3 52	5 01	19 28
18	22 10	20 53	10 53	8 41	1 59	3 53	5 05	19 29
23	22 12	20 56	10 57	8 44	2 01	3 54	5 09	19 29
28	22 15	20 59	11 02	8 48	2 04	3 55	5 12	19 31
Aug 2	22 17	21 01	11 06	8 51	2 07	3 55	5 16	19 32
7	22 21	21 03	11 11	8 53	2 10	3 55R	5 19	19 34
12	22 25	21 04	11 16	8 55	2 13	3 54	5 23	19 36
17	22 29	21 05	11 22	8 57	2 17	3 54	5 26	19 38
22	22 34	21 05R	11 27	8 59	2 21	3 53	5 28	19 40
27	22 40	21 05	11 32	9 00	2 25	3 51	5 31	19 43
Sep 1	22 46	21 04	11 38	9 01	2 29	3 50	5 33	19 46
6	22 52	21 03	11 43	9 01	2 33	3 48	5 35	19 49
11	22 59	21 01	11 49	9 01R	2 38	3 46	5 37	19 52
16	23 06	20 59	11 54	9 01	2 42	3 43	5 39	19 56
21	23 13	20 57	12 00	9 00	2 47	3 40	5 40	19 59
26	23 21	20 54	12 05	8 59	2 51	3 38	5 40	20 03
Oct 1	23 29	20 51	12 10	8 58	2 56	3 34	5 41	20 07
6	23 37	20 47	12 15	8 56	3 01	3 31	5 41R	20 10
11	23 45	20 43	12 20	8 54	3 05	3 28	5 41	20 14
16	23 53	20 39	12 24	8 51	3 10	3 24	5 40	20 18
21	24 01	20 34	12 29	8 49	3 14	3 21	5 40	20 22
26	24 09	20 29	12 33	8 46	3 18	3 17	5 38	20 26
31	24 17	20 24	12 36	8 42	3 22	3 14	5 37	20 30
Nov 5	24 25	20 19	12 40	8 39	3 26	3 10	5 35	20 33
10	24 33	20 14	12 43	8 35	3 30	3 06	5 33	20 37
15	24 41	20 09	12 45	8 31	3 33	3 03	5 31	20 41
20	24 48	20 04	12 48	8 27	3 36	3 00	5 28	20 44
25	24 55	19 59	12 49	8 23	3 39	2 56	5 26	20 47
30	25 01	19 54	12 51	8 19	3 42	2 53	5 23	20 50
Dec 5	25 08	19 49	12 52	8 15	3 44	2 51	5 20	20 53
10	25 13	19 44	12 52	8 11	3 46	2 48	5 17	20 55
15	25 19	19 40	12 52R	8 07	3 47	2 46	5 13	20 57
20	25 24	19 36	12 52	8 03	3 49	2 44	5 10	20 59
25	25 28	19 32	12 51	7 59	3 50	2 42	5 06	21 01
30	25♎ 31	19♉ 29	12♍ 50	7♊ 56	3♎ 50	2♉ 41	5♋ 03	21♎ 03

Stations	Jan 24	Jan 31	May 25	Feb 19	Jun 17	Jan 16	Mar 19	Jan 17
	Jul 5	Aug 22	Dec 12	Sep 8		Aug 3	Oct 5	Jul 5

1972

	♃	⚷	♄	♈	♃	♆	⚵	♓
Jan 4	25♎ 35	19♉ 26R	12♍ 48R	7♊ 53R	3♎ 50R	2♉ 39R	4♋ 59R	21♎ 04
9	25 37	19 23	12 46	7 49	3 50	2 39	4 56	21 04
14	25 39	19 21	12 44	7 46	3 49	2 38	4 53	21 05
19	25 40	19 20	12 41	7 46	3 48	2 38D	4 49	21 05R
24	25 41	19 19	12 38	7 44	3 47	2 38	4 46	21 05
29	25 41R	19 18	12 34	7 42	3 45	2 39	4 43	21 05
Feb 3	25 40	19 18D	12 31	7 38	3 43	2 40	4 41	21 04
8	25 39	19 18	12 27	7 37	3 41	2 41	4 38	21 03
13	25 37	19 19	12 23	7 36	3 38	2 43	4 36	21 01
18	25 34	19 20	12 18	7 36	3 35	2 45	4 34	21 00
23	25 31	19 22	12 14	7 36D	3 32	2 47	4 32	20 58
28	25 28	19 25	12 10	7 36	3 29	2 50	4 30	20 56
Mar 4	25 24	19 28	12 05	7 37	3 25	2 53	4 29	20 54
9	25 19	19 31	12 01	7 38	3 22	2 56	4 28	20 51
14	25 14	19 35	11 56	7 39	3 18	2 59	4 28	20 48
19	25 09	19 39	11 52	7 41	3 15	3 03	4 28D	20 46
24	25 04	19 43	11 48	7 43	3 11	3 07	4 28	20 43
29	24 58	19 48	11 44	7 46	3 07	3 11	4 28	20 40
Apr 3	24 52	19 54	11 40	7 49	3 03	3 15	4 29	20 36
8	24 46	19 59	11 37	7 52	3 00	3 19	4 30	20 33
13	24 39	20 05	11 33	7 56	2 56	3 23	4 31	20 30
18	24 33	20 11	11 30	8 00	2 53	3 28	4 33	20 27
23	24 27	20 17	11 27	8 04	2 49	3 32	4 35	20 24
28	24 21	20 23	11 25	8 08	2 46	3 37	4 38	20 21
May 3	24 15	20 30	11 23	8 12	2 43	3 41	4 40	20 18
8	24 09	20 36	11 21	8 17	2 41	3 45	4 43	20 15
13	24 04	20 42	11 20	8 22	2 38	3 50	4 46	20 12
18	23 59	20 49	11 19	8 27	2 36	3 54	4 49	20 10
23	23 54	20 55	11 19	8 32	2 34	3 58	4 53	20 07
28	23 50	21 02	11 19D	8 37	2 33	4 02	4 56	20 05
Jun 2	23 46	21 08	11 19	8 42	2 32	4 05	5 00	20 03
7	23 42	21 14	11 20	8 47	2 31	4 09	5 04	20 02
12	23 39	21 20	11 21	8 51	2 30	4 12	5 08	20 00
17	23 37	21 25	11 23	8 56	2 30D	4 15	5 12	19 59
22	23 35	21 31	11 25	9 01	2 30	4 18	5 16	19 58
27	23 33	21 36	11 27	9 06	2 31	4 21	5 20	19 57
Jul 2	23 32	21 41	11 30	9 10	2 32	4 23	5 24	19 57
7	23 32D	21 45	11 33	9 14	2 33	4 25	5 29	19 57D
12	23 32	21 49	11 37	9 18	2 34	4 27	5 33	19 57
17	23 33	21 53	11 41	9 22	2 36	4 28	5 37	19 58
22	23 35	21 56	11 45	9 26	2 38	4 29	5 41	19 58
27	23 37	21 59	11 49	9 29	2 41	4 30	5 44	20 00
Aug 1	23 40	22 01	11 54	9 32	2 44	4 30	5 48	20 01
6	23 43	22 03	11 59	9 35	2 47	4 30R	5 52	20 03
11	23 47	22 04	12 04	9 37	2 50	4 30	5 55	20 04
16	23 51	22 05	12 09	9 39	2 54	4 29	5 58	20 07
21	23 56	22 06	12 14	9 41	2 58	4 28	6 01	20 09
26	24 02	22 06R	12 19	9 42	3 01	4 27	6 03	20 12
31	24 07	22 05	12 25	9 43	3 06	4 25	6 06	20 15
Sep 5	24 14	22 04	12 30	9 43	3 10	4 23	6 08	20 18
10	24 20	22 03	12 36	9 44R	3 14	4 21	6 10	20 21
15	24 27	22 01	12 41	9 43	3 19	4 19	6 11	20 24
20	24 34	21 58	12 47	9 43	3 23	4 16	6 12	20 28
25	24 42	21 56	12 52	9 42	3 28	4 13	6 13	20 31
30	24 50	21 52	12 57	9 40	3 33	4 10	6 14	20 35
Oct 5	24 57	21 49	13 02	9 39	3 37	4 07	6 14R	20 39
10	25 05	21 45	13 07	9 36	3 42	4 04	6 14	20 43
15	25 14	21 41	13 12	9 34	3 46	4 00	6 13	20 47
20	25 22	21 36	13 16	9 31	3 51	3 56	6 12	20 51
25	25 30	21 31	13 20	9 28	3 55	3 53	6 11	20 55
30	25 38	21 27	13 24	9 25	3 59	3 49	6 10	20 58
Nov 4	25 46	21 22	13 27	9 22	4 03	3 46	6 08	21 02
9	25 54	21 16	13 30	9 18	4 07	3 42	6 06	21 06
14	26 02	21 11	13 33	9 14	4 10	3 39	6 04	21 09
19	26 09	21 06	13 35	9 10	4 13	3 35	6 02	21 13
24	26 16	21 01	13 37	9 06	4 16	3 32	5 59	21 16
29	26 23	20 56	13 39	9 02	4 19	3 29	5 56	21 19
Dec 4	26 29	20 51	13 40	8 58	4 21	3 26	5 53	21 21
9	26 35	20 47	13 40	8 54	4 23	3 24	5 50	21 24
14	26 40	20 42	13 40R	8 50	4 25	3 21	5 46	21 26
19	26 45	20 38	13 40	8 46	4 26	3 19	5 43	21 28
24	26 50	20 34	13 39	8 42	4 27	3 17	5 40	21 30
29	26♎ 54	20♉ 31	13♍ 38	8♊ 39	4♎ 27	3♉ 16	5♋ 36	21♎ 32

Stations	Jan 25	Feb 1	May 25	Feb 20	Jan 1	Jan 17	Mar 19	Jan 18
	Jul 6	Aug 22	Dec 12	Sep 8	Jun 16	Aug 3	Oct 4	Jul 5

1973

	♃	⚷	⚸	⚹	⚺	♆	⚻	⚼
Jan 3	26♎57	20♉28R	13♍37R	8♊35R	4♎28R	3♉15R	5♋33R	21♎33
8	27 00	20 25	13 35	8 32	4 27	3 14	5 29	21 34
13	27 02	20 23	13 32	8 29	4 27	3 13	5 26	21 34
18	27 03	20 21	13 30	8 26	4 26	3 13D	5 23	21 34R
23	27 04	20 20	13 27	8 24	4 25	3 14	5 19	21 34
28	27 04R	20 19	13 23	8 22	4 23	3 14	5 16	21 34
Feb 2	27 04	20 19D	13 20	8 20	4 21	3 15	5 14	21 33
7	27 03	20 19	13 16	8 19	4 19	3 15	5 11	21 32
12	27 01	20 20	13 12	8 18	4 16	3 18	5 09	21 31
17	26 59	20 21	13 08	8 18	4 13	3 20	5 07	21 29
22	26 56	20 23	13 03	8 18D	4 10	3 22	5 05	21 27
27	26 52	20 25	12 59	8 18	4 07	3 25	5 03	21 25
Mar 4	26 48	20 28	12 54	8 19	4 04	3 28	5 02	21 23
9	26 44	20 31	12 50	8 20	4 00	3 31	5 01	21 21
14	26 39	20 35	12 46	8 21	3 56	3 34	5 01	21 18
19	26 34	20 39	12 41	8 23	3 53	3 38	5 00	21 15
24	26 29	20 43	12 37	8 25	3 49	3 41	5 00D	21 12
29	26 23	20 48	12 33	8 28	3 45	3 45	5 01	21 09
Apr 3	26 17	20 53	12 29	8 31	3 42	3 49	5 02	21 06
8	26 11	20 58	12 26	8 34	3 38	3 54	5 03	21 03
13	26 05	21 04	12 22	8 37	3 34	3 58	5 04	21 00
18	25 59	21 10	12 19	8 41	3 31	4 02	5 06	20 57
23	25 53	21 16	12 16	8 45	3 28	4 07	5 08	20 53
28	25 46	21 22	12 14	8 49	3 24	4 11	5 10	20 50
May 3	25 40	21 29	12 12	8 54	3 21	4 15	5 12	20 47
8	25 35	21 35	12 10	8 58	3 19	4 20	5 15	20 45
13	25 29	21 42	12 09	9 03	3 16	4 24	5 18	20 42
18	25 24	21 48	12 08	9 08	3 14	4 28	5 21	20 39
23	25 19	21 55	12 07	9 13	3 12	4 32	5 25	20 37
28	25 14	22 01	12 07D	9 18	3 11	4 36	5 28	20 35
Jun 2	25 10	22 07	12 08	9 23	3 09	4 40	5 32	20 33
7	25 07	22 13	12 08	9 28	3 09	4 43	5 36	20 31
12	25 03	22 19	12 09	9 33	3 08	4 47	5 40	20 29
17	25 01	22 25	12 11	9 38	3 08D	4 50	5 44	20 28
22	24 59	22 30	12 13	9 42	3 08	4 53	5 48	20 27
27	24 57	22 35	12 15	9 47	3 08	4 55	5 52	20 27
Jul 2	24 56	22 40	12 18	9 51	3 09	4 58	5 57	20 26
7	24 56	22 45	12 21	9 56	3 10	5 00	6 01	20 26D
12	24 56D	22 49	12 24	10 00	3 12	5 01	6 05	20 26
17	24 56	22 53	12 28	10 04	3 13	5 03	6 09	20 27
22	24 58	22 56	12 32	10 07	3 16	5 04	6 13	20 27
27	25 00	22 59	12 36	10 11	3 18	5 05	6 17	20 28
Aug 1	25 02	23 01	12 41	10 14	3 21	5 05	6 20	20 30
6	25 05	23 03	12 46	10 16	3 24	5 05R	6 24	20 31
11	25 09	23 05	12 51	10 19	3 27	5 05	6 27	20 33
16	25 13	23 06	12 56	10 21	3 31	5 04	6 30	20 35
21	25 18	23 07	13 01	10 23	3 34	5 03	6 33	20 38
26	25 23	23 07R	13 07	10 24	3 38	5 02	6 36	20 40
31	25 29	23 06	13 12	10 25	3 42	5 01	6 38	20 43
Sep 5	25 35	23 05	13 18	10 26	3 47	4 59	6 40	20 46
10	25 41	23 04	13 23	10 26R	3 51	4 57	6 42	20 50
15	25 48	23 02	13 29	10 26	3 56	4 54	6 44	20 53
20	25 55	23 00	13 34	10 25	4 00	4 52	6 45	20 56
25	26 03	22 57	13 39	10 24	4 05	4 49	6 46	21 00
30	26 10	22 54	13 45	10 23	4 09	4 46	6 46	21 04
Oct 5	26 18	22 51	13 50	10 21	4 14	4 43	6 47R	21 08
10	26 26	22 47	13 54	10 19	4 19	4 39	6 46	21 11
15	26 34	22 43	13 59	10 17	4 23	4 36	6 46	21 15
20	26 42	22 38	14 04	10 14	4 28	4 32	6 45	21 19
25	26 51	22 34	14 08	10 11	4 32	4 29	6 44	21 23
30	26 59	22 29	14 11	10 08	4 36	4 25	6 43	21 27
Nov 4	27 07	22 24	14 15	10 05	4 40	4 21	6 41	21 31
9	27 15	22 19	14 18	10 01	4 44	4 18	6 39	21 34
14	27 22	22 13	14 21	9 57	4 47	4 14	6 37	21 38
19	27 30	22 08	14 23	9 53	4 50	4 11	6 35	21 41
24	27 37	22 03	14 25	9 49	4 53	4 08	6 32	21 44
29	27 44	21 58	14 27	9 45	4 56	4 05	6 29	21 47
Dec 4	27 50	21 53	14 28	9 41	4 58	4 02	6 26	21 50
9	27 57	21 49	14 29	9 37	5 00	3 59	6 23	21 53
14	28 02	21 44	14 29R	9 33	5 02	3 57	6 20	21 55
19	28 07	21 40	14 29	9 29	5 03	3 55	6 16	21 57
24	28 12	21 36	14 28	9 25	5 04	3 53	6 13	21 59
29	28♎16	21♉32	14♍27	9♊21	5♎05	3♉51	6♋09	22♎00

Stations	Jan 26	Feb 1	May 26	Feb 20	Jan 1	Jan 17	Mar 20	Jan 18
	Jul 8	Aug 23	Dec 13	Sep 9	Jun 17	Aug 3	Oct 5	Jul 6

	♃	⚷	⚴	⚵	⚶	♆	⚸	⚳
Jan 3	28≏19	21♉29R	14♍25R	9♊18R	5≏05R	3♉50R	6♋06R	22≏02
8	28 22	21 26	14 23	9 15	5 05	3 49	6 02	22 03
13	28 25	21 24	14 21	9 12	5 04	3 49	5 59	22 03
18	28 26	21 22	14 19	9 09	5 04	3 48D	5 56	22 03R
23	28 27	21 21	14 16	9 07	5 02	3 49	5 53	22 03
28	28 28R	21 20	14 12	9 05	5 01	3 49	5 50	22 03
Feb 2	28 27	21 20	14 09	9 03	4 59	3 50	5 47	22 02
7	28 26	21 20D	14 05	9 02	4 57	3 51	5 44	22 01
12	28 25	21 20	14 01	9 01	4 54	3 53	5 42	22 00
17	28 23	21 21	13 57	9 00	4 51	3 55	5 40	21 59
22	28 20	21 23	13 53	9 00D	4 48	3 57	5 38	21 57
27	28 17	21 25	13 48	9 00	4 45	3 59	5 36	21 55
Mar 4	28 13	21 28	13 44	9 01	4 42	4 02	5 35	21 52
9	28 09	21 31	13 39	9 02	4 38	4 05	5 34	21 50
14	28 04	21 35	13 35	9 03	4 35	4 08	5 33	21 47
19	27 59	21 38	13 30	9 05	4 31	4 12	5 33	21 45
24	27 54	21 43	13 26	9 07	4 27	4 16	5 33D	21 42
29	27 48	21 48	13 22	9 09	4 23	4 20	5 33	21 39
Apr 3	27 43	21 53	13 18	9 12	4 20	4 24	5 34	21 36
8	27 37	21 58	13 15	9 15	4 16	4 28	5 35	21 32
13	27 30	22 04	13 11	9 19	4 12	4 32	5 36	21 29
18	27 24	22 09	13 08	9 22	4 09	4 37	5 38	21 26
23	27 18	22 15	13 05	9 26	4 06	4 41	5 40	21 23
28	27 12	22 22	13 03	9 31	4 02	4 45	5 42	21 20
May 3	27 06	22 28	13 00	9 35	3 59	4 50	5 45	21 17
8	27 00	22 34	12 59	9 40	3 57	4 54	5 47	21 14
13	26 54	22 41	12 57	9 44	3 54	4 58	5 50	21 11
18	26 49	22 47	12 56	9 49	3 52	5 03	5 54	21 09
23	26 44	22 54	12 56	9 54	3 50	5 07	5 57	21 06
28	26 39	23 00	12 55D	9 59	3 48	5 11	6 01	21 04
Jun 2	26 35	23 06	12 56	10 04	3 47	5 14	6 04	21 02
7	26 31	23 13	12 56	10 09	3 46	5 18	6 08	21 00
12	26 28	23 18	12 57	10 14	3 46	5 21	6 12	20 59
17	26 25	23 24	12 59	10 19	3 45	5 24	6 16	20 57
22	26 23	23 30	13 01	10 23	3 45D	5 27	6 20	20 56
27	26 21	23 35	13 03	10 28	3 46	5 30	6 24	20 56
Jul 2	26 20	23 40	13 06	10 33	3 46	5 32	6 29	20 55
7	26 19	23 45	13 09	10 37	3 48	5 34	6 33	20 55D
12	26 19D	23 49	13 12	10 41	3 49	5 36	6 37	20 55
17	26 20	23 53	13 16	10 45	3 51	5 38	6 41	20 56
22	26 21	23 56	13 20	10 49	3 53	5 39	6 45	20 56
27	26 22	23 59	13 24	10 52	3 55	5 40	6 49	20 57
Aug 1	26 25	24 02	13 28	10 55	3 58	5 40	6 52	20 59
6	26 28	24 04	13 33	10 58	4 01	5 40R	6 56	21 00
11	26 31	24 05	13 38	11 01	4 04	5 40	6 59	21 02
16	26 35	24 07	13 43	11 03	4 08	5 39	7 02	21 04
21	26 40	24 07	13 48	11 04	4 11	5 39	7 05	21 07
26	26 45	24 08R	13 54	11 06	4 15	5 37	7 08	21 09
31	26 50	24 07	13 59	11 07	4 19	5 36	7 10	21 12
Sep 5	26 56	24 06	14 05	11 08	4 24	5 34	7 13	21 15
10	27 02	24 05	14 10	11 08R	4 28	5 32	7 14	21 18
15	27 09	24 03	14 16	11 08	4 32	5 30	7 16	21 21
20	27 16	24 01	14 21	11 07	4 37	5 27	7 17	21 25
25	27 24	23 59	14 26	11 06	4 42	5 24	7 18	21 29
30	27 31	23 56	14 32	11 05	4 46	5 21	7 19	21 32
Oct 5	27 39	23 52	14 37	11 03	4 51	5 18	7 19	21 36
10	27 47	23 49	14 42	11 02	4 55	5 15	7 19R	21 40
15	27 55	23 44	14 46	10 59	5 00	5 11	7 19	21 44
20	28 03	23 40	14 51	10 57	5 04	5 08	7 18	21 48
25	28 11	23 36	14 55	10 54	5 09	5 04	7 17	21 52
30	28 20	23 31	14 59	10 51	5 13	5 01	7 16	21 55
Nov 4	28 28	23 26	15 02	10 47	5 17	4 57	7 14	21 59
9	28 36	23 21	15 06	10 44	5 21	4 53	7 12	22 03
14	28 43	23 16	15 09	10 40	5 24	4 50	7 10	22 06
19	28 51	23 10	15 11	10 36	5 27	4 47	7 08	22 10
24	28 58	23 05	15 13	10 32	5 30	4 43	7 05	22 13
29	29 05	23 00	15 15	10 28	5 33	4 40	7 02	22 16
Dec 4	29 12	22 55	15 16	10 24	5 36	4 37	6 59	22 19
9	29 18	22 50	15 17	10 20	5 38	4 35	6 56	22 22
14	29 24	22 46	15 17R	10 16	5 39	4 32	6 53	22 24
19	29 29	22 42	15 17	10 12	5 41	4 30	6 50	22 26
24	29 34	22 38	15 16	10 08	5 42	4 28	6 46	22 28
29	29≏38	22♉34	15♍15	10♊04	5≏42	4♉27	6♋43	22≏29

Stations	Jan 27	Feb 3	May 27	Feb 21	Jan 2	Jan 17	Mar 20	Jan 18
	Jul 9	Aug 25	Dec 14	Sep 10	Jun 18	Aug 4	Oct 6	Jul 6

1975

	♃	♆	⚴	⚵	⚶	♇	⚷	⚸
Jan 3	29♎42	22♉31R	15♍14R	10♊01R	5♎43R	4♉25R	6♋39R	22♎31
8	29 45	22 28	15 12	9 57	5 43	4 24	6 36	22 32
13	29 47	22 25	15 10	9 54	5 42	4 24	6 32	22 32
18	29 49	22 23	15 07	9 52	5 41	4 23D	6 29	22 32
23	29 50	22 22	15 04	9 49	5 40	4 24	6 26	22 32R
28	29 51	22 21	15 01	9 47	5 39	4 24	6 23	22 32
Feb 2	29 51R	22 20	14 58	9 45	5 37	4 25	6 20	22 31
7	29 50	22 20D	14 54	9 44	5 35	4 26	6 17	22 31
12	29 49	22 21	14 50	9 43	5 32	4 27	6 15	22 29
17	29 47	22 22	14 46	9 42	5 29	4 29	6 13	22 28
22	29 44	22 23	14 42	9 42D	5 26	4 31	6 11	22 26
27	29 41	22 25	14 37	9 42	5 23	4 34	6 09	22 24
Mar 4	29 38	22 28	14 33	9 43	5 20	4 37	6 08	22 22
9	29 34	22 31	14 28	9 43	5 16	4 40	6 07	22 19
14	29 29	22 34	14 24	9 45	5 13	4 43	6 06	22 17
19	29 24	22 38	14 20	9 46	5 09	4 46	6 06	22 14
24	29 19	22 42	14 15	9 48	5 05	4 50	6 06D	22 11
29	29 14	22 47	14 11	9 51	5 02	4 54	6 06	22 08
Apr 3	29 08	22 52	14 07	9 54	4 58	4 58	6 07	22 05
8	29 02	22 57	14 04	9 57	4 54	5 02	6 08	22 02
13	28 56	23 03	14 00	10 00	4 51	5 07	6 09	21 59
18	28 50	23 09	13 57	10 04	4 47	5 11	6 10	21 56
23	28 43	23 15	13 54	10 08	4 44	5 15	6 12	21 53
28	28 37	23 21	13 51	10 12	4 41	5 20	6 14	21 49
May 3	28 31	23 27	13 49	10 16	4 38	5 24	6 17	21 46
8	28 25	23 34	13 47	10 21	4 35	5 28	6 20	21 44
13	28 20	23 40	13 46	10 25	4 32	5 33	6 23	21 41
18	28 14	23 46	13 45	10 30	4 30	5 37	6 26	21 38
23	28 09	23 53	13 44	10 35	4 28	5 41	6 29	21 36
28	28 04	23 59	13 44D	10 40	4 26	5 45	6 33	21 33
Jun 2	28 00	24 06	13 44	10 45	4 25	5 49	6 36	21 31
7	27 56	24 12	13 44	10 50	4 24	5 52	6 40	21 30
12	27 52	24 18	13 45	10 55	4 23	5 56	6 44	21 28
17	27 49	24 24	13 47	11 00	4 23	5 59	6 48	21 27
22	27 47	24 29	13 49	11 05	4 23D	6 02	6 52	21 26
27	27 45	24 34	13 51	11 09	4 23	6 05	6 56	21 25
Jul 2	27 43	24 39	13 53	11 14	4 24	6 07	7 01	21 24
7	27 43	24 44	13 56	11 18	4 25	6 09	7 05	21 24D
12	27 42D	24 49	13 59	11 22	4 26	6 11	7 09	21 24
17	27 43	24 52	14 03	11 26	4 28	6 13	7 13	21 25
22	27 44	24 56	14 07	11 30	4 30	6 14	7 17	21 25
27	27 45	24 59	14 11	11 34	4 32	6 15	7 21	21 26
Aug 1	27 47	25 02	14 16	11 37	4 35	6 15	7 24	21 28
6	27 50	25 04	14 20	11 40	4 38	6 15R	7 28	21 29
11	27 53	25 06	14 25	11 42	4 41	6 15	7 31	21 31
16	27 57	25 07	14 30	11 44	4 44	6 15	7 35	21 33
21	28 01	25 08	14 35	11 46	4 48	6 14	7 38	21 35
26	28 06	25 08R	14 41	11 48	4 52	6 13	7 40	21 38
31	28 12	25 08	14 46	11 49	4 56	6 11	7 43	21 41
Sep 5	28 17	25 07	14 52	11 50	5 00	6 09	7 45	21 44
10	28 24	25 06	14 57	11 50	5 05	6 07	7 47	21 47
15	28 30	25 05	15 03	11 50R	5 09	6 05	7 48	21 50
20	28 37	25 03	15 08	11 49	5 14	6 03	7 50	21 54
25	28 44	25 00	15 14	11 49	5 18	6 00	7 51	21 57
30	28 52	24 57	15 19	11 47	5 23	5 57	7 51	22 01
Oct 5	29 00	24 54	15 24	11 46	5 28	5 54	7 52	22 05
10	29 08	24 50	15 29	11 44	5 32	5 50	7 52R	22 08
15	29 16	24 46	15 34	11 42	5 37	5 47	7 52	22 12
20	29 24	24 42	15 38	11 39	5 41	5 43	7 51	22 16
25	29 32	24 38	15 42	11 36	5 45	5 40	7 50	22 20
30	29 40	24 33	15 46	11 33	5 50	5 36	7 49	22 24
Nov 4	29 48	24 28	15 50	11 30	5 54	5 33	7 47	22 28
9	29 56	24 23	15 53	11 26	5 58	5 29	7 45	22 31
14	0♏04	24 18	15 56	11 23	6 01	5 26	7 43	22 35
19	0 12	24 12	15 59	11 19	6 04	5 22	7 41	22 38
24	0 19	24 07	16 01	11 15	6 07	5 19	7 38	22 42
29	0 26	24 02	16 03	11 11	6 10	5 16	7 35	22 45
Dec 4	0 33	23 57	16 04	11 07	6 13	5 13	7 32	22 48
9	0 39	23 52	16 05	11 03	6 15	5 10	7 29	22 50
14	0 45	23 48	16 05	10 59	6 17	5 08	7 26	22 53
19	0 51	23 43	16 05R	10 55	6 18	5 05	7 23	22 55
24	0 56	23 39	16 05	10 51	6 19	5 03	7 19	22 57
29	1♏00	23♉36	16♍04	10♊47	6♎20	5♉02	7♋16	22♎58

Stations	Jan 29	Feb 4	May 28	Feb 22	Jan 3	Jan 18	Mar 21	Jan 19
	Jul 11	Aug 26	Dec 15	Sep 11	Jun 19	Aug 5	Oct 7	Jul 7

	♃	⚷	☿	♈	♇	♆	⚴	⛢
Jan 3	1♏ 04	23♉ 32R	16♍ 02R	10♊ 43R	6♎ 20	5♉ 00R	7♋ 12R	22♎ 59
8	1 07	23 29	16 01	10 40	6 20R	4 59	7 09	23 00
13	1 10	23 27	15 59	10 37	6 20	4 59	7 05	23 01
18	1 12	23 25	15 56	10 34	6 19	4 58	7 02	23 01
23	1 13	23 23	15 53	10 32	6 18	4 59D	6 59	23 01R
28	1 14	23 22	15 50	10 29	6 16	4 59	6 56	23 01
Feb 2	1 14R	23 21	15 47	10 28	6 15	5 00	6 53	23 01
7	1 14	23 21D	15 43	10 26	6 12	5 01	6 50	23 00
12	1 13	23 21	15 39	10 25	6 10	5 02	6 48	22 59
17	1 11	23 22	15 35	10 24	6 07	5 04	6 46	22 57
22	1 09	23 24	15 31	10 24	6 04	5 06	6 44	22 55
27	1 06	23 26	15 26	10 24D	6 01	5 09	6 42	22 53
Mar 3	1 02	23 28	15 22	10 24	5 58	5 11	6 41	22 51
8	0 59	23 31	15 18	10 25	5 55	5 14	6 40	22 49
13	0 54	23 34	15 13	10 27	5 51	5 17	6 39	22 46
18	0 49	23 38	15 09	10 28	5 47	5 21	6 38	22 44
23	0 44	23 42	15 04	10 30	5 44	5 25	6 38D	22 41
28	0 39	23 47	15 00	10 32	5 40	5 28	6 39	22 38
Apr 2	0 33	23 52	14 56	10 35	5 36	5 32	6 39	22 35
7	0 27	23 57	14 53	10 38	5 32	5 37	6 40	22 32
12	0 21	24 02	14 49	10 41	5 29	5 41	6 41	22 28
17	0 15	24 08	14 46	10 45	5 25	5 45	6 43	22 25
22	0 09	24 14	14 43	10 49	5 22	5 50	6 45	22 22
27	0 03	24 20	14 40	10 53	5 19	5 54	6 47	22 19
May 2	29♎ 57	24 26	14 38	10 57	5 16	5 58	6 49	22 16
7	29 51	24 33	14 36	11 02	5 13	6 03	6 52	22 13
12	29 45	24 39	14 34	11 07	5 10	6 07	6 55	22 10
17	29 39	24 46	14 33	11 11	5 08	6 11	6 58	22 08
22	29 34	24 52	14 32	11 16	5 06	6 15	7 01	22 05
27	29 29	24 58	14 32	11 21	5 04	6 19	7 05	22 03
Jun 1	29 25	25 05	14 32D	11 26	5 03	6 23	7 08	22 01
6	29 20	25 11	14 32	11 31	5 02	6 27	7 12	21 59
11	29 17	25 17	14 33	11 36	5 01	6 30	7 16	21 57
16	29 14	25 23	14 35	11 41	5 00	6 34	7 20	21 56
21	29 11	25 29	14 36	11 46	5 00D	6 37	7 24	21 55
26	29 09	25 34	14 38	11 50	5 00	6 39	7 28	21 54
Jul 1	29 07	25 39	14 41	11 55	5 01	6 42	7 33	21 54
6	29 06	25 44	14 44	11 59	5 02	6 44	7 37	21 53
11	29 06	25 48	14 47	12 04	5 03	6 46	7 41	21 53D
16	29 06D	25 52	14 50	12 08	5 05	6 47	7 45	21 54
21	29 07	25 56	14 54	12 12	5 07	6 49	7 49	21 54
26	29 08	25 59	14 58	12 15	5 09	6 49	7 53	21 55
31	29 10	26 02	15 03	12 18	5 12	6 50	7 56	21 56
Aug 5	29 12	26 04	15 07	12 21	5 15	6 50R	8 00	21 58
10	29 15	26 06	15 12	12 24	5 18	6 50	8 03	22 00
15	29 19	26 08	15 17	12 26	5 21	6 50	8 07	22 02
20	29 23	26 09	15 22	12 28	5 25	6 49	8 10	22 04
25	29 28	26 09	15 28	12 30	5 29	6 48	8 12	22 06
30	29 33	26 09R	15 33	12 31	5 33	6 46	8 15	22 09
Sep 4	29 39	26 08	15 39	12 31	5 37	6 45	8 17	22 12
9	29 45	26 07	15 44	12 32	5 41	6 43	8 19	22 15
14	29 51	26 06	15 50	12 32R	5 46	6 41	8 21	22 19
19	29 58	26 04	15 55	12 32	5 50	6 38	8 22	22 22
24	0♏ 05	26 02	16 01	12 31	5 55	6 35	8 23	22 26
29	0 13	25 59	16 06	12 30	6 00	6 32	8 24	22 29
Oct 4	0 21	25 56	16 11	12 28	6 04	6 29	8 24	22 33
9	0 28	25 52	16 16	12 26	6 09	6 26	8 24R	22 37
14	0 36	25 48	16 21	12 24	6 13	6 23	8 24	22 41
19	0 45	25 44	16 25	12 22	6 18	6 19	8 24	22 45
24	0 53	25 39	16 30	12 19	6 22	6 16	8 23	22 49
29	1 01	25 35	16 34	12 16	6 26	6 12	8 22	22 52
Nov 3	1 09	25 30	16 37	12 13	6 30	6 08	8 20	22 56
8	1 17	25 25	16 41	12 09	6 34	6 05	8 18	23 00
13	1 25	25 20	16 44	12 06	6 38	6 01	8 16	23 03
18	1 33	25 15	16 46	12 02	6 41	5 58	8 14	23 07
23	1 40	25 09	16 49	11 58	6 44	5 54	8 11	23 10
28	1 47	25 04	16 50	11 54	6 47	5 51	8 09	23 13
Dec 3	1 54	24 59	16 52	11 50	6 50	5 48	8 06	23 16
8	2 01	24 54	16 53	11 45	6 52	5 46	8 02	23 19
13	2 07	24 50	16 53	11 41	6 54	5 43	7 59	23 21
18	2 12	24 45	16 53R	11 37	6 55	5 41	7 56	23 23
23	2 18	24 41	16 53	11 33	6 56	5 39	7 52	23 25
28	2♏ 22	24♉ 37	16♍ 52	11♊ 30	6♎ 57	5♉ 37	7♋ 49	23♎ 27
Stations	Jan 31	Feb 5	May 28	Feb 23	Jan 4	Jan 19	Mar 21	Jan 20
	Jul 12	Aug 26	Dec 15	Sep 11	Jun 19	Aug 5	Oct 7	Jul 7

1977

	♃	C	♀*	⚷	♅	♆	⚸	⛢
Jan 2	2♏26	24♉34R	16♍51R	11♊26R	6♎58	5♉36R	7♋45R	23♎28
7	2 30	24 31	16 49	11 23	6 58R	5 35	7 42	23 29
12	2 32	24 28	16 47	11 20	6 57	5 34	7 39	23 30
17	2 35	24 26	16 45	11 17	6 57	5 34	7 35	23 30
22	2 36	24 24	16 42	11 14	6 56	5 34D	7 32	23 31R
27	2 37	24 23	16 39	11 12	6 54	5 34	7 29	23 30
Feb 1	2 38R	24 22	16 36	11 10	6 52	5 35	7 26	23 30
6	2 37	24 22D	16 32	11 08	6 50	5 36	7 23	23 29
11	2 36	24 22	16 28	11 07	6 48	5 37	7 21	23 28
16	2 35	24 23	16 24	11 06	6 45	5 39	7 19	23 26
21	2 33	24 24	16 20	11 06	6 42	5 41	7 17	23 25
26	2 30	24 26	16 16	11 06D	6 39	5 43	7 15	23 23
Mar 3	2 27	24 28	16 11	11 06	6 36	5 46	7 13	23 21
8	2 23	24 31	16 07	11 07	6 33	5 49	7 12	23 18
13	2 19	24 34	16 02	11 08	6 29	5 52	7 12	23 16
18	2 14	24 38	15 58	11 10	6 25	5 55	7 11	23 13
23	2 09	24 42	15 54	11 12	6 22	5 59	7 11D	23 10
28	2 04	24 46	15 49	11 14	6 18	6 03	7 11	23 07
Apr 2	1 58	24 51	15 45	11 17	6 14	6 07	7 12	23 04
7	1 53	24 56	15 42	11 20	6 10	6 11	7 12	23 01
12	1 47	25 02	15 38	11 23	6 07	6 15	7 14	22 58
17	1 40	25 07	15 35	11 26	6 03	6 19	7 15	22 55
22	1 34	25 13	15 32	11 30	6 00	6 24	7 17	22 52
27	1 28	25 19	15 29	11 34	5 57	6 28	7 19	22 48
May 2	1 22	25 25	15 26	11 39	5 54	6 33	7 21	22 45
7	1 16	25 32	15 24	11 43	5 51	6 37	7 24	22 42
12	1 10	25 38	15 23	11 48	5 48	6 41	7 27	22 40
17	1 05	25 45	15 21	11 52	5 46	6 46	7 30	22 37
22	0 59	25 51	15 21	11 57	5 44	6 50	7 33	22 34
27	0 54	25 58	15 20	12 02	5 42	6 54	7 37	22 32
Jun 1	0 49	26 04	15 20D	12 07	5 40	6 58	7 40	22 30
6	0 45	26 10	15 20	12 12	5 39	7 01	7 44	22 28
11	0 41	26 16	15 21	12 17	5 38	7 05	7 48	22 27
16	0 38	26 22	15 22	12 22	5 38	7 08	7 52	22 25
21	0 35	26 28	15 24	12 27	5 38D	7 11	7 56	22 24
26	0 33	26 33	15 26	12 32	5 38	7 14	8 00	22 23
Jul 1	0 31	26 38	15 28	12 36	5 38	7 16	8 04	22 23
6	0 30	26 43	15 31	12 41	5 39	7 19	8 09	22 22
11	0 29	26 48	15 34	12 45	5 41	7 20	8 13	22 22D
16	0 29D	26 52	15 38	12 49	5 42	7 22	8 17	22 23
21	0 30	26 56	15 42	12 53	5 44	7 23	8 21	22 23
26	0 31	26 59	15 46	12 56	5 46	7 24	8 25	22 24
31	0 32	27 02	15 50	13 00	5 49	7 25	8 28	22 25
Aug 5	0 35	27 04	15 55	13 03	5 52	7 25	8 32	22 27
10	0 38	27 06	15 59	13 05	5 55	7 25R	8 36	22 28
15	0 41	27 08	16 04	13 08	5 58	7 25	8 39	22 30
20	0 45	27 09	16 10	13 10	6 02	7 24	8 42	22 33
25	0 50	27 10	16 15	13 11	6 06	7 23	8 45	22 35
30	0 55	27 10R	16 20	13 13	6 10	7 22	8 47	22 38
Sep 4	1 00	27 09	16 26	13 13	6 14	7 20	8 49	22 41
9	1 06	27 08	16 31	13 14	6 18	7 18	8 51	22 44
14	1 13	27 07	16 37	13 14R	6 22	7 16	8 53	22 47
19	1 19	27 05	16 42	13 14	6 27	7 13	8 55	22 51
24	1 26	27 03	16 48	13 13	6 32	7 11	8 55	22 54
29	1 34	27 00	16 53	13 12	6 36	7 08	8 56	22 58
Oct 4	1 41	26 57	16 58	13 11	6 41	7 05	8 57	23 02
9	1 49	26 54	17 03	13 09	6 45	7 02	8 57R	23 05
14	1 57	26 50	17 08	13 07	6 50	6 58	8 57	23 09
19	2 05	26 46	17 13	13 04	6 55	6 55	8 56	23 13
24	2 13	26 41	17 17	13 02	6 59	6 51	8 56	23 17
29	2 22	26 37	17 21	12 59	7 03	6 47	8 54	23 21
Nov 3	2 30	26 32	17 25	12 55	7 07	6 44	8 53	23 25
8	2 38	26 27	17 28	12 52	7 11	6 40	8 51	23 28
13	2 46	26 22	17 31	12 48	7 15	6 37	8 49	23 32
18	2 54	26 17	17 34	12 44	7 18	6 33	8 47	23 35
23	3 01	26 11	17 36	12 40	7 21	6 30	8 44	23 39
28	3 08	26 06	17 38	12 36	7 24	6 27	8 42	23 42
Dec 3	3 15	26 01	17 40	12 32	7 27	6 24	8 39	23 45
8	3 22	25 56	17 41	12 28	7 29	6 21	8 36	23 47
13	3 28	25 52	17 41	12 24	7 31	6 18	8 32	23 50
18	3 34	25 47	17 42R	12 20	7 33	6 16	8 29	23 52
23	3 39	25 43	17 41	12 16	7 34	6 14	8 26	23 54
28	3♏44	25♉39	17♍41	12♊12	7♎35	6♉12	8♋22	23♎56

Stations	Jan 31	Feb 5	May 29	Feb 23	Jan 4	Jan 19	Mar 22	Jan 20
	Jul 13	Aug 27	Dec 16	Sep 12	Jun 20	Aug 6	Oct 7	Jul 8

	♃	⚷	♇	⚶	⚴	♀	⚷	♓
Jan 2	3♏ 48	25♉ 35R	17♍ 39R	12♊ 09R	7♎ 35	6♉ 11R	8♋ 19R	23♎ 57
7	3 52	25 32	17 38	12 05	7 35R	6 10	8 15	23 58
12	3 55	25 29	17 36	12 02	7 35	6 09	8 12	23 59
17	3 57	25 27	17 34	11 59	7 34	6 09	8 08	23 59
22	3 59	25 25	17 31	11 57	7 33	6 08D	8 05	24 00R
27	4 00	25 24	17 28	11 54	7 32	6 09	8 02	23 59
Feb 1	4 01	25 23	17 25	11 52	7 30	6 09	7 59	23 59
6	4 01R	25 23	17 21	11 51	7 28	6 10	7 56	23 58
11	4 00	25 23D	17 17	11 49	7 26	6 12	7 54	23 57
16	3 59	25 23	17 13	11 49	7 23	6 13	7 52	23 56
21	3 57	25 24	17 09	11 48	7 20	6 15	7 49	23 54
26	3 54	25 26	17 05	11 48D	7 17	6 18	7 48	23 52
Mar 3	3 51	25 28	17 00	11 48	7 14	6 20	7 46	23 50
8	3 48	25 31	16 56	11 49	7 11	6 23	7 45	23 48
13	3 44	25 34	16 51	11 50	7 07	6 26	7 44	23 45
18	3 39	25 38	16 47	11 52	7 04	6 30	7 44	23 42
23	3 34	25 41	16 43	11 53	7 00	6 33	7 44D	23 40
28	3 29	25 46	16 38	11 56	6 56	6 37	7 44	23 37
Apr 2	3 24	25 50	16 34	11 58	6 52	6 41	7 44	23 34
7	3 18	25 56	16 30	12 01	6 49	6 45	7 45	23 30
12	3 12	26 01	16 27	12 04	6 45	6 49	7 46	23 27
17	3 06	26 06	16 23	12 08	6 41	6 54	7 47	23 24
22	3 00	26 12	16 20	12 12	6 38	6 58	7 49	23 21
27	2 54	26 18	16 18	12 16	6 35	7 02	7 51	23 18
May 2	2 47	26 25	16 15	12 20	6 32	7 07	7 54	23 15
7	2 41	26 31	16 13	12 24	6 29	7 11	7 56	23 12
12	2 35	26 37	16 11	12 29	6 26	7 16	7 59	23 09
17	2 30	26 44	16 10	12 34	6 24	7 20	8 02	23 06
22	2 24	26 50	16 09	12 38	6 21	7 24	8 05	23 04
27	2 19	26 57	16 08	12 43	6 20	7 28	8 09	23 02
Jun 1	2 14	27 03	16 08D	12 48	6 18	7 32	8 12	22 59
6	2 10	27 09	16 09	12 53	6 17	7 36	8 16	22 57
11	2 06	27 15	16 09	12 58	6 16	7 39	8 20	22 56
16	2 02	27 21	16 10	13 03	6 15	7 42	8 24	22 54
21	1 59	27 27	16 12	13 08	6 15D	7 46	8 28	22 53
26	1 57	27 33	16 14	13 13	6 15	7 48	8 32	22 52
Jul 1	1 55	27 38	16 16	13 17	6 16	7 51	8 36	22 52
6	1 53	27 43	16 19	13 22	6 17	7 53	8 41	22 51
11	1 53	27 47	16 22	13 26	6 18	7 55	8 45	22 51D
16	1 52D	27 52	16 25	13 30	6 19	7 57	8 49	22 52
21	1 53	27 56	16 29	13 34	6 21	7 58	8 53	22 52
26	1 54	27 59	16 33	13 38	6 23	7 59	8 57	22 53
31	1 55	28 02	16 37	13 41	6 26	8 00	9 00	22 54
Aug 5	1 57	28 05	16 42	13 44	6 29	8 00	9 04	22 55
10	2 00	28 07	16 46	13 47	6 32	8 00R	9 08	22 57
15	2 03	28 08	16 51	13 49	6 35	8 00	9 11	22 59
20	2 07	28 10	16 57	13 51	6 39	7 59	9 14	23 01
25	2 12	28 10	17 02	13 53	6 42	7 58	9 17	23 04
30	2 16	28 10R	17 07	13 54	6 46	7 57	9 19	23 06
Sep 4	2 22	28 10	17 13	13 55	6 50	7 55	9 22	23 09
9	2 28	28 09	17 18	13 56	6 55	7 53	9 24	23 12
14	2 34	28 08	17 24	13 56R	6 59	7 51	9 26	23 16
19	2 40	28 06	17 29	13 56	7 04	7 49	9 27	23 19
24	2 47	28 04	17 35	13 55	7 08	7 46	9 28	23 23
29	2 55	28 02	17 40	13 54	7 13	7 43	9 29	23 26
Oct 4	3 02	27 59	17 45	13 53	7 17	7 40	9 29	23 30
9	3 10	27 55	17 50	13 51	7 22	7 37	9 30R	23 34
14	3 18	27 52	17 55	13 49	7 27	7 34	9 30	23 38
19	3 26	27 48	18 00	13 47	7 31	7 30	9 29	23 42
24	3 34	27 43	18 04	13 44	7 36	7 27	9 28	23 45
29	3 42	27 39	18 08	13 41	7 40	7 23	9 27	23 49
Nov 3	3 50	27 34	18 12	13 38	7 44	7 19	9 26	23 53
8	3 59	27 29	18 16	13 35	7 48	7 16	9 24	23 57
13	4 07	27 24	18 19	13 31	7 52	7 12	9 22	24 00
18	4 14	27 19	18 22	13 27	7 55	7 09	9 20	24 04
23	4 22	27 13	18 24	13 23	7 58	7 05	9 17	24 07
28	4 29	27 08	18 26	13 19	8 01	7 02	9 15	24 10
Dec 3	4 37	27 03	18 28	13 15	8 04	6 59	9 12	24 13
8	4 43	26 58	18 29	13 11	8 06	6 56	9 09	24 16
13	4 50	26 53	18 29	13 07	8 08	6 54	9 05	24 19
18	4 56	26 49	18 30R	13 03	8 10	6 51	9 02	24 21
23	5 01	26 45	18 30	12 59	8 11	6 49	8 59	24 23
28	5♏ 06	26♉ 41	18♍ 29	12♊ 55	8♎ 12	6♉ 48	8♋ 55	24♎ 25

Stations	Feb 2	Feb 7	May 30	Feb 24	Jan 5	Jan 20	Mar 23	Jan 20
	Jul 15	Aug 29	Dec 17	Sep 13	Jun 21	Aug 7	Oct 8	Jul 8

1979

Date	♃	ℭ	⚷	⚵	♇	♆	⚶	♅
Jan 2	5♏10	26♉37R	18♍28R	12♊52R	8♎12	6♉46R	8♋52R	24♎26
7	5 14	26 34	18 26	12 48	8 13R	6 45	8 48	24 27
12	5 17	26 31	18 25	12 45	8 12	6 44	8 45	24 28
17	5 20	26 28	18 22	12 42	8 12	6 44	8 41	24 28
22	5 22	26 26	18 20	12 39	8 11	6 43D	8 38	24 29R
27	5 24	26 25	18 17	12 37	8 10	6 44	8 35	24 28
Feb 1	5 24	26 24	18 13	12 35	8 08	6 44	8 32	24 28
6	5 24R	26 23	18 10	12 33	8 06	6 45	8 29	24 27
11	5 24	26 23D	18 06	12 32	8 04	6 46	8 27	24 26
16	5 23	26 24	18 02	12 31	8 01	6 48	8 24	24 25
21	5 21	26 25	17 58	12 30	7 58	6 50	8 22	24 23
26	5 19	26 26	17 54	12 30D	7 55	6 52	8 21	24 21
Mar 3	5 16	26 28	17 49	12 30	7 52	6 55	8 19	24 19
8	5 12	26 31	17 45	12 31	7 49	6 58	8 18	24 17
13	5 09	26 34	17 40	12 32	7 45	7 01	8 17	24 14
18	5 04	26 37	17 36	12 33	7 42	7 04	8 16	24 12
23	4 59	26 41	17 32	12 35	7 38	7 08	8 16D	24 09
28	4 54	26 45	17 27	12 37	7 34	7 11	8 16	24 06
Apr 2	4 49	26 50	17 23	12 40	7 30	7 15	8 17	24 03
7	4 43	26 55	17 19	12 42	7 27	7 19	8 17	24 00
12	4 37	27 00	17 16	12 46	7 23	7 24	8 18	23 57
17	4 31	27 06	17 12	12 49	7 19	7 28	8 20	23 54
22	4 25	27 11	17 09	12 53	7 16	7 32	8 21	23 50
27	4 19	27 17	17 06	12 57	7 13	7 37	8 23	23 47
May 2	4 13	27 24	17 04	13 01	7 09	7 41	8 26	23 44
7	4 07	27 30	17 02	13 05	7 07	7 45	8 28	23 41
12	4 01	27 36	17 00	13 10	7 04	7 50	8 31	23 38
17	3 55	27 43	16 58	13 15	7 01	7 54	8 34	23 36
22	3 49	27 49	16 57	13 19	6 59	7 58	8 37	23 33
27	3 44	27 56	16 57	13 24	6 57	8 02	8 41	23 31
Jun 1	3 39	28 02	16 56D	13 29	6 56	8 06	8 44	23 29
6	3 35	28 08	16 57	13 34	6 54	8 10	8 48	23 27
11	3 31	28 15	16 57	13 39	6 53	8 14	8 52	23 25
16	3 27	28 21	16 58	13 44	6 53	8 17	8 56	23 24
21	3 24	28 26	17 00	13 49	6 53	8 20	9 00	23 22
26	3 21	28 32	17 02	13 54	6 53D	8 23	9 04	23 21
Jul 1	3 19	28 37	17 04	13 59	6 53	8 25	9 08	23 21
6	3 17	28 42	17 06	14 03	6 54	8 28	9 12	23 20
11	3 16	28 47	17 09	14 07	6 55	8 30	9 17	23 20D
16	3 16	28 51	17 13	14 12	6 56	8 32	9 21	23 20
21	3 16D	28 55	17 16	14 15	6 58	8 33	9 25	23 21
26	3 17	28 59	17 20	14 19	7 00	8 34	9 29	23 22
31	3 18	29 02	17 24	14 22	7 03	8 35	9 32	23 23
Aug 5	3 20	29 05	17 29	14 26	7 06	8 35	9 36	23 24
10	3 22	29 07	17 34	14 28	7 09	8 35R	9 40	23 26
15	3 26	29 09	17 39	14 31	7 12	8 35	9 43	23 28
20	3 29	29 10	17 44	14 33	7 15	8 34	9 46	23 30
25	3 33	29 11	17 49	14 35	7 19	8 33	9 49	23 32
30	3 38	29 11R	17 54	14 36	7 23	8 32	9 52	23 35
Sep 4	3 43	29 11	18 00	14 37	7 27	8 31	9 54	23 38
9	3 49	29 10	18 05	14 38	7 31	8 29	9 56	23 41
14	3 55	29 09	18 11	14 38R	7 36	8 27	9 58	23 44
19	4 02	29 08	18 16	14 38	7 40	8 24	9 59	23 47
24	4 08	29 06	18 22	14 37	7 45	8 22	10 01	23 51
29	4 16	29 03	18 27	14 36	7 49	8 19	10 01	23 55
Oct 4	4 23	29 00	18 32	14 35	7 54	8 16	10 02	23 58
9	4 31	28 57	18 37	14 34	7 59	8 13	10 02R	24 02
14	4 39	28 53	18 42	14 32	8 03	8 09	10 02	24 06
19	4 47	28 49	18 47	14 29	8 08	8 06	10 02	24 10
24	4 55	28 45	18 52	14 27	8 12	8 02	10 01	24 14
29	5 03	28 40	18 56	14 24	8 17	7 59	10 00	24 18
Nov 3	5 11	28 36	19 00	14 21	8 21	7 55	9 59	24 22
8	5 19	28 31	19 03	14 17	8 25	7 51	9 57	24 25
13	5 27	28 26	19 06	14 14	8 28	7 48	9 55	24 29
18	5 35	28 21	19 09	14 10	8 32	7 44	9 53	24 32
23	5 43	28 15	19 12	14 06	8 35	7 41	9 50	24 36
28	5 50	28 10	19 14	14 02	8 38	7 38	9 48	24 39
Dec 3	5 58	28 05	19 16	13 58	8 41	7 35	9 45	24 42
8	6 05	28 00	19 17	13 54	8 43	7 32	9 42	24 45
13	6 11	27 55	19 18	13 50	8 45	7 29	9 39	24 47
18	6 17	27 51	19 18R	13 46	8 47	7 27	9 35	24 50
23	6 23	27 46	19 18	13 42	8 48	7 25	9 32	24 52
28	6♏28	27♉42	19♍17	13♊38	8♎49	7♉23	9♋28	24♎53

Stations	Feb 4	Feb 8	May 31	Feb 25	Jan 5	Jan 21	Mar 23	Jan 21
	Jul 17	Aug 30	Dec 18	Sep 14	Jun 22	Aug 7	Oct 9	Jul 9

	♃	ℭ	⚷	♈	♃	Ψ	⚸	⚸
Jan 2	6♏32	27♉39R	19♍16R	13♊34R	8♎50	7♉21R	9♋25R	24♎55
7	6 36	27 35	19 15	13 31	8 50R	7 20	9 21	24 56
12	6 40	27 32	19 13	13 27	8 50	7 19	9 18	24 57
17	6 43	27 30	19 11	13 24	8 49	7 19	9 15	24 57
22	6 45	27 28	19 08	13 22	8 48	7 18D	9 11	24 58R
27	6 47	27 26	19 06	13 19	8 47	7 19	9 08	24 57
Feb 1	6 48	27 25	19 02	13 17	8 46	7 19	9 05	24 57
6	6 48R	27 24	18 59	13 15	8 44	7 20	9 02	24 56
11	6 48	27 24D	18 55	13 14	8 42	7 21	9 00	24 55
16	6 47	27 24	18 51	13 13	8 39	7 23	8 57	24 54
21	6 45	27 25	18 47	13 12	8 36	7 25	8 55	24 52
26	6 43	27 27	18 43	13 12D	8 33	7 27	8 53	24 51
Mar 2	6 40	27 29	18 38	13 12	8 30	7 29	8 52	24 49
7	6 37	27 31	18 34	13 13	8 27	7 32	8 51	24 46
12	6 33	27 34	18 30	13 14	8 23	7 35	8 50	24 44
17	6 29	27 37	18 25	13 15	8 20	7 39	8 49	24 41
22	6 25	27 41	18 21	13 17	8 16	7 42	8 49	24 38
27	6 20	27 45	18 16	13 19	8 12	7 46	8 49D	24 36
Apr 1	6 14	27 49	18 12	13 21	8 08	7 50	8 49	24 32
6	6 09	27 54	18 08	13 24	8 05	7 54	8 50	24 29
11	6 03	28 00	18 05	13 27	8 01	7 58	8 51	24 26
16	5 57	28 05	18 01	13 30	7 57	8 02	8 52	24 23
21	5 51	28 11	17 58	13 34	7 54	8 07	8 54	24 20
26	5 44	28 17	17 55	13 38	7 51	8 11	8 56	24 17
May 1	5 38	28 23	17 52	13 42	7 47	8 15	8 58	24 14
6	5 32	28 29	17 50	13 47	7 45	8 20	9 00	24 11
11	5 26	28 35	17 48	13 51	7 42	8 24	9 03	24 08
16	5 20	28 42	17 47	13 56	7 39	8 28	9 06	24 05
21	5 15	28 48	17 46	14 01	7 37	8 33	9 09	24 03
26	5 09	28 55	17 45	14 05	7 35	8 37	9 13	24 00
31	5 04	29 01	17 45	14 10	7 33	8 41	9 16	23 58
Jun 5	5 00	29 07	17 45D	14 15	7 32	8 44	9 20	23 56
10	4 55	29 14	17 45	14 20	7 31	8 48	9 24	23 54
15	4 51	29 20	17 46	14 25	7 30	8 51	9 28	23 53
20	4 48	29 26	17 48	14 30	7 30	8 54	9 32	23 52
25	4 45	29 31	17 49	14 35	7 30D	8 57	9 36	23 51
30	4 43	29 37	17 51	14 40	7 30	9 00	9 40	23 50
Jul 5	4 41	29 42	17 54	14 44	7 31	9 02	9 44	23 49
10	4 40	29 46	17 57	14 49	7 32	9 04	9 49	23 49D
15	4 39	29 51	18 00	14 53	7 34	9 06	9 53	23 49
20	4 39D	29 55	18 04	14 57	7 35	9 08	9 57	23 50
25	4 40	29 59	18 08	15 00	7 37	9 09	10 01	23 51
30	4 41	0♊02	18 12	15 04	7 40	9 10	10 04	23 52
Aug 4	4 43	0 05	18 16	15 07	7 42	9 10	10 08	23 53
9	4 45	0 07	18 21	15 10	7 45	9 10R	10 12	23 55
14	4 48	0 09	18 26	15 12	7 49	9 10	10 15	23 56
19	4 51	0 10	18 31	15 15	7 52	9 09	10 18	23 59
24	4 55	0 11	18 36	15 16	7 56	9 09	10 21	24 01
29	5 00	0 12	18 41	15 18	8 00	9 07	10 24	24 04
Sep 3	5 05	0 12R	18 47	15 19	8 04	9 06	10 26	24 06
8	5 10	0 11	18 52	15 20	8 08	9 04	10 28	24 09
13	5 16	0 10	18 58	15 20	8 12	9 02	10 30	24 13
18	5 23	0 09	19 03	15 20R	8 17	9 00	10 32	24 16
23	5 30	0 07	19 09	15 20	8 22	8 57	10 33	24 20
28	5 37	0 05	19 14	15 19	8 26	8 54	10 34	24 23
Oct 3	5 44	0 02	19 19	15 18	8 31	8 51	10 35	24 27
8	5 52	29♉59	19 25	15 16	8 35	8 48	10 35	24 31
13	5 59	29 55	19 29	15 14	8 40	8 45	10 35R	24 35
18	6 07	29 51	19 34	15 12	8 45	8 41	10 34	24 38
23	6 16	29 47	19 39	15 09	8 49	8 38	10 34	24 42
28	6 24	29 42	19 43	15 06	8 53	8 34	10 33	24 46
Nov 2	6 32	29 38	19 47	15 03	8 57	8 31	10 31	24 50
7	6 40	29 33	19 51	15 00	9 01	8 27	10 30	24 54
12	6 48	29 28	19 54	14 56	9 05	8 23	10 28	24 57
17	6 56	29 23	19 57	14 53	9 09	8 20	10 26	25 01
22	7 04	29 17	20 00	14 49	9 12	8 17	10 23	25 04
27	7 11	29 12	20 02	14 45	9 15	8 13	10 21	25 08
Dec 2	7 19	29 07	20 03	14 41	9 18	8 10	10 18	25 11
7	7 26	29 02	20 05	14 37	9 20	8 07	10 15	25 13
12	7 32	28 57	20 06	14 33	9 22	8 05	10 12	25 16
17	7 39	28 53	20 06	14 29	9 24	8 02	10 08	25 18
22	7 44	28 48	20 06R	14 25	9 26	8 00	10 05	25 20
27	7♏50	28♉44	20♍06	14♊21	9♎27	7♉58	10♋02	25♎22

Stations	Feb 5	Feb 9	Jun 1	Feb 26	Jan 6	Jan 21	Mar 23	Jan 22
	Jul 17	Aug 30	Dec 18	Sep 14	Jun 21	Aug 7	Oct 9	Jul 9

1981

	♃	₵	⚸	⇑	⚴	♆	⇡	✕
Jan 1	7♏ 54	28♉ 40R	20♍ 05R	14♊ 17R	9♎ 27	7♉ 56R	9♋ 58R	25♎ 24
6	7 59	28 37	20 03	14 13	9 28R	7 55	9 55	25 25
11	8 02	28 34	20 02	14 10	9 27	7 54	9 51	25 26
16	8 05	28 31	20 00	14 07	9 27	7 54	9 48	25 26
21	8 08	28 29	19 57	14 04	9 26	7 53D	9 44	25 27
26	8 10	28 27	19 54	14 02	9 25	7 54	9 41	25 27R
31	8 11	28 26	19 51	14 00	9 23	7 54	9 38	25 26
Feb 5	8 11	28 25	19 48	13 58	9 22	7 55	9 35	25 25
10	8 11R	28 25D	19 44	13 56	9 19	7 56	9 33	25 25
15	8 10	28 25	19 40	13 55	9 17	7 57	9 30	25 23
20	8 09	28 26	19 36	13 54	9 14	7 59	9 28	25 22
25	8 07	28 27	19 32	13 54	9 11	8 01	9 26	25 20
Mar 2	8 05	28 29	19 28	13 54D	9 08	8 04	9 25	25 18
7	8 02	28 31	19 23	13 55	9 05	8 07	9 23	25 16
12	7 58	28 34	19 19	13 55	9 01	8 10	9 22	25 13
17	7 54	28 37	19 14	13 57	8 58	8 13	9 22	25 11
22	7 50	28 41	19 10	13 58	8 54	8 16	9 21	25 08
27	7 45	28 45	19 06	14 00	8 50	8 20	9 21D	25 05
Apr 1	7 39	28 49	19 01	14 03	8 47	8 24	9 22	25 02
6	7 34	28 54	18 57	14 05	8 43	8 28	9 22	24 59
11	7 28	28 59	18 54	14 08	8 39	8 32	9 23	24 56
16	7 22	29 04	18 50	14 12	8 36	8 36	9 25	24 53
21	7 16	29 10	18 47	14 15	8 32	8 41	9 26	24 49
26	7 10	29 16	18 44	14 19	8 29	8 45	9 28	24 46
May 1	7 04	29 22	18 41	14 23	8 25	8 50	9 30	24 43
6	6 58	29 28	18 39	14 28	8 22	8 54	9 33	24 40
11	6 52	29 34	18 37	14 32	8 20	8 58	9 35	24 37
16	6 46	29 41	18 35	14 37	8 17	9 03	9 38	24 35
21	6 40	29 47	18 34	14 42	8 15	9 07	9 41	24 32
26	6 35	29 54	18 33	14 47	8 13	9 11	9 45	24 30
31	6 29	0♊ 00	18 33	14 51	8 11	9 15	9 48	24 27
Jun 5	6 25	0 07	18 33D	14 56	8 10	9 19	9 52	24 25
10	6 20	0 13	18 33	15 01	8 09	9 22	9 56	24 24
15	6 16	0 19	18 34	15 06	8 08	9 26	10 00	24 22
20	6 13	0 25	18 35	15 11	8 08	9 29	10 04	24 21
25	6 10	0 31	18 37	15 16	8 08D	9 32	10 08	24 20
30	6 07	0 36	18 39	15 21	8 08	9 35	10 12	24 19
Jul 5	6 05	0 41	18 42	15 25	8 09	9 37	10 16	24 18
10	6 04	0 46	18 44	15 30	8 10	9 39	10 20	24 18D
15	6 03	0 51	18 48	15 34	8 11	9 41	10 25	24 18
20	6 03D	0 55	18 51	15 38	8 13	9 42	10 29	24 19
25	6 03	0 58	18 55	15 42	8 15	9 44	10 33	24 20
30	6 04	1 02	18 59	15 45	8 17	9 45	10 36	24 21
Aug 4	6 05	1 05	19 03	15 49	8 19	9 45	10 40	24 22
9	6 08	1 07	19 08	15 51	8 22	9 45R	10 44	24 23
14	6 10	1 09	19 13	15 54	8 26	9 45	10 47	24 25
19	6 14	1 11	19 18	15 56	8 29	9 45	10 50	24 27
24	6 17	1 12	19 23	15 58	8 33	9 44	10 53	24 30
29	6 22	1 13	19 28	16 00	8 37	9 43	10 56	24 32
Sep 3	6 27	1 13R	19 34	16 01	8 41	9 41	10 58	24 35
8	6 32	1 12	19 39	16 02	8 45	9 39	11 01	24 38
13	6 38	1 11	19 45	16 02	8 49	9 37	11 03	24 41
18	6 44	1 10	19 50	16 02R	8 54	9 35	11 04	24 45
23	6 51	1 08	19 56	16 02	8 58	9 33	11 05	24 48
28	6 58	1 06	20 01	16 01	9 03	9 30	11 06	24 52
Oct 3	7 05	1 03	20 06	16 00	9 07	9 27	11 07	24 55
8	7 13	1 00	20 12	15 58	9 12	9 24	11 07	24 59
13	7 20	0 57	20 17	15 57	9 17	9 20	11 07R	25 03
18	7 28	0 53	20 21	15 54	9 21	9 17	11 07	25 07
23	7 36	0 49	20 26	15 52	9 26	9 13	11 07	25 11
28	7 44	0 44	20 30	15 49	9 30	9 10	11 06	25 15
Nov 2	7 53	0 40	20 34	15 46	9 34	9 06	11 04	25 19
7	8 01	0 35	20 38	15 43	9 38	9 03	11 03	25 22
12	8 09	0 30	20 42	15 39	9 42	8 59	11 01	25 26
17	8 17	0 25	20 45	15 35	9 46	8 56	10 59	25 29
22	8 25	0 19	20 47	15 32	9 49	8 52	10 56	25 33
27	8 33	0 14	20 49	15 28	9 52	8 49	10 54	25 36
Dec 2	8 40	0 09	20 51	15 24	9 55	8 46	10 51	25 39
7	8 47	0 04	20 53	15 20	9 57	8 43	10 48	25 42
12	8 54	29♉ 59	20 54	15 15	10 00	8 40	10 45	25 45
17	9 00	29 55	20 54	15 11	10 01	8 38	10 42	25 47
22	9 06	29 50	20 54R	15 07	10 03	8 35	10 38	25 49
27	9♏ 11	29♉ 46	20♍ 54	15♊ 03	10♎ 04	8♉ 33	10♋ 35	25♎ 51
Stations	Feb 6	Feb 9	Jun 2	Feb 26	Jan 6	Jan 21	Mar 24	Jan 22
	Jul 19	Sep 1	Dec 20	Sep 15	Jun 22	Aug 8	Oct 10	Jul 10

	♃	⚷	⚵	♈	⚴	♆	⚶	⚸
Jan 1	9♏16	29♉42R	20♍53R	15♊00R	10♎05	8♉32R	10♋31R	25♎52
6	9 21	29 38	20 52	14 56	10 05	8 30	10 28	25 54
11	9 25	29 35	20 50	14 53	10 05R	8 29	10 24	25 55
16	9 28	29 32	20 48	14 50	10 05	8 29	10 21	25 55
21	9 30	29 30	20 46	14 47	10 04	8 28	10 18	25 56
26	9 33	29 28	20 43	14 44	10 03	8 29D	10 14	25 56R
31	9 34	29 27	20 40	14 42	10 01	8 29	10 11	25 55
Feb 5	9 35	29 26	20 37	14 40	9 59	8 30	10 08	25 55
10	9 35R	29 25	20 33	14 39	9 57	8 31	10 06	25 54
15	9 34	29 26D	20 29	14 37	9 55	8 32	10 03	25 53
20	9 33	29 26	20 25	14 37	9 52	8 34	10 01	25 51
25	9 31	29 27	20 21	14 36	9 49	8 36	9 59	25 49
Mar 2	9 29	29 29	20 17	14 36D	9 46	8 39	9 58	25 47
7	9 26	29 31	20 12	14 37	9 43	8 41	9 56	25 45
12	9 23	29 34	20 08	14 37	9 40	8 44	9 55	25 43
17	9 19	29 37	20 03	14 39	9 36	8 47	9 54	25 40
22	9 15	29 40	19 59	14 40	9 32	8 51	9 54	25 37
27	9 10	29 44	19 55	14 42	9 29	8 55	9 54D	25 34
Apr 1	9 05	29 49	19 51	14 44	9 25	8 58	9 54	25 31
6	8 59	29 53	19 46	14 47	9 21	9 02	9 55	25 28
11	8 54	29 58	19 43	14 50	9 17	9 07	9 56	25 25
16	8 48	0♊04	19 39	14 53	9 14	9 11	9 57	25 22
21	8 42	0 09	19 36	14 57	9 10	9 15	9 58	25 19
26	8 36	0 15	19 33	15 01	9 07	9 19	10 00	25 16
May 1	8 29	0 21	19 30	15 05	9 04	9 24	10 02	25 13
6	8 23	0 27	19 28	15 09	9 01	9 28	10 05	25 10
11	8 17	0 34	19 25	15 13	8 58	9 33	10 08	25 07
16	8 11	0 40	19 24	15 18	8 55	9 37	10 10	25 04
21	8 05	0 46	19 22	15 23	8 53	9 41	10 14	25 01
26	8 00	0 53	19 22	15 28	8 51	9 45	10 17	24 59
31	7 55	0 59	19 21	15 33	8 49	9 49	10 20	24 57
Jun 5	7 50	1 06	19 21D	15 38	8 48	9 53	10 24	24 55
10	7 45	1 12	19 21	15 43	8 46	9 57	10 28	24 53
15	7 41	1 18	19 22	15 48	8 46	10 00	10 32	24 51
20	7 37	1 24	19 23	15 52	8 45	10 03	10 36	24 50
25	7 34	1 30	19 25	15 57	8 45D	10 07	10 40	24 49
30	7 31	1 35	19 27	16 02	8 45	10 09	10 44	24 48
Jul 5	7 29	1 41	19 29	16 07	8 46	10 12	10 48	24 48
10	7 28	1 46	19 32	16 11	8 47	10 14	10 52	24 47D
15	7 27	1 50	19 35	16 15	8 48	10 16	10 57	24 47
20	7 26	1 54	19 39	16 19	8 50	10 17	11 01	24 48
25	7 26D	1 58	19 42	16 23	8 52	10 19	11 05	24 49
30	7 27	2 02	19 46	16 27	8 54	10 19	11 08	24 49
Aug 4	7 28	2 05	19 51	16 30	8 57	10 20	11 12	24 51
9	7 30	2 07	19 55	16 33	8 59	10 20R	11 16	24 52
14	7 33	2 10	20 00	16 36	9 02	10 20	11 19	24 54
19	7 36	2 11	20 05	16 38	9 06	10 20	11 22	24 56
24	7 40	2 12	20 10	16 40	9 10	10 19	11 25	24 58
29	7 44	2 13	20 15	16 42	9 13	10 18	11 28	25 01
Sep 3	7 49	2 13R	20 21	16 43	9 17	10 17	11 31	25 04
8	7 54	2 13	20 26	16 44	9 22	10 15	11 33	25 07
13	7 59	2 12	20 32	16 44	9 26	10 13	11 35	25 10
18	8 05	2 11	20 37	16 44R	9 30	10 11	11 37	25 13
23	8 12	2 09	20 43	16 44	9 35	10 08	11 38	25 17
28	8 19	2 07	20 48	16 43	9 40	10 05	11 39	25 20
Oct 3	8 26	2 05	20 54	16 42	9 44	10 02	11 40	25 24
8	8 33	2 02	20 59	16 41	9 49	9 59	11 40	25 28
13	8 41	1 58	21 04	16 39	9 53	9 56	11 40R	25 32
18	8 49	1 55	21 09	16 37	9 58	9 53	11 40	25 35
23	8 57	1 50	21 13	16 34	10 02	9 49	11 39	25 39
28	9 05	1 46	21 18	16 32	10 07	9 46	11 38	25 43
Nov 2	9 13	1 42	21 22	16 29	10 11	9 42	11 37	25 47
7	9 22	1 37	21 26	16 25	10 15	9 38	11 36	25 51
12	9 30	1 32	21 29	16 22	10 19	9 35	11 34	25 54
17	9 38	1 27	21 32	16 18	10 23	9 31	11 32	25 58
22	9 46	1 22	21 35	16 14	10 26	9 28	11 29	26 01
27	9 54	1 16	21 37	16 11	10 29	9 24	11 27	26 05
Dec 2	10 01	1 11	21 39	16 06	10 32	9 21	11 24	26 08
7	10 08	1 06	21 41	16 02	10 35	9 18	11 21	26 11
12	10 15	1 01	21 42	15 58	10 37	9 16	11 18	26 13
17	10 22	0 56	21 42	15 54	10 39	9 13	11 15	26 16
22	10 28	0 52	21 43R	15 50	10 40	9 11	11 11	26 18
27	10♏33	0♊48	21♍42	15♊46	10♎41	9♉09	11♋08	26♎20

Stations	Feb 8	Feb 11	Jun 3	Feb 27	Jan 7	Jan 22	Mar 25	Jan 22
	Jul 21	Sep 2	Dec 21	Sep 16	Jun 23	Aug 9	Oct 10	Jul 10

1983

Date	♃ (Cupido)	(Hades)	(Zeus)	(Kronos)	(Apollon)	(Admetos)	(Vulkanus)	(Poseidon)
Jan 1	10♏38	0♊44R	21♍42R	15♊43R	10♎42	9♉07R	11♋04R	26♎21
6	10 43	0 40	21 40	15 39	10 42	9 06	11 01	26 23
11	10 47	0 37	21 39	15 35	10 43R	9 05	10 57	26 24
16	10 50	0 34	21 37	15 32	10 42	9 04	10 54	26 24
21	10 53	0 31	21 35	15 29	10 41	9 04	10 51	26 25
26	10 55	0 29	21 32	15 27	10 40	9 04D	10 48	26 25R
31	10 57	0 28	21 29	15 24	10 39	9 04	10 44	26 24
Feb 5	10 58	0 27	21 26	15 23	10 37	9 05	10 42	26 24
10	10 58R	0 26	21 22	15 21	10 35	9 06	10 39	26 23
15	10 58	0 26D	21 18	15 20	10 33	9 07	10 36	26 22
20	10 57	0 27	21 14	15 19	10 30	9 09	10 34	26 20
25	10 56	0 28	21 10	15 18	10 27	9 11	10 32	26 19
Mar 2	10 53	0 29	21 06	15 18D	10 24	9 13	10 31	26 17
7	10 51	0 31	21 01	15 19	10 21	9 16	10 29	26 15
12	10 48	0 34	20 57	15 19	10 18	9 19	10 28	26 12
17	10 44	0 37	20 53	15 20	10 14	9 22	10 27	26 10
22	10 40	0 40	20 48	15 22	10 10	9 25	10 27	26 07
27	10 35	0 44	20 44	15 24	10 07	9 29	10 27D	26 04
Apr 1	10 30	0 48	20 40	15 26	10 03	9 33	10 27	26 01
6	10 25	0 53	20 36	15 29	9 59	9 37	10 27	25 58
11	10 19	0 58	20 32	15 31	9 56	9 41	10 28	25 55
16	10 13	1 03	20 28	15 35	9 52	9 45	10 29	25 52
21	10 07	1 09	20 25	15 38	9 48	9 49	10 31	25 48
26	10 01	1 14	20 22	15 42	9 45	9 54	10 33	25 45
May 1	9 55	1 20	20 19	15 46	9 42	9 58	10 35	25 42
6	9 49	1 26	20 16	15 50	9 39	10 03	10 37	25 39
11	9 43	1 33	20 14	15 55	9 36	10 07	10 40	25 36
16	9 37	1 39	20 12	15 59	9 33	10 11	10 43	25 34
21	9 31	1 46	20 11	16 04	9 31	10 16	10 46	25 31
26	9 25	1 52	20 10	16 09	9 29	10 20	10 49	25 28
31	9 20	1 58	20 09	16 14	9 27	10 24	10 53	25 26
Jun 5	9 15	2 05	20 09D	16 19	9 25	10 28	10 56	25 24
10	9 10	2 11	20 10	16 24	9 24	10 31	11 00	25 22
15	9 06	2 17	20 10	16 29	9 23	10 35	11 04	25 21
20	9 02	2 23	20 11	16 34	9 23	10 38	11 08	25 19
25	8 59	2 29	20 13	16 38	9 23D	10 41	11 12	25 18
30	8 56	2 35	20 15	16 43	9 23	10 44	11 16	25 17
Jul 5	8 53	2 40	20 17	16 48	9 23	10 46	11 20	25 17
10	8 52	2 45	20 20	16 52	9 24	10 49	11 24	25 16
15	8 50	2 50	20 23	16 57	9 25	10 51	11 29	25 17D
20	8 50	2 54	20 26	17 01	9 27	10 52	11 33	25 17
25	8 50D	2 58	20 30	17 05	9 29	10 53	11 37	25 17
30	8 50	3 02	20 34	17 08	9 31	10 54	11 41	25 18
Aug 4	8 51	3 05	20 38	17 12	9 34	10 55	11 44	25 20
9	8 53	3 08	20 42	17 15	9 36	10 55	11 48	25 21
14	8 56	3 10	20 47	17 17	9 39	10 55R	11 51	25 23
19	8 58	3 12	20 52	17 20	9 43	10 55	11 55	25 25
24	9 02	3 13	20 57	17 22	9 46	10 54	11 58	25 27
29	9 06	3 14	21 03	17 23	9 50	10 53	12 00	25 30
Sep 3	9 10	3 14R	21 08	17 25	9 54	10 52	12 03	25 32
8	9 15	3 14	21 13	17 26	9 58	10 50	12 05	25 35
13	9 21	3 13	21 19	17 26	10 03	10 48	12 07	25 38
18	9 27	3 12	21 24	17 26R	10 07	10 46	12 09	25 42
23	9 33	3 11	21 30	17 26	10 12	10 44	12 10	25 45
28	9 40	3 09	21 35	17 26	10 16	10 41	12 12	25 49
Oct 3	9 47	3 06	21 41	17 25	10 21	10 38	12 12	25 52
8	9 55	3 03	21 46	17 23	10 26	10 35	12 13	25 56
13	10 02	3 00	21 51	17 21	10 30	10 32	12 13R	26 00
18	10 10	2 56	21 56	17 19	10 35	10 28	12 13	26 04
23	10 18	2 52	22 01	17 17	10 39	10 25	12 12	26 08
28	10 26	2 48	22 06	17 14	10 44	10 21	12 11	26 12
Nov 2	10 34	2 44	22 09	17 11	10 48	10 18	12 10	26 16
7	10 43	2 39	22 13	17 08	10 52	10 14	12 09	26 19
12	10 51	2 34	22 17	17 05	10 56	10 10	12 07	26 23
17	10 59	2 29	22 20	17 01	11 00	10 07	12 05	26 27
22	11 07	2 24	22 23	16 57	11 03	10 03	12 02	26 30
27	11 15	2 18	22 25	16 53	11 06	10 00	12 00	26 33
Dec 2	11 22	2 13	22 27	16 49	11 09	9 57	11 57	26 37
7	11 30	2 08	22 29	16 45	11 12	9 54	11 54	26 39
12	11 36	2 03	22 30	16 41	11 14	9 51	11 51	26 42
17	11 43	1 58	22 31	16 37	11 16	9 49	11 48	26 45
22	11 49	1 54	22 31R	16 33	11 17	9 46	11 45	26 47
27	11♏55	1♊49	22♍31	16♊29	11♎19	9♉44	11♋41	26♎49

Stations	Feb 9	Feb 12	Jun 4	Feb 28	Jan 8	Jan 23	Mar 26	Jan 23
	Jul 22	Sep 3	Dec 22	Sep 17	Jun 24	Aug 10	Oct 11	Jul 11

	♃	⚷	⚵	⚳	⚴	♆	⚸	♅
Jan 1	12♏00	1♊45R	22♍30R	16♊25R	11♎20	9♉42R	11♋38R	26♎50
6	12 05	1 42	22 29	16 22	11 20	9 41	11 34	26 52
11	12 09	1 38	22 28	16 18	11 20R	9 40	11 31	26 53
16	12 13	1 35	22 26	16 15	11 20	9 39	11 27	26 53
21	12 16	1 33	22 23	16 12	11 19	9 39	11 24	26 54
26	12 18	1 31	22 21	16 09	11 18	9 39D	11 21	26 54R
31	12 20	1 29	22 18	16 07	11 17	9 39	11 18	26 54
Feb 5	12 21	1 28	22 15	16 05	11 15	9 40	11 15	26 53
10	12 22	1 27	22 11	16 03	11 13	9 41	11 12	26 52
15	12 22R	1 27D	22 07	16 02	11 11	9 42	11 09	26 51
20	12 21	1 27	22 03	16 01	11 08	9 44	11 07	26 50
25	12 20	1 28	21 59	16 01	11 06	9 46	11 05	26 48
Mar 1	12 18	1 30	21 55	16 00D	11 02	9 48	11 03	26 46
6	12 15	1 32	21 51	16 01	10 59	9 50	11 02	26 44
11	12 12	1 34	21 46	16 01	10 56	9 53	11 01	26 42
16	12 09	1 37	21 42	16 02	10 52	9 57	11 00	26 39
21	12 05	1 40	21 37	16 04	10 49	10 00	11 00	26 36
26	12 00	1 44	21 33	16 06	10 45	10 03	10 59D	26 34
31	11 55	1 48	21 29	16 08	10 41	10 07	11 00	26 31
Apr 5	11 50	1 52	21 25	16 10	10 37	10 11	11 00	26 28
10	11 45	1 57	21 21	16 13	10 34	10 15	11 01	26 24
15	11 39	2 02	21 17	16 16	10 30	10 20	11 02	26 21
20	11 33	2 08	21 14	16 20	10 27	10 24	11 03	26 18
25	11 27	2 14	21 10	16 23	10 23	10 28	11 05	26 15
30	11 21	2 20	21 08	16 27	10 20	10 33	11 07	26 12
May 5	11 14	2 26	21 05	16 32	10 17	10 37	11 09	26 09
10	11 08	2 32	21 03	16 36	10 14	10 41	11 12	26 06
15	11 02	2 38	21 01	16 41	10 11	10 46	11 15	26 03
20	10 56	2 45	21 00	16 45	10 09	10 50	11 18	26 00
25	10 51	2 51	20 58	16 50	10 07	10 54	11 21	25 58
30	10 45	2 58	20 58	16 55	10 05	10 58	11 25	25 56
Jun 4	10 40	3 04	20 58D	17 00	10 03	11 02	11 28	25 53
9	10 35	3 10	20 58	17 05	10 02	11 06	11 32	25 52
14	10 31	3 17	20 58	17 10	10 01	11 09	11 36	25 50
19	10 27	3 23	20 59	17 15	10 00	11 13	11 40	25 49
24	10 23	3 29	21 01	17 20	10 00D	11 16	11 44	25 47
29	10 20	3 34	21 03	17 24	10 00	11 19	11 48	25 47
Jul 4	10 18	3 40	21 05	17 29	10 01	11 21	11 52	25 46
9	10 16	3 45	21 07	17 34	10 02	11 23	11 57	25 46
14	10 14	3 49	21 10	17 38	10 03	11 25	12 01	25 46D
19	10 14	3 54	21 14	17 42	10 04	11 27	12 05	25 46
24	10 13D	3 58	21 17	17 46	10 06	11 28	12 09	25 46
29	10 14	4 02	21 21	17 50	10 08	11 29	12 13	25 47
Aug 3	10 15	4 05	21 25	17 53	10 11	11 30	12 16	25 49
8	10 16	4 08	21 30	17 56	10 13	11 30	12 20	25 50
13	10 18	4 10	21 34	17 59	10 16	11 30R	12 24	25 52
18	10 21	4 12	21 39	18 01	10 20	11 30	12 27	25 54
23	10 24	4 14	21 44	18 04	10 23	11 29	12 30	25 56
28	10 28	4 14	21 50	18 05	10 27	11 28	12 33	25 58
Sep 2	10 32	4 15	21 55	18 07	10 31	11 27	12 35	26 01
7	10 37	4 15R	22 01	18 08	10 35	11 26	12 38	26 04
12	10 43	4 14	22 06	18 08	10 39	11 24	12 40	26 07
17	10 49	4 13	22 12	18 09R	10 44	11 22	12 41	26 10
22	10 55	4 12	22 17	18 08	10 48	11 19	12 43	26 14
27	11 01	4 10	22 23	18 08	10 53	11 16	12 44	26 17
Oct 2	11 08	4 08	22 28	18 07	10 58	11 14	12 45	26 21
7	11 16	4 05	22 33	18 06	11 02	11 11	12 45	26 25
12	11 23	4 02	22 38	18 04	11 07	11 07	12 46R	26 29
17	11 31	3 58	22 43	18 02	11 12	11 04	12 45	26 33
22	11 39	3 54	22 48	18 00	11 16	11 00	12 45	26 36
27	11 47	3 50	22 53	17 57	11 20	10 57	12 44	26 40
Nov 1	11 55	3 46	22 57	17 54	11 25	10 53	12 43	26 44
6	12 04	3 41	23 01	17 51	11 29	10 50	12 42	26 48
11	12 12	3 36	23 04	17 48	11 33	10 46	12 40	26 52
16	12 20	3 31	23 08	17 44	11 37	10 43	12 38	26 55
21	12 28	3 26	23 10	17 40	11 40	10 39	12 36	26 59
26	12 36	3 21	23 13	17 36	11 43	10 36	12 33	27 02
Dec 1	12 43	3 15	23 15	17 32	11 46	10 33	12 30	27 05
6	12 51	3 10	23 17	17 28	11 49	10 29	12 27	27 08
11	12 58	3 05	23 18	17 24	11 51	10 27	12 24	27 11
16	13 05	3 00	23 19	17 20	11 53	10 24	12 21	27 13
21	13 11	2 56	23 19	17 16	11 55	10 22	12 18	27 16
26	13 17	2 51	23 19R	17 12	11 56	10 20	12 14	27 18
31	13♏22	2♊47	23♍19	17♊08	11♎57	10♉18	12♋11	27♎19

Stations	Feb 11	Feb 13	Jun 4	Feb 29	Jan 9	Jan 24	Mar 25	Jan 24
	Jul 23	Sep 3	Dec 22	Sep 17	Jun 24	Aug 10	Oct 11	Jul 11

1985

	♃	⚷	⚴	⚶	♅	♆	⚵	⚳
Jan 5	13♏27	2♊43R	23♍18R	17♊05R	11♎58	10♉16R	12♋07R	27♎21
10	13 32	2 40	23 16	17 01	11 58R	10 15	12 04	27 22
15	13 35	2 37	23 14	16 58	11 57	10 14	12 01	27 22
20	13 39	2 34	23 12	16 55	11 57	10 14	11 57	27 23
25	13 41	2 32	23 10	16 52	11 56	10 14D	11 54	27 23R
30	13 43	2 30	23 07	16 50	11 55	10 14	11 51	27 23
Feb 4	13 45	2 29	23 04	16 48	11 53	10 15	11 48	27 22
9	13 45	2 28	23 00	16 46	11 51	10 15	11 45	27 22
14	13 46R	2 28D	22 57	16 44	11 49	10 17	11 43	27 20
19	13 45	2 28	22 53	16 43	11 46	10 18	11 40	27 19
24	13 44	2 29	22 48	16 43	11 44	10 20	11 38	27 17
Mar 1	13 42	2 30	22 44	16 43D	11 41	10 23	11 36	27 16
6	13 40	2 32	22 40	16 43	11 37	10 25	11 35	27 13
11	13 37	2 34	22 35	16 43	11 34	10 28	11 34	27 11
16	13 34	2 37	22 31	16 44	11 31	10 31	11 33	27 09
21	13 30	2 40	22 27	16 46	11 27	10 34	11 32	27 06
26	13 25	2 44	22 22	16 47	11 23	10 38	11 32D	27 03
31	13 21	2 48	22 18	16 49	11 19	10 42	11 32	27 00
Apr 5	13 15	2 52	22 14	16 52	11 16	10 46	11 33	26 57
10	13 10	2 57	22 10	16 55	11 12	10 50	11 33	26 54
15	13 04	3 02	22 06	16 58	11 08	10 54	11 34	26 51
20	12 58	3 07	22 03	17 01	11 05	10 58	11 36	26 48
25	12 52	3 13	21 59	17 05	11 01	11 03	11 38	26 45
30	12 46	3 19	21 57	17 09	10 58	11 07	11 40	26 41
May 5	12 40	3 25	21 54	17 13	10 55	11 11	11 42	26 38
10	12 34	3 31	21 52	17 17	10 52	11 16	11 44	26 35
15	12 28	3 38	21 50	17 22	10 49	11 20	11 47	26 33
20	12 22	3 44	21 48	17 26	10 47	11 24	11 50	26 30
25	12 16	3 50	21 47	17 31	10 44	11 29	11 53	26 27
30	12 11	3 57	21 46	17 36	10 43	11 33	11 57	26 25
Jun 4	12 05	4 03	21 46	17 41	10 41	11 37	12 00	26 23
9	12 01	4 10	21 46D	17 46	10 40	11 40	12 04	26 21
14	11 56	4 16	21 47	17 51	10 39	11 44	12 08	26 19
19	11 52	4 22	21 47	17 56	10 38	11 47	12 12	26 18
24	11 48	4 28	21 49	18 01	10 38	11 50	12 16	26 17
29	11 45	4 34	21 50	18 06	10 38D	11 53	12 20	26 16
Jul 4	11 42	4 39	21 53	18 10	10 38	11 56	12 24	26 15
9	11 40	4 44	21 55	18 15	10 39	11 58	12 29	26 15
14	11 38	4 49	21 58	18 19	10 40	12 00	12 33	26 15D
19	11 37	4 54	22 01	18 24	10 42	12 02	12 37	26 15
24	11 37	4 58	22 05	18 28	10 43	12 03	12 41	26 16
29	11 37D	5 02	22 09	18 31	10 45	12 04	12 45	26 16
Aug 3	11 38	5 05	22 13	18 35	10 48	12 05	12 49	26 18
8	11 39	5 08	22 17	18 38	10 51	12 05	12 52	26 19
13	11 41	5 10	22 22	18 41	10 54	12 06R	12 56	26 21
18	11 44	5 12	22 27	18 43	10 57	12 05	12 59	26 23
23	11 47	5 14	22 32	18 45	11 00	12 05	13 02	26 25
28	11 50	5 15	22 37	18 47	11 04	12 04	13 05	26 27
Sep 2	11 55	5 16	22 42	18 49	11 08	12 03	13 08	26 30
7	11 59	5 16R	22 48	18 50	11 12	12 01	13 10	26 33
12	12 05	5 15	22 53	18 50	11 16	11 59	13 12	26 36
17	12 10	5 15	22 59	18 51	11 21	11 57	13 14	26 39
22	12 16	5 13	23 04	18 51R	11 25	11 55	13 16	26 42
27	12 23	5 11	23 10	18 50	11 30	11 52	13 17	26 46
Oct 2	12 30	5 09	23 15	18 49	11 34	11 49	13 18	26 50
7	12 37	5 06	23 20	18 48	11 39	11 46	13 18	26 53
12	12 44	5 03	23 26	18 47	11 44	11 43	13 18R	26 57
17	12 52	5 00	23 31	18 45	11 48	11 40	13 18	27 01
22	13 00	4 56	23 35	18 42	11 53	11 36	13 18	27 05
27	13 08	4 52	23 40	18 40	11 57	11 33	13 17	27 09
Nov 1	13 16	4 47	23 44	18 37	12 02	11 29	13 16	27 13
6	13 24	4 43	23 48	18 34	12 06	11 25	13 15	27 17
11	13 33	4 38	23 52	18 30	12 10	11 22	13 13	27 20
16	13 41	4 33	23 55	18 27	12 14	11 18	13 11	27 24
21	13 49	4 28	23 58	18 23	12 17	11 15	13 09	27 27
26	13 57	4 23	24 01	18 19	12 20	11 11	13 06	27 31
Dec 1	14 05	4 18	24 03	18 15	12 23	11 08	13 04	27 34
6	14 12	4 12	24 05	18 11	12 26	11 05	13 01	27 37
11	14 19	4 07	24 06	18 07	12 28	11 02	12 58	27 40
16	14 26	4 02	24 07	18 03	12 30	11 00	12 54	27 42
21	14 33	3 58	24 07	17 59	12 32	10 57	12 51	27 44
26	14 39	3 53	24 07R	17 55	12 33	10 55	12 48	27 46
31	14♏44	3♊49	24♍07	17♊51	12♎34	10♉53	12♋44	27♎48

Stations	Feb 12	Feb 13	Jun 5	Mar 1	Jan 9	Jan 24	Mar 26	Jan 23
	Jul 25	Sep 5	Dec 23	Sep 18	Jun 25	Aug 11	Oct 12	Jul 12

	♃	⚷	☿	⚶	♃	♆	♎	✶
Jan 5	14♏49	3♊45R	24♍06R	17♊47R	12♎35	10♉52R	12♋41R	27♎50
10	14 54	3 42	24 05	17 44	12 35R	10 50	12 37	27 51
15	14 58	3 38	24 03	17 41	12 35	10 50	12 34	27 51
20	15 01	3 36	24 01	17 38	12 35	10 49	12 31	27 52
25	15 04	3 33	23 59	17 35	12 34	10 49D	12 27	27 52R
30	15 06	3 31	23 56	17 32	12 33	10 49	12 24	27 52
Feb 4	15 08	3 30	23 53	17 30	12 31	10 50	12 21	27 52
9	15 09	3 29	23 49	17 28	12 29	10 50	12 18	27 51
14	15 09R	3 29	23 46	17 27	12 27	10 52	12 16	27 50
19	15 09	3 29D	23 42	17 26	12 24	10 53	12 13	27 48
24	15 08	3 29	23 38	17 25	12 22	10 55	12 11	27 47
Mar 1	15 06	3 31	23 33	17 25	12 19	10 57	12 09	27 45
6	15 04	3 32	23 29	17 25D	12 16	11 00	12 08	27 43
11	15 02	3 34	23 25	17 25	12 12	11 03	12 07	27 41
16	14 58	3 37	23 20	17 26	12 09	11 06	12 06	27 38
21	14 55	3 40	23 16	17 28	12 05	11 09	12 05	27 36
26	14 50	3 44	23 12	17 29	12 01	11 13	12 05	27 33
31	14 46	3 47	23 07	17 31	11 58	11 16	12 05D	27 30
Apr 5	14 41	3 52	23 03	17 34	11 54	11 20	12 05	27 27
10	14 36	3 56	22 59	17 36	11 50	11 24	12 06	27 24
15	14 30	4 02	22 55	17 39	11 47	11 28	12 07	27 20
20	14 24	4 07	22 52	17 43	11 43	11 33	12 08	27 17
25	14 18	4 12	22 48	17 46	11 39	11 37	12 10	27 14
30	14 12	4 18	22 45	17 50	11 36	11 41	12 12	27 11
May 5	14 06	4 24	22 43	17 54	11 33	11 46	12 14	27 08
10	14 00	4 30	22 40	17 59	11 30	11 50	12 17	27 05
15	13 54	4 37	22 38	18 03	11 27	11 55	12 19	27 02
20	13 48	4 43	22 37	18 08	11 25	11 59	12 22	27 00
25	13 42	4 50	22 36	18 13	11 22	12 03	12 26	26 57
30	13 36	4 56	22 35	18 17	11 21	12 07	12 29	26 55
Jun 4	13 31	5 02	22 34	18 22	11 19	12 11	12 33	26 52
9	13 26	5 09	22 34D	18 27	11 17	12 15	12 36	26 50
14	13 21	5 15	22 35	18 32	11 16	12 18	12 40	26 49
19	13 17	5 21	22 36	18 37	11 16	12 22	12 44	26 47
24	13 13	5 27	22 37	18 42	11 15	12 25	12 48	26 46
29	13 10	5 33	22 38	18 47	11 15D	12 28	12 52	26 45
Jul 4	13 07	5 38	22 40	18 52	11 16	12 31	12 57	26 44
9	13 04	5 44	22 43	18 56	11 16	12 33	13 01	26 44
14	13 03	5 49	22 46	19 01	11 18	12 35	13 05	26 44D
19	13 01	5 53	22 49	19 05	11 19	12 37	13 09	26 44
24	13 01	5 58	22 52	19 09	11 21	12 38	13 13	26 45
29	13 01D	6 02	22 56	19 13	11 23	12 39	13 17	26 45
Aug 3	13 01	6 05	23 00	19 16	11 25	12 40	13 21	26 46
8	13 02	6 08	23 05	19 19	11 28	12 41	13 24	26 48
13	13 04	6 11	23 09	19 22	11 31	12 41R	13 28	26 49
18	13 06	6 13	23 14	19 25	11 34	12 41	13 31	26 51
23	13 09	6 15	23 19	19 27	11 37	12 40	13 34	26 54
28	13 13	6 16	23 24	19 29	11 41	12 39	13 37	26 56
Sep 2	13 17	6 16	23 30	19 31	11 45	12 38	13 40	26 59
7	13 21	6 17R	23 35	19 32	11 49	12 36	13 42	27 01
12	13 26	6 16	23 40	19 33	11 53	12 35	13 45	27 04
17	13 32	6 16	23 46	19 33	11 58	12 33	13 47	27 08
22	13 38	6 14	23 51	19 33R	12 02	12 30	13 48	27 11
27	13 44	6 13	23 57	19 33	12 07	12 28	13 49	27 15
Oct 2	13 51	6 11	24 02	19 32	12 11	12 25	13 50	27 18
7	13 58	6 08	24 08	19 31	12 16	12 22	13 51	27 22
12	14 06	6 05	24 13	19 29	12 21	12 19	13 51	27 26
17	14 13	6 02	24 18	19 27	12 25	12 15	13 51R	27 30
22	14 21	5 58	24 23	19 25	12 30	12 12	13 51	27 34
27	14 29	5 54	24 27	19 23	12 34	12 08	13 50	27 38
Nov 1	14 37	5 49	24 32	19 20	12 38	12 05	13 49	27 41
6	14 45	5 45	24 36	19 17	12 43	12 01	13 48	27 45
11	14 54	5 40	24 40	19 13	12 47	11 58	13 46	27 49
16	15 02	5 35	24 43	19 10	12 50	11 54	13 44	27 53
21	15 10	5 30	24 46	19 06	12 54	11 51	13 42	27 56
26	15 18	5 25	24 49	19 02	12 57	11 47	13 39	27 59
Dec 1	15 26	5 20	24 51	18 58	13 00	11 44	13 37	28 03
6	15 33	5 15	24 53	18 54	13 03	11 41	13 34	28 06
11	15 41	5 09	24 54	18 50	13 06	11 38	13 31	28 08
16	15 48	5 05	24 55	18 46	13 08	11 35	13 28	28 11
21	15 54	5 00	24 56	18 42	13 10	11 33	13 24	28 13
26	16 00	4 55	24 56R	18 38	13 11	11 31	13 21	28 15
31	16♏06	4♊51	24♍56	18♊34	13♎12	11♉29	13♋18	28♎17

Stations	Feb 13	Feb 15	Jun 6	Mar 2	Jan 9	Jan 24	Mar 27	Jan 24
	Jul 26	Sep 6	Dec 24	Sep 19	Jun 26	Aug 11	Oct 13	Jul 12

1987

	♃	⚷	♇	↑	♃	♆	↑	✶
Jan 5	16♏11	4♊47R	24♍55R	18♊30R	13♎13	11♉27R	13♋14R	28♎19
10	16 16	4 43	24 54	18 27	13 13R	11 26	13 11	28 20
15	16 20	4 40	24 52	18 23	13 13	11 25	13 07	28 21
20	16 24	4 37	24 50	18 20	13 12	11 24	13 04	28 21
25	16 27	4 35	24 48	18 17	13 12	11 24D	13 01	28 21R
30	16 29	4 33	24 45	18 15	13 10	11 24	12 57	28 21
Feb 4	16 31	4 31	24 42	18 13	13 09	11 25	12 54	28 21
9	16 32	4 30	24 38	18 11	13 07	11 25	12 52	28 20
14	16 33	4 30	24 35	18 09	13 05	11 27	12 49	28 19
19	16 33R	4 30D	24 31	18 08	13 03	11 28	12 47	28 18
24	16 32	4 30	24 27	18 07	13 00	11 30	12 44	28 16
Mar 1	16 31	4 31	24 23	18 07	12 57	11 32	12 43	28 15
6	16 29	4 33	24 18	18 07D	12 54	11 35	12 41	28 12
11	16 26	4 35	24 14	18 07	12 50	11 37	12 40	28 10
16	16 23	4 37	24 10	18 08	12 47	11 40	12 39	28 08
21	16 20	4 40	24 05	18 09	12 43	11 44	12 38	28 05
26	16 16	4 44	24 01	18 11	12 40	11 47	12 38	28 02
31	16 11	4 47	23 57	18 13	12 36	11 51	12 38D	27 59
Apr 5	16 06	4 52	23 52	18 15	12 32	11 55	12 38	27 56
10	16 01	4 56	23 48	18 18	12 29	11 59	12 39	27 53
15	15 56	5 01	23 44	18 21	12 25	12 03	12 40	27 50
20	15 50	5 06	23 41	18 24	12 21	12 07	12 41	27 47
25	15 44	5 12	23 38	18 28	12 18	12 11	12 43	27 44
30	15 38	5 18	23 34	18 32	12 14	12 16	12 44	27 41
May 5	15 32	5 24	23 32	18 36	12 11	12 20	12 47	27 38
10	15 26	5 30	23 29	18 40	12 08	12 25	12 49	27 35
15	15 19	5 36	23 27	18 44	12 05	12 29	12 52	27 32
20	15 13	5 42	23 25	18 49	12 03	12 33	12 55	27 29
25	15 07	5 49	23 24	18 54	12 00	12 38	12 58	27 27
30	15 02	5 55	23 23	18 59	11 58	12 42	13 01	27 24
Jun 4	14 56	6 02	23 23	19 04	11 57	12 46	13 05	27 22
9	14 51	6 08	23 23D	19 09	11 55	12 49	13 09	27 20
14	14 46	6 14	23 23	19 14	11 54	12 53	13 12	27 18
19	14 42	6 21	23 24	19 19	11 54	12 56	13 16	27 17
24	14 38	6 27	23 25	19 24	11 53	13 00	13 20	27 15
29	14 34	6 32	23 26	19 28	11 53D	13 03	13 25	27 14
Jul 4	14 31	6 38	23 28	19 33	11 53	13 05	13 29	27 14
9	14 29	6 43	23 31	19 38	11 54	13 08	13 33	27 13
14	14 27	6 48	23 33	19 42	11 55	13 10	13 37	27 13D
19	14 25	6 53	23 36	19 46	11 56	13 12	13 41	27 13
24	14 25	6 57	23 40	19 50	11 58	13 13	13 45	27 14
29	14 24D	7 01	23 44	19 54	12 00	13 14	13 49	27 14
Aug 3	14 25	7 05	23 48	19 58	12 02	13 15	13 53	27 16
8	14 26	7 08	23 52	20 01	12 05	13 16	13 57	27 17
13	14 27	7 11	23 57	20 04	12 08	13 16R	14 00	27 18
18	14 29	7 13	24 01	20 07	12 11	13 16	14 04	27 20
23	14 32	7 15	24 06	20 09	12 14	13 15	14 07	27 22
28	14 35	7 16	24 11	20 11	12 18	13 14	14 10	27 25
Sep 2	14 39	7 17	24 17	20 13	12 22	13 13	14 12	27 27
7	14 44	7 18R	24 22	20 14	12 26	13 12	14 15	27 30
12	14 48	7 17	24 28	20 15	12 30	13 10	14 17	27 33
17	14 54	7 17	24 33	20 15	12 34	13 08	14 19	27 36
22	15 00	7 16	24 39	20 15R	12 39	13 06	14 21	27 40
27	15 06	7 14	24 44	20 15	12 43	13 03	14 22	27 43
Oct 2	15 13	7 12	24 50	20 14	12 48	13 01	14 23	27 47
7	15 20	7 10	24 55	20 13	12 53	12 58	14 24	27 51
12	15 27	7 07	25 00	20 12	12 57	12 54	14 24	27 54
17	15 34	7 03	25 05	20 10	13 02	12 51	14 24R	27 58
22	15 42	7 00	25 10	20 08	13 07	12 48	14 24	28 02
27	15 50	6 56	25 15	20 05	13 11	12 44	14 23	28 06
Nov 1	15 58	6 51	25 19	20 03	13 15	12 41	14 22	28 10
6	16 07	6 47	25 23	19 59	13 20	12 37	14 21	28 14
11	16 15	6 42	25 27	19 56	13 24	12 33	14 19	28 18
16	16 23	6 37	25 31	19 53	13 27	12 30	14 17	28 21
21	16 31	6 32	25 34	19 49	13 31	12 26	14 15	28 25
26	16 39	6 27	25 36	19 45	13 34	12 23	14 13	28 28
Dec 1	16 47	6 22	25 39	19 41	13 38	12 20	14 10	28 31
6	16 55	6 17	25 41	19 37	13 40	12 16	14 07	28 34
11	17 02	6 12	25 42	19 33	13 43	12 14	14 04	28 37
16	17 09	6 07	25 43	19 29	13 45	12 11	14 01	28 40
21	17 16	6 02	25 44	19 25	13 47	12 08	13 58	28 42
26	17 22	5 57	25 44R	19 21	13 48	12 06	13 54	28 44
31	17♏28	5♊53	25♍44	19♊17	13♎49	12♉04	13♋51	28♎46
Stations	Feb 15	Feb 16	Jun 7	Mar 2	Jan 10	Jan 25	Mar 28	Jan 25
	Jul 28	Sep 7	Dec 25	Sep 19	Jun 27	Aug 12	Oct 13	Jul 13

	♃	⚷	♇	⚴	♃	♆	⚶	♓
Jan 5	17♏34	5♊49R	25♍43R	19♊13R	13♎50	12♉03R	13♋47R	28♎48
10	17 38	5 45	25 42	19 10	13 51	12 01	13 44	28 49
15	17 43	5 42	25 41	19 06	13 51R	12 00	13 41	28 50
20	17 47	5 39	25 39	19 03	13 50	12 00	13 37	28 50
25	17 50	5 36	25 36	19 00	13 49	11 59	13 34	28 51
30	17 53	5 34	25 34	18 58	13 48	11 59D	13 31	28 50R
Feb 4	17 55	5 32	25 31	18 55	13 47	12 00	13 28	28 50
9	17 56	5 31	25 28	18 53	13 45	12 00	13 25	28 49
14	17 57	5 31	25 24	18 52	13 43	12 02	13 22	28 49
19	17 57R	5 30D	25 20	18 51	13 41	12 03	13 20	28 47
24	17 56	5 31	25 16	18 50	13 38	12 05	13 17	28 46
29	17 55	5 32	25 12	18 49	13 35	12 07	13 16	28 44
Mar 5	17 53	5 33	25 08	18 49D	13 32	12 09	13 14	28 42
10	17 51	5 35	25 03	18 50	13 29	12 12	13 13	28 40
15	17 48	5 37	24 59	18 50	13 25	12 15	13 12	28 37
20	17 45	5 40	24 55	18 51	13 22	12 18	13 11	28 35
25	17 41	5 43	24 50	18 53	13 18	12 22	13 10	28 32
30	17 36	5 47	24 46	18 55	13 14	12 25	13 10D	28 29
Apr 4	17 32	5 51	24 42	18 57	13 11	12 29	13 11	28 26
9	17 27	5 56	24 38	19 00	13 07	12 33	13 11	28 23
14	17 21	6 01	24 34	19 03	13 03	12 37	13 12	28 20
19	17 16	6 06	24 30	19 06	13 00	12 42	13 13	28 17
24	17 10	6 11	24 27	19 09	12 56	12 46	13 15	28 14
29	17 04	6 17	24 23	19 13	12 53	12 50	13 17	28 10
May 4	16 58	6 23	24 21	19 17	12 49	12 55	13 19	28 07
9	16 51	6 29	24 18	19 21	12 46	12 59	13 21	28 04
14	16 45	6 35	24 16	19 26	12 43	13 03	13 24	28 01
19	16 39	6 42	24 14	19 30	12 41	13 08	13 27	27 59
24	16 33	6 48	24 13	19 35	12 39	13 12	13 30	27 56
29	16 27	6 54	24 12	19 40	12 36	13 16	13 34	27 54
Jun 3	16 22	7 01	24 11	19 45	12 35	13 20	13 37	27 51
8	16 17	7 07	24 11D	19 50	12 33	13 24	13 41	27 49
13	16 12	7 14	24 11	19 55	12 32	13 28	13 45	27 48
18	16 07	7 20	24 12	20 00	12 31	13 31	13 49	27 46
23	16 03	7 26	24 13	20 05	12 31	13 34	13 53	27 45
28	15 59	7 32	24 14	20 10	12 31D	13 37	13 57	27 44
Jul 3	15 56	7 37	24 16	20 14	12 31	13 40	14 01	27 43
8	15 53	7 43	24 19	20 19	12 31	13 42	14 05	27 43
13	15 51	7 48	24 21	20 24	12 32	13 45	14 09	27 42D
18	15 50	7 53	24 24	20 28	12 34	13 47	14 13	27 42
23	15 49	7 57	24 27	20 32	12 35	13 48	14 17	27 43
28	15 48	8 01	24 31	20 36	12 37	13 49	14 21	27 44
Aug 2	15 48D	8 05	24 35	20 39	12 39	13 50	14 25	27 45
7	15 49	8 08	24 39	20 43	12 42	13 51	14 29	27 46
12	15 50	8 11	24 44	20 46	12 45	13 51R	14 32	27 47
17	15 52	8 14	24 49	20 48	12 48	13 51	14 36	27 49
22	15 55	8 15	24 54	20 51	12 51	13 51	14 39	27 51
27	15 58	8 17	24 59	20 53	12 55	13 50	14 42	27 54
Sep 1	16 02	8 18	25 04	20 54	12 59	13 49	14 45	27 56
6	16 06	8 18	25 09	20 56	13 03	13 47	14 47	27 59
11	16 11	8 18R	25 15	20 57	13 07	13 46	14 50	28 02
16	16 16	8 18	25 20	20 57	13 11	13 44	14 51	28 05
21	16 21	8 17	25 26	20 57R	13 16	13 41	14 53	28 08
26	16 28	8 15	25 31	20 57	13 20	13 39	14 54	28 12
Oct 1	16 34	8 13	25 37	20 57	13 25	13 36	14 56	28 16
6	16 41	8 11	25 42	20 56	13 30	13 33	14 56	28 19
11	16 48	8 08	25 47	20 54	13 34	13 30	14 57	28 23
16	16 56	8 05	25 53	20 52	13 39	13 27	14 57R	28 27
21	17 03	8 02	25 57	20 50	13 43	13 23	14 56	28 31
26	17 11	7 58	26 02	20 48	13 48	13 20	14 56	28 35
31	17 19	7 53	26 07	20 45	13 52	13 16	14 55	28 39
Nov 5	17 28	7 49	26 11	20 42	13 57	13 13	14 54	28 42
10	17 36	7 44	26 15	20 39	14 01	13 09	14 52	28 46
15	17 44	7 39	26 18	20 36	14 04	13 06	14 50	28 50
20	17 52	7 34	26 21	20 32	14 08	13 02	14 48	28 53
25	18 00	7 29	26 24	20 28	14 12	12 59	14 46	28 57
30	18 08	7 24	26 27	20 24	14 15	12 55	14 43	29 00
Dec 5	18 16	7 19	26 29	20 20	14 18	12 52	14 40	29 03
10	18 23	7 14	26 30	20 16	14 20	12 49	14 37	29 06
15	18 31	7 09	26 32	20 12	14 22	12 46	14 34	29 09
20	18 37	7 04	26 32	20 08	14 24	12 44	14 31	29 11
25	18 44	6 59	26 33R	20 04	14 26	12 42	14 28	29 13
30	18♏50	6♊55	26♍32	20♊00	14♎27	12♉40	14♋24	29♎15

Stations	Feb 16	Feb 17	Jun 7	Mar 2	Jan 11	Jan 26	Mar 28	Jan 26
	Jul 29	Sep 8	Dec 25	Sep 19	Jun 27	Aug 12	Oct 13	Jul 13

1989

	♃	₵	♯	⚷	2⚴	♇	⚸	⚵
Jan 4	18♏56	6♊51R	26♍32R	19♊56R	14♎28	12♉38R	14♋21R	29♎17
9	19 01	6 47	26 31	19 53	14 28	12 37	14 17	29 18
14	19 05	6 43	26 29	19 49	14 28R	12 35	14 14	29 19
19	19 09	6 40	26 28	19 46	14 28	12 35	14 10	29 19
24	19 13	6 38	26 25	19 43	14 27	12 34	14 07	29 20
29	19 15	6 35	26 23	19 40	14 26	12 34D	14 04	29 20R
Feb 3	19 18	6 34	26 20	19 38	14 25	12 35	14 01	29 19
8	19 19	6 32	26 17	19 36	14 23	12 35	13 58	29 19
13	19 20	6 32	26 13	19 34	14 21	12 37	13 55	29 18
18	19 21R	6 31D	26 09	19 33	14 19	12 38	13 53	29 17
23	19 20	6 32	26 05	19 32	14 16	12 40	13 51	29 15
28	19 19	6 32	26 01	19 32	14 13	12 42	13 49	29 13
Mar 5	19 18	6 34	25 57	19 31D	14 10	12 44	13 47	29 11
10	19 16	6 35	25 53	19 32	14 07	12 47	13 46	29 09
15	19 13	6 38	25 48	19 32	14 04	12 50	13 45	29 07
20	19 10	6 40	25 44	19 33	14 00	12 53	13 44	29 04
25	19 06	6 43	25 39	19 35	13 56	12 56	13 43	29 02
30	19 02	6 47	25 35	19 37	13 53	13 00	13 43D	28 59
Apr 4	18 57	6 51	25 31	19 39	13 49	13 04	13 43	28 56
9	18 52	6 55	25 27	19 41	13 45	13 08	13 44	28 53
14	18 47	7 00	25 23	19 44	13 41	13 12	13 45	28 49
19	18 41	7 05	25 19	19 47	13 38	13 16	13 46	28 46
24	18 35	7 11	25 16	19 51	13 34	13 20	13 48	28 43
29	18 29	7 16	25 12	19 55	13 31	13 25	13 49	28 40
May 4	18 23	7 22	25 10	19 59	13 28	13 29	13 51	28 37
9	18 17	7 28	25 07	20 03	13 24	13 33	13 54	28 34
14	18 11	7 34	25 05	20 07	13 22	13 38	13 56	28 31
19	18 05	7 41	25 03	20 12	13 19	13 42	13 59	28 28
24	17 59	7 47	25 01	20 16	13 17	13 46	14 02	28 26
29	17 53	7 54	25 00	20 21	13 14	13 51	14 06	28 23
Jun 3	17 47	8 00	25 00	20 26	13 13	13 55	14 09	28 21
8	17 42	8 06	24 59D	20 31	13 11	13 58	14 13	28 19
13	17 37	8 13	25 00	20 36	13 10	14 02	14 17	28 17
18	17 32	8 19	25 00	20 41	13 09	14 06	14 21	28 15
23	17 28	8 25	25 01	20 46	13 09	14 09	14 25	28 14
28	17 24	8 31	25 02	20 51	13 08D	14 12	14 29	28 13
Jul 3	17 21	8 37	25 04	20 56	13 08	14 15	14 33	28 12
8	17 18	8 42	25 06	21 00	13 09	14 17	14 37	28 12
13	17 16	8 47	25 09	21 05	13 10	14 19	14 41	28 12
18	17 14	8 52	25 12	21 09	13 11	14 21	14 45	28 12D
23	17 13	8 57	25 15	21 13	13 13	14 23	14 49	28 12
28	17 12	9 01	25 19	21 17	13 14	14 24	14 53	28 13
Aug 2	17 12D	9 05	25 23	21 21	13 17	14 25	14 57	28 14
7	17 12	9 08	25 27	21 24	13 19	14 26	15 01	28 15
12	17 14	9 11	25 31	21 27	13 22	14 26	15 05	28 16
17	17 15	9 14	25 36	21 30	13 25	14 26R	15 08	28 18
22	17 18	9 16	25 41	21 33	13 28	14 26	15 11	28 20
27	17 21	9 17	25 46	21 35	13 32	14 25	15 14	28 22
Sep 1	17 24	9 19	25 51	21 36	13 36	14 24	15 17	28 25
6	17 28	9 19	25 57	21 38	13 40	14 23	15 20	28 28
11	17 33	9 19R	26 02	21 39	13 44	14 21	15 22	28 31
16	17 38	9 19	26 08	21 39	13 48	14 19	15 24	28 34
21	17 43	9 18	26 13	21 40R	13 53	14 17	15 26	28 37
26	17 49	9 17	26 19	21 39	13 57	14 15	15 27	28 41
Oct 1	17 56	9 15	26 24	21 39	14 02	14 12	15 28	28 44
6	18 02	9 13	26 29	21 38	14 06	14 09	15 29	28 48
11	18 10	9 10	26 35	21 37	14 11	14 06	15 29	28 52
16	18 17	9 07	26 40	21 35	14 16	14 03	15 29R	28 56
21	18 25	9 03	26 45	21 33	14 20	13 59	15 29	28 59
26	18 32	9 00	26 50	21 31	14 25	13 56	15 29	29 03
31	18 40	8 55	26 54	21 28	14 29	13 52	15 28	29 07
Nov 5	18 49	8 51	26 58	21 25	14 33	13 49	15 27	29 11
10	18 57	8 46	27 02	21 22	14 38	13 45	15 25	29 15
15	19 05	8 41	27 06	21 19	14 41	13 41	15 23	29 19
20	19 13	8 36	27 09	21 15	14 45	13 38	15 21	29 22
25	19 21	8 31	27 12	21 11	14 49	13 34	15 19	29 26
30	19 29	8 26	27 15	21 07	14 52	13 31	15 16	29 29
Dec 5	19 37	8 21	27 17	21 03	14 55	13 28	15 14	29 32
10	19 45	8 16	27 18	20 59	14 57	13 25	15 11	29 35
15	19 52	8 11	27 20	20 55	15 00	13 22	15 08	29 37
20	19 59	8 06	27 21	20 51	15 02	13 19	15 04	29 40
25	20 06	8 01	27 21	20 47	15 03	13 17	15 01	29 42
30	20♏12	7♊57	27♍21R	20♊43	15♎04	13♉15	14♋58	29♎44

Stations	Feb 17	Feb 17	Jun 8	Mar 3	Jan 11	Jan 26	Mar 28	Jan 25
	Jul 30	Sep 9	Dec 26	Sep 20	Jun 28	Aug 13	Oct 14	Jul 14

1 9 9 0

	♃	⚷	☤	♈	♃	♆	⚷	♓
Jan 4	20♏18	7♊52R	27♍20R	20♊39R	15♎05	13♉13R	14♋54R	29♎46
9	20 23	7 49	27 19	20 35	15 06	13 12	14 51	29 47
14	20 28	7 45	27 18	20 32	15 06R	13 11	14 47	29 48
19	20 32	7 42	27 16	20 29	15 06	13 10	14 44	29 48
24	20 35	7 39	27 14	20 26	15 05	13 10	14 40	29 49
29	20 38	7 37	27 12	20 23	15 04	13 10D	14 37	29 49R
Feb 3	20 41	7 35	27 09	20 21	15 03	13 11	14 34	29 49
8	20 43	7 33	27 06	20 19	15 01	13 11	14 31	29 48
13	20 44	7 33	27 02	20 17	14 59	13 11	14 28	29 47
18	20 44	7 32	26 59	20 15	14 57	13 13	14 26	29 46
23	20 44R	7 32D	26 55	20 14	14 54	13 15	14 24	29 45
28	20 43	7 33	26 51	20 14	14 51	13 17	14 22	29 43
Mar 5	20 42	7 34	26 46	20 14D	14 48	13 19	14 20	29 41
10	20 40	7 36	26 42	20 14	14 45	13 21	14 19	29 39
15	20 38	7 38	26 38	20 14	14 42	13 24	14 17	29 36
20	20 35	7 40	26 33	20 15	14 38	13 27	14 17	29 34
25	20 31	7 43	26 29	20 17	14 35	13 31	14 16	29 31
30	20 27	7 47	26 24	20 19	14 31	13 34	14 16D	29 28
Apr 4	20 22	7 51	26 20	20 21	14 27	13 38	14 16	29 25
9	20 18	7 55	26 16	20 23	14 23	13 42	14 17	29 22
14	20 12	8 00	26 12	20 26	14 20	13 46	14 17	29 19
19	20 07	8 05	26 08	20 29	14 16	13 50	14 19	29 16
24	20 01	8 10	26 05	20 32	14 12	13 55	14 20	29 13
29	19 55	8 16	26 01	20 36	14 09	13 59	14 22	29 10
May 4	19 49	8 22	25 59	20 40	14 06	14 04	14 24	29 07
9	19 43	8 28	25 56	20 44	14 03	14 08	14 26	29 04
14	19 37	8 34	25 54	20 49	14 00	14 12	14 29	29 01
19	19 31	8 40	25 52	20 53	13 57	14 17	14 32	28 58
24	19 25	8 46	25 50	20 58	13 55	14 21	14 35	28 55
29	19 19	8 53	25 49	21 03	13 52	14 25	14 38	28 53
Jun 3	19 13	8 59	25 48	21 07	13 51	14 29	14 41	28 50
8	19 08	9 06	25 48	21 12	13 49	14 33	14 45	28 48
13	19 03	9 12	25 48D	21 17	13 48	14 37	14 49	28 46
18	18 58	9 18	25 48	21 22	13 47	14 40	14 53	28 45
23	18 53	9 24	25 49	21 27	13 46	14 44	14 57	28 43
28	18 49	9 30	25 50	21 32	13 46D	14 47	15 01	28 42
Jul 3	18 46	9 36	25 52	21 37	13 46	14 49	15 05	28 42
8	18 43	9 42	25 54	21 42	13 46	14 52	15 09	28 41
13	18 40	9 47	25 57	21 46	13 47	14 54	15 13	28 41
18	18 38	9 52	26 00	21 51	13 48	14 56	15 17	28 41D
23	18 37	9 57	26 03	21 55	13 50	14 58	15 22	28 41
28	18 36	10 01	26 06	21 59	13 52	14 59	15 26	28 42
Aug 2	18 36D	10 05	26 10	22 02	13 54	15 00	15 29	28 43
7	18 36	10 08	26 14	22 06	13 56	15 01	15 33	28 44
12	18 37	10 11	26 19	22 09	13 59	15 01	15 37	28 45
17	18 38	10 14	26 23	22 12	14 02	15 01R	15 40	28 47
22	18 41	10 16	26 28	22 14	14 05	15 01	15 44	28 49
27	18 43	10 18	26 33	22 17	14 09	15 00	15 47	28 51
Sep 1	18 47	10 19	26 38	22 18	14 13	14 59	15 49	28 54
6	18 50	10 20	26 44	22 20	14 17	14 58	15 52	28 56
11	18 55	10 20R	26 49	22 21	14 21	14 57	15 54	28 59
16	19 00	10 20	26 55	22 22	14 25	14 55	15 56	29 03
21	19 05	10 19	27 00	22 22R	14 29	14 53	15 58	29 06
26	19 11	10 18	27 06	22 22	14 34	14 50	16 00	29 09
Oct 1	19 17	10 16	27 11	22 21	14 39	14 47	16 01	29 13
6	19 24	10 14	27 17	22 20	14 43	14 45	16 02	29 17
11	19 31	10 11	27 22	22 19	14 48	14 42	16 02	29 20
16	19 38	10 08	27 27	22 18	14 52	14 38	16 02R	29 24
21	19 46	10 05	27 32	22 16	14 57	14 35	16 02	29 28
26	19 54	10 01	27 37	22 13	15 02	14 31	16 02	29 32
31	20 02	9 57	27 42	22 11	15 06	14 28	16 01	29 36
Nov 5	20 10	9 53	27 46	22 08	15 10	14 24	16 00	29 40
10	20 18	9 48	27 50	22 05	15 14	14 21	15 58	29 44
15	20 26	9 43	27 54	22 01	15 18	14 17	15 56	29 47
20	20 34	9 39	27 57	21 58	15 22	14 14	15 54	29 51
25	20 43	9 33	28 00	21 54	15 26	14 10	15 52	29 54
30	20 51	9 28	28 02	21 50	15 29	14 07	15 50	29 58
Dec 5	20 58	9 23	28 05	21 46	15 32	14 03	15 47	0♏01
10	21 06	9 18	28 06	21 42	15 35	14 00	15 44	0 04
15	21 13	9 13	28 08	21 38	15 37	13 58	15 41	0 06
20	21 21	9 08	28 09	21 34	15 39	13 55	15 38	0 09
25	21 27	9 03	28 09	21 30	15 40	13 53	15 34	0 11
30	21♏34	8♊59	28♍09R	21♊26	15♎42	13♉51	15♋31	0♏13
Stations	Feb 19	Feb 19	Jun 9	Mar 4	Jan 12	Jan 27	Mar 29	Jan 26
	Aug 1	Sep 10	Dec 27	Sep 21	Jun 28	Aug 14	Oct 15	Jul 14

1991

Ephemeris of the Transneptunian (Uranian) planets — degrees and minutes.

Date	Cupido ♃	Hades	Zeus	Kronos	Apollon	Admetos	Vulkanus	Poseidon
Jan 4	21♏40	8♊54R	28♍09R	21♊22R	15♎43	13♉49R	15♋27R	0♏14
9	21 45	8 50	28 08	21 18	15 43	13 47	15 24	0 16
14	21 50	8 47	28 07	21 15	15 43R	13 46	15 20	0 17
19	21 54	8 43	28 05	21 12	15 43	13 45	15 17	0 18
24	21 58	8 40	28 03	21 08	15 43	13 45	15 14	0 18
29	22 01	8 38	28 01	21 06	15 42	13 45D	15 10	0 18R
Feb 3	22 04	8 36	27 58	21 03	15 41	13 45	15 07	0 18
8	22 06	8 35	27 55	21 01	15 39	13 46	15 04	0 17
13	22 07	8 34	27 51	20 59	15 37	13 46	15 02	0 16
18	22 08	8 33	27 48	20 58	15 35	13 48	14 59	0 15
23	22 08R	8 33D	27 44	20 57	15 32	13 49	14 57	0 14
28	22 07	8 34	27 40	20 56	15 30	13 51	14 55	0 12
Mar 5	22 06	8 34	27 36	20 56D	15 27	13 54	14 53	0 10
10	22 05	8 36	27 31	20 56	15 23	13 56	14 51	0 08
15	22 02	8 38	27 27	20 56	15 20	13 59	14 50	0 06
20	21 59	8 40	27 22	20 57	15 16	14 02	14 49	0 03
25	21 56	8 43	27 18	20 59	15 13	14 05	14 49	0 01
30	21 52	8 47	27 14	21 00	15 09	14 09	14 49D	29♎58
Apr 4	21 48	8 51	27 09	21 02	15 05	14 13	14 49	29 55
9	21 43	8 55	27 05	21 05	15 02	14 17	14 49	29 52
14	21 38	8 59	27 01	21 08	14 58	14 21	14 50	29 49
19	21 32	9 04	26 57	21 11	14 54	14 25	14 51	29 46
24	21 27	9 10	26 54	21 14	14 51	14 29	14 53	29 42
29	21 21	9 15	26 50	21 18	14 47	14 34	14 54	29 39
May 4	21 15	9 21	26 47	21 21	14 44	14 38	14 56	29 36
9	21 09	9 27	26 45	21 26	14 41	14 42	14 59	29 33
14	21 03	9 33	26 42	21 30	14 38	14 47	15 01	29 30
19	20 57	9 39	26 40	21 34	14 35	14 51	15 04	29 27
24	20 50	9 46	26 39	21 39	14 33	14 55	15 07	29 25
29	20 45	9 52	26 37	21 44	14 30	14 59	15 10	29 22
Jun 3	20 39	9 58	26 37	21 49	14 28	15 04	15 14	29 20
8	20 33	10 05	26 36	21 54	14 27	15 07	15 17	29 18
13	20 28	10 11	26 36D	21 59	14 26	15 11	15 21	29 16
18	20 23	10 18	26 36	22 04	14 25	15 15	15 25	29 14
23	20 18	10 24	26 37	22 09	14 24	15 18	15 29	29 13
28	20 14	10 30	26 38	22 13	14 24	15 21	15 33	29 12
Jul 3	20 11	10 36	26 40	22 18	14 24D	15 24	15 37	29 11
8	20 07	10 41	26 42	22 23	14 24	15 27	15 41	29 10
13	20 05	10 46	26 44	22 28	14 25	15 29	15 45	29 10
18	20 03	10 52	26 47	22 32	14 26	15 31	15 50	29 10D
23	20 01	10 56	26 50	22 36	14 27	15 33	15 54	29 10
28	20 00	11 01	26 54	22 40	14 29	15 34	15 58	29 11
Aug 2	19 59	11 05	26 58	22 44	14 31	15 35	16 02	29 12
7	20 00D	11 08	27 02	22 47	14 33	15 36	16 05	29 13
12	20 00	11 11	27 06	22 51	14 36	15 36	16 09	29 14
17	20 02	11 14	27 11	22 54	14 39	15 37R	16 13	29 16
22	20 04	11 16	27 15	22 56	14 42	15 36	16 16	29 18
27	20 06	11 18	27 20	22 58	14 46	15 36	16 19	29 20
Sep 1	20 09	11 20	27 26	23 00	14 50	15 35	16 22	29 22
6	20 13	11 20	27 31	23 02	14 53	15 34	16 24	29 25
11	20 17	11 21R	27 36	23 03	14 58	15 32	16 27	29 28
16	20 22	11 21	27 42	23 04	15 02	15 30	16 29	29 31
21	20 27	11 20	27 47	23 04	15 06	15 28	16 31	29 34
26	20 33	11 19	27 53	23 04R	15 11	15 26	16 32	29 38
Oct 1	20 39	11 17	27 58	23 04	15 15	15 23	16 33	29 41
6	20 45	11 15	28 04	23 03	15 20	15 20	16 34	29 45
11	20 52	11 13	28 09	23 02	15 25	15 17	16 35	29 49
16	21 00	11 10	28 14	23 00	15 29	15 14	16 35R	29 53
21	21 07	11 07	28 19	22 58	15 34	15 11	16 35	29 57
26	21 15	11 03	28 24	22 56	15 38	15 07	16 34	0♏01
31	21 23	10 59	28 29	22 53	15 43	15 04	16 34	0 04
Nov 5	21 31	10 55	28 33	22 51	15 47	15 00	16 32	0 08
10	21 39	10 50	28 37	22 48	15 51	14 56	16 31	0 12
15	21 47	10 45	28 41	22 44	15 55	14 53	16 29	0 16
20	21 55	10 41	28 45	22 41	15 59	14 49	16 27	0 19
25	22 04	10 36	28 48	22 37	16 03	14 46	16 25	0 23
30	22 12	10 30	28 50	22 33	16 06	14 42	16 23	0 26
Dec 5	22 20	10 25	28 53	22 29	16 09	14 39	16 20	0 29
10	22 27	10 20	28 54	22 25	16 12	14 36	16 17	0 32
15	22 35	10 15	28 56	22 21	16 14	14 33	16 14	0 35
20	22 42	10 10	28 57	22 17	16 16	14 30	16 11	0 38
25	22 49	10 05	28 57	22 13	16 18	14 28	16 08	0 40
30	22♏55	10♊00	28♍58R	22♊09	16♎19	14♉26	16♋04	0♏42

Stations	Feb 20	Feb 20	Jun 10	Mar 5	Jan 13	Jan 27	Mar 30	Jan 27
	Aug 3	Sep 11	Dec 28	Sep 22	Jun 29	Aug 15	Oct 15	Jul 15

	♃	⚷	☿	⚳	♅	Ψ	⚴	♅
Jan 4	23♏01	9♊56R	28♍57R	22♊05R	16♎20	14♉24R	16♋01R	0♏43
9	23 07	9 52	28 57	22 01	16 21	14 23	15 57	0 45
14	23 12	9 48	28 55	21 58	16 21R	14 21	15 54	0 46
19	23 17	9 45	28 54	21 54	16 21	14 21	15 50	0 47
24	23 21	9 42	28 52	21 51	16 20	14 20	15 47	0 47
29	23 24	9 39	28 49	21 48	16 20	14 20D	15 44	0 47R
Feb 3	23 27	9 37	28 47	21 46	16 18	14 20	15 41	0 47
8	23 29	9 36	28 44	21 44	16 17	14 20	15 38	0 47
13	23 31	9 35	28 40	21 42	16 15	14 21	15 35	0 46
18	23 32	9 34	28 37	21 40	16 13	14 23	15 32	0 45
23	23 32R	9 34D	28 33	21 39	16 10	14 24	15 30	0 43
28	23 31	9 34	28 29	21 38	16 08	14 26	15 28	0 42
Mar 4	23 31	9 35	28 25	21 38	16 05	14 28	15 26	0 40
9	23 29	9 36	28 20	21 38D	16 01	14 31	15 24	0 38
14	23 27	9 38	28 16	21 39	15 58	14 34	15 23	0 35
19	23 24	9 41	28 12	21 39	15 55	14 37	15 22	0 33
24	23 21	9 43	28 07	21 41	15 51	14 40	15 22	0 30
29	23 17	9 47	28 03	21 42	15 47	14 43	15 21	0 27
Apr 3	23 13	9 50	27 58	21 44	15 44	14 47	15 21D	0 24
8	23 08	9 54	27 54	21 46	15 40	14 51	15 22	0 21
13	23 03	9 59	27 50	21 49	15 36	14 55	15 23	0 18
18	22 58	10 04	27 46	21 52	15 32	14 59	15 24	0 15
23	22 53	10 09	27 43	21 55	15 29	15 04	15 25	0 12
28	22 47	10 14	27 39	21 59	15 25	15 08	15 27	0 09
May 3	22 41	10 20	27 36	22 03	15 22	15 12	15 29	0 06
8	22 35	10 26	27 34	22 07	15 19	15 17	15 31	0 03
13	22 28	10 32	27 31	22 11	15 16	15 21	15 33	0 00
18	22 22	10 38	27 29	22 16	15 13	15 25	15 36	29♎57
23	22 16	10 45	27 27	22 20	15 11	15 30	15 39	29 54
28	22 10	10 51	27 26	22 25	15 08	15 34	15 42	29 52
Jun 2	22 04	10 58	27 25	22 30	15 06	15 38	15 46	29 49
7	21 59	11 04	27 25	22 35	15 05	15 42	15 49	29 47
12	21 53	11 10	27 24D	22 40	15 03	15 46	15 53	29 45
17	21 48	11 17	27 25	22 45	15 02	15 49	15 57	29 44
22	21 44	11 23	27 25	22 50	15 02	15 53	16 01	29 42
27	21 39	11 29	27 26	22 55	15 01	15 56	16 05	29 41
Jul 2	21 36	11 35	27 28	23 00	15 01D	15 59	16 09	29 40
7	21 32	11 40	27 30	23 04	15 01	16 01	16 13	29 39
12	21 29	11 46	27 32	23 09	15 02	16 04	16 17	29 39
17	21 27	11 51	27 35	23 13	15 03	16 06	16 22	29 39D
22	21 25	11 56	27 38	23 18	15 05	16 08	16 26	29 39
27	21 24	12 00	27 41	23 22	15 06	16 09	16 30	29 40
Aug 1	21 23	12 04	27 45	23 25	15 08	16 10	16 34	29 41
6	21 23D	12 08	27 49	23 29	15 11	16 11	16 37	29 42
11	21 24	12 11	27 53	23 32	15 13	16 11	16 41	29 43
16	21 25	12 14	27 58	23 35	15 16	16 12R	16 45	29 45
21	21 27	12 17	28 03	23 38	15 19	16 11	16 48	29 47
26	21 29	12 19	28 08	23 40	15 23	16 11	16 51	29 49
31	21 32	12 20	28 13	23 42	15 26	16 10	16 54	29 51
Sep 5	21 35	12 21	28 18	23 44	15 30	16 09	16 57	29 54
10	21 39	12 22	28 23	23 45	15 34	16 07	16 59	29 57
15	21 44	12 22R	28 29	23 46	15 39	16 06	17 01	0♏00
20	21 49	12 21	28 34	23 46	15 43	16 04	17 03	0 03
25	21 55	12 20	28 40	23 46R	15 47	16 01	17 05	0 06
30	22 00	12 19	28 46	23 46	15 52	15 59	17 06	0 10
Oct 5	22 07	12 17	28 51	23 45	15 57	15 56	17 07	0 14
10	22 14	12 14	28 56	23 44	16 01	15 53	17 07	0 17
15	22 21	12 12	29 02	23 43	16 06	15 50	17 08R	0 21
20	22 28	12 08	29 07	23 41	16 11	15 46	17 08	0 25
25	22 36	12 05	29 12	23 39	16 15	15 43	17 07	0 29
30	22 44	12 01	29 16	23 36	16 20	15 39	17 06	0 33
Nov 4	22 52	11 57	29 21	23 33	16 24	15 36	17 05	0 37
9	23 00	11 52	29 25	23 30	16 28	15 32	17 04	0 41
14	23 08	11 47	29 29	23 27	16 32	15 28	17 02	0 44
19	23 16	11 43	29 32	23 24	16 36	15 25	17 00	0 48
24	23 25	11 38	29 35	23 20	16 40	15 21	16 58	0 52
29	23 33	11 32	29 38	23 16	16 43	15 18	16 56	0 55
Dec 4	23 41	11 27	29 40	23 12	16 46	15 15	16 53	0 58
9	23 49	11 22	29 42	23 08	16 49	15 12	16 50	1 01
14	23 56	11 17	29 44	23 04	16 51	15 09	16 47	1 04
19	24 03	11 12	29 45	23 00	16 53	15 06	16 44	1 06
24	24 10	11 07	29 46	22 56	16 55	15 04	16 41	1 09
29	24♏17	11♊02	29♍46R	22♊52	16♎57	15♉01	16♋37	1♏11

Stations	Feb 22	Feb 21	Jun 10	Mar 5	Jan 14	Jan 28	Mar 30	Jan 28
	Aug 3	Sep 12	Dec 28	Sep 22	Jun 29	Aug 14	Oct 15	Jul 15

1993

	♃	⚷	⚴	⚵	⚶	⚷	⚸	⚹
Jan 3	24♏ 23	10♊ 58R	29♍ 46R	22♊ 48R	16♎ 58	14♉ 59R	16♋ 34R	1♏ 12
8	24 29	10 54	29 45	22 44	16 58	14 58	16 30	1 14
13	24 34	10 50	29 44	22 40	16 59	14 57	16 27	1 15
18	24 39	10 46	29 42	22 37	16 58R	14 56	16 23	1 16
23	24 43	10 43	29 41	22 34	16 58	14 55	16 20	1 16
28	24 47	10 41	29 38	22 31	16 57	14 55D	16 17	1 16R
Feb 2	24 50	10 39	29 36	22 28	16 56	14 55	16 14	1 16
7	24 52	10 37	29 33	22 26	16 55	14 55	16 11	1 16
12	24 54	10 35	29 29	22 24	16 53	14 56	16 08	1 15
17	24 55	10 35	29 26	22 23	16 51	14 57	16 05	1 14
22	24 56	10 34D	29 22	22 21	16 48	14 59	16 03	1 13
27	24 55R	10 35	29 18	22 21	16 46	15 01	16 01	1 11
Mar 4	24 55	10 35	29 14	22 20	16 43	15 03	15 59	1 09
9	24 53	10 37	29 10	22 20D	16 40	15 05	15 57	1 07
14	24 51	10 38	29 05	22 21	16 36	15 08	15 56	1 05
19	24 49	10 41	29 01	22 21	16 33	15 11	15 55	1 02
24	24 46	10 43	28 56	22 22	16 29	15 14	15 54	1 00
29	24 42	10 47	28 52	22 24	16 26	15 18	15 54	0 57
Apr 3	24 38	10 50	28 48	22 26	16 22	15 22	15 54D	0 54
8	24 34	10 54	28 43	22 28	16 18	15 25	15 54	0 51
13	24 29	10 59	28 39	22 31	16 14	15 29	15 55	0 48
18	24 24	11 03	28 36	22 34	16 11	15 34	15 56	0 45
23	24 18	11 08	28 32	22 37	16 07	15 38	15 57	0 42
28	24 12	11 14	28 28	22 40	16 04	15 42	15 59	0 38
May 3	24 06	11 19	28 25	22 44	16 00	15 47	16 01	0 35
8	24 00	11 25	28 22	22 48	15 57	15 51	16 03	0 32
13	23 54	11 31	28 20	22 53	15 54	15 55	16 06	0 29
18	23 48	11 37	28 18	22 57	15 51	16 00	16 08	0 26
23	23 42	11 44	28 16	23 02	15 49	16 04	16 11	0 24
28	23 36	11 50	28 15	23 06	15 46	16 08	16 14	0 21
Jun 2	23 30	11 57	28 13	23 11	15 44	16 12	16 18	0 19
7	23 24	12 03	28 13	23 16	15 42	16 16	16 21	0 17
12	23 19	12 09	28 13D	23 21	15 41	16 20	16 25	0 15
17	23 14	12 16	28 13	23 26	15 40	16 24	16 29	0 13
22	23 09	12 22	28 13	23 31	15 39	16 27	16 33	0 11
27	23 05	12 28	28 14	23 36	15 39	16 30	16 37	0 10
Jul 2	23 01	12 34	28 16	23 41	15 39D	16 33	16 41	0 09
7	22 57	12 40	28 18	23 46	15 39	16 36	16 45	0 09
12	22 54	12 45	28 20	23 50	15 40	16 38	16 49	0 08
17	22 51	12 50	28 23	23 55	15 40	16 41	16 54	0 08D
22	22 49	12 55	28 26	23 59	15 42	16 42	16 58	0 08
27	22 48	13 00	28 29	24 03	15 43	16 44	17 02	0 09
Aug 1	22 47	13 04	28 33	24 07	15 45	16 45	17 06	0 09
6	22 47D	13 08	28 36	24 10	15 48	16 46	17 10	0 11
11	22 47	13 11	28 41	24 14	15 50	16 46	17 13	0 12
16	22 48	13 14	28 45	24 17	15 53	16 47R	17 17	0 14
21	22 50	13 17	28 50	24 19	15 56	16 47	17 20	0 15
26	22 52	13 19	28 55	24 22	16 00	16 46	17 23	0 18
31	22 55	13 20	29 00	24 24	16 03	16 45	17 26	0 20
Sep 5	22 58	13 22	29 05	24 25	16 07	16 44	17 29	0 23
10	23 02	13 22	29 11	24 27	16 11	16 43	17 31	0 25
15	23 06	13 22R	29 16	24 28	16 15	16 41	17 34	0 28
20	23 11	13 22	29 22	24 28	16 20	16 39	17 35	0 32
25	23 16	13 21	29 27	24 28R	16 24	16 37	17 37	0 35
30	23 22	13 20	29 33	24 28	16 29	16 34	17 38	0 39
Oct 5	23 28	13 18	29 38	24 27	16 33	16 31	17 39	0 42
10	23 35	13 16	29 43	24 26	16 38	16 28	17 40	0 46
15	23 42	13 13	29 49	24 25	16 43	16 25	17 40	0 50
20	23 49	13 10	29 54	24 23	16 47	16 22	17 40R	0 54
25	23 57	13 06	29 59	24 21	16 52	16 18	17 40	0 58
30	24 05	13 03	0♎ 04	24 19	16 56	16 15	17 39	1 01
Nov 4	24 13	12 58	0 08	24 16	17 01	16 11	17 38	1 05
9	24 21	12 54	0 12	24 13	17 05	16 08	17 37	1 09
14	24 29	12 49	0 16	24 10	17 09	16 04	17 35	1 13
19	24 38	12 45	0 20	24 06	17 13	16 01	17 33	1 17
24	24 46	12 40	0 23	24 03	17 17	15 57	17 31	1 20
29	24 54	12 34	0 26	23 59	17 20	15 54	17 29	1 23
Dec 4	25 02	12 29	0 28	23 55	17 23	15 50	17 26	1 27
9	25 10	12 24	0 30	23 51	17 26	15 47	17 23	1 30
14	25 17	12 19	0 32	23 47	17 28	15 44	17 20	1 32
19	25 25	12 14	0 33	23 43	17 31	15 41	17 17	1 35
24	25 32	12 09	0 34	23 39	17 32	15 39	17 14	1 37
29	25♏ 39	12♊ 04	0♎ 34R	23♊ 35	17♎ 34	15♉ 37	17♋ 11	1♏ 39
Stations	Feb 23 Aug 5	Feb 21 Sep 13	Jun 11 Dec 29	Mar 6 Sep 23	Jan 14 Jun 30	Jan 28 Aug 15	Mar 31 Oct 16	Jan 27 Jul 16

	⯠	⯡	⯢	⯤	⯣	⯥	⯦	⯧
Jan 3	25♏ 45	12♊ 00R	0♎ 34R	23♊ 31R	17♎ 35	15♉ 35R	17♋ 07R	1♏ 41
8	25 51	11 56	0 33	23 27	17 36	15 33	17 04	1 43
13	25 56	11 52	0 32	23 23	17 36	15 32	17 00	1 44
18	26 01	11 48	0 31	23 20	17 36R	15 31	16 57	1 45
23	26 06	11 45	0 29	23 17	17 36	15 30	16 53	1 45
28	26 09	11 42	0 27	23 14	17 35	15 30	16 50	1 45R
Feb 2	26 13	11 40	0 24	23 11	17 34	15 30D	16 47	1 45
7	26 15	11 38	0 22	23 09	17 32	15 30	16 44	1 45
12	26 17	11 36	0 18	23 07	17 31	15 31	16 41	1 44
17	26 18	11 36	0 15	23 05	17 29	15 32	16 38	1 43
22	26 19	11 35	0 11	23 04	17 26	15 34	16 36	1 42
27	26 19R	11 35D	0 07	23 03	17 24	15 36	16 34	1 40
Mar 4	26 19	11 36	0 03	23 02D	17 21	15 38	16 32	1 39
9	26 18	11 37	29♍ 59	23 03	17 18	15 40	16 30	1 37
14	26 16	11 39	29 54	23 03	17 14	15 43	16 29	1 34
19	26 13	11 41	29 50	23 04	17 11	15 46	16 28	1 32
24	26 11	11 43	29 46	23 04	17 07	15 49	16 27	1 29
29	26 07	11 46	29 41	23 06	17 04	15 52	16 27	1 26
Apr 3	26 03	11 50	29 37	23 08	17 00	15 56	16 27D	1 23
8	25 59	11 54	29 33	23 10	16 56	16 00	16 27	1 20
13	25 54	11 58	29 28	23 12	16 53	16 04	16 28	1 17
18	25 49	12 03	29 25	23 15	16 49	16 08	16 29	1 14
23	25 44	12 08	29 21	23 18	16 45	16 12	16 30	1 11
28	25 38	12 13	29 17	23 22	16 42	16 17	16 31	1 08
May 3	25 32	12 19	29 14	23 26	16 38	16 21	16 33	1 05
8	25 26	12 24	29 11	23 30	16 35	16 25	16 35	1 02
13	25 20	12 30	29 09	23 34	16 32	16 30	16 38	0 59
18	25 14	12 37	29 06	23 38	16 29	16 34	16 41	0 56
23	25 08	12 43	29 05	23 43	16 26	16 38	16 43	0 53
28	25 02	12 49	29 03	23 47	16 24	16 43	16 47	0 51
Jun 2	24 56	12 56	29 02	23 52	16 22	16 47	16 50	0 48
7	24 50	13 02	29 01	23 57	16 20	16 51	16 53	0 46
12	24 44	13 09	29 01D	24 02	16 19	16 55	16 57	0 44
17	24 39	13 15	29 01	24 07	16 18	16 58	17 01	0 42
22	24 34	13 21	29 02	24 12	16 17	17 02	17 05	0 41
27	24 30	13 27	29 02	24 17	16 16	17 05	17 09	0 39
Jul 2	24 26	13 33	29 04	24 22	16 16D	17 08	17 13	0 38
7	24 22	13 39	29 06	24 27	16 16	17 11	17 17	0 38
12	24 19	13 45	29 08	24 31	16 17	17 13	17 21	0 37
17	24 16	13 50	29 10	24 36	16 18	17 15	17 26	0 37
22	24 14	13 55	29 13	24 40	16 19	17 17	17 30	0 37D
27	24 12	13 59	29 16	24 44	16 21	17 19	17 34	0 38
Aug 1	24 11	14 04	29 20	24 48	16 23	17 20	17 38	0 38
6	24 11	14 08	29 24	24 52	16 25	17 21	17 42	0 39
11	24 11D	14 11	29 28	24 55	16 27	17 21	17 45	0 41
16	24 11	14 14	29 32	24 58	16 30	17 22R	17 49	0 42
21	24 13	14 17	29 37	25 01	16 33	17 21	17 52	0 44
26	24 15	14 19	29 42	25 03	16 37	17 21	17 55	0 46
31	24 17	14 21	29 47	25 06	16 40	17 20	17 58	0 49
Sep 5	24 20	14 22	29 52	25 07	16 44	17 19	18 01	0 51
10	24 24	14 23	29 58	25 09	16 48	17 18	18 04	0 54
15	24 28	14 23R	0♎ 03	25 10	16 52	17 16	18 06	0 57
20	24 33	14 23	0 09	25 10	16 56	17 14	18 08	1 00
25	24 38	14 22	0 14	25 10R	17 01	17 12	18 09	1 04
30	24 44	14 21	0 20	25 10	17 05	17 10	18 11	1 07
Oct 5	24 50	14 19	0 25	25 10	17 10	17 07	18 12	1 11
10	24 57	14 17	0 31	25 09	17 15	17 04	18 13	1 14
15	25 03	14 14	0 36	25 07	17 19	17 01	18 13R	1 18
20	25 11	14 11	0 41	25 06	17 24	16 57	18 13	1 22
25	25 18	14 08	0 46	25 04	17 29	16 54	18 13	1 26
30	25 26	14 04	0 51	25 01	17 33	16 51	18 12	1 30
Nov 4	25 34	14 00	0 55	24 58	17 37	16 47	18 11	1 34
9	25 42	13 56	1 00	24 56	17 42	16 43	18 10	1 38
14	25 50	13 51	1 04	24 53	17 46	16 40	18 06	1 41
19	25 58	13 46	1 07	24 49	17 50	16 36	18 04	1 45
24	26 07	13 41	1 10	24 45	17 53	16 33	18 02	1 49
29	26 15	13 36	1 13	24 42	17 57	16 29	18 00	1 52
Dec 4	26 23	13 31	1 16	24 38	18 00	16 26	17 59	1 55
9	26 31	13 26	1 18	24 34	18 03	16 23	17 56	1 58
14	26 39	13 21	1 20	24 30	18 05	16 20	17 53	2 01
19	26 46	13 16	1 21	24 26	18 08	16 17	17 50	2 04
24	26 53	13 11	1 22	24 21	18 10	16 14	17 47	2 06
29	27♏ 00	13♊ 06	1♎ 22	24♊ 17	18♎ 11	16♉ 12	17♋ 44	2♏ 08

Stations	Feb 24	Feb 23	Jun 12	Mar 7	Jan 14	Jan 29	Mar 31	Jan 28
	Aug 7	Sep 14	Dec 30	Sep 24	Jul 1	Aug 16	Oct 17	Jul 16

1995

	♃	⚷	⚳	⚴	⚺	⚵	⚷	⚸
Jan 3	27♏ 07	13♊ 02R	1♎ 22R	24♊ 13R	18♎ 12	16♉ 10R	17♋ 40R	2♏ 10
8	27 13	12 57	1 22	24 10	18 13	16 08	17 37	2 11
13	27 18	12 53	1 21	24 06	18 13	16 07	17 33	2 13
18	27 23	12 50	1 20	24 03	18 14R	16 06	17 30	2 14
23	27 28	12 46	1 18	23 59	18 13	16 05	17 26	2 14
28	27 32	12 43	1 16	23 56	18 13	16 05	17 23	2 14
Feb 2	27 35	12 41	1 13	23 54	18 12	16 05D	17 20	2 14R
7	27 38	12 39	1 10	23 51	18 10	16 05	17 17	2 14
12	27 40	12 37	1 07	23 49	18 08	16 06	17 14	2 13
17	27 42	12 36	1 04	23 47	18 06	16 07	17 11	2 12
22	27 43	12 36	1 00	23 46	18 04	16 08	17 09	2 11
27	27 43R	12 36D	0 56	23 45	18 02	16 10	17 07	2 10
Mar 4	27 43	12 36	0 52	23 45	17 59	16 12	17 05	2 08
9	27 42	12 37	0 48	23 44D	17 56	16 15	17 03	2 06
14	27 40	12 39	0 44	23 45	17 52	16 17	17 02	2 04
19	27 38	12 41	0 39	23 45	17 49	16 20	17 01	2 01
24	27 35	12 43	0 35	23 46	17 45	16 23	17 00	1 59
29	27 32	12 46	0 30	23 48	17 42	16 27	16 59	1 56
Apr 3	27 28	12 50	0 26	23 49	17 38	16 30	16 59D	1 53
8	27 24	12 53	0 22	23 51	17 34	16 34	17 00	1 50
13	27 20	12 58	0 18	23 54	17 31	16 38	17 00	1 47
18	27 15	13 02	0 14	23 57	17 27	16 42	17 01	1 44
23	27 09	13 07	0 10	24 00	17 23	16 47	17 02	1 41
28	27 04	13 12	0 06	24 03	17 20	16 51	17 04	1 37
May 3	26 58	13 18	0 03	24 07	17 16	16 55	17 06	1 34
8	26 52	13 24	0 00	24 11	17 13	17 00	17 08	1 31
13	26 46	13 29	29♍ 57	24 15	17 10	17 04	17 10	1 28
18	26 40	13 36	29 55	24 19	17 07	17 08	17 13	1 25
23	26 34	13 42	29 53	24 24	17 04	17 13	17 16	1 23
28	26 27	13 48	29 52	24 29	17 02	17 17	17 19	1 20
Jun 2	26 21	13 55	29 50	24 33	17 00	17 21	17 22	1 18
7	26 16	14 01	29 50	24 38	16 58	17 25	17 26	1 15
12	26 10	14 08	29 49	24 43	16 56	17 29	17 29	1 13
17	26 05	14 14	29 49D	24 48	16 55	17 33	17 33	1 11
22	26 00	14 20	29 50	24 53	16 54	17 36	17 37	1 10
27	25 55	14 26	29 50	24 58	16 54	17 39	17 41	1 09
Jul 2	25 51	14 32	29 52	25 03	16 54D	17 42	17 45	1 08
7	25 47	14 38	29 53	25 08	16 54	17 45	17 49	1 07
12	25 43	14 44	29 55	25 13	16 54	17 48	17 53	1 06
17	25 41	14 49	29 58	25 17	16 55	17 50	17 58	1 06D
22	25 38	14 54	0♎ 01	25 21	16 56	17 52	18 02	1 06
27	25 36	14 59	0 04	25 26	16 58	17 53	18 06	1 07
Aug 1	25 35	15 03	0 07	25 30	17 00	17 55	18 10	1 07
6	25 34	15 07	0 11	25 33	17 02	17 56	18 14	1 08
11	25 34D	15 11	0 15	25 37	17 04	17 56	18 17	1 10
16	25 35	15 14	0 20	25 40	17 07	17 57	18 21	1 11
21	25 36	15 17	0 24	25 43	17 10	17 57R	18 24	1 13
26	25 38	15 19	0 29	25 45	17 13	17 56	18 28	1 15
31	25 40	15 21	0 34	25 47	17 17	17 56	18 31	1 17
Sep 5	25 43	15 22	0 39	25 49	17 21	17 55	18 33	1 20
10	25 46	15 23	0 45	25 51	17 25	17 53	18 36	1 23
15	25 50	15 24R	0 50	25 52	17 29	17 52	18 38	1 26
20	25 55	15 24	0 56	25 52	17 33	17 50	18 40	1 29
25	26 00	15 23	1 01	25 52R	17 38	17 47	18 42	1 32
30	26 06	15 22	1 07	25 52	17 42	17 45	18 43	1 36
Oct 5	26 12	15 20	1 12	25 52	17 47	17 42	18 44	1 39
10	26 18	15 18	1 18	25 51	17 51	17 39	18 45	1 43
15	26 25	15 16	1 23	25 50	17 56	17 36	18 45	1 47
20	26 32	15 13	1 28	25 48	18 01	17 33	18 46R	1 51
25	26 39	15 10	1 33	25 46	18 05	17 30	18 45	1 55
30	26 47	15 06	1 38	25 44	18 10	17 26	18 45	1 58
Nov 4	26 55	15 02	1 43	25 41	18 14	17 23	18 44	2 02
9	27 03	14 58	1 47	25 38	18 18	17 19	18 43	2 06
14	27 11	14 53	1 51	25 35	18 23	17 15	18 41	2 10
19	27 19	14 48	1 55	25 32	18 27	17 12	18 39	2 14
24	27 28	14 43	1 58	25 28	18 30	17 08	18 37	2 17
29	27 36	14 38	2 01	25 24	18 34	17 05	18 35	2 21
Dec 4	27 44	14 33	2 04	25 21	18 37	17 01	18 32	2 24
9	27 52	14 28	2 06	25 17	18 40	16 58	18 30	2 27
14	28 00	14 23	2 08	25 12	18 42	16 55	18 27	2 30
19	28 07	14 18	2 09	25 08	18 45	16 52	18 23	2 32
24	28 15	14 13	2 10	25 04	18 47	16 50	18 20	2 35
29	28♏ 22	14♊ 08	2♎ 11	25♊ 00	18♎ 48	16♉ 47	18♋ 17	2♏ 37

Stations	Feb 26	Feb 24	Jun 14	Mar 8	Jan 15	Jan 30	Apr 1	Jan 29
	Aug 8	Sep 15	Dec 31	Sep 25	Jul 2	Aug 17	Oct 18	Jul 17

	♇	ℭ	♇	𝚼	♃	Ψ	⚷	✶
Jan 3	28♏ 28	14♊ 03R	2♎ 11R	24♊ 56R	18♎ 50	16♉ 45R	18♋ 13R	2♏ 39
8	28 35	13 59	2 10	24 52	18 50	16 44	18 10	2 40
13	28 40	13 55	2 09	24 49	18 51	16 42	18 06	2 41
18	28 45	13 51	2 08	24 45	18 51R	16 41	18 03	2 42
23	28 50	13 48	2 06	24 42	18 51	16 40	18 00	2 43
28	28 54	13 45	2 04	24 39	18 50	16 40	17 56	2 43
Feb 2	28 58	13 42	2 02	24 36	18 49	16 40D	17 53	2 43R
7	29 01	13 40	1 59	24 34	18 48	16 40	17 50	2 43
12	29 03	13 38	1 56	24 32	18 46	16 41	17 47	2 42
17	29 05	13 37	1 53	24 30	18 44	16 42	17 44	2 42
22	29 06	13 37	1 49	24 28	18 42	16 43	17 42	2 40
27	29 07	13 36D	1 45	24 27	18 39	16 45	17 40	2 39
Mar 3	29 07R	13 37	1 41	24 27	18 37	16 47	17 38	2 37
8	29 06	13 38	1 37	24 26D	18 34	16 49	17 36	2 35
13	29 04	13 39	1 33	24 27	18 30	16 52	17 35	2 33
18	29 02	13 41	1 28	24 27	18 27	16 55	17 33	2 31
23	29 00	13 43	1 24	24 28	18 24	16 58	17 33	2 28
28	28 57	13 46	1 19	24 29	18 20	17 01	17 32	2 25
Apr 2	28 53	13 49	1 15	24 31	18 16	17 05	17 32D	2 22
7	28 49	13 53	1 11	24 33	18 13	17 09	17 32	2 19
12	28 45	13 57	1 07	24 35	18 09	17 12	17 33	2 16
17	28 40	14 02	1 03	24 38	18 05	17 17	17 33	2 13
22	28 35	14 06	0 59	24 41	18 01	17 21	17 35	2 10
27	28 29	14 12	0 55	24 45	17 58	17 25	17 36	2 07
May 2	28 24	14 17	0 52	24 48	17 54	17 29	17 38	2 04
7	28 18	14 23	0 49	24 52	17 51	17 34	17 40	2 01
12	28 12	14 29	0 46	24 56	17 48	17 38	17 42	1 58
17	28 05	14 35	0 44	25 01	17 45	17 43	17 45	1 55
22	27 59	14 41	0 42	25 05	17 42	17 47	17 48	1 52
27	27 53	14 47	0 40	25 10	17 40	17 51	17 51	1 49
Jun 1	27 47	14 54	0 39	25 15	17 38	17 55	17 54	1 47
6	27 41	15 00	0 38	25 19	17 36	17 59	17 58	1 45
11	27 36	15 07	0 37	25 24	17 34	18 03	18 01	1 43
16	27 30	15 13	0 37D	25 29	17 33	18 07	18 05	1 41
21	27 25	15 19	0 38	25 34	17 32	18 11	18 09	1 39
26	27 20	15 25	0 38	25 39	17 31	18 14	18 13	1 38
Jul 1	27 16	15 32	0 40	25 44	17 31	18 17	18 17	1 37
6	27 12	15 37	0 41	25 49	17 31D	18 20	18 21	1 36
11	27 08	15 43	0 43	25 54	17 32	18 22	18 25	1 35
16	27 05	15 48	0 46	25 58	17 32	18 25	18 29	1 35
21	27 03	15 54	0 48	26 03	17 33	18 27	18 34	1 35D
26	27 01	15 58	0 51	26 07	17 35	18 28	18 38	1 36
31	26 59	16 03	0 55	26 11	17 37	18 30	18 42	1 36
Aug 5	26 58	16 07	0 59	26 15	17 39	18 31	18 46	1 37
10	26 58D	16 11	1 03	26 18	17 41	18 31	18 49	1 38
15	26 58	16 14	1 07	26 21	17 44	18 32	18 53	1 40
20	26 59	16 17	1 12	26 24	17 47	18 32R	18 56	1 42
25	27 01	16 19	1 16	26 27	17 50	18 31	19 00	1 44
30	27 03	16 21	1 21	26 29	17 54	18 31	19 03	1 46
Sep 4	27 06	16 23	1 26	26 31	17 58	18 30	19 06	1 48
9	27 09	16 24	1 32	26 32	18 01	18 28	19 08	1 51
14	27 13	16 24	1 37	26 33	18 06	18 27	19 10	1 54
19	27 17	16 24R	1 43	26 34	18 10	18 25	19 12	1 57
24	27 22	16 24	1 48	26 35	18 14	18 23	19 14	2 01
29	27 27	16 23	1 54	26 34R	18 19	18 20	19 16	2 04
Oct 4	27 33	16 21	1 59	26 34	18 23	18 18	19 17	2 08
9	27 40	16 19	2 05	26 33	18 28	18 15	19 18	2 11
14	27 46	16 17	2 10	26 32	18 33	18 12	19 18	2 15
19	27 53	16 14	2 15	26 31	18 37	18 09	19 18R	2 19
24	28 01	16 11	2 20	26 29	18 42	18 05	19 18	2 23
29	28 08	16 07	2 25	26 26	18 46	18 02	19 17	2 27
Nov 3	28 16	16 04	2 30	26 24	18 51	17 58	19 17	2 31
8	28 24	15 59	2 34	26 21	18 55	17 55	19 15	2 35
13	28 32	15 55	2 38	26 18	18 59	17 51	19 14	2 38
18	28 40	15 50	2 42	26 15	19 03	17 47	19 12	2 42
23	28 49	15 45	2 46	26 11	19 07	17 44	19 10	2 46
28	28 57	15 40	2 49	26 07	19 11	17 40	19 08	2 49
Dec 3	29 05	15 35	2 51	26 03	19 14	17 37	19 05	2 52
8	29 13	15 30	2 54	25 59	19 17	17 34	19 03	2 55
13	29 21	15 25	2 56	25 55	19 19	17 31	19 00	2 58
18	29 29	15 20	2 57	25 51	19 22	17 28	18 57	3 01
23	29 36	15 15	2 58	25 47	19 24	17 25	18 53	3 03
28	29♏ 43	15♊ 10	2♎ 59	25♊ 43	19♎ 25	17♉ 23	18♋ 50	3♏ 06
Stations	Feb 28	Feb 25	Jun 14	Mar 8	Jan 16	Jan 31	Apr 1	Jan 29
	Aug 9	Sep 16	Dec 31	Sep 25	Jul 2	Aug 17	Oct 17	Jul 17

1997

	♃	⚷	⚸	⚶	⚷	♆	⚵	⚴
Jan 2	29♏ 50	15♊ 05R	2♎ 59R	25♊ 39R	19♎ 27	17♉ 21R	18♋ 47R	3♏ 07
7	29 56	15 01	2 58	25 35	19 28	17 19	18 43	3 09
12	0♐ 02	14 56	2 58	25 31	19 28	17 17	18 40	3 10
17	0 08	14 53	2 57	25 28	19 28R	17 16	18 36	3 11
22	0 12	14 49	2 55	25 25	19 28	17 16	18 33	3 12
27	0 17	14 46	2 53	25 22	19 28	17 15	18 29	3 12
Feb 1	0 21	14 43	2 51	25 19	19 27	17 15D	18 26	3 12R
6	0 24	14 41	2 48	25 16	19 26	17 15	18 23	3 12
11	0 26	14 39	2 45	25 14	19 24	17 16	18 20	3 12
16	0 28	14 38	2 42	25 12	19 22	17 17	18 17	3 11
21	0 30	14 37	2 38	25 11	19 20	17 18	18 15	3 10
26	0 30	14 37D	2 34	25 10	19 17	17 20	18 13	3 08
Mar 3	0 30R	14 37	2 30	25 09	19 15	17 22	18 11	3 06
8	0 30	14 38	2 26	25 09	19 12	17 24	18 09	3 05
13	0 29	14 39	2 22	25 09D	19 08	17 26	18 07	3 02
18	0 27	14 41	2 17	25 09	19 05	17 29	18 06	3 00
23	0 25	14 43	2 13	25 10	19 02	17 32	18 05	2 57
28	0 22	14 46	2 09	25 11	18 58	17 36	18 05	2 55
Apr 2	0 18	14 49	2 04	25 13	18 54	17 39	18 05D	2 52
7	0 14	14 53	2 00	25 15	18 51	17 43	18 05	2 49
12	0 10	14 57	1 56	25 17	18 47	17 47	18 05	2 46
17	0 05	15 01	1 52	25 20	18 43	17 51	18 06	2 43
22	0 00	15 06	1 48	25 23	18 39	17 55	18 07	2 40
27	29♏ 55	15 11	1 44	25 26	18 36	17 59	18 08	2 36
May 2	29 49	15 16	1 41	25 30	18 32	18 04	18 10	2 33
7	29 43	15 22	1 38	25 33	18 29	18 08	18 12	2 30
12	29 37	15 28	1 35	25 38	18 26	18 12	18 14	2 27
17	29 31	15 34	1 32	25 42	18 23	18 17	18 17	2 24
22	29 25	15 40	1 30	25 46	18 20	18 21	18 20	2 21
27	29 19	15 46	1 29	25 51	18 18	18 25	18 23	2 19
Jun 1	29 13	15 53	1 27	25 56	18 16	18 30	18 26	2 16
6	29 07	15 59	1 26	26 01	18 14	18 34	18 30	2 14
11	29 01	16 05	1 26	26 06	18 12	18 38	18 33	2 12
16	28 56	16 12	1 26D	26 10	18 11	18 41	18 37	2 10
21	28 50	16 18	1 26	26 15	18 10	18 45	18 41	2 08
26	28 45	16 24	1 26	26 20	18 09	18 48	18 45	2 07
Jul 1	28 41	16 31	1 28	26 25	18 09	18 51	18 49	2 06
6	28 37	16 37	1 29	26 30	18 09D	18 54	18 53	2 05
11	28 33	16 42	1 31	26 35	18 09	18 57	18 57	2 04
16	28 30	16 48	1 33	26 40	18 10	18 59	19 01	2 04
21	28 27	16 53	1 36	26 44	18 11	19 01	19 05	2 04D
26	28 25	16 58	1 39	26 48	18 12	19 03	19 10	2 04
31	28 23	17 02	1 42	26 52	18 14	19 04	19 14	2 05
Aug 5	28 22	17 07	1 46	26 56	18 16	19 05	19 18	2 06
10	28 22	17 10	1 50	27 00	18 18	19 06	19 21	2 07
15	28 22D	17 14	1 54	27 03	18 21	19 07	19 25	2 09
20	28 23	17 17	1 59	27 06	18 24	19 07R	19 28	2 10
25	28 24	17 19	2 03	27 08	18 27	19 06	19 32	2 12
30	28 26	17 21	2 08	27 11	18 31	19 06	19 35	2 15
Sep 4	28 28	17 23	2 14	27 13	18 34	19 05	19 38	2 17
9	28 31	17 24	2 19	27 14	18 38	19 04	19 40	2 20
14	28 35	17 25	2 24	27 15	18 42	19 02	19 43	2 23
19	28 39	17 25R	2 30	27 16	18 47	19 00	19 45	2 26
24	28 44	17 25	2 35	27 17	18 51	18 58	19 47	2 29
29	28 49	17 24	2 41	27 17R	18 55	18 56	19 48	2 33
Oct 4	28 55	17 22	2 46	27 16	19 00	18 53	19 49	2 36
9	29 01	17 21	2 52	27 16	19 05	18 50	19 50	2 40
14	29 08	17 18	2 57	27 14	19 09	18 47	19 51	2 44
19	29 15	17 16	3 02	27 13	19 14	18 44	19 51R	2 47
24	29 22	17 13	3 07	27 11	19 19	18 41	19 51	2 51
29	29 29	17 09	3 12	27 09	19 23	18 37	19 50	2 55
Nov 3	29 37	17 05	3 17	27 06	19 28	18 34	19 49	2 59
8	29 45	17 01	3 22	27 04	19 32	18 30	19 48	3 03
13	29 53	16 57	3 26	27 01	19 36	18 26	19 47	3 07
18	0♐ 01	16 52	3 30	26 57	19 40	18 23	19 45	3 11
23	0 10	16 47	3 33	26 54	19 44	18 19	19 43	3 14
28	0 18	16 42	3 36	26 50	19 47	18 16	19 41	3 18
Dec 3	0 26	16 37	3 39	26 46	19 51	18 12	19 38	3 21
8	0 34	16 32	3 41	26 42	19 54	18 09	19 36	3 24
13	0 42	16 27	3 43	26 38	19 56	18 06	19 33	3 27
18	0 50	16 22	3 45	26 34	19 59	18 03	19 30	3 30
23	0 57	16 16	3 46	26 30	20 01	18 01	19 26	3 32
28	1♐ 05	16♊ 12	3♎ 47	26♊ 26	20♎ 03	17♉ 58	19♋ 23	3♏ 34
Stations	Feb 28	Feb 25	Jun 15	Mar 9	Jan 16	Jan 30	Apr 2	Jan 29
	Aug 11	Sep 17		Sep 26	Jul 3	Aug 18	Oct 18	Jul 18

	♃	⚷	⚴	♈	24	♆	⚘	♅
Jan 2	1♐ 11	16♊ 07R	3♎ 47R	26♊ 22R	20♎ 04	17♉ 56R	19♋ 20R	3♏ 36
7	1 18	16 02	3 47	26 18	20 05	17 54	19 16	3 38
12	1 24	15 58	3 46	26 14	20 06	17 53	19 13	3 39
17	1 30	15 54	3 45	26 11	20 06R	17 51	19 09	3 40
22	1 35	15 51	3 44	26 07	20 06	17 51	19 06	3 41
27	1 39	15 47	3 42	26 04	20 05	17 50	19 02	3 41
Feb 1	1 43	15 45	3 39	26 01	20 05	17 50D	18 59	3 41R
6	1 46	15 42	3 37	25 59	20 03	17 50	18 56	3 41
11	1 49	15 40	3 34	25 56	20 02	17 51	18 53	3 41
16	1 51	15 39	3 31	25 55	20 00	17 51	18 50	3 40
21	1 53	15 38	3 27	25 53	19 58	17 53	18 48	3 39
26	1 54	15 38	3 23	25 52	19 55	17 54	18 45	3 37
Mar 3	1 54R	15 38D	3 19	25 51	19 53	17 56	18 43	3 36
8	1 54	15 38	3 15	25 51	19 50	17 58	18 42	3 34
13	1 53	15 40	3 11	25 51D	19 47	18 01	18 40	3 32
18	1 51	15 41	3 07	25 51	19 43	18 04	18 39	3 29
23	1 49	15 43	3 02	25 52	19 40	18 07	18 38	3 27
28	1 46	15 46	2 58	25 53	19 36	18 10	18 37	3 24
Apr 2	1 43	15 49	2 53	25 54	19 32	18 14	18 37D	3 21
7	1 39	15 52	2 49	25 56	19 29	18 17	18 37	3 18
12	1 35	15 56	2 45	25 59	19 25	18 21	18 38	3 15
17	1 31	16 01	2 41	26 01	19 21	18 25	18 38	3 12
22	1 26	16 05	2 37	26 04	19 18	18 29	18 39	3 09
27	1 20	16 10	2 33	26 07	19 14	18 34	18 41	3 06
May 2	1 15	16 15	2 30	26 11	19 10	18 38	18 42	3 03
7	1 09	16 21	2 27	26 15	19 07	18 42	18 44	3 00
12	1 03	16 27	2 24	26 19	19 04	18 47	18 47	2 57
17	0 57	16 33	2 21	26 23	19 01	18 51	18 49	2 54
22	0 51	16 39	2 19	26 28	18 58	18 55	18 52	2 51
27	0 45	16 45	2 17	26 32	18 56	19 00	18 55	2 48
Jun 1	0 39	16 52	2 16	26 37	18 53	19 04	18 58	2 46
6	0 33	16 58	2 15	26 42	18 51	19 08	19 02	2 43
11	0 27	17 04	2 14	26 47	18 50	19 12	19 05	2 41
16	0 21	17 11	2 14D	26 52	18 48	19 16	19 09	2 39
21	0 16	17 17	2 14	26 57	18 47	19 19	19 13	2 38
26	0 11	17 24	2 14	27 02	18 46	19 23	19 17	2 36
Jul 1	0 06	17 30	2 15	27 06	18 46	19 26	19 21	2 35
6	0 02	17 36	2 17	27 11	18 46D	19 29	19 25	2 34
11	29♏ 58	17 41	2 19	27 16	18 46	19 31	19 29	2 34
16	29 55	17 47	2 21	27 21	18 47	19 34	19 33	2 33
21	29 52	17 52	2 23	27 25	18 48	19 36	19 37	2 33D
26	29 49	17 57	2 26	27 29	18 49	19 38	19 42	2 33
31	29 47	18 02	2 30	27 34	18 51	19 39	19 46	2 34
Aug 5	29 46	18 06	2 33	27 37	18 53	19 40	19 49	2 35
10	29 46	18 10	2 37	27 41	18 55	19 41	19 53	2 36
15	29 46D	18 14	2 41	27 44	18 58	19 42	19 57	2 37
20	29 46	18 17	2 46	27 47	19 01	19 42R	20 01	2 39
25	29 47	18 19	2 51	27 50	19 04	19 41	20 04	2 41
30	29 49	18 22	2 56	27 52	19 07	19 41	20 07	2 43
Sep 4	29 51	18 23	3 01	27 54	19 11	19 40	20 10	2 46
9	29 54	18 25	3 06	27 56	19 15	19 39	20 13	2 48
14	29 58	18 25	3 11	27 57	19 19	19 37	20 15	2 51
19	0♐ 02	18 26R	3 17	27 58	19 23	19 36	20 17	2 54
24	0 06	18 25	3 22	27 59	19 28	19 34	20 19	2 58
29	0 11	18 25	3 28	27 59R	19 32	19 31	20 20	3 01
Oct 4	0 17	18 23	3 33	27 58	19 37	19 29	20 22	3 05
9	0 23	18 22	3 39	27 58	19 41	19 26	20 23	3 08
14	0 29	18 20	3 44	27 57	19 46	19 23	20 23	3 12
19	0 36	18 17	3 49	27 55	19 51	19 20	20 23R	3 16
24	0 43	18 14	3 55	27 54	19 55	19 16	20 23	3 20
29	0 51	18 11	4 00	27 51	20 00	19 13	20 23	3 24
Nov 3	0 58	18 07	4 04	27 49	20 04	19 09	20 22	3 28
8	1 06	18 03	4 09	27 46	20 09	19 06	20 21	3 31
13	1 14	17 58	4 13	27 43	20 13	19 02	20 20	3 35
18	1 23	17 54	4 17	27 40	20 17	18 58	20 18	3 39
23	1 31	17 49	4 21	27 37	20 21	18 55	20 16	3 43
28	1 39	17 44	4 24	27 33	20 24	18 51	20 14	3 46
Dec 3	1 47	17 39	4 27	27 29	20 28	18 48	20 11	3 49
8	1 55	17 34	4 29	27 25	20 31	18 45	20 09	3 53
13	2 03	17 29	4 31	27 21	20 33	18 42	20 06	3 56
18	2 11	17 23	4 33	27 17	20 36	18 39	20 03	3 58
23	2 19	17 18	4 34	27 13	20 38	18 36	20 00	4 01
28	2♐ 26	17♊ 13	4♎ 35	27♊ 09	20♎ 40	18♉ 34	19♋ 56	4♏ 03

Stations	Mar 2	Feb 27	Jan 1	Mar 10	Jan 17	Jan 31	Apr 2	Jan 30
	Aug 13	Sep 18	Jun 16	Sep 27	Jul 3	Aug 18	Oct 19	Jul 18

1999

Date	♃	⚷	⚴	⚵	⚶	⚳	⚸	✶
Jan 2	2✗33	17Ⅱ09R	4♎35R	27Ⅱ05R	20♎41	18♉31R	19♋53R	4♏05
7	2 40	17 04	4 35	27 01	20 42	18 29	19 49	4 07
12	2 46	17 00	4 35	26 57	20 43	18 28	19 46	4 08
17	2 52	16 56	4 34	26 53	20 43	18 27	19 42	4 09
22	2 57	16 52	4 32	26 50	20 43R	18 26	19 39	4 10
27	3 01	16 49	4 30	26 47	20 43	18 25	19 36	4 10
Feb 1	3 06	16 46	4 28	26 44	20 42	18 25D	19 32	4 10R
6	3 09	16 43	4 26	26 41	20 41	18 25	19 29	4 10
11	3 12	16 42	4 23	26 39	20 40	18 25	19 26	4 10
16	3 15	16 40	4 20	26 37	20 38	18 26	19 23	4 09
21	3 16	16 39	4 16	26 35	20 36	18 27	19 21	4 08
26	3 17	16 38	4 12	26 34	20 33	18 29	19 18	4 07
Mar 3	3 18	16 38D	4 08	26 33	20 31	18 31	19 16	4 05
8	3 18R	16 39	4 04	26 33	20 28	18 33	19 14	4 03
13	3 17	16 40	4 00	26 33D	20 25	18 35	19 13	4 01
18	3 16	16 41	3 56	26 33	20 21	18 38	19 12	3 59
23	3 14	16 43	3 51	26 34	20 18	18 41	19 11	3 56
28	3 11	16 46	3 47	26 35	20 14	18 44	19 10	3 54
Apr 2	3 08	16 49	3 42	26 36	20 11	18 48	19 10	3 51
7	3 05	16 52	3 38	26 38	20 07	18 52	19 10D	3 48
12	3 01	16 56	3 34	26 40	20 03	18 55	19 10	3 45
17	2 56	17 00	3 30	26 43	19 59	18 59	19 11	3 42
22	2 51	17 05	3 26	26 46	19 56	19 04	19 12	3 38
27	2 46	17 10	3 22	26 49	19 52	19 08	19 13	3 35
May 2	2 41	17 15	3 19	26 52	19 49	19 12	19 15	3 32
7	2 35	17 20	3 15	26 56	19 45	19 17	19 17	3 29
12	2 29	17 26	3 12	27 00	19 42	19 21	19 19	3 26
17	2 23	17 32	3 10	27 04	19 39	19 25	19 21	3 23
22	2 17	17 38	3 08	27 09	19 36	19 30	19 24	3 20
27	2 11	17 44	3 06	27 13	19 34	19 34	19 27	3 18
Jun 1	2 04	17 51	3 04	27 18	19 31	19 38	19 30	3 15
6	1 58	17 57	3 03	27 23	19 29	19 42	19 34	3 13
11	1 53	18 03	3 02	27 28	19 27	19 46	19 37	3 11
16	1 47	18 10	3 02	27 33	19 26	19 50	19 41	3 09
21	1 41	18 16	3 02D	27 38	19 25	19 54	19 45	3 07
26	1 36	18 23	3 03	27 43	19 24	19 57	19 49	3 05
Jul 1	1 31	18 29	3 03	27 48	19 24	20 00	19 53	3 04
6	1 27	18 35	3 05	27 52	19 23D	20 03	19 57	3 03
11	1 23	18 41	3 06	27 57	19 24	20 06	20 01	3 03
16	1 19	18 46	3 09	28 02	19 24	20 08	20 05	3 02
21	1 16	18 52	3 11	28 06	19 25	20 11	20 09	3 02D
26	1 14	18 57	3 14	28 11	19 27	20 12	20 13	3 02
31	1 12	19 01	3 17	28 15	19 28	20 14	20 18	3 03
Aug 5	1 10	19 06	3 21	28 19	19 30	20 15	20 21	3 04
10	1 10	19 10	3 25	28 22	19 32	20 16	20 25	3 05
15	1 09D	19 13	3 29	28 26	19 35	20 16	20 29	3 06
20	1 10	19 17	3 33	28 29	19 38	20 17R	20 33	3 08
25	1 10	19 19	3 38	28 32	19 41	20 17	20 36	3 10
30	1 12	19 22	3 43	28 34	19 44	20 16	20 39	3 12
Sep 4	1 14	19 24	3 48	28 36	19 48	20 15	20 42	3 14
9	1 17	19 25	3 53	28 38	19 52	20 14	20 45	3 17
14	1 20	19 26	3 58	28 39	19 56	20 13	20 47	3 20
19	1 24	19 26R	4 04	28 40	20 00	20 11	20 49	3 23
24	1 28	19 26	4 09	28 41	20 04	20 09	20 51	3 26
29	1 33	19 25	4 15	28 41R	20 09	20 07	20 53	3 30
Oct 4	1 39	19 24	4 20	28 41	20 13	20 04	20 54	3 33
9	1 45	19 23	4 26	28 40	20 18	20 01	20 55	3 37
14	1 51	19 21	4 31	28 39	20 23	19 58	20 56	3 41
19	1 58	19 18	4 37	28 38	20 27	19 55	20 56	3 44
24	2 05	19 15	4 42	28 36	20 32	19 52	20 56R	3 48
29	2 12	19 12	4 47	28 34	20 36	19 48	20 55	3 52
Nov 3	2 20	19 08	4 52	28 32	20 41	19 45	20 55	3 56
8	2 27	19 04	4 56	28 29	20 45	19 41	20 54	4 00
13	2 35	19 00	5 00	28 26	20 50	19 38	20 52	4 04
18	2 44	18 56	5 04	28 23	20 54	19 34	20 51	4 08
23	2 52	18 51	5 08	28 19	20 58	19 30	20 49	4 11
28	3 00	18 46	5 11	28 16	21 01	19 27	20 47	4 15
Dec 3	3 08	18 41	5 14	28 12	21 05	19 24	20 44	4 18
8	3 17	18 36	5 17	28 08	21 08	19 20	20 42	4 21
13	3 25	18 31	5 19	28 04	21 11	19 17	20 39	4 24
18	3 32	18 25	5 21	28 00	21 13	19 14	20 36	4 27
23	3 40	18 20	5 22	27 56	21 15	19 11	20 33	4 29
28	3✗48	18Ⅱ15	5♎23	27Ⅱ52	21♎17	19♉09	20♋29	4♏32

Stations	Mar 4	Feb 28	Jan 2	Mar 11	Jan 18	Feb 1	Apr 3	Jan 31
	Aug 14	Sep 19	Jun 17	Sep 28	Jul 4	Aug 19	Oct 20	Jul 19

	♃	⚳	⚴	⚵	⚶	♆	⚷	♅
Jan 2	3♐55	18♊10R	5♎23	27♊48R	21♎19	19♉07R	20♋26R	4♏34
7	4 01	18 06	5 23R	27 44	21 20	19 05	20 23	4 35
12	4 08	18 01	5 23	27 40	21 20	19 03	20 19	4 37
17	4 13	17 57	5 22	27 36	21 21	19 02	20 16	4 38
22	4 19	17 54	5 21	27 33	21 21R	19 01	20 12	4 39
27	4 24	17 50	5 19	27 29	21 21	19 00	20 09	4 39
Feb 1	4 28	17 47	5 17	27 26	21 20	19 00	20 05	4 39R
6	4 32	17 45	5 14	27 24	21 19	19 00D	20 02	4 39
11	4 35	17 43	5 12	27 21	21 17	19 00	19 59	4 39
16	4 38	17 41	5 08	27 19	21 16	19 01	19 56	4 38
21	4 40	17 40	5 05	27 18	21 13	19 02	19 54	4 37
26	4 41	17 39	5 01	27 16	21 11	19 04	19 51	4 36
Mar 2	4 42	17 39D	4 57	27 15	21 09	19 05	19 49	4 34
7	4 42R	17 39	4 53	27 15	21 06	19 08	19 47	4 32
12	4 41	17 40	4 49	27 15D	21 03	19 10	19 46	4 30
17	4 40	17 42	4 45	27 15	20 59	19 13	19 44	4 28
22	4 38	17 43	4 40	27 16	20 56	19 16	19 43	4 26
27	4 36	17 46	4 36	27 17	20 52	19 19	19 43	4 23
Apr 1	4 33	17 49	4 32	27 18	20 49	19 22	19 42	4 20
6	4 30	17 52	4 27	27 20	20 45	19 26	19 42D	4 17
11	4 26	17 56	4 23	27 22	20 41	19 30	19 43	4 14
16	4 21	18 00	4 19	27 24	20 38	19 34	19 43	4 11
21	4 17	18 04	4 15	27 27	20 34	19 38	19 44	4 08
26	4 12	18 09	4 11	27 30	20 30	19 42	19 46	4 05
May 1	4 06	18 14	4 08	27 34	20 27	19 46	19 47	4 02
6	4 01	18 19	4 04	27 37	20 23	19 51	19 49	3 59
11	3 55	18 25	4 01	27 41	20 20	19 55	19 51	3 56
16	3 49	18 31	3 59	27 46	20 17	20 00	19 54	3 53
21	3 43	18 37	3 56	27 50	20 14	20 04	19 56	3 50
26	3 36	18 43	3 54	27 55	20 11	20 08	19 59	3 47
31	3 30	18 50	3 53	27 59	20 09	20 13	20 02	3 44
Jun 5	3 24	18 56	3 51	28 04	20 07	20 17	20 06	3 42
10	3 18	19 02	3 51	28 09	20 05	20 21	20 09	3 40
15	3 13	19 09	3 50	28 14	20 04	20 24	20 13	3 38
20	3 07	19 15	3 50D	28 19	20 02	20 28	20 17	3 36
25	3 02	19 22	3 51	28 24	20 02	20 32	20 21	3 35
30	2 57	19 28	3 51	28 29	20 01	20 35	20 25	3 33
Jul 5	2 52	19 34	3 53	28 34	20 01D	20 38	20 29	3 32
10	2 48	19 40	3 54	28 38	20 01	20 41	20 33	3 32
15	2 44	19 45	3 56	28 43	20 02	20 43	20 37	3 31
20	2 41	19 51	3 59	28 48	20 03	20 45	20 41	3 31D
25	2 38	19 56	4 02	28 52	20 04	20 47	20 45	3 31
30	2 36	20 01	4 05	28 56	20 05	20 49	20 50	3 32
Aug 4	2 35	20 05	4 08	29 00	20 07	20 50	20 53	3 33
9	2 34	20 09	4 12	29 04	20 09	20 51	20 57	3 34
14	2 33	20 13	4 16	29 07	20 12	20 51	21 01	3 35
19	2 33D	20 16	4 20	29 10	20 15	20 52R	21 05	3 37
24	2 34	20 19	4 25	29 13	20 18	20 52	21 08	3 38
29	2 35	20 22	4 30	29 16	20 21	20 51	21 11	3 41
Sep 3	2 37	20 24	4 35	29 18	20 25	20 50	21 14	3 43
8	2 40	20 25	4 40	29 20	20 29	20 49	21 17	3 46
13	2 43	20 26	4 45	29 21	20 33	20 48	21 19	3 48
18	2 46	20 27	4 51	29 22	20 37	20 46	21 22	3 52
23	2 51	20 27R	4 56	29 23	20 41	20 44	21 24	3 55
28	2 55	20 26	5 02	29 23R	20 45	20 42	21 25	3 58
Oct 3	3 01	20 25	5 07	29 23	20 50	20 40	21 27	4 02
8	3 06	20 24	5 13	29 22	20 55	20 37	21 28	4 05
13	3 13	20 22	5 18	29 21	20 59	20 34	21 28	4 09
18	3 19	20 20	5 24	29 20	21 04	20 31	21 29	4 13
23	3 26	20 17	5 29	29 18	21 09	20 27	21 29R	4 17
28	3 33	20 14	5 34	29 16	21 13	20 24	21 28	4 21
Nov 2	3 41	20 10	5 39	29 14	21 18	20 21	21 28	4 25
7	3 49	20 06	5 43	29 12	21 22	20 17	21 27	4 28
12	3 57	20 02	5 48	29 09	21 26	20 13	21 25	4 32
17	4 05	19 57	5 52	29 05	21 30	20 10	21 24	4 36
22	4 13	19 53	5 56	29 02	21 34	20 06	21 22	4 40
27	4 21	19 48	5 59	28 58	21 38	20 03	21 20	4 43
Dec 2	4 29	19 43	6 02	28 55	21 41	19 59	21 17	4 47
7	4 38	19 38	6 05	28 51	21 45	19 56	21 15	4 50
12	4 46	19 32	6 07	28 47	21 48	19 53	21 12	4 53
17	4 54	19 27	6 09	28 43	21 50	19 50	21 09	4 56
22	5 01	19 22	6 10	28 39	21 52	19 47	21 06	4 58
27	5♐09	19♊17	6♎11	28♊34	21♎54	19♉44	21♋03	5♏00

Stations	Mar 4	Feb 29	Jan 3	Mar 11	Jan 19	Feb 2	Apr 3	Jan 31
	Aug 15	Sep 20	Jun 17	Sep 28	Jul 4	Aug 19	Oct 20	Jul 19

2001

	♃	⚷	⚳	⚴	⚴	♆	⚵	♅
Jan 1	5♐16	19♊12R	6≏12	28♊30R	21≏56	19♉42R	20♋59R	5♏02
6	5 23	19 08	6 12R	28 26	21 57	19 40	20 56	5 04
11	5 29	19 03	6 11	28 23	21 58	19 38	20 52	5 06
16	5 35	18 59	6 10	28 19	21 58	19 37	20 49	5 07
21	5 41	18 55	6 09	28 15	21 58R	19 36	20 45	5 08
26	5 46	18 52	6 08	28 12	21 58	19 35	20 42	5 08
31	5 51	18 49	6 06	28 09	21 57	19 35	20 39	5 09R
Feb 5	5 55	18 46	6 03	28 06	21 56	19 35D	20 35	5 08
10	5 58	18 44	6 00	28 04	21 55	19 35	20 32	5 08
15	6 01	18 42	5 57	28 02	21 53	19 36	20 30	5 07
20	6 03	18 41	5 54	28 00	21 51	19 37	20 27	5 06
25	6 04	18 40	5 50	27 59	21 49	19 38	20 24	5 05
Mar 2	6 05	18 40D	5 47	27 58	21 47	19 40	20 22	5 04
7	6 06R	18 40	5 43	27 57	21 44	19 42	20 20	5 02
12	6 05	18 41	5 38	27 57D	21 41	19 45	20 19	5 00
17	6 04	18 42	5 34	27 57	21 37	19 47	20 17	4 58
22	6 03	18 44	5 30	27 58	21 34	19 50	20 16	4 55
27	6 01	18 46	5 25	27 58	21 31	19 53	20 16	4 52
Apr 1	5 58	18 49	5 21	28 00	21 27	19 57	20 15	4 50
6	5 55	18 52	5 16	28 02	21 23	20 00	20 15D	4 47
11	5 51	18 55	5 12	28 04	21 19	20 04	20 15	4 44
16	5 47	18 59	5 08	28 06	21 16	20 08	20 16	4 41
21	5 42	19 04	5 04	28 09	21 12	20 12	20 17	4 38
26	5 37	19 08	5 00	28 12	21 08	20 16	20 18	4 34
May 1	5 32	19 13	4 57	28 15	21 05	20 21	20 20	4 31
6	5 26	19 19	4 53	28 19	21 01	20 25	20 21	4 28
11	5 21	19 24	4 50	28 23	20 58	20 30	20 23	4 25
16	5 15	19 30	4 47	28 27	20 55	20 34	20 26	4 22
21	5 09	19 36	4 45	28 31	20 52	20 38	20 29	4 19
26	5 02	19 42	4 43	28 36	20 49	20 43	20 31	4 16
31	4 56	19 49	4 41	28 40	20 47	20 47	20 35	4 14
Jun 5	4 50	19 55	4 40	28 45	20 45	20 51	20 38	4 11
10	4 44	20 01	4 39	28 50	20 43	20 55	20 41	4 09
15	4 38	20 08	4 39	28 55	20 41	20 59	20 45	4 07
20	4 33	20 14	4 38D	29 00	20 40	21 03	20 49	4 05
25	4 27	20 21	4 39	29 05	20 39	21 06	20 53	4 04
30	4 22	20 27	4 40	29 10	20 39	21 09	20 57	4 03
Jul 5	4 18	20 33	4 41	29 15	20 38D	21 12	21 01	4 02
10	4 13	20 39	4 42	29 20	20 39	21 15	21 05	4 01
15	4 09	20 45	4 44	29 24	20 39	21 18	21 09	4 00
20	4 06	20 50	4 46	29 29	20 40	21 20	21 13	4 00D
25	4 03	20 55	4 49	29 33	20 41	21 22	21 17	4 00
30	4 01	21 00	4 52	29 38	20 43	21 24	21 22	4 01
Aug 4	3 59	21 05	4 56	29 42	20 44	21 25	21 26	4 02
9	3 58	21 09	4 59	29 45	20 47	21 26	21 29	4 03
14	3 57	21 13	5 03	29 49	20 49	21 27	21 33	4 04
19	3 57D	21 16	5 08	29 52	20 52	21 27	21 37	4 05
24	3 57	21 19	5 12	29 55	20 55	21 27R	21 40	4 07
29	3 59	21 22	5 17	29 57	20 58	21 26	21 43	4 09
Sep 3	4 00	21 24	5 22	0♋00	21 02	21 26	21 46	4 12
8	4 03	21 26	5 27	0 01	21 05	21 25	21 49	4 14
13	4 06	21 27	5 33	0 03	21 09	21 23	21 52	4 17
18	4 09	21 27	5 38	0 04	21 14	21 22	21 54	4 20
23	4 13	21 28R	5 43	0 05	21 18	21 20	21 56	4 23
28	4 18	21 27	5 49	0 05	21 22	21 18	21 58	4 27
Oct 3	4 23	21 26	5 55	0 05R	21 27	21 15	21 59	4 30
8	4 28	21 25	6 00	0 05	21 31	21 12	22 00	4 34
13	4 34	21 23	6 06	0 04	21 36	21 09	22 01	4 38
18	4 41	21 21	6 11	0 03	21 41	21 06	22 01	4 41
23	4 48	21 18	6 16	0 01	21 45	21 03	22 01R	4 45
28	4 55	21 15	6 21	29♊59	21 50	21 00	22 01	4 49
Nov 2	5 02	21 12	6 26	29 57	21 54	20 56	22 00	4 53
7	5 10	21 08	6 31	29 54	21 59	20 53	21 59	4 57
12	5 18	21 04	6 35	29 51	22 03	20 49	21 58	5 01
17	5 26	20 59	6 39	29 48	22 07	20 45	21 57	5 05
22	5 34	20 55	6 43	29 45	22 11	20 42	21 55	5 08
27	5 42	20 50	6 47	29 41	22 15	20 38	21 53	5 12
Dec 2	5 51	20 45	6 50	29 38	22 18	20 35	21 50	5 15
7	5 59	20 40	6 52	29 34	22 22	20 31	21 48	5 18
12	6 07	20 34	6 55	29 30	22 25	20 28	21 45	5 21
17	6 15	20 29	6 57	29 26	22 27	20 25	21 42	5 24
22	6 23	20 24	6 58	29 22	22 30	20 22	21 39	5 27
27	6♐30	20♊19	6≏59	29♊17	22≏32	20♉20	21♋36	5♏29
Stations	Mar 6	Mar 1	Jan 3	Mar 12	Jan 19	Feb 2	Apr 4	Jan 31
	Aug 17	Sep 21	Jun 18	Sep 29	Jul 5	Aug 20	Oct 20	Jul 20

2002

	♃	♁	⚸	⚹	⚴	♆	⚷	⚶
Jan 1	6♐38	20♊14R	7♎00	29♊13R	22♎33	20♉18R	21♋32R	5♏31
6	6 45	20 09	7 00R	29 09	22 34	20 16	21 29	5 33
11	6 51	20 05	7 00	29 05	22 35	20 14	21 25	5 35
16	6 57	20 01	6 59	29 02	22 36	20 12	21 22	5 36
21	7 03	19 57	6 58	28 58	22 36R	20 11	21 19	5 37
26	7 08	19 53	6 56	28 55	22 36	20 10	21 15	5 37
31	7 13	19 50	6 54	28 52	22 35	20 10	21 12	5 38
Feb 5	7 17	19 47	6 52	28 49	22 34	20 10D	21 09	5 38R
10	7 21	19 45	6 49	28 47	22 33	20 10	21 06	5 37
15	7 24	19 43	6 46	28 44	22 31	20 11	21 03	5 37
20	7 26	19 42	6 43	28 43	22 29	20 12	21 00	5 36
25	7 28	19 41	6 39	28 41	22 27	20 13	20 57	5 34
Mar 2	7 29	19 40	6 36	28 40	22 25	20 15	20 55	5 33
7	7 29	19 41D	6 32	28 39	22 22	20 17	20 53	5 31
12	7 29R	19 41	6 28	28 39	22 19	20 19	20 52	5 29
17	7 29	19 42	6 23	28 39D	22 16	20 22	20 50	5 27
22	7 27	19 44	6 19	28 40	22 12	20 25	20 49	5 25
27	7 25	19 46	6 14	28 40	22 09	20 28	20 48	5 22
Apr 1	7 23	19 49	6 10	28 42	22 05	20 31	20 48	5 19
6	7 20	19 52	6 06	28 43	22 01	20 35	20 48D	5 16
11	7 16	19 55	6 01	28 45	21 58	20 39	20 48	5 13
16	7 12	19 59	5 57	28 48	21 54	20 43	20 48	5 10
21	7 08	20 03	5 53	28 50	21 50	20 47	20 49	5 07
26	7 03	20 08	5 49	28 53	21 47	20 51	20 50	5 04
May 1	6 58	20 13	5 46	28 57	21 43	20 55	20 52	5 01
6	6 52	20 18	5 42	29 00	21 40	21 00	20 54	4 58
11	6 46	20 24	5 39	29 04	21 36	21 04	20 56	4 55
16	6 40	20 29	5 36	29 08	21 33	21 08	20 58	4 52
21	6 34	20 35	5 34	29 13	21 30	21 13	21 01	4 49
26	6 28	20 41	5 32	29 17	21 27	21 17	21 04	4 46
31	6 22	20 48	5 30	29 22	21 25	21 21	21 07	4 43
Jun 5	6 16	20 54	5 29	29 26	21 23	21 25	21 10	4 41
10	6 10	21 01	5 28	29 31	21 21	21 29	21 13	4 39
15	6 04	21 07	5 27	29 36	21 19	21 33	21 17	4 37
20	5 58	21 13	5 27D	29 41	21 18	21 37	21 21	4 35
25	5 53	21 20	5 27	29 46	21 17	21 41	21 25	4 33
30	5 48	21 26	5 28	29 51	21 16	21 44	21 29	4 32
Jul 5	5 43	21 32	5 29	29 56	21 16	21 47	21 33	4 31
10	5 39	21 38	5 30	0♋01	21 16D	21 50	21 37	4 30
15	5 35	21 44	5 32	0 06	21 17	21 52	21 41	4 30
20	5 31	21 50	5 34	0 10	21 17	21 55	21 45	4 29D
25	5 28	21 55	5 37	0 15	21 18	21 57	21 50	4 30
30	5 25	22 00	5 40	0 19	21 20	21 58	21 54	4 30
Aug 4	5 23	22 04	5 43	0 23	21 22	22 00	21 58	4 31
9	5 22	22 09	5 47	0 27	21 24	22 01	22 01	4 32
14	5 21	22 13	5 51	0 30	21 26	22 01	22 05	4 33
19	5 21D	22 16	5 55	0 34	21 29	22 02	22 09	4 34
24	5 21	22 19	6 00	0 36	21 32	22 02R	22 12	4 36
29	5 22	22 22	6 04	0 39	21 35	22 02	22 16	4 38
Sep 3	5 24	22 24	6 09	0 41	21 39	22 01	22 19	4 40
8	5 26	22 26	6 14	0 43	21 42	22 00	22 21	4 43
13	5 28	22 27	6 20	0 45	21 46	21 59	22 24	4 46
18	5 32	22 28	6 25	0 46	21 50	21 57	22 26	4 49
23	5 36	22 28R	6 31	0 47	21 55	21 55	22 28	4 52
28	5 40	22 28	6 36	0 47	21 59	21 53	22 30	4 55
Oct 3	5 45	22 27	6 42	0 47R	22 04	21 51	22 32	4 59
8	5 50	22 26	6 47	0 47	22 08	21 48	22 33	5 02
13	5 56	22 24	6 53	0 46	22 13	21 45	22 33	5 06
18	6 03	22 22	6 58	0 45	22 17	21 42	22 34	5 10
23	6 09	22 20	7 03	0 43	22 22	21 39	22 34R	5 14
28	6 16	22 17	7 08	0 42	22 27	21 35	22 34	5 18
Nov 2	6 24	22 13	7 13	0 39	22 31	21 32	22 33	5 22
7	6 31	22 10	7 18	0 37	22 36	21 28	22 32	5 26
12	6 39	22 06	7 23	0 34	22 40	21 25	22 31	5 29
17	6 47	22 01	7 27	0 31	22 44	21 21	22 30	5 33
22	6 55	21 57	7 31	0 28	22 48	21 17	22 28	5 37
27	7 04	21 52	7 34	0 24	22 52	21 14	22 26	5 40
Dec 2	7 12	21 47	7 37	0 21	22 55	21 10	22 24	5 44
7	7 20	21 42	7 40	0 17	22 59	21 07	22 21	5 47
12	7 28	21 36	7 43	0 13	23 02	21 04	22 18	5 50
17	7 36	21 31	7 45	0 09	23 04	21 01	22 15	5 53
22	7 44	21 26	7 46	0 04	23 07	20 58	22 12	5 56
27	7♐52	21♊21	7♎47	0♋00	23♎09	20♉55	22♋09	5♏58

Stations	Mar 8	Mar 3	Jan 4	Mar 13	Jan 19	Feb 3	Apr 5	Feb 1
	Aug 18	Sep 22	Jun 19	Sep 30	Jul 6	Aug 21	Oct 21	Jul 20

2003

	♃					♆		⚷
Jan 1	7♐59	21♊16R	7♎48	29♊56R	23♎10	20♉53R	22♋06R	6♏00
6	8 06	21 11	7 48R	29 52	23 12	20 51	22 02	6 02
11	8 13	21 07	7 48	29 48	23 13	20 49	21 59	6 04
16	8 19	21 02	7 47	29 45	23 13	20 48	21 55	6 05
21	8 25	20 58	7 46	29 41	23 14R	20 47	21 52	6 06
26	8 31	20 55	7 45	29 38	23 13	20 46	21 48	6 06
31	8 36	20 52	7 43	29 35	23 13	20 45	21 45	6 07
Feb 5	8 40	20 49	7 41	29 32	23 12	20 45D	21 42	6 07R
10	8 44	20 46	7 38	29 29	23 11	20 45	21 39	6 06
15	8 47	20 44	7 35	29 27	23 09	20 46	21 36	6 06
20	8 49	20 43	7 32	29 25	23 07	20 47	21 33	6 05
25	8 51	20 42	7 29	29 24	23 05	20 48	21 31	6 04
Mar 2	8 53	20 41	7 25	29 22	23 03	20 50	21 28	6 02
7	8 53	20 41D	7 21	29 22	23 00	20 52	21 26	6 01
12	8 53R	20 42	7 17	29 21	22 57	20 54	21 25	5 59
17	8 53	20 43	7 12	29 21D	22 54	20 57	21 23	5 56
22	8 52	20 44	7 08	29 22	22 50	20 59	21 22	5 54
27	8 50	20 46	7 04	29 22	22 47	21 02	21 21	5 51
Apr 1	8 48	20 49	6 59	29 24	22 43	21 06	21 21	5 49
6	8 45	20 51	6 55	29 25	22 40	21 09	21 20D	5 46
11	8 41	20 55	6 51	29 27	22 36	21 13	21 21	5 43
16	8 37	20 59	6 46	29 29	22 32	21 17	21 21	5 40
21	8 33	21 03	6 42	29 32	22 28	21 21	21 22	5 37
26	8 28	21 07	6 38	29 35	22 25	21 25	21 23	5 34
May 1	8 23	21 12	6 35	29 38	22 21	21 30	21 24	5 30
6	8 18	21 17	6 31	29 42	22 18	21 34	21 26	5 27
11	8 12	21 23	6 28	29 46	22 14	21 38	21 28	5 24
16	8 06	21 29	6 25	29 50	22 11	21 43	21 30	5 21
21	8 00	21 35	6 23	29 54	22 08	21 47	21 33	5 18
26	7 54	21 41	6 20	29 58	22 05	21 51	21 36	5 16
31	7 48	21 47	6 19	0♋03	22 03	21 56	21 39	5 13
Jun 5	7 42	21 53	6 17	0 08	22 01	22 00	21 42	5 10
10	7 36	22 00	6 16	0 13	21 59	22 04	21 46	5 08
15	7 30	22 06	6 15	0 18	21 57	22 08	21 49	5 06
20	7 24	22 12	6 15D	0 23	21 56	22 12	21 53	5 04
25	7 19	22 19	6 15	0 27	21 55	22 15	21 57	5 03
30	7 14	22 25	6 16	0 32	21 54	22 18	22 01	5 01
Jul 5	7 09	22 31	6 17	0 37	21 54	22 22	22 05	5 00
10	7 04	22 37	6 18	0 42	21 54D	22 24	22 09	4 59
15	7 00	22 43	6 20	0 47	21 54	22 27	22 13	4 59
20	6 56	22 49	6 22	0 52	21 55	22 29	22 17	4 59
25	6 53	22 54	6 25	0 56	21 56	22 31	22 22	4 59D
30	6 50	22 59	6 28	1 00	21 57	22 33	22 26	4 59
Aug 4	6 48	23 04	6 31	1 04	21 59	22 35	22 30	5 00
9	6 46	23 08	6 34	1 08	22 01	22 36	22 34	5 01
14	6 45	23 12	6 38	1 12	22 03	22 36	22 37	5 02
19	6 45	23 16	6 43	1 15	22 06	22 37	22 41	5 03
24	6 45D	23 19	6 47	1 18	22 09	22 37R	22 45	5 05
29	6 46	23 22	6 52	1 21	22 12	22 37	22 48	5 07
Sep 3	6 47	23 24	6 57	1 23	22 15	22 36	22 51	5 09
8	6 49	23 26	7 02	1 25	22 19	22 35	22 54	5 12
13	6 51	23 28	7 07	1 27	22 23	22 34	22 56	5 15
18	6 55	23 29	7 12	1 28	22 27	22 32	22 59	5 17
23	6 58	23 29	7 18	1 29	22 31	22 31	23 01	5 21
28	7 02	23 29R	7 23	1 29	22 36	22 28	23 03	5 24
Oct 3	7 07	23 28	7 29	1 29R	22 40	22 26	23 04	5 27
8	7 12	23 27	7 34	1 29	22 45	22 23	23 05	5 31
13	7 18	23 26	7 40	1 28	22 50	22 21	23 06	5 35
18	7 24	23 24	7 45	1 27	22 54	22 18	23 07	5 39
23	7 31	23 21	7 51	1 26	22 59	22 14	23 07R	5 42
28	7 38	23 18	7 56	1 24	23 03	22 11	23 07	5 46
Nov 2	7 45	23 15	8 01	1 22	23 08	22 08	23 06	5 50
7	7 53	23 11	8 06	1 20	23 13	22 04	23 05	5 54
12	8 00	23 07	8 10	1 17	23 17	22 00	23 04	5 58
17	8 08	23 03	8 14	1 14	23 21	21 57	23 03	6 02
22	8 17	22 58	8 18	1 11	23 25	21 53	23 01	6 05
27	8 25	22 54	8 22	1 07	23 29	21 50	22 59	6 09
Dec 2	8 33	22 49	8 25	1 03	23 32	21 46	22 57	6 12
7	8 41	22 44	8 28	1 00	23 36	21 43	22 54	6 16
12	8 50	22 39	8 30	0 56	23 39	21 40	22 51	6 19
17	8 58	22 33	8 33	0 52	23 42	21 36	22 49	6 22
22	9 06	22 28	8 34	0 47	23 44	21 34	22 45	6 24
27	9♐13	22♊23	8♎35	0♋43	23♎46	21♉31	22♋42	6♏27

Stations	Mar 9	Mar 4	Jan 5	Mar 14	Jan 20	Feb 3	Apr 5	Feb 2
	Aug 20	Sep 24	Jun 20	Oct 1	Jul 7	Aug 22	Oct 22	Jul 21

	♃	⚷	⚶	⚷	⚴	♇	⚳	⚴
Jan 1	9♐21	22♊18R	8♎36	0♋39R	23♎48	21♉29R	22♋39R	6♏29
6	9 28	22 13	8 37R	0 35	23 49	21 26	22 35	6 31
11	9 35	22 09	8 37	0 31	23 50	21 25	22 32	6 32
16	9 41	22 04	8 36	0 28	23 51	21 23	22 29	6 34
21	9 47	22 00	8 35	0 24	23 51R	21 22	22 25	6 35
26	9 53	21 56	8 34	0 21	23 51	21 21	22 22	6 35
31	9 58	21 53	8 32	0 17	23 51	21 20	22 18	6 36
Feb 5	10 02	21 50	8 30	0 15	23 50	21 20D	22 15	6 36R
10	10 06	21 48	8 27	0 12	23 49	21 20	22 12	6 36
15	10 10	21 45	8 24	0 10	23 47	21 21	22 09	6 35
20	10 13	21 44	8 21	0 08	23 45	21 22	22 06	6 34
25	10 15	21 43	8 18	0 06	23 43	21 23	22 04	6 33
Mar 1	10 16	21 42	8 14	0 05	23 41	21 25	22 01	6 32
6	10 17	21 42D	8 10	0 04	23 38	21 27	21 59	6 30
11	10 17R	21 42	8 06	0 04	23 35	21 29	21 58	6 28
16	10 17	21 43	8 02	0 03D	23 32	21 31	21 56	6 26
21	10 16	21 44	7 57	0 04	23 29	21 34	21 55	6 24
26	10 15	21 46	7 53	0 05	23 25	21 37	21 54	6 21
31	10 12	21 49	7 49	0 06	23 22	21 40	21 53	6 18
Apr 5	10 10	21 51	7 44	0 07	23 18	21 44	21 53D	6 15
10	10 06	21 55	7 40	0 09	23 14	21 48	21 53	6 12
15	10 03	21 58	7 36	0 11	23 10	21 51	21 54	6 09
20	9 59	22 02	7 32	0 14	23 07	21 56	21 54	6 06
25	9 54	22 07	7 28	0 17	23 03	22 00	21 56	6 03
30	9 49	22 12	7 24	0 20	22 59	22 04	21 57	6 00
May 5	9 44	22 17	7 20	0 23	22 56	22 08	21 59	5 57
10	9 38	22 22	7 17	0 27	22 53	22 13	22 01	5 54
15	9 32	22 28	7 14	0 31	22 49	22 17	22 03	5 51
20	9 26	22 34	7 12	0 35	22 46	22 21	22 05	5 48
25	9 20	22 40	7 09	0 40	22 44	22 26	22 08	5 45
30	9 14	22 46	7 07	0 44	22 41	22 30	22 11	5 42
Jun 4	9 08	22 52	7 06	0 49	22 39	22 34	22 14	5 40
9	9 02	22 59	7 05	0 54	22 37	22 38	22 18	5 38
14	8 56	23 05	7 04	0 59	22 35	22 42	22 21	5 36
19	8 50	23 12	7 03	1 04	22 34	22 46	22 25	5 34
24	8 45	23 18	7 04D	1 09	22 32	22 50	22 29	5 32
29	8 39	23 24	7 04	1 14	22 32	22 53	22 33	5 31
Jul 4	8 34	23 31	7 05	1 19	22 31	22 56	22 37	5 30
9	8 30	23 37	7 06	1 24	22 31D	22 59	22 41	5 29
14	8 25	23 43	7 08	1 28	22 32	23 02	22 45	5 28
19	8 21	23 48	7 10	1 33	22 32	23 04	22 50	5 28
24	8 18	23 54	7 12	1 37	22 33	23 06	22 54	5 28D
29	8 15	23 59	7 15	1 42	22 34	23 08	22 58	5 28
Aug 3	8 13	24 04	7 18	1 46	22 36	23 10	23 02	5 29
8	8 11	24 08	7 22	1 50	22 38	23 11	23 06	5 30
13	8 10	24 12	7 26	1 53	22 40	23 12	23 10	5 31
18	8 09	24 16	7 30	1 57	22 43	23 12	23 13	5 32
23	8 09D	24 19	7 34	2 00	22 46	23 12R	23 17	5 34
28	8 09	24 22	7 39	2 03	22 49	23 12	23 20	5 36
Sep 2	8 10	24 25	7 44	2 05	22 52	23 11	23 23	5 38
7	8 12	24 27	7 49	2 07	22 56	23 11	23 26	5 41
12	8 14	24 28	7 54	2 09	23 00	23 09	23 29	5 43
17	8 17	24 29	8 00	2 10	23 04	23 08	23 31	5 46
22	8 21	24 30	8 05	2 11	23 08	23 06	23 33	5 49
27	8 25	24 30R	8 11	2 12	23 13	23 04	23 35	5 53
Oct 2	8 30	24 29	8 16	2 12R	23 17	23 02	23 37	5 56
7	8 35	24 28	8 22	2 12	23 22	22 59	23 38	6 00
12	8 40	24 27	8 27	2 11	23 26	22 56	23 39	6 03
17	8 46	24 25	8 33	2 10	23 31	22 53	23 39	6 07
22	8 53	24 23	8 38	2 09	23 36	22 50	23 39R	6 11
27	9 00	24 20	8 43	2 07	23 40	22 47	23 39	6 15
Nov 1	9 07	24 17	8 48	2 05	23 45	22 43	23 39	6 19
6	9 14	24 13	8 53	2 02	23 49	22 40	23 38	6 23
11	9 22	24 09	8 57	2 00	23 54	22 36	23 37	6 27
16	9 30	24 05	9 02	1 57	23 58	22 33	23 36	6 30
21	9 38	24 00	9 06	1 54	24 02	22 29	23 34	6 34
26	9 46	23 56	9 09	1 50	24 06	22 25	23 32	6 38
Dec 1	9 54	23 51	9 13	1 46	24 09	22 22	23 30	6 41
6	10 03	23 46	9 16	1 43	24 13	22 18	23 27	6 44
11	10 11	23 41	9 18	1 39	24 16	22 15	23 25	6 48
16	10 19	23 35	9 21	1 35	24 19	22 12	23 22	6 51
21	10 27	23 30	9 22	1 31	24 21	22 09	23 19	6 53
26	10 35	23 25	9 24	1 26	24 23	22 06	23 16	6 56
31	10♐42	23♊20	9♎25	1♋22	24♎25	22♉04	23♋12	6♏58
Stations	Mar 10	Mar 4	Jan 6	Mar 14	Jan 21	Feb 4	Apr 5	Feb 2
	Aug 21	Sep 24	Jun 20	Oct 1	Jul 7	Aug 22	Oct 22	Jul 21

2005

	♃	⚷	⚴	⚵	⚶	♇	⚶	⚷
Jan 5	10♐50	23♊15R	9♎25	1♋18R	24♎27	22♉02R	23♋09R	7♏00
10	10 57	23 11	9 25R	1 14	24 28	22 00	23 05	7 01
15	11 03	23 06	9 25	1 11	24 28	21 58	23 02	7 03
20	11 09	23 02	9 24	1 07	24 29	21 57	22 58	7 04
25	11 15	22 58	9 22	1 03	24 29R	21 56	22 55	7 05
30	11 20	22 55	9 21	1 00	24 28	21 56	22 52	7 05
Feb 4	11 25	22 52	9 19	0 57	24 28	21 55D	22 48	7 05R
9	11 29	22 49	9 16	0 55	24 26	21 56	22 45	7 05
14	11 33	22 47	9 13	0 52	24 25	21 56	22 42	7 04
19	11 36	22 45	9 10	0 50	24 23	21 57	22 39	7 04
24	11 38	22 44	9 07	0 49	24 21	21 58	22 37	7 02
Mar 1	11 40	22 43	9 03	0 47	24 19	22 00	22 35	7 01
6	11 41	22 43D	8 59	0 46	24 16	22 01	22 32	6 59
11	11 41	22 43	8 55	0 46	24 13	22 03	22 31	6 58
16	11 41R	22 44	8 51	0 46D	24 10	22 06	22 29	6 55
21	11 40	22 45	8 47	0 46	24 07	22 09	22 28	6 53
26	11 39	22 47	8 42	0 47	24 03	22 12	22 27	6 51
31	11 37	22 49	8 38	0 48	24 00	22 15	22 26	6 48
Apr 5	11 35	22 51	8 34	0 49	23 56	22 18	22 26	6 45
10	11 32	22 55	8 29	0 51	23 52	22 22	22 26D	6 42
15	11 28	22 58	8 25	0 53	23 49	22 26	22 26	6 39
20	11 24	23 02	8 21	0 56	23 45	22 30	22 27	6 36
25	11 20	23 06	8 17	0 58	23 41	22 34	22 28	6 33
30	11 15	23 11	8 13	1 01	23 38	22 38	22 29	6 30
May 5	11 10	23 16	8 09	1 05	23 34	22 43	22 31	6 27
10	11 04	23 22	8 06	1 09	23 31	22 47	22 33	6 23
15	10 58	23 27	8 03	1 13	23 28	22 51	22 35	6 20
20	10 52	23 33	8 00	1 17	23 25	22 56	22 38	6 17
25	10 46	23 39	7 58	1 21	23 22	23 00	22 40	6 15
30	10 40	23 45	7 56	1 26	23 19	23 05	22 43	6 12
Jun 4	10 34	23 51	7 54	1 30	23 17	23 09	22 47	6 09
9	10 28	23 58	7 53	1 35	23 15	23 13	22 50	6 07
14	10 22	24 04	7 52	1 40	23 13	23 17	22 54	6 05
19	10 16	24 11	7 52	1 45	23 11	23 21	22 57	6 03
24	10 11	24 17	7 52D	1 50	23 10	23 24	23 01	6 01
29	10 05	24 23	7 52	1 55	23 09	23 28	23 05	6 00
Jul 4	10 00	24 30	7 53	2 00	23 09	23 31	23 09	5 59
9	9 55	24 36	7 54	2 05	23 09D	23 34	23 13	5 58
14	9 51	24 42	7 56	2 10	23 09	23 37	23 17	5 57
19	9 47	24 48	7 58	2 14	23 10	23 39	23 22	5 57
24	9 43	24 53	8 00	2 19	23 11	23 41	23 26	5 57D
29	9 40	24 58	8 03	2 23	23 12	23 43	23 30	5 57
Aug 3	9 37	25 03	8 06	2 27	23 13	23 44	23 34	5 58
8	9 35	25 08	8 10	2 31	23 15	23 46	23 38	5 59
13	9 34	25 12	8 13	2 35	23 18	23 47	23 42	6 00
18	9 33	25 16	8 17	2 38	23 20	23 47	23 45	6 01
23	9 33D	25 19	8 22	2 42	23 23	23 47R	23 49	6 03
28	9 33	25 22	8 26	2 44	23 26	23 47	23 52	6 05
Sep 2	9 34	25 25	8 31	2 47	23 29	23 47	23 55	6 07
7	9 36	25 27	8 36	2 49	23 33	23 46	23 58	6 09
12	9 38	25 29	8 41	2 51	23 37	23 45	24 01	6 12
17	9 40	25 30	8 47	2 52	23 41	23 43	24 04	6 15
22	9 44	25 30	8 52	2 53	23 45	23 42	24 06	6 18
27	9 48	25 31R	8 58	2 54	23 50	23 40	24 08	6 21
Oct 2	9 52	25 30	9 03	2 54R	23 54	23 37	24 09	6 25
7	9 57	25 29	9 09	2 54	23 59	23 35	24 10	6 28
12	10 02	25 28	9 14	2 53	24 03	23 32	24 11	6 32
17	10 08	25 26	9 20	2 52	24 08	23 29	24 12	6 36
22	10 15	25 24	9 25	2 51	24 12	23 26	24 12	6 40
27	10 21	25 21	9 30	2 49	24 17	23 22	24 12R	6 44
Nov 1	10 28	25 18	9 35	2 47	24 22	23 19	24 12	6 47
6	10 36	25 15	9 40	2 45	24 26	23 16	24 11	6 51
11	10 43	25 11	9 45	2 43	24 31	23 12	24 10	6 55
16	10 51	25 07	9 49	2 40	24 35	23 08	24 09	6 59
21	10 59	25 02	9 53	2 36	24 39	23 05	24 07	7 03
26	11 07	24 58	9 57	2 33	24 43	23 01	24 05	7 06
Dec 1	11 16	24 53	10 01	2 29	24 46	22 58	24 03	7 10
6	11 24	24 48	10 04	2 26	24 50	22 54	24 01	7 13
11	11 32	24 43	10 06	2 22	24 53	22 51	23 58	7 16
16	11 40	24 37	10 09	2 18	24 56	22 48	23 55	7 19
21	11 48	24 32	10 10	2 14	24 58	22 45	23 52	7 22
26	11 56	24 27	10 12	2 09	25 01	22 42	23 49	7 25
31	12♐04	24♊22	10♎13	2♋05	25♎02	22♉40	23♋46	7♏27

| Stations | Mar 12 | Mar 6 | Jan 7 | Mar 15 | Jan 21 | Feb 4 | Apr 6 | Feb 2 |
| | Aug 22 | Sep 25 | Jun 21 | Oct 2 | Jul 8 | Aug 22 | Oct 23 | Jul 21 |

	♃	⚷	⚳	⚴	⚶	♇	⚵	⚸
Jan 5	12✗11	24Ⅱ17R	10♎13	2♋01R	25♎04	22♉37R	23♋42R	7♏29
10	12 19	24 12	10 13R	1 57	25 05	22 35	23 39	7 30
15	12 25	24 08	10 13	1 54	25 06	22 34	23 35	7 32
20	12 32	24 04	10 12	1 50	25 06	22 32	23 32	7 33
25	12 37	24 00	10 11	1 46	25 06R	22 32	23 28	7 34
30	12 43	23 56	10 09	1 43	25 06	22 31	23 25	7 34
Feb 4	12 48	23 53	10 07	1 40	25 05	22 31	23 22	7 34R
9	12 52	23 50	10 05	1 37	25 04	22 31D	23 18	7 34
14	12 56	23 48	10 02	1 35	25 03	22 31	23 15	7 34
19	12 59	23 46	9 59	1 33	25 01	22 32	23 13	7 33
24	13 01	23 45	9 56	1 31	24 59	22 33	23 10	7 32
Mar 1	13 03	23 44	9 52	1 30	24 57	22 34	23 08	7 30
6	13 05	23 43	9 49	1 29	24 54	22 36	23 06	7 29
11	13 05	23 44D	9 45	1 28	24 51	22 38	23 04	7 27
16	13 05R	23 44	9 40	1 28D	24 48	22 41	23 02	7 25
21	13 05	23 45	9 36	1 28	24 45	22 43	23 01	7 23
26	13 04	23 47	9 32	1 29	24 42	22 46	23 00	7 20
31	13 02	23 49	9 27	1 30	24 38	22 50	22 59	7 17
Apr 5	13 00	23 52	9 23	1 31	24 34	22 53	22 59	7 15
10	12 57	23 55	9 18	1 33	24 31	22 57	22 59D	7 12
15	12 53	23 58	9 14	1 35	24 27	23 00	22 59	7 09
20	12 49	24 02	9 10	1 37	24 23	23 04	23 00	7 06
25	12 45	24 06	9 06	1 40	24 20	23 09	23 01	7 02
30	12 40	24 11	9 02	1 43	24 16	23 13	23 02	6 59
May 5	12 35	24 16	8 59	1 47	24 12	23 17	23 04	6 56
10	12 30	24 21	8 55	1 50	24 09	23 22	23 05	6 53
15	12 24	24 27	8 52	1 54	24 06	23 26	23 08	6 50
20	12 19	24 32	8 49	1 58	24 03	23 30	23 10	6 47
25	12 13	24 38	8 47	2 03	24 00	23 35	23 13	6 44
30	12 06	24 44	8 45	2 07	23 57	23 39	23 16	6 42
Jun 4	12 00	24 51	8 43	2 12	23 55	23 43	23 19	6 39
9	11 54	24 57	8 42	2 17	23 53	23 47	23 22	6 37
14	11 48	25 03	8 41	2 21	23 51	23 51	23 26	6 35
19	11 42	25 10	8 40	2 26	23 49	23 55	23 30	6 33
24	11 36	25 16	8 40D	2 31	23 48	23 59	23 33	6 31
29	11 31	25 23	8 41	2 36	23 47	24 02	23 37	6 29
Jul 4	11 26	25 29	8 41	2 41	23 47	24 06	23 41	6 28
9	11 21	25 35	8 42	2 46	23 47D	24 09	23 45	6 27
14	11 16	25 41	8 44	2 51	23 47	24 11	23 50	6 27
19	11 12	25 47	8 46	2 56	23 47	24 14	23 54	6 26
24	11 08	25 52	8 48	3 00	23 48	24 16	23 58	6 26D
29	11 05	25 58	8 51	3 05	23 49	24 18	24 02	6 26
Aug 3	11 02	26 03	8 54	3 09	23 51	24 19	24 06	6 27
8	11 00	26 07	8 57	3 13	23 53	24 21	24 10	6 28
13	10 58	26 12	9 01	3 17	23 55	24 22	24 14	6 29
18	10 57	26 16	9 05	3 20	23 57	24 22	24 18	6 30
23	10 57	26 19	9 09	3 23	24 00	24 22R	24 21	6 32
28	10 57D	26 22	9 14	3 26	24 03	24 22	24 25	6 34
Sep 2	10 58	26 25	9 19	3 29	24 07	24 22	24 28	6 36
7	10 59	26 27	9 24	3 31	24 10	24 21	24 31	6 38
12	11 01	26 29	9 29	3 33	24 14	24 20	24 33	6 41
17	11 03	26 30	9 34	3 34	24 18	24 19	24 36	6 44
22	11 07	26 31	9 39	3 35	24 22	24 17	24 38	6 47
27	11 10	26 31R	9 45	3 36	24 26	24 15	24 40	6 50
Oct 2	11 14	26 31	9 51	3 36	24 31	24 13	24 42	6 53
7	11 19	26 30	9 56	3 36R	24 35	24 10	24 43	6 57
12	11 25	26 29	10 02	3 36	24 40	24 08	24 44	7 01
17	11 30	26 27	10 07	3 35	24 45	24 05	24 45	7 04
22	11 36	26 25	10 12	3 34	24 49	24 02	24 45	7 08
27	11 43	26 23	10 18	3 32	24 54	23 58	24 45R	7 12
Nov 1	11 50	26 20	10 23	3 30	24 59	23 55	24 45	7 16
6	11 57	26 16	10 28	3 28	25 03	23 51	24 44	7 20
11	12 05	26 13	10 32	3 25	25 08	23 48	24 43	7 24
16	12 13	26 09	10 37	3 22	25 12	23 44	24 42	7 28
21	12 21	26 04	10 41	3 19	25 16	23 40	24 40	7 31
26	12 29	26 00	10 45	3 16	25 20	23 37	24 38	7 35
Dec 1	12 37	25 55	10 48	3 12	25 24	23 33	24 36	7 39
6	12 45	25 50	10 51	3 09	25 27	23 30	24 34	7 42
11	12 54	25 45	10 54	3 05	25 30	23 27	24 31	7 45
16	13 02	25 40	10 56	3 01	25 33	23 23	24 28	7 48
21	13 10	25 34	10 58	2 57	25 36	23 20	24 25	7 51
26	13 18	25 29	11 00	2 53	25 38	23 18	24 22	7 53
31	13✗26	25Ⅱ24	11♎01	2♋48	25♎40	23♉15	24♋19	7♏56

Stations	Mar 13	Mar 7	Jan 8	Mar 16	Jan 22	Feb 5	Apr 7	Feb 3
	Aug 24	Sep 26	Jun 22	Oct 3	Jul 9	Aug 23	Oct 23	Jul 22

2007

	♃	⊊	⚷	♈	⯝	♆	⯚	♅
Jan 5	13✗ 33	25Ⅱ 19R	11♎ 02	2♋ 44R	25♎ 41	23♉ 13R	24♋ 15R	7♏ 58
10	13 40	25 14	11 02R	2 40	25 43	23 11	24 12	7 59
15	13 47	25 10	11 02	2 37	25 43	23 09	24 09	8 01
20	13 54	25 06	11 01	2 33	25 44	23 08	24 05	8 02
25	14 00	25 02	11 00	2 29	25 44R	23 07	24 02	8 03
30	14 05	24 58	10 58	2 26	25 44	23 06	23 58	8 03
Feb 4	14 10	24 55	10 56	2 23	25 43	23 06	23 55	8 03R
9	14 15	24 52	10 54	2 20	25 42	23 06D	23 52	8 03
14	14 19	24 49	10 51	2 18	25 41	23 06	23 49	8 03
19	14 22	24 47	10 48	2 16	25 39	23 07	23 46	8 02
24	14 25	24 46	10 45	2 14	25 37	23 08	23 43	8 01
Mar 1	14 27	24 45	10 42	2 12	25 35	23 09	23 41	8 00
6	14 28	24 44	10 38	2 11	25 32	23 11	23 39	7 58
11	14 29	24 44D	10 34	2 11	25 29	23 13	23 37	7 56
16	14 30R	24 45	10 30	2 10D	25 26	23 15	23 35	7 54
21	14 29	24 46	10 25	2 10	25 23	23 18	23 34	7 52
26	14 28	24 47	10 21	2 11	25 20	23 21	23 33	7 50
31	14 27	24 49	10 17	2 12	25 16	23 24	23 32	7 47
Apr 5	14 24	24 52	10 12	2 13	25 13	23 28	23 32	7 44
10	14 22	24 55	10 08	2 15	25 09	23 31	23 32D	7 41
15	14 19	24 58	10 03	2 17	25 05	23 35	23 32	7 38
20	14 15	25 02	9 59	2 19	25 02	23 39	23 32	7 35
25	14 11	25 06	9 55	2 22	24 58	23 43	23 33	7 32
30	14 06	25 10	9 51	2 25	24 54	23 47	23 35	7 29
May 4	14 01	25 15	9 48	2 28	24 51	23 52	23 36	7 26
10	13 56	25 20	9 44	2 32	24 47	23 56	23 38	7 23
15	13 50	25 26	9 41	2 36	24 44	24 00	23 40	7 20
20	13 45	25 32	9 38	2 40	24 41	24 05	23 42	7 17
25	13 39	25 37	9 36	2 44	24 38	24 09	23 45	7 14
30	13 33	25 44	9 34	2 49	24 35	24 13	23 48	7 11
Jun 4	13 26	25 50	9 32	2 53	24 33	24 18	23 51	7 09
9	13 20	25 56	9 31	2 58	24 31	24 22	23 54	7 06
14	13 14	26 03	9 29	3 03	24 29	24 26	23 58	7 04
19	13 08	26 09	9 29	3 08	24 27	24 30	24 02	7 02
24	13 02	26 15	9 29D	3 13	24 26	24 33	24 06	7 00
29	12 57	26 22	9 29	3 18	24 25	24 37	24 09	6 59
Jul 4	12 51	26 28	9 29	3 23	24 24	24 40	24 13	6 58
9	12 46	26 34	9 30	3 28	24 24D	24 43	24 18	6 57
14	12 42	26 40	9 32	3 32	24 24	24 46	24 22	6 56
19	12 37	26 46	9 34	3 37	24 25	24 49	24 26	6 55
24	12 34	26 52	9 36	3 42	24 26	24 51	24 30	6 55D
29	12 30	26 57	9 39	3 46	24 27	24 53	24 34	6 55
Aug 3	12 27	27 02	9 42	3 50	24 28	24 54	24 38	6 56
8	12 25	27 07	9 45	3 54	24 30	24 56	24 42	6 57
13	12 23	27 11	9 49	3 58	24 32	24 57	24 46	6 58
18	12 22	27 15	9 52	4 02	24 34	24 57	24 50	6 59
23	12 21	27 19	9 57	4 05	24 37	24 58	24 53	7 01
28	12 21D	27 22	10 01	4 08	24 40	24 58R	24 57	7 03
Sep 2	12 21	27 25	10 06	4 10	24 44	24 57	25 00	7 05
7	12 23	27 27	10 11	4 13	24 47	24 57	25 03	7 07
12	12 24	27 29	10 16	4 15	24 51	24 56	25 06	7 10
17	12 27	27 31	10 21	4 16	24 55	24 54	25 08	7 12
22	12 30	27 32	10 27	4 17	24 59	24 53	25 11	7 16
27	12 33	27 32	10 32	4 18	25 03	24 51	25 13	7 19
Oct 2	12 37	27 32R	10 38	4 19	25 08	24 48	25 14	7 22
7	12 42	27 31	10 43	4 19R	25 12	24 46	25 16	7 26
12	12 47	27 30	10 49	4 18	25 17	24 43	25 17	7 29
17	12 52	27 29	10 54	4 17	25 21	24 40	25 17	7 33
22	12 58	27 27	11 00	4 16	25 26	24 37	25 18	7 37
27	13 05	27 24	11 05	4 15	25 31	24 34	25 18R	7 41
Nov 1	13 12	27 21	11 10	4 14	25 35	24 31	25 18	7 45
6	13 19	27 18	11 15	4 11	25 40	24 27	25 17	7 49
11	13 26	27 14	11 20	4 08	25 44	24 23	25 16	7 52
16	13 34	27 10	11 24	4 05	25 49	24 20	25 15	7 56
21	13 42	27 06	11 28	4 02	25 53	24 16	25 13	8 00
26	13 50	27 02	11 32	3 59	25 57	24 13	25 11	8 04
Dec 1	13 58	26 57	11 36	3 55	26 01	24 09	25 09	8 07
6	14 07	26 52	11 39	3 52	26 04	24 06	25 07	8 11
11	14 15	26 47	11 42	3 48	26 07	24 02	25 04	8 14
16	14 23	26 42	11 44	3 44	26 10	23 59	25 02	8 17
21	14 31	26 36	11 46	3 40	26 13	23 56	24 59	8 20
26	14 39	26 31	11 48	3 36	26 15	23 53	24 55	8 22
31	14✗ 47	26Ⅱ 26	11♎ 49	3♋ 31	26♎ 17	23♉ 51	24♋ 52	8♏ 25
Stations	Mar 15	Mar 8	Jan 9	Mar 16	Jan 23	Feb 6	Apr 8	Feb 3
	Aug 26	Sep 28	Jun 23	Oct 4	Jul 9	Aug 24	Oct 24	Jul 23

	♃	ℭ	☤	♈	♇	Ψ	⚷	♆
Jan 5	14♐55	26♊21R	11♎50	3♋27R	26♎19	23♉48R	24♋49R	8♏27
10	15 02	26 16	11 50R	3 23	26 20	23 46	24 45	8 28
15	15 09	26 12	11 50	3 19	26 21	23 45	24 42	8 30
20	15 16	26 07	11 49	3 16	26 22	23 43	24 38	8 31
25	15 22	26 03	11 48	3 12	26 22R	23 42	24 35	8 32
30	15 27	26 00	11 47	3 09	26 21	23 41	24 32	8 32
Feb 4	15 33	25 56	11 45	3 06	26 21	23 41	24 28	8 33R
9	15 37	25 53	11 43	3 03	26 20	23 41D	24 25	8 33
14	15 41	25 51	11 40	3 00	26 19	23 41	24 22	8 32
19	15 45	25 49	11 37	2 58	26 17	23 42	24 19	8 32
24	15 48	25 47	11 34	2 56	26 15	23 43	24 16	8 31
29	15 50	25 46	11 31	2 55	26 13	23 44	24 14	8 29
Mar 5	15 52	25 45	11 27	2 54	26 10	23 46	24 12	8 28
10	15 53	25 45D	11 23	2 53	26 08	23 48	24 10	8 26
15	15 54R	25 45	11 19	2 53	26 05	23 50	24 08	8 24
20	15 53	25 46	11 15	2 53D	26 01	23 53	24 07	8 22
25	15 53	25 48	11 10	2 53	25 58	23 56	24 06	8 19
30	15 51	25 49	11 06	2 54	25 55	23 59	24 05	8 17
Apr 4	15 49	25 52	11 01	2 55	25 51	24 02	24 04	8 14
9	15 47	25 54	10 57	2 57	25 47	24 06	24 04D	8 11
14	15 44	25 58	10 53	2 59	25 44	24 10	24 05	8 08
19	15 40	26 01	10 49	3 01	25 40	24 13	24 05	8 05
24	15 36	26 05	10 44	3 03	25 36	24 18	24 06	8 02
29	15 32	26 10	10 41	3 06	25 32	24 22	24 07	7 59
May 4	15 27	26 15	10 37	3 10	25 29	24 26	24 09	7 55
9	15 22	26 20	10 33	3 13	25 25	24 30	24 10	7 52
14	15 16	26 25	10 30	3 17	25 22	24 35	24 12	7 49
19	15 11	26 31	10 27	3 21	25 19	24 39	24 15	7 46
24	15 05	26 37	10 25	3 25	25 16	24 44	24 17	7 43
29	14 59	26 43	10 23	3 30	25 13	24 48	24 20	7 41
Jun 3	14 53	26 49	10 21	3 35	25 11	24 52	24 23	7 38
8	14 46	26 55	10 19	3 39	25 09	24 56	24 27	7 36
13	14 40	27 02	10 18	3 44	25 07	25 00	24 30	7 34
18	14 34	27 08	10 17	3 49	25 05	25 04	24 34	7 32
23	14 28	27 15	10 17	3 54	25 04	25 08	24 38	7 30
28	14 23	27 21	10 17D	3 59	25 03	25 11	24 42	7 28
Jul 3	14 17	27 27	10 18	4 04	25 02	25 15	24 46	7 27
8	14 12	27 33	10 19	4 09	25 02	25 18	24 50	7 26
13	14 07	27 40	10 20	4 14	25 02D	25 21	24 54	7 25
18	14 03	27 45	10 22	4 18	25 02	25 23	24 58	7 25
23	13 59	27 51	10 24	4 23	25 03	25 26	25 02	7 24D
28	13 55	27 57	10 26	4 28	25 04	25 28	25 06	7 25
Aug 2	13 52	28 02	10 29	4 32	25 05	25 29	25 10	7 25
7	13 50	28 07	10 33	4 36	25 07	25 31	25 14	7 26
12	13 48	28 11	10 36	4 40	25 09	25 32	25 18	7 27
17	13 46	28 15	10 40	4 43	25 12	25 32	25 22	7 28
22	13 45	28 19	10 44	4 47	25 14	25 33	25 26	7 30
27	13 45D	28 22	10 49	4 50	25 17	25 33R	25 29	7 31
Sep 1	13 45	28 25	10 53	4 52	25 21	25 32	25 32	7 34
6	13 46	28 28	10 58	4 55	25 24	25 32	25 35	7 36
11	13 48	28 30	11 03	4 57	25 28	25 31	25 38	7 38
16	13 50	28 31	11 09	4 58	25 32	25 30	25 41	7 41
21	13 53	28 32	11 14	4 59	25 36	25 28	25 43	7 44
26	13 56	28 33	11 19	5 00	25 40	25 26	25 45	7 47
Oct 1	14 00	28 33R	11 25	5 01	25 45	25 24	25 47	7 51
6	14 04	28 32	11 31	5 01R	25 49	25 22	25 48	7 54
11	14 09	28 31	11 36	5 01	25 54	25 19	25 49	7 58
16	14 14	28 30	11 42	5 00	25 58	25 16	25 50	8 02
21	14 20	28 28	11 47	4 59	26 03	25 13	25 50	8 06
26	14 27	28 26	11 52	4 57	26 08	25 10	25 51R	8 09
31	14 33	28 23	11 57	4 55	26 12	25 06	25 50	8 13
Nov 5	14 41	28 20	12 02	4 53	26 17	25 03	25 50	8 17
10	14 48	28 16	12 07	4 51	26 21	24 59	25 49	8 21
15	14 56	28 12	12 12	4 48	26 26	24 56	25 48	8 25
20	15 03	28 08	12 16	4 45	26 30	24 52	25 46	8 29
25	15 12	28 03	12 20	4 42	26 34	24 48	25 44	8 32
30	15 20	27 59	12 24	4 38	26 38	24 45	25 42	8 36
Dec 5	15 28	27 54	12 27	4 35	26 41	24 41	25 40	8 39
10	15 36	27 49	12 30	4 31	26 44	24 38	25 37	8 43
15	15 45	27 44	12 32	4 27	26 47	24 35	25 35	8 46
20	15 53	27 38	12 34	4 23	26 50	24 32	25 32	8 48
25	16 01	27 33	12 36	4 19	26 52	24 29	25 29	8 51
30	16♐09	27♊28	12♎37	4♋14	26♎54	24♉26	25♋25	8♏53

Stations	Mar 15	Mar 8	Jan 10	Mar 16	Jan 24	Feb 7	Apr 7	Feb 4
	Aug 26	Sep 28	Jun 24	Oct 4	Jul 9	Aug 24	Oct 24	Jul 23

2009

	♃	♑	♀	♈	⚷	♆	⚴	⚸
Jan 4	16♐16	27♊23R	12♎38	4♋10R	26♎56	24♉24R	25♋22R	8♏55
9	16 24	27 18	12 39	4 06	26 57	24 22	25 19	8 57
14	16 31	27 14	12 39R	4 02	26 58	24 20	25 15	8 59
19	16 37	27 09	12 38	3 59	26 59	24 19	25 12	9 00
24	16 44	27 05	12 37	3 55	26 59R	24 17	25 08	9 01
29	16 50	27 01	12 36	3 52	26 59	24 17	25 05	9 02
Feb 3	16 55	26 58	12 34	3 49	26 59	24 16	25 01	9 02
8	17 00	26 55	12 32	3 46	26 58	24 16D	24 58	9 02R
13	17 04	26 52	12 29	3 43	26 57	24 16	24 55	9 01
18	17 08	26 50	12 26	3 41	26 55	24 17	24 52	9 01
23	17 11	26 48	12 23	3 39	26 53	24 18	24 50	9 00
28	17 14	26 47	12 20	3 37	26 51	24 19	24 47	8 59
Mar 5	17 16	26 46	12 16	3 36	26 48	24 21	24 45	8 57
10	17 17	26 46D	12 12	3 35	26 46	24 23	24 43	8 55
15	17 18	26 46	12 08	3 35	26 43	24 25	24 41	8 53
20	17 18R	26 47	12 04	3 35D	26 40	24 27	24 40	8 51
25	17 17	26 48	12 00	3 35	26 36	24 30	24 39	8 49
30	17 16	26 50	11 55	3 36	26 33	24 33	24 38	8 46
Apr 4	17 14	26 52	11 51	3 37	26 29	24 37	24 37	8 43
9	17 12	26 54	11 46	3 39	26 26	24 40	24 37D	8 41
14	17 09	26 58	11 42	3 40	26 22	24 44	24 37	8 38
19	17 06	27 01	11 38	3 43	26 18	24 48	24 38	8 35
24	17 02	27 05	11 34	3 45	26 14	24 52	24 39	8 31
29	16 57	27 09	11 30	3 48	26 11	24 56	24 40	8 28
May 4	16 53	27 14	11 26	3 51	26 07	25 00	24 41	8 25
9	16 48	27 19	11 23	3 55	26 04	25 05	24 43	8 22
14	16 42	27 25	11 19	3 59	26 00	25 09	24 45	8 19
19	16 37	27 30	11 16	4 03	25 57	25 14	24 47	8 16
24	16 31	27 36	11 14	4 07	25 54	25 18	24 50	8 13
29	16 25	27 42	11 11	4 11	25 51	25 22	24 53	8 10
Jun 3	16 19	27 48	11 09	4 16	25 49	25 27	24 56	8 08
8	16 13	27 54	11 08	4 21	25 47	25 31	24 59	8 05
13	16 06	28 01	11 07	4 25	25 45	25 35	25 02	8 03
18	16 00	28 07	11 06	4 30	25 43	25 39	25 06	8 01
23	15 55	28 14	11 05	4 35	25 42	25 42	25 10	7 59
28	15 49	28 20	11 05D	4 40	25 41	25 46	25 14	7 58
Jul 3	15 43	28 26	11 06	4 45	25 40	25 49	25 18	7 56
8	15 38	28 33	11 07	4 50	25 39	25 53	25 22	7 55
13	15 33	28 39	11 08	4 55	25 39D	25 55	25 26	7 54
18	15 28	28 45	11 10	5 00	25 40	25 58	25 30	7 54
23	15 24	28 50	11 12	5 04	25 40	26 00	25 34	7 54D
28	15 20	28 56	11 14	5 09	25 41	26 02	25 38	7 54
Aug 2	15 17	29 01	11 17	5 13	25 43	26 04	25 42	7 54
7	15 14	29 06	11 20	5 17	25 44	26 06	25 46	7 55
12	15 12	29 11	11 24	5 21	25 47	26 07	25 50	7 56
17	15 11	29 15	11 28	5 25	25 49	26 07	25 54	7 57
22	15 10	29 19	11 32	5 28	25 51	26 08	25 58	7 58
27	15 09	29 22	11 36	5 31	25 54	26 08R	26 01	8 00
Sep 1	15 09D	29 25	11 41	5 34	25 58	26 08	26 05	8 02
6	15 10	29 28	11 46	5 36	26 01	26 07	26 08	8 05
11	15 11	29 30	11 51	5 38	26 05	26 06	26 11	8 07
16	15 13	29 32	11 56	5 40	26 09	26 05	26 13	8 10
21	15 16	29 33	12 01	5 41	26 13	26 03	26 15	8 13
26	15 19	29 33	12 07	5 42	26 17	26 02	26 17	8 16
Oct 1	15 22	29 34R	12 12	5 43	26 21	25 59	26 19	8 19
6	15 27	29 33	12 18	5 43R	26 26	25 57	26 21	8 23
11	15 31	29 32	12 23	5 43	26 30	25 54	26 22	8 27
16	15 37	29 31	12 29	5 42	26 35	25 52	26 23	8 30
21	15 42	29 29	12 34	5 41	26 40	25 49	26 23	8 34
26	15 49	29 27	12 40	5 40	26 44	25 45	26 23R	8 38
31	15 55	29 24	12 45	5 38	26 49	25 42	26 23	8 42
Nov 5	16 02	29 21	12 50	5 36	26 54	25 38	26 23	8 46
10	16 10	29 18	12 55	5 34	26 58	25 35	26 22	8 50
15	16 17	29 14	12 59	5 31	27 02	25 31	26 21	8 54
20	16 25	29 10	13 04	5 28	27 07	25 28	26 19	8 57
25	16 33	29 05	13 08	5 25	27 11	25 24	26 17	9 01
30	16 41	29 01	13 11	5 21	27 14	25 21	26 15	9 05
Dec 5	16 49	28 56	13 15	5 18	27 18	25 17	26 13	9 08
10	16 58	28 51	13 18	5 14	27 21	25 14	26 11	9 11
15	17 06	28 46	13 20	5 10	27 24	25 10	26 08	9 14
20	17 14	28 41	13 22	5 06	27 27	25 07	26 05	9 17
25	17 22	28 35	13 24	5 02	27 30	25 04	26 02	9 20
30	17♐30	28♊30	13♎26	4♋58	27♎32	25♉02	25♋59	9♏22

Stations	Mar 17	Mar 10	Jan 10	Mar 17	Jan 23	Feb 6	Apr 8	Feb 4
	Aug 28	Sep 29	Jun 25	Oct 4	Jul 10	Aug 25	Oct 25	Jul 23

	♃	⚳	⚷	♈	♃	♆	⚷	♇	2010
Jan 4	17♐38	28♊25R	13♎26	4♋53R	27♎33	24♉59R	25♋55R	9♏24	
9	17 45	28 20	13 27	4 49	27 35	24 57	25 52	9 26	
14	17 53	28 16	13 27R	4 45	27 36	24 55	25 48	9 28	
19	17 59	28 11	13 27	4 42	27 37	24 54	25 45	9 29	
24	18 06	28 07	13 26	4 38	27 37R	24 53	25 41	9 30	
29	18 12	28 03	13 24	4 35	27 37	24 52	25 38	9 31	
Feb 3	18 17	27 59	13 23	4 31	27 36	24 51	25 35	9 31	
8	18 22	27 56	13 21	4 28	27 36	24 51D	25 31	9 31R	
13	18 27	27 53	13 18	4 26	27 34	24 51	25 28	9 31	
18	18 31	27 51	13 15	4 23	27 33	24 52	25 25	9 30	
23	18 34	27 49	13 12	4 22	27 31	24 53	25 23	9 29	
28	18 37	27 48	13 09	4 20	27 29	24 54	25 20	9 28	
Mar 5	18 39	27 47	13 05	4 19	27 26	24 56	25 18	9 27	
10	18 41	27 46	13 01	4 18	27 24	24 57	25 16	9 25	
15	18 41	27 47D	12 57	4 17	27 21	25 00	25 14	9 23	
20	18 42R	27 47	12 53	4 17D	27 18	25 02	25 13	9 21	
25	18 41	27 48	12 49	4 17	27 14	25 05	25 11	9 18	
30	18 40	27 50	12 45	4 18	27 11	25 08	25 11	9 16	
Apr 4	18 39	27 52	12 40	4 19	27 07	25 11	25 10	9 13	
9	18 37	27 54	12 36	4 20	27 04	25 15	25 10D	9 10	
14	18 34	27 57	12 31	4 22	27 00	25 19	25 10	9 07	
19	18 31	28 01	12 27	4 24	26 56	25 22	25 10	9 04	
24	18 27	28 05	12 23	4 27	26 53	25 26	25 11	9 01	
29	18 23	28 09	12 19	4 30	26 49	25 31	25 12	8 58	
May 4	18 18	28 14	12 15	4 33	26 45	25 35	25 14	8 55	
9	18 13	28 19	12 12	4 36	26 42	25 39	25 15	8 52	
14	18 08	28 24	12 08	4 40	26 39	25 44	25 17	8 49	
19	18 03	28 29	12 05	4 44	26 35	25 48	25 20	8 46	
24	17 57	28 35	12 03	4 48	26 32	25 52	25 22	8 43	
29	17 51	28 41	12 00	4 53	26 29	25 57	25 25	8 40	
Jun 3	17 45	28 47	11 58	4 57	26 27	26 01	25 28	8 37	
8	17 39	28 53	11 56	5 02	26 25	26 05	25 31	8 35	
13	17 33	29 00	11 55	5 07	26 23	26 09	25 35	8 32	
18	17 27	29 06	11 54	5 12	26 21	26 13	25 38	8 30	
23	17 21	29 13	11 54	5 17	26 19	26 17	25 42	8 29	
28	17 15	29 19	11 54D	5 22	26 18	26 21	25 46	8 27	
Jul 3	17 09	29 25	11 54	5 27	26 18	26 24	25 50	8 26	
8	17 04	29 32	11 55	5 31	26 17	26 27	25 54	8 24	
13	16 59	29 38	11 56	5 36	26 17D	26 30	25 58	8 24	
18	16 54	29 44	11 58	5 41	26 17	26 33	26 02	8 23	
23	16 50	29 50	12 00	5 46	26 18	26 35	26 06	8 23	
28	16 46	29 55	12 02	5 50	26 19	26 37	26 10	8 23D	
Aug 2	16 42	0♋01	12 05	5 55	26 20	26 39	26 15	8 23	
7	16 39	0 06	12 08	5 59	26 22	26 40	26 19	8 24	
12	16 37	0 10	12 11	6 03	26 24	26 42	26 22	8 25	
17	16 35	0 15	12 15	6 06	26 26	26 42	26 26	8 26	
22	16 34	0 19	12 19	6 10	26 29	26 43	26 30	8 27	
27	16 33	0 22	12 23	6 13	26 31	26 43R	26 33	8 29	
Sep 1	16 33D	0 25	12 28	6 16	26 35	26 43	26 37	8 31	
6	16 34	0 28	12 33	6 18	26 38	26 42	26 40	8 33	
11	16 35	0 30	12 38	6 20	26 42	26 41	26 43	8 36	
16	16 36	0 32	12 43	6 22	26 46	26 40	26 45	8 39	
21	16 39	0 33	12 48	6 23	26 50	26 39	26 48	8 42	
26	16 42	0 34	12 54	6 24	26 54	26 37	26 50	8 45	
Oct 1	16 45	0 34R	12 59	6 25	26 58	26 35	26 52	8 48	
6	16 49	0 34	13 05	6 25R	27 03	26 33	26 53	8 52	
11	16 54	0 33	13 10	6 25	27 07	26 30	26 54	8 55	
16	16 59	0 32	13 16	6 25	27 12	26 27	26 55	8 59	
21	17 05	0 30	13 21	6 24	27 17	26 24	26 56	9 03	
26	17 11	0 28	13 27	6 22	27 21	26 21	26 56R	9 07	
31	17 17	0 26	13 32	6 21	27 26	26 18	26 56	9 10	
Nov 5	17 24	0 23	13 37	6 19	27 30	26 14	26 55	9 14	
10	17 31	0 19	13 42	6 16	27 35	26 11	26 55	9 18	
15	17 39	0 16	13 47	6 14	27 39	26 07	26 54	9 22	
20	17 46	0 12	13 51	6 11	27 43	26 03	26 52	9 26	
25	17 54	0 07	13 55	6 08	27 48	26 00	26 50	9 30	
30	18 02	0 03	13 59	6 04	27 51	25 56	26 49	9 33	
Dec 5	18 11	29♊58	14 02	6 00	27 55	25 53	26 46	9 37	
10	18 19	29 53	14 05	5 57	27 58	25 49	26 44	9 40	
15	18 27	29 48	14 08	5 53	28 02	25 46	26 41	9 43	
20	18 35	29 42	14 10	5 49	28 04	25 43	26 38	9 46	
25	18 43	29 37	14 12	5 45	28 07	25 40	26 35	9 49	
30	18♐52	29♊32	14♎14	5♋40	28♎09	25♉37	26♋32	9♏51	

Stations	Mar 19	Mar 11	Jan 11	Mar 18	Jan 24	Feb 7	Apr 9	Feb 5
	Aug 30	Sep 30	Jun 26	Oct 5	Jul 11	Aug 26	Oct 26	Jul 24

2011	♃	ℭ	⚶	♈	24	Ψ	⚷	♅
Jan 4	18♐59	29♊27R	14♎15	5♋36R	28♎11	25♉35R	26♋29R	9♏53
9	19 07	29 22	14 15	5 32	28 12	25 33	26 25	9 55
14	19 14	29 17	14 15R	5 28	28 13	25 31	26 22	9 57
19	19 21	29 13	14 15	5 25	28 14	25 29	26 18	9 58
24	19 28	29 09	14 14	5 21	28 14	25 28	26 15	9 59
29	19 34	29 05	14 13	5 17	28 14R	25 27	26 11	10 00
Feb 3	19 40	29 01	14 11	5 14	28 14	25 27	26 08	10 00
8	19 45	28 58	14 09	5 11	28 13	25 26D	26 05	10 00R
13	19 49	28 55	14 07	5 09	28 12	25 26	26 02	10 00
18	19 54	28 52	14 04	5 06	28 11	25 27	25 59	9 59
23	19 57	28 50	14 01	5 04	28 09	25 28	25 56	9 58
28	20 00	28 49	13 58	5 02	28 07	25 29	25 53	9 57
Mar 5	20 02	28 48	13 54	5 01	28 05	25 30	25 51	9 56
10	20 04	28 47	13 51	5 00	28 02	25 32	25 49	9 54
15	20 05	28 47D	13 47	4 59	27 59	25 34	25 47	9 52
20	20 06R	28 48	13 42	4 59D	27 56	25 37	25 46	9 50
25	20 06	28 49	13 38	4 59	27 53	25 40	25 44	9 48
30	20 05	28 50	13 34	5 00	27 49	25 43	25 43	9 45
Apr 4	20 03	28 52	13 29	5 01	27 46	25 46	25 43	9 43
9	20 01	28 54	13 25	5 02	27 42	25 49	25 43	9 40
14	19 59	28 57	13 21	5 04	27 38	25 53	25 43D	9 37
19	19 56	29 01	13 16	5 06	27 35	25 57	25 43	9 34
24	19 52	29 04	13 12	5 09	27 31	26 01	25 44	9 31
29	19 48	29 09	13 08	5 11	27 27	26 05	25 45	9 27
May 4	19 44	29 13	13 04	5 15	27 24	26 09	25 46	9 24
9	19 39	29 18	13 01	5 18	27 20	26 14	25 48	9 21
14	19 34	29 23	12 57	5 22	27 17	26 18	25 50	9 18
19	19 29	29 29	12 54	5 25	27 13	26 22	25 52	9 15
24	19 23	29 34	12 51	5 30	27 10	26 27	25 54	9 12
29	19 17	29 40	12 49	5 34	27 08	26 31	25 57	9 09
Jun 3	19 11	29 46	12 47	5 39	27 05	26 35	26 00	9 07
8	19 05	29 53	12 45	5 43	27 03	26 40	26 03	9 04
13	18 59	29 59	12 44	5 48	27 00	26 44	26 07	9 02
18	18 53	0♋05	12 43	5 53	26 59	26 48	26 10	9 00
23	18 47	0 12	12 42	5 58	26 57	26 51	26 14	8 58
28	18 41	0 18	12 42D	6 03	26 56	26 55	26 18	8 56
Jul 3	18 35	0 25	12 42	6 08	26 55	26 58	26 22	8 55
8	18 30	0 31	12 43	6 13	26 55	27 02	26 26	8 54
13	18 24	0 37	12 44	6 18	26 55D	27 05	26 30	8 53
18	18 20	0 43	12 46	6 22	26 55	27 07	26 34	8 52
23	18 15	0 49	12 47	6 27	26 55	27 10	26 38	8 52
28	18 11	0 55	12 50	6 32	26 56	27 12	26 42	8 52D
Aug 2	18 07	1 00	12 52	6 36	26 57	27 14	26 47	8 52
7	18 04	1 05	12 55	6 40	26 59	27 15	26 51	8 53
12	18 02	1 10	12 59	6 44	27 01	27 17	26 55	8 54
17	18 00	1 14	13 03	6 48	27 03	27 17	26 58	8 55
22	17 58	1 18	13 07	6 51	27 06	27 18	27 02	8 56
27	17 57	1 22	13 11	6 55	27 08	27 18R	27 06	8 58
Sep 1	17 57D	1 25	13 15	6 57	27 12	27 18	27 09	9 00
6	17 57	1 28	13 20	7 00	27 15	27 18	27 12	9 02
11	17 58	1 30	13 25	7 02	27 19	27 17	27 15	9 05
16	18 00	1 32	13 30	7 04	27 22	27 16	27 18	9 07
21	18 02	1 34	13 36	7 05	27 26	27 14	27 20	9 10
26	18 05	1 34	13 41	7 06	27 31	27 12	27 22	9 13
Oct 1	18 08	1 35	13 46	7 07	27 35	27 10	27 24	9 17
6	18 12	1 35R	13 52	7 07R	27 39	27 08	27 26	9 20
11	18 16	1 34	13 58	7 07	27 44	27 06	27 27	9 24
16	18 21	1 33	14 03	7 07	27 49	27 03	27 28	9 27
21	18 27	1 32	14 09	7 06	27 53	27 00	27 28	9 31
26	18 33	1 30	14 14	7 05	27 58	26 57	27 29R	9 35
31	18 39	1 27	14 19	7 03	28 03	26 53	27 29	9 39
Nov 5	18 46	1 24	14 24	7 01	28 07	26 50	27 28	9 43
10	18 53	1 21	14 29	6 59	28 12	26 46	27 27	9 47
15	19 00	1 17	14 34	6 56	28 16	26 43	27 26	9 51
20	19 08	1 13	14 38	6 53	28 20	26 39	27 25	9 54
25	19 16	1 09	14 43	6 50	28 24	26 35	27 23	9 58
30	19 24	1 04	14 46	6 47	28 28	26 32	27 22	10 02
Dec 5	19 32	1 00	14 50	6 43	28 32	26 28	27 19	10 05
10	19 40	0 55	14 53	6 40	28 35	26 25	27 17	10 09
15	19 49	0 50	14 56	6 36	28 39	26 22	27 14	10 12
20	19 57	0 44	14 58	6 32	28 41	26 19	27 11	10 15
25	20 05	0 39	15 00	6 28	28 44	26 16	27 08	10 17
30	20♐13	0♋34	15♎02	6♋23	28♎46	26♉13	27♋05	10♏20
Stations	Mar 20	Mar 12	Jan 12	Mar 19	Jan 25	Feb 8	Apr 10	Feb 5
	Aug 31	Oct 2	Jun 27	Oct 6	Jul 12	Aug 26	Oct 26	Jul 25

	♃	⚳	⚴	⚵	24	Ψ	⚷	♅
Jan 4	20♐21	0♋29R	15≏03	6♋19R	28≏48	26♉10R	27♋02R	10♏22
9	20 29	0 24	15 03	6 15	28 50	26 08	26 58	10 24
14	20 36	0 19	15 04R	6 11	28 51	26 06	26 55	10 26
19	20 43	0 15	15 03	6 07	28 52	26 05	26 51	10 27
24	20 50	0 10	15 03	6 04	28 52	26 03	26 48	10 28
29	20 56	0 06	15 02	6 00	28 52R	26 02	26 45	10 29
Feb 3	21 02	0 02	15 00	5 57	28 52	26 02	26 41	10 29
8	21 07	29♊59	14 58	5 54	28 51	26 01	26 38	10 29R
13	21 12	29 56	14 56	5 51	28 50	26 01D	26 35	10 29
18	21 16	29 53	14 53	5 49	28 49	26 02	26 32	10 28
23	21 20	29 51	14 50	5 47	28 47	26 03	26 29	10 28
28	21 23	29 50	14 47	5 45	28 45	26 04	26 26	10 27
Mar 4	21 26	29 49	14 43	5 43	28 42	26 05	26 24	10 25
9	21 28	29 48	14 40	5 42	28 40	26 07	26 22	10 24
14	21 29	29 48D	14 36	5 42	28 37	26 09	26 20	10 22
19	21 30	29 48	14 32	5 41D	28 34	26 11	26 18	10 20
24	21 30R	29 49	14 27	5 42	28 31	26 14	26 17	10 17
29	21 29	29 50	14 23	5 42	28 27	26 17	26 16	10 15
Apr 3	21 28	29 52	14 19	5 43	28 24	26 20	26 16	10 12
8	21 26	29 54	14 14	5 44	28 20	26 24	26 15	10 09
13	21 24	29 57	14 10	5 46	28 17	26 27	26 15D	10 06
18	21 21	0♋00	14 06	5 48	28 13	26 31	26 16	10 03
23	21 18	0 04	14 01	5 50	28 09	26 35	26 16	10 00
28	21 14	0 08	13 57	5 53	28 05	26 39	26 17	9 57
May 3	21 10	0 13	13 53	5 56	28 02	26 44	26 18	9 54
8	21 05	0 17	13 50	5 59	27 58	26 48	26 20	9 51
13	21 00	0 22	13 46	6 03	27 55	26 52	26 22	9 48
18	20 54	0 28	13 43	6 07	27 52	26 57	26 24	9 45
23	20 49	0 33	13 40	6 11	27 48	27 01	26 27	9 42
28	20 43	0 39	13 38	6 15	27 46	27 05	26 29	9 39
Jun 2	20 37	0 45	13 36	6 20	27 43	27 10	26 32	9 36
7	20 31	0 52	13 34	6 24	27 41	27 14	26 35	9 34
12	20 25	0 58	13 32	6 29	27 38	27 18	26 39	9 31
17	20 19	1 04	13 31	6 34	27 37	27 22	26 42	9 29
22	20 13	1 11	13 31	6 39	27 35	27 26	26 46	9 27
27	20 07	1 17	13 30D	6 44	27 34	27 30	26 50	9 26
Jul 2	20 01	1 24	13 31	6 49	27 33	27 33	26 54	9 24
7	19 55	1 30	13 31	6 54	27 32	27 36	26 58	9 23
12	19 50	1 36	13 32	6 59	27 32D	27 39	27 02	9 22
17	19 45	1 42	13 34	7 04	27 32	27 42	27 06	9 21
22	19 41	1 48	13 35	7 08	27 33	27 44	27 10	9 21
27	19 36	1 54	13 38	7 13	27 34	27 47	27 14	9 21D
Aug 1	19 33	1 59	13 40	7 17	27 35	27 49	27 19	9 21
6	19 29	2 04	13 43	7 22	27 36	27 50	27 23	9 22
11	19 27	2 09	13 46	7 26	27 38	27 51	27 27	9 23
16	19 24	2 14	13 50	7 29	27 40	27 52	27 30	9 24
21	19 23	2 18	13 54	7 33	27 43	27 53	27 34	9 25
26	19 22	2 22	13 58	7 36	27 45	27 53R	27 38	9 27
31	19 21	2 25	14 03	7 39	27 49	27 53	27 41	9 29
Sep 5	19 21D	2 28	14 07	7 42	27 52	27 53	27 44	9 31
10	19 22	2 30	14 12	7 44	27 55	27 52	27 47	9 33
15	19 23	2 32	14 17	7 46	27 59	27 51	27 50	9 36
20	19 25	2 34	14 23	7 47	28 03	27 49	27 52	9 39
25	19 28	2 35	14 28	7 48	28 07	27 48	27 55	9 42
30	19 31	2 35	14 34	7 49	28 12	27 46	27 57	9 45
Oct 5	19 34	2 35R	14 39	7 50	28 16	27 44	27 58	9 49
10	19 39	2 35	14 45	7 50R	28 21	27 41	27 59	9 52
15	19 43	2 34	14 50	7 49	28 25	27 38	28 00	9 56
20	19 49	2 33	14 56	7 48	28 30	27 35	28 01	10 00
25	19 55	2 31	15 01	7 47	28 35	27 32	28 01	10 04
30	20 01	2 28	15 06	7 46	28 39	27 29	28 01R	10 07
Nov 4	20 07	2 26	15 12	7 44	28 44	27 25	28 01	10 11
9	20 14	2 22	15 17	7 42	28 48	27 22	28 00	10 15
14	20 22	2 19	15 21	7 39	28 53	27 18	27 59	10 19
19	20 29	2 15	15 26	7 36	28 57	27 15	27 58	10 23
24	20 37	2 11	15 30	7 33	29 01	27 11	27 56	10 27
29	20 45	2 06	15 34	7 30	29 05	27 07	27 54	10 30
Dec 4	20 53	2 01	15 37	7 26	29 09	27 04	27 52	10 34
9	21 01	1 57	15 41	7 22	29 12	27 01	27 50	10 37
14	21 10	1 52	15 44	7 19	29 16	26 57	27 47	10 40
19	21 18	1 46	15 46	7 15	29 18	26 54	27 44	10 43
24	21 26	1 41	15 48	7 10	29 21	26 51	27 41	10 46
29	21♐34	1♋36	15≏50	7♋06	29≏23	26♉48	27♋38	10♏48

Stations	Mar 21	Mar 12	Jan 13	Mar 19	Jan 26	Feb 9	Apr 10	Feb 6
	Sep 1	Oct 2	Jun 27	Oct 6	Jul 12	Aug 26	Oct 26	Jul 25

2013

	♃	⚷	⚵	♈	⚴	♆	⚶	♇
Jan 3	21♐42	1♋31R	15♎51	7♋02R	29♎25	26♉46R	27♋35R	10♏51
8	21 50	1 26	15 52	6 58	29 27	26 44	27 32	10 53
13	21 58	1 21	15 52R	6 54	29 28	26 42	27 28	10 54
18	22 05	1 16	15 52	6 50	29 29	26 40	27 25	10 56
23	22 12	1 12	15 51	6 47	29 29	26 38	27 21	10 57
28	22 18	1 08	15 50	6 43	29 29R	26 37	27 18	10 58
Feb 2	22 24	1 04	15 49	6 40	29 29	26 37	27 14	10 58
7	22 29	1 00	15 47	6 37	29 29	26 36	27 11	10 58R
12	22 35	0 57	15 45	6 34	29 28	26 36D	27 08	10 58
17	22 39	0 55	15 42	6 31	29 26	26 37	27 05	10 58
22	22 43	0 52	15 39	6 29	29 25	26 37	27 02	10 57
27	22 46	0 51	15 36	6 27	29 23	26 39	26 59	10 56
Mar 4	22 49	0 49	15 33	6 26	29 20	26 40	26 57	10 54
9	22 51	0 49	15 29	6 25	29 18	26 42	26 55	10 53
14	22 53	0 48D	15 25	6 24	29 15	26 44	26 53	10 51
19	22 54	0 49	15 21	6 24	29 12	26 46	26 51	10 49
24	22 54R	0 49	15 17	6 24D	29 09	26 49	26 50	10 47
29	22 53	0 51	15 12	6 24	29 05	26 52	26 49	10 44
Apr 3	22 52	0 52	15 08	6 25	29 02	26 55	26 48	10 41
8	22 51	0 54	15 03	6 26	28 58	26 58	26 48	10 39
13	22 49	0 57	14 59	6 28	28 55	27 02	26 48D	10 36
18	22 46	1 00	14 55	6 30	28 51	27 06	26 48	10 33
23	22 43	1 04	14 50	6 32	28 47	27 10	26 49	10 30
28	22 39	1 08	14 46	6 35	28 44	27 14	26 50	10 27
May 3	22 35	1 12	14 42	6 38	28 40	27 18	26 51	10 23
8	22 30	1 17	14 39	6 41	28 36	27 22	26 52	10 20
13	22 26	1 22	14 35	6 44	28 33	27 27	26 54	10 17
18	22 20	1 27	14 32	6 48	28 30	27 31	26 56	10 14
23	22 15	1 33	14 29	6 52	28 26	27 35	26 59	10 11
28	22 09	1 38	14 27	6 57	28 24	27 40	27 02	10 08
Jun 2	22 03	1 44	14 24	7 01	28 21	27 44	27 04	10 06
7	21 57	1 51	14 22	7 06	28 18	27 48	27 08	10 03
12	21 51	1 57	14 21	7 10	28 16	27 52	27 11	10 01
17	21 45	2 03	14 20	7 15	28 14	27 56	27 14	9 59
22	21 39	2 10	14 19	7 20	28 13	28 00	27 18	9 57
27	21 33	2 16	14 19	7 25	28 11	28 04	27 22	9 55
Jul 2	21 27	2 22	14 19D	7 30	28 10	28 07	27 26	9 53
7	21 21	2 29	14 19	7 35	28 10	28 11	27 30	9 52
12	21 16	2 35	14 20	7 40	28 10	28 14	27 34	9 51
17	21 11	2 41	14 21	7 45	28 10D	28 17	27 38	9 51
22	21 06	2 47	14 23	7 50	28 10	28 19	27 42	9 50
27	21 02	2 53	14 25	7 54	28 11	28 21	27 46	9 50D
Aug 1	20 58	2 58	14 28	7 59	28 12	28 23	27 51	9 50
6	20 54	3 04	14 31	8 03	28 13	28 25	27 55	9 51
11	20 51	3 09	14 34	8 07	28 15	28 26	27 59	9 53
16	20 49	3 13	14 37	8 11	28 17	28 27	28 02	9 54
21	20 47	3 17	14 41	8 14	28 20	28 28	28 06	9 54
26	20 46	3 21	14 45	8 18	28 22	28 28	28 10	9 56
31	20 45	3 25	14 50	8 21	28 25	28 28R	28 13	9 57
Sep 5	20 45D	3 28	14 55	8 23	28 29	28 28	28 16	10 00
10	20 46	3 30	14 59	8 26	28 32	28 27	28 19	10 02
15	20 47	3 32	15 05	8 28	28 36	28 26	28 22	10 05
20	20 48	3 34	15 10	8 29	28 40	28 25	28 25	10 08
25	20 51	3 35	15 15	8 30	28 44	28 23	28 27	10 11
30	20 54	3 36	15 21	8 31	28 48	28 21	28 29	10 14
Oct 5	20 57	3 36R	15 26	8 32	28 53	28 19	28 31	10 17
10	21 01	3 36	15 32	8 32R	28 57	28 16	28 32	10 21
15	21 06	3 35	15 37	8 31	29 02	28 14	28 33	10 24
20	21 11	3 34	15 43	8 31	29 07	28 11	28 34	10 28
25	21 17	3 32	15 48	8 30	29 11	28 08	28 34	10 32
30	21 23	3 30	15 54	8 28	29 16	28 04	28 34R	10 36
Nov 4	21 29	3 27	15 59	8 26	29 21	28 01	28 34	10 40
9	21 36	3 24	16 04	8 24	29 25	27 58	28 33	10 44
14	21 43	3 20	16 09	8 22	29 30	27 54	28 32	10 48
19	21 51	3 17	16 13	8 19	29 34	27 50	28 31	10 51
24	21 58	3 12	16 17	8 16	29 38	27 47	28 29	10 55
29	22 06	3 08	16 21	8 13	29 42	27 43	28 27	10 59
Dec 4	22 15	3 03	16 25	8 09	29 46	27 40	28 25	11 02
9	22 22	2 58	16 28	8 05	29 49	27 36	28 23	11 06
14	22 31	2 53	16 31	8 01	29 52	27 33	28 20	11 09
19	22 39	2 48	16 34	7 57	29 55	27 30	28 18	11 12
24	22 48	2 43	16 36	7 53	29 58	27 27	28 15	11 15
29	22♐56	2♋38	16♎38	7♋49	0♏00	27♉24	28♋11	11♏17
Stations	Mar 23	Mar 14	Jan 13	Mar 20	Jan 26	Feb 9	Apr 10	Feb 6
	Sep 3	Oct 3	Jun 28	Oct 7	Jul 13	Aug 27	Oct 27	Jul 25

2014

	♃		⚷		♆		⚸	
Jan 3	23♐04	2♋33R	16♎39	7♋45R	0♏02	27♉21R	28♋08R	11♏19
8	23 12	2 28	16 40	7 41	0 04	27 19	28 05	11 21
13	23 19	2 23	16 40	7 37	0 05	27 17	28 01	11 23
18	23 26	2 18	16 40R	7 33	0 06	27 15	27 58	11 25
23	23 33	2 14	16 40	7 29	0 07	27 14	27 54	11 26
28	23 40	2 09	16 39	7 26	0 07R	27 13	27 51	11 27
Feb 2	23 46	2 05	16 37	7 22	0 07	27 12	27 47	11 27
7	23 52	2 02	16 36	7 19	0 06	27 11	27 44	11 27R
12	23 57	1 59	16 33	7 16	0 05	27 11D	27 41	11 27
17	24 02	1 56	16 31	7 14	0 04	27 12	27 38	11 27
22	24 06	1 54	16 28	7 12	0 02	27 12	27 35	11 26
27	24 09	1 52	16 25	7 10	0 01	27 13	27 32	11 25
Mar 4	24 12	1 50	16 22	7 08	29♎58	27 15	27 30	11 24
9	24 14	1 49	16 18	7 07	29 56	27 16	27 28	11 22
14	24 16	1 49	16 14	7 06	29 53	27 18	27 26	11 20
19	24 17	1 49D	16 10	7 06	29 50	27 21	27 24	11 18
24	24 18R	1 50	16 06	7 06D	29 47	27 23	27 23	11 16
29	24 18	1 51	16 01	7 06	29 44	27 26	27 22	11 14
Apr 3	24 17	1 52	15 57	7 07	29 40	27 29	27 21	11 11
8	24 15	1 54	15 53	7 08	29 36	27 33	27 21	11 08
13	24 14	1 57	15 48	7 09	29 33	27 36	27 20D	11 05
18	24 11	2 00	15 44	7 11	29 29	27 40	27 21	11 02
23	24 08	2 03	15 40	7 14	29 25	27 44	27 21	10 59
28	24 04	2 07	15 35	7 16	29 22	27 48	27 22	10 56
May 3	24 00	2 11	15 32	7 19	29 18	27 52	27 23	10 53
8	23 56	2 16	15 28	7 22	29 14	27 56	27 25	10 50
13	23 51	2 21	15 24	7 26	29 11	28 01	27 27	10 47
18	23 46	2 26	15 21	7 30	29 08	28 05	27 29	10 44
23	23 41	2 32	15 18	7 34	29 04	28 10	27 31	10 41
28	23 35	2 37	15 15	7 38	29 02	28 14	27 34	10 38
Jun 2	23 29	2 43	15 13	7 42	28 59	28 18	27 37	10 35
7	23 23	2 50	15 11	7 47	28 56	28 22	27 40	10 32
12	23 17	2 56	15 09	7 52	28 54	28 27	27 43	10 30
17	23 11	3 02	15 08	7 56	28 52	28 31	27 46	10 28
22	23 05	3 09	15 07	8 01	28 50	28 35	27 50	10 26
27	22 59	3 15	15 07	8 06	28 49	28 38	27 54	10 24
Jul 2	22 53	3 21	15 07D	8 11	28 48	28 42	27 58	10 23
7	22 47	3 28	15 07	8 16	28 47	28 45	28 02	10 21
12	22 42	3 34	15 08	8 21	28 47	28 48	28 06	10 20
17	22 36	3 40	15 09	8 26	28 47D	28 51	28 10	10 20
22	22 32	3 46	15 11	8 31	28 47	28 54	28 14	10 19
27	22 27	3 52	15 13	8 36	28 48	28 56	28 18	10 19D
Aug 1	22 23	3 58	15 15	8 40	28 49	28 58	28 22	10 19
6	22 19	4 03	15 18	8 44	28 51	29 00	28 27	10 20
11	22 16	4 08	15 21	8 48	28 52	29 01	28 31	10 20
16	22 14	4 13	15 25	8 52	28 54	29 02	28 34	10 21
21	22 12	4 17	15 29	8 56	28 57	29 03	28 38	10 23
26	22 10	4 21	15 33	8 59	28 59	29 03	28 42	10 24
31	22 09	4 24	15 37	9 02	29 02	29 03R	28 45	10 26
Sep 5	22 09D	4 28	15 42	9 05	29 06	29 03	28 49	10 28
10	22 09	4 30	15 47	9 07	29 09	29 02	28 52	10 31
15	22 10	4 33	15 52	9 09	29 13	29 01	28 54	10 33
20	22 12	4 34	15 57	9 11	29 17	29 00	28 57	10 36
25	22 14	4 36	16 02	9 12	29 21	28 58	28 59	10 39
30	22 17	4 36	16 08	9 13	29 25	28 56	29 01	10 42
Oct 5	22 20	4 37R	16 13	9 14	29 30	28 54	29 03	10 46
10	22 24	4 36	16 19	9 14R	29 34	28 52	29 04	10 49
15	22 28	4 36	16 24	9 14	29 39	28 49	29 05	10 53
20	22 33	4 35	16 30	9 13	29 43	28 46	29 06	10 57
25	22 39	4 33	16 35	9 12	29 48	28 43	29 06	11 00
30	22 45	4 31	16 41	9 11	29 53	28 40	29 07R	11 04
Nov 4	22 51	4 28	16 46	9 09	29 57	28 37	29 06	11 08
9	22 58	4 25	16 51	9 07	0♏02	28 33	29 06	11 12
14	23 05	4 22	16 56	9 04	0 06	28 30	29 05	11 16
19	23 12	4 18	17 00	9 02	0 11	28 26	29 04	11 20
24	23 20	4 14	17 05	8 59	0 15	28 22	29 02	11 24
29	23 28	4 10	17 09	8 55	0 19	28 19	29 00	11 27
Dec 4	23 36	4 05	17 12	8 52	0 23	28 15	28 58	11 31
9	23 44	4 00	17 16	8 48	0 26	28 12	28 56	11 34
14	23 52	3 55	17 19	8 44	0 29	28 08	28 53	11 37
19	24 01	3 50	17 21	8 40	0 32	28 05	28 51	11 40
24	24 09	3 45	17 24	8 36	0 35	28 02	28 48	11 43
29	24♐17	3♋40	17♎26	8♋32	0♏37	27♉59	28♋44	11♏46

Stations	Mar 24	Mar 15	Jan 14	Mar 21	Jan 27	Feb 9	Apr 11	Feb 7
	Sep 4	Oct 5	Jun 29	Oct 8	Jul 14	Aug 28	Oct 28	Jul 26

2015

	♃	⚷	⚵	⚶	⚴	♆	⚳	♇
Jan 3	24♐25	3♋35R	17♎27	8♋28R	0♏40	27♉57R	28♋41R	11♏48
8	24 33	3 30	17 28	8 24	0 41	27 54	28 38	11 50
13	24 41	3 25	17 28	8 20	0 43	27 52	28 34	11 52
18	24 48	3 20	17 28R	8 16	0 44	27 50	28 31	11 53
23	24 55	3 15	17 28	8 12	0 44	27 49	28 27	11 55
28	25 02	3 11	17 27	8 09	0 44R	27 48	28 24	11 55
Feb 2	25 08	3 07	17 26	8 05	0 44	27 47	28 21	11 56
7	25 14	3 03	17 24	8 02	0 44	27 46	28 17	11 56R
12	25 19	3 00	17 22	7 59	0 43	27 46D	28 14	11 56
17	25 24	2 57	17 20	7 56	0 42	27 47	28 11	11 56
22	25 28	2 55	17 17	7 54	0 40	27 47	28 08	11 55
27	25 32	2 53	17 14	7 52	0 38	27 48	28 05	11 54
Mar 4	25 35	2 51	17 11	7 51	0 36	27 49	28 03	11 53
9	25 38	2 50	17 07	7 49	0 34	27 51	28 01	11 51
14	25 40	2 50	17 03	7 48	0 31	27 53	27 59	11 50
19	25 41	2 50D	16 59	7 48	0 28	27 55	27 57	11 48
24	25 42	2 50	16 55	7 48D	0 25	27 58	27 56	11 45
29	25 42R	2 51	16 50	7 48	0 22	28 01	27 54	11 43
Apr 3	25 41	2 52	16 46	7 49	0 18	28 04	27 54	11 40
8	25 40	2 54	16 42	7 50	0 15	28 07	27 53	11 38
13	25 38	2 57	16 37	7 51	0 11	28 11	27 53D	11 35
18	25 36	3 00	16 33	7 53	0 07	28 14	27 53	11 32
23	25 33	3 03	16 29	7 55	0 03	28 18	27 54	11 29
28	25 30	3 07	16 25	7 58	0 00	28 22	27 55	11 25
May 3	25 26	3 11	16 21	8 01	29♎56	28 26	27 56	11 22
8	25 22	3 15	16 17	8 04	29 52	28 31	27 57	11 19
13	25 17	3 20	16 13	8 07	29 49	28 35	27 59	11 16
18	25 12	3 25	16 10	8 11	29 46	28 39	28 01	11 13
23	25 06	3 31	16 07	8 15	29 42	28 44	28 03	11 10
28	25 01	3 37	16 04	8 19	29 39	28 48	28 06	11 07
Jun 2	24 55	3 42	16 02	8 24	29 37	28 52	28 09	11 04
7	24 49	3 49	16 00	8 28	29 34	28 57	28 12	11 02
12	24 43	3 55	15 58	8 33	29 32	29 01	28 15	10 59
17	24 37	4 01	15 57	8 38	29 30	29 05	28 18	10 57
22	24 31	4 07	15 56	8 43	29 28	29 09	28 22	10 55
27	24 25	4 14	15 55	8 47	29 27	29 13	28 26	10 53
Jul 2	24 19	4 20	15 55D	8 52	29 26	29 16	28 30	10 52
7	24 13	4 27	15 55	8 57	29 25	29 20	28 34	10 51
12	24 07	4 33	15 56	9 02	29 25	29 23	28 38	10 49
17	24 02	4 39	15 57	9 07	29 25D	29 26	28 42	10 49
22	23 57	4 45	15 59	9 12	29 25	29 28	28 46	10 48
27	23 53	4 51	16 01	9 17	29 25	29 31	28 50	10 48D
Aug 1	23 48	4 57	16 03	9 21	29 26	29 33	28 54	10 48
6	23 45	5 02	16 06	9 26	29 28	29 34	28 58	10 49
11	23 41	5 07	16 09	9 30	29 29	29 36	29 03	10 49
16	23 39	5 12	16 12	9 34	29 31	29 37	29 06	10 50
21	23 36	5 16	16 16	9 37	29 34	29 38	29 10	10 51
26	23 35	5 20	16 20	9 41	29 36	29 38	29 14	10 53
31	23 34	5 24	16 24	9 44	29 39	29 38R	29 17	10 55
Sep 5	23 33	5 27	16 29	9 47	29 42	29 38	29 21	10 57
10	23 33D	5 30	16 34	9 49	29 46	29 37	29 24	10 59
15	23 34	5 33	16 39	9 51	29 50	29 36	29 27	11 02
20	23 35	5 34	16 44	9 53	29 53	29 35	29 29	11 05
25	23 37	5 36	16 49	9 54	29 58	29 34	29 31	11 08
30	23 40	5 37	16 55	9 55	0♏02	29 32	29 33	11 11
Oct 5	23 43	5 37	17 00	9 56	0 06	29 30	29 35	11 14
10	23 46	5 37R	17 06	9 56R	0 11	29 27	29 37	11 18
15	23 51	5 37	17 11	9 56	0 15	29 25	29 38	11 21
20	23 55	5 35	17 17	9 55	0 20	29 22	29 39	11 25
25	24 01	5 34	17 22	9 54	0 25	29 19	29 39	11 29
30	24 06	5 32	17 28	9 53	0 29	29 16	29 39R	11 33
Nov 4	24 13	5 29	17 33	9 51	0 34	29 12	29 39	11 37
9	24 19	5 27	17 38	9 49	0 38	29 09	29 38	11 41
14	24 26	5 23	17 43	9 47	0 43	29 05	29 38	11 45
19	24 34	5 20	17 48	9 44	0 47	29 02	29 36	11 48
24	24 41	5 16	17 52	9 41	0 51	28 58	29 35	11 52
29	24 49	5 11	17 56	9 38	0 56	28 54	29 33	11 56
Dec 4	24 57	5 07	18 00	9 35	0 59	28 51	29 31	11 59
9	25 05	5 02	18 03	9 31	1 03	28 47	29 29	12 03
14	25 14	4 57	18 07	9 27	1 06	28 44	29 26	12 06
19	25 22	4 52	18 09	9 23	1 09	28 41	29 24	12 09
24	25 30	4 47	18 12	9 19	1 12	28 37	29 21	12 12
29	25♐38	4♋42	18♎13	9♋15	1♏15	28♉35	29♋18	12♏14
Stations	Mar 26	Mar 16	Jan 15	Mar 22	Jan 28	Feb 10	Apr 12	Feb 7
	Sep 6	Oct 6	Jun 30	Oct 9	Jul 15	Aug 29	Oct 29	Jul 27

2016

	♃	⚷	⚸	♈	♃	♆	⚖	♅
Jan 3	25♐46	4♋36R	18♎15	9♋11R	1♏17	28♉32R	29♋14R	12♏17
8	25 54	4 31	18 16	9 07	1 18	28 30	29 11	12 19
13	26 02	4 26	18 16	9 03	1 20	28 27	29 08	12 21
18	26 10	4 21	18 17R	8 59	1 21	28 26	29 04	12 22
23	26 17	4 17	18 16	8 55	1 22	28 24	29 01	12 23
28	26 24	4 13	18 16	8 51	1 22	28 23	28 57	12 24
Feb 2	26 30	4 08	18 14	8 48	1 22R	28 22	28 54	12 25
7	26 36	4 05	18 13	8 45	1 21	28 22	28 50	12 25
12	26 41	4 01	18 11	8 42	1 21	28 21D	28 47	12 25R
17	26 46	3 58	18 08	8 39	1 19	28 22	28 44	12 25
22	26 51	3 56	18 06	8 37	1 18	28 22	28 41	12 24
27	26 55	3 54	18 03	8 35	1 16	28 23	28 38	12 23
Mar 3	26 58	3 52	17 59	8 33	1 14	28 24	28 36	12 22
8	27 01	3 51	17 56	8 32	1 12	28 26	28 34	12 21
13	27 03	3 50	17 52	8 31	1 09	28 28	28 32	12 19
18	27 05	3 50D	17 48	8 30	1 06	28 30	28 30	12 17
23	27 05	3 50	17 44	8 30D	1 03	28 32	28 28	12 15
28	27 06R	3 51	17 40	8 30	1 00	28 35	28 27	12 12
Apr 2	27 05	3 53	17 35	8 31	0 56	28 38	28 26	12 10
7	27 04	3 54	17 31	8 32	0 53	28 41	28 26	12 07
12	27 03	3 57	17 26	8 33	0 49	28 45	28 26D	12 04
17	27 01	4 00	17 22	8 35	0 45	28 49	28 26	12 01
22	26 58	4 03	17 18	8 37	0 42	28 53	28 26	11 58
27	26 55	4 06	17 14	8 39	0 38	28 57	28 27	11 55
May 2	26 51	4 10	17 10	8 42	0 34	29 01	28 28	11 52
7	26 47	4 15	17 06	8 45	0 31	29 05	28 29	11 49
12	26 42	4 20	17 02	8 49	0 27	29 09	28 31	11 46
17	26 37	4 25	16 59	8 52	0 24	29 14	28 33	11 42
22	26 32	4 30	16 56	8 56	0 20	29 18	28 35	11 39
27	26 27	4 36	16 53	9 00	0 17	29 22	28 38	11 37
Jun 1	26 21	4 41	16 50	9 05	0 15	29 27	28 41	11 34
6	26 15	4 48	16 48	9 09	0 12	29 31	28 44	11 31
11	26 09	4 54	16 47	9 14	0 10	29 35	28 47	11 29
16	26 03	5 00	16 45	9 19	0 08	29 39	28 50	11 26
21	25 57	5 06	16 44	9 24	0 06	29 43	28 54	11 24
26	25 51	5 13	16 44	9 29	0 04	29 47	28 58	11 23
Jul 1	25 45	5 19	16 43D	9 34	0 03	29 51	29 02	11 21
6	25 39	5 26	16 44	9 39	0 03	29 54	29 06	11 20
11	25 33	5 32	16 44	9 44	0 02	29 57	29 10	11 19
16	25 28	5 38	16 45	9 48	0 02D	0♊00	29 14	11 18
21	25 23	5 44	16 47	9 53	0 02	0 03	29 18	11 17
26	25 18	5 50	16 49	9 58	0 03	0 05	29 22	11 17
31	25 14	5 56	16 51	10 02	0 04	0 07	29 26	11 17D
Aug 5	25 10	6 01	16 53	10 07	0 05	0 09	29 30	11 17
10	25 06	6 06	16 56	10 11	0 07	0 11	29 34	11 18
15	25 03	6 11	17 00	10 15	0 09	0 12	29 38	11 19
20	25 01	6 16	17 03	10 19	0 11	0 13	29 42	11 20
25	24 59	6 20	17 07	10 22	0 13	0 13R	29 46	11 22
30	24 58	6 24	17 12	10 25	0 16	0 13	29 49	11 24
Sep 4	24 57	6 27	17 16	10 28	0 19	0 13	29 53	11 26
9	24 57D	6 30	17 21	10 31	0 23	0 12	29 56	11 28
14	24 58	6 33	17 26	10 33	0 26	0 12	29 59	11 30
19	24 59	6 35	17 31	10 35	0 30	0 10	0♌01	11 33
24	25 00	6 36	17 36	10 36	0 34	0 09	0 04	11 36
29	25 03	6 37	17 42	10 37	0 38	0 07	0 06	11 39
Oct 4	25 06	6 38	17 47	10 38	0 43	0 05	0 08	11 43
9	25 09	6 38R	17 53	10 38R	0 47	0 03	0 09	11 46
14	25 13	6 37	17 58	10 38	0 52	0 00	0 10	11 50
19	25 18	6 36	18 04	10 38	0 57	29♉57	0 11	11 54
24	25 23	6 35	18 09	10 37	1 01	29 54	0 12	11 57
29	25 29	6 33	18 15	10 35	1 06	29 51	0 12R	12 01
Nov 3	25 35	6 31	18 20	10 34	1 11	29 48	0 12	12 05
8	25 41	6 28	18 25	10 32	1 15	29 44	0 11	12 09
13	25 48	6 25	18 30	10 29	1 20	29 41	0 10	12 13
18	25 55	6 21	18 35	10 27	1 24	29 37	0 09	12 17
23	26 03	6 17	18 39	10 24	1 28	29 33	0 08	12 21
28	26 10	6 13	18 44	10 21	1 32	29 30	0 06	12 24
Dec 3	26 18	6 08	18 47	10 17	1 36	29 26	0 04	12 28
8	26 27	6 04	18 51	10 14	1 40	29 23	0 02	12 31
13	26 35	5 59	18 54	10 10	1 43	29 19	29♋59	12 35
18	26 43	5 54	18 57	10 06	1 46	29 16	29 57	12 38
23	26 51	5 49	18 59	10 02	1 49	29 13	29 54	12 40
28	27♐00	5♋43	19♎01	9♋58	1♏52	29♉10	29♋51	12♏43

Stations	Mar 27	Mar 16	Jan 16	Mar 22	Jan 29	Feb 11	Apr 12	Feb 8
	Sep 7	Oct 6	Jun 30	Oct 9	Jul 14	Aug 29	Oct 28	Jul 27

2017	♃	⚷	⚸	⚶	⛢	♆	⚷	⚴
Jan 2	27♐08	5♋38R	19♎03	9♋54R	1♏54	29♉07R	29♋47R	12♏46
7	27 16	5 33	19 04	9 50	1 56	29 05	29 44	12 48
12	27 24	5 28	19 05	9 46	1 57	29 03	29 41	12 49
17	27 31	5 23	19 05R	9 42	1 58	29 01	29 37	12 51
22	27 38	5 19	19 05	9 38	1 59	28 59	29 34	12 52
27	27 45	5 14	19 04	9 34	1 59	28 58	29 30	12 53
Feb 1	27 52	5 10	19 03	9 31	1 59R	28 57	29 27	12 54
6	27 58	5 06	19 01	9 27	1 59	28 57	29 23	12 54
11	28 04	5 03	18 59	9 24	1 58	28 56D	29 20	12 54R
16	28 09	5 00	18 57	9 22	1 57	28 56	29 17	12 54
21	28 14	4 57	18 55	9 19	1 56	28 57	29 14	12 53
26	28 18	4 55	18 52	9 17	1 54	28 58	29 11	12 53
Mar 3	28 21	4 53	18 48	9 15	1 52	28 59	29 09	12 51
8	28 24	4 52	18 45	9 14	1 49	29 00	29 07	12 50
13	28 26	4 51	18 41	9 13	1 47	29 02	29 04	12 48
18	28 28	4 51D	18 37	9 12	1 44	29 04	29 03	12 46
23	28 29	4 51	18 33	9 12D	1 41	29 07	29 01	12 44
28	28 30R	4 52	18 29	9 12	1 38	29 10	29 00	12 42
Apr 2	28 30	4 53	18 24	9 13	1 34	29 13	28 59	12 39
7	28 29	4 54	18 20	9 14	1 31	29 16	28 58	12 36
12	28 27	4 57	18 16	9 15	1 27	29 19	28 58	12 34
17	28 25	4 59	18 11	9 17	1 23	29 23	28 58D	12 31
22	28 23	5 02	18 07	9 19	1 20	29 27	28 59	12 28
27	28 20	5 06	18 03	9 21	1 16	29 31	28 59	12 24
May 2	28 16	5 10	17 59	9 24	1 12	29 35	29 00	12 21
7	28 12	5 14	17 55	9 27	1 09	29 39	29 02	12 18
12	28 08	5 19	17 51	9 30	1 05	29 44	29 03	12 15
17	28 03	5 24	17 48	9 34	1 02	29 48	29 05	12 12
22	27 58	5 29	17 45	9 38	0 58	29 52	29 08	12 09
27	27 53	5 35	17 42	9 42	0 55	29 57	29 10	12 06
Jun 1	27 47	5 41	17 39	9 46	0 53	0♊01	29 13	12 03
6	27 41	5 47	17 37	9 51	0 50	0 05	29 16	12 01
11	27 35	5 53	17 35	9 55	0 48	0 10	29 19	11 58
16	27 29	5 59	17 34	10 00	0 45	0 14	29 23	11 56
21	27 23	6 05	17 33	10 05	0 44	0 18	29 26	11 54
26	27 17	6 12	17 32	10 10	0 42	0 21	29 30	11 52
Jul 1	27 11	6 18	17 32D	10 15	0 41	0 25	29 34	11 50
6	27 05	6 25	17 32	10 20	0 40	0 28	29 38	11 49
11	26 59	6 31	17 32	10 25	0 40	0 32	29 42	11 48
16	26 54	6 37	17 33	10 30	0 39D	0 35	29 46	11 47
21	26 48	6 43	17 35	10 34	0 40	0 37	29 50	11 46
26	26 44	6 49	17 36	10 39	0 40	0 40	29 54	11 46
31	26 39	6 55	17 39	10 44	0 41	0 42	29 58	11 46D
Aug 5	26 35	7 00	17 41	10 48	0 42	0 44	0♌02	11 46
10	26 31	7 06	17 44	10 52	0 44	0 45	0 06	11 47
15	26 28	7 11	17 47	10 56	0 46	0 47	0 10	11 48
20	26 26	7 15	17 51	11 00	0 48	0 47	0 14	11 49
25	26 24	7 20	17 55	11 04	0 50	0 48R	0 18	11 51
30	26 22	7 23	17 59	11 07	0 53	0 48	0 21	11 52
Sep 4	26 21	7 27	18 04	11 10	0 56	0 48	0 25	11 54
9	26 21D	7 30	18 08	11 12	1 00	0 48	0 28	11 57
14	26 21	7 33	18 13	11 15	1 03	0 47	0 31	11 59
19	26 22	7 35	18 18	11 16	1 07	0 46	0 33	12 02
24	26 24	7 36	18 24	11 18	1 11	0 44	0 36	12 05
29	26 26	7 38	18 29	11 19	1 15	0 42	0 38	12 08
Oct 4	26 29	7 38	18 34	11 20	1 20	0 40	0 40	12 11
9	26 32	7 38R	18 40	11 20	1 24	0 38	0 41	12 15
14	26 36	7 38	18 46	11 20R	1 29	0 36	0 43	12 18
19	26 40	7 37	18 51	11 19	1 33	0 33	0 44	12 22
24	26 45	7 36	18 57	11 19	1 38	0 30	0 44	12 26
29	26 51	7 34	19 02	11 18	1 43	0 27	0 44R	12 30
Nov 3	26 57	7 32	19 07	11 16	1 47	0 23	0 44	12 34
8	27 03	7 29	19 12	11 14	1 52	0 20	0 44	12 37
13	27 10	7 26	19 17	11 12	1 56	0 16	0 43	12 41
18	27 17	7 23	19 22	11 10	2 01	0 13	0 42	12 45
23	27 24	7 19	19 27	11 07	2 05	0 09	0 41	12 49
28	27 32	7 15	19 31	11 04	2 09	0 05	0 39	12 53
Dec 3	27 40	7 10	19 35	11 00	2 13	0 02	0 37	12 56
8	27 48	7 05	19 38	10 57	2 17	29♉58	0 35	13 00
13	27 56	7 01	19 42	10 53	2 20	29 55	0 32	13 03
18	28 04	6 56	19 45	10 49	2 23	29 52	0 30	13 06
23	28 13	6 50	19 47	10 45	2 26	29 48	0 27	13 09
28	28♐21	6♋45	19♎49	10♋41	2♏29	29♉46	0♌24	13♏12

Stations	Mar 28	Mar 18	Jan 16	Mar 23	Jan 28	Feb 11	Apr 13	Feb 8
	Sep 8	Oct 7	Jul 1	Oct 10	Jul 15	Aug 29	Oct 29	Jul 27

2018

	♃	⚳	⚴	⚵	⚶	♆	♇	⚷
Jan 2	28♐29	6♋40R	19♎51	10♋37R	2♏31	29♉43R	0♌21R	13♏14
7	28 37	6 35	19 52	10 33	2 33	29 40	0 17	13 16
12	28 45	6 30	19 53	10 29	2 34	29 38	0 14	13 18
17	28 53	6 25	19 53R	10 25	2 36	29 36	0 10	13 20
22	29 00	6 20	19 53	10 21	2 36	29 35	0 07	13 21
27	29 07	6 16	19 52	10 17	2 37	29 33	0 03	13 22
Feb 1	29 14	6 12	19 51	10 13	2 37R	29 32	0 00	13 23
6	29 20	6 08	19 50	10 10	2 36	29 32	29♋57	13 23
11	29 26	6 04	19 48	10 07	2 36	29 31	29 53	13 23R
16	29 31	6 01	19 46	10 04	2 35	29 31D	29 50	13 23
21	29 36	5 58	19 43	10 02	2 33	29 32	29 47	13 23
26	29 40	5 56	19 41	10 00	2 32	29 33	29 44	13 22
Mar 3	29 44	5 54	19 37	9♋58	2 30	29 34	29 42	13 21
8	29 47	5 53	19 34	9 56	2 27	29 35	29 39	13 19
13	29 50	5 52	19 30	9 55	2 25	29 37	29 37	13 17
18	29 52	5 51	19 26	9 55	2 22	29 39	29 36	13 16
23	29 53	5 51D	19 22	9 54	2 19	29 41	29 34	13 13
28	29 54	5 52	19 18	9 54D	2 16	29 44	29 33	13 11
Apr 2	29 54R	5 53	19 14	9 55	2 12	29 47	29 32	13 09
7	29 53	5 55	19 09	9 56	2 09	29 50	29 31	13 06
12	29 52	5 57	19 05	9 57	2 05	29 54	29 31	13 03
17	29 50	5 59	19 00	9 58	2 02	29 57	29 31D	13 00
22	29 48	6 02	18 56	10♋00	1 58	0♊01	29 31	12 57
27	29 45	6 06	18 52	10 03	1 54	0 05	29 32	12 54
May 2	29 42	6 09	18 48	10 05	1 50	0 09	29 33	12 51
7	29 38	6 14	18 44	10 08	1 47	0 14	29 34	12 48
12	29 34	6 18	18 40	10 12	1 43	0 18	29 36	12 44
17	29 29	6 23	18 37	10 15	1 40	0 22	29 38	12 41
22	29 24	6 28	18 33	10 19	1 37	0 27	29 40	12 38
27	29 18	6 34	18 31	10 23	1 33	0 31	29 42	12 35
Jun 1	29 13	6 40	18 28	10 27	1 31	0 35	29 45	12 33
6	29 07	6 46	18 26	10 32	1 28	0 40	29 48	12 30
11	29 01	6 52	18 24	10 36	1 25	0 44	29 51	12 28
16	28 55	6 58	18 22	10 41	1 23	0 48	29 55	12 25
21	28 49	7 04	18 21	10 46	1 21	0 52	29 58	12 23
26	28 43	7 11	18 20	10 51	1 20	0 56	0♌02	12 21
Jul 1	28 37	7 17	18 20	10 56	1 19	0 59	0 06	12 20
6	28 31	7 23	18 20D	11♋01	1 18	1♊03	0 10	12 18
11	28 25	7 30	18 21	11 06	1 17	1 06	0 14	12 17
16	28 19	7 36	18 21	11 11	1 17D	1 09	0 18	12 16
21	28 14	7 42	18 23	11 16	1 17	1 12	0 22	12 15
26	28 09	7 48	18 24	11 20	1 17	1 14	0 26	12 15
31	28 05	7 54	18 26	11 25	1 18	1 17	0 30	12 15D
Aug 5	28 00	8♋00	18 29	11 29	1 19	1 18	0 34	12 15
10	27 57	8 05	18 32	11 34	1 21	1 20	0 38	12 16
15	27 53	8 10	18 35	11 38	1 23	1 21	0 42	12 17
20	27 51	8 15	18 38	11 42	1 25	1 22	0 46	12 18
25	27 48	8 19	18 42	11 45	1 27	1 23	0 50	12 19
30	27 47	8 23	18 46	11 48	1 30	1 23R	0 53	12 21
Sep 4	27 46	8 27	18 51	11 51	1 33	1 23	0 57	12 23
9	27 45	8 30	18 55	11 54	1 36	1 23	1♌00	12 25
14	27 45D	8 33	19 00	11 56	1 40	1 22	1 03	12 28
19	27 46	8 35	19 05	11 58	1 44	1 21	1 06	12 30
24	27 47	8 37	19 11	12♋00	1 48	1 19	1 08	12 33
29	27 49	8 38	19 16	12 01	1 52	1 18	1 10	12 36
Oct 4	27 52	8 39	19 22	12 02	1 56	1 16	1 12	12 40
9	27 55	8 39R	19 27	12 02	2♏01	1 13	1 14	12 43
14	27 58	8 39	19 33	12 02R	2 05	1 11	1 15	12 47
19	28 03	8 38	19 38	12 02	2 10	1 08	1 16	12 51
24	28 07	8 37	19 44	12 01	2 15	1 05	1 17	12 54
29	28 13	8 35	19 49	12 00	2 19	1 02	1 17	12 58
Nov 3	28 19	8 33	19 54	11♋59	2 24	0♊59	1 17R	13 02
8	28 25	8 30	20♎00	11 57	2 28	0 55	1 17	13 06
13	28 31	8 27	20 05	11 55	2 33	0 52	1 16	13 10
18	28 38	8 24	20 09	11 52	2 37	0 48	1 15	13 14
23	28 46	8 20	20 14	11 49	2 42	0 45	1 14	13 18
28	28 53	8 16	20 18	11 46	2 46	0 41	1 12	13 21
Dec 3	29 01	8 11	20 22	11 43	2 50	0 37	1 10	13 25
8	29 09	8 07	20 26	11 39	2 54	0 34	1 08	13 28
13	29 17	8 02	20 29	11 36	2 57	0 30	1 05	13 32
18	29 26	7 57	20 32	11 32	3♏00	0 27	1 03	13 35
23	29 34	7 52	20 35	11 28	3 03	0 24	1 00	13 38
28	29♐42	7♋47	20♎37	11♋24	3♏06	0♊21	0♌57	13♏40

Stations	Mar 30	Mar 19	Jan 17	Mar 24	Jan 29	Feb 12	Apr 13	Feb 8
	Sep 10	Oct 9	Jul 2	Oct 11	Jul 16	Aug 30	Oct 30	Jul 28

2019

	♃	☾	♄	♁	24	Ψ	⚷	♅
Jan 2	29✗51	7♋42R	20♎39	11♋20R	3♏08	0♊18R	0♌54R	13♏43
7	29 59	7 37	20 40	11 16	3 10	0 16	0 50	13 45
12	0♑07	7 32	20 41	11 12	3 12	0 13	0 47	13 47
17	0 14	7 27	20 41	11 08	3 13	0 11	0 44	13 49
22	0 22	7 22	20 41R	11 04	3 14	0 10	0 40	13 50
27	0 29	7 17	20 41	11 00	3 14	0 08	0 37	13 51
Feb 1	0 36	7 13	20 40	10 56	3 14R	0 07	0 33	13 52
6	0 42	7 09	20 39	10 53	3 14	0 07	0 30	13 52
11	0 48	7 06	20 37	10 50	3 13	0 06	0 26	13 52R
16	0 54	7 02	20 35	10 47	3 12	0 06D	0 23	13 52
21	0 59	6 59	20 32	10 44	3 11	0 07	0 20	13 52
26	1 03	6 57	20 29	10 42	3 10	0 07	0 17	13 51
Mar 3	1 07	6 55	20 26	10 40	3 08	0 09	0 15	13 50
8	1 10	6 53	20 23	10 39	3 05	0 10	0 12	13 48
13	1 13	6 52	20 19	10 38	3 03	0 12	0 10	13 47
18	1 15	6 52	20 15	10 37	3 00	0 14	0 08	13 45
23	1 17	6 52D	20 11	10 36	2 57	0 16	0 07	13 43
28	1 18	6 52	20 07	10 36D	2 54	0 19	0 06	13 40
Apr 2	1 18R	6 53	20 03	10 37	2 50	0 22	0 05	13 38
7	1 17	6 55	19 58	10 38	2 47	0 25	0 04	13 35
12	1 16	6 57	19 54	10 39	2 43	0 28	0 04	13 32
17	1 15	6 59	19 50	10 40	2 40	0 32	0 03D	13 30
22	1 13	7 02	19 45	10 42	2 36	0 36	0 04	13 27
27	1 10	7 05	19 41	10 44	2 32	0 40	0 04	13 23
May 2	1 07	7 09	19 37	10 47	2 29	0 44	0 05	13 20
7	1 03	7 13	19 33	10 50	2 25	0 48	0 07	13 17
12	0 59	7 18	19 29	10 53	2 21	0 52	0 08	13 14
17	0 55	7 22	19 26	10 57	2 18	0 56	0 10	13 11
22	0 50	7 28	19 22	11 00	2 15	1 01	0 12	13 08
27	0 44	7 33	19 19	11 04	2 11	1 05	0 15	13 05
Jun 1	0 39	7 39	19 17	11 09	2 09	1 10	0 17	13 02
6	0 33	7 45	19 14	11 13	2 06	1 14	0 20	12 59
11	0 27	7 51	19 12	11 18	2 03	1 18	0 23	12 57
16	0 21	7 57	19 11	11 22	2 01	1 22	0 27	12 55
21	0 15	8 03	19 09	11 27	1 59	1 26	0 30	12 52
26	0 09	8 10	19 09	11 32	1 58	1 30	0 34	12 51
Jul 1	0 03	8 16	19 08	11 37	1 56	1 34	0 38	12 49
6	29✗57	8 22	19 08D	11 42	1 55	1 37	0 42	12 47
11	29 51	8 29	19 09	11 47	1 55	1 41	0 46	12 46
16	29 45	8 35	19 09	11 52	1 54	1 44	0 50	12 45
21	29 40	8 41	19 11	11 57	1 54D	1 47	0 54	12 45
26	29 35	8 47	19 12	12 02	1 55	1 49	0 58	12 44
31	29 30	8 53	19 14	12 06	1 56	1 51	1 02	12 44D
Aug 5	29 26	8 59	19 17	12 11	1 57	1 53	1 06	12 44
10	29 22	9 04	19 19	12 15	1 58	1 55	1 10	12 45
15	29 18	9 09	19 22	12 19	2 00	1 56	1 14	12 46
20	29 16	9 14	19 26	12 23	2 02	1 57	1 18	12 47
25	29 13	9 19	19 30	12 27	2 04	1 58	1 22	12 48
30	29 11	9 23	19 34	12 30	2 07	1 58	1 26	12 50
Sep 4	29 10	9 26	19 38	12 33	2 10	1 58R	1 29	12 52
9	29 09	9 30	19 43	12 36	2 13	1 58	1 32	12 54
14	29 09D	9 32	19 48	12 38	2 17	1 57	1 35	12 56
19	29 10	9 35	19 53	12 40	2 21	1 56	1 38	12 59
24	29 11	9 37	19 58	12 42	2 25	1 55	1 40	13 02
29	29 12	9 38	20 03	12 43	2 29	1 53	1 43	13 05
Oct 4	29 15	9 39	20 09	12 44	2 33	1 51	1 45	13 08
9	29 18	9 39	20 14	12 44	2 37	1 49	1 46	13 12
14	29 21	9 39R	20 20	12 45R	2 42	1 46	1 48	13 15
19	29 25	9 39	20 25	12 44	2 47	1 44	1 49	13 19
24	29 30	9 38	20 31	12 44	2 51	1 41	1 49	13 23
29	29 36	9 36	20 36	12 43	2 56	1 38	1 50	13 27
Nov 3	29 41	9 34	20 42	12 41	3 01	1 34	1 50R	13 31
8	29 47	9 32	20 47	12 39	3 05	1 31	1 49	13 34
13	29 53	9 29	20 52	12 37	3 10	1 28	1 49	13 38
18	0♑00	9 26	20 57	12 35	3 14	1 24	1 48	13 42
23	0 07	9 22	21 01	12 32	3 18	1 20	1 46	13 46
28	0 15	9 18	21 06	12 29	3 23	1 17	1 45	13 50
Dec 3	0 23	9 14	21 10	12 26	3 27	1 13	1 43	13 53
8	0 31	9 09	21 14	12 22	3 30	1 10	1 41	13 57
13	0 39	9 04	21 17	12 19	3 34	1 06	1 38	14 00
18	0 47	8 59	21 20	12 15	3 37	1 03	1 36	14 03
23	0 55	8 54	21 23	12 11	3 40	1 00	1 33	14 06
28	1♑04	8♋49	21♎25	12♋07	3♏43	0♊57	1♌30	14♏09

Stations	Apr 1	Mar 20	Jan 18	Mar 25	Jan 30	Feb 13	Apr 14	Feb 9
	Sep 12	Oct 10	Jul 3	Oct 12	Jul 17	Aug 31	Oct 31	Jul 29

	♃	⚷	⚸	⚳	♇	♆	♁	⚵
Jan 2	1♑ 12	8♋ 44R	21♎ 27	12♋ 03R	3♏ 45	0♊ 54R	1♌ 27R	14♏ 12
7	1 20	8 39	21 28	11 59	3 47	0 51	1 24	14 14
12	1 28	8 34	21 29	11 54	3 49	0 49	1 20	14 16
17	1 36	8 29	21 30	11 50	3 50	0 47	1 17	14 18
22	1 43	8 24	21 30R	11 47	3 51	0 45	1 13	14 19
27	1 51	8 19	21 29	11 43	3 52	0 44	1 10	14 20
Feb 1	1 58	8 15	21 28	11 39	3 52R	0 43	1 06	14 21
6	2 04	8 11	21 27	11 36	3 52	0 42	1 03	14 21
11	2 10	8 07	21 26	11 33	3 51	0 41	1 00	14 21R
16	2 16	8 04	21 24	11 30	3 50	0 41D	0 56	14 21
21	2 21	8 01	21 21	11 27	3 49	0 42	0 53	14 21
26	2 26	7 58	21 18	11 25	3 47	0 42	0 51	14 20
Mar 2	2 30	7 56	21 15	11 23	3 45	0 43	0 48	14 19
7	2 33	7 54	21 12	11 21	3 43	0 45	0 46	14 18
12	2 36	7 53	21 08	11 20	3 41	0 46	0 43	14 16
17	2 39	7 53	21 05	11 19	3 38	0 48	0 41	14 14
22	2 40	7 52D	21 00	11 19	3 35	0 51	0 40	14 12
27	2 41	7 53	20 56	11 19D	3 32	0 53	0 38	14 10
Apr 1	2 42R	7 54	20 52	11 19	3 29	0 56	0 37	14 07
6	2 42	7 55	20 48	11 20	3 25	0 59	0 37	14 05
11	2 41	7 57	20 43	11 21	3 22	1 03	0 36	14 02
16	2 40	7 59	20 39	11 22	3 18	1 06	0 36D	13 59
21	2 38	8 02	20 35	11 24	3 14	1 10	0 36	13 56
26	2 35	8 05	20 30	11 26	3 10	1 14	0 37	13 53
May 1	2 32	8 09	20 26	11 29	3 07	1 18	0 38	13 50
6	2 29	8 13	20 22	11 32	3 03	1 22	0 39	13 47
11	2 25	8 17	20 18	11 35	3 00	1 26	0 41	13 44
16	2 20	8 22	20 15	11 38	2 56	1 31	0 42	13 40
21	2 15	8 27	20 11	11 42	2 53	1 35	0 44	13 37
26	2 10	8 32	20 08	11 46	2 50	1 40	0 47	13 34
31	2 05	8 38	20 06	11 50	2 47	1 44	0 49	13 32
Jun 5	1 59	8 44	20 03	11 54	2 44	1 48	0 52	13 29
10	1 53	8 50	20 01	11 59	2 41	1 53	0 55	13 26
15	1 47	8 56	19 59	12 04	2 39	1 57	0 59	13 24
20	1 41	9 02	19 58	12 09	2 37	2 01	1 02	13 22
25	1 35	9 09	19 57	12 13	2 35	2 05	1 06	13 20
30	1 29	9 15	19 57	12 18	2 34	2 08	1 10	13 18
Jul 5	1 23	9 21	19 56D	12 23	2 33	2 12	1 14	13 17
10	1 17	9 28	19 57	12 28	2 32	2 15	1 18	13 15
15	1 11	9 34	19 57	12 33	2 32	2 18	1 22	13 14
20	1 06	9 40	19 59	12 38	2 32D	2 21	1 26	13 14
25	1 01	9 46	20 00	12 43	2 32	2 24	1 30	13 13
30	0 56	9 52	20 02	12 48	2 33	2 26	1 34	13 13D
Aug 4	0 51	9 58	20 04	12 52	2 34	2 28	1 38	13 13
9	0 47	10 04	20 07	12 57	2 35	2 30	1 42	13 14
14	0 44	10 09	20 10	13 01	2 37	2 31	1 46	13 15
19	0 41	10 14	20 13	13 05	2 39	2 32	1 50	13 16
24	0 38	10 18	20 17	13 08	2 41	2 33	1 54	13 17
29	0 36	10 22	20 21	13 12	2 44	2 33	1 58	13 19
Sep 3	0 34	10 26	20 25	13 15	2 47	2 33R	2 01	13 21
8	0 34	10 29	20 30	13 17	2 50	2 33	2 04	13 23
13	0 33D	10 32	20 35	13 20	2 54	2 32	2 07	13 25
18	0 33	10 35	20 40	13 22	2 57	2 31	2 10	13 28
23	0 34	10 37	20 45	13 24	3 01	2 30	2 13	13 31
28	0 36	10 38	20 50	13 25	3 06	2 28	2 15	13 34
Oct 3	0 38	10 40	20 56	13 26	3 10	2 27	2 17	13 37
8	0 41	10 40	21 01	13 27	3 14	2 24	2 19	13 40
13	0 44	10 40R	21 07	13 27R	3 19	2 22	2 20	13 44
18	0 48	10 40	21 12	13 27	3 23	2 19	2 21	13 48
23	0 52	10 39	21 18	13 26	3 28	2 16	2 22	13 51
28	0 57	10 37	21 23	13 25	3 33	2 13	2 22	13 55
Nov 2	1 03	10 35	21 29	13 24	3 37	2 10	2 22R	13 59
7	1 09	10 33	21 34	13 22	3 42	2 07	2 22	14 03
12	1 15	10 30	21 39	13 20	3 46	2 03	2 21	14 07
17	1 22	10 27	21 44	13 18	3 51	2 00	2 21	14 11
22	1 29	10 23	21 49	13 15	3 55	1 56	2 19	14 15
27	1 37	10 20	21 53	13 12	3 59	1 52	2 18	14 18
Dec 2	1 44	10 15	21 57	13 09	4 04	1 49	2 16	14 22
7	1 52	10 11	22 01	13 05	4 07	1 45	2 14	14 26
12	2 00	10 06	22 05	13 02	4 11	1 42	2 12	14 29
17	2 08	10 01	22 08	12 58	4 14	1 38	2 09	14 32
22	2 17	9 56	22 10	12 54	4 17	1 35	2 06	14 35
27	2♑ 25	9♋ 51	22♎ 13	12♋ 50	4♏ 20	1♊ 32	2♌ 03	14♏ 38
Stations	Apr 1	Mar 20	Jan 19	Mar 25	Jan 31	Feb 13	Apr 14	Feb 10
	Sep 12	Oct 10	Jul 3	Oct 12	Jul 17	Aug 31	Oct 30	Jul 29

2021	♃	♀	⚷	⚳	⚴	♆	⚷	⚵
Jan 1	2♑33	9♋46R	22♎15	12♋46R	4♏22	1♊29R	2♌00R	14♏40
6	2 42	9 41	22 16	12 42	4 24	1 27	1 57	14 43
11	2 50	9 36	22 17	12 37	4 26	1 24	1 53	14 45
16	2 57	9 31	22 18	12 33	4 28	1 22	1 50	14 46
21	3 05	9 26	22 18R	12 29	4 28	1 20	1 47	14 48
26	3 12	9 21	22 18	12 26	4 29	1 19	1 43	14 49
31	3 20	9 17	22 17	12 22	4 29R	1 18	1 40	14 50
Feb 5	3 26	9 12	22 16	12 19	4 29	1 17	1 36	14 50
10	3 32	9 09	22 14	12 15	4 29	1 17	1 33	14 51R
15	3 38	9 05	22 12	12 12	4 28	1 16D	1 30	14 50
20	3 44	9 02	22 10	12 10	4 27	1 17	1 27	14 50
25	3 48	8 59	22 07	12 07	4 25	1 17	1 24	14 49
Mar 2	3 53	8 57	22 04	12 05	4 23	1 18	1 21	14 48
7	3 56	8 55	22 01	12 04	4 21	1 20	1 19	14 47
12	4 00	8 54	21 57	12 02	4 19	1 21	1 16	14 45
17	4 02	8 53	21 54	12 01	4 16	1 23	1 14	14 44
22	4 04	8 53D	21 50	12 01	4 13	1 25	1 13	14 42
27	4 05	8 53	21 46	12 01D	4 10	1 28	1 11	14 39
Apr 1	4 06	8 54	21 41	12 01	4 07	1 31	1 10	14 37
6	4 06R	8 55	21 37	12 02	4 03	1 34	1 09	14 34
11	4 05	8 57	21 33	12 03	4 00	1 37	1 09	14 32
16	4 04	8 59	21 28	12 04	3 56	1 41	1 09D	14 29
21	4 03	9 02	21 24	12 06	3 52	1 44	1 09	14 26
26	4 00	9 05	21 20	12 08	3 49	1 48	1 10	14 23
May 1	3 57	9 08	21 15	12 10	3 45	1 52	1 10	14 19
6	3 54	9 12	21 11	12 13	3 41	1 57	1 12	14 16
11	3 50	9 17	21 07	12 16	3 38	2 01	1 13	14 13
16	3 46	9 21	21 04	12 20	3 34	2 05	1 15	14 10
21	3 41	9 26	21 00	12 23	3 31	2 10	1 17	14 07
26	3 36	9 31	20 57	12 27	3 28	2 14	1 19	14 04
31	3 31	9 37	20 55	12 32	3 25	2 18	1 22	14 01
Jun 5	3 25	9 43	20 52	12 36	3 22	2 23	1 25	13 58
10	3 19	9 49	20 50	12 40	3 19	2 27	1 28	13 56
15	3 14	9 55	20 48	12 45	3 17	2 31	1 31	13 53
20	3 07	10 01	20 47	12 50	3 15	2 35	1 34	13 51
25	3 01	10 08	20 46	12 55	3 13	2 39	1 38	13 49
30	2 55	10 14	20 45	13 00	3 12	2 43	1 42	13 48
Jul 5	2 49	10 20	20 45D	13 05	3 11	2 46	1 46	13 46
10	2 43	10 27	20 45	13 10	3 10	2 50	1 50	13 45
15	2 37	10 33	20 46	13 15	3 10	2 53	1 54	13 44
20	2 32	10 39	20 47	13 20	3 10D	2 56	1 58	13 43
25	2 27	10 46	20 48	13 24	3 10	2 58	2 02	13 43
30	2 22	10 52	20 50	13 29	3 10	3 01	2 06	13 42D
Aug 4	2 17	10 57	20 52	13 34	3 11	3 03	2 10	13 43
9	2 13	11 03	20 55	13 38	3 13	3 05	2 15	13 43
14	2 09	11 08	20 58	13 42	3 14	3 06	2 19	13 44
19	2 06	11 13	21 01	13 46	3 16	3 07	2 22	13 45
24	2 03	11 18	21 05	13 50	3 19	3 08	2 26	13 46
29	2 01	11 22	21 09	13 53	3 21	3 08	2 30	13 48
Sep 3	1 59	11 26	21 13	13 56	3 24	3 08R	2 33	13 49
8	1 58	11 29	21 17	13 59	3 27	3 08	2 37	13 52
13	1 57	11 32	21 22	14 02	3 31	3 08	2 40	13 54
18	1 57D	11 35	21 27	14 04	3 34	3 07	2 43	13 57
23	1 58	11 37	21 32	14 06	3 38	3 05	2 45	13 59
28	1 59	11 39	21 38	14 07	3 42	3 04	2 47	14 02
Oct 3	2 01	11 40	21 43	14 08	3 47	3 02	2 49	14 06
8	2 04	11 41	21 48	14 09	3 51	3 00	2 51	14 09
13	2 07	11 41R	21 54	14 09R	3 55	2 57	2 53	14 13
18	2 11	11 40	22 00	14 09	4 00	2 55	2 54	14 16
23	2 15	11 40	22 05	14 08	4 05	2 52	2 54	14 20
28	2 20	11 38	22 11	14 08	4 09	2 49	2 55	14 24
Nov 2	2 25	11 37	22 16	14 06	4 14	2 46	2 55R	14 28
7	2 31	11 34	22 21	14 05	4 19	2 42	2 55	14 32
12	2 37	11 32	22 27	14 03	4 23	2 39	2 54	14 35
17	2 44	11 29	22 31	14 00	4 28	2 35	2 53	14 39
22	2 51	11 25	22 36	13 58	4 32	2 32	2 52	14 43
27	2 58	11 21	22 41	13 55	4 36	2 28	2 51	14 47
Dec 2	3 06	11 17	22 45	13 52	4 40	2 24	2 49	14 51
7	3 14	11 13	22 49	13 48	4 44	2 21	2 47	14 54
12	3 22	11 08	22 52	13 45	4 48	2 17	2 45	14 58
17	3 30	11 03	22 55	13 41	4 51	2 14	2 42	15 01
22	3 38	10 58	22 58	13 37	4 54	2 11	2 39	15 04
27	3♑46	10♋53	23♎01	13♋33	4♏57	2♊08	2♌36	15♏07
Stations	Apr 3	Mar 22	Jan 19	Mar 26	Jan 31	Feb 13	Apr 15	Feb 10
	Sep 14	Oct 11	Jul 4	Oct 13	Jul 18	Sep 1	Oct 31	Jul 29

	♃	C	⚵	♀	♃♯	♆	1	⚹
Jan 1	3♑ 55	10♋ 48R	23♎ 03	13♋ 29R	5♏ 00	2♊ 05R	2♌ 33R	15♏ 09
6	4 03	10 43	23 04	13 25	5 02	2 02	2 30	15 12
11	4 11	10 37	23 05	13 21	5 03	2 00	2 27	15 14
16	4 19	10 32	23 06	13 16	5 05	1 58	2 23	15 15
21	4 27	10 28	23 06R	13 13	5 06	1 56	2 20	15 17
26	4 34	10 23	23 06	13 09	5 07	1 54	2 16	15 18
31	4 41	10 18	23 06	13 05	5 07	1 53	2 13	15 19
Feb 5	4 48	10 14	23 04	13 02	5 07R	1 52R	2 09	15 19
10	4 55	10 10	23 03	12 58	5 06	1 52	2 06	15 20R
15	5 01	10 07	23 01	12 55	5 06	1 52D	2 03	15 20
20	5 06	10 03	22 59	12 53	5 05	1 52	2 00	15 19
25	5 11	10 01	22 56	12 50	5 03	1 52	1 57	15 19
Mar 2	5 16	9 58	22 53	12 48	5 01	1 53	1 54	15 18
7	5 19	9 56	22 50	12 46	4 59	1 54	1 52	15 16
12	5 23	9 55	22 47	12 45	4 57	1 56	1 49	15 15
17	5 25	9 54	22 43	12 44	4 54	1 58	1 47	15 13
22	5 28	9 54	22 39	12 43	4 51	2 00	1 46	15 11
27	5 29	9 54D	22 35	12 43D	4 48	2 03	1 44	15 09
Apr 1	5 30	9 54	22 31	12 43	4 45	2 05	1 43	15 06
6	5 30R	9 55	22 26	12 44	4 42	2 08	1 42	15 04
11	5 30	9 57	22 22	12 45	4 38	2 12	1 42	15 01
16	5 29	9 59	22 17	12 46	4 34	2 15	1 42D	14 58
21	5 27	10 02	22 13	12 48	4 31	2 19	1 42	14 55
26	5 25	10 05	22 09	12 50	4 27	2 23	1 42	14 52
May 1	5 23	10 08	22 05	12 52	4 23	2 27	1 43	14 49
6	5 19	10 12	22 01	12 55	4 20	2 31	1 44	14 46
11	5 16	10 16	21 57	12 58	4 16	2 35	1 45	14 43
16	5 12	10 21	21 53	13 01	4 12	2 40	1 47	14 40
21	5 07	10 26	21 50	13 05	4 09	2 44	1 49	14 37
26	5 02	10 31	21 46	13 09	4 06	2 48	1 52	14 34
31	4 57	10 36	21 43	13 13	4 03	2 53	1 54	14 31
Jun 5	4 51	10 42	21 41	13 17	4 00	2 57	1 57	14 28
10	4 46	10 48	21 39	13 22	3 57	3 01	2 00	14 25
15	4 40	10 54	21 37	13 26	3 55	3 05	2 03	14 23
20	4 34	11 00	21 35	13 31	3 53	3 10	2 07	14 21
25	4 28	11 07	21 34	13 36	3 51	3 14	2 10	14 19
30	4 21	11 13	21 33	13 41	3 50	3 17	2 14	14 17
Jul 5	4 15	11 19	21 33D	13 46	3 49	3 21	2 18	14 15
10	4 09	11 26	21 33	13 51	3 48	3 24	2 22	14 14
15	4 04	11 32	21 34	13 56	3 47	3 28	2 26	14 13
20	3 58	11 39	21 35	14 01	3 47D	3 30	2 30	14 12
25	3 53	11 45	21 36	14 06	3 47	3 33	2 34	14 12
30	3 47	11 51	21 38	14 10	3 48	3 35	2 38	14 12D
Aug 4	3 43	11 57	21 40	14 15	3 49	3 38	2 43	14 12
9	3 38	12 02	21 43	14 19	3 50	3 39	2 47	14 12
14	3 34	12 07	21 45	14 24	3 52	3 41	2 51	14 13
19	3 31	12 12	21 49	14 28	3 54	3 42	2 55	14 14
24	3 28	12 17	21 52	14 31	3 56	3 43	2 58	14 15
29	3 26	12 22	21 56	14 35	3 58	3 43	3 02	14 16
Sep 3	3 24	12 26	22 00	14 38	4 01	3 43R	3 06	14 18
8	3 22	12 29	22 05	14 41	4 04	3 43	3 09	14 20
13	3 22	12 32	22 10	14 44	4 08	3 43	3 12	14 23
18	3 22D	12 35	22 14	14 46	4 11	3 42	3 15	14 25
23	3 22	12 37	22 20	14 48	4 15	3 41	3 17	14 28
28	3 23	12 39	22 25	14 49	4 19	3 39	3 20	14 31
Oct 3	3 25	12 40	22 30	14 50	4 23	3 37	3 22	14 34
8	3 27	12 41	22 36	14 51	4 28	3 35	3 24	14 38
13	3 30	12 41R	22 41	14 51	4 32	3 33	3 25	14 41
18	3 34	12 41	22 47	14 51R	4 37	3 30	3 26	14 45
23	3 38	12 41	22 52	14 51	4 42	3 28	3 27	14 49
28	3 42	12 39	22 58	14 50	4 46	3 25	3 28	14 52
Nov 2	3 48	12 38	23 03	14 49	4 51	3 21	3 28R	14 56
7	3 53	12 36	23 09	14 47	4 56	3 18	3 28	15 00
12	3 59	12 33	23 14	14 45	5 00	3 15	3 27	15 04
17	4 06	12 30	23 19	14 43	5 05	3 11	3 26	15 08
22	4 13	12 27	23 24	14 41	5 09	3 07	3 25	15 12
27	4 20	12 23	23 28	14 38	5 13	3 04	3 24	15 16
Dec 2	4 27	12 19	23 32	14 35	5 17	3 00	3 22	15 19
7	4 35	12 14	23 36	14 31	5 21	2 57	3 20	15 23
12	4 43	12 10	23 40	14 28	5 25	2 53	3 18	15 26
17	4 51	12 05	23 43	14 24	5 28	2 50	3 15	15 29
22	5 00	12 00	23 46	14 20	5 31	2 46	3 13	15 33
27	5♑ 08	11♋ 55	23♎ 49	14♋ 16	5♏ 34	2♊ 43	3♌ 10	15♏ 35

Stations	Apr 5	Mar 23	Jan 20	Mar 27	Feb 1	Feb 14	Apr 16	Feb 10
	Sep 16	Oct 13	Jul 5	Oct 14	Jul 19	Sep 2	Nov 1	Jul 30

2023

	♃	⚷	⚸	⚳	♆	♇	♌	♅
Jan 1	5♑16	11♋50R	23♎51	14♋12R	5♏37	2♊40R	3♌07R	15♏38
6	5 25	11 45	23 52	14 08	5 39	2 38	3 03	15 40
11	5 33	11 39	23 54	14 04	5 41	2 35	3 00	15 42
16	5 41	11 34	23 54	14 00	5 42	2 33	2 57	15 44
21	5 48	11 29	23 55R	13 56	5 43	2 31	2 53	15 46
26	5 56	11 25	23 55	13 52	5 44	2 30	2 50	15 47
31	6 03	11 20	23 54	13 48	5 45	2 28	2 46	15 48
Feb 5	6 10	11 16	23 53	13 44	5 45R	2 28	2 43	15 49
10	6 17	11 12	23 52	13 41	5 44	2 27	2 39	15 49
15	6 23	11 08	23 50	13 38	5 43	2 27D	2 36	15 49R
20	6 29	11 05	23 48	13 35	5 42	2 27	2 33	15 49
25	6 34	11 02	23 45	13 33	5 41	2 27	2 30	15 48
Mar 2	6 38	11 00	23 42	13 31	5 39	2 28	2 27	15 47
7	6 42	10 58	23 39	13 29	5 37	2 29	2 25	15 46
12	6 46	10 56	23 36	13 27	5 35	2 31	2 23	15 44
17	6 49	10 55	23 32	13 26	5 32	2 33	2 20	15 43
22	6 51	10 55	23 28	13 26	5 29	2 35	2 19	15 41
27	6 53	10 54D	23 24	13 25	5 26	2 37	2 17	15 38
Apr 1	6 54	10 55	23 20	13 25D	5 23	2 40	2 16	15 36
6	6 54R	10 56	23 16	13 26	5 20	2 43	2 15	15 33
11	6 54	10 57	23 11	13 27	5 16	2 46	2 15	15 31
16	6 54	10 59	23 07	13 28	5 13	2 50	2 14D	15 28
21	6 52	11 02	23 02	13 30	5 09	2 53	2 14	15 25
26	6 50	11 05	22 58	13 32	5 05	2 57	2 15	15 22
May 1	6 48	11 08	22 54	13 34	5 01	3 01	2 16	15 19
6	6 45	11 12	22 50	13 37	4 58	3 05	2 17	15 16
11	6 41	11 16	22 46	13 40	4 54	3 10	2 18	15 12
16	6 37	11 20	22 42	13 43	4 51	3 14	2 20	15 09
21	6 33	11 25	22 39	13 47	4 47	3 18	2 22	15 06
26	6 28	11 30	22 35	13 50	4 44	3 23	2 24	15 03
31	6 23	11 36	22 32	13 54	4 41	3 27	2 26	15 00
Jun 5	6 18	11 41	22 30	13 59	4 38	3 31	2 29	14 58
10	6 12	11 47	22 28	14 03	4 35	3 36	2 32	14 55
15	6 06	11 53	22 26	14 08	4 33	3 40	2 35	14 52
20	6 00	11 59	22 24	14 13	4 31	3 44	2 39	14 50
25	5 54	12 06	22 23	14 17	4 29	3 48	2 42	14 48
30	5 48	12 12	22 22	14 22	4 28	3 52	2 46	14 46
Jul 5	5 42	12 19	22 22	14 27	4 26	3 55	2 50	14 45
10	5 36	12 25	22 22D	14 32	4 25	3 59	2 54	14 43
15	5 30	12 31	22 22	14 37	4 25	4 02	2 58	14 42
20	5 24	12 38	22 23	14 42	4 25D	4 05	3 02	14 41
25	5 19	12 44	22 24	14 47	4 25	4 08	3 06	14 41
30	5 13	12 50	22 26	14 52	4 25	4 10	3 10	14 41
Aug 4	5 09	12 56	22 28	14 56	4 26	4 12	3 15	14 41D
9	5 04	13 01	22 30	15 01	4 27	4 14	3 19	14 41
14	5 00	13 07	22 33	15 05	4 29	4 16	3 23	14 42
19	4 56	13 12	22 36	15 09	4 31	4 17	3 27	14 43
24	4 53	13 17	22 40	15 13	4 33	4 18	3 31	14 44
29	4 51	13 21	22 44	15 17	4 36	4 18	3 34	14 45
Sep 3	4 48	13 25	22 48	15 20	4 38	4 19R	3 38	14 47
8	4 47	13 29	22 52	15 23	4 41	4 19	3 41	14 49
13	4 46	13 32	22 57	15 25	4 45	4 18	3 44	14 52
18	4 46D	13 35	23 02	15 28	4 48	4 17	3 47	14 54
23	4 46	13 37	23 07	15 30	4 52	4 16	3 50	14 57
28	4 47	13 39	23 12	15 31	4 56	4 15	3 52	15 00
Oct 3	4 48	13 41	23 17	15 32	5 00	4 13	3 54	15 03
8	4 51	13 42	23 23	15 33	5 05	4 11	3 56	15 06
13	4 53	13 42	23 29	15 34	5 09	4 09	3 58	15 10
18	4 57	13 42R	23 34	15 34R	5 14	4 06	3 59	15 13
23	5 01	13 42	23 40	15 33	5 18	4 03	4 00	15 17
28	5 05	13 40	23 45	15 33	5 23	4 00	4 00	15 21
Nov 2	5 10	13 39	23 51	15 31	5 28	3 57	4 01R	15 25
7	5 15	13 37	23 56	15 30	5 32	3 54	4 00	15 29
12	5 21	13 34	24 01	15 28	5 37	3 50	4 00	15 33
17	5 28	13 32	24 06	15 26	5 41	3 47	3 59	15 37
22	5 35	13 28	24 11	15 23	5 46	3 43	3 58	15 40
27	5 42	13 25	24 16	15 21	5 50	3 40	3 57	15 44
Dec 2	5 49	13 21	24 20	15 17	5 54	3 36	3 55	15 48
7	5 57	13 16	24 24	15 14	5 58	3 32	3 53	15 51
12	6 05	13 12	24 28	15 11	6 02	3 29	3 51	15 55
17	6 13	13 07	24 31	15 07	6 05	3 25	3 48	15 58
22	6 21	13 02	24 34	15 03	6 09	3 22	3 46	16 01
27	6♑29	12♋57	24♎37	14♋59	6♏11	3♊19	3♌43	16♏04
Stations	Apr 6	Mar 24	Jan 21	Mar 28	Feb 2	Feb 15	Apr 16	Feb 11
	Sep 17	Oct 14	Jul 7	Oct 15	Jul 20	Sep 3	Nov 2	Jul 31

2024

	♃	⚳	⚴	⚵	⚶	♆	⚷	♅
Jan 1	6♑38	12♋52R	24♎39	14♋55R	6♏14	3♊16R	3♌40R	16♏07
6	6 46	12 47	24 40	14 51	6 18	3 13	3 37	16 09
11	6 54	12 41	24 42	14 47	6 20	3 11	3 33	16 11
16	7 02	12 36	24 43	14 43	6 20	3 09	3 30	16 13
21	7 10	12 31	24 43	14 39	6 21	3 07	3 26	16 15
26	7 18	12 27	24 43R	14 35	6 22	3 05	3 23	16 16
31	7 25	12 22	24 43	14 31	6 22	3 04	3 19	16 17
Feb 5	7 32	12 18	24 42	14 27	6 22R	3 03	3 16	16 18
10	7 39	12 13	24 40	14 24	6 22	3 02	3 13	16 18
15	7 45	12 10	24 39	14 21	6 21	3 02	3 09	16 18R
20	7 51	12 06	24 37	14 18	6 20	3 02D	3 06	16 18
25	7 56	12 03	24 34	14 16	6 19	3 02	3 03	16 17
Mar 1	8 01	12 01	24 31	14 13	6 17	3 03	3 01	16 16
6	8 05	11 59	24 28	14 11	6 15	3 04	2 58	16 15
11	8 09	11 57	24 25	14 10	6 13	3 06	2 56	16 14
16	8 12	11 56	24 21	14 09	6 10	3 08	2 54	16 12
21	8 15	11 55	24 17	14 08	6 08	3 10	2 52	16 10
26	8 17	11 55D	24 13	14 08	6 05	3 12	2 50	16 08
31	8 18	11 55	24 09	14 08D	6 01	3 15	2 49	16 06
Apr 5	8 19	11 56	24 05	14 08	5 58	3 18	2 48	16 03
10	8 19R	11 58	24 01	14 09	5 54	3 21	2 47	16 00
15	8 18	11 59	23 56	14 10	5 51	3 24	2 47	15 57
20	8 17	12 02	23 52	14 12	5 47	3 28	2 47D	15 54
25	8 15	12 04	23 47	14 14	5 43	3 32	2 48	15 51
30	8 13	12 08	23 43	14 16	5 40	3 36	2 48	15 48
May 5	8 10	12 11	23 39	14 18	5 36	3 40	2 49	15 45
10	8 07	12 15	23 35	14 21	5 32	3 44	2 51	15 42
15	8 03	12 20	23 31	14 25	5 29	3 48	2 52	15 39
20	7 59	12 24	23 28	14 28	5 25	3 53	2 54	15 36
25	7 54	12 30	23 25	14 32	5 22	3 57	2 56	15 33
30	7 49	12 35	23 21	14 36	5 19	4 02	2 59	15 30
Jun 4	7 44	12 40	23 19	14 40	5 16	4 06	3 01	15 27
9	7 38	12 46	23 16	14 45	5 14	4 10	3 04	15 25
14	7 32	12 52	23 14	14 49	5 11	4 14	3 08	15 22
19	7 26	12 58	23 13	14 54	5 09	4 19	3 11	15 20
24	7 20	13 05	23 11	14 59	5 07	4 23	3 15	15 18
29	7 14	13 11	23 11	15 04	5 05	4 26	3 18	15 16
Jul 4	7 08	13 18	23 10	15 09	5 04	4 30	3 22	15 14
9	7 02	13 24	23 10D	15 14	5 03	4 34	3 26	15 13
14	6 56	13 30	23 10	15 19	5 03	4 37	3 30	15 12
19	6 50	13 37	23 11	15 24	5 02	4 40	3 34	15 11
24	6 45	13 43	23 12	15 28	5 03D	4 43	3 38	15 10
29	6 39	13 49	23 14	15 33	5 03	4 45	3 43	15 10
Aug 3	6 34	13 55	23 16	15 38	5 04	4 47	3 47	15 10D
8	6 30	14 01	23 18	15 42	5 05	4 49	3 51	15 10
13	6 26	14 06	23 21	15 47	5 06	4 51	3 55	15 11
18	6 22	14 11	23 24	15 51	5 08	4 52	3 59	15 12
23	6 18	14 16	23 28	15 55	5 10	4 53	4 03	15 13
28	6 16	14 21	23 31	15 58	5 13	4 54	4 06	15 14
Sep 2	6 13	14 25	23 35	16 02	5 15	4 54R	4 10	15 16
7	6 12	14 29	23 40	16 05	5 18	4 54	4 13	15 18
12	6 11	14 32	23 44	16 07	5 22	4 53	4 17	15 20
17	6 10	14 35	23 49	16 10	5 25	4 53	4 19	15 23
22	6 10D	14 38	23 54	16 12	5 29	4 51	4 22	15 26
27	6 11	14 40	23 59	16 13	5 33	4 50	4 25	15 29
Oct 2	6 12	14 41	24 05	16 15	5 37	4 48	4 27	15 32
7	6 14	14 42	24 10	16 15	5 42	4 46	4 29	15 35
12	6 17	14 43	24 16	16 16	5 46	4 44	4 30	15 38
17	6 20	14 43R	24 21	16 16R	5 51	4 42	4 32	15 42
22	6 23	14 42	24 27	16 16	5 55	4 39	4 32	15 46
27	6 28	14 42	24 32	16 15	6 00	4 36	4 33	15 50
Nov 1	6 33	14 40	24 38	16 14	6 04	4 33	4 33	15 53
6	6 38	14 38	24 43	16 13	6 09	4 30	4 33R	15 57
11	6 44	14 36	24 49	16 11	6 14	4 26	4 33	16 01
16	6 50	14 33	24 54	16 09	6 18	4 23	4 32	16 05
21	6 57	14 30	24 58	16 06	6 23	4 19	4 31	16 09
26	7 04	14 26	25 03	16 03	6 27	4 15	4 30	16 13
Dec 1	7 11	14 22	25 07	16 00	6 31	4 12	4 28	16 17
6	7 19	14 18	25 12	15 57	6 35	4 08	4 26	16 20
11	7 26	14 14	25 15	15 54	6 39	4 05	4 24	16 24
16	7 35	14 09	25 19	15 50	6 42	4 01	4 22	16 27
21	7 43	14 04	25 22	15 46	6 46	3 58	4 19	16 30
26	7 51	13 59	25 24	15 42	6 49	3 55	4 16	16 33
31	7♑59	13♋54	25♎27	15♋38	6♏51	3♊52	4♌13	16♏36
Stations	Apr 7	Mar 24	Jan 22	Mar 28	Feb 2	Feb 16	Apr 16	Feb 12
	Sep 18	Oct 14	Jul 7	Oct 15	Jul 20	Sep 2	Nov 2	Jul 31

2025

	♃	⚷	⚸	⚴	♇	♆	⚵	⚶
Jan 5	8♑08	13♋49R	25♎29	15♋34R	6♏53	3♊49R	4♌10R	16♏38
10	8 16	13 43	25 30	15 30	6 55	3 46	4 07	16 40
15	8 24	13 38	25 31	15 26	6 57	3 44	4 03	16 42
20	8 32	13 33	25 31	15 22	6 58	3 42	4 00	16 44
25	8 40	13 28	25 32R	15 18	6 59	3 41	3 56	16 45
30	8 47	13 24	25 31	15 14	7 00	3 39	3 53	16 46
Feb 4	8 54	13 19	25 30	15 10	7 00R	3 38	3 49	16 47
9	9 01	13 15	25 29	15 07	7 00	3 37	3 46	16 47
14	9 07	13 11	25 28	15 04	6 59	3 37	3 43	16 47R
19	9 13	13 08	25 26	15 01	6 58	3 37D	3 40	16 47
24	9 19	13 05	25 23	14 58	6 57	3 37	3 37	16 46
Mar 1	9 24	13 02	25 20	14 56	6 55	3 38	3 34	16 46
6	9 28	13 00	25 17	14 54	6 53	3 39	3 31	16 45
11	9 32	12 58	25 14	14 53	6 51	3 41	3 29	16 43
16	9 35	12 57	25 11	14 51	6 48	3 42	3 27	16 41
21	9 38	12 56	25 07	14 50	6 46	3 44	3 25	16 40
26	9 40	12 56D	25 03	14 50	6 43	3 47	3 23	16 37
31	9 42	12 56	24 59	14 50D	6 40	3 49	3 22	16 35
Apr 5	9 43	12 57	24 54	14 50	6 36	3 52	3 21	16 33
10	9 43R	12 58	24 50	14 51	6 33	3 56	3 20	16 30
15	9 43	13 00	24 46	14 52	6 29	3 59	3 20	16 27
20	9 42	13 02	24 41	14 54	6 25	4 03	3 20D	16 24
25	9 40	13 04	24 37	14 55	6 22	4 06	3 20	16 21
30	9 38	13 08	24 33	14 58	6 18	4 10	3 21	16 18
May 5	9 35	13 11	24 28	15 00	6 14	4 14	3 22	16 15
10	9 32	13 15	24 24	15 03	6 11	4 19	3 23	16 12
15	9 28	13 19	24 21	15 06	6 07	4 23	3 25	16 09
20	9 24	13 24	24 17	15 10	6 04	4 27	3 27	16 05
25	9 20	13 29	24 14	15 13	6 00	4 32	3 29	16 02
30	9 15	13 34	24 11	15 17	5 57	4 36	3 31	16 00
Jun 4	9 10	13 40	24 08	15 22	5 54	4 40	3 34	15 57
9	9 04	13 46	24 05	15 26	5 52	4 45	3 37	15 54
14	8 58	13 51	24 03	15 31	5 49	4 49	3 40	15 52
19	8 53	13 58	24 01	15 35	5 47	4 53	3 43	15 49
24	8 47	14 04	24 00	15 40	5 45	4 57	3 47	15 47
29	8 40	14 10	23 59	15 45	5 43	5 01	3 50	15 45
Jul 4	8 34	14 17	23 59	15 50	5 42	5 05	3 54	15 44
9	8 28	14 23	23 58D	15 55	5 41	5 08	3 58	15 42
14	8 22	14 29	23 59	16 00	5 40	5 11	4 02	15 41
19	8 16	14 36	23 59	16 05	5 40	5 14	4 06	15 40
24	8 11	14 42	24 00	16 10	5 40D	5 17	4 11	15 39
29	8 05	14 48	24 02	16 15	5 40	5 20	4 15	15 39
Aug 3	8 00	14 54	24 04	16 19	5 41	5 22	4 19	15 39D
8	7 56	15 00	24 06	16 24	5 42	5 24	4 23	15 39
13	7 51	15 06	24 09	16 28	5 44	5 26	4 27	15 40
18	7 47	15 11	24 12	16 32	5 45	5 27	4 31	15 41
23	7 44	15 16	24 15	16 36	5 48	5 28	4 35	15 42
28	7 41	15 20	24 19	16 40	5 50	5 29	4 39	15 43
Sep 2	7 38	15 25	24 23	16 43	5 53	5 29	4 42	15 45
7	7 36	15 29	24 27	16 46	5 56	5 29R	4 46	15 47
12	7 35	15 32	24 32	16 49	5 59	5 29	4 49	15 49
17	7 34	15 35	24 37	16 52	6 02	5 28	4 52	15 52
22	7 34D	15 38	24 42	16 54	6 06	5 27	4 55	15 54
27	7 35	15 40	24 47	16 55	6 10	5 26	4 57	15 57
Oct 2	7 36	15 42	24 52	16 57	6 14	5 24	4 59	16 00
7	7 38	15 43	24 58	16 58	6 18	5 22	5 01	16 04
12	7 40	15 43	25 03	16 58	6 23	5 20	5 03	16 07
17	7 43	15 44R	25 09	16 58R	6 27	5 17	5 04	16 11
22	7 46	15 43	25 14	16 58	6 32	5 15	5 05	16 14
27	7 51	15 42	25 20	16 58	6 37	5 12	5 06	16 18
Nov 1	7 55	15 41	25 25	16 57	6 41	5 09	5 06	16 22
6	8 00	15 39	25 31	16 55	6 46	5 05	5 06R	16 26
11	8 06	15 37	25 36	16 53	6 51	5 02	5 06	16 30
16	8 12	15 34	25 41	16 51	6 55	4 58	5 05	16 34
21	8 19	15 31	25 46	16 49	7 00	4 55	5 04	16 38
26	8 26	15 28	25 51	16 46	7 04	4 51	5 03	16 42
Dec 1	8 33	15 24	25 55	16 43	7 08	4 47	5 01	16 45
6	8 40	15 20	25 59	16 40	7 12	4 44	4 59	16 49
11	8 48	15 16	26 03	16 37	7 16	4 40	4 57	16 52
16	8 56	15 11	26 07	16 33	7 19	4 37	4 55	16 56
21	9 04	15 06	26 10	16 29	7 23	4 34	4 52	16 59
26	9 13	15 01	26 12	16 25	7 26	4 30	4 49	17 02
31	9♑21	14♋56	26♎15	16♋21	7♏28	4♊27	4♌46	17♏04
Stations	Apr 9	Mar 26	Jan 22	Mar 29	Feb 2	Feb 16	Apr 17	Feb 12
	Sep 20	Oct 15	Jul 8	Oct 16	Jul 20	Sep 3	Nov 2	Jul 31

2026

	♃	℄	⚴	♈	⚵	Ψ	⚷	♅
Jan 5	9♑29	14♋51R	26♎17	16♋17R	7♏31	4♊25R	4♌43R	17♏07
10	9 37	14 45	26 18	16 13	7 33	4 22	4 40	17 09
15	9 46	14 40	26 19	16 09	7 34	4 20	4 37	17 11
20	9 54	14 35	26 20	16 05	7 36	4 18	4 33	17 13
25	10 01	14 30	26 20R	16 01	7 37	4 16	4 30	17 14
30	10 09	14 26	26 20	15 57	7 37	4 15	4 26	17 15
Feb 4	10 16	14 21	26 19	15 53	7 38R	4 13	4 23	17 16
9	10 23	14 17	26 18	15 50	7 37	4 13	4 19	17 16
14	10 30	14 13	26 16	15 47	7 37	4 12	4 16	17 16R
19	10 36	14 09	26 14	15 44	7 36	4 12D	4 13	17 16
24	10 41	14 06	26 12	15 41	7 35	4 13	4 10	17 16
Mar 1	10 46	14 04	26 10	15 39	7 33	4 13	4 07	17 15
6	10 51	14 01	26 07	15 37	7 31	4 14	4 04	17 14
11	10 55	13 59	26 03	15 35	7 29	4 16	4 02	17 13
16	10 59	13 58	26 00	15 34	7 27	4 17	4 00	17 11
21	11 02	13 57	25 56	15 33	7 24	4 19	3 58	17 09
26	11 04	13 57	25 52	15 32	7 21	4 22	3 56	17 07
31	11 06	13 57D	25 48	15 32D	7 18	4 24	3 55	17 05
Apr 5	11 07	13 57	25 44	15 33	7 14	4 27	3 54	17 02
10	11 07	13 58	25 39	15 33	7 11	4 30	3 53	16 59
15	11 07R	14 00	25 35	15 34	7 07	4 33	3 53	16 57
20	11 06	14 02	25 31	15 36	7 04	4 37	3 53D	16 54
25	11 05	14 04	25 26	15 37	7 00	4 41	3 53	16 51
30	11 03	14 07	25 22	15 40	6 56	4 45	3 54	16 48
May 5	11 01	14 11	25 18	15 42	6 53	4 49	3 54	16 44
10	10 58	14 15	25 14	15 45	6 49	4 53	3 56	16 41
15	10 54	14 19	25 10	15 48	6 45	4 57	3 57	16 38
20	10 50	14 23	25 06	15 51	6 42	5 02	3 59	16 35
25	10 46	14 28	25 03	15 55	6 39	5 06	4 01	16 32
30	10 41	14 34	25 00	15 59	6 35	5 10	4 03	16 29
Jun 4	10 36	14 39	24 57	16 03	6 32	5 15	4 06	16 26
9	10 30	14 45	24 54	16 08	6 30	5 19	4 09	16 24
14	10 25	14 51	24 52	16 12	6 27	5 23	4 12	16 21
19	10 19	14 57	24 50	16 17	6 25	5 27	4 15	16 19
24	10 13	15 03	24 49	16 22	6 23	5 32	4 19	16 17
29	10 07	15 09	24 48	16 26	6 21	5 35	4 23	16 15
Jul 4	10 01	15 16	24 47	16 31	6 20	5 39	4 26	16 13
9	9 55	15 22	24 47D	16 36	6 19	5 43	4 30	16 12
14	9 49	15 29	24 47	16 41	6 18	5 46	4 34	16 10
19	9 43	15 35	24 48	16 46	6 18	5 49	4 39	16 09
24	9 37	15 41	24 49	16 51	6 18D	5 52	4 43	16 09
29	9 31	15 47	24 50	16 56	6 18	5 55	4 47	16 08
Aug 3	9 26	15 53	24 52	17 01	6 19	5 57	4 51	16 08D
8	9 21	15 59	24 54	17 05	6 20	5 59	4 55	16 09
13	9 17	16 05	24 57	17 10	6 21	6 01	4 59	16 09
18	9 13	16 10	25 00	17 14	6 23	6 02	5 03	16 10
23	9 09	16 15	25 03	17 18	6 25	6 03	5 07	16 11
28	9 06	16 20	25 07	17 22	6 27	6 04	5 11	16 12
Sep 2	9 03	16 24	25 10	17 25	6 30	6 04	5 14	16 14
7	9 01	16 28	25 15	17 28	6 33	6 04R	5 18	16 16
12	9 00	16 32	25 19	17 31	6 36	6 04	5 21	16 18
17	8 59	16 35	25 24	17 33	6 39	6 03	5 24	16 21
22	8 59D	16 38	25 29	17 36	6 43	6 02	5 27	16 23
27	8 59	16 40	25 34	17 37	6 47	6 01	5 29	16 26
Oct 2	9 00	16 42	25 39	17 39	6 51	5 59	5 32	16 29
7	9 01	16 43	25 45	17 40	6 55	5 57	5 34	16 32
12	9 03	16 44	25 50	17 40	7 00	5 55	5 35	16 36
17	9 06	16 44R	25 56	17 41R	7 04	5 53	5 37	16 39
22	9 09	16 44	26 01	17 41	7 09	5 50	5 38	16 43
27	9 13	16 43	26 07	17 40	7 13	5 47	5 38	16 47
Nov 1	9 18	16 42	26 12	17 39	7 18	5 44	5 39	16 51
6	9 23	16 41	26 18	17 38	7 23	5 41	5 39R	16 55
11	9 28	16 38	26 23	17 36	7 27	5 38	5 39	16 59
16	9 34	16 36	26 28	17 34	7 32	5 34	5 38	17 02
21	9 41	16 33	26 33	17 32	7 37	5 30	5 37	17 06
26	9 47	16 30	26 38	17 29	7 41	5 27	5 36	17 10
Dec 1	9 55	16 26	26 43	17 26	7 45	5 23	5 34	17 14
6	10 02	16 22	26 47	17 23	7 49	5 20	5 32	17 18
11	10 10	16 17	26 51	17 20	7 53	5 16	5 30	17 21
16	10 18	16 13	26 54	17 16	7 56	5 13	5 28	17 24
21	10 26	16 08	26 57	17 12	8 00	5 09	5 25	17 28
26	10 34	16 03	27 00	17 08	8 03	5 06	5 23	17 31
31	10♑42	15♋58	27♎03	17♋04	8♏06	5♊03	5♌20	17♏33
Stations	Apr 11	Mar 27	Jan 23	Mar 30	Feb 3	Feb 16	Apr 18	Feb 12
	Sep 21	Oct 17	Jul 9	Oct 17	Jul 21	Sep 4	Nov 3	Aug 1

2027

	♃	ℭ	⚷	⚴	⚶	♆	⚵	Ж
Jan 5	10♑51	15♋53R	27♎05	17♋00R	8♏08	5♊00R	5♌16R	17♏36
10	10 59	15 47	27 06	16 56	8 10	4 58	5 13	17 38
15	11 07	15 42	27 07	16 52	8 12	4 55	5 10	17 40
20	11 15	15 37	27 08	16 48	8 13	4 53	5 06	17 42
25	11 23	15 32	27 08R	16 44	8 14	4 51	5 03	17 43
30	11 31	15 27	27 08	16 40	8 15	4 50	4 59	17 44
Feb 4	11 38	15 23	27 08	16 36	8 15R	4 49	4 56	17 45
9	11 45	15 19	27 07	16 33	8 15	4 48	4 53	17 45
14	11 52	15 15	27 05	16 30	8 15	4 48	4 49	17 46R
19	11 58	15 11	27 03	16 27	8 14	4 47D	4 46	17 45
24	12 04	15 08	27 01	16 24	8 13	4 48	4 43	17 45
Mar 1	12 09	15 05	26 59	16 22	8 11	4 48	4 40	17 44
6	12 14	15 02	26 56	16 20	8 09	4 49	4 38	17 43
11	12 18	15 00	26 52	16 18	8 07	4 50	4 35	17 42
16	12 22	14 59	26 49	16 16	8 05	4 52	4 33	17 40
21	12 25	14 58	26 45	16 15	8 02	4 54	4 31	17 39
26	12 27	14 57	26 41	16 15	7 59	4 56	4 29	17 36
31	12 29	14 57D	26 37	16 15D	7 56	4 59	4 28	17 34
Apr 5	12 31	14 58	26 33	16 15	7 53	5 02	4 27	17 32
10	12 31	14 59	26 29	16 15	7 49	5 05	4 26	17 29
15	12 31R	15 00	26 24	16 16	7 46	5 08	4 26	17 26
20	12 31	15 02	26 20	16 18	7 42	5 12	4 25D	17 23
25	12 30	15 04	26 15	16 19	7 38	5 15	4 26	17 20
30	12 28	15 07	26 11	16 21	7 35	5 19	4 26	17 17
May 5	12 26	15 11	26 07	16 24	7 31	5 23	4 27	17 14
10	12 23	15 14	26 03	16 27	7 27	5 27	4 28	17 11
15	12 20	15 18	25 59	16 30	7 24	5 32	4 30	17 08
20	12 16	15 23	25 55	16 33	7 20	5 36	4 31	17 05
25	12 11	15 28	25 52	16 37	7 17	5 40	4 34	17 02
30	12 07	15 33	25 49	16 41	7 14	5 45	4 36	16 59
Jun 4	12 02	15 38	25 46	16 45	7 11	5 49	4 38	16 56
9	11 56	15 44	25 43	16 49	7 08	5 54	4 41	16 53
14	11 51	15 50	25 41	16 54	7 05	5 58	4 44	16 51
19	11 45	15 56	25 39	16 58	7 03	6 02	4 48	16 48
24	11 39	16 02	25 38	17 03	7 01	6 06	4 51	16 46
29	11 33	16 08	25 36	17 08	6 59	6 10	4 55	16 44
Jul 4	11 27	16 15	25 36	17 13	6 58	6 14	4 59	16 42
9	11 21	16 21	25 35	17 18	6 57	6 17	5 03	16 41
14	11 15	16 28	25 35D	17 23	6 56	6 21	5 07	16 40
19	11 09	16 34	25 36	17 28	6 55	6 24	5 11	16 39
24	11 03	16 40	25 37	17 33	6 55D	6 27	5 15	16 38
29	10 57	16 47	25 38	17 37	6 56	6 29	5 19	16 38
Aug 3	10 52	16 53	25 40	17 42	6 56	6 32	5 23	16 37D
8	10 47	16 58	25 42	17 47	6 57	6 34	5 27	16 38
13	10 43	17 04	25 44	17 51	6 58	6 35	5 31	16 38
18	10 38	17 10	25 47	17 55	7 00	6 37	5 35	16 39
23	10 35	17 15	25 51	17 59	7 02	6 38	5 39	16 40
28	10 31	17 19	25 54	18 03	7 04	6 39	5 43	16 41
Sep 2	10 28	17 24	25 58	18 07	7 07	6 39	5 47	16 43
7	10 26	17 28	26 02	18 10	7 10	6 39R	5 50	16 45
12	10 24	17 32	26 07	18 13	7 13	6 39	5 53	16 47
17	10 23	17 35	26 11	18 15	7 16	6 38	5 56	16 49
22	10 23	17 38	26 16	18 17	7 20	6 38	5 59	16 52
27	10 23D	17 40	26 21	18 19	7 24	6 36	6 02	16 55
Oct 2	10 24	17 42	26 27	18 21	7 28	6 35	6 04	16 58
7	10 25	17 44	26 32	18 22	7 32	6 33	6 06	17 01
12	10 27	17 45	26 38	18 23	7 37	6 31	6 08	17 04
17	10 29	17 45	26 43	18 23	7 41	6 28	6 09	17 08
22	10 33	17 45R	26 49	18 23R	7 46	6 26	6 10	17 12
27	10 36	17 44	26 54	18 22	7 50	6 23	6 11	17 15
Nov 1	10 41	17 43	27 00	18 22	7 55	6 20	6 12	17 19
6	10 45	17 42	27 05	18 20	8 00	6 17	6 12R	17 23
11	10 51	17 40	27 11	18 19	8 04	6 13	6 11	17 27
16	10 56	17 37	27 16	18 17	8 09	6 10	6 11	17 31
21	11 03	17 34	27 21	18 15	8 13	6 06	6 10	17 35
26	11 09	17 31	27 25	18 12	8 18	6 03	6 09	17 39
Dec 1	11 16	17 27	27 30	18 09	8 22	5 59	6 07	17 43
6	11 24	17 23	27 34	18 06	8 26	5 55	6 06	17 46
11	11 31	17 19	27 38	18 03	8 30	5 52	6 03	17 50
16	11 39	17 15	27 42	17 59	8 34	5 48	6 01	17 53
21	11 47	17 10	27 45	17 55	8 37	5 45	5 59	17 56
26	11 56	17 05	27 48	17 51	8 40	5 42	5 56	17 59
31	12♑04	17♋00	27♎51	17♋47	8♏43	5♊39	5♌53	18♏02

Stations	Apr 12	Mar 28	Jan 25	Mar 31	Feb 4	Feb 17	Apr 19	Feb 13
	Sep 23	Oct 18	Jul 10	Oct 18	Jul 22	Sep 5	Nov 4	Aug 2

	♃	⚷	♀	⚳	♃	♆	⚴	⚸
Jan 5	12♑12	16♋55R	27♎53	17♋43R	8♏45	5♊36R	5♌50R	18♏05
10	12 20	16 49	27 54	17 39	8 47	5 33	5 46	18 07
15	12 29	16 44	27 56	17 35	8 49	5 31	5 43	18 09
20	12 37	16 39	27 56	17 31	8 51	5 29	5 40	18 11
25	12 45	16 34	27 57	17 27	8 52	5 27	5 36	18 12
30	12 52	16 29	27 57R	17 23	8 52	5 25	5 33	18 13
Feb 4	13 00	16 25	27 56	17 19	8 53	5 24	5 29	18 14
9	13 07	16 20	27 55	17 16	8 53R	5 23	5 26	18 15
14	13 14	16 16	27 54	17 13	8 52	5 23	5 23	18 15R
19	13 20	16 13	27 52	17 10	8 52	5 23D	5 19	18 15
24	13 26	16 09	27 50	17 07	8 50	5 23	5 16	18 14
29	13 32	16 06	27 48	17 04	8 49	5 23	5 13	18 14
Mar 5	13 37	16 04	27 45	17 02	8 47	5 24	5 11	18 13
10	13 41	16 02	27 42	17 00	8 45	5 25	5 08	18 11
15	13 45	16 00	27 38	16 59	8 43	5 27	5 06	18 10
20	13 48	15 59	27 34	16 58	8 40	5 29	5 04	18 08
25	13 51	15 58	27 31	16 57	8 37	5 31	5 02	18 06
30	13 53	15 58D	27 26	16 57D	8 34	5 34	5 01	18 04
Apr 4	13 55	15 58	27 22	16 57	8 31	5 36	5 00	18 01
9	13 55	15 59	27 18	16 58	8 27	5 39	4 59	17 59
14	13 56R	16 00	27 14	16 58	8 24	5 43	4 58	17 56
19	13 55	16 02	27 09	17 00	8 20	5 46	4 58D	17 53
24	13 54	16 04	27 05	17 01	8 17	5 50	4 58	17 50
29	13 53	16 07	27 01	17 03	8 13	5 54	4 59	17 47
May 4	13 51	16 10	26 56	17 06	8 09	5 58	5 00	17 44
9	13 48	16 14	26 52	17 08	8 06	6 02	5 01	17 41
14	13 45	16 18	26 48	17 11	8 02	6 06	5 02	17 37
19	13 41	16 22	26 45	17 15	7 58	6 10	5 04	17 34
24	13 37	16 27	26 41	17 18	7 55	6 15	5 06	17 31
29	13 33	16 32	26 38	17 22	7 52	6 19	5 08	17 28
Jun 3	13 28	16 38	26 35	17 26	7 49	6 24	5 11	17 26
8	13 23	16 43	26 32	17 30	7 46	6 28	5 14	17 23
13	13 17	16 49	26 30	17 35	7 43	6 32	5 17	17 20
18	13 11	16 55	26 28	17 40	7 41	6 36	5 20	17 18
23	13 05	17 01	26 26	17 44	7 39	6 40	5 23	17 16
28	12 59	17 07	26 25	17 49	7 37	6 44	5 27	17 14
Jul 3	12 53	17 14	26 24	17 54	7 36	6 48	5 31	17 12
8	12 47	17 20	26 24	17 59	7 34	6 52	5 35	17 10
13	12 41	17 27	26 24D	18 04	7 34	6 55	5 39	17 09
18	12 35	17 33	26 24	18 09	7 33	6 58	5 43	17 08
23	12 29	17 39	26 25	18 14	7 33D	7 01	5 47	17 07
28	12 24	17 46	26 26	18 19	7 33	7 04	5 51	17 07
Aug 2	12 18	17 52	26 28	18 24	7 34	7 06	5 55	17 07D
7	12 13	17 58	26 30	18 28	7 35	7 09	5 59	17 07
12	12 08	18 03	26 32	18 33	7 36	7 10	6 03	17 07
17	12 04	18 09	26 35	18 37	7 37	7 12	6 07	17 08
22	12 00	18 14	26 38	18 41	7 39	7 13	6 11	17 09
27	11 57	18 19	26 42	18 45	7 41	7 14	6 15	17 10
Sep 1	11 54	18 23	26 46	18 48	7 44	7 14	6 19	17 12
6	11 51	18 28	26 50	18 52	7 47	7 14R	6 22	17 14
11	11 49	18 31	26 54	18 54	7 50	7 14	6 26	17 16
16	11 48	18 35	26 59	18 57	7 53	7 14	6 29	17 18
21	11 47	18 38	27 04	18 59	7 57	7 13	6 32	17 21
26	11 47D	18 40	27 09	19 01	8 01	7 12	6 34	17 24
Oct 1	11 48	18 42	27 14	19 03	8 05	7 10	6 36	17 27
6	11 49	18 44	27 19	19 04	8 09	7 08	6 39	17 30
11	11 50	18 45	27 25	19 05	8 13	7 06	6 40	17 33
16	11 53	18 45	27 30	19 05	8 18	7 04	6 42	17 37
21	11 56	18 46R	27 36	19 05R	8 22	7 01	6 43	17 40
26	11 59	18 45	27 41	19 05	8 27	6 59	6 44	17 44
31	12 03	18 44	27 47	19 04	8 32	6 56	6 44	17 48
Nov 5	12 08	18 43	27 52	19 03	8 36	6 52	6 44R	17 52
10	12 13	18 41	27 58	19 01	8 41	6 49	6 44	17 56
15	12 19	18 39	28 03	19 00	8 46	6 46	6 44	18 00
20	12 25	18 36	28 08	18 57	8 50	6 42	6 43	18 04
25	12 31	18 33	28 13	18 55	8 55	6 38	6 42	18 07
30	12 38	18 29	28 18	18 52	8 59	6 35	6 40	18 11
Dec 5	12 46	18 25	28 22	18 49	9 03	6 31	6 39	18 15
10	12 53	18 21	28 26	18 45	9 07	6 28	6 37	18 18
15	13 01	18 16	28 30	18 42	9 10	6 24	6 34	18 22
20	13 09	18 12	28 33	18 38	9 14	6 21	6 32	18 25
25	13 17	18 07	28 36	18 34	9 17	6 17	6 29	18 28
30	13♑25	18♋02	28♎39	18♋30	9♏20	6♊14	6♌26	18♏31

Stations	Apr 13	Mar 29	Jan 26	Mar 30	Feb 5	Feb 18	Apr 18	Feb 14
	Sep 24	Oct 18	Jul 10	Oct 18	Jul 22	Sep 5	Nov 4	Aug 2

2029

	♃	C	♀	⚷	♃	♆	⚸	✶
Jan 4	13♑34	17♋57R	28♎41	18♋26R	9♏22	6♊11R	6♌23R	18♏33
9	13 42	17 51	28 42	18 22	9 25	6 09	6 20	18 36
14	13 50	17 46	28 44	18 18	9 26	6 06	6 16	18 38
19	13 58	17 41	28 45	18 14	9 28	6 04	6 13	18 40
24	14 06	17 36	28 45	18 10	9 29	6 02	6 09	18 41
29	14 14	17 31	28 45R	18 06	9 30	6 01	6 06	18 42
Feb 3	14 22	17 27	28 45	18 02	9 30	5 59	6 03	18 43
8	14 29	17 22	28 44	17 59	9 30R	5 58	5 59	18 44
13	14 36	17 18	28 43	17 55	9 30	5 58	5 56	18 44R
18	14 42	17 14	28 41	17 52	9 29	5 58D	5 53	18 44
23	14 48	17 11	28 39	17 50	9 28	5 58	5 49	18 43
28	14 54	17 08	28 36	17 47	9 27	5 58	5 47	18 43
Mar 5	14 59	17 05	28 34	17 45	9 25	5 59	5 44	18 42
10	15 04	17 03	28 31	17 43	9 23	6 00	5 41	18 41
15	15 08	17 01	28 27	17 41	9 21	6 02	5 39	18 39
20	15 11	17 00	28 24	17 40	9 18	6 04	5 37	18 37
25	15 14	16 59	28 20	17 40	9 15	6 06	5 35	18 35
30	15 17	16 59D	28 16	17 39	9 12	6 08	5 34	18 33
Apr 4	15 18	16 59	28 12	17 39D	9 09	6 11	5 33	18 31
9	15 19	16 59	28 07	17 40	9 06	6 14	5 32	18 28
14	15 20R	17 01	28 03	17 40	9 02	6 17	5 31	18 25
19	15 20	17 02	27 59	17 42	8 59	6 21	5 31D	18 23
24	15 19	17 05	27 54	17 43	8 55	6 24	5 31	18 20
29	15 18	17 07	27 50	17 45	8 51	6 28	5 31	18 16
May 4	15 16	17 10	27 46	17 47	8 47	6 32	5 32	18 13
9	15 13	17 14	27 41	17 50	8 44	6 36	5 33	18 10
14	15 10	17 18	27 37	17 53	8 40	6 41	5 35	18 07
19	15 07	17 22	27 34	17 56	8 37	6 45	5 36	18 04
24	15 03	17 27	27 30	18 00	8 33	6 49	5 38	18 01
29	14 58	17 32	27 27	18 04	8 30	6 54	5 41	17 58
Jun 3	14 54	17 37	27 24	18 08	8 27	6 58	5 43	17 55
8	14 49	17 42	27 21	18 12	8 24	7 02	5 46	17 52
13	14 43	17 48	27 19	18 16	8 21	7 07	5 49	17 50
18	14 37	17 54	27 17	18 21	8 19	7 11	5 52	17 47
23	14 32	18 00	27 15	18 26	8 17	7 15	5 55	17 45
28	14 26	18 06	27 14	18 31	8 15	7 19	5 59	17 43
Jul 3	14 20	18 13	27 13	18 35	8 13	7 23	6 03	17 41
8	14 13	18 19	27 12	18 40	8 12	7 26	6 07	17 40
13	14 07	18 26	27 12D	18 45	8 11	7 30	6 11	17 38
18	14 01	18 32	27 12	18 50	8 11	7 33	6 15	17 37
23	13 55	18 38	27 13	18 55	8 11D	7 36	6 19	17 36
28	13 50	18 45	27 14	19 00	8 11	7 39	6 23	17 36
Aug 2	13 44	18 51	27 16	19 05	8 11	7 41	6 27	17 36D
7	13 39	18 57	27 18	19 10	8 12	7 43	6 31	17 36
12	13 34	19 03	27 20	19 14	8 13	7 45	6 35	17 36
17	13 30	19 08	27 23	19 18	8 15	7 47	6 39	17 37
22	13 25	19 13	27 26	19 22	8 16	7 48	6 43	17 38
27	13 22	19 18	27 29	19 26	8 19	7 49	6 47	17 39
Sep 1	13 19	19 23	27 33	19 30	8 21	7 49	6 51	17 41
6	13 16	19 27	27 37	19 33	8 24	7 50R	6 54	17 42
11	13 14	19 31	27 41	19 36	8 27	7 49	6 58	17 45
16	13 12	19 35	27 46	19 39	8 30	7 49	7 01	17 47
21	13 12	19 38	27 51	19 41	8 34	7 48	7 04	17 49
26	13 11D	19 40	27 56	19 43	8 38	7 47	7 06	17 52
Oct 1	13 11	19 43	28 01	19 45	8 42	7 46	7 09	17 55
6	13 12	19 44	28 06	19 46	8 46	7 44	7 11	17 58
11	13 14	19 45	28 12	19 47	8 50	7 42	7 13	18 02
16	13 16	19 46	28 17	19 47	8 55	7 39	7 14	18 05
21	13 19	19 46R	28 23	19 48R	8 59	7 37	7 15	18 09
26	13 22	19 46	28 29	19 47	9 04	7 34	7 16	18 13
31	13 26	19 45	28 34	19 47	9 08	7 31	7 17	18 16
Nov 5	13 31	19 44	28 40	19 45	9 13	7 28	7 17R	18 20
10	13 36	19 42	28 45	19 44	9 18	7 25	7 17	18 24
15	13 41	19 40	28 50	19 42	9 22	7 21	7 17	18 28
20	13 47	19 37	28 55	19 40	9 27	7 18	7 16	18 32
25	13 53	19 34	29 00	19 38	9 31	7 14	7 15	18 36
30	14 00	19 31	29 05	19 35	9 36	7 10	7 13	18 40
Dec 5	14 07	19 27	29 09	19 32	9 40	7 07	7 12	18 43
10	14 15	19 23	29 13	19 28	9 44	7 03	7 10	18 47
15	14 23	19 18	29 17	19 25	9 47	7 00	7 07	18 50
20	14 30	19 13	29 21	19 21	9 51	6 56	7 05	18 54
25	14 39	19 09	29 24	19 17	9 54	6 53	7 02	18 57
30	14♑47	19♋04	29♎26	19♋13	9♏57	6♊50	6♌59	19♏00

Stations	Apr 14	Mar 30	Jan 26	Mar 31	Feb 5	Feb 18	Apr 19	Feb 13
	Sep 25	Oct 19	Jul 11	Oct 19	Jul 23	Sep 6	Nov 5	Aug 2

2030

	♃	♇	⚷	⚳	♃	Ψ	⚸	♅
Jan 4	14♑55	18♋58R	29♎29	19♋09R	10♏00	6♊47R	6♌56R	19♏02
9	15 03	18 53	29 31	19 05	10 02	6 44	6 53	19 04
14	15 12	18 48	29 32	19 01	10 04	6 42	6 50	19 07
19	15 20	18 43	29 33	18 57	10 05	6 39	6 46	19 08
24	15 28	18 38	29 33	18 53	10 07	6 38	6 43	19 10
29	15 36	18 33	29 34R	18 49	10 07	6 36	6 39	19 11
Feb 3	15 43	18 28	29 33	18 45	10 08	6 35	6 36	19 12
8	15 51	18 24	29 32	18 42	10 08R	6 34	6 32	19 13
13	15 58	18 20	29 31	18 38	10 08	6 33	6 29	19 13
18	16 04	18 16	29 30	18 35	10 07	6 33	6 26	19 13R
23	16 11	18 12	29 28	18 32	10 06	6 33D	6 23	19 13
28	16 16	18 09	29 25	18 30	10 05	6 33	6 20	19 12
Mar 5	16 22	18 06	29 23	18 27	10 03	6 34	6 17	19 11
10	16 27	18 04	29 20	18 26	10 01	6 35	6 14	19 10
15	16 31	18 02	29 16	18 24	9 59	6 37	6 12	19 08
20	16 35	18 01	29 13	18 23	9 56	6 38	6 10	19 07
25	16 38	18 00	29 09	18 22	9 53	6 40	6 08	19 05
30	16 40	17 59	29 05	18 22	9 50	6 43	6 07	19 03
Apr 4	16 42	17 59D	29 01	18 21D	9 47	6 46	6 05	19 00
9	16 43	18 00	28 57	18 22	9 44	6 48	6 04	18 58
14	16 44	18 01	28 52	18 23	9 40	6 52	6 04	18 55
19	16 44R	18 02	28 48	18 24	9 37	6 55	6 04	18 52
24	16 44	18 05	28 43	18 25	9 33	6 59	6 04D	18 49
29	16 42	18 07	28 39	18 27	9 29	7 03	6 04	18 46
May 4	16 41	18 10	28 35	18 29	9 26	7 07	6 05	18 43
9	16 38	18 13	28 31	18 32	9 22	7 11	6 06	18 40
14	16 36	18 17	28 27	18 35	9 18	7 15	6 07	18 37
19	16 32	18 21	28 23	18 38	9 15	7 19	6 09	18 34
24	16 28	18 26	28 19	18 41	9 11	7 24	6 11	18 30
29	16 24	18 31	28 16	18 45	9 08	7 28	6 13	18 27
Jun 3	16 20	18 36	28 13	18 49	9 05	7 32	6 15	18 25
8	16 15	18 41	28 10	18 53	9 02	7 37	6 18	18 22
13	16 09	18 47	28 07	18 58	8 59	7 41	6 21	18 19
18	16 04	18 53	28 05	19 02	8 57	7 45	6 24	18 17
23	15 58	18 59	28 04	19 07	8 55	7 49	6 28	18 14
28	15 52	19 05	28 02	19 12	8 53	7 53	6 31	18 12
Jul 3	15 46	19 12	28 01	19 17	8 51	7 57	6 35	18 11
8	15 40	19 18	28 01	19 22	8 50	8 01	6 39	18 09
13	15 34	19 25	28 00D	19 27	8 49	8 04	6 43	18 08
18	15 28	19 31	28 01	19 32	8 48	8 08	6 47	18 06
23	15 22	19 37	28 01	19 37	8 48	8 11	6 51	18 06
28	15 16	19 44	28 02	19 41	8 48D	8 13	6 55	18 05
Aug 2	15 10	19 50	28 04	19 46	8 49	8 16	6 59	18 05
7	15 05	19 56	28 06	19 51	8 49	8 18	7 03	18 05D
12	15 00	20 02	28 08	19 55	8 50	8 20	7 07	18 05
17	14 55	20 07	28 11	20 00	8 52	8 21	7 11	18 06
22	14 51	20 13	28 14	20 04	8 54	8 23	7 15	18 07
27	14 47	20 18	28 17	20 08	8 56	8 24	7 19	18 08
Sep 1	14 44	20 22	28 21	20 11	8 58	8 24	7 23	18 09
6	14 41	20 27	28 25	20 15	9 01	8 25R	7 27	18 11
11	14 39	20 31	28 29	20 18	9 04	8 24	7 30	18 13
16	14 37	20 34	28 33	20 21	9 07	8 24	7 33	18 16
21	14 36	20 38	28 38	20 23	9 11	8 23	7 36	18 18
26	14 35	20 40	28 43	20 25	9 14	8 22	7 39	18 21
Oct 1	14 35D	20 43	28 48	20 27	9 18	8 21	7 41	18 24
6	14 36	20 44	28 54	20 28	9 23	8 19	7 43	18 27
11	14 38	20 46	28 59	20 29	9 27	8 17	7 45	18 30
16	14 39	20 47	29 05	20 30	9 31	8 15	7 47	18 34
21	14 42	20 47R	29 10	20 30R	9 36	8 12	7 48	18 37
26	14 45	20 47	29 16	20 30	9 41	8 10	7 49	18 41
31	14 49	20 46	29 21	20 29	9 45	8 07	7 50	18 45
Nov 5	14 53	20 45	29 27	20 28	9 50	8 04	7 50R	18 49
10	14 58	20 43	29 32	20 27	9 55	8 00	7 50	18 53
15	15 03	20 41	29 38	20 25	9 59	7 57	7 49	18 57
20	15 09	20 38	29 43	20 23	10 04	7 53	7 49	19 01
25	15 15	20 35	29 48	20 20	10 08	7 50	7 48	19 04
30	15 22	20 32	29 52	20 18	10 12	7 46	7 46	19 08
Dec 5	15 29	20 28	29 57	20 15	10 17	7 42	7 45	19 12
10	15 36	20 24	0♏01	20 11	10 21	7 39	7 43	19 16
15	15 44	20 20	0 05	20 08	10 24	7 35	7 40	19 19
20	15 52	20 15	0 08	20 04	10 28	7 32	7 38	19 22
25	16 00	20 10	0 11	20 00	10 31	7 29	7 35	19 25
30	16♑08	20♋05	0♏14	19♋56	10♏34	7♊25	7♌32	19♏28
ations	Apr 16	Mar 31	Jan 27	Apr 1	Feb 6	Feb 19	Apr 20	Feb 14
	Sep 27	Oct 21	Jul 12	Oct 20	Jul 24	Sep 6	Nov 5	Aug 3

2031

	♃	♇	⚷	⚳	⚴	♆	⚸	⚶
Jan 4	16♑ 17	20♒ 00R	0♏ 17	19♋ 52R	10♍ 37	7♊ 22R	7♌ 29R	19♍ 31
9	16 25	19 55	0 18	19 48	10 39	7 20	7 26	19 33
14	16 33	19 50	0 20	19 44	10 41	7 17	7 23	19 35
19	16 41	19 45	0 21	19 40	10 43	7 15	7 19	19 37
24	16 49	19 40	0 22	19 36	10 44	7 13	7 16	19 39
29	16 57	19 35	0 22R	19 32	10 45	7 11	7 12	19 40
Feb 3	17 05	19 30	0 22	19 28	10 45	7 10	7 09	19 41
8	17 13	19 25	0 21	19 25	10 45R	7 09	7 06	19 42
13	17 20	19 21	0 20	19 21	10 45	7 08	7 02	19 42
18	17 26	19 17	0 18	19 18	10 45	7 08	6 59	19 42R
23	17 33	19 14	0 16	19 15	10 44	7 08D	6 56	19 42
28	17 39	19 10	0 14	19 12	10 42	7 08	6 53	19 41
Mar 5	17 44	19 07	0 12	19 10	10 41	7 09	6 50	19 40
10	17 49	19 05	0 09	19 08	10 39	7 10	6 47	19 39
15	17 54	19 03	0 05	19 06	10 37	7 11	6 45	19 38
20	17 58	19 01	0 02	19 05	10 34	7 13	6 43	19 36
25	18 01	19 00	29♎ 58	19 04	10 31	7 15	6 41	19 34
30	18 04	19 00	29 54	19 04	10 28	7 17	6 40	19 32
Apr 4	18 06	19 00D	29 50	19 04D	10 25	7 20	6 38	19 30
9	18 07	19 00	29 46	19 04	10 22	7 23	6 37	19 27
14	18 08	19 01	29 41	19 05	10 18	7 26	6 37	19 24
19	18 08R	19 03	29 37	19 06	10 15	7 30	6 36	19 22
24	18 08	19 05	29 33	19 07	10 11	7 33	6 36D	19 19
29	18 07	19 07	29 28	19 09	10 08	7 37	6 37	19 16
May 4	18 05	19 10	29 24	19 11	10 04	7 41	6 37	19 12
9	18 03	19 13	29 20	19 13	10 00	7 45	6 38	19 09
14	18 01	19 17	29 16	19 16	9 56	7 49	6 40	19 06
19	17 58	19 21	29 12	19 19	9 53	7 53	6 41	19 03
24	17 54	19 25	29 08	19 23	9 49	7 58	6 43	19 00
29	17 50	19 30	29 05	19 27	9 46	8 02	6 45	18 57
Jun 3	17 45	19 35	29 02	19 31	9 43	8 07	6 48	18 54
8	17 40	19 41	28 59	19 35	9 40	8 11	6 50	18 51
13	17 35	19 46	28 56	19 39	9 37	8 15	6 53	18 49
18	17 30	19 52	28 54	19 44	9 35	8 19	6 56	18 46
23	17 24	19 58	28 52	19 48	9 33	8 24	7 00	18 44
28	17 18	20 04	28 51	19 53	9 31	8 28	7 03	18 42
Jul 3	17 12	20 11	28 50	19 58	9 29	8 32	7 07	18 40
8	17 06	20 17	28 49	20 03	9 28	8 35	7 11	18 38
13	17 00	20 24	28 49D	20 08	9 27	8 39	7 15	18 37
18	16 54	20 30	28 49	20 13	9 26	8 42	7 19	18 36
23	16 48	20 36	28 49	20 18	9 26	8 45	7 23	18 35
28	16 42	20 43	28 50	20 23	9 26D	8 48	7 27	18 34
Aug 2	16 36	20 49	28 52	20 28	9 26	8 50	7 31	18 34
7	16 31	20 55	28 54	20 32	9 27	8 53	7 35	18 34D
12	16 26	21 01	28 56	20 37	9 28	8 55	7 39	18 34
17	16 21	21 06	28 58	20 41	9 29	8 56	7 44	18 35
22	16 17	21 12	29 01	20 45	9 31	8 58	7 47	18 36
27	16 13	21 17	29 04	20 49	9 33	8 59	7 51	18 37
Sep 1	16 09	21 22	29 08	20 53	9 35	8 59	7 55	18 38
6	16 06	21 26	29 12	20 56	9 38	9 00	7 59	18 40
11	16 04	21 30	29 16	21 00	9 41	9 00R	8 02	18 42
16	16 02	21 34	29 21	21 02	9 44	8 59	8 05	18 44
21	16 00	21 37	29 25	21 05	9 48	8 59	8 08	18 47
26	16 00	21 40	29 30	21 07	9 51	8 58	8 11	18 50
Oct 1	16 00D	21 43	29 36	21 09	9 55	8 56	8 13	18 52
6	16 00	21 45	29 41	21 10	9 59	8 55	8 16	18 56
11	16 01	21 46	29 46	21 11	10 04	8 53	8 18	18 59
16	16 03	21 47	29 52	21 12	10 08	8 50	8 19	19 02
21	16 05	21 47	29 57	21 12R	10 13	8 48	8 20	19 06
26	16 08	21 47R	0♏ 03	21 12	10 17	8 45	8 21	19 10
31	16 12	21 47	0 08	21 11	10 22	8 42	8 22	19 13
Nov 5	16 16	21 46	0 14	21 10	10 27	8 39	8 22	19 17
10	16 20	21 44	0 19	21 09	10 31	8 36	8 22R	19 21
15	16 26	21 42	0 25	21 07	10 36	8 32	8 22	19 25
20	16 31	21 40	0 30	21 05	10 40	8 29	8 21	19 29
25	16 37	21 37	0 35	21 03	10 45	8 25	8 20	19 33
30	16 44	21 34	0 40	21 00	10 49	8 22	8 19	19 37
Dec 5	16 51	21 30	0 44	20 57	10 53	8 18	8 17	19 40
10	16 58	21 26	0 48	20 54	10 57	8 14	8 16	19 44
15	17 06	21 22	0 52	20 51	11 01	8 11	8 13	19 48
20	17 14	21 17	0 56	20 47	11 05	8 07	8 11	19 51
25	17 22	21 12	0 59	20 43	11 08	8 04	8 08	19 54
30	17♑ 30	21♒ 07	1♏ 02	20♋ 39	11♍ 11	8♊ 01	8♌ 05	19♍ 57
Stations	Apr 18	Apr 1	Jan 28	Apr 2	Feb 7	Feb 20	Apr 21	Feb 15
	Sep 29	Oct 22	Jul 13	Oct 20	Jul 25	Sep 7	Nov 6	Aug 4

	♃	C	⚸	♈	24	Ψ	⚴	♓
Jan 4	17♑38	21♋02R	1♏04	20♋35R	11♏14	7♊58R	8♌02R	20♍00
9	17 46	20 57	1 06	20 31	11 16	7 55	7 59	20 02
14	17 55	20 52	1 08	20 27	11 18	7 53	7 56	20 04
19	18 03	20 47	1 09	20 23	11 20	7 50	7 53	20 06
24	18 11	20 42	1 10	20 19	11 21	7 48	7 49	20 08
29	18 19	20 37	1 10R	20 15	11 22	7 47	7 46	20 09
Feb 3	18 27	20 32	1 10	20 11	11 23	7 45	7 42	20 10
8	18 34	20 27	1 09	20 07	11 23R	7 44	7 39	20 11
13	18 42	20 23	1 08	20 04	11 23	7 43	7 35	20 11
18	18 48	20 19	1 07	20 01	11 22	7 43	7 32	20 11R
23	18 55	20 15	1 05	19 58	11 21	7 43D	7 29	20 11
28	19 01	20 12	1 03	19 55	11 20	7 43	7 26	20 10
Mar 4	19 07	20 09	1 00	19 53	11 19	7 44	7 23	20 10
9	19 12	20 06	0 58	19 51	11 17	7 45	7 20	20 08
14	19 16	20 04	0 54	19 49	11 15	7 46	7 18	20 07
19	19 20	20 02	0 51	19 48	11 12	7 48	7 16	20 05
24	19 24	20 01	0 47	19 47	11 09	7 50	7 14	20 03
29	19 27	20 00	0 43	19 46	11 06	7 52	7 12	20 01
Apr 3	19 29	20 00D	0 39	19 46D	11 03	7 55	7 11	19 59
8	19 31	20 01	0 35	19 46	11 00	7 58	7 10	19 57
13	19 32	20 01	0 31	19 47	10 57	8 01	7 09	19 54
18	19 32R	20 03	0 26	19 48	10 53	8 04	7 09	19 51
23	19 32	20 05	0 22	19 49	10 49	8 08	7 09D	19 48
28	19 32	20 07	0 17	19 51	10 46	8 11	7 09	19 45
May 3	19 30	20 10	0 13	19 53	10 42	8 15	7 10	19 42
8	19 28	20 13	0 09	19 55	10 38	8 19	7 11	19 39
13	19 26	20 16	0 05	19 58	10 35	8 24	7 12	19 36
18	19 23	20 20	0 01	20 01	10 31	8 28	7 13	19 33
23	19 19	20 25	29♎57	20 04	10 28	8 32	7 15	19 29
28	19 15	20 29	29 54	20 08	10 24	8 36	7 17	19 26
Jun 2	19 11	20 34	29 51	20 12	10 21	8 41	7 20	19 24
7	19 06	20 40	29 48	20 16	10 18	8 45	7 22	19 21
12	19 01	20 45	29 45	20 20	10 15	8 50	7 25	19 18
17	18 56	20 51	29 43	20 25	10 13	8 54	7 28	19 16
22	18 50	20 57	29 41	20 30	10 10	8 58	7 32	19 13
27	18 44	21 03	29 39	20 34	10 08	9 02	7 35	19 11
Jul 2	18 38	21 10	29 38	20 39	10 07	9 06	7 39	19 09
7	18 32	21 16	29 37	20 44	10 05	9 10	7 43	19 07
12	18 26	21 22	29 37	20 49	10 04	9 13	7 47	19 06
17	18 20	21 29	29 37D	20 54	10 04	9 16	7 51	19 05
22	18 14	21 35	29 38	20 59	10 03	9 20	7 55	19 04
27	18 08	21 42	29 38	21 04	10 03D	9 22	7 59	19 03
Aug 1	18 02	21 48	29 40	21 09	10 03	9 25	8 03	19 03
6	17 57	21 54	29 41	21 14	10 04	9 27	8 07	19 03D
11	17 52	22 00	29 43	21 18	10 05	9 29	8 11	19 03
16	17 47	22 06	29 46	21 23	10 06	9 31	8 15	19 04
21	17 42	22 11	29 49	21 27	10 08	9 32	8 19	19 05
26	17 38	22 16	29 52	21 31	10 10	9 33	8 23	19 06
31	17 34	22 21	29 56	21 34	10 12	9 34	8 27	19 07
Sep 5	17 31	22 26	29 59	21 38	10 15	9 35	8 31	19 09
10	17 29	22 30	0♏04	21 41	10 18	9 35R	8 34	19 11
15	17 26	22 34	0 08	21 44	10 21	9 34	8 37	19 13
20	17 25	22 37	0 13	21 47	10 24	9 34	8 40	19 15
25	17 24	22 40	0 18	21 49	10 28	9 33	8 43	19 18
30	17 24D	22 43	0 23	21 51	10 32	9 31	8 46	19 21
Oct 5	17 24	22 45	0 28	21 52	10 36	9 30	8 48	19 24
10	17 25	22 46	0 33	21 53	10 40	9 28	8 50	19 27
15	17 26	22 47	0 39	21 54	10 45	9 26	8 52	19 31
20	17 29	22 48	0 44	21 54R	10 49	9 23	8 53	19 34
25	17 31	22 48R	0 50	21 54	10 54	9 21	8 54	19 38
30	17 35	22 48	0 56	21 54	10 59	9 18	8 55	19 42
Nov 4	17 39	22 47	1 01	21 53	11 03	9 15	8 55	19 46
9	17 43	22 45	1 07	21 51	11 08	9 11	8 55R	19 50
14	17 48	22 43	1 12	21 50	11 13	9 08	8 55	19 54
19	17 54	22 41	1 17	21 48	11 17	9 05	8 54	19 58
24	17 59	22 38	1 22	21 46	11 22	9 01	8 53	20 01
29	18 06	22 35	1 27	21 43	11 26	8 57	8 52	20 05
Dec 4	18 13	22 31	1 31	21 40	11 30	8 54	8 50	20 09
9	18 20	22 27	1 36	21 37	11 34	8 50	8 48	20 13
14	18 27	22 23	1 40	21 34	11 38	8 46	8 46	20 16
19	18 35	22 19	1 43	21 30	11 42	8 43	8 44	20 19
24	18 43	22 14	1 47	21 26	11 45	8 40	8 41	20 23
29	18♑51	22♋09	1♏50	21♋22	11♏48	8♊36	8♌39	20♍25
Stations	Apr 18	Apr 2	Jan 29	Apr 2	Feb 7	Feb 20	Apr 21	Feb 16
	Sep 30	Oct 22	Jul 13	Oct 20	Jul 25	Sep 7	Nov 6	Aug 4

2033

Date	♃	(2)	(3)	(4)	(5)	♆	(7)	(8)
Jan 3	18♑59	22♋04R	1♏52	21♋18R	11♏51	8♊33R	8♌36R	20♏28
8	19 08	21 59	1 54	21 14	11 53	8 31	8 32	20 31
13	19 16	21 54	1 56	21 10	11 55	8 28	8 29	20 33
18	19 24	21 48	1 57	21 06	11 57	8 26	8 26	20 35
23	19 32	21 43	1 58	21 02	11 58	8 24	8 22	20 36
28	19 40	21 38	1 58	20 58	11 59	8 22	8 19	20 38
Feb 2	19 48	21 33	1 58R	20 54	12 00	8 20	8 15	20 39
7	19 56	21 29	1 58	20 50	12 00R	8 19	8 12	20 40
12	20 03	21 24	1 57	20 47	12 00	8 18	8 08	20 40
17	20 10	21 20	1 56	20 44	12 00	8 18	8 05	20 40
22	20 17	21 16	1 54	20 40	11 59	8 18D	8 02	20 40
27	20 23	21 13	1 52	20 38	11 58	8 18	7 59	20 40
Mar 4	20 29	21 10	1 49	20 35	11 56	8 19	7 56	20 39
9	20 34	21 07	1 46	20 33	11 55	8 20	7 53	20 38
14	20 39	21 05	1 43	20 31	11 52	8 21	7 51	20 36
19	20 43	21 03	1 40	20 30	11 50	8 22	7 49	20 35
24	20 47	21 02	1 36	20 29	11 47	8 24	7 47	20 33
29	20 50	21 01	1 32	20 28	11 44	8 27	7 45	20 31
Apr 3	20 53	21 01D	1 28	20 28D	11 41	8 29	7 44	20 28
8	20 54	21 01	1 24	20 28	11 38	8 32	7 43	20 26
13	20 56	21 02	1 20	20 29	11 35	8 35	7 42	20 23
18	20 56	21 03	1 15	20 30	11 31	8 38	7 42	20 20
23	20 57R	21 05	1 11	20 31	11 27	8 42	7 41D	20 18
28	20 56	21 07	1 07	20 32	11 24	8 46	7 42	20 15
May 3	20 55	21 09	1 02	20 34	11 20	8 50	7 42	20 11
8	20 53	21 12	0 58	20 37	11 16	8 54	7 43	20 08
13	20 51	21 16	0 54	20 40	11 13	8 58	7 44	20 05
18	20 48	21 20	0 50	20 43	11 09	9 02	7 46	20 02
23	20 45	21 24	0 46	20 46	11 06	9 06	7 48	19 59
28	20 41	21 29	0 43	20 49	11 02	9 11	7 50	19 56
Jun 2	20 37	21 34	0 40	20 53	10 59	9 15	7 52	19 53
7	20 32	21 39	0 37	20 57	10 56	9 19	7 55	19 50
12	20 27	21 44	0 34	21 02	10 53	9 24	7 57	19 47
17	20 22	21 50	0 32	21 06	10 51	9 28	8 01	19 45
22	20 16	21 56	0 30	21 11	10 48	9 32	8 04	19 43
27	20 10	22 02	0 28	21 16	10 46	9 36	8 07	19 40
Jul 2	20 04	22 09	0 27	21 20	10 44	9 40	8 11	19 38
7	19 58	22 15	0 26	21 25	10 43	9 44	8 15	19 37
12	19 52	22 21	0 25	21 30	10 42	9 48	8 19	19 35
17	19 46	22 28	0 25D	21 35	10 41	9 51	8 23	19 34
22	19 40	22 34	0 26	21 40	10 41	9 54	8 27	19 33
27	19 34	22 40	0 26	21 45	10 41D	9 57	8 31	19 32
Aug 1	19 28	22 47	0 28	21 50	10 41	10 00	8 35	19 32
6	19 23	22 53	0 29	21 55	10 41	10 02	8 39	19 32D
11	19 17	22 59	0 31	21 59	10 42	10 04	8 43	19 33
16	19 12	23 05	0 34	22 04	10 43	10 06	8 47	19 33
21	19 08	23 10	0 36	22 08	10 45	10 07	8 51	19 33
26	19 03	23 15	0 40	22 12	10 47	10 08	8 55	19 35
31	19 00	23 20	0 43	22 16	10 49	10 09	8 59	19 36
Sep 5	18 56	23 25	0 47	22 19	10 52	10 10	9 03	19 38
10	18 53	23 29	0 51	22 23	10 55	10 10R	9 06	19 39
15	18 51	23 33	0 55	22 26	10 58	10 09	9 09	19 42
20	18 49	23 37	1 00	22 28	11 01	10 09	9 13	19 44
25	18 48	23 40	1 05	22 31	11 05	10 08	9 15	19 47
30	18 48	23 43	1 10	22 32	11 09	10 07	9 18	19 50
Oct 5	18 48D	23 45	1 15	22 34	11 13	10 05	9 20	19 53
10	18 49	23 46	1 20	22 35	11 17	10 03	9 22	19 56
15	18 50	23 48	1 26	22 36	11 21	10 01	9 24	19 59
20	18 52	23 48	1 31	22 36	11 26	9 59	9 25	20 03
25	18 54	23 48R	1 37	22 36R	11 31	9 56	9 26	20 07
30	18 58	23 48	1 43	22 36	11 35	9 53	9 27	20 10
Nov 4	19 01	23 47	1 48	22 35	11 40	9 50	9 28	20 14
9	19 06	23 46	1 54	22 34	11 45	9 47	9 28R	20 18
14	19 10	23 44	1 59	22 32	11 49	9 44	9 27	20 22
19	19 16	23 42	2 04	22 30	11 54	9 40	9 27	20 26
24	19 22	23 39	2 09	22 28	11 58	9 37	9 26	20 30
29	19 28	23 36	2 14	22 26	12 03	9 33	9 25	20 34
Dec 4	19 35	23 33	2 19	22 23	12 07	9 29	9 23	20 37
9	19 42	23 29	2 23	22 20	12 11	9 26	9 21	20 41
14	19 49	23 25	2 27	22 16	12 15	9 22	9 19	20 45
19	19 57	23 20	2 31	22 13	12 18	9 19	9 17	20 48
24	20 04	23 16	2 34	22 09	12 22	9 15	9 14	20 51
29	20♑13	23♋11	2♏37	22♋05	12♏25	9♊12	9♌12	20♏54

Stations	Apr 20	Apr 3	Jan 29	Apr 3	Feb 7	Feb 20	Apr 21	Feb 15
	Oct 1	Oct 24	Jul 14	Oct 21	Jul 26	Sep 8	Nov 7	Aug 4

2034

	♃	⚸	☿	⚷	♃	Ψ	⚵	♓
Jan 3	20♑21	23♋06R	2♏40	22♋01R	12♏28	9♊09R	9♌09R	20♏57
8	20 29	23 01	2 42	21 57	12 30	9 06	9 05	20 59
13	20 37	22 55	2 44	21 53	12 32	9 03	9 02	21 02
18	20 46	22 50	2 45	21 49	12 34	9 01	8 59	21 04
23	20 54	22 45	2 46	21 45	12 36	8 59	8 55	21 05
28	21 02	22 40	2 47	21 41	12 37	8 57	8 52	21 07
Feb 2	21 10	22 35	2 47R	21 37	12 37	8 56	8 48	21 08
7	21 18	22 30	2 46	21 33	12 38	8 54	8 45	21 09
12	21 25	22 26	2 45	21 30	12 38R	8 53	8 42	21 09
17	21 32	22 22	2 44	21 26	12 37	8 53	8 38	21 09R
22	21 39	22 18	2 43	21 23	12 37	8 53D	8 35	21 09
27	21 45	22 14	2 40	21 20	12 36	8 53	8 32	21 09
Mar 4	21 51	22 11	2 38	21 18	12 34	8 54	8 29	21 08
9	21 57	22 08	2 35	21 16	12 32	8 54	8 26	21 07
14	22 02	22 06	2 32	21 14	12 30	8 56	8 24	21 06
19	22 06	22 04	2 29	21 12	12 28	8 57	8 22	21 04
24	22 10	22 03	2 25	21 11	12 25	8 59	8 20	21 02
29	22 13	22 02	2 21	21 11	12 22	9 01	8 18	21 00
Apr 3	22 16	22 01	2 17	21 10	12 19	9 04	8 17	20 58
8	22 18	22 01D	2 13	21 10D	12 16	9 07	8 16	20 55
13	22 20	22 02	2 09	21 11	12 13	9 10	8 15	20 53
18	22 20	22 03	2 05	21 11	12 09	9 13	8 14	20 50
23	22 21R	22 05	2 00	21 13	12 06	9 16	8 14D	20 47
28	22 20	22 07	1 56	21 14	12 02	9 20	8 14	20 44
May 3	22 19	22 09	1 52	21 16	11 58	9 24	8 15	20 41
8	22 18	22 12	1 47	21 19	11 54	9 28	8 16	20 38
13	22 16	22 15	1 43	21 21	11 51	9 32	8 17	20 35
18	22 13	22 19	1 39	21 24	11 47	9 36	8 18	20 32
23	22 10	22 23	1 35	21 27	11 44	9 41	8 20	20 28
28	22 06	22 28	1 32	21 31	11 40	9 45	8 22	20 25
Jun 2	22 02	22 33	1 28	21 35	11 37	9 49	8 24	20 22
7	21 58	22 38	1 25	21 39	11 34	9 54	8 27	20 20
12	21 53	22 43	1 23	21 43	11 31	9 58	8 30	20 17
17	21 48	22 49	1 20	21 47	11 29	10 02	8 33	20 14
22	21 42	22 55	1 18	21 52	11 26	10 07	8 36	20 12
27	21 36	23 01	1 16	21 57	11 24	10 11	8 39	20 10
Jul 2	21 31	23 07	1 15	22 02	11 22	10 15	8 43	20 08
7	21 25	23 14	1 14	22 07	11 21	10 18	8 47	20 06
12	21 18	23 20	1 14	22 12	11 20	10 22	8 51	20 04
17	21 12	23 27	1 14D	22 17	11 19	10 25	8 55	20 03
22	21 06	23 33	1 14	22 22	11 18	10 29	8 59	20 02
27	21 00	23 39	1 15	22 26	11 18D	10 31	9 03	20 02
Aug 1	20 54	23 46	1 16	22 31	11 18	10 34	9 07	20 01
6	20 49	23 52	1 17	22 36	11 19	10 37	9 11	20 01D
11	20 43	23 58	1 19	22 41	11 19	10 39	9 15	20 01
16	20 38	24 04	1 21	22 45	11 21	10 40	9 19	20 02
21	20 33	24 09	1 24	22 49	11 22	10 42	9 23	20 03
26	20 29	24 15	1 27	22 54	11 24	10 43	9 27	20 03
31	20 25	24 20	1 31	22 57	11 26	10 44	9 31	20 05
Sep 5	20 21	24 24	1 34	23 01	11 29	10 44	9 35	20 06
10	20 18	24 29	1 38	23 04	11 32	10 45R	9 38	20 08
15	20 16	24 33	1 43	23 07	11 35	10 44	9 42	20 10
20	20 14	24 36	1 47	23 10	11 38	10 44	9 45	20 13
25	20 13	24 40	1 52	23 12	11 42	10 43	9 47	20 15
30	20 12	24 42	1 57	23 14	11 46	10 42	9 50	20 18
Oct 5	20 12D	24 45	2 02	23 16	11 50	10 40	9 52	20 21
10	20 12	24 47	2 08	23 17	11 54	10 39	9 54	20 24
15	20 13	24 48	2 13	23 18	11 58	10 36	9 56	20 28
20	20 15	24 49	2 19	23 18	12 03	10 34	9 58	20 31
25	20 18	24 49R	2 24	23 18R	12 07	10 32	9 59	20 35
30	20 21	24 49	2 30	23 18	12 12	10 29	10 00	20 39
Nov 4	20 24	24 48	2 35	23 17	12 16	10 26	10 00	20 43
9	20 28	24 47	2 41	23 16	12 21	10 22	10 00R	20 47
14	20 33	24 45	2 46	23 15	12 26	10 19	10 00	20 50
19	20 38	24 43	2 51	23 13	12 30	10 16	10 00	20 54
24	20 44	24 41	2 57	23 11	12 35	10 12	9 59	20 58
29	20 50	24 38	3 01	23 08	12 39	10 08	9 58	21 02
Dec 4	20 56	24 34	3 06	23 06	12 44	10 05	9 56	21 06
9	21 03	24 30	3 11	23 02	12 48	10 01	9 54	21 10
14	21 11	24 26	3 15	22 59	12 52	9 58	9 52	21 13
19	21 18	24 22	3 18	22 56	12 55	9 54	9 50	21 16
24	21 26	24 17	3 22	22 52	12 59	9 51	9 47	21 20
29	21♑34	24♋13	3♏25	22♋48	13♏02	9♊47	9♌45	21♏23

Stations	Apr 22	Apr 4	Jan 30	Apr 4	Feb 8	Feb 21	Apr 22	Feb 16
	Oct 3	Oct 25	Jul 15	Oct 22	Jul 26	Sep 9	Nov 8	Aug 5

2035

	♃	♄	♇	♈	♆	♆	♐	♅
Jan 3	21♑42	24♋08R	3♏28	22♋44R	13♏05	9♊44R	9♌42R	21♏25
8	21 50	24 02	3 30	22 40	13 07	9 41	9 39	21 28
13	21 59	23 57	3 32	22 36	13 10	9 39	9 35	21 30
18	22 07	23 52	3 33	22 32	13 11	9 36	9 32	21 32
23	22 15	23 47	3 34	22 28	13 13	9 34	9 29	21 34
28	22 23	23 42	3 35	22 24	13 14	9 32	9 25	21 35
Feb 2	22 31	23 37	3 35R	22 20	13 15	9 31	9 22	21 37
7	22 39	23 32	3 35	22 16	13 15	9 29	9 18	21 37
12	22 47	23 28	3 34	22 12	13 15R	9 29	9 15	21 38
17	22 54	23 23	3 33	22 09	13 15	9 28	9 11	21 38R
22	23 01	23 19	3 31	22 06	13 14	9 28D	9 08	21 38
27	23 07	23 16	3 29	22 03	13 13	9 28	9 05	21 38
Mar 4	23 13	23 12	3 27	22 01	13 12	9 28	9 02	21 37
9	23 19	23 10	3 24	21 58	13 10	9 29	8 59	21 36
14	23 24	23 07	3 21	21 56	13 08	9 30	8 57	21 35
19	23 29	23 05	3 18	21 55	13 06	9 32	8 55	21 33
24	23 33	23 04	3 14	21 54	13 03	9 34	8 53	21 31
29	23 36	23 02	3 11	21 53	13 00	9 36	8 51	21 29
Apr 3	23 39	23 02	3 07	21 52	12 57	9 38	8 49	21 27
8	23 42	23 02D	3 02	21 52D	12 54	9 41	8 48	21 25
13	23 43	23 02	2 58	21 53	12 51	9 44	8 47	21 22
18	23 44	23 03	2 54	21 53	12 47	9 47	8 47	21 19
23	23 45	23 05	2 49	21 55	12 44	9 51	8 47D	21 16
28	23 45R	23 07	2 45	21 56	12 40	9 54	8 47	21 13
May 3	23 44	23 09	2 41	21 58	12 36	9 58	8 47	21 10
8	23 43	23 12	2 36	22 00	12 33	10 02	8 48	21 07
13	23 41	23 15	2 32	22 03	12 29	10 06	8 49	21 04
18	23 38	23 19	2 28	22 06	12 25	10 11	8 50	21 01
23	23 35	23 23	2 24	22 09	12 22	10 15	8 52	20 58
28	23 32	23 27	2 21	22 12	12 18	10 19	8 54	20 55
Jun 2	23 28	23 32	2 17	22 16	12 15	10 24	8 56	20 52
7	23 23	23 37	2 14	22 20	12 12	10 28	8 59	20 49
12	23 19	23 43	2 12	22 24	12 09	10 32	9 02	20 46
17	23 14	23 48	2 09	22 29	12 06	10 37	9 05	20 44
22	23 08	23 54	2 07	22 33	12 04	10 41	9 08	20 41
27	23 03	24 00	2 05	22 38	12 02	10 45	9 11	20 39
Jul 2	22 57	24 06	2 04	22 43	12 00	10 49	9 15	20 37
7	22 51	24 13	2 03	22 48	11 58	10 53	9 19	20 35
12	22 45	24 19	2 02	22 53	11 57	10 56	9 23	20 34
17	22 38	24 25	2 02D	22 58	11 56	11 00	9 27	20 32
22	22 32	24 32	2 02	23 03	11 56	11 03	9 31	20 31
27	22 26	24 38	2 03	23 08	11 55D	11 06	9 35	20 31
Aug 1	22 20	24 45	2 04	23 13	11 56	11 09	9 39	20 30
6	22 15	24 51	2 05	23 17	11 56	11 11	9 43	20 30D
11	22 09	24 57	2 07	23 22	11 57	11 13	9 47	20 30
16	22 04	25 03	2 09	23 27	11 58	11 15	9 51	20 31
21	21 59	25 08	2 12	23 31	11 59	11 17	9 55	20 31
26	21 54	25 14	2 15	23 35	12 01	11 18	9 59	20 32
31	21 50	25 19	2 18	23 39	12 03	11 19	10 03	20 33
Sep 5	21 47	25 24	2 22	23 42	12 06	11 19	10 07	20 35
10	21 44	25 28	2 26	23 46	12 09	11 20R	10 10	20 37
15	21 41	25 32	2 30	23 49	12 12	11 19	10 14	20 39
20	21 39	25 36	2 34	23 52	12 15	11 19	10 17	20 41
25	21 37	25 39	2 39	23 54	12 19	11 18	10 20	20 44
30	21 36	25 42	2 44	23 56	12 22	11 17	10 22	20 47
Oct 5	21 36D	25 45	2 49	23 58	12 26	11 16	10 25	20 50
10	21 36	25 47	2 55	23 59	12 30	11 14	10 27	20 53
15	21 37	25 48	3 00	24 00	12 35	11 12	10 29	20 56
20	21 39	25 49	3 06	24 01	12 39	11 10	10 30	21 00
25	21 41	25 49	3 11	24 01R	12 44	11 07	10 31	21 04
30	21 44	25 49R	3 17	24 00	12 48	11 04	10 32	21 07
Nov 4	21 47	25 49	3 22	24 00	12 53	11 01	10 33	21 11
9	21 51	25 48	3 28	23 59	12 58	10 58	10 33R	21 15
14	21 55	25 46	3 33	23 57	13 02	10 55	10 33	21 19
19	22 00	25 44	3 39	23 56	13 07	10 51	10 32	21 23
24	22 06	25 42	3 44	23 53	13 12	10 48	10 31	21 27
29	22 12	25 39	3 49	23 51	13 16	10 44	10 30	21 31
Dec 4	22 18	25 36	3 53	23 48	13 20	10 40	10 29	21 34
9	22 25	25 32	3 58	23 45	13 25	10 37	10 27	21 38
14	22 32	25 28	4 02	23 42	13 28	10 33	10 25	21 42
19	22 40	25 24	4 06	23 38	13 32	10 30	10 23	21 45
24	22 48	25 19	4 09	23 35	13 36	10 26	10 20	21 48
29	22♑55	25♋14	4♏13	23♋31	13♏39	10♊23	10♌18	21♏51
Stations	Apr 24	Apr 5	Jan 31	Apr 5	Feb 9	Feb 22	Apr 23	Feb 17
	Oct 5	Oct 26	Jul 16	Oct 23	Jul 27	Sep 10	Nov 8	Aug 6

	♆	Ⓖ	⚷	♈	♃	Ψ	↥	Ж
Jan 3	23♑04	25♋09R	4♏15	23♋27R	13♏42	10♊20R	10♌15R	21♏54
8	23 12	25 04	4 18	23 23	13 44	10 17	10 12	21 57
13	23 20	24 59	4 20	23 19	13 47	10 14	10 08	21 59
18	23 28	24 54	4 21	23 15	13 49	10 12	10 05	22 01
23	23 37	24 49	4 22	23 11	13 50	10 09	10 02	22 03
28	23 45	24 44	4 23	23 07	13 51	10 08	9 58	22 04
Feb 2	23 53	24 39	4 23R	23 03	13 52	10 06	9 55	22 05
7	24 01	24 34	4 23	22 59	13 53	10 05	9 51	22 06
12	24 08	24 29	4 22	22 55	13 53R	10 04	9 48	22 07
17	24 16	24 25	4 21	22 52	13 52	10 03	9 45	22 07
22	24 23	24 21	4 20	22 49	13 52	10 03	9 41	22 07R
27	24 29	24 17	4 18	22 46	13 51	10 03D	9 38	22 07
Mar 3	24 36	24 14	4 16	22 43	13 50	10 03	9 35	22 06
8	24 41	24 11	4 13	22 41	13 48	10 04	9 32	22 05
13	24 47	24 08	4 10	22 39	13 46	10 05	9 30	22 04
18	24 51	24 06	4 07	22 37	13 44	10 07	9 28	22 02
23	24 56	24 04	4 03	22 36	13 41	10 08	9 26	22 01
28	24 59	24 03	4 00	22 35	13 38	10 10	9 24	21 59
Apr 2	25 02	24 03	3 56	22 35	13 35	10 13	9 22	21 56
7	25 05	24 02D	3 52	22 35D	13 32	10 16	9 21	21 54
12	25 07	24 03	3 47	22 35	13 29	10 18	9 20	21 51
17	25 08	24 03	3 43	22 35	13 25	10 22	9 20	21 49
22	25 09	24 05	3 39	22 37	13 22	10 25	9 19	21 46
27	25 09R	24 07	3 34	22 38	13 18	10 29	9 19D	21 43
May 2	25 08	24 09	3 30	22 40	13 14	10 33	9 20	21 40
7	25 07	24 12	3 26	22 42	13 11	10 37	9 20	21 37
12	25 05	24 15	3 21	22 44	13 07	10 41	9 21	21 34
17	25 03	24 18	3 17	22 47	13 03	10 45	9 23	21 30
22	25 00	24 22	3 14	22 50	13 00	10 49	9 24	21 27
27	24 57	24 27	3 10	22 54	12 56	10 53	9 26	21 24
Jun 1	24 53	24 31	3 06	22 58	12 53	10 58	9 29	21 21
6	24 49	24 36	3 03	23 02	12 50	11 02	9 31	21 18
11	24 44	24 42	3 00	23 06	12 47	11 07	9 34	21 16
16	24 39	24 47	2 58	23 10	12 44	11 11	9 37	21 13
21	24 34	24 53	2 56	23 15	12 42	11 15	9 40	21 11
26	24 29	24 59	2 54	23 19	12 40	11 19	9 43	21 08
Jul 1	24 23	25 05	2 52	23 24	12 38	11 23	9 47	21 06
6	24 17	25 12	2 51	23 29	12 36	11 27	9 51	21 05
11	24 11	25 18	2 50	23 34	12 35	11 31	9 55	21 03
16	24 05	25 24	2 50	23 39	12 34	11 34	9 59	21 02
21	23 59	25 31	2 50D	23 44	12 33	11 37	10 03	21 01
26	23 52	25 37	2 51	23 49	12 33	11 41	10 07	21 00
31	23 47	25 43	2 52	23 54	12 33D	11 43	10 11	20 59
Aug 5	23 41	25 50	2 53	23 59	12 33	11 46	10 15	20 59D
10	23 35	25 56	2 55	24 03	12 34	11 48	10 19	20 59
15	23 30	26 02	2 57	24 08	12 35	11 50	10 23	20 59
20	23 25	26 07	2 59	24 12	12 37	11 51	10 27	21 00
25	23 20	26 13	3 02	24 16	12 38	11 53	10 31	21 01
30	23 16	26 18	3 06	24 20	12 40	11 54	10 35	21 02
Sep 4	23 12	26 23	3 09	24 24	12 43	11 54	10 39	21 04
9	23 09	26 28	3 13	24 27	12 46	11 55R	10 42	21 06
14	23 06	26 32	3 17	24 31	12 49	11 54	10 46	21 08
19	23 04	26 36	3 22	24 33	12 52	11 54	10 49	21 10
24	23 02	26 39	3 26	24 36	12 55	11 53	10 52	21 13
29	23 01	26 42	3 31	24 38	12 59	11 52	10 54	21 15
Oct 4	23 00	26 45	3 37	24 40	13 03	11 51	10 57	21 18
9	23 00D	26 47	3 42	24 41	13 07	11 49	10 59	21 22
14	23 01	26 48	3 47	24 42	13 12	11 47	11 01	21 25
19	23 02	26 49	3 53	24 43	13 16	11 45	11 02	21 28
24	23 04	26 50	3 58	24 43R	13 21	11 42	11 04	21 32
29	23 07	26 50R	4 04	24 43	13 25	11 40	11 05	21 36
Nov 3	23 10	26 50	4 09	24 42	13 30	11 37	11 05	21 40
8	23 14	26 49	4 15	24 41	13 34	11 34	11 05R	21 43
13	23 18	26 47	4 20	24 40	13 39	11 30	11 05	21 47
18	23 23	26 45	4 26	24 38	13 44	11 27	11 05	21 51
23	23 28	26 43	4 31	24 36	13 48	11 23	11 04	21 55
28	23 34	26 40	4 36	24 34	13 53	11 20	11 03	21 59
Dec 3	23 40	26 37	4 41	24 31	13 57	11 16	11 02	22 03
8	23 47	26 33	4 45	24 28	14 01	11 12	11 00	22 07
13	23 54	26 29	4 49	24 25	14 05	11 09	10 58	22 10
18	24 01	26 25	4 53	24 21	14 09	11 05	10 56	22 14
23	24 09	26 21	4 57	24 18	14 13	11 02	10 53	22 17
28	24♑17	26♋16	5♏00	24♋14	14♏16	10♊58	10♌51	22♏20

Stations	Apr 24	Apr 6	Feb 1	Apr 5	Feb 10	Feb 23	Apr 23	Feb 18
	Oct 5	Oct 26	Jul 17	Oct 23	Jul 27	Sep 9	Nov 8	Aug 5

2037

Date	♃ (Cupido)	♇ (Hades)	⚴ (Zeus)	⚵ (Kronos)	⚶ (Apollon)	♆ (Admetos)	⚷ (Vulkanus)	⚸ (Poseidon)
Jan 2	24♑25	26♋11R	5♏03	24♋10R	14♏19	10♊55R	10♌48R	22♏23
7	24 33	26 06	5 06	24 06	14 21	10 52	10 45	22 25
12	24 42	26 01	5 08	24 02	14 24	10 50	10 42	22 28
17	24 50	25 56	5 09	23 58	14 26	10 47	10 38	22 30
22	24 58	25 50	5 10	23 54	14 27	10 45	10 35	22 32
27	25 06	25 45	5 11	23 50	14 29	10 43	10 31	22 33
Feb 1	25 14	25 40	5 12R	23 46	14 30	10 41	10 28	22 34
6	25 22	25 36	5 11	23 42	14 30	10 40	10 24	22 35
11	25 30	25 31	5 11	23 38	14 30R	10 39	10 21	22 36
16	25 37	25 26	5 10	23 35	14 30	10 38	10 18	22 36
21	25 45	25 22	5 08	23 31	14 29	10 38	10 14	22 36R
26	25 51	25 18	5 07	23 29	14 29	10 38D	10 11	22 36
Mar 3	25 58	25 15	5 04	23 26	14 27	10 38	10 08	22 35
8	26 04	25 12	5 02	23 23	14 26	10 39	10 06	22 34
13	26 09	25 09	4 59	23 21	14 24	10 40	10 03	22 33
18	26 14	25 07	4 56	23 20	14 22	10 41	10 01	22 32
23	26 18	25 05	4 52	23 18	14 19	10 43	9 58	22 30
28	26 22	25 04	4 49	23 17	14 16	10 45	9 57	22 28
Apr 2	26 26	25 03	4 45	23 17	14 13	10 47	9 55	22 26
7	26 28	25 03D	4 41	23 17D	14 10	10 50	9 54	22 23
12	26 30	25 03	4 37	23 17	14 07	10 53	9 53	22 21
17	26 32	25 04	4 32	23 18	14 03	10 56	9 52	22 18
22	26 33	25 05	4 28	23 19	14 00	11 00	9 52	22 15
27	26 33R	25 07	4 24	23 20	13 56	11 03	9 52D	22 12
May 2	26 33	25 09	4 19	23 22	13 53	11 07	9 52	22 09
7	26 32	25 11	4 15	23 24	13 49	11 11	9 53	22 06
12	26 30	25 14	4 11	23 26	13 45	11 15	9 54	22 03
17	26 28	25 18	4 07	23 29	13 42	11 19	9 55	22 00
22	26 26	25 22	4 03	23 32	13 38	11 23	9 57	21 57
27	26 22	25 26	3 59	23 35	13 34	11 28	9 59	21 54
Jun 1	26 19	25 31	3 55	23 39	13 31	11 32	10 01	21 51
6	26 15	25 36	3 52	23 43	13 28	11 36	10 03	21 48
11	26 10	25 41	3 49	23 47	13 25	11 41	10 06	21 45
16	26 05	25 46	3 47	23 51	13 22	11 45	10 09	21 42
21	26 00	25 52	3 44	23 56	13 20	11 49	10 12	21 40
26	25 55	25 58	3 42	24 01	13 18	11 54	10 15	21 38
Jul 1	25 49	26 04	3 41	24 05	13 16	11 58	10 19	21 36
6	25 43	26 10	3 40	24 10	13 14	12 01	10 23	21 34
11	25 37	26 17	3 39	24 15	13 13	12 05	10 27	21 32
16	25 31	26 23	3 38	24 20	13 12	12 09	10 31	21 31
21	25 25	26 30	3 38D	24 25	13 11	12 12	10 35	21 30
26	25 19	26 36	3 39	24 30	13 10	12 15	10 39	21 29
31	25 13	26 42	3 40	24 35	13 10D	12 18	10 43	21 28
Aug 5	25 07	26 49	3 41	24 40	13 11	12 20	10 47	21 28
10	25 01	26 55	3 43	24 45	13 11	12 23	10 51	21 28D
15	24 56	27 01	3 45	24 49	13 12	12 25	10 55	21 28
20	24 51	27 07	3 47	24 54	13 14	12 26	10 59	21 29
25	24 46	27 12	3 50	24 58	13 16	12 28	11 03	21 30
30	24 41	27 17	3 53	25 02	13 18	12 29	11 07	21 31
Sep 4	24 37	27 22	3 57	25 06	13 20	12 29	11 11	21 33
9	24 34	27 27	4 01	25 09	13 23	12 30	11 14	21 34
14	24 31	27 31	4 05	25 12	13 26	12 30R	11 18	21 36
19	24 28	27 35	4 09	25 15	13 29	12 29	11 21	21 39
24	24 27	27 39	4 14	25 18	13 32	12 28	11 24	21 41
29	24 25	27 42	4 19	25 20	13 36	12 27	11 27	21 44
Oct 4	24 24	27 45	4 24	25 22	13 40	12 26	11 29	21 47
9	24 24D	27 47	4 29	25 23	13 44	12 24	11 31	21 50
14	24 26	27 48	4 34	25 24	13 48	12 23	11 33	21 53
19	24 28	27 50	4 40	25 25	13 53	12 20	11 35	21 57
24	24 28	27 50	4 45	25 25R	13 57	12 18	11 36	22 01
29	24 30	27 51R	4 51	25 25	14 02	12 15	11 37	22 04
Nov 3	24 33	27 50	4 57	25 25	14 06	12 12	11 38	22 08
8	24 37	27 49	5 02	25 24	14 11	12 09	11 38	22 12
13	24 41	27 48	5 08	25 22	14 16	12 06	11 38R	22 16
18	24 45	27 46	5 13	25 21	14 20	12 02	11 38	22 20
23	24 51	27 44	5 18	25 19	14 25	11 59	11 37	22 24
28	24 56	27 41	5 23	25 16	14 30	11 55	11 36	22 28
Dec 3	25 02	27 38	5 28	25 14	14 34	11 52	11 35	22 31
8	25 09	27 35	5 33	25 11	14 38	11 48	11 33	22 35
13	25 16	27 31	5 37	25 08	14 42	11 44	11 31	22 39
18	25 23	27 27	5 41	25 04	14 46	11 41	11 29	22 42
23	25 31	27 22	5 45	25 01	14 49	11 37	11 26	22 45
28	25♑39	27♋18	5♏48	24♋57	14♏53	11♊34	11♌24	22♏48
Stations	Apr 26	Apr 7	Feb 1	Apr 6	Feb 10	Feb 23	Apr 24	Feb 17
	Oct 7	Oct 28	Jul 18	Oct 24	Jul. 28	Sep 10	Nov 9	Aug 6

	♃	⚷	⚵	⚶	⚴	♆	⚳	⚸
Jan 2	25♑47	27♋13R	5♏51	24♋53R	14♏56	11♊31R	11♌21R	22♏51
7	25 55	27 08	5 53	24 49	14 58	11 28	11 18	22 54
12	26 03	27 03	5 56	24 45	15 01	11 25	11 15	22 56
17	26 11	26 58	5 57	24 41	15 03	11 23	11 11	22 59
22	26 20	26 52	5 59	24 37	15 05	11 20	11 08	23 00
27	26 28	26 47	5 59	24 33	15 06	11 18	11 05	23 02
Feb 1	26 36	26 42	6 00	24 29	15 07	11 16	11 01	23 03
6	26 44	26 37	6 00R	24 25	15 08	11 15	10 58	23 04
11	26 52	26 33	5 59	24 21	15 08R	11 14	10 54	23 05
16	26 59	26 28	5 58	24 18	15 08	11 13	10 51	23 05
21	27 06	26 24	5 57	24 14	15 07	11 13	10 48	23 05R
26	27 13	26 20	5 55	24 11	15 06	11 13D	10 44	23 05
Mar 3	27 20	26 16	5 53	24 09	15 05	11 13	10 41	23 04
8	27 26	26 13	5 51	24 06	15 04	11 14	10 39	23 04
13	27 31	26 10	5 48	24 04	15 02	11 15	10 36	23 02
18	27 37	26 08	5 45	24 02	15 00	11 16	10 34	23 01
23	27 41	26 06	5 41	24 01	14 57	11 18	10 31	22 59
28	27 45	26 05	5 38	24 00	14 54	11 20	10 30	22 57
Apr 2	27 49	26 04	5 34	23 59	14 51	11 22	10 28	22 55
7	27 52	26 03	5 30	23 59D	14 48	11 25	10 27	22 53
12	27 54	26 04D	5 26	23 59	14 45	11 28	10 26	22 50
17	27 56	26 04	5 21	24 00	14 42	11 31	10 25	22 48
22	27 57	26 05	5 17	24 01	14 38	11 34	10 25	22 45
27	27 57	26 07	5 13	24 02	14 34	11 38	10 25D	22 42
May 2	27 57R	26 09	5 08	24 03	14 31	11 41	10 25	22 39
7	27 56	26 11	5 04	24 06	14 27	11 45	10 25	22 36
12	27 55	26 14	5 00	24 08	14 23	11 49	10 26	22 33
17	27 53	26 17	4 56	24 11	14 20	11 53	10 28	22 29
22	27 51	26 21	4 52	24 14	14 16	11 58	10 29	22 26
27	27 48	26 25	4 48	24 17	14 13	12 02	10 31	22 23
Jun 1	27 44	26 30	4 44	24 21	14 09	12 06	10 33	22 20
6	27 40	26 35	4 41	24 24	14 06	12 11	10 36	22 17
11	27 36	26 40	4 38	24 29	14 03	12 15	10 38	22 15
16	27 31	26 45	4 35	24 33	14 00	12 19	10 41	22 12
21	27 26	26 51	4 33	24 37	13 58	12 24	10 44	22 09
26	27 21	26 57	4 31	24 42	13 55	12 28	10 48	22 07
Jul 1	27 15	27 03	4 29	24 47	13 53	12 32	10 51	22 05
6	27 09	27 09	4 28	24 52	13 52	12 36	10 55	22 03
11	27 03	27 16	4 27	24 57	13 50	12 40	10 59	22 01
16	26 57	27 22	4 27	25 02	13 49	12 43	11 03	22 00
21	26 51	27 29	4 27D	25 07	13 48	12 46	11 07	21 59
26	26 45	27 35	4 27	25 11	13 48	12 50	11 11	21 58
31	26 39	27 41	4 28	25 16	13 48D	12 52	11 15	21 57
Aug 5	26 33	27 48	4 29	25 21	13 48	12 55	11 19	21 57
10	26 27	27 54	4 31	25 26	13 49	12 57	11 23	21 57D
15	26 22	28 00	4 33	25 31	13 50	12 59	11 27	21 57
20	26 16	28 06	4 35	25 35	13 51	13 01	11 31	21 58
25	26 12	28 11	4 38	25 39	13 53	13 02	11 35	21 59
30	26 07	28 17	4 41	25 43	13 55	13 03	11 39	22 00
Sep 4	26 03	28 22	4 44	25 47	13 57	13 04	11 43	22 01
9	25 59	28 26	4 48	25 51	14 00	13 05	11 47	22 03
14	25 56	28 31	4 52	25 54	14 03	13 05R	11 50	22 05
19	25 53	28 35	4 56	25 57	14 06	13 04	11 53	22 07
24	25 51	28 39	5 01	25 59	14 09	13 04	11 56	22 10
29	25 50	28 42	5 06	26 02	14 13	13 03	11 59	22 13
Oct 4	25 49	28 45	5 11	26 04	14 17	13 01	12 01	22 16
9	25 48D	28 47	5 16	26 05	14 21	13 00	12 04	22 19
14	25 49	28 49	5 22	26 06	14 25	12 58	12 06	22 22
19	25 50	28 50	5 27	26 07	14 29	12 56	12 07	22 25
24	25 51	28 51	5 33	26 07	14 34	12 53	12 09	22 29
29	25 53	28 51R	5 38	26 07R	14 39	12 51	12 10	22 33
Nov 3	25 56	28 51	5 44	26 07	14 43	12 48	12 10	22 37
8	25 59	28 50	5 49	26 06	14 48	12 45	12 11	22 40
13	26 03	28 49	5 55	26 05	14 53	12 41	12 11R	22 44
18	26 08	28 47	6 00	26 03	14 57	12 38	12 10	22 48
23	26 13	28 45	6 05	26 01	15 02	12 35	12 10	22 52
28	26 18	28 43	6 11	25 59	15 06	12 31	12 09	22 56
Dec 3	26 24	28 40	6 15	25 57	15 11	12 27	12 08	23 00
8	26 31	28 36	6 20	25 54	15 15	12 24	12 06	23 04
13	26 38	28 33	6 24	25 51	15 19	12 20	12 04	23 07
18	26 45	28 28	6 28	25 47	15 23	12 16	12 02	23 11
23	26 52	28 24	6 32	25 44	15 26	12 13	12 00	23 14
28	27♑00	28♋19	6♏36	25♋40	15♏30	12♊10	11♌57	23♏17

Stations	Apr 28	Apr 8	Feb 2	Apr 7	Feb 11	Feb 23	Apr 24	Feb 18
	Oct 9	Oct 29	Jul 19	Oct 25	Jul 29	Sep 11	Nov 10	Aug 7

2039

	♃	⚷	⚸	⚶	♃	♆	⚴	⛢
Jan 2	27♑ 08	28♋ 15R	6♏ 39	25♋ 36R	15♏ 33	12♊ 06R	11♌ 54R	23♏ 20
7	27 16	28 10	6 41	25 32	15 36	12 03	11 51	23 23
12	27 24	28 05	6 44	25 28	15 38	12 01	11 48	23 25
17	27 33	27 59	6 45	25 24	15 40	11 58	11 45	23 27
22	27 41	27 54	6 47	25 20	15 42	11 56	11 41	23 29
27	27 49	27 49	6 48	25 16	15 43	11 54	11 38	23 31
Feb 1	27 58	27 44	6 48	25 12	15 44	11 52	11 34	23 32
6	28 06	27 39	6 48R	25 08	15 45	11 50	11 31	23 33
11	28 13	27 34	6 48	25 04	15 45	11 49	11 27	23 34
16	28 21	27 30	6 47	25 00	15 45R	11 48	11 24	23 34
21	28 28	27 25	6 46	24 57	15 45	11 48	11 21	23 34R
26	28 35	27 21	6 44	24 54	15 44	11 48D	11 18	23 34
Mar 3	28 42	27 18	6 42	24 51	15 43	11 48	11 15	23 34
8	28 48	27 15	6 40	24 49	15 41	11 49	11 12	23 33
13	28 54	27 12	6 37	24 47	15 40	11 50	11 09	23 32
18	28 59	27 09	6 34	24 45	15 37	11 51	11 07	23 30
23	29 04	27 07	6 31	24 43	15 35	11 53	11 04	23 29
28	29 08	27 06	6 27	24 42	15 32	11 54	11 03	23 27
Apr 2	29 12	27 05	6 23	24 42	15 30	11 57	11 01	23 25
7	29 15	27 04	6 19	24 41	15 26	11 59	11 00	23 22
12	29 17	27 04D	6 15	24 41D	15 23	12 02	10 58	23 20
17	29 19	27 05	6 11	24 42	15 20	12 05	10 58	23 17
22	29 21	27 05	6 06	24 43	15 16	12 08	10 57	23 14
27	29 21	27 07	6 02	24 44	15 13	12 12	10 57D	23 11
May 2	29 21R	27 09	5 58	24 45	15 09	12 16	10 57	23 08
7	29 21	27 11	5 53	24 47	15 05	12 20	10 58	23 05
12	29 20	27 14	5 49	24 50	15 02	12 24	10 59	23 02
17	29 18	27 17	5 45	24 52	14 58	12 28	11 00	22 59
22	29 16	27 21	5 41	24 55	14 54	12 32	11 02	22 56
27	29 13	27 25	5 37	24 59	14 51	12 36	11 03	22 53
Jun 1	29 10	27 29	5 34	25 02	14 47	12 41	11 05	22 50
6	29 06	27 34	5 30	25 06	14 44	12 45	11 08	22 47
11	29 02	27 39	5 27	25 10	14 41	12 50	11 10	22 44
16	28 57	27 45	5 24	25 14	14 38	12 54	11 13	22 41
21	28 52	27 50	5 22	25 19	14 36	12 58	11 16	22 39
26	28 47	27 56	5 20	25 23	14 33	13 02	11 20	22 37
Jul 1	28 41	28 02	5 18	25 28	14 31	13 06	11 23	22 34
6	28 35	28 08	5 17	25 33	14 30	13 10	11 27	22 33
11	28 30	28 15	5 16	25 38	14 28	13 14	11 31	22 31
16	28 23	28 21	5 15	25 43	14 27	13 18	11 35	22 29
21	28 17	28 27	5 15D	25 48	14 26	13 21	11 39	22 28
26	28 11	28 34	5 15	25 53	14 26	13 24	11 43	22 27
31	28 05	28 40	5 16	25 58	14 25D	13 27	11 47	22 27
Aug 5	27 59	28 47	5 17	26 03	14 26	13 30	11 51	22 26
10	27 53	28 53	5 19	26 07	14 26	13 32	11 55	22 26D
15	27 48	28 59	5 20	26 12	14 27	13 34	11 59	22 26
20	27 42	29 05	5 23	26 16	14 28	13 36	12 03	22 27
25	27 37	29 10	5 25	26 21	14 30	13 37	12 07	22 28
30	27 33	29 16	5 28	26 25	14 32	13 38	12 11	22 29
Sep 4	27 28	29 21	5 32	26 29	14 34	13 39	12 15	22 30
9	27 25	29 26	5 36	26 32	14 37	13 40	12 19	22 32
14	27 21	29 30	5 40	26 36	14 40	13 40R	12 22	22 34
19	27 18	29 35	5 44	26 39	14 43	13 39	12 25	22 36
24	27 16	29 38	5 48	26 41	14 46	13 39	12 28	22 39
29	27 14	29 42	5 53	26 44	14 50	13 38	12 31	22 41
Oct 4	27 13	29 44	5 58	26 45	14 54	13 37	12 34	22 44
9	27 13	29 47	6 03	26 47	14 58	13 35	12 36	22 47
14	27 13D	29 49	6 09	26 48	15 02	13 33	12 38	22 51
19	27 14	29 50	6 14	26 49	15 06	13 31	12 40	22 54
24	27 15	29 51	6 20	26 50	15 11	13 29	12 41	22 58
29	27 17	29 52	6 25	26 50R	15 15	13 26	12 42	23 01
Nov 3	27 19	29 52R	6 31	26 49	15 20	13 23	12 43	23 05
8	27 23	29 51	6 37	26 49	15 25	13 20	12 43	23 09
13	27 26	29 50	6 42	26 47	15 29	13 17	12 43R	23 13
18	27 31	29 48	6 47	26 46	15 34	13 14	12 43	23 17
23	27 35	29 46	6 53	26 44	15 39	13 10	12 43	23 21
28	27 41	29 44	6 58	26 42	15 43	13 07	12 42	23 25
Dec 3	27 47	29 41	7 03	26 39	15 47	13 03	12 40	23 28
8	27 53	29 38	7 07	26 37	15 52	12 59	12 39	23 32
13	28 00	29 34	7 12	26 33	15 56	12 56	12 37	23 36
18	28 07	29 30	7 16	26 30	16 00	12 52	12 35	23 39
23	28 14	29 26	7 20	26 27	16 03	12 48	12 33	23 43
28	28♑ 22	29♋ 21	7♏ 23	26♋ 23	16♏ 07	12♊ 45	12♌ 30	23♏ 46

Stations	Apr 29	Apr 9	Feb 3	Apr 8	Feb 12	Feb 24	Apr 25	Feb 19
	Oct 10	Oct 30	Jul 20	Oct 26	Jul 30	Sep 12	Nov 10	Aug 8

2040

Date	♃	⚷	⚶	⚴	⚵	Ψ	⚳	⚸
Jan 2	28♑30	29♋16R	7♏26	26♋19R	16♏10	12♊42R	12♌27R	23♏49
7	28 38	29 12	7 29	26 15	16 13	12 39	12 24	23 51
12	28 46	29 06	7 31	26 11	16 15	12 36	12 21	23 54
17	28 54	29 01	7 33	26 07	16 17	12 33	12 18	23 56
22	29 03	28 56	7 35	26 03	16 19	12 31	12 15	23 58
27	29 11	28 51	7 36	25 59	16 21	12 29	12 11	24 00
Feb 1	29 19	28 46	7 36	25 55	16 22	12 27	12 08	24 01
6	29 27	28 41	7 37R	25 51	16 22	12 26	12 04	24 02
11	29 35	28 36	7 36	25 47	16 23	12 24	12 01	24 03
16	29 43	28 31	7 36	25 43	16 23R	12 24	11 57	24 03
21	29 50	28 27	7 34	25 40	16 22	12 23	11 54	24 04R
26	29 57	28 23	7 33	25 37	16 22	12 23D	11 51	24 03
Mar 2	0♒04	28 19	7 31	25 34	16 21	12 23	11 48	24 03
7	0 10	28 16	7 29	25 32	16 19	12 24	11 45	24 02
12	0 16	28 13	7 26	25 29	16 17	12 25	11 42	24 01
17	0 22	28 10	7 23	25 27	16 15	12 26	11 40	24 00
22	0 27	28 08	7 20	25 26	16 13	12 27	11 37	23 58
27	0 31	28 07	7 16	25 25	16 10	12 29	11 36	23 56
Apr 1	0 35	28 06	7 12	25 24	16 08	12 31	11 34	23 54
6	0 38	28 05	7 08	25 24	16 05	12 34	11 32	23 52
11	0 41	28 05D	7 04	25 24D	16 01	12 37	11 31	23 49
16	0 43	28 05	7 00	25 24	15 58	12 40	11 31	23 47
21	0 45	28 06	6 56	25 25	15 54	12 43	11 30	23 44
26	0 45	28 07	6 51	25 26	15 51	12 46	11 30D	23 41
May 1	0 46R	28 09	6 47	25 27	15 47	12 50	11 30	23 38
6	0 45	28 11	6 43	25 29	15 43	12 54	11 31	23 35
11	0 44	28 14	6 38	25 32	15 40	12 58	11 31	23 32
16	0 43	28 17	6 34	25 34	15 36	13 02	11 33	23 29
21	0 41	28 21	6 30	25 37	15 32	13 06	11 34	23 26
26	0 38	28 24	6 26	25 40	15 29	13 11	11 36	23 22
31	0 35	28 29	6 23	25 44	15 26	13 15	11 38	23 19
Jun 5	0 32	28 34	6 19	25 48	15 22	13 20	11 40	23 16
10	0 27	28 39	6 16	25 52	15 19	13 24	11 43	23 14
15	0 23	28 44	6 13	25 56	15 16	13 28	11 46	23 11
20	0 18	28 49	6 11	26 00	15 14	13 33	11 49	23 08
25	0 13	28 55	6 09	26 05	15 11	13 37	11 52	23 06
30	0 07	29 01	6 07	26 09	15 09	13 41	11 55	23 04
Jul 5	0 02	29 07	6 05	26 14	15 07	13 45	11 59	23 02
10	29♑56	29 14	6 04	26 19	15 06	13 49	12 03	23 00
15	29 50	29 20	6 04	26 24	15 05	13 52	12 07	22 59
20	29 44	29 26	6 03D	26 29	15 04	13 56	12 11	22 57
25	29 38	29 33	6 04	26 34	15 03	13 59	12 15	22 57
30	29 31	29 39	6 04	26 39	15 03D	14 02	12 19	22 56
Aug 4	29 25	29 46	6 05	26 44	15 03	14 04	12 23	22 55
9	29 20	29 52	6 07	26 49	15 04	14 07	12 27	22 55D
14	29 14	29 58	6 08	26 53	15 05	14 09	12 31	22 56
19	29 08	0♌04	6 11	26 58	15 06	14 11	12 35	22 56
24	29 03	0 10	6 13	27 02	15 07	14 12	12 39	22 57
29	28 59	0 15	6 16	27 06	15 09	14 13	12 43	22 58
Sep 3	28 54	0 20	6 19	27 10	15 11	14 14	12 47	22 59
8	28 50	0 25	6 23	27 14	15 14	14 15	12 51	23 01
13	28 47	0 30	6 27	27 17	15 17	14 15R	12 54	23 03
18	28 44	0 34	6 31	27 20	15 20	14 15	12 58	23 05
23	28 41	0 38	6 36	27 23	15 23	14 14	13 01	23 07
28	28 39	0 41	6 41	27 25	15 27	14 13	13 04	23 10
Oct 3	28 38	0 44	6 46	27 27	15 30	14 12	13 06	23 13
8	28 37	0 47	6 51	27 29	15 34	14 11	13 08	23 16
13	28 37D	0 49	6 56	27 30	15 39	14 09	13 11	23 19
18	28 38	0 51	7 02	27 31	15 43	14 07	13 12	23 23
23	28 39	0 52	7 07	27 32	15 48	14 04	13 14	23 26
28	28 40	0 52	7 13	27 32R	15 52	14 02	13 15	23 30
Nov 2	28 43	0 52R	7 18	27 32	15 57	13 59	13 16	23 34
7	28 46	0 52	7 24	27 31	16 01	13 56	13 16	23 38
12	28 49	0 51	7 29	27 30	16 06	13 53	13 16R	23 41
17	28 53	0 50	7 35	27 29	16 11	13 49	13 16	23 45
22	28 58	0 48	7 40	27 27	16 15	13 46	13 15	23 49
27	29 03	0 45	7 45	27 25	16 20	13 42	13 15	23 53
Dec 2	29 09	0 43	7 50	27 22	16 24	13 39	13 13	23 57
7	29 15	0 39	7 55	27 19	16 29	13 35	13 12	24 01
12	29 22	0 36	7 59	27 16	16 33	13 31	13 10	24 04
17	29 29	0 32	8 04	27 13	16 37	13 28	13 08	24 08
22	29 36	0 28	8 07	27 10	16 40	13 24	13 06	24 11
27	29♑44	0♌23	8♏11	27♋06	16♏44	13♊21	13♌03	24♏14

Stations	Apr 30	Apr 10	Feb 4	Apr 8	Feb 12	Feb 25	Apr 25	Feb 19
	Oct 11	Oct 30	Jul 20	Oct 26	Jul 30	Sep 12	Nov 10	Aug 7

2041

	♃	♆	♇	⚷	⚵	♅	⚶	♈
Jan 1	29♑51	0♌18R	8♏14	27♋02R	16♏47	13♊18R	13♌00R	24♏17
6	29 59	0 13	8 17	26 58	16 50	13 15	12 57	24 20
11	0♒08	0 08	8 19	26 54	16 52	13 12	12 54	24 23
16	0 16	0 03	8 21	26 50	16 55	13 09	12 51	24 25
21	0 24	29♋58	8 23	26 46	16 56	13 07	12 48	24 27
26	0 32	29 53	8 24	26 42	16 58	13 04	12 44	24 29
31	0 41	29 48	8 25	26 38	16 59	13 03	12 41	24 30
Feb 5	0 49	29 43	8 25R	26 34	17 00	13 01	12 37	24 31
10	0 57	29 38	8 25	26 30	17 00	13 00	12 34	24 32
15	1 05	29 33	8 24	26 26	17 00R	12 59	12 31	24 32
20	1 12	29 29	8 23	26 23	17 00	12 58	12 27	24 33R
25	1 19	29 25	8 22	26 20	16 59	12 58D	12 24	24 33
Mar 2	1 26	29 21	8 20	26 17	16 58	12 58	12 21	24 32
7	1 33	29 17	8 18	26 14	16 57	12 59	12 18	24 31
12	1 39	29 14	8 15	26 12	16 55	13 00	12 15	24 30
17	1 44	29 12	8 12	26 10	16 53	13 01	12 13	24 29
22	1 49	29 09	8 09	26 09	16 51	13 02	12 11	24 27
27	1 54	29 08	8 05	26 07	16 49	13 04	12 09	24 26
Apr 1	1 58	29 06	8 02	26 06	16 46	13 06	12 07	24 24
6	2 02	29 06	7 58	26 06	16 43	13 09	12 05	24 21
11	2 04	29 05D	7 54	26 06D	16 40	13 11	12 04	24 19
16	2 07	29 05	7 49	26 06	16 36	13 14	12 03	24 16
21	2 08	29 06	7 45	26 07	16 33	13 18	12 03	24 13
26	2 10	29 07	7 41	26 08	16 29	13 21	12 03D	24 11
May 1	2 10	29 09	7 36	26 09	16 25	13 25	12 03	24 08
6	2 10R	29 11	7 32	26 11	16 22	13 29	12 03	24 05
11	2 09	29 14	7 28	26 13	16 18	13 33	12 04	24 01
16	2 08	29 17	7 24	26 16	16 14	13 37	12 05	23 58
21	2 06	29 20	7 19	26 19	16 11	13 41	12 07	23 55
26	2 04	29 24	7 16	26 22	16 07	13 45	12 08	23 52
31	2 01	29 28	7 12	26 25	16 04	13 50	12 10	23 49
Jun 5	1 57	29 33	7 08	26 29	16 01	13 54	12 13	23 46
10	1 53	29 38	7 05	26 33	15 57	13 58	12 15	23 43
15	1 49	29 43	7 02	26 37	15 55	14 03	12 18	23 40
20	1 44	29 49	7 00	26 42	15 52	14 07	12 21	23 38
25	1 39	29 54	6 58	26 46	15 49	14 11	12 24	23 36
30	1 34	0♌00	6 56	26 51	15 47	14 15	12 28	23 33
Jul 5	1 28	0 06	6 54	26 56	15 45	14 19	12 31	23 31
10	1 22	0 13	6 53	27 01	15 44	14 23	12 35	23 30
15	1 16	0 19	6 52	27 06	15 43	14 27	12 39	23 28
20	1 10	0 25	6 52	27 11	15 42	14 30	12 43	23 27
25	1 04	0 32	6 52D	27 16	15 41	14 33	12 47	23 26
30	0 58	0 38	6 52	27 20	15 41	14 36	12 51	23 25
Aug 4	0 52	0 45	6 53	27 25	15 41D	14 39	12 55	23 25
9	0 46	0 51	6 55	27 30	15 41	14 42	12 59	23 25D
14	0 40	0 57	6 56	27 35	15 42	14 44	13 03	23 25
19	0 35	1 03	6 59	27 39	15 43	14 46	13 08	23 25
24	0 29	1 09	7 01	27 44	15 45	14 47	13 12	23 26
29	0 24	1 14	7 04	27 48	15 46	14 48	13 16	23 27
Sep 3	0 20	1 20	7 07	27 52	15 48	14 49	13 19	23 28
8	0 16	1 25	7 11	27 56	15 51	14 50	13 23	23 30
13	0 12	1 29	7 15	27 59	15 54	14 50R	13 27	23 32
18	0 09	1 34	7 19	28 02	15 57	14 50	13 30	23 34
23	0 06	1 38	7 23	28 05	16 00	14 49	13 33	23 36
28	0 04	1 41	7 28	28 07	16 04	14 49	13 36	23 39
Oct 3	0 03	1 44	7 33	28 09	16 07	14 47	13 38	23 42
8	0 02	1 47	7 38	28 11	16 11	14 46	13 41	23 45
13	0 01D	1 49	7 43	28 13	16 16	14 44	13 43	23 48
18	0 02	1 51	7 49	28 14	16 20	14 42	13 45	23 51
23	0 02	1 52	7 54	28 14	16 24	14 40	13 46	23 55
28	0 04	1 53	8 00	28 14R	16 29	14 37	13 47	23 59
Nov 2	0 06	1 53R	8 05	28 14	16 34	14 35	13 48	24 02
7	0 09	1 53	8 11	28 14	16 38	14 32	13 49	24 06
12	0 12	1 52	8 17	28 13	16 43	14 28	13 49R	24 10
17	0 16	1 51	8 22	28 11	16 48	14 25	13 49	24 14
22	0 21	1 49	8 27	28 10	16 52	14 22	13 48	24 18
27	0 26	1 47	8 33	28 07	16 57	14 18	13 47	24 22
Dec 2	0 31	1 44	8 38	28 05	17 01	14 14	13 46	24 26
7	0 37	1 41	8 42	28 02	17 06	14 11	13 45	24 29
12	0 44	1 37	8 47	27 59	17 10	14 07	13 43	24 33
17	0 51	1 33	8 51	27 56	17 14	14 04	13 41	24 37
22	0 58	1 29	8 55	27 53	17 17	14 00	13 39	24 40
27	1♒05	1♌25	8♏59	27♋49	17♏21	13♊57	13♌36	24♏43

Stations	May 2	Apr 11	Feb 4	Apr 9	Feb 12	Feb 25	Apr 26	Feb 19
	Oct 13	Nov 1	Jul 21	Oct 27	Jul 31	Sep 13	Nov 11	Aug 8

2042

	Cupido	Hades	Zeus	Kronos	Apollon	Admetos	Vulkanus	Poseidon
Jan 1	1♒ 13	1♌ 20R	9♏ 02	27♋ 45R	17♏ 24	13♊ 53R	13♌ 34R	24♏ 46
6	1 21	1 15	9 05	27 41	17 27	13 50	13 31	24 49
11	1 29	1 10	9 07	27 37	17 30	13 47	13 28	24 52
16	1 37	1 05	9 09	27 33	17 32	13 45	13 24	24 54
21	1 46	1 00	9 11	27 29	17 34	13 42	13 21	24 56
26	1 54	0 55	9 12	27 25	17 35	13 40	13 18	24 58
31	2 02	0 50	9 13	27 21	17 37	13 38	13 14	24 59
Feb 5	2 10	0 45	9 13R	27 17	17 37	13 36	13 11	25 00
10	2 18	0 40	9 13	27 13	17 38	13 35	13 07	25 01
15	2 26	0 35	9 13	27 09	17 38R	13 34	13 04	25 02
20	2 34	0 31	9 12	27 06	17 38	13 34	13 01	25 02R
25	2 41	0 26	9 10	27 03	17 37	13 33	12 57	25 02
Mar 2	2 48	0 22	9 09	27 00	17 36	13 33D	12 54	25 01
7	2 55	0 19	9 06	26 57	17 35	13 34	12 51	25 01
12	3 01	0 16	9 04	26 55	17 33	13 35	12 48	25 00
17	3 07	0 13	9 01	26 53	17 31	13 36	12 46	24 58
22	3 12	0 11	8 58	26 51	17 29	13 37	12 44	24 57
27	3 17	0 09	8 55	26 50	17 27	13 39	12 42	24 55
Apr 1	3 21	0 07	8 51	26 49	17 24	13 41	12 40	24 53
6	3 25	0 06	8 47	26 48	17 21	13 43	12 38	24 51
11	3 28	0 06	8 43	26 48D	17 18	13 46	12 37	24 48
16	3 30	0 06D	8 39	26 48	17 14	13 49	12 36	24 46
21	3 32	0 07	8 34	26 49	17 11	13 52	12 36	24 43
26	3 34	0 08	8 30	26 50	17 07	13 56	12 35D	24 40
May 1	3 34	0 09	8 26	26 51	17 04	13 59	12 36	24 37
6	3 34R	0 11	8 21	26 53	17 00	14 03	12 36	24 34
11	3 34	0 14	8 17	26 55	16 56	14 07	12 37	24 31
16	3 33	0 17	8 13	26 58	16 53	14 11	12 38	24 28
21	3 31	0 20	8 09	27 01	16 49	14 15	12 39	24 25
26	3 29	0 24	8 05	27 04	16 45	14 20	12 41	24 22
31	3 26	0 28	8 01	27 07	16 42	14 24	12 43	24 19
Jun 5	3 23	0 32	7 58	27 11	16 39	14 28	12 45	24 16
10	3 19	0 37	7 54	27 15	16 36	14 33	12 47	24 13
15	3 15	0 42	7 51	27 19	16 33	14 37	12 50	24 10
20	3 10	0 48	7 49	27 23	16 30	14 41	12 53	24 07
25	3 05	0 54	7 46	27 28	16 27	14 46	12 56	24 05
30	3 00	0 59	7 44	27 32	16 25	14 50	13 00	24 03
Jul 5	2 54	1 06	7 43	27 37	16 23	14 54	13 03	24 01
10	2 48	1 12	7 42	27 42	16 22	14 58	13 07	23 59
15	2 42	1 18	7 41	27 47	16 20	15 01	13 11	23 57
20	2 36	1 24	7 40	27 52	16 19	15 05	13 15	23 56
25	2 30	1 31	7 40D	27 57	16 19	15 08	13 19	23 55
30	2 24	1 37	7 41	28 02	16 18	15 11	13 23	23 54
Aug 4	2 18	1 44	7 42	28 07	16 18D	15 14	13 27	23 54
9	2 12	1 50	7 43	28 12	16 19	15 16	13 31	23 54D
14	2 06	1 56	7 44	28 16	16 19	15 19	13 36	23 54
19	2 01	2 02	7 47	28 21	16 21	15 20	13 40	23 54
24	1 55	2 08	7 49	28 25	16 22	15 22	13 44	23 55
29	1 50	2 14	7 52	28 30	16 24	15 23	13 48	23 56
Sep 3	1 46	2 19	7 55	28 34	16 26	15 24	13 52	23 57
8	1 41	2 24	7 58	28 37	16 28	15 25	13 55	23 59
13	1 38	2 29	8 02	28 41	16 31	15 25R	13 59	24 01
18	1 34	2 33	8 06	28 44	16 34	15 25	14 02	24 03
23	1 31	2 37	8 11	28 47	16 37	15 25	14 05	24 05
28	1 29	2 41	8 15	28 49	16 41	15 24	14 08	24 08
Oct 3	1 27	2 44	8 20	28 51	16 44	15 23	14 11	24 10
8	1 26	2 47	8 25	28 53	16 48	15 21	14 13	24 13
13	1 26	2 49	8 31	28 55	16 52	15 20	14 15	24 17
18	1 26D	2 51	8 36	28 56	16 57	15 18	14 17	24 20
23	1 26	2 53	8 42	28 56	17 01	15 15	14 19	24 24
28	1 28	2 53	8 47	28 57R	17 06	15 13	14 20	24 27
Nov 2	1 30	2 54R	8 53	28 57	17 10	15 10	14 21	24 31
7	1 32	2 54	8 58	28 56	17 15	15 07	14 21	24 35
12	1 35	2 53	9 04	28 55	17 20	15 04	14 22R	24 39
17	1 39	2 52	9 09	28 54	17 24	15 01	14 22	24 43
22	1 44	2 50	9 15	28 52	17 29	14 57	14 21	24 47
27	1 48	2 48	9 20	28 50	17 34	14 54	14 20	24 50
Dec 2	1 54	2 45	9 25	28 48	17 38	14 50	14 19	24 54
7	2 00	2 42	9 30	28 45	17 42	14 47	14 18	24 58
12	2 06	2 39	9 34	28 42	17 47	14 43	14 16	25 02
17	2 13	2 35	9 39	28 39	17 51	14 39	14 14	25 05
22	2 20	2 31	9 43	28 36	17 54	14 36	14 12	25 09
27	2♒ 27	2♌ 27	9♏ 46	28♋ 32	17♏ 58	14♊ 32	14♌ 10	25♏ 12
Stations	May 3 Oct 14	Apr 12 Nov 2	Feb 5 Jul 22	Apr 10 Oct 28	Feb 13 Aug 1	Feb 26 Sep 13	Apr 26 Nov 12	Feb 20 Aug 9

	♃	⚷	⚶	⚳	♃	♆	⚴	♇
Jan 1	2♒35	2♌22R	9♍50	28♋28R	18♏01	14♊29R	14♌07R	25♏15
6	2 43	2 17	9 53	28 24	18 04	14 26	14 04	25 18
11	2 51	2 12	9 55	28 20	18 07	14 23	14 01	25 20
16	2 59	2 07	9 58	28 16	18 09	14 20	13 58	25 23
21	3 07	2 02	9 59	28 12	18 11	14 18	13 54	25 25
26	3 16	1 57	10 01	28 08	18 13	14 15	13 51	25 27
31	3 24	1 52	10 01	28 04	18 14	14 13	13 48	25 28
Feb 5	3 32	1 47	10 02	28 00	18 15	14 12	13 44	25 29
10	3 40	1 42	10 02R	27 56	18 16	14 10	13 41	25 30
15	3 48	1 37	10 01	27 52	18 16R	14 09	13 37	25 31
20	3 56	1 32	10 01	27 49	18 16	14 09	13 34	25 31
25	4 03	1 28	9 59	27 46	18 15	14 08	13 31	25 31R
Mar 2	4 10	1 24	9 58	27 43	18 14	14 08D	13 27	25 31
7	4 17	1 20	9 55	27 40	18 13	14 09	13 24	25 30
12	4 23	1 17	9 53	27 38	18 11	14 10	13 22	25 29
17	4 29	1 14	9 50	27 36	18 09	14 11	13 19	25 28
22	4 35	1 12	9 47	27 34	18 07	14 12	13 17	25 26
27	4 40	1 10	9 44	27 32	18 05	14 14	13 15	25 25
Apr 1	4 44	1 08	9 40	27 31	18 02	14 16	13 13	25 23
6	4 48	1 07	9 36	27 31	17 59	14 18	13 11	25 20
11	4 51	1 07	9 32	27 31D	17 56	14 21	13 10	25 18
16	4 54	1 07D	9 28	27 31	17 53	14 24	13 09	25 15
21	4 56	1 07	9 24	27 31	17 49	14 27	13 09	25 13
26	4 57	1 08	9 19	27 32	17 46	14 30	13 08	25 10
May 1	4 58	1 09	9 15	27 34	17 42	14 34	13 08D	25 07
6	4 59R	1 11	9 11	27 35	17 38	14 38	13 09	25 04
11	4 58	1 14	9 06	27 37	17 35	14 41	13 09	25 01
16	4 57	1 16	9 02	27 40	17 31	14 46	13 10	24 58
21	4 56	1 20	8 58	27 42	17 27	14 50	13 12	24 54
26	4 54	1 23	8 54	27 45	17 24	14 54	13 13	24 51
31	4 51	1 27	8 50	27 49	17 20	14 58	13 15	24 48
Jun 5	4 48	1 32	8 47	27 52	17 17	15 03	13 17	24 45
10	4 45	1 37	8 44	27 56	17 14	15 07	13 20	24 42
15	4 40	1 42	8 40	28 00	17 11	15 12	13 23	24 40
20	4 36	1 47	8 38	28 05	17 08	15 16	13 25	24 37
25	4 31	1 53	8 35	28 09	17 06	15 20	13 29	24 35
30	4 26	1 59	8 33	28 14	17 03	15 24	13 32	24 32
Jul 5	4 20	2 05	8 32	28 19	17 01	15 28	13 36	24 30
10	4 15	2 11	8 30	28 23	17 00	15 32	13 39	24 28
15	4 09	2 17	8 29	28 28	16 58	15 36	13 43	24 27
20	4 03	2 24	8 29	28 33	16 57	15 39	13 47	24 26
25	3 57	2 30	8 29D	28 38	16 56	15 43	13 51	24 24
30	3 51	2 36	8 29	28 43	16 56	15 46	13 55	24 24
Aug 4	3 44	2 43	8 30	28 48	16 56D	15 49	13 59	24 23
9	3 38	2 49	8 31	28 53	16 56	15 51	14 04	24 23
14	3 33	2 55	8 33	28 58	16 57	15 53	14 08	24 23D
19	3 27	3 01	8 35	29 02	16 58	15 55	14 12	24 23
24	3 21	3 07	8 37	29 07	16 59	15 57	14 16	24 24
29	3 16	3 13	8 40	29 11	17 01	15 58	14 20	24 25
Sep 3	3 11	3 18	8 43	29 15	17 03	15 59	14 24	24 26
8	3 07	3 24	8 46	29 19	17 05	16 00	14 27	24 28
13	3 03	3 28	8 50	29 22	17 08	16 00	14 31	24 29
18	3 00	3 33	8 54	29 26	17 11	16 00R	14 34	24 32
23	2 57	3 37	8 58	29 29	17 14	16 00	14 38	24 34
28	2 54	3 41	9 03	29 31	17 18	15 59	14 41	24 36
Oct 3	2 52	3 44	9 08	29 33	17 21	15 58	14 43	24 39
8	2 51	3 47	9 13	29 35	17 25	15 57	14 46	24 42
13	2 50	3 50	9 18	29 37	17 29	15 55	14 48	24 45
18	2 50D	3 51	9 23	29 38	17 34	15 53	14 50	24 49
23	2 50	3 53	9 29	29 39	17 38	15 51	14 51	24 52
28	2 52	3 54	9 34	29 39	17 43	15 49	14 53	24 56
Nov 2	2 53	3 54	9 40	29 39R	17 47	15 46	14 54	25 00
7	2 56	3 54R	9 46	29 39	17 52	15 43	14 54	25 03
12	2 59	3 54	9 51	29 38	17 57	15 40	14 54	25 07
17	3 02	3 53	9 57	29 37	18 01	15 37	14 54R	25 11
22	3 06	3 51	10 02	29 35	18 06	15 33	14 54	25 15
27	3 11	3 49	10 07	29 33	18 10	15 30	14 53	25 19
Dec 2	3 16	3 47	10 12	29 31	18 15	15 26	14 52	25 23
7	3 22	3 44	10 17	29 28	18 19	15 22	14 51	25 27
12	3 28	3 40	10 22	29 25	18 24	15 19	14 49	25 30
17	3 35	3 37	10 26	29 22	18 28	15 15	14 47	25 34
22	3 42	3 33	10 30	29 19	18 31	15 12	14 45	25 37
27	3♒49	3♌28	10♍34	29♋15	18♏35	15♊08	14♌43	25♏41

Stations	May 5	Apr 14	Feb 6	Apr 11	Feb 14	Feb 27	Apr 27	Feb 21
	Oct 16	Nov 3	Jul 23	Oct 29	Aug 1	Sep 14	Nov 13	Aug 10

2044

	♃	♄	⚷	⚳	♃	Ψ	♅	♇
Jan 1	3♒57	3♌24R	10♏38	29♋11R	18♏38	15♊05R	14♌40R	25♏44
6	4 04	3 19	10 41	29 07	18 41	15 02	14 37	25 47
11	4 12	3 14	10 43	29 03	18 44	14 59	14 34	25 49
16	4 21	3 09	10 46	28 59	18 46	14 56	14 31	25 52
21	4 29	3 04	10 47	28 55	18 48	14 53	14 28	25 54
26	4 37	2 59	10 49	28 51	18 50	14 51	14 24	25 56
31	4 45	2 54	10 50	28 47	18 52	14 49	14 21	25 57
Feb 5	4 54	2 49	10 50	28 43	18 52	14 47	14 17	25 58
10	5 02	2 44	10 50R	28 39	18 53	14 46	14 14	25 59
15	5 10	2 39	10 50	28 36	18 53R	14 45	14 10	26 00
20	5 18	2 34	10 49	28 32	18 53	14 44	14 07	26 00
25	5 25	2 30	10 48	28 29	18 53	14 44	14 04	26 00R
Mar 1	5 32	2 26	10 46	28 26	18 52	14 44D	14 01	26 00
6	5 39	2 22	10 44	28 23	18 51	14 44	13 58	25 59
11	5 46	2 19	10 42	28 20	18 49	14 45	13 55	25 58
16	5 52	2 16	10 39	28 18	18 47	14 46	13 52	25 57
21	5 57	2 13	10 36	28 17	18 45	14 47	13 50	25 56
26	6 02	2 11	10 33	28 15	18 43	14 49	13 48	25 54
31	6 07	2 09	10 29	28 14	18 40	14 51	13 46	25 52
Apr 5	6 11	2 08	10 26	28 13	18 37	14 53	13 44	25 50
10	6 14	2 08	10 22	28 13	18 34	14 55	13 43	25 48
15	6 17	2 07D	10 17	28 13D	18 31	14 58	13 42	25 45
20	6 20	2 08	10 13	28 14	18 27	15 01	13 41	25 42
25	6 21	2 08	10 09	28 14	18 24	15 05	13 41	25 39
30	6 22	2 10	10 05	28 16	18 20	15 08	13 41D	25 36
May 5	6 23	2 11	10 00	28 17	18 17	15 12	13 41	25 33
10	6 23R	2 14	9 56	28 19	18 13	15 16	13 42	25 30
15	6 22	2 16	9 52	28 22	18 09	15 20	13 43	25 27
20	6 21	2 20	9 47	28 24	18 06	15 24	13 44	25 24
25	6 19	2 23	9 43	28 27	18 02	15 28	13 46	25 21
30	6 17	2 27	9 40	28 30	17 59	15 33	13 48	25 18
Jun 4	6 14	2 31	9 36	28 34	17 55	15 37	13 50	25 15
9	6 10	2 36	9 33	28 38	17 52	15 42	13 52	25 12
14	6 06	2 41	9 30	28 42	17 49	15 46	13 55	25 09
19	6 02	2 46	9 27	28 46	17 46	15 50	13 58	25 07
24	5 57	2 52	9 24	28 51	17 44	15 55	14 01	25 04
29	5 52	2 58	9 22	28 55	17 41	15 59	14 04	25 02
Jul 4	5 47	3 04	9 20	29 00	17 39	16 03	14 08	25 00
9	5 41	3 10	9 19	29 05	17 38	16 07	14 11	24 58
14	5 35	3 16	9 18	29 10	17 36	16 10	14 15	24 56
19	5 29	3 23	9 17	29 15	17 35	16 14	14 19	24 55
24	5 23	3 29	9 17D	29 20	17 34	16 17	14 23	24 54
29	5 17	3 35	9 17	29 25	17 34	16 20	14 27	24 53
Aug 3	5 11	3 42	9 18	29 30	17 34D	16 23	14 31	24 52
8	5 05	3 48	9 19	29 35	17 34	16 26	14 36	24 52
13	4 59	3 54	9 21	29 39	17 34	16 28	14 40	24 52D
18	4 53	4 01	9 23	29 44	17 35	16 30	14 44	24 52
23	4 48	4 06	9 25	29 48	17 37	16 32	14 48	24 53
28	4 42	4 12	9 27	29 53	17 38	16 33	14 52	24 54
Sep 2	4 37	4 18	9 30	29 57	17 40	16 34	14 56	24 55
7	4 33	4 23	9 34	0♌01	17 43	16 35	15 00	24 57
12	4 29	4 28	9 37	0 04	17 45	16 35	15 03	24 58
17	4 25	4 33	9 42	0 07	17 48	16 35R	15 07	25 00
22	4 22	4 37	9 46	0 10	17 51	16 35	15 10	25 03
27	4 19	4 41	9 50	0 13	17 55	16 35	15 13	25 05
Oct 2	4 17	4 44	9 55	0 15	17 58	16 34	15 16	25 08
7	4 15	4 47	10 00	0 17	18 02	16 32	15 18	25 11
12	4 15	4 50	10 05	0 19	18 06	16 31	15 20	25 14
17	4 14D	4 52	10 11	0 20	18 11	16 29	15 22	25 17
22	4 14	4 53	10 16	0 21	18 15	16 27	15 24	25 21
27	4 15	4 54	10 22	0 21	18 19	16 24	15 25	25 25
Nov 1	4 17	4 55	10 27	0 21R	18 24	16 21	15 26	25 28
6	4 19	4 55R	10 33	0 21	18 29	16 19	15 27	25 32
11	4 22	4 55	10 38	0 20	18 33	16 16	15 27	25 36
16	4 25	4 54	10 44	0 19	18 38	16 12	15 27R	25 40
21	4 29	4 52	10 49	0 18	18 43	16 09	15 27	25 44
26	4 34	4 50	10 55	0 16	18 47	16 05	15 26	25 48
Dec 1	4 39	4 48	11 00	0 14	18 52	16 02	15 25	25 52
6	4 44	4 45	11 05	0 11	18 56	15 58	15 24	25 55
11	4 50	4 42	11 09	0 08	19 00	15 54	15 22	25 59
16	4 57	4 38	11 14	0 05	19 04	15 51	15 20	26 03
21	5 02	4 35	11 18	0 02	19 08	15 47	15 18	26 06
26	5 11	4 30	11 22	29♋58	19 12	15 44	15 16	26 09
31	5♒18	4♌26	11♏25	29♋54	19♏15	15♊40	15♌13	26♏13

Stations	May 6	Apr 14	Feb 7	Apr 11	Feb 15	Feb 27	Apr 27	Feb 21
	Oct 17	Nov 3	Jul 23	Oct 29	Aug 1	Sep 14	Nov 12	Aug 9

2045

	♃				♆		
Jan 5	5♒26	4♌21R	11♏29	29♋51R	19♏18	15♊37R	15♌10R	26♏15
10	5 34	4 16	11 31	29 47	19 21	15 34	15 07	26 18
15	5 42	4 11	11 34	29 43	19 24	15 31	15 04	26 20
20	5 50	4 06	11 36	29 38	19 26	15 29	15 01	26 23
25	5 59	4 01	11 37	29 34	19 28	15 26	14 58	26 24
30	6 07	3 56	11 38	29 30	19 29	15 24	14 54	26 26
Feb 4	6 15	3 50	11 39	29 26	19 30	15 23	14 51	26 27
9	6 23	3 45	11 39R	29 22	19 31	15 21	14 47	26 28
14	6 31	3 41	11 39	29 19	19 31	15 20	14 44	26 29
19	6 39	3 36	11 38	29 15	19 31R	15 19	14 40	26 29
24	6 47	3 32	11 37	29 12	19 31	15 19	14 37	26 29R
Mar 1	6 54	3 27	11 35	29 09	19 30	15 19D	14 34	26 29
6	7 01	3 24	11 33	29 06	19 29	15 19	14 31	26 29
11	7 08	3 20	11 31	29 03	19 27	15 20	14 28	26 28
16	7 14	3 17	11 28	29 01	19 25	15 21	14 25	26 27
21	7 20	3 14	11 25	28 59	19 23	15 22	14 23	26 25
26	7 25	3 12	11 22	28 58	19 21	15 23	14 21	26 23
31	7 30	3 10	11 19	28 57	19 18	15 25	14 19	26 22
Apr 5	7 34	3 09	11 15	28 56	19 15	15 28	14 17	26 19
10	7 38	3 08	11 11	28 55	19 12	15 30	14 16	26 17
15	7 41	3 08D	11 07	28 55D	19 09	15 33	14 15	26 15
20	7 43	3 08	11 03	28 56	19 06	15 36	14 14	26 12
25	7 45	3 09	10 58	28 57	19 02	15 39	14 14	26 09
30	7 46	3 10	10 54	28 58	18 59	15 43	14 14D	26 06
May 5	7 47	3 12	10 50	28 59	18 55	15 47	14 14	26 03
10	7 47R	3 14	10 45	29 01	18 51	15 50	14 15	26 00
15	7 47	3 16	10 41	29 03	18 48	15 55	14 16	25 57
20	7 46	3 19	10 37	29 06	18 44	15 59	14 17	25 54
25	7 44	3 23	10 33	29 09	18 40	16 03	14 18	25 51
30	7 42	3 27	10 29	29 12	18 37	16 07	14 20	25 48
Jun 4	7 39	3 31	10 25	29 16	18 33	16 12	14 22	25 45
9	7 36	3 36	10 22	29 19	18 30	16 16	14 25	25 42
14	7 32	3 40	10 19	29 24	18 27	16 20	14 27	25 39
19	7 28	3 46	10 16	29 28	18 24	16 25	14 30	25 36
24	7 23	3 51	10 13	29 32	18 22	16 29	14 33	25 34
29	7 18	3 57	10 11	29 37	18 19	16 33	14 36	25 31
Jul 4	7 13	4 03	10 09	29 41	18 17	16 37	14 40	25 29
9	7 07	4 09	10 08	29 46	18 15	16 41	14 44	25 27
14	7 01	4 15	10 07	29 51	18 14	16 45	14 47	25 26
19	6 56	4 22	10 06	29 56	18 13	16 48	14 51	25 24
24	6 49	4 28	10 06D	0♌01	18 12	16 52	14 55	25 23
29	6 43	4 34	10 06	0 06	18 11	16 55	14 59	25 22
Aug 3	6 37	4 41	10 06	0 11	18 11D	16 58	15 04	25 22
8	6 31	4 47	10 07	0 16	18 11	17 01	15 08	25 21
13	6 25	4 53	10 09	0 21	18 12	17 03	15 12	25 21D
18	6 19	5 00	10 11	0 25	18 13	17 05	15 16	25 22
23	6 14	5 06	10 13	0 30	18 14	17 07	15 20	25 22
28	6 08	5 11	10 15	0 34	18 16	17 08	15 24	25 23
Sep 2	6 03	5 17	10 18	0 38	18 18	17 09	15 28	25 24
7	5 59	5 22	10 22	0 42	18 20	17 10	15 32	25 26
12	5 54	5 27	10 25	0 46	18 22	17 11	15 35	25 27
17	5 50	5 32	10 29	0 49	18 25	17 11R	15 39	25 29
22	5 47	5 36	10 33	0 52	18 28	17 10	15 42	25 32
27	5 44	5 40	10 38	0 55	18 32	17 10	15 45	25 34
Oct 2	5 42	5 44	10 43	0 57	18 35	17 09	15 48	25 37
7	5 40	5 47	10 48	0 59	18 39	17 08	15 51	25 40
12	5 39	5 50	10 53	1 01	18 43	17 06	15 53	25 43
17	5 39	5 52	10 58	1 02	18 47	17 04	15 55	25 46
22	5 39D	5 54	11 03	1 03	18 52	17 02	15 56	25 50
27	5 39	5 55	11 09	1 04	18 56	17 00	15 58	25 53
Nov 1	5 41	5 55	11 15	1 04R	19 01	16 57	15 59	25 57
6	5 43	5 56R	11 20	1 04	19 05	16 54	16 00	26 01
11	5 45	5 55	11 26	1 03	19 10	16 51	16 00	26 05
16	5 48	5 55	11 31	1 02	19 15	16 48	16 00R	26 08
21	5 52	5 53	11 37	1 00	19 20	16 45	16 00	26 12
26	5 56	5 52	11 42	0 59	19 24	16 41	15 59	26 16
Dec 1	6 01	5 49	11 47	0 56	19 29	16 38	15 58	26 20
6	6 07	5 47	11 52	0 54	19 33	16 34	15 57	26 24
11	6 13	5 44	11 57	0 51	19 37	16 30	15 55	26 28
16	6 19	5 40	12 01	0 48	19 41	16 27	15 54	26 31
21	6 26	5 36	12 06	0 45	19 45	16 23	15 51	26 35
26	6 33	5 32	12 10	0 41	19 49	16 20	15 49	26 38
31	6♒40	5♌28	12♏13	0♌38	19♏52	16♊16	15♌47	26♏41
Stations	May 7	Apr 15	Feb 7	Apr 12	Feb 15	Feb 27	Apr 28	Feb 21
	Oct 18	Nov 5	Jul 24	Oct 30	Aug 2	Sep 15	Nov 13	Aug 10

	♃	⚷	⚵	⚶	♃	⚸	⚴	⚵	2 0 4 6
Jan 5	6♒48	5♌23R	12♏16	0♌34R	19♏55	16♊13R	15♌44R	26♏44	
10	6 56	5 18	12 19	0 30	19 58	16 10	15 41	26 47	
15	7 04	5 13	12 22	0 26	20 01	16 07	15 38	26 49	
20	7 12	5 08	12 24	0 22	20 03	16 04	15 34	26 51	
25	7 20	5 03	12 25	0 17	20 05	16 02	15 31	26 53	
30	7 29	4 58	12 26	0 13	20 06	16 00	15 27	26 55	
Feb 4	7 37	4 52	12 27	0 09	20 07	15 58	15 24	26 56	
9	7 45	4 47	12 27R	0 05	20 08	15 57	15 21	26 57	
14	7 53	4 42	12 27	0 02	20 09	15 55	15 17	26 58	
19	8 01	4 38	12 26	29♋58	20 09R	15 55	15 14	26 59	
24	8 09	4 33	12 25	29 55	20 08	15 54	15 10	26 59R	
Mar 1	8 16	4 29	12 24	29 52	20 08	15 54D	15 07	26 58	
6	8 23	4 25	12 22	29 49	20 06	15 54	15 04	26 58	
11	8 30	4 22	12 20	29 46	20 05	15 55	15 01	26 57	
16	8 36	4 18	12 17	29 44	20 03	15 55	14 59	26 56	
21	8 42	4 16	12 14	29 42	20 01	15 57	14 56	26 55	
26	8 48	4 13	12 11	29 40	19 59	15 58	14 54	26 53	
31	8 53	4 11	12 08	29 39	19 56	16 00	14 52	26 51	
Apr 5	8 57	4 10	12 04	29 38	19 54	16 02	14 50	26 49	
10	9 01	4 09	12 00	29 38	19 51	16 05	14 49	26 47	
15	9 04	4 09	11 56	29 38D	19 47	16 08	14 48	26 44	
20	9 07	4 09D	11 52	29 38	19 44	16 11	14 47	26 41	
25	9 09	4 09	11 48	29 39	19 40	16 14	14 47	26 39	
30	9 10	4 10	11 43	29 40	19 37	16 17	14 47D	26 36	
May 5	9 11	4 12	11 39	29 41	19 33	16 21	14 47	26 33	
10	9 12R	4 14	11 35	29 43	19 29	16 25	14 47	26 30	
15	9 11	4 16	11 30	29 45	19 26	16 29	14 48	26 27	
20	9 10	4 19	11 26	29 48	19 22	16 33	14 49	26 23	
25	9 09	4 23	11 22	29 51	19 19	16 37	14 51	26 20	
30	9 07	4 26	11 18	29 54	19 15	16 42	14 53	26 17	
Jun 4	9 04	4 30	11 14	29 57	19 12	16 46	14 55	26 14	
9	9 01	4 35	11 11	0♌01	19 08	16 50	14 57	26 11	
14	8 57	4 40	11 08	0 05	19 05	16 55	14 59	26 08	
19	8 53	4 45	11 05	0 09	19 02	16 59	15 02	26 06	
24	8 49	4 50	11 02	0 14	19 00	17 03	15 05	26 03	
29	8 44	4 56	11 00	0 18	18 57	17 08	15 09	26 01	
Jul 4	8 39	5 02	10 58	0 23	18 55	17 12	15 12	25 59	
9	8 33	5 08	10 57	0 28	18 53	17 16	15 16	25 57	
14	8 28	5 14	10 55	0 33	18 52	17 19	15 20	25 55	
19	8 22	5 21	10 55	0 38	18 51	17 23	15 23	25 54	
24	8 16	5 27	10 54	0 43	18 50	17 26	15 27	25 52	
29	8 10	5 33	10 54D	0 48	18 49	17 30	15 32	25 52	
Aug 3	8 04	5 40	10 55	0 53	18 49D	17 33	15 36	25 51	
8	7 57	5 46	10 56	0 57	18 49	17 35	15 40	25 51	
13	7 51	5 53	10 57	1 02	18 49	17 38	15 44	25 50D	
18	7 46	5 59	10 59	1 07	18 50	17 40	15 48	25 51	
23	7 40	6 05	11 01	1 11	18 51	17 42	15 52	25 51	
28	7 34	6 11	11 03	1 16	18 53	17 43	15 56	25 52	
Sep 2	7 29	6 16	11 06	1 20	18 55	17 44	16 00	25 53	
7	7 24	6 22	11 09	1 24	18 57	17 45	16 04	25 55	
12	7 20	6 27	11 13	1 28	18 59	17 46	16 08	25 56	
17	7 16	6 32	11 17	1 31	19 02	17 46R	16 11	25 58	
22	7 12	6 36	11 21	1 34	19 05	17 46	16 14	26 00	
27	7 09	6 40	11 25	1 37	19 09	17 45	16 17	26 03	
Oct 2	7 07	6 44	11 30	1 39	19 12	17 44	16 20	26 05	
7	7 05	6 47	11 35	1 41	19 16	17 43	16 23	26 08	
12	7 04	6 50	11 40	1 43	19 20	17 42	16 25	26 11	
17	7 03	6 52	11 45	1 45	19 24	17 40	16 27	26 15	
22	7 03D	6 54	11 51	1 45	19 29	17 38	16 29	26 18	
27	7 03	6 55	11 56	1 46	19 33	17 35	16 30	26 22	
Nov 1	7 04	6 56	12 02	1 46R	19 38	17 33	16 31	26 26	
6	7 06	6 56R	12 07	1 46	19 42	17 30	16 32	26 29	
11	7 09	6 56	12 13	1 45	19 47	17 27	16 33	26 33	
16	7 12	6 55	12 19	1 44	19 52	17 24	16 33R	26 37	
21	7 15	6 54	12 24	1 43	19 56	17 20	16 33	26 41	
26	7 19	6 53	12 29	1 41	20 01	17 17	16 32	26 45	
Dec 1	7 24	6 51	12 35	1 39	20 06	17 13	16 31	26 49	
6	7 29	6 48	12 40	1 37	20 10	17 10	16 30	26 53	
11	7 35	6 45	12 44	1 34	20 14	17 06	16 28	26 56	
16	7 41	6 42	12 49	1 31	20 18	17 02	16 27	27 00	
21	7 48	6 38	12 53	1 28	20 22	16 59	16 25	27 03	
26	7 55	6 34	12 57	1 24	20 26	16 55	16 22	27 07	
31	8♒02	6♌29	13♏01	1♌21	20♏29	16♊52	16♌20	27♏10	
tations	May 9	Apr 16	Feb 8	Apr 13	Feb 16	Feb 28	Apr 29	Feb 22	
	Oct 20	Nov 6	Jul 25	Oct 31	Aug 3	Sep 16	Nov 14	Aug 11	

2047

Date	♃	⚷	⚵	⚸	♅	♆	⚶	⚴
Jan 5	8♒10	6♌25R	13♏04	1♌17R	20♏33	16♊49R	16♌17R	27♏13
10	8 17	6 20	13 07	1 13	20 35	16 46	16 14	27 16
15	8 25	6 15	13 10	1 09	20 38	16 43	16 11	27 18
20	8 34	6 10	13 12	1 05	20 40	16 40	16 08	27 20
25	8 42	6 05	13 13	1 01	20 42	16 38	16 04	27 22
30	8 50	5 59	13 15	0 56	20 44	16 35	16 01	27 24
Feb 4	8 58	5 54	13 15	0 52	20 45	16 33	15 57	27 25
9	9 07	5 49	13 16	0 49	20 46	16 32	15 54	27 26
14	9 15	5 44	13 16R	0 45	20 46	16 31	15 50	27 27
19	9 23	5 40	13 15	0 41	20 46R	16 30	15 47	27 28
24	9 30	5 35	13 14	0 38	20 46	16 29	15 44	27 28R
Mar 1	9 38	5 31	13 13	0 35	20 45	16 29D	15 40	27 28
6	9 45	5 27	13 11	0 32	20 44	16 29	15 37	27 27
11	9 52	5 23	13 09	0 29	20 43	16 30	15 35	27 26
16	9 58	5 20	13 06	0 27	20 41	16 30	15 32	27 25
21	10 04	5 17	13 04	0 25	20 39	16 32	15 29	27 24
26	10 10	5 15	13 00	0 23	20 37	16 33	15 27	27 22
31	10 15	5 13	12 57	0 22	20 34	16 35	15 25	27 20
Apr 5	10 20	5 11	12 53	0 21	20 32	16 37	15 23	27 18
10	10 24	5 10	12 49	0 20	20 29	16 40	15 22	27 16
15	10 27	5 09	12 45	0 20D	20 26	16 42	15 21	27 14
20	10 30	5 09D	12 41	0 20	20 22	16 45	15 20	27 11
25	10 33	5 10	12 37	0 21	20 19	16 48	15 19	27 08
30	10 34	5 11	12 33	0 22	20 15	16 52	15 19D	27 05
May 5	10 35	5 12	12 28	0 23	20 11	16 56	15 19	27 02
10	10 36	5 14	12 24	0 25	20 08	16 59	15 20	26 59
15	10 36R	5 16	12 20	0 27	20 04	17 03	15 21	26 56
20	10 35	5 19	12 15	0 30	20 00	17 08	15 22	26 53
25	10 34	5 22	12 11	0 33	19 57	17 12	15 23	26 50
30	10 32	5 26	12 07	0 36	19 53	17 16	15 25	26 47
Jun 4	10 29	5 30	12 04	0 39	19 50	17 20	15 27	26 44
9	10 26	5 34	12 00	0 43	19 47	17 25	15 29	26 41
14	10 23	5 39	11 57	0 47	19 43	17 29	15 32	26 38
19	10 19	5 44	11 54	0 51	19 40	17 34	15 35	26 35
24	10 15	5 50	11 51	0 55	19 38	17 38	15 38	26 33
29	10 10	5 55	11 49	1 00	19 35	17 42	15 41	26 30
Jul 4	10 05	6 01	11 47	1 04	19 33	17 46	15 44	26 28
9	10 00	6 07	11 45	1 09	19 31	17 50	15 48	26 26
14	9 54	6 13	11 44	1 14	19 30	17 54	15 52	26 25
19	9 48	6 20	11 43	1 19	19 28	17 58	15 56	26 23
24	9 42	6 26	11 43	1 24	19 27	18 01	16 00	26 22
29	9 36	6 32	11 43D	1 29	19 27	18 04	16 04	26 21
Aug 3	9 30	6 39	11 43	1 34	19 26	18 07	16 08	26 20
8	9 24	6 45	11 44	1 39	19 27D	18 10	16 12	26 20
13	9 18	6 52	11 45	1 44	19 27	18 12	16 16	26 20D
18	9 12	6 58	11 47	1 48	19 28	18 15	16 20	26 20
23	9 06	7 04	11 49	1 53	19 29	18 16	16 24	26 20
28	9 00	7 10	11 51	1 57	19 30	18 18	16 28	26 21
Sep 2	8 55	7 16	11 54	2 02	19 32	18 19	16 32	26 22
7	8 50	7 21	11 57	2 06	19 34	18 20	16 36	26 23
12	8 46	7 26	12 00	2 09	19 37	18 21	16 40	26 25
17	8 42	7 31	12 04	2 13	19 39	18 21R	16 43	26 27
22	8 38	7 36	12 08	2 16	19 42	18 21	16 47	26 29
27	8 35	7 40	12 13	2 19	19 46	18 20	16 50	26 32
Oct 2	8 32	7 43	12 17	2 21	19 49	18 19	16 53	26 34
7	8 30	7 47	12 22	2 23	19 53	18 18	16 55	26 37
12	8 28	7 50	12 27	2 25	19 57	18 17	16 58	26 40
17	8 27	7 52	12 33	2 27	20 01	18 15	17 00	26 43
22	8 27D	7 54	12 38	2 28	20 05	18 13	17 01	26 47
27	8 27	7 56	12 44	2 28	20 10	18 11	17 03	26 50
Nov 1	8 28	7 56	12 49	2 29R	20 14	18 08	17 04	26 54
6	8 30	7 57	12 55	2 28	20 19	18 05	17 05	26 58
11	8 32	7 57R	13 00	2 28	20 24	18 02	17 05	27 02
16	8 35	7 56	13 06	2 27	20 28	17 59	17 06R	27 06
21	8 38	7 55	13 11	2 26	20 33	17 56	17 05	27 10
26	8 42	7 54	13 17	2 24	20 38	17 52	17 05	27 13
Dec 1	8 47	7 52	13 22	2 22	20 42	17 49	17 04	27 17
6	8 52	7 49	13 27	2 20	20 47	17 45	17 03	27 21
11	8 57	7 46	13 32	2 17	20 51	17 42	17 01	27 25
16	9 03	7 43	13 36	2 14	20 55	17 38	17 00	27 29
21	9 10	7 39	13 41	2 11	20 59	17 34	16 58	27 32
26	9 17	7 35	13 45	2 07	21 03	17 31	16 55	27 35
31	9♒24	7♌31	13♏49	2♌04	21♏06	17♊28	16♌53	27♏39

Stations	May 11	Apr 18	Feb 10	Apr 14	Feb 16	Mar 1	Apr 29	Feb 23
	Oct 22	Nov 7	Jul 26	Nov 1	Aug 4	Sep 17	Nov 15	Aug 12

2048

Date	♃	♄	⚷	♈	♇	♆	♎	⚸
Jan 5	9♒31	7♌27R	13♏52	2♌00R	21♏10	17♊24R	16♌50R	27♏42
10	9 39	7 22	13 55	1 56	21 13	17 21	16 47	27 44
15	9 47	7 17	13 57	1 52	21 15	17 18	16 44	27 47
20	9 55	7 12	14 00	1 48	21 17	17 15	16 41	27 49
25	10 03	7 07	14 01	1 44	21 19	17 13	16 37	27 51
30	10 12	7 01	14 03	1 40	21 21	17 11	16 34	27 53
Feb 4	10 20	6 56	14 04	1 36	21 22	17 09	16 31	27 54
9	10 28	6 51	14 04	1 32	21 23	17 07	16 27	27 55
14	10 36	6 46	14 04R	1 28	21 24	17 06	16 24	27 56
19	10 44	6 41	14 04	1 24	21 24R	17 05	16 20	27 57
24	10 52	6 37	14 03	1 21	21 24	17 04	16 17	27 57R
29	11 00	6 32	14 02	1 17	21 23	17 04	16 14	27 57
Mar 5	11 07	6 28	14 00	1 14	21 22	17 04D	16 11	27 56
10	11 14	6 25	13 58	1 12	21 21	17 05	16 08	27 56
15	11 21	6 21	13 55	1 09	21 19	17 05	16 05	27 55
20	11 27	6 18	13 53	1 07	21 17	17 06	16 02	27 53
25	11 33	6 16	13 50	1 06	21 15	17 08	16 00	27 52
30	11 38	6 14	13 46	1 04	21 13	17 10	15 58	27 50
Apr 4	11 43	6 12	13 43	1 03	21 10	17 12	15 56	27 48
9	11 47	6 11	13 39	1 03	21 07	17 14	15 55	27 46
14	11 50	6 10	13 35	1 02D	21 04	17 17	15 54	27 43
19	11 54	6 10D	13 31	1 03	21 00	17 20	15 53	27 41
24	11 56	6 10	13 26	1 03	20 57	17 23	15 52	27 38
29	11 58	6 11	13 22	1 04	20 53	17 26	15 52D	27 35
May 4	11 59	6 12	13 18	1 05	20 50	17 30	15 52	27 32
9	12 00	6 14	13 13	1 07	20 46	17 34	15 53	27 29
14	12 00R	6 16	13 09	1 09	20 42	17 38	15 53	27 26
19	12 00	6 19	13 05	1 12	20 39	17 42	15 54	27 23
24	11 58	6 22	13 01	1 14	20 35	17 46	15 56	27 19
29	11 57	6 26	12 57	1 17	20 31	17 50	15 57	27 16
Jun 3	11 55	6 30	12 53	1 21	20 28	17 55	15 59	27 13
8	11 52	6 34	12 49	1 24	20 25	17 59	16 02	27 10
13	11 48	6 39	12 46	1 28	20 22	18 04	16 04	27 08
18	11 45	6 44	12 43	1 32	20 19	18 08	16 07	27 05
23	11 41	6 49	12 40	1 37	20 16	18 12	16 10	27 02
28	11 36	6 54	12 38	1 41	20 13	18 16	16 13	27 00
Jul 3	11 31	7 00	12 36	1 46	20 11	18 21	16 16	26 58
8	11 26	7 06	12 34	1 51	20 09	18 25	16 20	26 56
13	11 20	7 12	12 33	1 55	20 07	18 28	16 24	26 54
18	11 14	7 19	12 32	2 00	20 06	18 32	16 28	26 52
23	11 08	7 25	12 31	2 05	20 05	18 36	16 32	26 51
28	11 02	7 31	12 31D	2 10	20 04	18 39	16 36	26 50
Aug 2	10 56	7 38	12 31	2 15	20 04	18 42	16 40	26 49
7	10 50	7 44	12 32	2 20	20 04D	18 45	16 44	26 49
12	10 44	7 51	12 33	2 25	20 04	18 47	16 48	26 49D
17	10 38	7 57	12 35	2 30	20 05	18 49	16 52	26 49
22	10 32	8 03	12 37	2 34	20 06	18 51	16 56	26 49
27	10 27	8 09	12 39	2 39	20 08	18 53	17 00	26 50
Sep 1	10 21	8 15	12 42	2 43	20 09	18 54	17 04	26 51
6	10 16	8 20	12 45	2 47	20 11	18 55	17 08	26 52
11	10 11	8 25	12 48	2 51	20 14	18 56	17 12	26 54
16	10 07	8 30	12 52	2 54	20 16	18 56R	17 15	26 56
21	10 03	8 35	12 56	2 58	20 19	18 56	17 19	26 58
26	10 00	8 39	13 00	3 00	20 23	18 55	17 22	27 00
Oct 1	9 57	8 43	13 05	3 03	20 26	18 55	17 25	27 03
6	9 55	8 47	13 10	3 05	20 30	18 54	17 27	27 06
11	9 53	8 50	13 15	3 07	20 34	18 52	17 30	27 09
16	9 52	8 52	13 20	3 09	20 38	18 51	17 32	27 12
21	9 51	8 54	13 25	3 10	20 42	18 49	17 34	27 15
26	9 51D	8 56	13 31	3 11	20 47	18 46	17 35	27 19
31	9 52	8 57	13 36	3 11	20 51	18 44	17 37	27 23
Nov 5	9 53	8 57	13 42	3 11R	20 56	18 41	17 37	27 26
10	9 55	8 58R	13 47	3 10	21 00	18 38	17 38	27 30
15	9 58	8 57	13 53	3 09	21 05	18 35	17 38R	27 34
20	10 01	8 56	13 59	3 08	21 10	18 32	17 38	27 38
25	10 05	8 55	14 04	3 07	21 15	18 28	17 38	27 42
30	10 09	8 53	14 09	3 05	21 19	18 25	17 37	27 46
Dec 5	10 14	8 51	14 14	3 02	21 24	18 21	17 36	27 50
10	10 20	8 48	14 19	3 00	21 28	18 17	17 34	27 54
15	10 25	8 45	14 24	2 57	21 32	18 14	17 33	27 57
20	10 32	8 41	14 28	2 54	21 36	18 10	17 31	28 01
25	10 38	8 37	14 32	2 50	21 40	18 07	17 28	28 04
30	10♒46	8♌33	14♏36	2♌47	21♏43	18♊03	17♌26	28♏07

Stations	♃	♄	⚷	♈	♇	♆	♎	⚸
	May 11	Apr 18	Feb 11	Apr 14	Feb 17	Mar 1	Apr 29	Feb 23
	Oct 22	Nov 7	Jul 26	Nov 1	Aug 4	Sep 16	Nov 15	Aug 11

2049

Date	♃	⚷	⚸	♈	♅	♆	♇	⚹
Jan 4	10♒53	8♌28R	14♏40	2♌43R	21♏47	18♊00R	17♌23R	28♏10
9	11 01	8 24	14 43	2 39	21 50	17 57	17 20	28 13
14	11 09	8 19	14 45	2 35	21 52	17 54	17 17	28 16
19	11 17	8 14	14 48	2 31	21 55	17 51	17 14	28 18
24	11 25	8 08	14 49	2 27	21 57	17 48	17 11	28 20
29	11 33	8 03	14 51	2 23	21 58	17 46	17 07	28 22
Feb 3	11 41	7 58	14 52	2 19	22 00	17 44	17 04	28 23
8	11 50	7 53	14 52	2 15	22 01	17 43	17 00	28 24
13	11 58	7 48	14 52R	2 11	22 01	17 41	16 57	28 25
18	12 06	7 43	14 52	2 07	22 01R	17 40	16 53	28 26
23	12 14	7 38	14 51	2 04	22 01	17 40	16 50	28 26R
28	12 21	7 34	14 50	2 00	22 01	17 39	16 47	28 26
Mar 5	12 29	7 30	14 49	1 57	22 00	17 39D	16 44	28 26
10	12 36	7 26	14 47	1 55	21 59	17 40	16 41	28 25
15	12 43	7 23	14 44	1 52	21 57	17 40	16 38	28 24
20	12 49	7 20	14 42	1 50	21 55	17 41	16 35	28 23
25	12 55	7 17	14 39	1 48	21 53	17 43	16 33	28 21
30	13 00	7 15	14 35	1 47	21 51	17 44	16 31	28 19
Apr 4	13 05	7 13	14 32	1 46	21 48	17 47	16 29	28 17
9	13 10	7 12	14 28	1 45	21 45	17 49	16 28	28 15
14	13 13	7 11	14 24	1 45	21 42	17 51	16 27	28 13
19	13 17	7 10D	14 20	1 45D	21 38	17 54	16 26	28 10
24	13 19	7 11	14 16	1 45	21 35	17 58	16 25	28 07
29	13 22	7 11	14 11	1 46	21 31	18 01	16 25	28 04
May 4	13 23	7 12	14 07	1 47	21 28	18 04	16 25D	28 01
9	13 24	7 14	14 03	1 49	21 24	18 08	16 25	27 58
14	13 24R	7 16	13 58	1 51	21 20	18 12	16 26	27 55
19	13 24	7 19	13 54	1 53	21 17	18 16	16 27	27 52
24	13 23	7 22	13 50	1 56	21 13	18 20	16 28	27 49
29	13 22	7 25	13 46	1 59	21 10	18 25	16 30	27 46
Jun 3	13 20	7 29	13 42	2 02	21 06	18 29	16 32	27 43
8	13 17	7 33	13 38	2 06	21 03	18 33	16 34	27 40
13	13 14	7 38	13 35	2 10	21 00	18 38	16 36	27 37
18	13 10	7 43	13 32	2 14	20 57	18 42	16 39	27 34
23	13 06	7 48	13 29	2 18	20 54	18 47	16 42	27 32
28	13 02	7 54	13 27	2 23	20 51	18 51	16 45	27 29
Jul 3	12 57	7 59	13 24	2 27	20 49	18 55	16 49	27 27
8	12 52	8 05	13 23	2 32	20 47	18 59	16 52	27 25
13	12 46	8 11	13 21	2 37	20 45	19 03	16 56	27 23
18	12 41	8 18	13 20	2 42	20 44	19 07	17 00	27 22
23	12 35	8 24	13 20	2 47	20 43	19 10	17 04	27 20
28	12 29	8 30	13 19D	2 52	20 42	19 13	17 08	27 19
Aug 2	12 22	8 37	13 20	2 57	20 42	19 16	17 12	27 18
7	12 16	8 43	13 20	3 02	20 42D	19 19	17 16	27 18
12	12 10	8 50	13 21	3 06	20 42	19 22	17 20	27 18D
17	12 04	8 56	13 23	3 11	20 42	19 24	17 24	27 18
22	11 58	9 02	13 24	3 16	20 43	19 26	17 28	27 18
27	11 53	9 08	13 27	3 20	20 45	19 28	17 32	27 19
Sep 1	11 47	9 14	13 29	3 25	20 46	19 29	17 36	27 20
6	11 42	9 19	13 32	3 29	20 48	19 30	17 40	27 21
11	11 37	9 25	13 36	3 32	20 51	19 31	17 44	27 23
16	11 33	9 30	13 39	3 36	20 53	19 31	17 48	27 25
21	11 29	9 34	13 43	3 39	20 56	19 31R	17 51	27 27
26	11 25	9 39	13 48	3 42	21 00	19 31	17 54	27 29
Oct 1	11 22	9 43	13 52	3 45	21 03	19 30	17 57	27 32
6	11 20	9 46	13 57	3 47	21 07	19 29	18 00	27 34
11	11 18	9 49	14 02	3 49	21 11	19 28	18 02	27 37
16	11 16	9 52	14 07	3 51	21 15	19 26	18 04	27 41
21	11 16	9 54	14 12	3 52	21 19	19 24	18 06	27 44
26	11 15D	9 56	14 18	3 53	21 23	19 22	18 08	27 48
31	11 16	9 57	14 23	3 53	21 28	19 19	18 09	27 51
Nov 5	11 17	9 58	14 29	3 53R	21 33	19 17	18 10	27 55
10	11 19	9 58R	14 35	3 53	21 37	19 14	18 11	27 59
15	11 21	9 58	14 40	3 52	21 42	19 10	18 11R	28 03
20	11 24	9 57	14 46	3 51	21 47	19 07	18 11	28 07
25	11 28	9 56	14 51	3 49	21 51	19 04	18 10	28 11
30	11 32	9 54	14 56	3 47	21 56	19 00	18 10	28 14
Dec 5	11 37	9 52	15 02	3 45	22 00	18 57	18 09	28 18
10	11 42	9 49	15 07	3 43	22 05	18 53	18 07	28 22
15	11 48	9 46	15 11	3 40	22 09	18 49	18 06	28 26
20	11 54	9 42	15 16	3 37	22 13	18 46	18 04	28 29
25	12 00	9 39	15 20	3 33	22 17	18 42	18 01	28 33
30	12♒07	9♌34	15♏24	3♌30	22♏20	18♊39	17♌59	28♏36

Stations	May 13	Apr 19	Feb 11	Apr 15	Feb 17	Mar 1	Apr 30	Feb 23
	Oct 24	Nov 9	Jul 27	Nov 2	Aug 5	Sep 17	Nov 15	Aug 12

	♃	⚷	♇	⚶	♆	⚸	♎	⚴
Jan 4	12♒15	9♌30R	15♏27	3♌26R	22♏24	18♊35R	17♌56R	28♏39
9	12 22	9 25	15 30	3 22	22 27	18 32	17 53	28 42
14	12 30	9 20	15 33	3 18	22 29	18 29	17 50	28 44
19	12 38	9 15	15 36	3 14	22 32	18 26	17 47	28 47
24	12 46	9 10	15 37	3 10	22 34	18 24	17 44	28 49
29	12 55	9 05	15 39	3 06	22 36	18 22	17 40	28 51
Feb 3	13 03	9 00	15 40	3 02	22 37	18 20	17 37	28 52
8	13 11	8 55	15 41	2 58	22 38	18 18	17 34	28 53
13	13 19	8 50	15 41R	2 54	22 39	18 16	17 30	28 54
18	13 27	8 45	15 41	2 50	22 39R	18 15	17 27	28 55
23	13 35	8 40	15 40	2 47	22 39	18 15	17 23	28 55
28	13 43	8 36	15 39	2 43	22 38	18 14	17 20	28 55R
Mar 5	13 51	8 31	15 37	2 40	22 37	18 14D	17 17	28 55
10	13 58	8 28	15 35	2 37	22 36	18 15	17 14	28 54
15	14 05	8 24	15 33	2 35	22 35	18 15	17 11	28 53
20	14 11	8 21	15 31	2 33	22 33	18 16	17 09	28 52
25	14 17	8 18	15 28	2 31	22 31	18 18	17 06	28 50
30	14 23	8 16	15 24	2 29	22 28	18 19	17 04	28 49
Apr 4	14 28	8 14	15 21	2 28	22 26	18 21	17 02	28 47
9	14 32	8 12	15 17	2 27	22 23	18 23	17 01	28 44
14	14 36	8 12	15 13	2 27	22 20	18 26	16 59	28 42
19	14 40	8 11	15 09	2 27D	22 17	18 29	16 58	28 39
24	14 43	8 11D	15 05	2 27	22 13	18 32	16 58	28 37
29	14 45	8 12	15 01	2 28	22 10	18 35	16 57	28 34
May 4	14 47	8 13	14 56	2 29	22 06	18 39	16 57D	28 31
9	14 48	8 14	14 52	2 31	22 02	18 43	16 58	28 28
14	14 48	8 16	14 47	2 33	21 59	18 47	16 58	28 25
19	14 48R	8 19	14 43	2 35	21 55	18 51	16 59	28 22
24	14 48	8 22	14 39	2 38	21 51	18 55	17 01	28 19
29	14 46	8 25	14 35	2 41	21 48	18 59	17 02	28 15
Jun 3	14 44	8 29	14 31	2 44	21 44	19 03	17 04	28 12
8	14 42	8 33	14 27	2 47	21 41	19 08	17 06	28 09
13	14 39	8 37	14 24	2 51	21 38	19 12	17 09	28 07
18	14 36	8 42	14 21	2 55	21 35	19 16	17 11	28 04
23	14 32	8 47	14 18	2 59	21 32	19 21	17 14	28 01
28	14 27	8 53	14 15	3 04	21 29	19 25	17 17	27 59
Jul 3	14 23	8 58	14 13	3 08	21 27	19 29	17 21	27 56
8	14 18	9 04	14 11	3 13	21 25	19 33	17 24	27 54
13	14 12	9 10	14 10	3 18	21 23	19 37	17 28	27 53
18	14 07	9 16	14 09	3 23	21 22	19 41	17 32	27 51
23	14 01	9 23	14 08	3 28	21 20	19 44	17 36	27 50
28	13 55	9 29	14 08	3 33	21 20	19 48	17 40	27 48
Aug 2	13 49	9 36	14 08D	3 38	21 19	19 51	17 44	27 48
7	13 43	9 42	14 08	3 43	21 19D	19 54	17 48	27 47
12	13 36	9 48	14 09	3 48	21 19	19 56	17 52	27 47
17	13 30	9 55	14 11	3 53	21 20	19 59	17 56	27 47D
22	13 24	10 01	14 12	3 57	21 21	20 01	18 00	27 47
27	13 19	10 07	14 14	4 02	21 22	20 02	18 04	27 48
Sep 1	13 13	10 13	14 17	4 06	21 24	20 04	18 08	27 49
6	13 08	10 18	14 20	4 10	21 26	20 05	18 12	27 50
11	13 03	10 24	14 23	4 14	21 28	20 06	18 16	27 52
16	12 58	10 29	14 27	4 18	21 30	20 06	18 20	27 53
21	12 54	10 34	14 31	4 21	21 33	20 06R	18 23	27 55
26	12 50	10 38	14 35	4 24	21 36	20 06	18 26	27 58
Oct 1	12 47	10 42	14 39	4 27	21 40	20 05	18 29	28 00
6	12 45	10 46	14 44	4 29	21 44	20 04	18 32	28 03
11	12 42	10 49	14 49	4 31	21 47	20 03	18 34	28 06
16	12 41	10 52	14 54	4 33	21 51	20 01	18 37	28 09
21	12 40	10 54	15 00	4 34	21 56	19 59	18 39	28 13
26	12 40D	10 56	15 05	4 35	22 00	19 57	18 40	28 16
31	12 40	10 57	15 11	4 35	22 05	19 55	18 42	28 20
Nov 5	12 41	10 58	15 16	4 35R	22 09	19 52	18 43	28 23
10	12 42	10 59R	15 22	4 35	22 14	19 49	18 43	28 27
15	12 45	10 58	15 27	4 34	22 19	19 46	18 43	28 31
20	12 47	10 58	15 33	4 33	22 23	19 43	18 43R	28 35
25	12 51	10 57	15 38	4 32	22 28	19 39	18 43	28 39
30	12 55	10 55	15 44	4 30	22 33	19 36	18 42	28 43
Dec 5	12 59	10 53	15 49	4 28	22 37	19 32	18 41	28 47
10	13 04	10 50	15 54	4 25	22 41	19 29	18 40	28 51
15	13 10	10 47	15 59	4 23	22 46	19 25	18 39	28 54
20	13 16	10 44	16 03	4 19	22 50	19 21	18 37	28 58
25	13 22	10 40	16 07	4 16	22 54	19 18	18 34	29 01
30	13♒29	10♌36	16♏11	4♌13	22♏57	19♊14	18♌32	29♏05
Stations	May 15	Apr 20	Feb 12	Apr 16	Feb 18	Mar 2	May 1	Feb 24
	Oct 26	Nov 10	Jul 29	Nov 3	Aug 6	Sep 18	Nov 16	Aug 13